DICTIONNAIRE
DE
PHYSIQUE,

DÉDIÉ AU ROI.

NEUVIEME ÉDITION,

Dans laquelle on a mis à leur place les articles du *Supplément*, imprimé en l'année 1787.

Par M. AIMÉ-HENRI PAULIAN, *Prêtre, de différentes Académies.*

TOME QUATRIEME.

A NÎMES,
Chez GAUDE, Freres, Libraires.

M. DCC. LXXXIX.

AVEC APPROBATION ET PRIVILÉGE DU ROI.

AVERTISSEMENT.

CE quatrieme Volume contient, comme les trois précédens, des Questions de trois différentes classes. Les unes sont purement Physiques ; les autres, Physico-mathématiques ; les troisiemes, purement mathématiques.

La premiere classe est composée des articles qui commencent par les mots : *Loix générales de la Nature*, *Longueur de la vie des hommes*, *Lumiere*, *Matérialisme*, *Météores*, *Monstre*, *Mouvement*, *Olivier*, *Œil*, *Oreille*, *Palingénésie*, &c., &c.

Les articles *Lune*, *Lunettes*, *Mécanique*, *Montagne*, *Nivel-*

lement, *Optique*, &c. forment la ſeconde claſſe.

Enfin la troiſieme claſſe comprend les articles *Logarithmes*, *Logarithmique*, *Longimétrie*, *Micrometre*, &c., &c.

Pour le Supplément que nous avons mis à la fin de ce Volume, il ne contient que des Tables qui ſont mieux à leur place à la fin, que dans le corps de l'ouvrage.

DICTIONNAIRE DE *PHYSIQUE.*

L

LIBRATION DE LA LUNE. C'eſt un mouvement preſque inſenſible par lequel les taches de la Lune paroiſſent à chaque révolution de cet aſtre, d'abord s'approcher, puis s'écarter du centre de cette planete, enfin ſe rétablir à-peu-près dans le même état où elles étoient auparavant. La grande cauſe de cette libration eſt que la Lune eſt ſujette à pluſieurs inégalités conſidérables dans chacune de ſes révolutions autour de la terre, tandis que ſon mouvement de rotation eſt uniforme. Cherchez *Lune.*

LIEU. Le *lieu* d'un corps eſt la place ou l'eſpace que ce corps occupe. C'eſt vouloir perdre le tems, que de parler en Phyſique de la diſtinction que l'on doit mettre entre le *lieu externe* & le *lieu interne.*

LIEUE. Les lieues ſe diviſent en grandes, moyennes & petites. Les premieres contiennent 3000, les moyennes ou communes 2400, & les petites 2000 pas géométriques. Un degré céleſte correſpond à 25 lieues communes de France.

LIGNE. La ligne droite eſt celle qui va directement, & la ligne courbe eſt celle qui ne va pas directement d'un lieu à un autre. *Voyez*-en la formation phyſique dans les articles du mouvement en ligne droite & en ligne courbe.

LIMBE. Les Astronomes ont donné le nom de *limbe* aux bords du Soleil & de la Lune.

LIQUIDE. Nous prenons avec le commun des Physiciens *fluide* & *liquide* dans un même sens. *Voyez* ce que nous avons dit de ces sortes de corps dans l'*Hydrostatique*.

LIVRE. La livre ordinaire, ou la livre *poids de marc*, contient seize onces.

LOGARITHMES. Les logarithmes sont des nombres artificiels qu'on substitue aux nombres ordinaires, pour changer toutes les especes de multiplications en additions, & toutes les especes de divisions en soustractions. Quoique ce terme appartienne directement à la Géométrie, nous ne pouvons nous dispenser de le faire connoître; il est peu de livres de Physique où l'on n'en fasse mention. D'ailleurs nous en ferons grand usage dans l'article de la *Trigonométrie*. C'est pour faire entrer sans peine le Lecteur dans le sens de la définition des logarithmes, que nous allons poser les principes suivans.

PREMIERE VÉRITÉ.

Quatre quantités sont en proportion géométrique, lorsque la premiere est à la seconde, comme la troisieme est à la quatrieme. Si l'on me donne, par exemple, les quatre quantités 6, 3, 8, 4; je pourrai assurer qu'elles sont en proportion géométrique, parce que de même que 6 contient deux fois 3, de même 8 contient deux fois 4. Les Géometres, au lieu de dire tout de suite 6 est à 3, comme 8 est à 4, disent pour être plus courts, $6 : 3 :: 8 : 4$.

SECONDE VÉRITÉ.

Lorsque l'on a les trois premiers termes d'une proportion géométrique, & que l'on veut trouver le quatrieme, l'on doit multiplier le second terme par le troisieme, diviser le produit par le premier terme, & le quotient vous donnera le quatrieme terme que vous cherchez. L'on me donne, par exemple, les trois quantités 6, 3, 8; si je veux en trouver une quatrieme qui finisse la proportion, je multiplierai 3 par 8; je diviserai le produit 24 par 6, & le quotient 4 me donnera la quatrieme quantité que je demande. En effet 6 : 3 :: 8 : 4. C'eſt-là ce que l'on appelle *regle de trois ;* c'eſt, comme vous venez de le voir, une opération dans laquelle à trois nombres donnés l'on cherche un quatrieme proportionnel géométrique.

TROISIEME VÉRITÉ.

Quatre grandeurs ſont en proportion arithmétique ; lorſque la quantité par laquelle la premiere differe de la ſeconde eſt égale à la quantité par laquelle la troiſieme differe de la quatrieme. Si l'on me donne, par exemple, les 4 nombres 10, 11, 20, 21 ; je pourrai aſſurer qu'ils ſont en proportion arithmétique, parce que de même que le nombre 1 marque la différence qu'il y a entre 10 & 11, de même le nombre 1 marque la différence qu'il y a entre 20 & 21. Par la même raiſon les nombres naturels 1, 2, 3, 4, &c. ſont en proportion arithmétique.

QUATRIEME VÉRITÉ.

Lorſque l'on a les trois premiers termes d'une proportion arithmétique, & que l'on veut trouver le quatrieme, l'on doit additionner le ſecond & le troiſieme termes ; ôter de cette ſomme le premier terme ; & le reſtant vous donnera le quatrieme terme que vous cherchez. L'on me donne, par exemple, 10, 11, 20 ; & l'on me dit de finir la proportion arithmétique. Pour en venir à bout, j'additionnerai 11 & 20 ; du produit 31 j'ôterai 10 & le reſtant 21 me donnera ce que je demande. En effet, nous avons déjà remarqué que les 4 nombres 10, 11, 20, 21 étoient en proportion arithmétique. C'eſt-là ce que l'on pourroit nommer, *regle de trois arithmétique*, parce que par cette opération l'on trouve à trois nombres donnés un quatrieme proportionnel arithmétique.

CINQUIEME VÉRITÉ.

Le *ſinus* droit d'un arc ou d'un angle meſuré par cet arc, n'eſt autre choſe qu'une ligne perpendiculaire tirée d'une des extrémités de cet arc, ſur le diametre qui paſſe par l'autre extrémité. Ainſi la ligne EB, *fig.* 1, *pl.* 3, eſt en même tems *ſinus* droit de l'arc ED, de l'arc EA, & d'un angle meſuré par ED. Le rayon eſt toujours *ſinus* droit d'un quart de cercle ; il a le nom de *ſinus* total, parce que c'eſt le plus grand des *ſinus* droits. CD, par exemple, *ſinus* droit de la moitié de l'arc AED a le nom de *ſinus* total. Les Géometres, pour ne tomber dans leur calcul dans aucune erreur ſenſible, diviſent le *ſinus* total en dix millions de parties, & les autres *ſinus* droits à proportion, ſuivant qu'ils appartiennent à des arcs plus grands ou plus petits.

SIXIEME VÉRITÉ.

La tangente d'un arc de cercle eſt une ligne droite qui touche le cercle à l'une des extrémités de cet arc, & qui eſt prolongée juſqu'à ce qu'elle rencontre une ſeconde ligne qui part du centre du cercle, & qui paſſe par l'autre extrémité de l'arc; cette ſeconde ligne ſe nomme la *ſécante*. La ligne DM, *fig.* 1, *pl.* 3, par exemple, eſt une tangente, & la ligne CM la ſécante qui lui répond. Les Géometres ont diviſé les tangentes & les ſécantes en encore plus de parties que les *ſinus*, comme on peut le voir dans les tables des *ſinus*, *tangentes* & *ſécantes*.

SEPTIEME VÉRITÉ.

De même qu'en arithmétique la connoiſſance de trois nombres conduit à la connoiſſance d'un quatrieme, comme nous l'avons remarqué dans la *ſeconde vérité*; de même en Trigonométrie la connoiſſance de trois parties d'un triangle rectiligne conduit à la connoiſſance de trois autres parties de ce même triangle. Si je connois, par exemple, le côté AC, le côté AB & l'angle A du triangle CAB, *fig.* 3, *pl.* 3; il me ſera facile de connoître la valeur de l'angle C; la Trigonométrie me fournit pour cela les regles les plus sûres & les plus faciles.

HUITIEME VÉRITÉ.

Les trois parties que l'on doit connoître dans un triangle rectiligne pour arriver à la connoiſſance des trois autres, doivent être deux côtés & un angle, ou deux angles & un côté, ou trois côtés. Si l'on ne connoiſſoit que les trois angles d'un triangle rectiligne, l'on ne pourroit jamais parvenir à la connoiſſance d'un triangle en entier, parce que deux triangles rectilignes inégaux peuvent avoir leurs trois angles égaux.

NEUVIEME VÉRITÉ.

L'opération par laquelle on parvient à la connoiſſance de quelque partie d'un triangle s'appelle *réſolution de ce triangle.* C'eſt par la regle de proportion que ſe fait cette réſolution. Suppoſons, par exemple, que je ſache que le côté AB du triangle ACB, *fig.* 4, *pl.* 3, eſt de 150, le côté BC de 50 toiſes, & l'angle C de 100 degrés; ſi je veux avoir la valeur de l'Angle A, je me ſers de la regle de Trigonométrie qui m'aſſure que les côtés d'un triangle ſont entr'eux comme les *ſinus* droits des angles oppoſés à ces mêmes côtés; & je dis: 150 toiſes, *valeur du côté AB*, ſont à 9848077, *valeur du ſinus d'un angle de* 100 *degrés*; comme 50 toiſes, *valeur du côté BC*, ſont à un quatrieme terme que je cherche. Pour le trouver, je multiplie le ſecond terme 9848077 par le troiſieme terme 50; je diviſe le produit 492403850 par le premier terme 150, & le quotient me donne un *ſinus* droit dont la valeur eſt de 3282692. Je cherche dans mes tables trigonométriques à quel angle correſpond ce *ſinus*; je trouve que c'eſt à un angle de 19 degrés 10 minutes, & je conclus que c'eſt-là la valeur de l'angle A.

Si l'on me demande comment j'ai pu trouver dans les tables trigonométriques le *ſinus* d'un angle de 100 degrés, puiſque dans ces ſortes de tables les *ſinus* ne vont que juſqu'à 90 degrés; je réponds que dans cette occaſion j'ai pris le *ſinus* d'un angle de 80 degrés. Nous avons prévenu cette difficulté dans la *cinquieme vérité*, en diſant que la ligne EB étoit en même tems *ſinus* droit du petit arc ED & de ſon ſupplément EA, *fig.* 1, *pl.* 3.

Telle eſt la méthode dont on s'eſt ſervi juſqu'environ l'année 1614. Elle étoit ſujette à deux grands inconvéniens. Il falloit pour arriver à la connoiſſance de quelque partie d'un triangle employer la multiplication & la diviſion, opérations très-longues, très-ennuyantes, lorſqu'il s'agit de deux nombres conſidérables, & dans leſquelles il n'eſt que trop facile de ſe tromper. Le fameux Jean Neper, Ecoſſois, Baron de Merchiſton, entreprit de ſubſtituer dans les calculs trigonométriques à la multiplication & à la diviſion, l'addition & la ſouſtraction, opérations très-courtes, quelque grands que ſoient les nombres dont il s'agit, & dans leſquelles les fautes ſont presque impossibles. Il lui falloit, pour venir à bout de son dessein, trouver des nombres qui fussent en proportion arithmétique, & qui correspondissent aux anciens nombres qui étoient en proportion géométrique. Il réussit dans sa pénible & utile entreprise, & c'est par le moyen des regles qu'il a données, que l'on trouve non-seulement les logarithmes des *sinus* & des *tangentes* des arcs depuis une minute jusqu'à 90 degrés; mais encore les logarithmes pour les nombres naturels depuis l'unité jusqu'à 10000. Ces logarithmes sont entr'eux en proportion arithmétique; voici comment on s'en sert. Je suppose que dans le triangles ACB, *fig.* 4, *pl.* 3, je connoisse le côté AB de 150, le côté BC de 50 toises, & l'angle C de 100 degrés; si je veux connoître l'angle A, je chercherai dans mes tables le logarithme de 150, que je trouverai de 2, 1760913; le logarithme de 50 qui vaut 1, 6989700, & le logarithme du *sinus* d'un angle de 100 degrés dont la valeur est 9, 9933515.

Ces trois logarithmes une fois trouvés, je dirai; 2, 1760913, *valeur du logarithme du côté* AB *est à* 9, 9933515, *valeur du logarithme du sinus d'un angle de* 100 *degrés*, comme 1, 6989700, *valeur du logarithme du côté* BC, est à un quatrieme logarithme que je cherche. Pour le trouver, j'additionne le second logarithme 9,9933515, avec le troisieme 1,6989700; de la somme 11,6923215, je soustrais le premier logarithme 2,1760913, & le restant me donne un logarithme qui vaut 9,5162302. Je cherche dans mes tables à quel angle correspond ce logarithme; je trouve que c'est à un angle de 19 degrés 10 minutes, & je conclus que c'est-là la valeur de l'angle A. M. l'Abbé de la Caille a donc eu raison de dire dans ses élémens de Mathématique que les logarithmes sont des nombres artificiels qu'on substitue aux nombres ordinaires; pour changer toutes les especes de multiplication en additions, & toutes les especes de divisions en soustractions. M. Ozanam les avoit défini avant lui des nombres qui gardent la progression arithmétique, tandis que ceux dont ils sont logarithmes gardent la géométrique. La solution des questions suivantes jettera un grand jour sur cet article.

Premiere Question.

Comment s'y est-on pris pour construire les tables des logarithmes?

L'on a supposé que le logarithme de 1 étoit 0, 0000000; le logarithme de 10 étoit 1, 0000000; le logarithme de 100 étoit 2, 0000000; le logarithme de 1000 étoit 3, 0000000, &c. En effet, de même que les quatre nombres 1, 10, 100, 1000 sont en proportion géométrique, de même les 4 logarithmes (0, 0000000) (1, 0000000) (2, 0000000) (3, 0000000) sont en proportion arithmétique. Cet arrangement a eu lieu dans tout le cours de l'exemple suivant.

NOMBRES EN PROPORTION GÉOMÉTRIQUE.

1
10
100
1000
10000
100000
1000000
10000000
100000000

LOGARITHMES DE CES NOMBRES.

0, 0000000
1, 0000000
2, 0000000
3, 0000000
4, 0000000
5, 0000000
6, 0000000
7, 0000000
8, 0000000

Ce qui coûte à trouver, lorsque l'on construit ces sortes de tables, ce sont les logarithmes des nombres intermédiaires qui sont entre 1 & 10, entre 10 & 100, &c. Il faut avoir bien approfondi les six principes suivans, avant que d'entreprendre ce pénible travail.

1°. Pour trouver entre 2 nombres donnés un moyen géométrique proportionnel, il faut multiplier les 2 nombres donnés l'un par l'autre ; il faut extraire la racine carrée de ce produit ; & cette racine carrée sera le moyen géométrique proportionnel que l'on cherche. L'on demande, par exemple, un moyen géométrique proportionnel entre 5 & 20, c'est-à-dire, on demande un nombre x qui soit tel que l'on puisse dire 5 : x : : x : 20. Pour trouver la valeur de x, je multiplie 20 par 5. Je tire la racine carrée du produit 100, & j'ai 10 pour la valeur de x. En effet 5 : 10 : : 10 : 20.

La bonté de cette méthode est fondée sur ce principe que dans toute proportion géométrique le produit des extrêmes est égal au produit des moyennes. Voyez-en la démonstration dans l'article qui commence par le mot *Géométrie.*

2°. Pour trouver entre 2 nombres donnés un moyen proportionnel arithmétique, il faut faire une somme des 2 nombres donnés ; il faut prendre la moitié de cette somme ; & cette moitié sera le moyen proportionnel arithmétique que l'on cherche. L'on demande, *par exemple*, un moyen arithmétique proportionnel entre 2 & 10, c'est-à-dire, on demande un nombre x qui soit tel que l'on puisse dire 2. x : x. 10. Pour trouver la valeur de x, j'ajoute 2 à 10. Je prends la moitié de la somme 12, & je trouve que x vaut 6. En effet 2. 6 : 6. 10.

La bonté de cette méthode est fondée sur ce principe de Géométrie que dans toute proportion arithmétique la somme des extrêmes est égale à la somme des moyennes.

3°. La somme des logarithmes de 2 nombres entiers est égale au logarithme de leur produit. Joignez ensemble le logarithme de 2 & le logarithme de 10, leur somme sera le logarithme de 20. Voyez-en la preuve dans cet article *à la question cinquieme.*

4°. La différence des logarithmes de 2 nombres entiers est égale au logarithme de leur quotient. Otez le logarithme de 2 du logarithme de 100, le restant sera le logarithme de 50, parce que le quotient de 100 divisé par 2 est 50. Vous en trouverez la preuve dans la *Question sixieme.*

5°. Le logarithme d'une racine carrée est la moitié du logarithme de son carré. La moitié du logarithme de 25 est le logarithme de 5 ; ou, ce qui revient au même, le double du logarithme de 5 est le logarithme de 25. Voyez-en la preuve dans le premier des deux *usages* qui se trouvent à la fin de cet article.

6°. Le logarithme d'une racine cubique est le tiers du logarithme de son cube : ou bien, le triple du logarithme d'une racine cubique est le logarithme de son cube. Le triple du logarithme de 3 est le logarithme de 27, parce que 27 est le cube de 3. Voyez le second *usage* qui termine cet article. Tous ces principes doivent être présens à l'esprit de ceux qui cherchent les logarithmes des nombres intermédiaires entre 1 & 10, entre 10 & 100, &c.

SECONDE QUESTION.

Trouver le logarithme d'un nombre placé entre 1 & 10, par exemple, du nombre 9.

RÉSOLUTION.

1°. J'ajoute 7 zero aux 2 premiers nombres donnés, afin que ce qu'on pourra négliger étant de moindre conséquence, les calculs en soient plus exacts : j'ai donc 1. 0000000 d'un côté, & de l'autre 10. 0000000.

2°. Je cherche un moyen proportionnel géométrique entre 1. 0000000 & 10. 0000000; je trouve 3. 1622777, ou à-peu-près; ce que l'on néglige doit être compté pour rien.

3°. Comme ce moyen proportionnel est moindre que 9. 0000000, j'opere jusqu'à ce que j'en trouve un qui soit 9. 0000000. Pour le trouver, il me faut faire 26 opérations dont voici la marche & le résultat.

PREMIERE OPÉRATION.

Trouver un moyen proportionnel entre 1. 0000000 & 10. 0000000.

RÉSULTAT.

3. 1622777.

SECONDE OPÉRATION.

Trouver un moyen proportionnel entre 10. 0000000 & 3. 1622777.

RÉSULTAT.

5. 6234132.

TROISIEME OPÉRATION.

Trouver un moyen proportionnel entre 10. 0000000 & 5. 6234132.

RÉSULTAT.

7. 4989421.

QUATRIEME OPÉRATION.

Trouver un moyen proportionnel entre 10. 0000000 & 7. 4989421.

RÉSULTAT.

8. 6596432.

CINQUIEME OPÉRATION.

Trouver un moyen proportionnel entre 10. 0000000 & 8. 6596432.

RÉSULTAT.

9. 3057204. Ce dernier nombre trouvé eſt plus grand que celui que l'on cherche, puiſqu'on cherche 9. 0000000. Il ne faut donc plus prendre dans les opérations ſuivantes 10. 0000000 pour premier terme de la proportion.

SIXIEME OPÉRATION.

Trouver un moyen proportionnel entre 9. 3057204 & 8. 6956432.

RÉSULTAT.

8. 9768713.

SEPTIEME OPÉRATION.

Trouver un moyen proportionnel entre 9. 3057204 & 8. 9768713.

RÉSULTAT.

9. 1398170. Ce nombre ſe trouve plus grand que celui que l'on cherche. Auſſi va-t-il ſervir de premier terme dans la proportion ſuivante.

HUITIEME OPÉRATION.

Trouver un moyen proportionnel entre 9. 1398170 & 8. 9768713.

RÉSULTAT.

9. 0579777. Ce nombre ne ſurpaſſe pas tant celui que l'on cherche, que le nombre trouvé dans le dernier réſultat. Il va donc ſervir de premier terme dans la proportion ſuivante.

NEUVIEME OPÉRATION.

Trouver un moyen proportionnel entre 9. 0579777 & 8. 9768713.

RÉSULTAT.

9. 0173333. Ce nombre eſt un peu moins grand que le dernier trouvé. Il va par conſéquent ſervir de premier terme dans la proportion ſuivante.

DIXIEME OPÉRATION.

Trouver un moyen proportionnel entre 9. 0173333 & 8. 9768713.

RÉSULTAT.

8. 9970796. Ce nombre eſt un peu plus petit que celui que l'on cherche. Auſſi doit-on continuer les opérations en la maniere ſuivante.

ONZIEME OPÉRATION.

Trouver un moyen proportionnel entre 9. 0173333 & 8. 9970796.

RÉSULTAT.

9. 0072008. Ce nombre un peu plus grand que celui que l'on cherche, ſera le premier terme de la 12e. proportion.

DOUZIEME. OPÉRATION.

Trouver un moyen proportionnel entre 9. 0072008 & 8. 9970796.

RÉSULTAT.

9. 0021388. Ce nombre un peu trop grand commencera la 13e. proportion.

TREIZIEME OPÉRATION.

Trouver un moyen proportionnel entre 9. 0021388 & 8. 9970796.

RÉSULTAT.

8. 9996088. Comme ce nombre est un peu trop petit; il faut passer à la 14e. proportion.

QUATORZIEME OPÉRATION.

Trouver un moyen proportionnel entre 9. 0021388 & 8. 9996088.

RÉSULTAT.

9. 0008737. Ce nombre est un peu trop grand. Il commencera donc la 15e. proportion.

QUINZIEME OPÉRATION.

Trouver un moyen proportionnel entre 9. 0008737 & 8. 9996088.

RÉSULTAT.

9. 0002412. Ce nombre encore un peu trop grand me fait passer à une 16e. proportion.

SEIZIEME OPÉRATION.

Trouver un moyen proportionnel entre 9. 0002412 & 8. 9996088.

RÉSULTAT.

8. 9999250. Ce nombre est un peu trop petit. Je fais une 17e. proportion.

DIX-SEPTIEME OPÉRATION.

Trouver un moyen proportionnel entre 9. 0002412 & 8. 9999250.

RÉSULTAT.

9. 0000831. Ce nombre est un peu trop grand; je fais une dix-huitieme proportion.

DIX-HUITIEME

DIX-HUITIEME OPÉRATION.

Trouver un moyen proportionnel entre 9. 0000831 & 8. 9999250.

RESULTAT.

9. 0000041. Ce nombre tant soit peu plus grand que celui que je cherche, sera le premier terme des cinq proportions suivantes.

DIX-NEUVIEME OPERATION.

Trouver un moyen proportionnel entre 9. 0000041 & 8. 9999250.

RESULTAT.

8. 9999650. Ce nombre un peu trop petit, n'est pas celui que je cherche ; j'en viens à une vingtieme proportion.

VINGTIEME OPERATION.

Trouver un moyen proportionnel entre 9. 0000041 & 8. 9999650.

RESULTAT.

8. 9999845. Ce n'est pas encore là ce que je demande. Voyons ce que donnera la vingt-unieme proportion.

VINGT-UNIEME OPERATION.

Trouver un moyen proportionnel entre 9. 0000041 & 8. 9999845.

RESULTAT.

8. 9999943. La vingt-deuxieme proportion me donne un nombre plus approchant de celui que je cherche.

VINGT-DEUXIEME OPERATION.

Trouver un moyen proportionnel entre 9. 0000041 & 8. 9999943.

RESULTAT.

8. 9999992. La vingt-troisieme proportion m'approchera toujours du terme où je tends.

VINGT-TROISIEME OPERATION.

Trouver un moyen proportionnel entre 9. 0000041 & 8. 9999992.

RESULTAT.

9.0000016. Ce nombre eſt encore un peu trop grand.

VINGT-QUATRIEME OPERATION.

Trouver un moyen proportionnel entre 9. 0000016 & 8. 9999992.

RESULTAT.

9. 0000004. Ce nombre n'eſt pas tout-à-fait celui que je demande.

VINGT-CINQUIEME OPERATION.

Trouver un moyen proportionnel entre 9. 0000004 & 8. 9999992.

RESULTAT.

8. 9999998. C'eſt preſque le nombre que je cherche; la vingt-ſixieme proportion me le donnera.

VINGT-SIXIEME OPERATION.

Trouver un moyen proportionnel entre 9. 0000004 & 8. 9999998.

RESULTAT.

9. 0000000. Ce nombre eſt précisément celui que je cherche.

REMARQUE.

Un des principes ſur leſquels les tables des logarithmes ont été conſtruites, eſt que l'on peut dire 9. 0000004 : 9. 0000000 :: 9. 0000000 : 8. 9999998. Cela n'eſt pas vrai dans toute la rigueur des termes, j'en conviens, puiſque 9. 0000004 multipliant 8. 9999998 donne pour produit 8100000079999992, & que 9. 0000000 ſe multipliant lui-même ne donne pour produit que 8100000000000000. Mais les deux racines carrées de ces deux produits different ſi peu l'une de l'autre qu'on peut regarder cette différence comme infiniment petite, &

qu'on doit par conſéquent n'y avoir aucun égard dans la pratique.

Il nous reſte maintenant à chercher le logarithme de 9. 0000000 ou plutôt le logarithme du nombre 9. Pour le trouver, il faut faire encore 26 opérations, c'eſt-à-dire, il faut chercher les 26 logarithmes des 26 nombres proportionnels que nous venons de trouver. Qu'au reſte le Lecteur n'en ſoit pas effrayé; les 26 opérations qu'il y a encore à faire ne ſuppoſent que des quantités en proportion arithmétique. Elles ſont par conſéquent très-faciles.

PREMIERE OPERATION.

Trouver un moyen arithmétique proportionnel entre o. 0000000 *logarithme* de 1 & 1. 0000000 *logarithme* de 10.

RESULTAT.

o. 5000000. C'eſt le logarithme de 3. 1622777, *nombre qu'a donné la premiere proportion géométrique ſupérieure.*

SECONDE OPERATION.

Trouver un moyen arithmétique proportionnel entre 1. 0000000 & o. 5000000.

RESULTAT.

o. 7500000. C'eſt le logarithme de 5. 6234132, *nombre qu'a donné la ſeconde proportion géométrique ſupérieure.*

TROISIEME OPERATION.

Trouver un moyen arithmétique proportionnel entre 1. 0000000 & o. 7500000.

RESULTAT.

o. 8750000. C'eſt le logarithme de 7. 4989421, *nombre qu'a donné la troiſieme proportion géométrique ſupérieure.*

QUATRIEME OPERATION.

Trouver un moyen proportionnel arithmétique entre 1. 0000000 & o. 8750000.

RESULTAT.

0. 9375000. C'eſt le logarithme de 8. 6596432, *nombre qu'a donné la quatrieme proportion géométrique ſupérieure.*

CINQUIEME OPERATION.

Trouver un moyen proportionnel arithmétique entre 1. 0000000 & 0. 9375000.

RESULTAT.

0. 9687500. C'eſt le logarithme de 9. 3057204, *nombre qu'a donné la cinquieme proportion géométrique ſupérieure.*

SIXIEME OPERATION.

Trouver un moyen proportionnel arithmétique entre 0. 9687500 & 0. 9375000.

RESULTAT.

0. 9531250. C'eſt le logarithme de 8. 9768713, *nombre qu'a donné la ſixieme proportion géométrique ſupérieure.*

SEPTIEME OPERATION.

Trouver un moyen proportionnel arithmétique entre 0. 9687500 & 0. 9531250.

RESULTAT.

0. 9609375. C'eſt le logarithme de 9. 1398170, *nombre qu'a donné la ſeptieme proportion géométrique ſupérieure.*

HUITIEME OPERATION.

Trouver un moyen proportionnel arithmétique entre 0. 9609375 & 0. 9531250.

RESULLAT.

0. 9570312. C'eſt le logarithme de 9. 0579777, *nombre qu'a donné la huitieme proportion géométrique ſupérieure.*

NEUVIEME OPERATION.

Trouver un moyen proportionnel arithmétique entre 0. 9570312 & 0. 9531250.

RESULTAT.

0.9550781. C'eſt le logarithme de 9.0173333, *nombre qu'a donné la neuvieme proportion géométrique ſupérieure.*

DIXIEME OPERATION.

Trouver un moyen proportionnel arithmétique entre 0.9550781 & 0.9531250.

RESULTAT.

0.9541015. C'eſt le logarithme de 8.9970796, *nombre qu'a donné la dixieme proportion géométrique ſupérieure.*

ONZIEME OPERATION.

Trouver un moyen proportionnel arithmétique entre 0.9550781 & 0.9541015.

RESULTAT.

0.9545898. C'eſt le logarithme de 9.0072008, *nombre qu'a donné la onzieme proportion geométrique ſupérieure.*

DOUZIEME OPERATION.

Trouver un moyen proportionnel arithmétique entre 0.9545898 & 0.9541015.

RESULTAT.

0.9543457. C'eſt le logarithme de 9.0021388, *nombre qu'a donné la douzieme proportion géométrique ſuperieure.*

TREIZIEME OPERATION.

Trouver un moyen proportionnel arithmétique entre 0.9543457 & 0.9541015.

RESULTAT.

0.9542236. C'eſt le logarithme de 8.9996088, *nombre qu'a donné la treizieme proportion géométrique ſupérieure.*

QUATORZIEME OPERATION.

Trouver un moyen proportionnel arithmétique entre 0.9543457 & 0.9542236.

RESULTAT.

0. 9542846. C'eſt le logarithme de 9. 0008737, *nombre qu'a donné la quatorzieme proportion geométrique ſupérieure.*

QUINZIEME OPERATION.

Trouver un moyen proportionnel arithmétique entre 0. 9542846 & 0. 9542236.

RESULTAT.

0. 9542541. C'eſt le logarithme de 9. 0002412, *nombre qu'a donné la quinzieme proportion géométrique ſupérieure.*

SEIZIEME OPERATION.

Trouver un moyen proportionnel arithmétique entre 0. 9542541 & 0. 9542236.

RESULTAT.

0. 9542388. C'eſt le logarithme de 8. 9999250, *nombre qu'a donné la ſeizieme proportion géométrique ſupérieure.*

DIX-SEPTIEME OPERATION.

Trouver un moyen proportionnel aritmétique entre 0. 9542541 & 0. 9542388.

RESULTAT.

0. 9542465. C'eſt le logarithme de 9. 0000831, *nombre qu'a donné la dix-ſeptieme proportion géométrique ſupérieure.*

DIX-HUITIEME OPERATION.

Trouver un moyen proportionnel arithmétique entre 0. 9542465 & 0. 9542388.

RESULTAT.

0. 9542427. C'eſt le logarithme de 9. 0000041, *nombre qu'a donné la dix-huitieme proportion géométrique ſupérieure.*

DIX-NEUVIEME OPERATION.

Trouver un moyen proportionnel arithmétique entre 0. 9542427 & 0. 9542388.

RESULTAT.

0. 9542428. C'eſt le logarithme de 8. 9999650, *nombre qu'a donné la dix-neuvieme proportion géométrique ſupérieure.*

VINGTIEME OPERATION.

Trouver un moyen proportionnel arithmétique entre 0. 9542427 & 0. 9542428.

RESULTAT.

0 9542421. C'eſt le logarithme de 8. 9999845, *nombre qu'a donné la vingtieme proportion géométrique ſupérieure.*

VINGT-UNIEME OPERATION.

Trouver un moyen proportionnel arithmétique entre 0. 9542427 & 0. 9542421.

RESULTAT.

0. 9542422. C'eſt le logarithme de 8. 9999943, *nombre qu'a donné la vingt-unieme proportion géométrique ſupérieure.*

VINGT-DEUXIEME OPERATION.

Trouver un moyen proportionnel arithmétique entre 0. 9542427 & 0. 9542422.

RESULTAT.

0. 9542424. C'eſt le logarithme de 8. 9999992, *nombre qu'a donné la vingt-deuxieme proportion géométrique ſupérieure.*

VINGT-TROISIEME OPERATION.

Trouver un moyen proportionnel arithmétique entre 0. 9542427 & 0. 9542424.

RESULTAT.

0. 9542425. C'eſt le logarithme de 9. 0000016, *nombre qu'a donné la vingt-troiſieme proportion géométrique ſuperieure.*

VINGT-QUATRIEME OPERATION.

Trouver un moyen proportionnel arithmétique entre 0. 9542425 & 0. 9542424.

RESULTAT.

0. 9542424 $\frac{1}{2}$. C'est le logarithme de 9. 0000004, *nombre qu'a donné la vingt-quatrieme proportion géométrique supérieure.*

VINGT-CINQUIEME OPERATION.

Trouver un moyen proportionnel arithmétique entre 0. 9542424$\frac{1}{2}$ & 0. 9542424.

RESULTAT.

0. 9542424$\frac{1}{4}$. C'est le logarithme de 8. 9999998, *nombre qu'a donné la vingt-cinquieme proportion géométrique supérieure.*

VINGT-SIXIEME OPÉRATION.

Trouver un moyen proportionnel arithmétique entre 0. 9542424$\frac{1}{2}$ & 0. 9542424$\frac{1}{4}$.

RÉSULTAT.

0. 9542424$\frac{3}{8}$. C'est le logarithme de 9. 0000000, *nombre qu'a donné la vingt-sixieme proportion géométrique supérieure.* Dans la pratique cependant on met indifféremment pour le logarithme de 9. ou 0. 9542424, ou, 0. 9542425.

Si l'on veut démontrer que 0. 9542424$\frac{3}{8}$, est moyen proportionnel arithmétique entre 0. 9542424$\frac{1}{2}$ & 0. 9542424$\frac{1}{4}$, l'on ajoute ces deux derniers nombres, pour avoir la somme 1. 9084848$\frac{3}{4}$. L'on prend la moitié de cette somme, pour avoir le moyen proportionnel arithmétique que l'on cherche, comme nous l'avons prouvé plus haut. Or la moitié de 1. 9084848$\frac{3}{4}$ est 0. 9542424$\frac{3}{8}$, parce que la moitié de $\frac{3}{4}$ est $\frac{3}{8}$; donc 0. 9542424 $\frac{3}{8}$ est moyen proportionnel arithmétique entre 0. 9542424$\frac{1}{2}$ & 0. 9542424$\frac{1}{4}$; donc le dernier logarithme trouvé est réellement le logarithme de 9. 0000000, & par conséquent le logarithme de 9.

La moitié du logarithme de 9 sera le logarithme de 3,

parce que nous verrons dans la suite que la moitié du logarithme d'un carré est le logarithme de sa racine carrée. Aussi 3 a-t-il pour logarithme 0. 4771212.

Pour trouver le logarithme de 8, il faut chercher des moyens proportionnels géométriques entre 1. 0000000 & 9. 0000000, jusqu'à ce que vous ayez trouvé 8, 0000000. Il faut ensuite chercher des moyens proportionnels arithmétiques entre 0. 0000000 *logarithme de* 1. & 0. 9542425 *logarithme de* 9, jusqu'à ce que vous ayez trouvé 0. 9030900 logarithme de 8.

Le tiers du logarithme de 8 sera le logarithme de 2, parce que 2 est la racine cubique de 8, & que le tiers du logarithme d'un cube est le logarithme de sa racine cubique. Aussi 2 a-t-il pour logarithme 0. 3010300.

Le double du logarithme de 2 sera le logarithme de 4, parce que 4 est le carré parfait de 2, & que la moitié du logarithme d'un carré, est le logarithme de sa racine carrée, comme nous l'avons déjà remarqué. Aussi 4 a-t-il pour logarithme 0, 6020600.

Si l'on ajoute le logarithme de 3 au logarithme de 2, cette somme donnera le logarithme de 6; parce que le produit de 2 multipliant 3 est 6, & que le logarithme d'un produit est égal à la somme des logarithmes du multiplicande & du multiplicateur. Aussi 6 a-t-il pour logarithme 0. 7781512.

Si l'on ôte le logarithme de 2 du logarithme de 10, l'on aura le logarithme de 5; parce que 5 est le quotient de 10 divisé par 2, & que la différence des logarithmes de deux nombres entiers est égale au logarithme de leur quotient. L'infaillibilité de toutes ces regles sera démontrée dans la suite de cet article. Nous avons donc déjà les logarithmes des nombres intermédiaires, 2, 3, 4, 5, 6, 8 & 9. Il reste le logarithme de 7.

Pour trouver ce logarithme, vous ferez, entre 1 & 8, à-peu-près ce que vous avez fait entre 1 & 10 pour avoir le logarithme de 9. Toutes ces regles serviront encore à trouver les logarithmes des nombres intermédiaires entre 10 & 100, entre 100 & 1000, &c.

TROISIEME QUESTION.

Pourquoi le premier chiffre des logarithmes est-il toujours séparé des autres par une virgule?

C'eſt parce que ce premier chiffre eſt *la caractériſtique* du logarithme. Pour peu que l'on ait fait attention aux exemples ſupérieurs, l'on a dû remarquer que *cette caractériſtique* eſt toujours moindre d'une unité que les figures dont le nombre naturel eſt compoſé. Le nombre 100000000 a 9 figures, & ſon logarithme 8, 0000000 a le chiffre 8 pour *caractériſtique*.

QUATRIEME QUESTION.

Pourquoi a-t-on donné le nom de *caractériſtique* au premier chiffre d'un logarithme ?

C'eſt parce qu'il ſert à faire connoître de combien de caracteres eſt compoſé le nombre qui répond à un logarithme donné. En effet, ſi l'on me donne le logarithme 3, 5774717, je vois d'abord qu'il appartient à un nombre de 4 chiffres, puiſque ſa *caractériſtique* eſt 3.

CINQUIEME QUESTION.

A quoi répond la ſomme de deux logarithmes, par exemple, à quoi répond 3, 0000000, ſomme compoſée de 1, 3010300, *logarithme du nombre* 20 & de 1, 6989700, *logarithme du nombre* 50 ?

3, 0000000, eſt le logarithme du produit de 50 par 20, c'eſt-à-dire, de 1000. Ainſi au lieu de multiplier un nombre par un autre, par exemple, 80 par 55, j'ajoute le logarithme de 80 au logarithme de 55, leur ſomme me donnera un logarithme qui dans les tables ſuivantes ſe trouvera à côté de 4400, *produit du nombre* 80 *multiplié* par 55. Pour ſe convaincre de la ſolidité de cette réponſe, que l'on faſſe attention à la démonſtration ſuivante.

Dans toute multiplication l'unité : au multiplicateur :: le multiplicande : au produit ; donc les 4 nombres 1, 55, 80, 4400 ſont en proportion géométrique ; donc leurs logarithmes ſont en proportion arithmétique ; donc la ſomme des logarithmes de 1 & 4400 eſt égale à la ſomme des logarithmes des nombres 55 & 80 : mais le logarithme du nombre 1 eſt 0, 0000000 ; donc le logarithme du ſeul nombre 4400 eſt égal aux logarithmes des nombres 55 & 80 ; donc la ſomme des logarithmes de deux nombres donnés eſt égale au logarithme de leur produit.

Comme c'eſt ici une regle très-importante, de laquelle dépend la conſtruction des tables des logarithmes, nous allons l'appliquer à un ſecond exemple. L'on demande à quel nombre répond le logarithme 2. 3010300, ſomme composée de 2. 0000000, *logarithme* de 100 & de 0. 3010300, *logarithme* de 2.

2, 3010300 répond à 200, parce que 2 multipliant 100 donne 200 pour produit.

SIXIEME QUESTION.

A quoi répond la différence qui ſe trouve entre deux logarithmes, par exemple, à quoi répond 1, 3010300, différence qui ſe trouve entre 2, 0000000, *logarithme de* 100, & 0. 6989700 *logarithme de* 5.

Cette différence répond au nombre 20, c'eſt-à-dire, au quotient de 100 diviſé par 5. En voici la démonſtration. Dans toute diviſion l'unité : au quotient :: le diviſeur : au dividende : donc les 4 nombres 1, 20, 5, 100 ſont en proportion géométrique ; donc leurs logarithmes ſont en proportion arithmétique ; donc la ſomme des logarithmes des nombres 1 & 100 eſt égale à la ſomme des logarithmes des nombres 20 & 5 ; mais le logarithme de l'unité eſt 0, 0000000 ; donc le logarithme du nombre 100 eſt égal aux logarithmes des nombres 20 & 5 ; donc ſi du logarithme du nombre 100 on ôte le logarithme du nombre 5, l'on aura pour *reſtant* le logarithme du nombre 20 ; donc la différence des logarithmes de deux nombres donnés eſt égale au logarithme de leur quotient. Ainſi au lieu de diviſer un nombre par un autre, par exemple, 1000 par 10, je prends la différence qu'il y a entre le logarithme de 1000 & celui de 10 ; cette différence me donnera un logarithme qui dans les tables ſe trouvera à côté de 100, quotient du nombre 1000 diviſé par le nombre 10. Ces deux méthodes épargnent beaucoup de peine aux calculateurs, lorſqu'il s'agit de multiplier ou de diviſer de grands nombres. Ce n'eſt pas-là le ſeul avantage que l'on retire des logarithmes.

USAGE

Des Logarithmes dans l'extraction des racines carrées.

Un nombre ſe multipliant lui-même produit ſon carré. Le carré de 6, par exemple, eſt 36, parce que 6 multipliant 6 donne 36. Ainſi extraire la racine d'un carré propoſé, c'eſt trouver le nombre, qui, en ſe multipliant lui-même, a produit ce carré. L'on me donne le nombre 2025, & l'on me dit d'en extraire la racine carrée; pour en venir à bout, voici comment j'opere ſans le ſecours des logarithmes.

1°. Je ſouſcris des points de deux en deux chiffres, à commencer par celui qui eſt à ma droite, c'eſt-à-dire, par 5. Le nombre de ces points eſt le nombre des chiffres de la racine que je cherche. Ainſi la racine du carré 2025 aura deux chiffres.

2°. Je prends les deux premiers chiffres du carré propoſé, & j'examine s'ils forment un carré parfait; je trouve que non, parce qu'il n'y a point de nombre qui, en ſe multipliant lui-même, produiſe 20; je cherche donc quel eſt le plus grand carré renfermé dans 20.

3°. Le plus grand carré renfermé dans 20, c'eſt 16; j'en extrais la racine carrée 4, & je la marque au quotient.

4°. Je mets 16 ſous 20.

5°. Je ſouſtrais 16 de 20; il me reſte 4, & voilà la premiere opération faite.

6°. Pour commencer la ſeconde opération, je double mon quotient 4, & j'ai 8.

7°. Je deſcends à côté du 4 qui m'étoit reſté de ma derniere ſouſtraction, le troiſieme & le quatrieme chiffres du carré propoſé, c'eſt-à-dire, je deſcends 25, & j'ai 425.

8°. J'écris ſous 425 le quotient que j'ai doublé, c'eſt-à-dire, 8, de telle ſorte que ce diviſeur 8 ſe trouve ſous le chiffre 2 du dividende 425.

9°. J'examine combien de fois 8 eſt dans 42; & comme il y eſt 5 fois, je marque 5 non-ſeulement dans mon quotient, mais encore à côté de 8, tellement que j'ai dans mon quotient 45, & 85 ſous 425.

10°. Je multiplie 85 par 5, & j'ai préciſément 425; ce qui prouve que 2025 eſt un carré parfait dont la racine eſt 45. En effet multipliez 45 par 45, vous aurez 2025; donc l'opération a été bien faite.

11°. S'il étoit reſté quelque choſe après la derniere opération, ç'auroit été une preuve que le nombre propoſé n'étoit pas un carré parfait; alors le quotient que vous auriez trouvé, auroit été la racine carrée du plus grand carré qu'il y eût eu dans le nombre sur lequel vous aviez opéré. A mesure qu'on lira ces regles, l'on doit jetter les yeux sur l'exemple suivant.

EXEMPLE.

Carré parfait.

2025
16

425
85
425

Quotient.

45

12°. Telle est la méthode dont on doit se servir, lorsque l'on ne connoît pas les logarithmes : mais lorsqu'on en a quelque idée, l'on doit bien se garder de la mettre en usage. Pour avoir la racine carrée de 2025, cherchez d'abord dans vos tables le logarithme de ce nombre, c'est, 3, 3064250. Prenez ensuite la moitié de ce logarithme, c'est 1, 6532125. Voyez enfin à quel nombre répond dans vos tables le logarithme 1, 6532125 ; comme il se trouve à côté de 45, vous conclurez que c'est-là la racine carrée de 2025, & que pour avoir la racine carrée d'un nombre donné, l'on doit prendre la moitié du logarithme de ce nombre, laquelle sera le logarithme de la racine carrée qu'on demande. Voici sur quelle démonstration cette méthode est fondée.

L'unité : à la racine carrée :: la racine carrée : à son carré ; donc les quatre nombres 1, 45, 45 & 2025 sont en proportion géométrique ; donc leurs logarithmes sont en proportion arithmétique ; donc la somme des logarithmes des nombres 1 & 2025 est égale au double du logarithme de la racine 45 ; mais le logarithme de l'unité, 0, 0000000 ; donc le logarithme de 2025 est égal au double, c'est-à-dire, est double du logarithme de la racine 45 ; donc la moitié du logarithme d'un carré vous donne le logarithme de sa racine. Cette opération seroit seule capable de nous faire comprendre combien grand est le service qu'a rendu aux sciences le fameux Neper ; l'opération suivante nous le fera encore mieux connoître.

USAGE

Des Logarithmes dans l'extraction des racines cubiques.

Le cube est le produit d'un carré parfait multiplié par sa racine. 8, par exemple, est le cube de 2, parce qu'en multipliant 2 par 2, j'ai son carré parfait 4 ; & en multipliant 4 par sa racine 2, j'ai 8. S'il faut extraire la racine cubique du cube parfait 9261 ; voici comment je suis obligé d'opérer, si je ne veux pas me servir des logarithmes.

1°. Je souscris des points de 3 en 3 chiffres à commencer par celui qui est à ma droite, c'est-à-dire, par 1. Il doit y avoir dans la racine que je cherche autant de chiffres, qu'il y a de points souscrits.

2°. Comme le chiffre 9 qui seul répond au second point souscrit, n'est pas un cube parfait, je prends le plus grand cube qui se trouve dans ce nombre, c'est-à-dire, 8.

3°. J'écris le cube 8 sous le chiffre 9.

4°. Je marque dans mon quotient la racine cubique de 8, c'est 2.

5°. Je soustrais 8 de 9, il me reste 1.

6°. A côté de 1 je descends les trois chiffres qui me restent, c'est-à-dire, 261, j'ai 1261, & voilà la premiere opération faite.

7°. Pour faire la seconde opération, je prends 3 fois le carré de mon quotient 2 ; ce qui dans le cas présent me donne 12.

8°. Je mets ce 12 sous 1261, de telle sorte que le chiffre 1 du diviseur 12 réponde au chiffre 1 du dividende 1261.

9°. J'opere comme dans la division ordinaire, & par conséquent je mets 1 au quotient.

10°. Je multiplie le diviseur 12 par le quotient 1, & j'écris le produit sous le diviseur 12.

11°. Je prends 3 fois le carré de 1 *second chiffre de mon quotient* que je multiplie par 2 *premier chiffre du même quotient* ; ce qui dans le cas présent me donne 6.

12°. J'écris ce produit 6 de telle ſorte qu'il réponde aux dizaines du dividende 1261.

13°. Je prends le cube de 1 *ſecond chiffre du quotient.*

14°. J'écris ce cube 1, de telle ſorte qu'il réponde à l'unité du dividende 1261.

15°. J'additionne ces trois nombres ainſi rangés, & j'ai préciſément 1261, ce qui prouve que 21 eſt réellement la racine cubique du cube propoſé. En effet multipliez 21 par 21, vous aurez 441; multipliez enſuite le carré 441 par ſa racine 21, le produit ſera 9261. S'il eût reſté quelque choſe après la derniere opération, le nombre propoſé n'auroit pas été un cube parfait, & je n'aurois eu que la racine cubique du plus grand cube qui ſe fût trouvé dans ce nombre.

16°. Lorſque le cube propoſé a trois chiffres dans ſa racine, l'on ſe comporte dans la troiſieme opération, comme l'on a fait dans la ſeconde, avec cette différence que l'on regarde les deux racines déjà trouvées, comme ne faiſant qu'une ſeule racine. Toutes ces regles vont s'éclaircir dans l'exemple ſuivant ſur lequel on doit toujours avoir l'œil, lorſque l'on opere ſuivant l'ancienne méthode.

EXEMPLE.

Cube parfait.

9261
8

1261
12

12
6
1

1261

Quotient.

21

17°. L'on s'épargne bien de l'embarras, lorſque l'on ſait ſe ſervir des logarithmes. Pour trouver dans le moment la racine cubique de 9261, je cherche d'abord dans mes tables trigonométriques le logarithme de ce cube que je trouve 3, 9666579; je prends ensuite le tiers de ce logarithme, c'est-à-dire, 1, 3222193; j'examine enfin à quel nombre répond ce nouveau logarithme, & comme il répond à 21, je conclus non-seulement que 21 est la racine cubique de 9261, mais je conclus encore en général que pour trouver la racine cubique d'un nombre proposé, l'on doit prendre le tiers du logarithme du cube donné, & que ce sera-là le logarithme de la racine cubique qu'on demande. La démonstration en est sensible.

Le cube 9261 est le produit de la racine 21 multipliant son carré 441; donc le logarithme de 9261 est égal au logarithme des nombres 21 & 441, *par la démonstration que nous avons apportée dans la réponse à la question cinquieme de cet article*; mais le logarithme 441 est double du logarithme de 21, *par la démonstration que nous avons donnée, lorsque nous avons appris à extraire les racines carrées par le moyen des logarithmes*; donc le logarithme de 9261 est triple du logarithme de la racine cubique 21; donc en général le logarithme de la racine cubique d'un nombre proposé est le tiers du logarithme du cube donné.

18°. Comme la multiplication, la division & l'extraction des racines soit carrées, soit cubiques, reviennent, pour ainsi dire, à chaque pas en Physique, le Lecteur ne trouvera pas que nous nous soyons trop étendu sur cet article.

Le même principe nous a engagé à donner les différentes tables des logarithmes. Comme l'on n'en fait pas une lecture suivie, nous les avons placées à la fin de ce volume. La premiere contient les logarithmes des *secondes* calculées de 10 en 10. L'on apprendra surtout dans l'*explication de cette premiere table* à trouver les logarithmes des sinus des secondes qui ont été omises.

L'on trouvera ensuite la table des logarithmes des *minutes* depuis 1 jusqu'à 60, & l'*explication* de cette table. Il y a dans cette *explication* un probleme très-nécessaire; c'est celui qui apprend à trouver le logarithme du sinus & de la tangente d'un angle composé de minutes & de secondes.

Suit

Suit d'abord après, la table des logarithmes des *degrés* depuis 1 juſqu'à 90. L'on apprendra dans l'*explication* de cette table, non-ſeulement à trouver le logarithme du ſinus & de la tangente d'un angle compoſé de degrés & de minutes ; mais encore d'un angle compoſé de degrés, de minutes & de ſecondes.

L'on trouvera enfin la table des logarithmes des *nombres entiers* depuis 1 juſqu'à 100. On développera ſur quels principes eſt fondée la conſtruction de cette table.

Quoiqu'il ſoit difficile qu'on ait beſoin en Phyſique du logarithme d'un nombre entier ſupérieur à 100 ; le cas cependant peut arriver. L'on aura alors recours au ſupplément de ces différentes tables. L'on trouvera 1°. les logarithmes des nombres entiers depuis 1000 juſqu'à 100000 calculés de 1000 en 1000. L'on trouvera 2°. les logarithmes des nombres entiers depuis 1000000 juſqu'à 10000000. L'on trouvera 3°. les logarithmes de 100000000, 200000000, & 300000000. Nous n'avons pas omis l'*explication* de ce ſupplément, & nous avons appris dans cette *explication* ſur quels principes l'on doit s'appuyer, lorſque l'on veut employer les logarithmes des nombres auſſi grands que ceux que nous venons de nommer. Voilà ce que nous avons fait pour rendre l'article des logarithmes auſſi étendu qu'il le mérite.

Remarque I. Le logarithme du nombre 1 étant (*queſtion 1 de cet article*) 0, 0000000, il paroît que les fractions ne doivent pas avoir des logarithmes. En effet, dit-on, un nombre fractionnaire eſt moindre que l'unité, & il n'eſt rien de moindre que zero ; donc les fractions ne doivent pas avoir des logarithmes. Elles en ont cependant ; & c'eſt-là une difficulté qu'il ne faut pas manquer de réſoudre à la fin de cet important article.

Les fractions ont des logarithmes, j'en conviens ; mais ce ſont des logarithmes affectés du ſigne —, des logarithmes négatifs, & par conſéquent des logarithmes qui répondent à des quantités moindres que 0. Pour avoir, *par exemple*, le logarithme de la fraction $\frac{20}{80}$, voici comment il faut s'y prendre ; cherchez dans vos tables les logarithmes des nombres 80 & 20 ; ce ſont 1. 9030900 & 1. 3010300. Otez le ſecond du premier ; le reſtant affecté du ſigne négatif, ſera le logarithme que vous demandez,

La fraction $\frac{20}{80}$ aura donc pour logarithme — o. 6020600.
Ces opérations sont fondées sur la démonstration suivante.

80 × $\frac{20}{80}$ = 20; donc (*question* 5 *de cet article*) le logarithme de 80 ajouté au logarithme de $\frac{20}{80}$, doit donner le logarithme de 20. Mais + 1. 9030900 ajouté à — o. 6020600 = 1. 3010300; donc le logarithme de 80 ajouté au logarithme de $\frac{20}{80}$ donne réellement le logarithme de 20; donc il est aussi évident que le logarithme de $\frac{20}{80}$ est — 1. 6020600, qu'il est évident que les logarithmes de 80 & de 20 sont l'un 1. 9030900, & l'autre 1. 3010300.

Faut-il trouver la fraction à laquelle répond un logarithme négatif? Cherchez dans les tables à quel nombre répond ce logarithme pris positivement; divisez l'unité par ce nombre, & vous aurez la fraction que vous demandez. *Exemple.* Le logarithme — o. 6020600 pris positivement répond au nombre 4. Divisez l'unité par 4, & assurez que — o. 6020600 est le logarithme de la fraction $\frac{1}{4}$. En effet $\frac{20}{80}$ = $\frac{1}{4}$. Tout ce qui reste à démontrer, c'est que $\frac{1}{4}$ doit avoir pour logarithme — o. 6020600; la chose n'est pas difficile à faire.

4 : 1 :: 1 : $\frac{1}{4}$; donc leurs logarithmes sont en progression arithmétique (*question* 1 *de cet article.*) Mais le logarithme du terme moyen est o (*même question*); donc la somme des logarithmes des extrêmes doit être o. Mais + o. 6020600 *logarithme de* 4, & — o. 6020600 logarithme de $\frac{1}{4}$ = o; donc il est aussi évident que — o. 6020600 est le logarithme de $\frac{1}{4}$, qu'il est évident que + o. 6020600 est le logarithme de 4.

Ce que nous avons dit des fractions ordinaires, doit s'appliquer aux fractions décimales. Pour trouver le logarithme de o, 25 = $\frac{25}{100}$, cherchez dans vos tables les logarithmes des nombres 100 & 25; ce sont 2. 0000000 & 1. 3979400; ôtez le second du premier; le restant affecté du signe négatif, c'est-à-dire, — o. 6020600 sera le logarithme de $\frac{25}{100}$. En effet — o. 6020600 est le logarithme de $\frac{1}{4}$ = $\frac{25}{100}$.

De ce que nous avons dit jusqu'à présent, il suit évidemment que — 1. 6901961 est le logarithme de $\frac{1}{49}$, parce que 1. 6901961 est le logarithme de 49. Je suppose maintenant qu'il faille extraire la racine carrée de $\frac{1}{49}$, en opérant sur son logarithme; je prends la moitié de —

1. 6901961 = — 0. 8450980, & je soutiens que c'est-là le logarithme de la racine carrée de $\frac{1}{49}$. En effet — 0. 8450980 est le logarithme de $\frac{1}{7}$. Mais $\frac{1}{7}$ est la racine carrée de $\frac{1}{49}$; donc — 0. 8450980 est le logarithme de la racine carrée de $\frac{1}{49}$. De même le logarithme de $\frac{1}{27}$ est — 1. 4313638, parce que 1. 4313638 est le logarithme de 27. S'il faut extraire la racine cubique de $\frac{1}{27}$, en opérant sur son logarithme, je prends le tiers de — 1. 4313638 = — 0. 4771212; & je prétends que c'est-là le logarithme de la racine cubique de $\frac{1}{27}$. En effet — 0. 4771212 est le logarithme de $\frac{1}{3}$. Mais $\frac{1}{3}$ est la racine cubique de $\frac{1}{27}$; donc — 0. 4771212 est le logarithme de la racine cubique de $\frac{1}{27}$.

Remarque II. Les nombres composés d'*entiers* & de *fractions* ont leurs logarithmes. Comment faut-il s'y prendre pour les trouver ? Le voici.

L'on demande le logarithme de 2 $\frac{3}{4}$. Vous le trouverez en opérant ainsi. 1°. Réduisez en une fraction improprement dite 2 $\frac{3}{4}$, vous aurez $\frac{11}{4}$. 2°. Prenez les logarithmes de 11 & de 4; ce sont 1. 0413927 & 0. 6020600. 3°. Otez celui-ci de celui-là; le restant 0. 4393327 sera (*question 6 de cet article*) le logarithme de 11 divisé par 4, ou de $\frac{11}{4}$.

Remarque III. Il seroit plus naturel de réduire $\frac{3}{4}$ en fraction décimale, & de chercher le logarithme du tout, après que la réduction auroit été faite. Voici comment il faut opérer. 1°. 2 $\frac{3}{4}$ = 2. 75. 2°. Cherchez le logarithme de 275; c'est 2. 4393327. 3°. Donnez à ce logarithme 0 pour caractéristique, parce que la fraction décimale, 2. 75 a un nombre entier dont la caractéristique est 0, (*question 3 de cet article*) & vous trouverez, comme ci-dessus, que 0. 4393327 est la caractéristique de 2 $\frac{3}{4}$ = $\frac{11}{4}$ = 2. 75.

Si l'on demande le logarithme de 25 $\frac{3}{4}$ ou de 25, 75; cherchez le logarithme de 2575; c'est 3. 4107772. Donnez à ce logarithme 1 pour caractéristique, parce que la fraction décimale 25, 75 a un nombre entier dont la caractéristique est 1 (*question 3 de cet article*;) vous conclurez que 1. 4107772 est la caractéristique de 25 $\frac{3}{4}$ = 25, 75.

LOGARITHMIQUE. Courbe dont les abscisses sont les logarithmes des ordonnées, c'est-à-dire, courbe dont les abſciſſes ſuivent la proportion arithmétique, & les ordonnées la proportion géométrique. Cette courbe eſt fort connue des Géometres ; M. le Marquis de l'Hôpital en parle dans ſon Analyſe des infiniment petits, à l'article 39; nous en avons parlé nous mêmes dans le commentaire que nous avons donné de ce Traité, à la note XXIII.

M. Bouguer, dans ſon Traité d'Optique ſur la gradation de la lumiere, s'eſt très-heureuſement ſervi de la logarithmique, pour expliquer la loi que ſuit la lumiere dans ſes diminutions, en traverſant différentes épaiſſeurs d'un corps diaphane. La premiere penſée qui ſe préſente ſur ce ſujet, *dit-il*, c'eſt que ſi on conçoit un corps diaphane diviſé en quantité de couches paralleles de même épaiſſeur, toutes ces couches intercepteront le même nombre de rayons ; de ſorte que la lumiere recevant dans le paſſage de chaque tranche, une diminution toujours exactement égale, elle décroîtroit en progreſſion arithmétique, ou en ſuivant le rapport des ordonnées d'un triangle.

Pour connoître la vérité ou la fauſſeté de ce ſentiment qui a été adopté par pluſieurs Phyſiciens de réputation, j'ai fait une fois paſſer perpendiculairement au travers de deux morceaux de verre une lumiere qui étoit égale à celle de trente-deux chandelles, & elle ſe trouva enſuite deux fois plus foible ; car elle ne me parut égale qu'à la lumiere de ſeize chandelles. Or ſi une autre épaiſſeur de deux morceaux de verre eût produit un égal affoibliſſement, il eſt évident que tous les rayons euſſent été interrompus ; & à plus forte raiſon, huit ou dix morceaux de verre euſſent formé une épaiſſeur tout-à-fait impénétrable à la lumiere. Cependant, ayant ajouté deux morceaux aux deux premiers, il s'en fallut beaucoup qu'ils ne formaſſent un corps abſolument opaque ; la lumiere ſe trouva encore très-vive ; & lorſque je la fis paſſer au travers de dix morceaux, elle étoit encore ſenſiblement auſſi forte que celle d'une chandelle.

Il eſt donc facile de s'appercevoir que, pour qu'une ſeconde épaiſſeur interceptât préciſément le même nombre de rayons que la premiere, il faudroit qu'il ſe préſentât auſſi préciſément le même nombre de rayons pour la traverſer. Mais puiſqu'il ne parvient peut-être à cette tranche que le tiers ou le quart du nombre total des rayons, parce que tous les autres ont déjà été interrompus, il est certain que cette tranche doit intercepter aussi trois ou quatre fois moins de rayons que la premiere. Ainsi les tranches égales ne doivent pas détruire des quantités égales, mais seulement des quantités proportionnelles. C'est-à-dire, que si une certaine épaisseur intercepte la moitié de la lumiere, l'autre épaisseur qui suivra la premiere & qui lui sera égale, n'interceptera pas toute l'autre moitié, mais seulement la moitié de cette moitié, & la réduira par conséquent au quart : & toutes les autres tranches détruisant de semblables parties, il est sensible que la lumiere diminuera toujours en proportion géométrique.

Il est clair aussi que ce que nous disons, doit être également vrai, de quelque maniere que la lumiere se transmette au travers des corps transparens. Car supposons que les rayons ne puissent passer que par les pores, & qu'il y en ait une si grande quantité, que les parties solides ne fassent que la centieme partie du volume extérieur que le corps paroît occuper; si on conçoit ce corps divisé en un nombre presqu'infini de tranches dont l'épaisseur soit égale au diametre de ses petites parties, la premiere tranche n'interceptera que la centieme partie des rayons, & de 100000, il y en aura 99000 qui parviendront à la seconde tranche. Et comme il y aura aussi cent fois plus de pores dans la seconde tranche, que de parties solides, à cause de l'homogénéité du corps; il est clair que la multitude des rayons diminuera encore de la centieme partie, en traversant la seconde tranche, & qu'elle se réduira à 98010. Or toutes les autres tranches produiront un semblable effet ; elles feront toujours diminuer la lumiere de la centieme partie; ainsi la progression géométrique sera toujours exactement observée.

D'un autre côté, si les petites parties solides dont les corps sont composés, servent souvent elles-mêmes à transmettre la lumiere, ce sera encore la même chose. Car on peut considérer comme des pores, ces grains de matiere qui transmettent les rayons, & on peut fort bien ne faire attention qu'aux autres grains qui détournent ou qui affoiblissent la lumiere ; & comme il se trouve toujours dans chaque tranche un égal nombre de ces derniers, il est évident qu'ils feront toujours décroître la lumiere d'une semblable partie ou d'une partie proportionnelle, c'est-à-dire ;

il eſt évident que lorſque les épaiſſeurs croiſſent de quantités égales, la lumiere diminue ſelon les termes d'une progreſſion géométrique.

Il ſuit de-là, *conclut M. Bouguer*, que ſi nous ſuppoſons que le corps lumineux eſt infiniment loin, afin que ſes rayons ſoient ſenſiblement paralleles, & que ſa lumiere ne diminue que par la ſeule interpoſition du corps tranſparent, ſans que la divergence des rayons y ait aucune part, il ſuit, dis-je, de-là que les forces qu'a la lumiere, après avoir traverſé les différentes épaiſſeurs, peuvent être repréſentées par les ordonnées d'une logarithmique qui a pour axe l'épaiſſeur du corps. Voyez cette matiere très-bien diſcutée dans le troiſieme livre du Traité d'Optique de M. Bouguer, dont cependant vous n'entreprendrez la lecture, qu'après vous être formé une idée nette de la logarithmique dans les ouvrages dont nous avons parlé au commencement de cet article, ou dans tout autre ouvrage de géométrie où l'on traite de cette courbe. Il faut auſſi bien connoître auparavant la marche de la progreſſion géométrique; nous en parlerons aſſez au long dans le cinquieme volume de ce Dictionnaire. Mais comme l'optique de M. Bouguer ne ſe trouve pas entre les mains de tout le monde, nous allons tâcher de rendre ſenſible par un exemple tout ce qu'il a dit juſqu'à préſent ſur l'affoibliſſement de la lumiere, lorſqu'elle traverſe des corps tranſparens.

Je ſuppoſe que la force de la lumiere du Soleil, après avoir traverſé la premiere couche d'un verre homogene, ſoit repréſentée par 25, & par 20, lorſqu'elle aura traverſé la ſeconde couche du même verre; il ſuit des principes que nous venons de poſer, que ſa force ſera repréſentée par 16, lorſqu'elle aura traverſé la troiſieme couche; par 12 $\frac{4}{5}$, lorſqu'elle aura traverſé la quatrieme, & ainſi de ſuite ſuivant la marche d'une progreſſion géométrique décroiſſante. Cherchez *progreſſion géométrique*. L'on demande quelle ſera la logarithmique qui repréſentera ces affoibliſſemens.

Soit a d l'axe de la logarithmique Km, *fig.* 5, *pl.* 3; ſoit cet axe diviſé en trois parties égales a b, b c, c d; ſoient les ordonnées a i, b g, c f, d e, la premiere de 25 lignes, la ſeconde de 20, la troiſieme de 16, & la quatrieme de 12 $\frac{4}{5}$; il eſt évident que ces quatres ordonnées repréſenteront les affoibliſſemens de la lumiere du Soleil, traverſant les quatre premieres couches d'un verre homogene dont l'épaiſſeur ſera repréſentée par a d.

Juſqu'à préſent M. Bouguer a placé le corps lumineux à une diſtance comme infinie, parce qu'il a ſuppoſé ſenſiblement paralleles les rayons qu'il envoie de ſon ſein. Il va maintenant donner la méthode de calculer les forces de la lumiere, lorſque le corps lumineux n'eſt pas dans un ſi grand éloignement, parce qu'il va faire attention à l'effet que doit cauſer la divergence de ſes rayons. Le Lecteur le ſuivra facilement, s'il lit auparavant notre article *Lumiere*, dans lequel nous avons démontré géométriquement que la diminution de la lumiere, cauſée par la ſeule divergence des rayons, ſuit la raiſon inverſe des carrés des diſtances au corps lumineux. Ecoutons M. Bouguer.

Dans ce ſecond cas, *dit-il*, la vivacité de la lumiere eſt ſujette à recevoir deux diminutions ; l'une par le défaut de tranſparence du milieu, lequel intercepte toujours quelques rayons ; & l'autre parce que les rayons qui continuent leur chemin ſans être interrompus, vont toujours en s'éloignant les uns des autres, & occupent continuellement de plus grands eſpaces ; ce qui fait qu'il en tombe moins en chaque endroit. Or ſi on combine cette derniere diminution, qui ſuit la raiſon inverſe des carrés des diſtances, avec l'autre diminution cauſée par le défaut de tranſparence, on verra que les diverſes forces de la lumiere doivent être en raiſon compoſée de la raiſon directe des ordonnées de la logarithmique & de la raiſon inverſe des carrés des diſtances, ou, ce qui revient à la même choſe, qu'elles doivent être proportionnelles aux ordonnées de la logarithmique, diviſées par les carrés des diſtances aux corps lumineux.

Il eſt facile de voir que le défaut de tranſparence du milieu, doit faire diminuer la lumiere préciſément de la même façon que dans le premier cas, & la faire ſuivre le rapport des ordonnées de la même logarithmique. Car ſi les rayons qui ſortent d'un flambeau, forment un cône par leur divergence, & vont toujours en s'éloignant les uns des autres, ils ne doivent être pour cela ni plus ni moins ſujets à être interrompus, puiſqu'en même tems que les eſpaces dans leſquels ils ſe répandent, ont plus de parties grossieres, ou de parties quelles qu'elles soient, qui interceptent la lumiere, ils ont aussi plus de pores qui la laissent passer. Toutes les hypotheses sur la lumiere, seront susceptibles d'une explication semblable. Supposé donc qu'on divise le cône de lumiere en une infinité de tranches paralleles entr'elles, & perpendiculaires à l'axe, & qu'une de ces tranches intercepte, par exemple, la dixieme partie des rayons, toutes les autres tranches de même épaisseur, quoiqu'elles aient continuellement plus d'étendue, n'intercepteront aussi que la dixieme partie des rayons, & la lumiere totale diminuera toujours en progression géométrique, & sera encore exprimée par les ordonnées de notre logarithmique.

Mais au lieu que cette lumiere n'occupe que des espaces de même grandeur, lorsque le corps lumineux est à une distance infinie & que ses rayons sont paralleles, elle occupe ici des espaces qui augmentent comme les carrés des distances. C'est pourquoi la vivacité de la lumiere qu'on sent à différens éloignemens, ne doit plus suivre simplement le rapport des ordonnées de la logarithmique, mais le rapport de ces ordonnées divisées par les carrés des distances; car la lumiere ne peut pas se répandre dans de plus grands espaces, sans être en même tems plus foible à proportion.

Il est encore une expérience de M. Bouguer dont le Lecteur sera charmé que nous lui rendions compte; c'est celle qui lui sert à déterminer l'épaisseur qu'il faut donner à un corps diaphane, pour le faire devenir opaque. Il suppose le corps lumineux à une distance comme infinie. M. Bouguer prit plusieurs morceaux de verre ordinaire dont on fait les vitres, de ce verre qui fait diminuer 247 fois la lumiere, lorsqu'elle passe au travers de 16 morceaux. Il en arrangea 74, à quelque distance les uns des autres, dans un tuyau. Il se tourna vers le Soleil, & il vit encore quelque apparence de cet Astre. Il ajouta 2 ou 3 morceaux de verre aux 74 premiers, & il ne vit plus aucune lumiere. Il croit cependant qu'il faut 80 morceaux, pour former une épaisseur qui soit parfaitement opaque, par rapport aux vues mêmes les plus perçantes. Il fait ensuite l'analogie suivante:

16 morceaux sont au logarithme de 247 (2. 3926969,) comme 80 sont à 11. 9634848, logarithme du nombre

919358226007. Il conclut de-là avec raiſon que ſes 80 morceaux de verre ont rendu la lumiere environ neuf cent milliards de fois plus foible, qu'elle n'étoit, lorſqu'elle eſt tombée ſur le premier morceau.

LOGEMENT. La Phyſique uſuelle a eu trop de part à la maniere dont les hommes ont cherché à ſe garantir dans tous les tems des injures de l'air, pour ne pas faire dans un ouvrage comme celui-ci au moins l'hiſtoire intéreſſante des changemens qui ſont arrivés dans leurs logemens. Nous la trouvons dans le premier entretien du tome ſeptieme du Spectacle de la Nature; nous allons faire l'abrégé des quarante pages qu'il contient. Les avances des rochers, les antres & les enfoncemens furent d'abord les premieres retraites des hommes. Des maiſons de bois, ou plutôt, des ramées informes & des entrelas d'oſiers, garnis de terres, ſuccéderent bientôt après le déluge aux tanieres, & aux noirs ſouterrains qui avoient d'abord ſervi d'hoſpice aux enfans de Noé dans leurs courſes. La juſte crainte de détruire les bois fit naître chez les Gaulois & dans toute la Germanie ces *rotondes*, c'eſt-à-dire, ces bâtimens couverts de joncs ou de chaume, & terminés en cône, comme nos glacieres. Un trou pratiqué à la pointe de ce dôme ruſtique donnoit l'échappement à la fumée. Le foyer quelque peu enfoncé au milieu de la place, & entretenu avec de ſimples charbons, réjouiſſoit la famille diſperſée à l'entour. L'on voit encore les reſtes de cette méthode & la forme de ces logemens dans les villages de Lorraine, d'Allemagne & de Pologne. Les Egyptiens, les Grecs & les Romains ſuivirent dans leurs bâtimens des regles bien différentes.

Les Egyptiens amenerent par la navigation les pierres, les marbres & toutes les matieres propres à bâtir, qu'ils ne trouvoient qu'au ſond de l'Afrique. Ils mirent du grand dans leurs édifices. De-là ces magnifiques habitations en forme de terraſſes & tous ces beaux monumens qu'il falloit rendre ſupérieurs aux inondations, & indeſtructibles à tous les efforts de l'eau. Le bois n'entroit preſque pour rien dans leurs bâtimens. Le pays en donnoit peu, & alternativement expoſé à l'air, puis à l'eau, il n'auroit pas été de durée.

Les Grecs de qui nous viennent les plus belles pratiques de la géométrie, la correction dans le deſſein, les ordres d'architecture, les belles proportions & les principes de tous les beaux arts, bâtirent avec encore plus d'élégance que les Egyptiens.

Enfin les Romains n'ont jamais paru plus grands, que dans leurs aqueducs, leurs chemins, leurs ponts; témoins surtout à Nîmes, ces monumens (1) antiques que la rigueur des tems a respectés. Leur noble simplicité frappera toujours ce grand nombre d'étrangers que la curiosité n'attire d'abord dans cette ville, que pour admirer les embellissemens (2) modernes dont les héritiers de la magnificence Romaine ont orné l'ancienne émule de la maîtresse du monde.

LOIX GÉNÉRALES DE LA NATURE. Le Créateur en tirant ce monde du néant, l'a soumis à des regles que l'on nomme *Loix générales de la nature*; telles sont, suivant tous les Physiciens, les regles du mouvement soit simple, soit composé; telles sont encore, suivant les Newtoniens, les loix de la gravitation mutuelle des corps. Lorsque dans l'explication d'un phénomene l'on en est arrivé à une loi générale de la nature, l'on ne peut pas demander, sans se déshonorer, quelle est la cause physique de cette loi; l'on doit savoir que le maître suprême est le seul à qui l'on puisse avoir recours dans cette occasion.

Les loix générales de la nature sont en très-grand nombre. Un Physicien n'est pas obligé de les connoître toutes; mais il est obligé d'avoir présentes à l'esprit celles qui passent pour telles dans les ouvrages généralement estimés. C'est pour faciliter aux commençans une étude si nécessaire, que nous allons leur mettre sous les yeux, & comme sous un même point de vue, les loix générales de la nature que nous croyons être parvenues à notre connoissance. Nous aurons soin d'indiquer les articles de ce Dictionnaire où nous en avons donné la démonstration.

Loix générales d'Attraction.

Premiere Loi. L'attraction se fait toujours en raison directe des masses. C'est-à-dire, si le corps A a quatre fois

(1) Les Arenes, la Maison Carrée.

(2) La Fontaine.

plus de matiere que le corps B, le corps A attirera quatre fois plus le corps B, qu'il n'en sera attiré.

Seconde Loi. L'attraction suit toujours la raison inverse des carrés des distances. C'est-à-dire, le corps A éloigné d'une lieue du corps B plus gros que lui, en sera quatre fois plus attiré, que s'il en étoit éloigné de deux lieues.

Troisieme Loi. L'action par laquelle un corps tend vers un autre, est toujours proportionnelle à la masse du corps attirant, divisée par le carré de la distance qu'il y a entre le centre du corps attiré & le centre du corps attirant. C'est-à-dire, l'action par laquelle un corps tend vers un autre, est d'autant plus grande, que le corps attirant est plus gros ; & elle est d'autant moindre, que le carré de la distance entre le corps attiré & le corps attirant est plus considérable.

Consultez les articles *Attraction* & *Gravitation* ; vous y trouverez les preuves démonstratives de l'existence de ces trois loix.

Loix générales d'impulsion.

Comme dans la nature les mouvemens se font plus souvent par *impulsion* que par *attraction*, l'on ne sera pas étonné que les loix générales d'*impulsion* soient en plus grand nombre, que les loix générales d'*attraction*. Nous allons en faire l'énumération intéressante.

Loix générales du mouvement.

Premiere Loi. Tout corps qui n'est pas en mouvement, persévere dans l'état de repos, & tout corps qui est en mouvement, continue de se mouvoir dans la direction & avec le degré de vîtesse qu'il a reçu, jusqu'à ce qu'une cause nouvelle l'oblige à changer d'état. Cette premiere loi n'a pas besoin d'explication.

Seconde Loi. Le changement qui arrive au mouvement d'un corps, est toujours proportionnel à la cause qui le produit, & il se fait toujours suivant la ligne droite. Cette seconde loi est aussi claire que la premiere.

Troisieme Loi. La réaction est égale & contraire à l'action détruite. Si l'on n'ajoutoit pas le mot *détruite*, cette loi ne seroit vraie, que dans le cas d'un parfait équilibre.

Confultez l'article *mouvement local*, vous y trouverez la démonftration de ces trois loix.

Loix générales du mouvement en ligne droite.

Premiere Loi. Un corps pouffé par une feule force, ou par plufieurs forces qui ont la même direction, fe meut néceffairement d'un mouvement fimple en ligne droite.

Seconde Loi. Un corps pouffé en même-tems par deux forces conftantes & uniformes dont les deux directions forment un angle quelconque, fe meut d'un mouvement compofé en ligne droite; & cette ligne droite eft la diagonale d'un quadrilatere. Ces deux loix ne font dans le fond que deux corollaires de la premiere loi générale du mouvement. Vous en trouverez la démonftration aux articles *mouvement fimple en ligne droite & mouvement compofé en ligne droite.*

Loix générales du mouvement en ligne courbe.

Loi unique. Un corps follicité en même-tems par une force de projection conftante & uniforme, & par une force variable dirigée vers un centre, décrit néceffairement une ligne courbe. Cherchez *mouvement en ligne courbe.* Cette courbe eft tantôt circulaire, tantôt elliptique & tantôt parabolique, fuivant la combinaifon de la force conftante & de la force variable. Cherchez *Mouvement en ligne circulaire; Mouvement en ligne elliptique; Parabole.*

Loix générales d'Aftronomie.

Premiere Loi. Les aires aftronomiques parcourues par les planetes, font comme les tems employés à les parcourir.

Seconde Loi. Les carrés des tems périodiques des planetes qui tournent autour d'un centre commun, font comme les cubes de leurs diftances à ce centre. C'eft à Képler que nous devons la découverte de ces deux fameufes loix; vous en trouverez l'explication, la démonftration & l'application à l'article Képler.

Loix générales du mouvement dans le choc des corps durs.

Premiere Loi. Si deux corps durs qui fe meuvent de même

ſens, viennent à ſe heurter, ils continueront, après le choc, de ſe mouvoir enſemble & dans leur premiere direction avec la ſomme des forces qu'ils avoient avant le choc. Je ſuppoſe que le corps A & le corps B ſe meuvent vers le point C, le premier avec 6, & le ſecond avec 4 degrés de force; après le choc ils continueront à ſe mouvoir enſemble vers le point C avec 10 degrés de force.

Seconde Loi. Si deux corps durs qui ſe meuvent en ſens directement contraire, viennent à ſe heurter, ils iront enſemble après le choc dans la direction du corps le plus fort, avec l'excès ou la différence des forces qu'ils avoient avant le choc. Suppoſons que les corps durs A & B ſoient égaux en maſſe. Suppoſons encore que le corps A ſe meuve avec 12 degrés de vîteſſe vers l'Orient, & que le corps B ſe meuve ſuivant la même ligne vers l'Occident avec ſeulement 8 degrés de vîteſſe; ces deux corps ſe heurteront, & après le choc ils iront enſemble vers l'Orient dans la direction du corps A avec deux degrés de vîteſſe chacun.

Troiſieme Loi. Dans le choc des corps la communication de la vîteſſe ſe fait toujours en raiſon directe des maſſes. Si le corps choquant A, *par exemple*, a 6 degrés de vîteſſe à communiquer; il en communiquera 3 au corps choqué B, ſuppoſé qu'il lui ſoit égal en maſſe: il lui en communiqueroit 4, ſi la maſſe du corps B, étoit double de celle du corps A.

Quatrieme Loi. Tout corps dur jetté perpendiculairement ſur un plan dur immobile, ne doit pas ſe mouvoir après le choc.

Cinquieme Loi. Tout corps dur jetté obliquement ſur un plan dur immobile, doit ſe mouvoir, après le choc, en ne conſervant que ce qu'il avoit de mouvement horizontal. Cherchez *Dureté*; vous trouverez dans cet article non-ſeulement la démonſtration, mais encore l'application de ces cinq loix à un très-grand nombre de cas différens.

Loix générales du mouvement dans le choc des corps élaſtiques.

Premiere Loi. Dans le choc des corps élaſtiques, le mouvement direct ſe communique, comme ſi les corps étoient durs. Il faut entendre par *mouvement direct* celui par lequel les corps élastiques perdent leur premiere figure, & par *mouvement réfléchi* celui par lequel ces mêmes corps reprennent la figure qu'ils avoient perdue.

Seconde Loi. Lorsqu'après le choc deux corps élastiques reprennent leur premiere figure, le corps choquant acquiert autant de vîtesse pour revenir sur ses pas, qu'il en avoit communiqué au corps choqué, & celui-ci acquiert autant de vîtesse pour aller en avant, qu'il en avoit d'abord reçu du corps choquant.

Troisieme Loi. Si un corps élastique tombe perpendiculairement sur un plan immobile & élastique, il rejaillira suivant la même ligne & avec la même vîtesse qu'il avoit, lorsqu'il est tombé.

Quatrieme Loi. Si un corps élastique tombe sur un plan immobile & élastique par une ligne oblique, il rejaillira vers le côté opposé, en faisant un angle de réflexion égal à celui d'incidence. C'est sur ces deux dernieres loix qu'est fondée toute la catoptrique. Cherchez *Elasticité*; vous trouverez dans cet article la démonstration & l'application de ces quatre loix à différens cas.

Loix générales de réfraction.

Premiere Loi. Un corps solide passant perpendiculairement d'un milieu dans un autre, ne souffre aucune réfraction, quoique les milieux soient de différente densité. C'est-à-dire, une boule passant perpendiculairement de l'air dans l'eau, continue à parcourir dans l'eau la ligne perpendiculaire qu'elle parcouroit dans l'air; elle n'éprouvera aucun changement dans sa premiere direction; elle n'en éprouvera que dans sa vîtesse, c'est-à-dire, qu'elle parcourra la perpendiculaire avec moins de vîtesse dans l'eau que dans l'air.

Seconde Loi. Un corps solide passant obliquement d'un milieu plus rare dans un milieu plus dense, se réfracte en s'éloignant de la ligne perpendiculaire. C'est-à-dire, une boule passant obliquement de l'air dans l'eau, ne parcourt pas dans l'eau la même ligne qu'elle parcouroit dans l'air; elle parcourt dans l'eau une ligne oblique plus éloignée de la ligne perpendiculaire, que celle qu'elle parcouroit dans l'air.

Troisieme Loi. Un corps solide passant obliquement d'un

milieu plus dense dans un milieu plus rare, se réfracte en s'approchant de la ligne perpendiculaire. C'est-à-dire, il parcourt dans l'air une ligne oblique moins éloignée de la ligne perpendiculaire, que celle qu'il parcouroit dans l'eau. Il n'en est pas ainsi de la lumiere; elle suit dans la réfraction des regles bien différentes.

Quatrieme Loi. Un rayon de lumiere passant obliquement d'un milieu plus rare dans un milieu plus dense, se réfracte en s'approchant de la ligne perpendiculaire.

Cinquieme Loi. Un rayon de lumiere passant obliquement d'un milieu plus dense dans un milieu plus rare, se réfracte en s'éloignant de la ligne perpendiculaire.

Sixieme Loi. Un rayon de lumiere passant perpendiculairement d'un milieu dans un autre, ne souffre aucune réfraction, quoique les milieux soient de différente densité. C'est-à-dire, il continue à parcourir dans le second milieu la même ligne perpendiculaire qu'il parcouroit dans le premier. Ces trois dernieres loix sont le fondement de la dioptrique. Cherchez *Réfraction*; vous y trouverez les expériences sur lesquelles ces six loix sont fondées.

Loi générale de mécanique.

Loi unique. Deux poids appliqués à un lévier sont en équilibre, lorsque leurs masses sont en raison inverse de leurs distances au point d'appui. C'est-à-dire, le poids A & le poids B appliqués à un lévier, sont en équilibre, lorsque la masse du poids A l'emporte autant sur la masse du poids B, que la distance de celui-ci au point d'appui l'emporte sur la distance de celui-là au même point d'appui. C'est de ce principe fécond que l'on tire l'explication de presque toutes les machines. Cherchez *Mécanique*.

Loix générales de statique.

Premiere Loi. Les corps graves qui tombent librement sur la terre, parcourent une ligne perpendiculaire.

Seconde Loi. L'accélération de la chute des corps graves se fait suivant la progression arithmétique des nombres impairs 1, 3, 5, 7, *&c.* C'est-à-dire, si le corps grave A que l'on suppose tomber librement sur la terre, parcourt 15 pieds au premier instant de sa chute, il en parcourra

3 fois 15 au second instant, 5 fois 15 au troisieme ; 7 fois 15 au quatrieme, &c.

Troisieme Loi. Les espaces parcourus par un corps grave qui tombe librement sur la terre, à commencer du premier instant de sa chute, répondent aux carrés des tems employés à les parcourir. C'est-à-dire, l'espace parcouru pendant les trois premiers instans de sa chute sera neuf fois plus grand, que l'espace parcouru pendant le premier instant, parce que le carré de 1 est 1, & le carré de 3 est 9. Par la même raison l'espace parcouru pendant les quatre premiers instans de sa chute sera 16 fois plus grand, que l'espace parcouru pendant le premier instant.

C'est à Galilée que nous devons la découverte de ces loix ; voyez-en la démonstration à l'article *Statique*.

Loix générales observées par les corps fluides.

Premiere Loi. Deux fluides homogenes qui se trouvent dans deux tubes communiquans, sont en équilibre, & ils s'élevent toujours à la même hauteur dans les deux branches, lors même qu'elles sont de différente capacité. L'on suppose qu'aucun de ces deux tubes n'est capillaire. C'est sur cette loi qu'est fondée la conduite des eaux que l'on veut faire jaillir, pour embellir un jardin, un parterre, &c.

Seconde Loi. La pression qu'exerce un fluide homogene sur le fond du vase dans lequel il est contenu, est toujours en raison composée de la base & de la hauteur du fluide. C'est-à-dire, il faut multiplier la base par la hauteur du fluide, pour connoître la pression qu'il exerce sur le fond du vase dans lequel il est contenu.

Troisieme Loi. Dans un vase rempli d'un fluide homogene, la pression latérale *n'est que la moitié de la pression sur la base.*

Quatrieme Loi. Lorsque deux fluides hétérogenes se trouvent dans deux tubes communiquans, ils ne s'élevent pas à la même hauteur. L'on suppose qu'aucun des deux tubes n'est capillaire.

Cinquieme Loi. Lorsque deux fluides hétérogenes se trouvent dans deux tubes communiquans, ils ont leurs hauteurs en raison inverse de leurs densités. C'est-à-dire, la hauteur du premier est à la hauteur du second, comme la densité du second est à la densité du premier. C'est sur cette cinquieme

cinquieme loi qu'est fondé le mécanisme du barometre, des pompes aspirantes, &c.

Sixieme Loi. Un corps solide a-t-il autant de gravité spécifique, que le fluide dans lequel on le plonge? Il ne surnagera pas, mais il demeurera dans l'endroit où on l'aura d'abord placé. C'est par cette sixieme loi qu'on explique pourquoi les oiseaux volent dans les airs, les poissons nagent dans les eaux, &c.

Septieme Loi. Un corps solide a-t-il plus de gravité spécifique que le fluide dans lequel on le plonge? Il tombera nécessairement au fond. Voilà pourquoi le même fluide soutient tel corps, & ne soutient pas tel autre.

Huitieme Loi. Un corps solide a-t-il moins de gravité spécifique que le fluide dans lequel on le plonge? Il surnagera.

Neuvieme Loi. Lorsqu'un solide plongé dans un fluide, vient à surnager, la gravité spécifique du fluide est à la gravité spécifique du solide, comme toute la hauteur du solide est à la hauteur de la partie submergée. Si un corps haut de 6 pieds surnage de 4 pieds, l'on pourra assurer que le fluide dans lequel on l'a plongé, a une gravité spécifique triple de celle de ce corps.

Dixieme Loi. Le poids que perd un corps solide dans un fluide totalement ou en partie, est toujours égal au poids du volume du fluide qu'il a déplacé. C'est sur ces trois dernieres loix qu'est fondé tout l'art de la navigation. Cherchez *Hydrostatique*; vous trouverez dans cet article la démonstration & l'application de ces dix loix à différens cas. Cherchez aussi *gravité spécifique* & *densité*.

Telles sont les principales loix générales de la nature à la connoissance desquelles nous sommes parvenus; celles que nous ignorons sont sans doute en bien plus grand nombre. Nous le répétons avec confiance; l'un des plus grands services que nous ayons pu rendre aux jeunes Physiciens, c'est de leur avoir mis toutes ces loix comme sous un même point de vue. Nous leur conseillons de ne pas passer des unes aux autres, sans avoir bien compris les démonstrations qui en constatent l'existence. Voilà pourquoi nous avons eu soin d'indiquer les articles de ce Dictionnaire où elles se trouvent. Une fois qu'ils les auront bien saisies, ils apprendront comme par cœur, les différentes loix générales dont nous venons de faire l'énumération dans cet important article. Ce seront là comme autant de points fixes d'où ils partiront dans l'explication des phénomenes de la nature. Par ce moyen il leur sera très-facile de distinguer une Physique romanesque d'avec une Physique raisonnable.

LONGIMÉTRIE. Science qui n'apprend pas seulement à opérer sur les lignes, mais qui apprend surtout à mesurer les distances accessibles & inaccessibles. Les principaux problemes de longimétrie que l'on puisse proposer, sont les suivans.

Probleme 1. *A trois lignes données, trouver une quatrieme proportionnelle.* C'est-à-dire, l'on donne les trois lignes A, B, C, & l'on demande une quatrieme ligne x, qui soit telle, que l'on puisse dire A : B :: C : x.

Probleme 2. *A deux lignes données, trouver une troisieme proportionnelle.* C'est-à-dire, l'on donne les deux lignes A & B; l'on demande une troisieme ligne x, qui soit telle que l'on puisse dire A : B :: B : x.

Probleme 3. *A deux lignes données, trouver une moyenne proportionnelle.* C'est-à-dire, l'on donne les deux lignes A & B, l'on demande une ligne x, qui soit telle, que l'on puisse dire A : x :: x : B.

Probleme 4. *Diviser une ligne en moyenne & extrême raison.* C'est-à-dire, l'on donne une ligne quelconque AB, & l'on demande de la diviser de maniere, que l'on puisse dire ; toute la ligne : à la plus grande partie :: la plus grande partie : à la plus petite.

Probleme 5. *Mesurer une distance qui n'est accessible que par ses deux extrémités.*

Probleme 6. *Mesurer une distance qui n'est accessible que par une de ses extrémités.*

Probleme 7. *Mesurer une distance entierement inaccessible.*

Probleme 8. *Mesurer une distance que la largeur d'une riviere rend inaccessible.*

Probleme 9. *Mesurer par le moyen d'un miroir plan la hauteur d'un objet.*

Probleme 10. *Mesurer par le moyen d'un bâton la hauteur d'un objet.*

La solution de tous ces problemes appartient à la longimétrie. Nous l'aurions donnée dans cet article, s'ils n'avoient pas été déjà résolus dans la premiere partie de notre géométrie pratique à laquelle nous renvoyons le Lecteur. Nous ne les avons ici proposés de nouveau, que pour apprendre aux jeunes Physiciens quel est l'objet de la longimétrie.

Il y a encore bien des opérations sur les lignes droites qui appartiennent à la même science; je parle de l'addition, de la soustraction, de la multiplication, de la division & de l'extraction des racines carrées des lignes.

Premiere opération. Additionner deux lignes droites, par exemple, une ligne de 2 & une ligne de 3 pieds.

Résolution. Ces deux lignes, additionnées ensemble, donneront une ligne de 5 pieds. Cette premiere opération n'a pas besoin de démonstration.

Seconde opération. Soustraire une ligne d'une autre, par exemple, une ligne de 4 pieds d'une ligne de 6 pieds.

Résolution. Après avoir soustrait une ligne de 4 pieds d'une ligne de 6 pieds, il vous restera une ligne de 2 pieds. Cette seconde opération n'a pas plus besoin de démonstration que la premiere. Il n'en est pas ainsi des suivantes; elles demandent une démonstration d'autant plus rigoureuse, qu'elles ne sont pas en usage dans la géométrie ordinaire. C'est à Descartes que nous devons cette maniere d'opérer; il en a fait comme le fondement d'une géométrie qui lui est particuliere. Qu'on l'adopte ou qu'on ne l'adopte pas, on n'est pas moins obligé de la connoître.

Troisieme opération. Multiplier une ligne par une autre, par exemple, la ligne AC par la ligne AE, fig. 6, pl. 3.

Résolution. 1°. Faites former un angle quelconque A aux deux lignes AC, AE.

2°. Du point E, tirez la ligne EB sur la ligne AC; vous pouvez la tirer obliquement ou perpendiculairement à votre fantaisie.

3°. Prenez AB pour l'unité.

4°. Prolongez indéfiniment la ligne AE.

5°. Du point C, tirez la ligne CF parallele à la ligne EB; je dis que la ligne AF sera le produit de la ligne AC multipliée par la ligne AE.

Démonstration. Les deux triangles BAE & CAF sont évidemment équiangles; donc l'on doit dire, AB : AE :: AC : AF. *Cherchez Géométrie.* Dans cette proportion géométrique la ligne AB a été prise pour l'unité; la ligne AE est le multiplicateur & la ligne AC le multiplicande ; donc la ligne AF est le produit de la ligne AC par la ligne AE ; car la multiplication est une opération dans laquelle l'unité est au multiplicateur, comme le multiplicande est au produit. Cherchez *Arithmétique.*

Remarque. Ce n'est pas ainsi que dans la géométrie ordinaire l'on trouve le produit d'une ligne par une autre. Si l'on demande à un Géometre, par exemple, le produit de la ligne S I par la ligne IK ; il vous dira que c'est l'aire du quadrilatere SIKE, *fig.* 20, *pl.* 1, cherchez *Géométrie.* Nous ne parlerons pas ici de cette derniere maniere de multiplier une ligne par une autre ; cette opération appartient évidemment à la planimétrie. Cherchez *Géométrie pratique.* Nous nous contenterons de faire remarquer que, malgré sa démonstration, la méthode de Descartes n'a pas été introduite dans la géométrie ordinaire.

Quatrieme opération. Diviser une ligne par une autre; diviser, par exemple, la ligne AB par la ligne AC, *fig.* 3, *pl.* 3.

Résolution. 1°. Faites former un angle quelconque A aux deux lignes AB, AC.

2°. Tirez la base BC.

3°. Sur le diviseur AC, coupez une partie quelconque AE, que vous prendrez pour l'unité.

4°. Du point E tirez sur le dividende AB une ligne ED parallele à la base BC ; je dis, d'après Descartes, que la ligne AD sera le quotient que donnera la division de la ligne AB par la ligne AC.

Démonstration. Dans les triangles équiangles BAC & DAE, l'on a la proportion suivante ; AC : AB : : AE : AD. Mais AC est le diviseur, AB le dividende & AE l'unité ; donc AD sera le quotient que donnera la division de la ligne AB par la ligne AC ; car la division est une opération dans laquelle le diviseur est au dividende, comme l'unité est au quotient. Cherchez *Arithmétique.*

Remarque. Cette division des lignes, imaginée par Descartes, n'a pas été plus introduite dans la géométrie ordinaire, que la multiplication.

Cinquieme opération. Extraire la racine carrée d'une ligne donnée ; extraire, par exemple, la racine carrée de la ligne AB, *fig.* 1, *pl.* 3.

Résolution. 1°. Prenez une ligne quelconque pour l'unité, prenez, par exemple, la ligne BD.

2°. Joignez la ligne AB à la ligne BD.

3°. Divisez la ligne AD en deux parties égales au point C.

4°. Du point C comme centre, avec le rayon AC ou CD, décrivez le demi-cercle AED.

5°. Du point B, point de jonction de la ligne AB avec la ligne BD, élevez la perpendiculaire BE.

6°. Tirez les lignes AE, ED, pour avoir les deux triangles équiangles AEB & BED. Cherchez *Géométrie*. Je dis, d'après Descartes, que la perpendiculaire BE sera la racine carrée de la ligne AB.

Démonstration. Dans les deux triangles équiangles BED & AEB, l'on a évidemment la proportion suivante; BD : BE :: BE : AB; mais dans cette proportion géométrique la ligne BD est prise pour l'unité, & la ligne AB pour un carré; donc la perpendiculaire BE sera la racine carrée de la ligne AB. Pourquoi? Parce que l'extraction de la racine carrée est une opération dans laquelle l'unité est à la racine carrée, comme la racine carrée est au carré. En effet 5 n'est la racine carrée de 25, que parce que l'on peut dire 1 : 5 :: 5 : 25. Cherchez *Arithmétique* & *Logarithmes*.

Remarque. Cette maniere d'opérer n'a pas encore été introduite dans la géométrie ordinaire. Supposons, *par exemple*, que le quadrilatere M, *fig.* 7, *pl.* 3, soit un carré parfait, c'est-à-dire, supposons que les lignes KI, KP, PQ, QI, parfaitement égales entre elles, forment 4 angles droits, nous disons que le carré M a été formé par la multiplication de la ligne KI par la ligne KI. Si l'on me demande quelle est la racine carrée du carré M, je répondrai que c'est la ligne KI, par la même raison que je répons que 10 est la racine carrée de 100, parce que 10 × 10 = 100. Au reste, je laisse à tout Lecteur intelligent à décider s'il convient de préférer la méthode ordinaire à la méthode Cartésienne. *Non nostrûm est tantas componere lites.*

LONGITUDE. La longitude d'une ville est la distance qu'il y a entre le premier méridien, c'est-à-dire, entre le méridien de l'*Isle de Fer*, & le méridien de la ville dont on cherche la longitude. C'est l'arc de l'équateur céleste intercepté entre ces deux méridiens, qui détermine les degrés de longitude. Avignon, par exemple, en a une de 22 degrés 26 minutes, comme on peut le voir dans la table que l'on trouve à la fin de ce volume, qui contient les longitudes des principales villes du monde. Ce qui nous a engagé à l'insérer dans ce Dictionnaire, c'est que celle que l'on trouve dans la *connoissance des tems*, ne détermine que la distance des méridiens particuliers au méridien de Paris. Nous n'avons donné notre table qu'en degrés, minutes & secondes géométriques; rien n'est plus facile que de la réduire en heures, minutes & secondes de tems; l'on n'a pour cela qu'à savoir qu'un degré géométrique équivaut à 4 minutes de tems, une minute de degré à 4 secondes de tems, & une seconde de minute à 4 tierces de tems. La longitude d'Abbeville, par exemple, marquée en tems, seroit de 1 heure, 18 minutes, 12 secondes, parce qu'elle est de 19 degrés, 33 minutes géométriques. La raison en est évidente. Le Soleil parcourt dans 24 heures 360 degrés; donc il parcourt chaque heure 15 degrés; donc il met 4 minutes à parcourir 1 degré; donc un degré géométrique équivaut à 4 minutes de tems, une minute géométrique à 4 secondes de tems, & une seconde géométrique à 4 tierces de tems.

Pour trouver la différence des longitudes de deux villes quelconques, par exemple, de Paris, & d'Avignon, voici la méthode qu'il faut suivre. L'on choisit un jour où il doive arriver quelque éclipse; celles des satellites de Jupiter sont les plus commodes. On compare l'heure à laquelle on a observé le commencement à Paris avec l'heure à laquelle on en a observé le commencement à Avignon. Si l'éclipse a commencé à Paris à 10 heures, & à Avignon à 10 heures 9 minutes 44 secondes, l'on conclura que la différence des longitudes de ces deux villes est de 2 degrés 26 minutes, c'est-à-dire, l'on conclura qu'Avignon est plus oriental que Paris de 2 degrés 26 minutes.

Connoissant la latitude de deux villes & la différence de leur longitude, l'on parviendra facilement, si l'on sait la Trigonométrie sphérique, à connoître leur distance; parce que dans le triangle sphérique que l'on tracera, l'angle formé par les méridiens de ces deux villes sera connu, puisqu'il sera égal à la différence de leur longitude : de plus l'on connoîtra les deux arcs qui comprennent cet angle, puisque ce sont les deux complémens des deux latitudes connues ; donc l'on pourra connoître le troisieme côté du triangle en question, c'est-à-dire, la distance des deux villes dont on connoît la latitude & la différence des longitudes.

LONGITUDE EN MER. Trouver la longitude en mer, c'est trouver en même-tems & l'heure qu'il est sur le navire, & l'heure qu'il est sous un méridien dont la longitude est connue, *par exemple*, sous le méridien du départ. La différence des heures donnera la différence des méridiens à quiconque sait qu'un degré géométrique équivaut à 4 minutes de tems, une minute de degré à 4 secondes de tems, & une seconde de minute à 4 tierces de tems. Les instrumens astronomiques donnent avec la derniere exactitude l'heure qu'il est sur le navire. Il ne s'agit donc, pour l'entiere résolution du probleme, que de construire une montre dont la marche uniforme, malgré l'agitation de la mer, conserve toujours l'heure qu'il est sous le méridien du départ.

On publia en Angleterre en 1714, la douzieme année du regne de la Reine Anne, un acte du Parlement, par lequel la nation britannique promit vingt mille livres sterling de récompense à celui qui découvriroit les longitudes en mer, à un demi-degré près, ou 10 lieues marines ; quinze mille livres, si on ne les découvroit qu'à deux tiers de degrés près ; & dix mille livres à un degré près. On établit en même-tems des Commissaires pour juger du mérite des recherches qui seroient présentées sur cet objet. Cette commission fut nommée le bureau des longitudes.

En conséquence de ces encouragemens M. *Jean Harrison* de Londres fit en 1726 une pendule qui pendant dix ans de suite ne s'écarta du ciel que d'environ une seconde par mois. Mais comme la pendule est nécessairement dérangée par le mouvement du vaisseau, il construisit une montre dont il fit l'essai dans un grand bateau sur une riviere par un tems orageux. Le succès surpassa ses espérances. Il la transporta sur un vaisseau jusqu'à Lisbonne, & de Lisbonne en Angleterre ; & à l'entrée de la Manche, elle donna exactement la différence entre le méridien de Lisbonne & celui du navire. Il fit ensuite succeſſivement deux autres montres plus parfaites & moins embarraſſantes que la premiere ; la troiſieme n'occupoit que quatre pieds carrés. Ce fut pour l'encourager & l'aider à conſtruire ces deux dernieres machines, que les Commiſſaires des longitudes lui donnerent en 1737 une ſomme d'argent.

En 1739 M. *Harriſon* produiſit la ſeconde montre dont l'exactitude fit eſpérer qu'elle donneroit la longitude du navire dans les limites de l'acte du Parlement. La troiſieme parut deux ans après, & elle lui procura le certificat ſuivant, ſigné par les principaux Membres de la Société Royale : *Notre avis eſt que de ſemblables machines ſeront d'un excellent uſage, tant pour déterminer la longitude à la mer, que pour corriger les cartes & la poſition des côtes ; & nous ne ſaurions trop recommander M. Harriſon aux Commiſſaires des longitudes, comme un homme qui mérite toute ſorte d'encouragemens & de ſecours, pour l'aider à mettre la derniere main à cette troiſieme machine.* La Société Royale fit plus ; elle accorda à M. Harriſon en 1749 une médaille d'or, deſtinée à récompenſer annuellement les plus belles découvertes.

En 1758 M. *Harriſon* mit la derniere main à ſa troiſieme montre, & il préſenta un Mémoire aux Commiſſaires des longitudes, pour qu'il fût ordonné de faire l'eſſai de cet inſtrument dans un voyage aux Iſles Occidentales, conformément à l'acte du Parlement. Ce voyage n'eut lieu que trois ans après, lorſque le quatrieme inſtrument eut été achevé.

Le 3 Octobre 1761, M. *Harriſon* écrivit aux Commiſſaires des longitudes, pour les prier de faire embarquer ſon fils *Guillaume* avec cette nouvelle montre ſur le vaiſſeau qui devoit conduire à la Jamaïque le Gouverneur *Litteltov*, & de prendre toutes les précautions néceſſaires pour conſtater le ſuccès de la découverte. Il demanda les mêmes précautions pour ſon retour de la *Jamaïque* à *Portſmouth*.

Au mois de Novembre 1761, M. *Harriſon* le fils s'embarqua à *Portſmouth* ſur le *Deptford*, Capitaine *Digges*. Les Commiſſaires des longitudes lui donnerent les inſtructions ſuivantes.

1°. La montre ſera fermée ſous quatre ſerrures différentes. M. *Harriſon* aura la clef de l'une de ces ſerrures.

Le Gouverneur *Littelton* aura la clef d'une autre. Le Capitaine *Digges* aura celle de la troisieme, & le premier Lieutenant celle de la quatrieme.

2°. Avant le départ M. *Robertſon*, Maître de l'Académie Royale à *Portſmouth*, ſera chargé de régler la montre au tems vrai de ce port, & d'en envoyer une information exacte aux Lords de l'Amirauté. Cette obſervation des hauteurs égales ſera faite en préſence du Commiſſaire *Hugues*, du Capitaine *Digges* & de M. *Harriſon* le fils. Le tout fut exécuté avec l'exactitude la plus ſcrupuleuſe.

Le 18 Novembre 1761 le vaiſſeau partit de *Portſmouth*. Pendant le voyage la montre donna les longitudes des Iſles de *Porto-Santo*, de *Madere*, de la *Deſirade* & de pluſieurs autres dont le détail ſeroit trop long.

Le *Deptford* arriva à la *Jamaïque* le 19 de Janvier 1762. On fit au Port-Royal le 26 du même mois des obſervations analogues à celle de *Portſmouth*, & il en réſulta que la différence entre la longitude de ce port trouvée par la montre, & celle qui avoit été déterminée en 1743 par l'obſervation du paſſage de Mercure ſur le diſque du Soleil, n'étoit que de 5 ſecondes de tems; ce qui ne donne qu'environ un *mille* d'erreur, tandis que l'acte du Parlement étend la plus grande récompenſe juſques à 30 *milles* ou un demi degré de grand cercle.

Dès qu'on eut fait ces obſervations à la *Jamaïque*, M. *Harriſon* ſe procura un certificat du Gouverneur *Littelton*, du Capitaine & du premier Lieutenant du *Deptford*; & deux jours après il s'embarqua avec M. *Robinſon* ſur un petit bâtiment nommé *le Merlin*, pour revenir en Angleterre. Il eſſuya une violente tempête qui l'obligea à déplacer ſon inſtrument qui étoit expoſé à être inondé; il fut obligé de le mettre dans un endroit où il éprouva les plus violentes ſecouſſes; & il arriva à *Portſmouth* le 26 Mars 1762. On fit dans ce port des obſervations ſemblables à celles qu'on avoit faites avant le départ, & l'on trouva que, malgré la tempête, l'erreur de la montre ne fut que de 1 minute 54 ſecondes de tems; ce qui ne donne qu'une erreur d'environ 18 *milles*, tandis que, comme nous l'avons déjà remarqué, l'acte du Parlement étend la plus grande récompenſe à une erreur de 30 *milles*.

A ſon retour M. *Harriſon* préſenta requête au Parlement d'Angleterre. On y reconnut l'utilité de ſa montre que le voyage de la Jamaïque rendoit incontestable ; & on ordonna qu'on lui remettroit cinq mille livres sterling, à compte de la récompense entiere de vingt mille livres, qu'on lui payeroit après une nouvelle expérience, & lorsqu'il auroit développé la construction de sa machine. Lorsqu'il eut reçu cette somme, il s'embarqua pour la *Barbade* le 28 de Mars 1764, après avoir réglé à *Portsmouth* sa montre avec toutes les précautions qu'on y avoit apportées dans le premier voyage. Il arriva à la *Barbade* le 13 Mai, & il fut de retour en Angleterre le 18 Septembre. Le bureau des longitudes, après avoir examiné tous les certificats que lui apporta M. *Harrison*, décida le 9 Février 1765 d'un consentement unanime, que la montre de M. Jean *Harrison* avoit déterminé la longitude dans le voyage de *Portsmouth* à la *Barbade* beaucoup en deçà des limites prescrites par l'acte de la Reine Anne : qu'il falloit lui accorder encore cinq mille livres sterling, & réserver les autres dix mille livres pour lui remettre, lorsqu'il auroit dévoilé le secret de sa méthode, & qu'il l'auroit mise à la portée de tout le monde.

En conséquence de cette résolution, M. Jean *Harrison* a livré sa montre aux Commissaires & aux Lords de l'Amirauté, leur en a donné l'explication par écrit, & s'est offert à dresser un nombre suffisant d'ouvriers pour construire autant de montres qu'il en faudroit pour fournir tous les vaisseaux de guerre, & même les vaisseaux marchands d'Angleterre, dès qu'il auroit reçu le reste de la récompense. Il prétend aussi obtenir les récompenses qu'ont promis les autres nations, auxquelles il se propose de découvrir le secret de sa méthode. Ce détail intéressant est tiré de l'*Astronomie des marins*, ouvrage composé par le savant P. Pezenas, ancien Professeur d'Hydrographie au Port de Marseille.

LONGOMONTAN, (*Chrétien*) l'éleve de *Tycho-Brahé* & l'un des plus grands Astronomes du 16e. siecle, naquit dans un village de Danemarck en 1562. A peine se connut-il, qu'il comprit qu'il n'étoit pas né, comme son pere, pour labourer la terre. Aussi, à l'âge de 14 ans, s'enfuit-il de la maison paternelle, pour pouvoir s'appliquer entierement aux sciences. Il se rendit d'abord à Wibourg, parce qu'il y avoit dans cette ville un collége où l'on faisoit de très-bonnes études ; il le fréquenta onze ans ; & il en ſortit avec de grandes connoiſſances dans les Mathématiques. De Wibourg il alla à Copenhague, où ſon mérite fut bientôt reconnu. Les Profeſſeurs de l'Univerſité parlerent de lui avec éloge au célebre *Tycho-Brahé*. Celui-ci le voulut voir ; & après une converſation de quelques heures, il lui propoſa de lui donner une place dans ſon obſervatoire. *Longomontan*, au comble de la joie, l'accepta avec reconnoiſſance. Il paſſa huit ans auprès de ce grand Maître qui avouoit qu'il lui avoit été d'un très-grand ſecours dans ſes calculs & dans ſes obſervations. Il ne ſe ſépara de lui, que pour aller demander dans ſa patrie une chaire de Profeſſeur en Mathématique. Il l'obtint en 1605, & il l'occupa avec éclat pendant 42 ans, c'eſt-à-dire, juſqu'à ſa mort, arrivée le 8 Octobre 1647. Il étoit âgé d'environ 85 ans. Nous avons de ce ſavant un grand nombre d'ouvrages eſtimés ; la plupart roulent ſur l'Aſtronomie. On peut ne pas lire ce qu'il a écrit ſur la quadrature du cercle, probleme inutile & inſoluble. Il crut cependant l'avoir trouvée ; c'eſt-là une tache à ſa réputation, d'ailleurs très-bien méritée.

LONGUEUR *de la vie des hommes*. Il s'agit ici de la durée moyenne de la vie des hommes, c'eſt-à-dire ; il s'agit ici de déterminer combien d'années auroit vécu chaque individu de l'eſpece humaine, ſi tous ceux qui ſont nés dans un ſiecle, & dont la plupart ſont morts en très-bas âge, avoient vécu également. L'on comprend que nous parlons des ſiecles actuels, & non pas des ſiecles qui ont précédé le déluge. Perſonne n'a plus travaillé ſur cette matiere, que le célebre M. de Buffon. Il a fait là-deſſus des recherches infinies, d'abord dans le Tome ſecond de ſon hiſtoire Naturelle, & enſuite dans le Tome quatrieme de ſon ſupplément à cette même hiſtoire, *édition in*-4°. Nous allons le ſuivre pas à pas. Quoiqu'il n'y ait perſonne qui faſſe plus de cas de ſes ouvrages, que nous, il nous permettra bien cependant de prendre de tems en tems le ton de critique. Ce grand homme s'intéreſſe trop ſincerement au progrès des connoiſſances humaines, pour trouver mauvais, que nous lui propoſions contre ſon ſyſteme des difficultés que nous regardons comme réelles. Entrons en matiere ſans autre préambule.

Et d'abord M. de Buffon examine pourquoi la vie des

premiers hommes étoit beaucoup plus longue, pourquoi ils vivoient neuf cent, neuf cent trente & jusqu'à neuf cent soixante & neuf ans.

La surface de la Terre, *dit-il*, devoit être beaucoup moins solide & moins compacte dans les premiers tems après la création, qu'elle ne l'est aujourd'hui, parce que la gravité n'agissant que depuis peu de tems, les matieres terrestres n'avoient pu acquérir en aussi peu d'années la consistance & la solidité qu'elles ont eues depuis; les productions de la Terre devoient être analogues à cet état; la surface de la Terre étant moins compacte, moins seche, tout ce qu'elle produisoit devoit être plus ductile, plus souple, plus susceptible d'extension; il se pouvoit donc que l'accroissement de toutes les productions de la nature, & même celui du corps de l'homme, ne se fît pas en aussi peu de tems qu'il se fait aujourd'hui; les os, les muscles, &c. conservoient peut-être plus long-tems leur ductilité & leur mollesse, parce que toutes les nourritures étoient elles-mêmes plus molles & plus ductiles: dès-lors toutes les parties du corps n'arrivoient à leur développement entier, qu'après un grand nombre d'années; la génération ne pouvoit s'opérer par conséquent qu'après cet accroissement pris en entier, ou presque en entier, c'est-à-dire, à cent vingt, ou cent trente ans, & la durée de la vie étoit proportionnelle à celle du tems de l'accroissement, comme elle l'est encore aujourd'hui. Car en supposant que l'âge de puberté des premiers hommes, l'âge auquel ils commençoient à pouvoir engendrer, fût celui de cent trente ans, l'âge auquel on peut engendrer aujourd'hui étant celui de quatorze ans, il se trouvera que le nombre des années de la vie des premiers hommes & de ceux d'aujourd'hui sera dans la même proportion, puisqu'en multipliant chacun de ces deux nombres par le même nombre, par exemple, par sept, on verra que la vie des hommes d'aujourd'hui étant de quatre-vingt-dix-huit ans, celle des hommes d'alors devoit être de neuf cent dix ans. Il se peut donc que la durée de la vie de l'homme ait diminué peu-à-peu, à mesure que la surface de la terre a pris plus de solidité par l'action continuelle de la pesanteur, & que les siecles qui se sont écoulés depuis la création jusqu'à celui de David, ayant suffi pour faire prendre aux matieres terrestres toute la solidité qu'elles peuvent acquérir par la pression de la gravité, la surface de la terre soit depuis ce tems-là demeurée dans le même état, qu'elle ait acquis dès-lors toute la consistance qu'elle devoit avoir à jamais, & que tous les termes de l'accroissement de ses productions aient été fixés aussi-bien que celui de la durée de la vie. *Histoire Naturelle*, *Tom.* 2, *pag.* 572 *& suivantes.*

Cette explication, toute ingénieuse qu'elle est, ne sera pas du goût de tous les Physiciens; & j'avoue naturellement que je suis un de ceux qui ne sauroient l'adopter purement & simplement. M. de Buffon pense que l'âge de puberté des premiers hommes fut celui de cent trente ans. Il n'en étoit pas ainsi. La Vulgate nous apprend qu'Enos, petit-fils d'Adam, eut un fils, appellé Caïnan, à l'âge de quatre vingt-dix ans; que Caïnan mit au monde Malaléel à l'âge de soixante-dix ans; que Malaléel fut pere de Jared à l'âge de soixante-cinq ans, &c. Enos cependant vécut neuf cent cinq ans; Caïnan neuf cent dix, & Malaléel huit cent quatre-vingt-quinze ans. M. de Buffon pense, comme nous, que la Vulgate, indépendamment de la révélation qui la rend infaillible, est l'histoire ancienne la plus sûre, la plus détaillée, la plus respectable que nous ayons. Rapportons ici les propres paroles de l'Auteur Sacré, tirées du chapitre cinquieme de la Génese.

Vixit verò Enos nonaginta annis & genuit Caïnan.
Factique sunt omnes dies Enos nongenti quinque anni.
Vixit quoque Caïnan septuaginta annis & genuit Malaleel.
Et facti sunt omnes dies Caïnan nongenti decem anni.
Vixit autem Malaleel sexaginta quinque annis, & genuit Jared.
Et facti sunt omnes dies Malaleel octingenti nonaginta quinque anni.

Après le déluge universel, la vie des hommes fut de quatre cent ans, & quelquefois plus; ils arrivoient cependant à l'âge de puberté à-peu-près aussitôt qu'on y arrive maintenant. Arphaxad, fils de Sem & petit-fils de Noé, eut son fils Salé à l'âge de trente-cinq ans: Salé eut Héber à l'âge de trente: Héber eut Phaleg à l'âge de trente-quatre ans: Phaleg eut Reu à l'âge de trente: Reu eut Sarug à l'âge de trente-deux: Sarug eut Nachor à l'âge de trente: & Nachor eut Tharé à l'âge de vingt-neuf ans. Voici ce que nous lisons au Chapitre XI de la Génese.

Porrò Arphaxad vixit triginta quinque annis, & genuit Sale.
Vixitque Arphaxad postquàm genuit Sale, trecentis tribus annis....
Sale quoque vixit triginta annis & genuit Heber.
Vixitque Sale postquàm genuit Heber, quadringentis tribus annis....
Vixit autem Heber triginta quatuor annis, & genuit Phaleg.
Et vixit Heber postquàm genuit Phaleg, quadringentis triginta annis....
Vixit quoque Phaleg triginta annis & genuit Reu.
Vixitque Phaleg postquàm genuit Reu, ducentis novem annis....
Vixit autem Reu triginta duobus annis, & genuit Sarug.
Vixit quoque Reu postquàm genuit Sarug, ducentis septem annis....
Vixit verò Sarug triginta annis & genuit Nachor.
Vixitque Sarug postquàm genuit Nachor, ducentis annis....
Vixit autem Nachor viginti novem annis, & genuit Thare.
Vixitque Nachor postquàm genuit Thare, centum decem & novem annis....

Remarquez que, dans le onzieme Chapitre de la Génese, l'année précise de la mort de ces Patriarches n'est pas marquée; l'on y parle seulement de celle où ils ont cessé de mettre des enfans au monde. *Vixitque Arphaxad postquàm genuit Sale, trecentis tribus annis & genuit filios & filias*, & ainsi des autres : ce qui rend toujours moins probable la conjecture de M. de Buffon, qui recule l'année de puberté des premiers habitans de la terre jusqu'à l'âge de cent vingt ou cent trente ans.

Pour nous, sans avoir autant d'égard que M. de Buffon à l'action de la gravité, nous attribuons la durée prodigieuse de la vie des premiers hommes à deux causes physiques & à une cause morale. L'intégrité de la nature humaine, sortie depuis peu des mains de son Créateur; la bonté des alimens dont on se nourrissoit : voilà nos deux causes physiques. L'impossibilité qu'il y avoit de peupler la terre, si les premiers hommes n'avoient pas plus vécu que ceux d'aujourd'hui : voilà la cause morale que nous ajoutons à nos deux causes physiques pour expliquer pourquoi dans les commencemens du monde les hommes vivoient neuf à dix siecles, & que depuis David nous regardons comme un phénomeme tout homme qui vit cent ans.

M. de Buffon en vient ensuite aux probabilités de la durée de la vie dans le siecle où nous sommes & dans les siecles à venir. On peut, *dit-il*, espérer raisonnablement, c'est-à-dire, on peut parier un contre un qu'un enfant qui vient de naître vivra huit ans, qu'un enfant d'un an en vivra encore trente-trois; un enfant de deux ans, encore trente-huit; un enfant de trois ans, encore quarante. Selon lui un enfant de quatre ans peut encore espérer raisonnablement quarante-un ans de vie; un enfant de cinq ans, quarante-un ans & six mois; un enfant de six ans, quarante-deux ans; un enfant de sept ans, quarante-deux ans & trois mois. C'est ici l'âge où l'on peut espérer la plus longue durée de la vie. D'après ses calculs, depuis quatre-vingt jusqu'à quatre-vingt-cinq ans, on ne peut pas espérer raisonnablement de vivre quatre ans de plus. Ces conjectures ont pour fondement des tables que dressa M. Dupré de Saint-Maur, de l'Académie Françoise, après avoir consulté les registres de douze Paroisses de la campagne & de trois Paroisses de Paris. Il les communiqua à M. de Buffon qui les inséra dans le Tome second de son Histoire Naturelle, entre les *pages* 590 & 599. Nous y renvoyons le Lecteur. Il verra que cet Académicien opéra, d'un côté sur dix mille huit cent cinq personnes, mortes dans les douze Paroisses de la campagne, & de l'autre sur treize mille cent quatre-vingt-neuf personnes mortes dans les trois Paroisses de Paris. Il marque combien de personnes sont mortes, avant la fin de leur premiere, seconde, troisieme année, & ainsi de suite jusqu'à la centieme année. Dans les douze Paroisses de la campagne une seule personne est morte dans sa centieme année, & six dans les 3 Paroisses de Paris. Ces tables me paroissent être comme nécessaires à ceux qui font des projets de tontine, ou qui s'obligent à payer des rentes viageres.

M. de Buffon termine le volume second de son Histoire Naturelle par la réflexion suivante : *Un homme*, dit-il, *doit regarder comme nulles les quinze premieres années de sa vie. Tout ce qui lui est arrivé, tout ce qui s'est passé dans ce long intervalle de tems est effacé de sa mémoire, ou du moins a si peu de rapport avec les objets & les choses qui l'ont occupé depuis, qu'il ne s'y intéresse en aucune façon. Ce n'est pas la même succession d'idées ; ni, pour ainsi dire, la même vie. Nous ne commençons à vivre moralement, que quand nous commençons à ordonner nos pensées, à les tourner vers un certain avenir, & à prendre une espece de consistance, un état relatif à ce que nous devons être dans la suite.*

Je pense bien différemment de M. de Buffon, & je regarde les quinze premieres années de la vie d'un homme comme le tems le plus précieux, comme le tems d'où dépend son bonheur ou son malheur, le trouble ou la tranquillité de la société dont il est membre. C'est de cet essaim de jeunes sujets que le public se promet de voir sortir des Pasteurs zélés, savans, vigilans & vertueux ; des Magistrats fermes, justes & éclairés ; des guerriers braves, humains & religieux ; des négocians droits & sinceres ; des maîtres compatissans pour leurs serviteurs ; des artisans laborieux ; des domestiques fidelles ; des citoyens sincerement attachés à leur Dieu, à leur Roi & à leur Patrie.

Ainsi le pense M. Diderot, lui qui dans son plan d'éducation suppose qu'un enfant à l'âge de huit ans sait lire & prononcer proprement; écrire & orthographier couramment ; former les chiffres & les nombrer ; les premiers élémens de la religion & les prieres communes.

A l'âge de huit ans, il le croit en état de lire avec fruit le petit catéchisme de Fleuri ; d'apprendre la grammaire Françoise & Latine, la prosodie & les trois premieres regles de l'Arithmétique.

A l'âge de neuf ans, il le croit en état de profiter des instructions qu'on lui fera sur les Sacremens. Il veut qu'on lui explique les meilleurs Auteurs latins ; qu'on lui apprenne la géographie ; qu'on le perfectionne dans l'arithmétique, & qu'on commence à l'initier dans le calcul algébrique.

A l'âge de dix ans, il veut qu'on lui apprenne l'Histoire Sainte, la cosmographie, l'algebre, les élémens de géométrie, la musique, & qu'il s'occupe à traduire en François les plus beaux morceaux des Auteurs latins.

A l'âge de onze ans, l'enfant doit continuer les mêmes études, & y ajouter l'Histoire naturelle & le dessin.

A l'âge de douze ans, il veut qu'on lui explique les Prophetes, la Physique expérimentale de M. l'Abbé Nollet, & quelque bon ouvrage sur la Mécanique. Il veut qu'il qu'il continue à apprendre la langue latine & le dessin.

A l'âge de treize ans, il le croit en état de lire avec fruit l'Histoire Ecclésiastique & l'Histoire de France, d'apprendre l'Optique & de profiter d'un cours de Chimie.

A l'âge de quatorze ans, son éleve approfondira les preuves fondamentales de la Religion Chrétienne, & il apprendra la Logique, la Morale, la Physique Systématique & l'Astronomie.

Enfin à l'âge de quinze ans, il s'adonnera à la Théologie, à la Rhétorique & à la Poësie.

Je le demande maintenant à M. de Buffon ; peut-on regarder comme nulles des années où l'on est en état, je ne dis pas d'apprendre parfaitement toutes les sciences dont on vient de parler ; mais où l'on peut se mettre en état de s'y perfectionner sans le secours d'aucun Maître ?

M. de Buffon a repris ses calculs dans le Tome quatrieme de son supplément à l'Histoire Naturelle, *pag.* 149 *& suivantes*, avec cette différence qu'il a fait une somme totale du nombre des personnes mortes dans les douze Paroisses de la campagne, & du nombre de celles qui sont mortes dans les trois Paroisses de Paris ; ce qui lui a donné vingt-trois mille, neuf cent quatre-vingt-quatorze morts. Ce sont ces dernieres tables qu'il faut consulter ; on a eu soin d'y corriger les petites fautes qui s'étoient glissées dans les premieres. Il suit évidemment de la lecture réfléchie de ces tables 1°. que le quart du genre humain périt, pour ainsi dire, avant d'avoir vu la lumiere. En effet de vingt-trois mille, neuf cent, quatre-vingt-quatorze personnes, il y en a six mille, quatre cent, cinquante-quatre qui sont mortes, avant la fin de leur premiere année : ce qui fait plus que le quart de la somme donnée.

Il suit 2°. que le tiers du genre humain périt, avant d'avoir atteint l'âge de vingt-quatre mois, puisque huit mille, huit cent, trente-deux personnes sont mortes dans le cours de la seconde année de leur vie : ce qui fait plus que le tiers de la somme donnée.

Il suit 3°. que la moitié du genre humain périt avant l'âge de neuf ans. Consultez les tables de M. de Buffon ; vous verrez que douze mille, cent, trente-trois personnes sont mortes, avant d'avoir atteint leur neuvieme année : ce qui fait plus de la moitié de la somme donnée.

Il ſuit 4°. que les deux tiers du genre humain périſſent avant l'âge de trente-neuf ans, puiſque ſeize mille, ſoixante-ſix perſonnes ſont mortes, avant la fin de leur trente-neuvieme année : ce qui fait plus des deux tiers de la ſomme donnée.

Il ſuit 5°. que les trois quarts du genre humain périſſent avant l'âge de cinquante-un ans, puiſque dix-huit mille, cent, vingt-trois perſonnes ſont mortes, avant d'avoir atteint leur cinquante-unieme année : ce qui fait plus des trois quarts de la ſomme donnée.

De tous ces faits exactement conſtatés, M. de Buffon a tiré une conſéquence générale. La voici. *La vie moyenne, à la prendre du jour de la naiſſance, eſt de huit ans, à-peu-près*, c'eſt-à-dire, ſi tous les hommes qui naiſſent, vivoient également ; il n'y auroit qu'environ huit ans de vie pour chacun. La fauſſeté de cette conſéquence eſt prouvée & par les tables de M. de Buffon, & par un grand nombre d'expériences que j'aurai occaſion de rapporter.

Et d'abord les tables de M. de Buffon donnent un réſultat tout contraire. En effet cet Auteur avoue que de ſes 23994 perſonnes, il y en eut 9395 qui entrerent dans leur trente-unieme année. Multipliez donc 9395 par 30 ; vous aurez pour produit 281850. Diviſez ce produit par 23994 ; vous aurez pour quotient le nombre 11 avec un reſte très-conſidérable. C'eſt-à-dire, que quand même de ces 23994 perſonnes, toutes ſeroient mortes, le jour de leur naiſſance, à l'exception des 9395 qui ont atteint l'âge de 30 ans ; il y auroit eu plus de onze ans de vie moyenne pour chaque individu de la ſomme totale, en ſuppoſant que ces 9395 perſonnes meurent toutes, dans leur trente-unieme année. Je ſoupçonne, ſans avoir fait le calcul, qu'il y auroit pour chacun plus de vingt ans de vie moyenne, ſi l'on avoit égard aux années qu'ont vécu ceux qui ſont morts avant trente-un ans, & aux années qu'ont vécu ceux qui ſont morts après ce terme.

Selon les tables de M. de Buffon, de 23995 perſonnes, il y en eut 7741 qui entrerent dans leur quarante-unieme année. Multipliez dont 7741 par 40. Diviſez le produit 309640 par 23994 ; vous aurez pour quotient le nombre 13 avec quelque reſte. C'eſt-à-dire, qu'il y auroit plus de 13 ans de vie moyenne pour 23994 perſonnes ; nombre ſur lequel on a conſtruit ces tables. Donc en ayant égard aux années qu'ont vécu ceux qui n'ont pas atteint l'âge de 41 ans, & aux années qu'ont vécu ceux qui ſont morts après ce terme, il y auroit, à vue de pays, environ vingt-cinq ans de vie moyenne pour chaque individu de la ſomme donnée.

Selon les mêmes tables, de 23994 perſonnes, il y en eut 6034 qui entrerent dans leur cinquante-unieme année. 6034 multiplié par 50 produiſent 301700; lequel produit diviſé par 23994, donne pour quotient plus de 12 : ce qui conduit à-peu-près au même réſultat, qu'auparavant.

Opérons enfin ſur le nombre des perſonnes qui atteignirent l'âge de 60 ans. Elles furent, ſuivant les tables de M. de Buffon, au nombre de 4318. Multipliez donc 4318 par 60; vous aurez pour produit 259080. Diviſez ce produit par 23994; vous aurez pour quotient le nombre 10, avec un reſte conſidérable. C'eſt-à-dire, vous aurez près de 11 ans de vie moyenne pour les 23994 ſur leſquelles on a opéré.

Ayons maintenant égard aux années qu'ont vécu les 19676 perſonnes qui n'ont pas atteint leur ſoixante-unieme année, dont 1716 ont atteint l'âge de 50 ans; 3423 celui de 40; & 5077 celui de 30, &c.

Ayons encore égard aux années qu'ont vécu les 4318 perſonnes qui ont atteint leur ſoixante-unieme année. Nous ſavons que de ces 4318 perſonnes, il y en eut 2405 qui parvinrent à l'âge de 70 ans; 663 à l'âge de 80 ans; 85 à l'âge de 90 & 7 à 100 ans. Ces différentes obſervations nous donnent lieu de conclure que la vie moyenne des 23994 ſur leſquelles a opéré M. de Buffon, doit être, à vue de pays, entre 20 & 25 ans. Nous n'avons pas le loiſir de préſenter ce calcul d'une maniere démonſtrative. Il nous ſuffit d'avoir indiqué les moyens de le faire dans toutes les regles. Nous invitons les jeunes Phyſiciens à réſoudre un probleme qui ne demande que du tems & de la patience. Il nous ſuffit d'avoir démontré qu'il eſt faux que la vie moyenne, à la prendre du jour de la naiſſance, ſoit ſeulement d'environ huit ans. Nos premieres preuves ont été tirées des Tables de M. de Buffon; les ſuivantes ſeront fondées ſur des faits que j'ai actuellement ſous les yeux.

J'ai consulté bien des personnes dans Nîmes ; j'ai pris avec soin les différens âges des individus dont les familles sont composées ; je n'en ai encore trouvé aucune à laquelle je puisse appliquer la regle de M. de Buffon. En voici deux exemples qui me paroissoient d'abord bien favorables au systeme de ce grand Naturaliste ; ce sont deux familles très-nombreuses, dont la plupart des enfans sont morts en très-bas âge ; la premiere est la famille de Monsieur M**, Docteur en Médecine ; la seconde, celle de Monsieur G**, Avocat au Présidial de Nîmes.

TABLEAU

*De la Famille de Monsieur M**, Doyeur en Médecine.*

Individus	*Années*	*Mois*	*Jours.*
Le Pere vivant âgé de	57		
La Mere vivante âgée de...	52		
1 fils vivant âgé de......	33		
1 fils vivant âgé de......	31		
1 fils vivant âgé de	22		
1 fils vivant âgé de......	21		
1 fils vivant âgé de	18		
1 fille vivante âgée de	16		
1 fils vivant âgé de.....	10		
1 fils mort âgé de.......	9		
1 fils mort âgé de.......	4		
1 fils mort âgé de.......	1		
1 fils mort âgé de...........		6	
1 fils mort âgé de.......	3		
1 fille morte âgée de.......			8
1 fille morte âgée de	3		
1 fille morte âgée de.....	3		
1 fille morte âgée de.....	1		
1 fille morte âgée de.....	1		
Somme totale des âges.......	285	6	8

Divisons 285 par 19 ; le quotient vous indiquera qu'il y a déjà 15 ans de vie moyenne pour chacun des individus de cette famille. Mais chaque individu vivant a une espérance bien fondée d'une vie ultérieure. Voici, suivant les tables de M. de Buffon, quelles font les années que chacun d'eux peut raifonnablement fe promettre.

Individus	*Années*	*Mois.*
Le Pere âgé de 57 ans, peut fe promettre raifonnablement	12	10
La Mere âgée de 52	15	6
Le fils âgé de 33	26	3
Le fils âgé de 31	27	6
Le fils âgé de 22	32	4
Le fils âgé de 21	32	11
Le fils âgé de 18	34	8
La fille âgée de 16	36	
Le fils âgé de 10	40	2
Somme totale des âges	258	2

Ajoutez 258 ans, 2 mois à 285 ans, 6 mois, 8 jours; vous aurez 543 ans, 8 mois, 8 jours à divifer par 19. Le quotient vous prouvera qu'il y a pour chaque individu de la famille de Monfieur M. ** au moins vingt-huit ans de vie moyenne.

L'on me dira peut-être qu'il ne falloit pas faire entrer le pere & la mere dans le calcul. Je ne vois pas fur quoi une pareille objection pourroit être fondée. Ayons-y cependant égard & reprenons notre calcul.

1°. La fomme totale des années des enfans morts & vivans eft de 176 ans, 6 mois, 8 jours. Divifez 176 par 17; le quotient vous apprendra qu'il y a déjà pour chaque enfant plus de dix ans de vie moyenne.

Mais les fept enfans vivans peuvent fe promettre raifonnablement 229 ans, 10 mois de vie. Ajoutez donc 176 à 230; divifez par 17 la fomme 406; le quotient vous prouvera qu'il y a à-peu-près vingt-quatre ans de vie moyenne pour chaque enfant de la famille de Mr. M. **; ce qui eft précifément le triple des années que fixe M. de Buffon à la vie moyenne de chaque individu de l'efpece humaine. Pour mettre cette verité dans le plus grand jour, faifons un calcul femblable fur la famille de Monfieur G. **, Avocat au Préfidial de Nîmes. Il y a eu, comme dans la famille de Monfieur M. **, dix-fept enfans dont la plupart font morts en bas âge.

TABLEAU

*De la famille de Monsieur G**, Avocat au Présidial de Nîmes.*

Individus.	*Années*	*Mois.*	*Jours.*
Le Pere mort âgé de	64		
La Mere vivante âgée de	63		
1 Fille vivante âgée de	39		
1 Fils vivant âgé de	31		
1 Fille vivante âgée de	28		
1 Fils vivant âgé de	25		
1 Fille morte âgée de	31		
1 Fils mort âgé de		6	
1 Fille morte âgée de	5		
1 Fille morte âgée de	37		
1 Fils mort âgé de	1	8	
1 Fils mort âgé de	8		
1 Fils mort âgé de	3		
1 Fils mort âgé de		6	
1 Fille morte âgée de	3		
1 Fille morte âgée de			3
1 Fils mort âgé de			1
1 Fils mort âgé de			1
1 Fille morte âgée de			1
Somme totale des âges	339	8	6

Divisez 339 par 19; le quotient vous apprendra qu'il y a déjà près de dix-huit ans de vie moyenne pour chaque individu de cette famille. Voici quelles sont les années que chacun d'eux peut raisonnablement se promettre.

Individus	*Années*	*Mois.*
La Mere âgé de 63 ans, peut raisonnablement se promettre	9	6
La fille âgée de 39	22	8
Le fils âgé de 31	27	6
La fille âgée de 28	29	
Le fils âgé de 25	30	9
Somme totale des âges	119	5

Ajoutez cette derniere ſomme à 339 ans, 8 mois, 6 jours, vous aurez 459 ans, 1 mois, 6 jours. Diviſez 459 par 19; vous aurez vingt-quatre ans de vie moyenne pour chaque individu de cette famille.

Pour ſurcroît de preuve, refaiſons le calcul ſans avoir égard au pere & à la mere. La ſomme totale des années des enfans morts & vivans eſt de 212 ans, 8 mois, 6 jours, leſquels diviſés par 17, donnent déjà plus de douze ans de vie moyenne à chaque individu de cette famille.

Ajoutez à 212 ans, 8 mois, 6 jours, les 109 ans, 11 mois de vie que les individus vivans de cette famille peuvent raiſonnablement ſe promettre; vous aurez 321 ans, 7 mois, 6 jours; laquelle ſomme, diviſée par 17, donne à-peu-près dix-neuf ans de vie moyenne à chaque individu de cette famille.

Quel réſultat n'aurois-je pas eu, ſi j'avois opéré ſur des familles qui ne ſont ni favorables, ni défavorables au ſyſteme de M. de Buffon! Elles ſont en très-grand nombre. Prenons pour exemple celle dont je ſuis membre. En voici le tableau.

Individus	*Années*	*Mois*	*Jours.*
Le Pere mort âgé de	71		
La mere morte âgée de	68		
1 Fils vivant âgé de	68		
1 Fille vivante âgée de	62		
1 Fils vivant âgé de	58		
1 Fils vivant âgé de	56		
1 Fils mort âgé de	59		
1 Fille morte âgée de		6	
1 Fille morte âgée de	2		
Somme totale des âges	444	6	

Diviſez 444 par 9; le quotient vous indiquera qu'il y a déjà 49 ans de vie moyenne pour chacun des individus de ma famille. Examinons les années que ceux qui ſont vivans, peuvent encore raiſonnablement ſe promettre.

Individus	*Années.*	*Mois.*
Le fils âgé de 68 ans, peut raisonnablement se promettre	7	
La fille âgée de 62	10	
Le fils âgé de 58	12	3
Le fils âgé de 56	13	5
Somme totale des âges	42	8

Ajoutez cette derniere somme à 444 ans, 6 mois. Divisez par 9 le produit 487 ans, 2 mois; le quotient donnera plus de 54 ans de vie moyenne à chaque individu de ma famille.

Refaisons ce calcul, sans avoir égard au pere & à la mere. La somme des années des enfans vivans & morts est 305 ans & 6 mois; laquelle, divisée par 7, donne déjà plus de 43 ans de vie moyenne à chaque individu de ma famille.

Ajoutez à 305 ans & 6 mois les 42 ans & 8 mois que les enfans vivans peuvent raisonnablement se promettre; divisez la somme 348 ans & 2 mois par 7; le quotient donnera plus de 49 ans de vie moyenne à chaque individu de ma famille.

Il m'est venu en pensée d'examiner si la vie moyenne des *enfans trouvés* pouvoit servir de preuve au systeme de M. de Buffon. J'ai consulté les registres de l'Hôtel-Dieu de cette ville. J'ai vu qu'en 1750, il y eut 10 enfans trouvés, dont 7 moururent en très-bas âge, & 3 sont en vie. Ils sont chacun dans leur 31e. année; ils peuvent chacun raisonnablement se promettre 28 ans de vie; il y a donc pour chacun de ces dix enfans plus de 17 ans de vie moyenne.

Il y eut en 1751 treize *enfans trouvés*; neuf moururent en très-bas âge; quatre sont en vie; il entrent dans leur 30e. année, & ils peuvent naturellement se promettre 28 ans & 6 mois de vie; la vie moyenne de ces 13 enfans est donc d'environ 18 ans.

Enfin, en 1752, il y eut 15 *enfans trouvés*, 7 moururent en très-bas âge; 8 sont vivans; ils entrent dans leur 29e. année, & ils peuvent chacun naturellement se promettre 29 ans de vie. Faisons ce dernier calcul; il dirigera ceux qui voudront examiner ſi ce que nous avons dit de la vie moyenne des *enfans trouvés* en 1750 & en 1751, eſt conforme à la vérité.

Les 8 enfans vivans ſont parvenus à l'âge de 28 ans. Multipliez 28 par 8; diviſez par 15 la ſomme 224; le quotient vous apprendra qu'il y a déjà pour ces 15 enfans 15 ans de vie moyenne.

Les 8 enfans vivans peuvent chacun naturellement ſe promettre 29 ans de vie. Multipliez donc 29 par 8; vous aurez pour produit 232. Ajoutez ce produit à 224. Diviſez par 15 la ſomme 456; le quotient vous apprendra qu'il y a pour ces 15 *enfans trouvés* plus de 30 ans de vie moyenne. Tant de preuves réunies me font avancer ſans craindre de me tromper, qu'à prendre du jour de la naiſſance, la vie moyenne de chaque individu de l'eſpece humaine eſt entre 20 & 25 ans; je parierois même plutôt pour 25 que pour 20. Conſultez les tables qui ſe trouvent à la fin de ce volume.

Au reſte, ce que nous venons de dire, ne doit pas diminuer l'empreſſement que tout Phyſicien, homme de goût, doit avoir de ſe procurer les ouvrages de M. de Buffon. Quand même cet Auteur auroit mal fixé le terme de la durée moyenne de la vie des hommes, il s'enſuivroit ſeulement que, parmi les milliers de conſéquences que l'on peut tirer des découvertes qu'il a faites en cette matiere, une ſeule ne ſeroit pas conforme à la vérité.

LOUCHE. Un homme eſt *louche*, lorſqu'il regarde de travers, c'eſt-à-dire, lorſque ſemblant regarder d'un côté, il regarde d'un autre. Ce point de Phyſique n'eſt pas auſſi facile à expliquer, qu'on pourroit d'abord ſe l'imaginer; pour en rendre raiſon, nous allons établir quelques principes que perſonne n'a jamais oſé révoquer en doute.

Premier principe. C'eſt dans la rétine, rendue opaque par la choroïde, que ſe peignent les objets que nous fixons.

Second principe. Ce ſont les rayons de lumiere envoyés par l'objet que nous fixons, qui vont peindre ſur la rétine l'image de cet objet.

Troiſieme principe. Nous voyons diſtinctement un objet, lorſque la rétine reçoit préciſément dans le point de leur réunion les rayons de lumiere qu'il envoie.

Quatrieme principe. Nous voyons très-distinctement un objet, lorsque les rayons qu'il envoie vont se réunir sur le point le plus sensible de la rétine.

Cinquieme principe. Lorsque nous voulons voir un objet, nous disposons tellement nos yeux que les rayons partis de cet objet viennent frapper dans les deux rétines deux fibres sympathiques ou homologues, c'est-à-dire, deux fibres qui partent du même point du cerveau.

Ces principes nous font conclure que les personnes louches sont tellement configurées, qu'elles sont obligées de tourner de travers le globe de l'œil, lorsqu'elles veulent que les rayons de lumiere réfléchis par les objets viennent se réunir sur la partie la plus délicate de leur rétine. Cette explication n'est pas nouvelle en Physique. Voici ce que nous lisons dans les Mémoires de l'Académie, *tome neuvieme*, *page* 537; (nous avons un endroit de la rétine qui est le plus sensible de tous, pour être touché plus finement par les objets : & soit que ce soit par la délicatesse de cet endroit de l'organe, ou par le concours des esprits qui s'y portent plus facilement que dans les autres; lorsque la pointe des pinceaux des rayons tombe sur cet endroit, nous voyons les objets bien mieux, que lorsqu'ils tombent ailleurs. Nous prenons donc une habitude de tourner le globe de l'œil d'une certaine maniere, afin que les objets que nous voulons voir distinctement fassent leur peinture sur cet endroit de la rétine. Ce point de la rétine doit être naturellement celui qui est exposé directement aux objets, afin qu'elle en soit plus sensiblement touchée, & c'est comme nous le voyons dans la plupart des yeux. Cependant soit par une habitude ou par un défaut de l'organe qui n'est pas assez délicat dans cet endroit-là, il y a des yeux qui sont obligés de se tourner de biais, pour faire en sorte que les objets qu'ils veulent bien voir, fassent leur peinture sur l'endroit de l'organe qu'ils ont le plus sensible, quoique les rayons qu'ils envoient y tombent obliquement; & c'est le défaut des vues que nous appellons *louches.*)

LOUP *Marin.* L'on trouve des animaux qui vivent tantôt dans l'air, & tantôt dans l'eau. Le loup ou le veau marin dont nous allons faire la description d'après celle que l'on trouve dans les Mémoires de l'Académie, *tome* 3, *premiere partie ; page* 189, eſt de cette eſpece. C'eſt-là un phénomene des plus intéreſſans que l'on puiſſe propoſer à un Phyſicien ; nous tâcherons de l'expliquer dans cet article le plus clairement qu'ils nous ſera poſſible ; ce que nous dirons du *Loup marin*, s'appliquera ſans peine à toute ſorte d'animaux amphibies ; nous avons choiſi celui-ci préférablement aux autres, parce que les Naturaliſtes en ont fait la diſſection avec l'exactitude la plus ſcrupuleuſe ; ſuivons-les comme pas à pas dans leurs recherches.

Le *Loup marin* eſt un animal adroit, hardi, entreprenant & vivant de rapine. Sa longueur, à prendre depuis le muſeau juſqu'au bout des pieds de derriere, eſt de 25 à 30 pouces. Ses deux pieds de devant ſont garnis d'ongles forts & pointus, & les deux de derriere ſont étendus & joints l'un contre l'autre, comme la queue d'un poiſſon ordinaire. Sa queue, longue d'un pouce & demi, eſt tout-à-fait ſemblable à celle d'un cerf. Sa peau dure & épaiſſe eſt couverte d'un poil fort court & fort roide. Il n'a point d'oreille extérieure. Ses dents ſont auſſi nombreuſes, auſſi longues & auſſi aiguës que celles du loup, & ſa langue auſſi large & auſſi plate que celle du veau, auquel il reſſembleroit encore parfaitement pour l'intérieur du cerveau, s'il avoit un peu moins de cervelle. Son œil a un criſtallin preſque ſphérique, à la maniere ordinaire des poiſſons. La partie la plus convexe de ce criſtallin eſt en devant contre l'ordinaire. Toute la choroïde eſt enduite en dedans d'une ſubſtance blanche & fort opaque. Le nerf optique entre dans le milieu de l'œil, & ſon entrée eſt directement oppoſée au criſtallin. Les reins de cet animal ſont faits à-peu-près comme ceux du veau terreſtre. Son foie a 6 lobes, deux grands en deſſous & en arriere, & 4 petits en deſſus & en devant ; c'eſt entre le grand lobe de derriere, & le premier des petits qui ſont en devant du même côté, que ſe trouve la véſicule du fiel. Son eſtomac eſt auſſi long qu'un inteſtin. Ses poumons ſont partagés en deux lobes. Son cœur eſt rond & plat, & l'on y voit deux ventricules fort grands ; ces deux ventricules communiquent enſemble par le trou *ovale*, qui ne ſe ferme pas, comme dans les animaux terreſtres, quelque tems après leur naiſſance ;

mais qui laisse circuler le sang du ventricule droit dans le ventricule gauche, sans passer par les poumons.

De cette dissection anatomique, concluons que le loup *marin* doit vivre aussi facilement dans l'eau, que dans l'air. Pour comprendre sans peine toute la bonté de cette conséquence:

Remarquez 1°. Que dans tous les animaux terrestres; le sang va de la veine cave dans le ventricule droit; du ventricule droit dans l'artere pulmonaire; de l'artere pulmonaire dans la veine pulmonaire, & de la veine pulmonaire dans le ventricule gauche.

2°. Que la poitrine des hommes, comme celle de tous les animaux terrestres, a deux mouvemens, l'un *d'inspiration* & l'autre *d'expiration*; dans le mouvement *d'inspiration* elle se dilate & elle reçoit l'air extérieur; dans le mouvement *d'expiration* elle se rétrécit & elle rend l'air extérieur qu'elle avoit reçu.

3°. Que lorsque dans le mouvement *d'expiration* la poitrine se rétrécit, les poumons en même-tems se compriment, & le sang qu'ils avoient reçu du ventricule droit du cœur par l'artere pulmonaire est obligé de se rendre dans le ventricule gauche par la veine pulmonaire. C'est pour cela sans doute que la respiration est absolument nécessaire à la vie de l'homme & de tous les animaux terrestres, puisque sans ces mouvemens alternatifs *d'inspiration* & *d'expiration* le sang n'auroit pas son mouvement de circulation. Il n'en est pas ainsi du *Loup marin*, & de tous les animaux amphibies; comme ils ont le trou *ovale* ouvert, leur sang va du ventricule droit au ventricule gauche du cœur, sans passer auparavant par les poumons; il a donc son mouvement de circulation dans le tems même qu'ils ne respirent pas, & par conséquent ces sortes d'animaux peuvent vivre dans l'eau. Appliquons ce principe à quelques effets analogues à celui que nous venons d'expliquer.

Premiere conséquence. Les enfans n'ont pas besoin de respirer dans le sein de leur mere; leur sang va du ventricule droit au ventricule gauche du cœur par le *trou ovale* qui ne se ferme que quelque tems après leur naissance.

Seconde conséquence. Veut-on savoir si un enfant trouvé mort, est venu au monde, mort ou en vie? que l'on mette un morceau de son poumon dans l'eau, & que l'on examine s'il va au fond ou s'il nage. Va-t-il au fond ? l'enfant étoit mort, avant que de naître; pourquoi ? parce que si l'enfant fût venu au monde en vie, il auroit respiré; s'il eût respiré, il seroit resté de l'air dans ses poumons; s'il fût resté de l'air dans ses poumons, ils auroient été relativement plus légers, qu'un pareil volume d'eau, & par conséquent ils auroient surnagé; donc s'ils vont au fond, l'on a droit de conclure que l'enfant étoit mort avant que de naître; & s'ils nagent, l'enfant est venu au monde en vie.

Troisieme conséquence. Ce qui cause la mort des noyés ; ce n'est pas l'eau qu'ils boivent, ils en boivent fort peu ; c'est qu'ils ne peuvent pas respirer dans l'eau.

Quatrieme conséquence. Ceux qui demeurent long-tems dans l'eau, sans avoir besoin de respirer, tels que sont les pêcheurs de perles, doivent avoir le *trou ovale* ouvert. Telles sont les conséquences que la configuration du corps du loup *marin* doit faire tirer. Nous aurions pu orner cet article d'une infinité de traits historiques qui n'ont pas échappé à la plupart des Naturalistes. Nous aurions pu dire, par exemple, avec Pline, que l'on faisoit voir à Rome des *Loups marins* qui répondoient quand on les appelloit, & qui de la voix & du geste saluoient le peuple dans les théâtres; nous aurions pu ajouter avec *Severinus* qu'il y a eu un *Loup marin* qui témoignoit de la joie, lorsque l'on nommoit les Princes Chrétiens, & de la tristesse lorsqu'on nommoit les Mahométans. Mais tous ces faits, vrais ou fabuleux, n'ont aucun rapport à la fin que nous nous sommes proposée dans cet article; aussi ne chercherons-nous pas à les expliquer d'une maniere physique.

LOUPE. Verre lenticulaire, c'est-à-dire, verre *convexo-convexe*, ou verre convexe des deux côtés. Ces sortes de verres rendent les rayons de lumiere plus convergens, & ils les réunissent à un point qu'on nomme le *foyer*. Pour trouver, indépendamment de la Géométrie & de l'Algebre, le foyer d'une loupe quelconque, voici comment vous opérerez. Vous exposerez au soleil une des surfaces de votre loupe. Vous placerez derriere l'autre surface un corps quelconque combustible. Vous éloignerez peu-à-peu votre loupe de ce corps; & le point où il s'enflammera, sera le foyer que vous cherchez. La meilleure loupe que je connoisse, est celle que M. *Tschirnausen* vendit au Duc d'Orléans, Régent de France. Elle pesoit 160 livres, & elle rassembloit un si grand nombre de rayons à son foyer, qu'elle réduisoit l'or à ses premiers élémens.

Un verre *convexo-convexe*, composé de deux égales convexités, réunit la lumiere du soleil à l'extrémité du rayon de sa convexité. Je suppose que la convexité inférieure & la convexité supérieure d'une loupe appartiennent chacune à une sphere d'un pied de rayon, vous aurez son foyer à un pied de sa surface.

Si votre loupe étoit composée de deux convexités inégales, c'est-à-dire, si l'une des deux convexités appartenoit à une sphere de 6, & l'autre à une sphere de 4 pieds de rayons; elle auroit son foyer à-peu-près à 5 pieds de sa surface.

Les verres *convexo-convexes* sont nécessaires aux presbytes; pourquoi? Parce que ces sortes de personnes ont le cristallin trop applati. Les personnes âgées sont dans ce cas. Aussi ne peuvent-elles pas lire sans lunettes convexes. Cherchez *Presbytes*.

Les objets vus à travers un verre convexe doivent paroître plus clairs; pourquoi? Parce que ces sortes de verre font parvenir aux yeux plusieurs rayons de lumiere qui n'y seroient pas parvenus.

Les verres convexes doivent grossir les objets; pourquoi? Parce qu'accélérant la réunion des rayons de lumiere, ils présentent l'objet sous un plus grand angle optique.

Les objets éloignés, vus à travers un verre lenticulaire, paroissent renversés; pourquoi? Parce que les rayons de lumiere, partis des extrémités d'un objet éloigné, se croisent, avant que d'arriver au foyer de ces sortes de verres. Voilà pourquoi les objets se peignent sur la rétine dans une situation renversée; notre œil fait la fonction d'un verre lenticulaire. Cherchez *Œil*.

Il y a une grande analogie entre un verre convexe & un miroir concave; pourquoi? Parce que l'un & l'autre grossissent les objets, les rendent plus clairs, les renversent, & réduisent en cendre les corps combustibles que l'on place à leur foyer.

Voilà ce qu'on peut appeller la partie historique des verres lenticulaires. Si l'on veut avoir la démonstration exacte de ces différentes propriétés, on la trouvera dans notre article *Dioptrique*.

LUMIERE. Des particules de matiere infiniment déliées, & presque infiniment petites, que les corps lumineux envoient en ligne droite avec une vîtesse incompréhensible ; telle est à-peu-près l'idée que les Newtoniens se forment de la lumiere. Ils ont raison. En effet n'est-il pas évident que la lumiere est composée de particules presque infiniment petites, puisqu'elle s'insinue à travers les pores du verre, que tout le monde sait être un corps impénétrable à l'air que nous respirons ? N'est-il pas encore évident que le mouvement de la lumiere est un mouvement en ligne droite, puisque dans une chambre obscure où il ne se trouve que deux petits trous parfaitement correspondans, l'un à la fenêtre & l'autre à la porte, l'on voit un rayon du Soleil entrer par l'ouverture pratiquée à la fenêtre, & sortir par celle que l'on a faite à la porte, sans éclairer l'intérieur de la chambre ? N'est-il pas enfin évident que la vîtesse de la lumiere est, pour ainsi dire, incompréhensible, puisqu'on peut la regarder comme infiniment plus grande que celle du son. En effet celui-ci par les expériences que firent, en 1738, MM. de Turi, Maraldi & de la Caille, ne parcourt que 173 toises de Paris dans l'espace d'une seconde de tems, & par conséquent cent quarante cinq mille trois cent vingt toises dans huit cent quarante secondes, ou dans quatorze minutes ; & nous savons que la lumiere parcourt dans 14 minutes environ 66 millions de lieues ; la preuve en est claire & incontestable, la voici. Jupiter est une planete environnée de quatre especes de Lunes que l'on nomme *satellites*, & éloignée du Soleil d'environ 143 millions de lieues. Cette planete se trouve tantôt apogée & tantôt périgée, c'est-à-dire, elle se trouve tantôt dans son plus grand, tantôt dans son plus petit éloignement de la terre. La différence qu'il y a par rapport à nous entre Jupiter apogée & Jupiter périgée, est très-considérable ; elle est d'environ 66 millions de lieues. Tout cela supposé, voici ce que l'expérience journaliere nous apprend. Toutes les fois que Jupiter se trouve entre son premier satellite & la terre ; ce satellite est éclipsé par rapport à nous, & nous ne recevons sa lumiere que lorsqu'il est sorti de l'ombre de sa planete principale. Jupiter est-il périgée ? Nous recevons la lumiere de ce satellite 14 minutes plutôt ; est-il apogée ? Nous la recevons 14 minutes plus tard; donc la lumiere parcourt dans 14 minutes environ 66 millions de lieues. Nous ne serons pas surpris de cette vîtesse incroyable, si nous faisons attention à la cause physique qui la produit. C'est à la terrible effervescence qui regne dans le sein du Soleil, que nous devons l'attribuer.

Mais, *dira-t-on*, comment a-t-on pu savoir que, Jupiter étant apogée, nous recevons 14 minutes plus tard la lumiere de son premier satellite, que lorsque cette planete est périgée ?

L'observation n'est pas aussi difficile à faire, que l'on peut se l'imaginer. Le premier satellite de Jupiter met quarante deux heures & demie à décrire son orbite autour de sa planete principale ; donc de quarante deux heures & demie en quarante deux heures & demie, ce satellite s'éclipse par rapport à nous ; donc dans 20 fois quarante deux heures & demie, nous aurions 20 émersions du premier satellite de Jupiter, si la lumiere n'avoit pas un mouvement de translation. Mais nous ne les avons pas ces 20 émersions, & nous tardons d'autant plus à les avoir, que Jupiter est plus éloigné de la terre ; donc l'on a pu observer que nous recevions plus tard qu'il ne falloit, la lumiere du premier satellite de Jupiter, après son émersion, lorsque Jupiter est dans son apogée.

Ce systeme, tout démontré qu'il est, contient deux difficultés dont il est bon de faire connoître le foible. Si la lumiere, *disent les Cartésiens*, employoit 14 minutes à parcourir 66 millions de lieues, elle mettroit plusieurs heures à parcourir l'espace immense qui se trouve entre la terre & les étoiles fixes ; donc telle étoile seroit réellement au méridien, lorsqu'elle nous paroîtroit à l'horizon, & telle autre seroit depuis long-tems sous notre horizon, lorsqu'elle nous paroîtroit se lever; mais ces conséquences ne sont pas soutenables ; donc le systeme qui les suppose vraies, n'est rien moins que démontré.

Pour moi j'avoue naturellement que je ne comprends pas quel inconvénient il y a à dire qu'une étoile réellement au méridien, nous paroisse à l'horizon. Les premiers élémens d'optique m'apprennent que, dans quelque endroit du du ciel que se trouve une étoile, elle doit me paroître se lever, lorsque je reçois le rayon de lumiere qu'elle m'a envoyé, lorsqu'elle étoit à l'horizon. Ce ne sera pas donc cette premiere difficulté qui rendra insoutenable le systeme de Newton sur la lumiere. Examinons si la seconde aura plus de force.

Si la lumiere, *continuent les Cartésiens*, se fait par *émission*, & qu'il y ait de la lumiere, dans tous les points sensibles qui se trouvent entre le Soleil & les étoiles fixes, comme les Newtoniens sont obligés d'en convenir, le Soleil auroit perdu depuis long-tems toute sa substance; si grandes sont les pertes qu'il auroit faites chaque jour. Mais le soleil est actuellement le même qu'il étoit au commencement du monde; donc la lumiere ne se fait pas par *émission*. Voilà le grand argument des Cartésiens, & voici la réponse des Newtoniens.

Le Soleil envoie sa lumiere ou à des corps opaques, telles que sont les planetes du premier & du second ordre; ou à des corps lumineux, telles que sont les étoiles fixes. Dans le premier cas cette lumiere, après différentes réflexions qui se feront d'une planete vers une autre, se rendra enfin dans l'atmosphere solaire; dans le second cas la perte sera encore moins considérable. Le soleil envoie de sa lumiere aux étoiles; je le sais; mais celles-ci à leur tour n'envoient-elles pas de leur lumiere au Soleil, & ce commerce ne rend-il pas nulle la dissipation de substance dont nous parlent les Cartésiens?

L'intensité & la force de la lumiere diminuent par rapport à nous, à mesure que la distance du corps lumineux augmente, c'est-à-dire, plus nous sommes éloignés du corps lumineux, moins sa lumiere a de force & d'intensité, en supposant que tout le reste demeure égal & qu'il ne se fait de changement que dans la distance. Mais quel rapport ou quelle raison l'intensité de la lumiere suit-elle dans sa diminution? Est-ce la raison inverse des simples distances, ou la raison inverse des carrés des distances? Si c'est à la premiere de ces regles que nous devons nous en tenir, & que je me trouve tantôt à 20, tantôt à 40 pas d'un flambeau allumé; la lumiere que je recevrai à 40 pas de ce flambeau aura une moitié moins de force, que celle que je recevois, lorsque je n'en étois qu'à 20 pas. Mais si l'intensité de la lumiere suit la raison inverse des carrés des distances; alors à 40 pas du flambeau, je recevrai une lumiere quatre fois moins forte, que celle que je recevois à 20 pas. Décidons cette question, de maniere à ne laisser au Lecteur aucune espece de doute. Nous supposons qu'il a lu notre article *Géométrie*.

Proposition I. La lumiere que donne un corps lumineux, parvient à nous par des rayons divergens.

Explication. Je suppose un flambeau allumé au point A, *fig.* 8, *pl.* 3; je dis que sa lumiere nous parviendra par des rayons qui, après avoir été réunis au point A, iront, en s'écartant toujours de plus en plus l'un de l'autre, jusqu'à ce qu'ils arrivent à l'œil du spectateur. Ce que je dis du point A, je le dirai d'un point quelconque du flambeau allumé, parce qu'il n'est aucun point de ce flambeau d'où il ne parte une gerbe de lumiere dont les rayons extrêmes vont en s'écartant toujours de plus en plus l'un de l'autre.

Démonstration. La lumiere que donne le flambeau placé au point A, parvient à nous par des rayons qui forment le cône ABC; donc elle parvient à nous par des rayons divergens.

Corollaire I. Le corps lumineux se trouve au sommet, tandis que l'homme qui reçoit la lumiere, se trouve à la base de ce cône.

Corollaire II. Le cône ABC contient autant de cercles différens RNMT, BDEC, &c. qu'il contient de couches différentes, perpendiculaires à l'axe AG & paralleles entre elles.

Corollaire III. Ce que nous avons dit du flambeau placé au point A, nous devons le dire du Soleil; les rayons qu'il nous envoie, ne sont que sensiblement paralleles; ils sont réellement divergens.

Proposition II. L'intensité de la lumiere suit la raison inverse des carrés des distances.

Explication. Je suppose encore un flambeau allumé, placé au point A, *fig.* 8, *pl.* 3. Ce flambeau envoie du point A, un cône de lumiere ABC dont les deux rayons extrêmes sont représentés par les lignes AB, AC, & deux des cercles lumineux par les cercles RNMT & BDEC. Plaçons successivement le même homme, tantôt dans l'aire du cercle BDEC, tantôt dans l'aire du cercle RNMT, & supposons que le diametre BC du cercle

BDEC soit trois fois plus éloigné du sommet A, que le diametre RT du cercle RNMT ; je dis que cet homme placé dans l'aire du cercle RNMT recevra une lumiere neuf fois plus forte, que lorsqu'il se trouve dans l'aire du cercle BDEC ; ce qui donne précisément la raison inverse des carrés des distances, puisque le carré de 1 étant 1, & le carré de 3 étant 9, l'on aura nécessairement la proportion suivante ; l'intensité de la lumiere que reçoit l'homme, placé dans l'aire du cercle RNMT, est à l'intensité de la lumiere qu'il reçoit, lorsqu'il est placé dans l'aire du cercle BDEC ; comme 9, carré de la distance du diametre BC au sommet A, est à 1, carré de la distance du diametre RT au même sommet.

Démonstration. 1°. Les aires de deux cercles sont comme les carrés de leurs diametres, c'est-à-dire, si le cercle A a 1, & le cercle B 10 pieds de diametre, l'aire du cercle A sera à l'aire du cercle B, comme 1, carré de 1, est à 100, carré de 10. Cherchez *Géométrie.*

2°. Si le diametre BC du cercle BDEC est trois fois plus éloigné du sommet A du cône de lumiere ABC, que le diametre RT du cercle RNMT, le diametre BC sera triple du diametre RT, & par conséquent l'aire du cercle BDEC sera neuf fois plus grande, que l'aire du cercle RNMT. Cette proposition sera démontrée géométriquement dans la premiere des *questions suivantes.*

3°. Supposons que le cône ABC soit formé par 100 rayons de lumiere qui partent du sommet A, & qui soient terminés par les deux rayons AB, AC ; il est évident que ces 100 rayons seront neuf fois moins serrés & par conséquent neuf fois moins épais dans l'aire du cercle BDEC, que dans l'aire du cercle RNMT, puisque la premiere de ces deux aires est neuf fois plus grande, que la seconde ; donc l'homme placé dans l'aire du cercle RNMT, recevra une lumiere neuf fois plus intense, que lorsqu'il se trouve dans l'aire du cercle BDEC. Mais c'est-là précisément suivre la raison inverse des carrés des distances ; donc l'intensité de la lumiere suit la raison inverse des carrés des distances.

Les questions suivantes serviront d'éclaircissement à cette démonstration ; nous allons les proposer & les résoudre.

Premiere Question, Pourquoi avons-nous avancé que si

le diametre BC du cercle BDEC eſt trois fois plus éloigné du ſommet A du cône de lumiere ABC, que le diametre RT du cercle RNMT, le diametre BC ſera par-là même triple du diametre RT ?

Réſolution. Cette propoſition eſt fondée ſur la plus pure Géométrie. En effet ſuppoſons que le diametre BC du cercle BDEC ſoit à 3 toiſes, & le diametre RT du cercle RNMT à 1 toiſe du ſommet A du cône de lumiere ABC ; je dis que le diametre BC ſera triple du diametre RT.

Démonſtration. 1°. Le diametre BC eſt ſuppoſé parallele au diametre RT ; donc, *par le Corollaire ſecond de la propoſition quatrieme de notre premier livre de Géométrie*, l'angle ABC eſt égal à l'angle ART.

2°. Le triangle ABC & le triangle ART ont l'angle A commun ; donc, *par le Corollaire quatrieme de la propoſition cinquieme du même livre*, ces deux triangles ſont équiangles ou ſemblables.

3°. *Par la propoſition troiſieme de notre livre ſixieme de Géométrie*, les triangles ſemblables ont en proportion les côtés qui ſont autour des angles égaux ; donc l'on aura la proportion ſuivante ; AR : AB :: RT : BC. Mais AR eſt le tiers de AB, puiſque RT eſt ſuppoſé à 1 toiſe, & BC à 3 toiſes du ſommet A du cône ABC ; donc RT ſera le tiers de BC ; donc nous avons eu raiſon d'avancer que ſi le diametre BC du cercle BDEC eſt trois fois plus éloigné du ſommet A du cône de lumiere ABC, que le diametre RT du cercle RNMT, le diametre BC ſera par-là même triple du diametre RT.

Seconde Queſtion. Si le diametre BC eût été huit fois plus éloigné du ſommet A du cône de lumiere ABC, que le diametre RT ; quelle auroit été la proportion de l'aire du cercle BDEC à l'aire du cercle RNMT ?

Réſolution. L'aire du cercle BDEC auroit été à l'aire du cercle RNMT, comme 64 eſt à 1.

Démonſtration. Le carré de 8 = 64, & le carré de 1 = 1 ; donc, puiſque les aires de deux cercles ſont comme les carrés de leurs diametres, l'on auroit eu la proportion ſuivante ; l'aire du cercle BDEC : à l'aire du cercle RNMT :: 64 : 1.

Remarque. M. Bouguer dans ſon Traité d'Optique ſur la gradation de la lumiere, donne quelques avis que nous

nous faiſons un devoir de rapporter. Lorſqu'on veut meſurer la diminution de la lumiere d'une bougie, d'un flambeau, il faut, *dit-il*, ne ſe ſervir ni de trop grandes, ni de trop petites diſtances. Si on en employoit de trop grandes, la lumiere diminueroit non-ſeulement par ſa divergence, mais auſſi par la rencontre des parties groſſieres de l'air qui pourroient, dans un grand trajet, intercepter pluſieurs rayons. Il eſt vrai qu'il faudroit porter les choſes fort loin, pour que cet inconvénient devînt ſenſible, au moins lorſque le tems eſt ſuffiſamment ſerein; car une épaiſſeur d'air de deux cent toiſes, n'abſorbe ou n'intercepte guerès plus de la centieme partie de la lumiere qui la traverſe.

Il eſt néceſſaire d'un autre côté d'être très-attentif à ne pas ſe ſervir, dans les obſervations, de diſtances trop petites, afin de pouvoir conſidérer le corps lumineux comme un point. Nos bougies ordinaires de table ont une flamme dont le diametre eſt le plus ſouvent d'un demi pouce, & la hauteur d'environ deux pouces; & ſi dans la vue de rendre leur lumiere plus forte, on ne s'en éloignoit que d'un pouce ou deux, on courroit riſque de ſe tromper, en choiſiſſant dans la flamme le premier terme d'où l'on doit meſurer la diſtance. Ce ne ſera plus la même choſe, ſi on s'en éloigne de deux ou trois pieds.

M. Bouguer nous avertit encore que, ſi l'on exprime par 10000 la force qu'a la lumiere d'un aſtre, avant d'entrer dans l'atmoſphere terreſtre; il faudra l'exprimer par 8123, lorſqu'elle parvient à nos yeux, & que l'aſtre a 90 degrés de hauteur apparente ſur l'horizon: par 7454, lorſqu'il en a 45: par 5474, lorſqu'il en a 20: par 3149, lorſqu'il en a 10: & par 6, lorſqu'il ſe leve, ou lorſqu'il a 0 de hauteur apparente ſur l'horizon. Conſultez la table que nous avons placée à la fin de ce volume.

Comme la queſtion de la lumiere eſt une des plus grandes queſtions que l'on puiſſe agiter en Phyſique, nous allons, ſuivant notre coutume, faire l'hiſtoire des différentes opinions qui ont paru ſur cette matiere. Le Lecteur pourra embraſſer celle qui lui paroîtra plus probable que la nôtre. Nous rapporterons en deux mots le ſentiment des Péripatéticiens; il eſt trop abſurde, pour qu'on ſoit tenté de l'embraſſer. Ils ont prétendu que la *lumiere n'étoit pas un corps, une ſubſtance, mais un pur accident, & que cet accident étoit l'acte du transparent en tant que transparent.* Les comprenne qui pourra.

SENTIMENT

De Gassendi sur la nature de la lumiere.

Le fond du sentiment de Gassendi sur la nature de la lumiere est le même que celui que nous avons adopté. Cet Auteur avance en termes exprès qu'il en est des corps lumineux comme des corps odoriférans ; que ces deux especes de corps envoient de leur sein, les uns à nos yeux, les autres à nos narines des corpuscules capables de faire impression sur les organes de la vue & de l'odorat. Newton avoit bien lu le Chapitre onzieme de la section premiere du livre sixieme de la Physique de Gassendi sur les *qualités des choses* ; nous y renvoyons le Lecteur.

SENTIMENT

De Descartes sur la nature de la lumiere.

Descartes dont nous supposons qu'on a lu le systeme général de Physique *à l'article Cartésianisme*, commence par avouer que la lumiere est une matiere très-subtile & très-déliée qui est répandue par-tout & qui frappe nos yeux. Cette matiere subtile c'est la matiere de son second élément ; la matiere globuleuse qui ne vient pas du Soleil à nos yeux, mais que le Soleil pousse, & qui presse nos yeux, à-peu-près comme un bâton poussé par un bout, presse à l'instant à l'autre bout. Il concluoit de-là que la lumiere est transmise du Soleil à nos yeux en un instant. Cette conséquence lui paroissoit si claire, qu'il a dit dans sa *dix-septieme lettre* que si on pouvoit le convaincre de fausseté là-dessus, il étoit prêt de convenir qu'il ne savoit rien du tout en Philosophie. Il ajoute dans la même *lettre* que s'il faut le moindre intervalle de tems, pour que la lumiere parvienne du Soleil à nous, il est prêt de confesser que sa Philosophie est entierement renversée. Le sentiment de Descartes sur la lumiere se trouve dans la partie troisieme de ses *principes art. LV & suivans.*

SENTIMENT

De M. Rohault sur la nature de la lumiere.

M. Rohault, dans la premiere partie de sa Physique *pages* 270 & 271, a présenté le sentiment de Descartes sur la lumiere d'une maniere très-séduisante. Nous n'avons, *dit-il*, aucune raison qui nous oblige à assurer que la lumiere des corps lumineux soit autre chose que le pouvoir qu'ils ont de produire en nous le sentiment fort clair & fort vif que nous avons en leur présence. Ne se pourroit-il pas bien faire que ce pouvoir qu'ils ont, ressemblât à celui qu'a une épingle de faire naître en nous de la douleur? Comme donc cette sensation, que cause en nous une épingle, présuppose seulement de notre part une capacité de sentir, & n'admet rien du côté de l'épingle que sa figure & sa dureté, au moyen de quoi elle peut seulement causer quelque division dans l'endroit où on l'applique: de même pensons que le sentiment de la lumiere dépend de ce que nous sommes capables de sentir de cette façon particuliere, & de ce qu'il y a dans les pores des corps transparens une matiere assez subtile pour pénétrer même le verre, & toutefois assez puissante pour ébranler les petits filets qui sont au fond de nos yeux. De plus comme une épingle a besoin de quelque agent qui la pousse vers nous; de même pensons que cette matiere doit être poussée par le corps lumineux, avant qu'elle puisse faire aucune impression sur l'organe de la vue.

Ainsi la lumiere primitive consistera dans un certain mouvement des parties du corps lumineux, qui les rend capables de pousser à la ronde la matiere subtile qui remplit les pores des corps transparens; & l'inclination à se mouvoir, ou la tendance qu'a cette matiere à s'éloigner en ligne droite du centre du corps lumineux, constituera l'essence de la lumiere *seconde* ou dérivée. D'où il est aisé de conclure que la forme du corps transparent consistera dans la rectitude de ses pores, ou plutôt en ce qu'ils le traverseront de tous côtés sans interruption; au contraire, un corps sera opaque, parce qu'il n'aura pas ses pores droits, ou s'il en a quelques-uns, parce qu'il n'en sera pas entierement & de tous côtés pénétré.

M. Régis, dans le Chapitre dixieme de la partie seconde du livre huitieme où il prétend expliquer ce que c'est que la lumiere primitive & la lumiere dérivée, a suivi d'assez près M. Rohault ; il est bon, dans un ouvrage comme celui-ci, de faire remarquer les morceaux qui se ressemblent dans les différens cours de Physique. Nous ne devons pas faire difficulté, *dit-il*, de raisonner de la vue comme de l'ouïe, & de penser que comme le sentiment du son dépend de ce que les corps résonnans froissent l'air, & que l'air froissé ébranle les nerfs de l'oreille qui excitent dans le cerveau un mouvement qui est institué de la nature pour causer dans l'ame le sentiment du son ; le sentiment de la lumiere dépend aussi de ce que nous sommes capables de sentir de cette maniere particuliere, & de ce qu'il y a dans les pores de tous les corps transparens de la matiere du second élément qui pénetre les yeux, & qui étant poussée par les corps qu'on appelle *lumineux*, peut ébranler les petits filets des nerfs optiques de la maniere qui est instituée de la nature pour exciter dans l'ame un sentiment de lumiere ; c'est-à-dire, que comme le son primitif & radical consiste dans la liaison & dans le ressort des particules des corps résonnans, & le son dérivé dans l'agitation particuliere de l'air qui est froissé par ces corps ; de même la lumiere primitive & radicale consiste dans l'agitation violente des particules insensibles des corps lumineux, & la lumiere dérivée dans le mouvement que la matiere du second élément reçoit de ces corps, & qu'elle communique au nerf optique qui est l'organe de la vue.

SENTIMENT

De M. Huyghens sur la nature de la lumiere.

L'on trouve dans le tome de l'Histoire de l'Académie Royale des Sciences de Paris, *année* 1679, *pages* 283 & *suivantes*, le sentiment de M. Huyghens sur la nature de la lumiere. Cet ingénieux Physicien prétendoit que comme le son se répand dans l'air par des ondes dont le corps résonnant est le centre, & qui vont toujours augmentant de grandeur & diminuant de force ; ainsi la lumiere se répand par ondes dans la matiere éthérée infiniment plus subtile & plus agitée que l'air : que le mouvement de la lumiere eſt ſucceſſif auſſi-bien que celui du ſon, mais plus de ſix cent mille fois plus prompt : que dans l'un & dans l'autre mouvement, les ondes les plus éloignées du centre ſe forment avec autant de vîteſſe que les plus proches, parce qu'elles dépendent du reſſort de la matiere où elles ſe forment, & qu'un reſſort pouſſé avec plus ou moins de force ſe reſtitue toujours également vîte : que ſeulement les ondes plus éloignées du centre, ſont plus petites & plus foibles : qu'enfin elles le ſont au point qu'elles ceſſent d'être, ou d'être ſenſibles.

M. Huyghens ſuppoſoit la matiere éthérée beaucoup plus dure & d'un reſſort beaucoup plus parfait que l'air. Ces deux qualités lui ſervoient à expliquer pourquoi tant de rayons différens ſe croiſent ſans ſe confondre. Qu'il y ait, *diſoit-il*, pluſieurs boules de billard poſées l'une contre l'autre ſur une même ligne, & qu'avec une autre boule pareille, on frappe la premiere de toute la rangée, celle-ci demeurera immobile. Toute la rangée demeurera immobile auſſi, excepté la derniere boule qui s'en détachera avec une vîteſſe égale à celle de la boule qui a fait le choc à l'autre extrémité. Voilà un mouvement qui d'une extrême vîteſſe a paſſé d'un bout à l'autre de toute la rangée, en quelque nombre qu'aient été les boules, ſans qu'elles aient paru ſe mouvoir le moins du monde, & cette vîteſſe eſt d'autant plus grande, que les boules ſont plus dures & d'un reſſort plus parfait.

Dans ce ſyſteme des ondes, chaque point du corps lumineux en forme une dont il eſt le centre ; & ce qui fait que ces ondes qui ne paroiſſent qu'un léger ébranlement d'un fluide, ſe conſervent dans des eſpaces auſſi prodigieux que la diſtance de la terre au Soleil ou aux étoiles, c'eſt que dans ces grands éloignemens un très-grand nombre de points lumineux s'uniſſent pour ne former ſenſiblement qu'une ſeule onde. Et de plus dans le moindre tems imaginable, chaque point lumineux violemment agité, comme il eſt, frappe la matiere éthérée d'une infinité de coups redoublés qui fortifient l'effet les uns des autres, & empêchent que l'onde ne s'efface.

M. Huyghens aſſuroit enfin que quand une onde eſt formée par un point lumineux, il ſe forme encore dans tout l'eſpace qu'elle enferme autant d'ondes particulieres, qu'il y a de points dans le fluide ébranlé ; car chaque point du fluide se fait aussi centre d'une onde. La plus grande partie étant formée par le point lumineux, celles qui viennent de chaque point du fluide sont d'autant plus grandes, que ces points du fluide sont plus proches du point lumineux ; & si on veut marquer le terme où la grande onde arrive dans un certain tems, il faut nécessairement que toutes ces petites ondes y arrivent avec elle, & ce sont autant de circonférences de cercle plus petites qui touchent toutes, chacune en un point, la grande circonférence. Par-là il est visible qu'elles la fortifient & augmentent l'effet dont elle est capable. Hors les points où ces petites circonférences touchent la grande, elles ne la fortifient point, puisqu'elles ne s'y joignent pas ; & faute de ce secours la grande peut devenir incapable d'un effet sensible. Les petites en sont incapables aussi, hors dans les points où elles touchent la grande ; car ce n'est que dans ces mêmes points où elles se joignent les unes aux autres.

Par-là M. Huyghens prévenoit une difficulté qui naissoit naturellement de son systême. Il est certain qu'un objet lumineux vu par une ouverture, n'est vu qu'entre deux lignes droites tirées par les extrémités du diametre de cette ouverture ; & cependant si la lumiere se répand par ondes, elles se répand incontestablement hors de cet espace. Mais il est certain aussi que ce qui s'y en répand, ce ne sont plus que des restes particulieres qui ne touchent plus la totale, & ne se touchent plus les unes les autres ; donc tous les points d'attouchement sont nécessairement compris entre les deux lignes droites menées par les extrémités de l'ouverture, puisque les lignes étant tirées du point lumineux, centre de l'onde totale, & passant par les centres des ondes particulieres, elles leur sont perpendiculaires à toutes, & par conséquent vont à leurs tangentes.

M. Privat de Molieres comprit si bien le mécanisme caché du systeme que nous venons de rapporter, que non-seulement il adopta, mais encore qu'il regarda comme absurde toute opinion qui ne supposoit pas des ondulations dans la lumiere. Pour nous, *dit-il, dans la proposition troisieme de sa leçon vingtieme*, qui faisons consister la Physique à éviter toute sorte d'absurdités, & qui ne voyons aucun inconvénient de penser, avec M. Huyghens ; que la lumiere se transmette dans la matiere éthérée à-peu-près de la même façon que le son se transmet dans l'air ; ni qu'il soit nécessaire de penser que c'est la molécule voisine du Soleil qui vienne elle-même frapper le fond de nos yeux, plutôt qu'une molécule pareille qui est actuellement contre le fond de notre œil, & à laquelle la molécule voisine du Soleil a transmis son action, qui frappe notre rétine ; nous concluons sans difficulté que la lumiere ne consiste ni dans une transmission instantanée du mouvement des particules du Soleil jusqu'à nos yeux, contraire à l'expérience, ni dans une émission inconcevable de ces mêmes particules jusqu'aux extrémités de l'univers ; mais bien dans une transmission successive de ce même mouvement, comme il arrive au son.

SENTIMENT

De M. Nollet sur la nature de la lumiere.

M. l'Abbé Nollet n'a embrassé le systeme de Descartes sur la lumiere, qu'après y avoir fait un grand nombre de corrections. Voici comment il le présente dans la section premiere de sa quinzieme leçon. J'entends, *dit-il*, par le mot de *lumiere* le moyen dont la nature a coutume de se servir pour affecter l'œil de cette impression vive & presque toujours agréable qu'on appelle *clarté*, & pour nous faire appercevoir la grandeur, la figure, la couleur, la situation des objets qui sont hors de nous-mêmes à une distance convenable. Ce moyen, quel qu'il soit, est un être distingué du corps visible & de l'organe ; il réside comme intermede entre l'un & l'autre, & il occupe par lui-même & par son action l'intervalle qui les sépare : sans cela il me paroît impossible de comprendre comment un corps peut agir sur un autre corps.

Mais cet agent qui transmet à l'œil l'action du corps lumineux ou illuminé, doit être lui-même quelque chose de matériel ; autrement comment pourroit-il recevoir & communiquer une modification qui ne peut convenir qu'à la matiere ? Comment pourroit-il être touché ou agité physiquement par l'objet visible, & toucher de même l'organe sur lequel il se fait sentir ? Si la lumiere n'est pas un corps, pourquoi ne peut-on pas regarder le Soleil en face ? Pourquoi une personne accoutumée à dormir dans une chambre bien obscure, s'éveille-t-elle plutôt que de coutume, si l'on a oublié de fermer les volets de ses fenêtres? &c.

Nous conviendrons donc que ce qui répand la clarté dans un lieu, ce qui rend visible les objets qu'on y apperçoit, est une vraie matiere dont l'action peut être plus ou moins forte suivant les circonstances.

M. Nollet examine ensuite quelle est cette matiere; & après avoir rapporté avec toute la clarté & toute l'élégance possible les systemes de Descartes & de Newton, il continue de la sorte: s'il faut prendre un parti entre ces deux opinions, j'avoue franchement que la vraisemblance me détermine pour celle de Descartes. Elle a pourtant ses difficultés que je ne dissimulerai pas, & je n'y veux souscrire qu'avec les restrictions & les changemens que les observations & l'expérience y ont fait faire. Mais avec ces conditions, il me semble qu'on est bien plus à son aise pour concevoir l'origine, la propagation & les effets de la lumiere, qu'en supposant des émissions effectives, continuelles & opposées entr'elles.

Je trouve donc que l'on fait moins de violence aux idées établies, & qu'on se rend plus intelligible en disant avec Descartes: les objets visibles, ainsi que les yeux par lesquels ils doivent être apperçus, sont toujours plongés dans un fluide qui s'étend sans interruption des uns aux autres: cette matiere intermédiaire est susceptible d'une espece de mouvement qui lui est propre & qui ne peut être senti qu'au fond de l'œil, de même qu'il ne peut être excité que par des corps flamboyans ou comme tels. Dès qu'elle est excitée de cette maniere, l'organe placé en quelque endroit que ce soit de la sphere d'activité, ne manque pas d'en être affecté, & à cette occasion l'ame apperçoit & juge à une certaine distance & dans la direction du mouvement qui a fait impression, l'objet qui en est cause.

Si l'on a peine à croire que les choses puissent se passer ainsi, on pourra se le persuader en réfléchissant sur l'usage d'un autre sens destiné comme la vue à nous faire connoître les objets qui sont hors de nous. Comment entendons-nous la voix d'un homme qui nous parle de loin pendant la nuit? Est-ce par des portions d'air rendues sonores dans sa bouche, & qui traversent ensuite tout l'espace qui est entre cet homme & nous, pour venir frapper nos oreilles ? On ſait bien que cela ne ſe fait point ainſi : on ſait qu'une même maſſe d'air d'une très-grande étendue reçoit, ſans ſe déplacer, l'action ou le trémouſſement du corps ſonore dans toutes ſes parties, & que toute oreille ſaine qui s'y trouve plongée, participe au ſon que ce fluide tranſmet par la contiguité de ſes molécules. Cet exemple que perſonne ne révoque en doute, ne ſuffit-il pas pour nous porter à croire que le corps lumineux, de même que le corps ſonore, fait paſſer ſon action à l'organe par un fluide qui lui ſert de véhicule ?

Mais quel eſt ce fluide ſubtil qui peut ainſi, en tout tems & en tout lieu, nous faire paſſer en un inſtant des ténebres les plus épaiſſes à la plus brillante clarté ?

Les effets du feu porté juſqu'à l'inflammation, le font briller à nos yeux, & la clarté qu'il répand s'étend beaucoup au-delà de l'eſpace où il fait naître la chaleur; d'un autre côté les rayons du Soleil qui ſont comme la ſource principale de la lumiere qui éclaire notre globe, échauffent & enflamment tout ce qu'on y expoſe, lorſque leur action eſt augmentée par le moyen des miroirs ou autrement. Si la lumiere brûle & que le feu éclaire, n'eſt-il pas raiſonnable de penſer qu'un ſeul & même élément produit ces deux effets, & que ſi l'un ſe voit ſans l'autre, c'eſt que tous les deux ne dépendent pas des mêmes circonſtances, quoiqu'ils aient un ſeul & même principe.

Si l'on ſe détermine bien à croire que la matiere du feu eſt préſente dans preſque toutes les ſubſtances qui appartiennent à la terre, parce qu'on les voit s'échauffer ſenſiblement, & même s'embraſer par des chocs & des frottemens extérieurs ou par des mouvemens inteſtins qu'on y excite ; on peut ſe perſuader auſſi par quantité d'exemples tirés des trois regnes de la nature, que la lumiere eſt également préſente partout, au-dedans comme au-dehors des corps, & qu'il ne lui manque pour ſe rendre ſenſible à nos yeux qu'un certain mouvement & un milieu propre à la tranſmettre. Pluſieurs de ces exemples font voir à quiconque n'a point de préjugé contraire que ce qui brille à la ſurface d'un corps peut auſſi faire naître & entretenir de la chaleur au-dedans, ſi quelque circonſtance de plus occaſionne ou favoriſe cet effet.

LUMIERE SEPTENTRIONALE. Quelques Physiciens peu attentifs ont confondu la lumiere septentrionale avec l'aurore boréale ; ils ont eu tort ; celle-ci ne paroît que de tems en tems ; celle-là au contraire, est un phénomene journalier. Nous lisons, en effet, dans une relation du Groenland, composée par Peyrere, que dans ces contrées, il se leve pendant tout l'hiver une lumiere avec la nuit, qui éclaire tous le pays, comme si la Lune étoit au plein. Plus la nuit est obscure, plus cette lumiere luit. Elle fait son cours du côté du Nord. Elle ressemble à un feu volant, & elle s'étend en l'air comme une haute & longue palissade. Elle passe d'un lieu à un autre avec une légereté & une promptitude inconcevable. Elle dure toute la nuit, & elle s'évanouit avec le Soleil levant. M. de Mairan nous assure que l'air grossier que l'on respire dans les pays près du pôle arctique, & les glaces qui se trouvent dans ces contrées, sont très-propres à réfléchir les rayons de lumiere, & à causer une clarté que les habitans du pays nomment *lumiere septentrionale*. Ce grand Physicien fonde en partie son sentiment sur le témoignage *de Frèderic Martens*, qui dans son voyage au Spitzberg & au Groenland, rapporte qu'il y a dans le Spitzberg, c'est-à-dire, aux environs du 80e. degré de latitude, sept grandes montagnes de glace, toutes sur une même ligne, & entre de hauts rochers. Elles paroissent d'un beau bleu, aussi-bien que la neige. Il y a des nuages autour & vers le milieu de ces montagnes. Au-dessus de ces nuages, la neige est fort lumineuse. Les véritables rochers paroissent tout en feu. Le Soleil n'y donne qu'une lueur pâle, & la neige, au contraire, y réfléchit une lumiere fort vive. Dans ces endroits où la glace est prise en mer, on voit au-dessus dans le Ciel une clarté blanchâtre comme celle du Soleil. A quelque distance de-là l'air paroît bleu & noirâtre. La poussiere des glaçons ou de la neige répandue dans l'air, ou autour des montagnes, y produit de fréquens parhélies, & des especes d'arcs-en-ciel, & plusieurs autres phénomenes du même genre.

Concluons de-là que *Olaüs magnus* a parlé de la lumiere septentrionale & non pas de l'aurore boréale, lorsqu'il a dit dans son histoire des peuples septentrionaux que vers la fin de l'hiver, & autour du printems on a coutume de voir dans ces pays encore couverts de neige, un grand cercle blanc qui s'étend sur tout l'horizon; que ce cercle est surmonté de 3 ou 4 autres fort petits qui semblent imiter le Soleil & qui sont diversement colorés; mais qu'il en contient quelquefois au-dedans un autre qui est noirâtre, plus grand & plus dense que ceux qui sont au-dehors.

LUMIERE ZODIACALE. Nous ferons pour la lumiere zodiacale ce que nous avons fait pour l'aurore boréale; nous prendrons pour guide M. de Mairan; il paroît avoir épuisé la matiere. Ce grand Physicien appelle *lumiere zodiacale* une clarté ou une blancheur assez semblable à celle de la *voie lactée*, que l'on apperçoit dans le Ciel en certains tems de l'année, après le coucher du Soleil ou avant son lever, en forme de lance ou de pyramide, le long du zodiaque où elle est toujours renfermée par sa pointe & par son axe, & appuyée obliquement sur l'horizon par sa base. Elle fut découverte au printems de l'année 1683 par M. Cassini qui n'a pas été le seul à observer que si elle n'a jamais occupé plus de 20 degrés de largeur & 103 de longueur, elle n'a jamais occupé moins de 8 degrés de largeur & 50 de longueur, depuis le Soleil jusqu'à sa pointe. L'atmosphere solaire dont nous avons parlé en son lieu, est la cause de ce phénomene lumineux. M. de Mairan dont nous copions les propres paroles, remarque très-sagement que plusieurs des circonstances qui ont été cause qu'on a connu si tard la lumiere zodiacale, ou qu'on l'a confondue avec quelques autres apparences célestes, peuvent encore souvent nous empêcher de l'appercevoir. Sa position oblique & peu éloignée du plan de l'écliptique, ne nous permet guere de la voir distinctement & assez élevée sur l'horizon, que quelque tems après le coucher du Soleil vers la fin de l'hiver & dans le printems, ou avant le lever en automne & vers le commencement de l'hiver. La raison en est sensible; dans ces différens tems elle paroît dans les signes boréaux qui sont beaucoup plus élevés sur notre horizon que les signes méridionaux; sa position oblique ne doit pas donc alors nous empêcher de l'appercevoir. A cette raison optique M. de Mairan ajoute deux raisons physiques; un crépuscule trop fort, *dit-il*, l'empêche de se montrer; & un trop grand clair de Lune la fait disparoître. La premiere de ces raisons nous la cache pendant l'été, & la seconde, une grande partie de l'année dans quelque saison que l'on se trouve. Les observations que nous allons rapporter, prouveront évidemment que cette lumiere a été connue non-seulement des modernes, mais encore des anciens; elles serviront à démontrer l'existence de l'atmosphere solaire, que tous les Physiciens regardent aujourd'hui comme la seule cause de plusieurs phénomenes astronomiques que l'on avoit fait entrer sans raison dans la classe des météores.

Année 400.

Il paroît que ce fut seulement au commencement du cinquieme siecle que se fit la premiere observation circonstanciée de la lumiere zodiacale. Voici comment parle *Nicephore* dans le treizieme livre de son Histoire, après avoir rapporté la prise de Rome par Alaric. Il y eut encore alors une éclipse de Soleil, pendant laquelle l'obscurité fut si grande, que les étoiles parurent en plein jour.... On vit aussi en même tems dans le Ciel avec le Soleil éclipsé, & au-dessus de lui une clarté singuliere qui avoit la figure d'un cône, & que quelques personnes peu instruites prirent pour une comete. Mais il n'y avoit rien là de semblable à une comete; car cette clarté ne se terminoit point en queue ou chevelure de comete, & n'avoit point d'étoile qui en pût représenter le noyau. C'étoit plutôt une espece de flamme qui subsistoit par elle-même, semblable à celle d'une grande lampe, & d'où il partoit une lumiere fort différente de celle des étoiles.... La position & le mouvement de cette lumiere changerent. Elle étoit d'abord placée vers cette partie du Ciel où le Soleil se leve à l'équinoxe du printems; ensuite elle parut couchée le long de cette partie du zodiaque qui répond à la derniere étoile de la queue de l'*ourse*, marchant ou regardant toujours par sa pointe vers l'Occident. Et après qu'elle eut parcouru ainsi le zodiaque pendant plus de 4 mois, elle disparut. Son sommet devenoit quelquefois plus aigu, & lui donnoit une figure beaucoup plus oblongue que celle du cône; après quoi se raccourcissant, elle en reprenoit quelquefois les proportions. Elle eut encore d'autres formes extraordinaires & qui ne ressembloient à aucun des phénomenes connus. Elle commença de se montrer ſtrer au milieu de l'été, & continua juſqu'à la fin de l'automne.

Année 1461.

La ſeconde obſervation réglée a été faite environ l'année 1461. Les pyramides de la lumiere zodiacale furent alors aſſez marquées, pour engager le Poëte *Pontanus* à nous repréſenter un pêcheur ſur les bords du Nil, perſuadé que les Dieux avoient enlevé dans le Ciel & confondu avec les aſtres les plus belles pyramides de l'Egypte.*

Année 1650.

Ce fut environ l'année 1650 que dut ſe faire la troiſieme obſervation aſtronomique de la lumiere zodiacale. Voici en effet l'avertiſſement que donne aux Mathématiciens le ſavant *Childrey* à la fin de ſon Hiſtoire Naturelle d'Angleterre, écrite environ l'an 1659. Un peu avant & un peu après le mois de Février, j'ai obſervé pendant pluſieurs années conſécutives vers les ſix heures du ſoir, & quand le crépuſcule a preſque quitté l'horizon, un chemin lumineux fort aiſé à remarquer, qui ſe darde vers les Pléïades, & qui ſemble les toucher.

Année 1683.

C'eſt ici la plus fameuſe obſervation que nous ayons de la lumiere zodiacale; elle commença en l'année 1683, & elle fut continuée dans preſque toutes les parties du monde juſqu'en l'année 1694. Voici en quels termes M. Caſſini l'annonça aux Savans dans le Journal de 1683.... Une lumiere ſemblable à celle qui blanchit la voie de lait, mais plus claire & plus éclatante vers le milieu, & plus foible vers les extrémités, s'eſt répandue par les ſignes que le Soleil doit parcourir.

En l'année 1684, le P. *Noël*, Jéſuite, voyageant dans les Indes orientales & tout proche de l'équateur, l'apperçut à la ſuite du crépuſcule. Je vis, *dit-il*, une lumiere ſemblable à la voie lactée, & ſous la forme d'une grande

* *Tunc aliquis limoſa agitans ad flumina Nili*
Piſcator, dùm nocte oculos ad ſidera tollit,
Obſtupuit, doluitque ſimul ſuper Aſtra referri
Pyramidas, veterumque rapi Monumenta virorum,
Ægyptumque ſuis ſuperos ſpoliare Trophæis.

queue de comete qui s'élevoit jusqu'à 60 ou 70 degrés au-dessus de l'horizon, sur une amplitude de plus de 15 degrés; après quoi elle s'abaissoit peu-à-peu, & se cachoit enfin, en suivant toujours la route & le mouvement du Soleil.

En l'année 1686 M. *Fatio de Duillier* écrivit de Geneve à M. Cassini une grande lettre sur la lumiere zodiacale. Elle fut imprimée la même année à Amsterdam; le cas qu'en fait M. de Mairan nous est un sûr garant de sa beauté. Depuis l'année 1685, jusqu'en l'année 1694, le Pere *le Comte*, Jésuite, assure avoir observé à Siam & à la Chine de longues traces d'ombre & de lumiere, qu'on voyoit souvent le soir & le matin dans le Ciel, & auxquelles leur figure pyramidale avoit fait donner le nom de *verges*.

Année 1730.

M. Cassini nous assure que le huitieme Janvier de l'année 1730, la lumiere zodiacale vers les six heures & demi du soir, se terminoit par sa pointe auprès de la tête de la *Baleine*, & avoit par conséquent 85 ou 90 degrés de longueur; & que le dix-neuvieme du même mois à la même heure, il la trouva d'environ 30 degrés plus courte.

Année 1731.

M. de Mairan observa souvent la lumiere zodiacale en l'année 1731, & il remarqua plusieurs fois, qu'après qu'elle avoit cessé de paroître le soir, sous la forme de lance ou de fuseau, toute la partie du couchant demeuroit plus éclairée que le reste du Ciel, sur 30 ou 40 degrés d'amplitude.

Année 1732.

La lumiere zodiacale a paru 18 fois en l'année 1732, c'est-à-dire, en Janvier, le 16, le 17, le 19, le 24 & le 26 après le crépuscule du soir; en Février, le 15, le 19, le 21, le 22, le 23, le 26 & le 28, sur les 7 heures du soir; en Mars le 15 & le 23 à la même heure; en Avril, le 14, le 18 & le 21 sur le soir; enfin en Septembre la lumiere zodiacale parut le 5 à 4 heures du matin.

Année 1733.

La lumiere zodiacale n'a paru que 10 fois en l'année 1733, je veux dire, en Janvier, le 19; en Février, le 14; en Mars, le 8, le 9 & le 13; en Avril, le 4, le 8, le 9 & le 12; & en Juillet le 22.

Année 1734.

La lumiere zodiacale a paru quelquefois en l'année 1734; mais comme elle a été presque toujours douteuse, mal terminée & informe, nous ne ferons pas l'énumération de ses apparitions.

Années 1746 & 1747.

La lumiere zodiacale paroît dans les terres australes; comme dans les terres septentrionales. On lit dans un voyage de la Baye de Hudson dont le milieu s'étend par delà le 60e. degré de latitude méridionale, que quand le Soleil se leve & se couche, on voit dans ce pays-là un grand cône de lumiere jaunâtre qui se leve perpendiculairement sur lui, & ce cône n'a pas sitôt disparu avec le Soleil couchant, que l'aurore boréale en prend la place, en lançant sur l'hémisphere mille rayons lumineux & colorés, qui sont si brillans que la pleine Lune n'efface pas même leur lustre. Ce voyage s'est fait en 1746 & 1747. Nous avons puisé toutes ces particularités dans le Traité de M. de Mairan sur l'aurore boréale & la lumiere zodiacale; l'on n'est pas tenté d'aller fouiller ailleurs, lorsqu'on a le bonheur d'avoir entre les mains un trésor de cette espece.

LUNE. La Lune est un corps opaque, sensiblement sphérique, dont le volume est environ cinquante fois moindre que celui de la terre; mais dont la densité est à-peu-près quatre fois plus grande. Elle tourne autour de notre globe d'occident en orient dans l'espace de 27 jours 7 heures & 43 minutes, dans une orbite sensiblement circulaire & réellement elliptique, en nous présentant toujours la même face ou le même hémisphere; aussi les Astronomes attentifs à observer ce phénomene n'ont-ils pas manqué de conclure qu'elle avoit un mouvement sur son axe qui devoit commencer & finir avec son mouvement périodique. Ils ont eu raison; en effet il est impossible qu'un homme parcoure une circonférence de cercle en tenant conſtamment les yeux fixés vers le centre, ſans faire en même-tems un tour ſur lui-même. C'eſt du Soleil que la Lune reçoit toute la lumiere qu'elle envoie ſur la terre; & le changement de ſes phaſes nous le prouve d'une maniere bien ſenſible. Se trouve-t-elle entre la terre & le Soleil? Elle ne nous donne aucune lumiere, parce que ſon hémiſphere éclairé par le Soleil, n'eſt pas tourné vers la terre; c'eſt-là ce qu'on nomme la nouvelle Lune, ou la Lune en conjonction, c'eſt-à-dire, la Lune ſe trouvant ſous le même ſigne céleſte que le Soleil. Se trouve-t-elle dans ſa premiere quadrature, ou à la fin de ſon premier quartier, c'eſt-à-dire, ſe trouve-t-elle éloignée du Soleil de 90 degrés, ou de 3 ſignes céleſtes? elle nous préſente la moitié de ſon hémiſphere éclairé. Deſcend-elle juſqu'au point d'oppoſition, c'eſt-à-dire, la voit-on ſous un ſigne directement oppoſé à celui ſous lequel on voit le Soleil? elle nous préſente tout ſon hémiſphere éclairé: c'eſt-là ce qu'on nomme pleine Lune. Par la même raiſon, lorſqu'elle ſe trouve à ſa derniere quadrature ou à ſon dernier quartier, nous ne devons voir que la moitié de ſon hémiſphere éclairé. Tous ces différens changemens dans les phaſes de la Lune nous démontrent évidemment qu'elle tourne périodiquement autour de la terre, & qu'elle ne reçoit ſa lumiere que du Soleil. Liſez l'article éclipſe & jettez un coup d'œil ſur la figure qui lui eſt analogue; vous verrez les principales phaſes de la Lune, gravées de maniere à ne cauſer aucune obſcurité dans l'eſprit du Lecteur le moins attentif. Il n'eſt point d'aſtre ſur lequel les Aſtronomes aient plus travaillé que ſur celui-ci. Pour avoir moins de peine dans la lecture de leurs ouvrages, faites attention aux remarques ſuivantes.

1°. Les Aſtronomes appellent *ſyzygies* les 2 points de la conjonction & de l'oppoſition; ſuivant eux la Lune eſt dans les ſyzygies, lorſqu'elle eſt nouvelle ou pleine.

2°. Lorſque la Lune va du point de conjonction au point d'oppoſition, ſes deux eſpeces de cornes regardent l'orient; elles regardent au contraire l'occident, lorſqu'elle remonte de l'oppoſition à la conjonction.

3°. Quoique la Lune parcoure ſon orbite dans l'eſpace de 27 jours, 7 heures, 43 minutes, l'on compte cependant 29 jours, 12 heures & 44 minutes d'une nouvelle Lune à l'autre; la raison en est évidente : tandis que la Lune a parcouru les 12 signes du Zodiaque, le Soleil en a paru parcourir presque un entier ; donc la Lune ne peut redevenir nouvelle, qu'après avoir parcouru réellement le signe que le Soleil a paru parcourir ; mais la Lune ne peut parcourir ce signe, que dans deux jours, 5 heures & 1 minute ; donc l'on doit compter 29 jours, 12 heures & 44 minutes d'une nouvelle Lune à l'autre. Aussi distingue-t-on le mois lunaire périodique d'avec le mois synodique ; le mois périodique n'est que de 27 jours, 7 heures 43 minutes, & le mois synodique est de 29 jours, 12 heures, 44 minutes.

4°. Le mouvement diurne de la Lune d'Orient en Occident n'est qu'un mouvement apparent ; il a pour cause le mouvement diurne de la terre sur son axe d'Occident en Orient, comme nous l'avons expliqué dans l'article de *Copernic*.

5°. Les Astronomes appellent *taches de la Lune* des endroits moins propres que les autres à réfléchir vers nous la lumiere du Soleil. Parmi ces taches les unes sont permanentes & les autres changeantes. Les premieres sont occasionnées vraisemblablement par des bois, des antres & peut-être par des lacs, des fleuves & des mers. Les secondes viennent de l'ombre que répandent sur la Lune certains rochers & certaines montagnes qui se trouvent sur son hémisphere éclairé. En effet le Soleil est-il oriental par rapport à la Lune ? Les taches dont nous parlons seront occidentales ; le Soleil au contraire est-il occidental ? Ces taches deviendront orientales.

6°. Il n'est pas encore décidé parmi les Astronomes si la Lune a une atmosphere, ou si elle n'en a point. Les anciens ne lui en donnent aucune ; les modernes ne pensent pas tout-à-fait de même, & M. de Mairan à la fin de son Traité de l'aurore boréale, prouve très-bien qu'il n'est rien de moins concluant que les raisons que l'on a apporté jusqu'à présent pour regarder la Lune comme dénuée de toute atmosphere.

Remarquez 1°. (Et c'est ici ce qu'il y a de plus essentiel dans cet article) que la Lune pese vers notre globe, & que sa pesanteur est en raison inverse du carré de sa distance au centre de la terre ; c'est-à-dire, la pesanteur actuelle de la Lune éloignée, comme elle l'est du centre de la terre, de quatre-vingt dix mille lieues ou de soixante rayons terrestres, est à la pesanteur qu'elle auroit, si elle en étoit seulement éloignée de 1500 lieues ou d'un rayon terrestre, comme le carré de 1 qui est 1, est au carré de 60 qui est 3600, ou pour parler encore plus clairement, la Lune a actuellement une force centripete vers la terre trois mille six cent fois moindre qu'elle ne l'auroit, si elle étoit seulement à quelques lieues au-dessus de notre globe. Pour prouver ce fait qui n'est autre chose que la démonstration de la seconde loi de l'attraction mutuelle des corps, voici comment raisonne Newton. 1°. La force centripete d'un corps qui décrit un cercle est égale au carré de sa vîtesse divisé par le diametre du cercle parcouru, comme nous l'avons démontré nous-mêmes dans l'article des *forces centripetes*. Un corps, par exemple, parcourt-il avec 6 degrés de vîtesse un cercle qui ait 4 pieds de diametre, sa force centripete sera exprimée par 36 divisé par 4, c'est-à-dire, sera exprimée par 9; parce que le carré de 6 est 36, & le quotien de 36 divisé par 4 est 9.

2°. L'orbite lunaire, quoique réellement elliptique, peut être regardée, sans s'exposer à aucune erreur considérable, comme sensiblement circulaire, & par conséquent la force centripete de la Lune dans tous les points de son orbite est égale au carré de sa vîtesse divisé par le diametre de l'orbite lunaire.

3°. L'orbite lunaire a un rayon de quatre-vingt dix mille lieues, & par conséquent un diametre de cent quatre-vingt mille lieues. Ces cent quatre-vingt mille lieues réduites en pieds valent 2464992000, c'est-à-dire, *deux milliards, quatre cent soixante-quatre millions, neuf cent, nonante deux mille pieds.*

4°. L'on sait que la circonférence d'un cercle est sensiblement triple de son diametre, & par conséquent l'on doit conclure que l'orbite lunaire est de cinq cent quarante mille lieues. Ces cinq cent quarante mille lieues, réduites en pieds, valent 7394976000, c'est-à-dire, *sept milliards, trois cent nonante-quatre millions, neuf cent, septante-six mille pieds.*

5°. La Lune parcourt son orbite dans l'espace de 27

jours, 7 heures & 43 minutes, ou bien en réduisant le tout en minutes, dans l'espace de trente-neuf mille, trois cent, quarante-trois minutes.

6°. Puisque la Lune parcourt son orbite entiere par un mouvement sensiblement uniforme dans l'espace de 39343 minutes, elle doit parcourir à chaque minute 187900 pieds, puisque l'on ne peut pas multiplier 187900 pieds par 39343 minutes, sans avoir pour produit 7392549700 pieds, c'est-à-dire, sans avoir à-peu-près la valeur de l'orbite lunaire.

7°. Pour avoir la force centripete de la Lune dans un point quelconque de son orbite, l'on n'a qu'à prendre le carré de sa vîtesse, c'est-à-dire, le carré de l'espace qu'elle parcourt dans une minute; diviser ce carré par le diametre de l'orbite lunaire; & le quotient vous représentera la force centripete de la Lune. Les Newtoniens ont fait toutes ces différentes opérations; ils ont multiplié 187900 pieds par 187900 pieds; ils ont divisé le produit 35306410000 par 2464992000, *valeur du diametre de l'orbite lunaire*, & le quotient 15 *pieds* leur a représenté la valeur de la force centripete de la Lune. Ils ont conclu de-là que la Lune dans l'endroit où elle est, n'a dans une minute qu'une force centripete représentée par une ligne de 15 pieds, & que par conséquent abandonnée à sa pesanteur dans l'endroit où elle est, elle ne parcourroit que 15 pieds dans une minute.

8°. La démonstration, jointe à l'expérience journaliere, nous apprend que les corps graves parcourent près de la surface de la terre 15 pieds dans la premiere seconde de tems, & par conséquent cinquante-quatre mille pieds dans la premiere minute, comme nous l'avons remarqué dans l'article de la *gravité des corps* & dans celui de la *Statique*.

9°. Nous sçavons que cinquante-quatre mille pieds sont trois mille six cent fois plus grands que 15 pieds; nous avons donc droit de conclure que la Lune, abandonnée à sa pesanteur dans l'endroit où elle est, parcourroit dans une minute un espace trois mille six cent fois moindre, que si elle tomboit des environs de la terre; donc la Lune a actuellement une force centripete vers la terre trois mille six cent fois moindre, qu'elle ne l'auroit, si elle étoit seulement à quelques lieues de notre globe, & par conséquent l'attraction est précisément en raison inverse des carrés des distances au centre du corps attirant.

Dans tout ce calcul que nous venons de faire, & qui ne paroîtra difficile & effrayant qu'à ceux qui n'ont aucune teinture d'arithmétique, nous n'avons pas fait attention à l'attraction que le Soleil exerce sur la Lune; cette attraction est cependant réelle, & il est prouvé de la maniere la moins incontestable que tantôt elle augmente, & tantôt elle diminue la pesanteur de la Lune vers la terre. La Lune se trouve-t-elle dans ses quadratures? Newton démontre que l'attraction du Soleil augmente sa pesanteur vers la terre d'une 178e. partie; la Lune au contraire se trouve-t-elle dans les *syzygies*? Newton démontre que l'attraction du Soleil diminue sa pesanteur vers la terre d'une 89e. partie. C'est cette augmentation & cette diminution successive de pesanteur vers la terre, que Newton regarde comme la cause physique des irrégularités innombrables que les Astronomes ont observées dans le mouvement de la Lune. Les principales sont les suivantes: l'orbite lunaire forme avec l'écliptique un angle d'inclinaison qui n'est quelquefois que de 5 degrés & une minute, & qui va quelquefois jusqu'à cinq degrés & 17 minutes. Les deux points où l'orbite lunaire coupe l'écliptique, s'appellent le nœud ascendant ou la tête du dragon, & le nœud descendant ou la queue du dragon; c'est par le nœud ascendant que la Lune passe dans la partie boréale, & c'est par le nœud descendant qu'elle passe dans la partie méridionale. Ces nœuds ne sont pas fixes & permanens; ils ont un mouvement périodique; c'est-à-dire, ils parcourent les 12 signes du Zodiaque d'Orient en Occident dans l'espace de 19 ans, & c'est-là ce qu'on nomme le *cycle* lunaire. Enfin l'apogée de la Lune est encore moins immobile que les nœuds de son orbite; il correspond tantôt à un point du ciel, tantôt à un autre, & les Astronomes ont remarqué qu'il parcouroit tous les jours d'Occident en Orient 6 minutes, 41 secondes, 1 tierce, & qu'il achevoit par conséquent son mouvement périodique dans l'espace de neuf années. Les solutions des questions suivantes jetteront un grand jour sur ce que nous avons dit jusqu'à présent.

Premiere Question. Sur quelles raisons se fondent les Physiciens qui n'admettent point d'atmosphere autour de la Lune ?

Réponse. Ces Physiciens se fondent sur les trois raisons suivantes. 1°. Si la Lune, *disent-ils*, étoit comme la terre, entourée d'une atmosphere, les étoiles, éclipsées par cet astre, en disparoissant derriere son disque, ou en venant à reparoître, souffriroient quelque réfraction ; mais elles n'en souffrent aucune ; donc la Lune n'est pas, comme la terre, entourée d'une atmosphere.

2°. Si la Lune avoit une atmosphere, on verroit au moins de tems en tems, sa surface couverte de nuages ; mais cela n'arrive jamais ; donc la Lune n'est entourée d'aucune atmosphere.

3°. Si la Lune avoit une atmosphere, elle auroit ses aurores boréales, à-peu-près aussi bien réglées que celles de la terre. En effet dans les grandes extensions de l'atmosphere solaire, la Lune qui ne quitte point la terre, & qui dans ses conjonctions se trouve plus près du Soleil, seroit nécessairement plongée dans le même fluide ou la même atmosphere. Alors la partie ambiante de ce fluide tomberoit sur le globe de la Lune, selon les loix de la pesanteur universelle. Il y auroit donc de tems en tems sur ce globe, des phénomenes semblables à ceux de nos aurores boréales. Mais cela n'arrive jamais ; donc la Lune n'est entourée d'aucune atmosphere. Il est bien plus simple de dire, *ajoutent-ils*, que la matiere de l'atmosphere solaire ne trouvant, aux environs de la Lune, aucun milieu dans lequel elle puisse se soutenir & s'enflammer, se précipite rapidement sur sa surface, & ne produit, ni pour la Lune, ni pour l'observateur qui la voit de dessus la surface de la terre, rien qui approche des apparences de nos aurores boréales. Voyez cette matiere rapprochée de ses principes à l'article *Aurore boréale.*

Seconde Question. Sur quelles raisons se fondent les Physiciens qui admettent une atmosphere autour de la Lune ?

Réponse. Ces Physiciens se fondent sur des raisons dont les unes sont négatives & les autres positives. Ils entendent par *raisons négatives*, la foiblesse des raisons qu'on vient d'apporter pour la non existence d'atmosphere autour de la Lune. Ces raisons, *disent-ils*, ne prouvent rien ou presque rien ; ce sont de pures objections auxquelles il eſt très-facile de répondre d'une maniere ſatisfaiſante. En effet quand même la Lune ſeroit entourée d'une atmoſphere, ne pourroit-on pas ſuppoſer, avec le ſavant Boſcovich, que cette atmoſphere eſt compoſée d'un fluide partout homogene, beaucoup plus ténu & plus diaphane que l'air, ſenſiblement incompreſſible, & auſſi denſe à ſa ſuperficie qu'à ſa partie inférieure immédiatement appuyée ſur le globe ſolide de la Lune ? Voyez ſa differtation *de Lunæ atmoſphera.* Dans cette hypotheſe la réfraction de la lumiere, envoyée par les étoiles, devra être nulle, ou comme nulle. Ne pourroit-on pas ajouter, avec M. de Mairan, que tout le diſque de la Lune ne mettant qu'environ une heure à paſſer devant une étoile fixe, il ſuit que ſon bord réfringent, & toute la matiere qui en fait l'épaiſſeur, n'y emploira qu'environ une ſeconde de tems ? Ce qui fait un tems trop court, pour s'appercevoir des réfractions, à moins que quelque haſard, ou des circonſtances favorables ne s'y mêlent. Donc, quand même la Lune ſeroit entourée d'une atmoſphere, les étoiles éclipſées par cet aſtre, en diſparoiſſant derriere ſon diſque, ou en venant à reparoître, ne devroient ſouffrir aucune réfraction ſenſible.

Il en eſt de même des nuages dont on prétend que la ſurface de la Lune n'eſt jamais couverte. Ne ſait-on pas qu'il y a des pays ſur le globe terreſtre, tels que le Pérou & de grandes contrées d'Afrique, où il ne pleut jamais, & qu'on ne voit point chargés de ces nuages qui ſont ailleurs les avant-coureurs de la pluie. Les vapeurs élevées par la chaleur du Soleil pendant le jour, y retombent en forme de roſée pendant la nuit. Un obſervateur, placé ſur la Lune, ſeroit-il fondé d'en conclure qu'il n'y a point d'atmoſphere pour toutes ces parties de la terre ? C'eſt la réflexion de M. de Mairan.

Enfin quand même l'atmoſphere de la Lune ſeroit de nature à ſe charger de la matiere des aurores boréales, les ſuites en ſeroient-elles ſemblables à ce qu'elles ſont ſur la terre ? Non, ſans doute. La principale circonſtance qui caractériſe nos aurores boréales, leur poſition autour du pôle, y manqueroit néceſſairement. Cette poſition eſt due à la rotation diurne de la terre. Cherchez *Aurore boréale.* Or la Lune n'a point de rotation diurne, puiſqu'elle nous préſente toujours à-peu-près le même hémiſphere.

Et ſi elle en a une relativement à un point extérieur quelconque pris hors de ſon orbite, cette rotation, qui commence & finit avec ſon mouvement périodique, n'eſt tout au plus que la vingt-ſeptieme partie de celle de la terre. C'eſt-là une réflexion que nous avons faite au commencement de cet article. Telles ſont les raiſons *purement négatives* qu'apportent les Phyſiciens qui ſoutiennent que la Lune eſt entourée d'une atmoſphere. Des raiſons poſitives viennent encore à l'appui de leur ſentiment. Voici les principales.

1°. Il eſt de fait, *diſent-ils*, qu'on a vu quelquefois des étoiles qui ſembloient entrer ſur le diſque de la Lune, quelques momens avant que d'en être éclipſées, & qui par conſéquent paroiſſoient ſouffrir une réfraction dans ce paſſage. Il eſt encore de fait qu'on en a vu d'autres ſe colorer de rouge à une ſemblable approche, & c'eſt auſſi ce qui arriva à la planete de Vénus en 1715. De ces obſervations bien conſtatées peut-on s'empêcher de conclure que la Lune eſt entourée d'une atmoſphere ?

2°. Ces grandes taches obſcures que l'on voit ſur le diſque de la Lune, lorſqu'on la regarde avec des lunettes aſtronomiques, ſont probablement des mers. Ainſi le penſent pluſieurs Phyſiciens de réputation, à la tête deſquels ſe trouve le célebre Galilée. Mais ſi ce ſont des mers, ne doit-il pas néceſſairement s'en élever des vapeurs qui, mêlées avec l'air que l'on a droit de ſuppoſer dans la région lunaire, formerent bientôt autour de la Lune une véritable atmoſphere ?

3°. Le R. P. Jacquier, Minime, connu par ſon ſavant commentaire des *Principes* de Newton, communiqua à M. de Mairan une obſervation qu'il fit à Rome, lors de l'occultation par la Lune de l'étoile des Gémeaux, marquée *epſilon*. La conſéquence naturelle que l'on doit tirer de cette obſervation curieuſe, c'eſt que la Lune a quelquefois des aurores boréales, comme la terre, & qu'elle eſt entourée, comme notre globe, d'une véritable atmoſphere. Voici le fait.

Le 11 Avril 1742, en obſervant l'occultation de l'étoile en queſtion, le P. Jacquier vit ſortir du limbe boréal de la Lune un rayon blanchâtre dont la largeur égaloit à-peu-près le demi-diametre de cet aſtre & dont la longueur étoit environ quadruple. L'extrémité boréale de ce rayon étoit fort brillante, & touchoit exactement le limbe boréal de la Lune. Cette lumiere décroissoit en s'éloignant de ce même limbe. Le 9 du même mois on avoit vu avec admiration un rayon de feu sortir de la Lune; il ressembloit à un globe de flammes. Quelle en peut être l'origine, *demande le P. Jacquier*? Ne pourroit-on pas soupçonner que la matiere de l'atmosphere solaire, ramassée & condensée vers la Lune, a produit le même effet que les aurores boréales sur notre terre; & cette lumiere ayant été observée vers le limbe boréal de cet astre, ne seroit-ce pas un fondement de conjecturer, qu'il y a aussi des aurores boréales dans la Lune, & que par conséquent cet astre est entouré, comme la terre, d'une véritable atmosphere?

L'on ne manquera pas sans doute d'objecter qu'il est étonnant qu'une observation de cette importance n'ait été faite, qu'à Rome, dans un siecle si fécond en grands Astronomes.

Le Pere Jacquier a senti cette difficulté; & il remarque que cette occultation n'ayant été indiquée ni dans la *connoissance des tems*, ni dans les éphémérides de *feu M. Manfredi*, ni dans celles de M. l'Abbé *de la Caille*, il n'est pas surprenant qu'aucun Astronome ne s'en soit apperçu.

Conclusion. Le sentiment des Physiciens qui admettent une atmosphere autour de la Lune, nous paroît beaucoup plus probable que le sentiment de ceux qui veulent que cet astre en soit dénué.

Troisieme Question. De combien la Lune dans son plein nous éclaire-t-elle moins que le Soleil?

Réponse. M. Bouguer a décidé cette question dans son traité d'optique sur la *gradation de la lumiere*. Il assure à l'article XI de la section seconde du livre premier de ce traité, que la Lune dans son plein nous éclaire environ trois cent mille fois moins que le Soleil. Voici par quelle voie il parvint à cette intéressante découverte. Nous espérons que le Lecteur nous saura quelque gré d'avoir mis les pensées de ce grand homme à la portée de tout Physicien. C'est pour en venir à bout, que nous allons poser quelques principes.

1°. L'intensité de la lumiere est en raison inverse des carrés des distances; c'est-à-dire, à une lieue du corps lumineux ; la lumiere a quatre fois plus de force qu'à deux lieues du même corps. Cherchez *Raiſon* & *Lumiere*. Dans le premier de ces deux articles, vous apprendrez ce qu'on entend par raiſon inverſe des carrés des diſtances : dans le ſecond vous trouverez la démonſtration géométrique de la raiſon ſuivant laquelle ſe fait la diminution de l'intenſité de la lumiere.

2°. Lorſque les deux rayons extrêmes d'un cône lumineux divergent de 8 lignes, l'intenſité de la lumiere eſt 64 fois moins forte, que lorſqu'ils ne divergent que d'une ligne. Pourquoi ? Parce que le carré de 1 eſt 1, & que le carré de 8 eſt 64. Par la même raiſon, lorſque les deux rayons extrêmes d'un cône lumineux divergent de 108 lignes, l'intenſité de la lumiere doit être 11664 fois moins forte, que lorſqu'ils ne divergent que d'une ligne, puiſque 11664 eſt le carré de 108.

3°. La lumiere d'une bougie placée à 16 pouces : à la lumiere de la même bougie placée à 675 pieds ou 8100 :: le carré de 8100 : au carré de 16. Mais le carré de 8100 eſt 65610000, & le carré de 16 eſt 256 ; donc la lumiere d'une bougie placée à 16 pouces de diſtance : à la lumiere de la même bougie placée à 8100 pouces :: 65610000 : 256.

4°. 256 ſe trouve 256289 fois dans 65610000 ; donc la lumiere d'une bougie placée à 16 pouces eſt 256289 fois plus forte, que celle de la même bougie placée à 8100 pouces.

Ces principes ſuppoſés, voici comment s'y eſt pris M. Bouguer, pour prouver que la Lune dans ſon plein nous éclaire environ trois cent mille fois moins, que le Soleil.

Ce grand Phyſicien compara la lumiere de ces deux aſtres avec celle d'une bougie qui lui ſervit de meſure commune. Mais comme la lumiere du Soleil eſt extrêmement forte, il fallut lui faire ſouffrir de très-grandes diminutions, & il fallut que ces diminutions ſe fiſſent par des degrés connus. Il ſe ſervit pour cela d'un verre concave de lunette qui rendoit les rayons très-divergens ; & il n'eut qu'à s'en éloigner un peu plus ou un peu moins, pour faire varier la force de la lumiere tout-à-coup & en quelle proportion il vouloit. Il fit un de ces eſſais le 22 Septembre 1725, jour de la pleine Lune. Il ferma toutes les fenêtres d'une chambre ; & le Soleil étant élevé de 31 degrés, il fit entrer sa lumiere par un trou qui avoit une ligne de diametre, & sur lequel il avoit appliqué le verre concave. Il reçut ensuite la lumiere du Soleil dans un point où la divergence des rayons étoit de 108 lignes, & où cette lumiere étoit par conséquent affoiblie de 11664; elle lui parut exactement égale à la lumiere d'une bougie située à 16 pouces de distance.

Il fit pendant la nuit une pareille observation sur la Lune. Il employa le même verre concave. Il attendit que la Lune eût 31 degrés de hauteur ; & lorsque la divergence des rayons de lumiere fut de 108 lignes, il fallut mettre la bougie à 675 pieds, pour que les deux impressions fussent égales. La force de la lumiere du Soleil est donc, par ces deux observations, à la force de la lumiere de la pleine Lune, comme la force de la lumiere de la bougie A, située à 16 pouces de distance, est à la force de la lumiere de la même bougie, située à 675 pieds, qui valent 8100 pouces. Mais nous avons déjà prouvé que la lumiere d'une bougie placée à 8100 pouces de distance, est 256289 fois moins forte, que celle de la même bougie placée à 16 pouces ; donc la lumiere de la pleine Lune est 256289 fois moins forte, que celle du Soleil.

M. Bouguer avoit fait de pareilles épreuves aux pleines Lunes de Juillet & d'Août 1725. Il avoit trouvé au mois de Juillet, que la Lune nous éclaire 284089 fois moins, & au mois d'Août, 331776 fois moins que le Soleil : ce qui l'a fait conclure que la pleine Lune nous éclaire environ trois cent mille fois moins que le Soleil.

Remarque. Quelque belles que soient ces observations, un Lecteur intelligent ne les recevra jamais que comme des preuves purement physiques, & qui par conséquent sont fort éloignées de l'exactitude géométrique.

LEMME 1. L'attraction du Soleil sur la Lune en quadrature augmente la pesanteur de ce satellite à l'égard de la Terre d'une 178e. partie de sa pesanteur naturelle vers notre globe.

Explication & préparation. 1°. La Lune est en quadrature, lorsqu'elle est placée à un des points Q, Q, & que le Soleil est au point S, *fig.* 2, *pl.* 3.

2°. Le rayon du grand orbe représente la distance de la Terre T, au Soleil S.

3°. Quoique l'éloignement réel de la Terre au Soleil soit d'environ trente millions de lieues, cependant, pour abréger les opérations, l'on a coutume de faire cette distance, ou le rayon du grand orbe, de 1000 parties égales. Dans cette hypothese la distance de la Lune à la Terre sera représentée par 3 de ces parties égales. L'on aura donc TS = 1000 & QT = 3.

4°. La Terre emploie 365 jours, 6 heures, 9 minutes, 14 secondes à faire sa révolution autour du Soleil, & la Lune n'emploie que 27 jours, 7 heures 43 minutes à faire la sienne autour de la Terre.

5°. Les carrés de ces deux tems périodiques sont entre eux, comme 178 est à 1.

6°. Nous avons démontré à l'article, *centre de gravitation*, que la force centripete de la Terre vers le Soleil : à la force centripete de la Lune vers la Terre :: $\frac{1000}{178} : \frac{3}{1}$; cette proportion est tirée de l'équation $p = \frac{r}{tt}$. Mais $\frac{1000}{178} : \frac{3}{1} :: 3 + \frac{110}{178} : 3$; & $5 + \frac{110}{178}$ est à-peu-près double de trois ; donc la force centripete de la Terre vers le Soleil est à-peu-près double de la force centripete de la Lune vers la Terre. Ces principes supposés, voici comment je démontre que l'attraction du Soleil sur la Lune en quadrature augmente la pesanteur de ce satellite à l'égard de la Terre d'une 178e. partie de sa pesanteur naturelle vers notre globe.

Démonstration. 1°. Puisque la Terre gravite vers le Soleil selon la ligne TS, & que l'augmentation de pesanteur de la Lune vers la Terre, occasionnée par l'attraction solaire, est dirigée selon la ligne QT; l'on pourra dire, l'augmentation de pesanteur de la Lune placée au point Q : à la pesanteur de la Terre vers le Soleil :: QT : TS. Mais QT : TS :: 3 : 1000, ou :: 1 : 333 $\frac{1}{3}$ *num.* 3. Donc l'attraction que le Soleil exerce sur la Lune placée au point Q, augmente la pesanteur de la Lune vers la Terre d'une 333e. partie de la pesanteur de la Terre vers le Soleil.

2°. La pesanteur de la Terre vers le Soleil est presque double de la pesanteur de la Lune vers la Terre, *num.* 6. Donc l'attraction que le Soleil exerce sur la Lune placée au point Q, augmente la pesanteur de la Lune vers la Terre d'une 178e. partie, ou à-peu-près ; car elle l'augmenteroit d'une 166e. partie, si la pesanteur de la Terre vers le Soleil étoit précisément double de la pesanteur de la Lune vers la Terre.

LEMME 2. L'attraction du Soleil sur la Lune dans les syzygies, diminue la pesanteur de ce satellite à l'égard de la Terre d'une 89e. partie de sa pesanteur naturelle vers notre globe.

Explication & préparation. 1°. La Lune est dans les syzygies, lorsqu'elle est nouvelle ou pleine, & par conséquent lorsqu'elle est placée au point C ou au point O, & que le Soleil est au point S, *fig.* 2, *pl.* 3.

2°. La Lune est nouvelle ou en conjonction avec le Soleil S, lorsqu'elle est placée au point C. La Lune est pleine ou en opposition avec le Soleil S, lorsqu'elle est placée au point O.

3°. Lorsque deux quantités ne different que de très-peu de chose, la différence de leurs carrés est double de la différence de leurs racines. *Exemple*, 1 & $1 + \frac{1}{\infty}$ sont deux quantités qui ne different que de $\frac{1}{\infty}$, grandeur infiniment petite du premier ordre. Leurs carrés 1 & $1 + \frac{2}{\infty} + \frac{1}{\infty^2}$ different de $\frac{2}{\infty} + \frac{1}{\infty^2}$. Mais le terme $\frac{1}{\infty^2}$, vis-à-vis $\frac{2}{\infty}$, doit être compté pour rien ; parce que c'est une quantité infiniment petite du second ordre vis-à-vis deux quantités infiniment petites du premier ordre ; cherchez *Arithmétique sublime.* Donc les carrés 1 & $1 + \frac{2}{\infty} + \frac{1}{\infty^2}$ ne different que de $\frac{2}{\infty}$. Mais leurs racines 1 & $1 + \frac{1}{\infty}$ ne différoient que de $\frac{1}{\infty}$. Donc lorsque deux quantités ne different que de peu de chose, la différence de leurs carrés est double de la différence de leurs racines.

Démonstration.

Démonstration. 1°. Les quantités ST & SC different dans la réalité de très-peu de chose, parce que l'une représente la distance du Soleil à la Terre, l'autre la distance du Soleil à la Lune ; donc la différence de ST^2 à SC^2 sera double de la différence de ST à SC. Mais la différence de ST à SC est TC ; donc la différence de ST^2 à SC^2 sera 2 C = CO.

2°. La force centripete de la Lune en conjonction vers le Soleil : à la force centripete de la Terre vers le même Soleil : : ST^2 : SC^2, c'est-à-dire, en raison inverse des carrés de leurs distances au Soleil S, *cherchez attraction.* Donc la différence des carrés ST^2 & SC^2 marquera l'attraction que le Soleil S exerce sur la Lune placée en C ; elle marquera donc la diminution de pesanteur de la Lune en conjonction à l'égard de la Terre. Mais la différence de ST^2 à SC^2 = CO, *num.* 1. Donc CO représente la diminution de pesanteur de la Lune en conjonction à l'égard de la Terre.

3°. Nous avons démontré, *Lemme* 1, que QT marquoit l'augmentation de pesanteur de la Lune placée au point Q, & CO est évidemment double de QT. Donc la diminution de pesanteur de la Lune au point C est double de son augmentation au point Q ; donc elle est d'une 89e. partie.

4°. On appliquera très-facilement cette démonstration à la Lune placée au point O, parce que ST & SC ne différent pas plus que SO & ST.

Remarque. Ce que nous avons démontré dans cet important article, nous servira à déterminer la part qu'a le Soleil aux phénomenes du flux & du reflux de la Mer. Ce probleme est trop compliqué, pour en chercher la solution à l'article *Flux & Reflux.*

Probleme. Déterminer la part qu'a le Soleil aux phénomenes du flux & du reflux de la Mer ?

Résolution. Lorsque les eaux en pleine Mer s'élevent d'environ 10 pieds, ce qui arrive dans les flux médiocres des syzygies, le Soleil ne les éleve qu'à environ 2 pieds de hauteur.

Préparation. 1°. Le Soleil S, *fig.* 2, *pl.* 3, augmente d'une 178e partie la pesanteur de la Lune vers la Terre, lorsque la Lune est aux points Q & *q. Lemme* 1,

2°. La pesanteur de la Lune, placée au point R sur la surface de la Terre seroit 3600 fois plus grande, que celle qu'elle a au point Q; donc si au point Q la pesanteur de la Lune vers la Terre est représentée par 178, elle seroit représentée au point R par $178 \times 3600 = 640800$.

3°. L'augmentation de pesanteur dans la Lune placée au point Q, occasionnée par l'attraction solaire : à sa pesanteur naturelle : : 1 : 178 (*num.* 1.); donc l'augmentation de pesanteur dans la Lune placée au point Q : à la pesanteur qu'elle auroit au point R : : 1 : 640800.

4°. L'attraction solaire augmente la pesanteur des eaux placées aux points R & F avec lesquelles cet astre est en quadrature, comme il est démontré à l'article *Flux & Reflux*.

5°. L'attraction solaire augmente 60 fois plus la pesanteur de la Lune placée au point Q, que la pesanteur des eaux placées au point R. En effet l'augmentation de pesanteur dans la Lune placée au point Q est représentée par la ligne QT, comme on l'a déjà vu, *Lemme* 1, & l'augmentation de pesanteur dans les eaux placées au point R est représentée par la ligne RT, comme il est prouvé à l'article *Flux & Reflux*; mais QT, rayon de l'orbite lunaire, est 60 fois plus grand que RT, rayon de la Terre; donc l'attraction solaire augmente 60 fois plus la pesanteur de la Lune placée au point Q, que la pesanteur des eaux placées au point R; donc si l'augmentation de pesanteur dans la lune placée au point Q : à la pesanteur qu'elle auroit au point R : : 1 : 640800; il s'ensuit évidemment que l'augmentation de pesanteur dans les eaux placées au point R, causée par l'attraction solaire : à leur pesanteur naturelle : : 1 : $640800 \times 60 = 38448000$.

Rendons ce raisonnement encore plus sensible. Si l'on pouvoit appliquer aux eaux de la Mer tout ce que nous avons dit de la Lune, il est évident que l'augmentation de pesanteur dans ces eaux placées au point R, causée par l'attraction solaire, seroit exprimée par la fraction $\frac{1}{640800}$; donc si cette augmentation est 60 fois moindre, il faudra l'exprimer par la fraction $\frac{1}{640800 \times 60} = \frac{1}{38448000}$.

6°. L'attraction solaire diminue la pesanteur de la Lune aux points C & O; & cette diminution de pesanteur est double de l'augmentation aux points Q & q, comme il est démontré *Lemme* 2. Il en est de même de seaux placées aux points M & N. La diminution de leur pesanteur aux points M & N est double de leur augmentation aux points R & F.

7°. Le Soleil concourt aux phénomenes du flux & du reflux, non-seulement en augmentant la pesanteur des eaux R & F, mais encore en diminuant celle des eaux M & N. Son action totale est donc représentée par 3, en supposant que la gravité des eaux sur la Terre soit exprimée par 38448000. La force totale du Soleil pour troubler les eaux de la Mer, ou ce qui revient au même, la part qu'a le Soleil aux phénomenes du flux & du reflux sera donc exprimée par la fraction $\frac{3}{38448000} = \frac{1}{12816000}$. Ces connoissances une fois supposées, voici comment je démontre la bonté de la résolution du probleme proposé.

Démonstration. La force qui a fait changer la Terre, de sphérique qu'elle étoit, en sphéroïde applati vers les pôles & élevé à l'équateur, cette force, dis-je, a produit sous l'équateur une pesanteur moindre que sous les pôles. Cette différence de pesanteur nous est connue. La pesanteur sous l'équateur : à la pesanteur sous les pôles : : 201 : 202.

2°. Une action représentée par la fraction $\frac{1}{201}$ a donc fait élever l'équateur de 114408 pieds; l'on demande de combien fera élever les eaux de la Mer l'action du Soleil représentée par la fraction $\frac{1}{12816000}$.

3°. Pour la trouver, je fais la proportion suivante; $\frac{1}{202}$: 114408 : : $\frac{1}{12816000}$: au nombre cherché $= \frac{23110416}{12816000}$ = environ 2 pieds; donc le Soleil éleve les eaux de la Mer à environ 2 pieds de hauteur.

Remarque. Il s'agit dans ce probleme des flux médiocres

des ſyzygies dans leſquels les eaux en pleine Mer s'élevent d'environ 10 pieds par les actions réunies de la Lune & du Soleil. Lorſque les eaux montent de 12 pieds au milieu de l'Océan, ce qui arrive dans les grands flux des ſyzygies, l'on peut aſſurer, ſans craindre de ſe tromper, que le Soleil les éleve à 2 pieds $\frac{3}{4}$, & la Lune à 9 pieds $\frac{1}{4}$.

Ceux qui auront lu avec attention les Lemmes 1 & 2, n'auront aucune peine à répondre aux trois queſtions ſuivantes.

Quatrieme Queſtion. Comment peut-on démontrer que l'attraction du Soleil diminue la peſanteur de la Lune vers la Terre, lorſque cet aſtre ſe trouve dans les ſyzygies, c'eſt-à dire, lorſque la Lune eſt nouvelle ou pleine ?

Réponſe. Nous avons démontré dans l'article du *flux & du reflux de la Mer*, que la Lune rendoit plus légeres les eaux de l'Océan avec leſquelles elle eſt en conjonction & en oppoſition, parce qu'elle attiroit plus les eaux avec leſquelles elle eſt en conjonction, que le centre de la Terre, & qu'elle attiroit plus ce centre, que les eaux avec leſquelles elle eſt en oppoſition. Par la même raiſon le Soleil qui attire plus la Lune en conjonction, que la terre & qui attire plus la Terre que la Lune en oppoſition, doit rendre plus léger cet aſtre dans ces deux points de ſon orbite. Mais la Lune en conjonction & en oppoſition eſt la Lune dans ſes ſyzygies; donc l'attraction du Soleil diminue la peſanteur de la Lune vers la Terre, lorſque cet aſtre ſe trouve dans les ſyzygies.

Cinquieme Queſtion. Comment peut-on démontrer que l'attraction du Soleil augmente la peſanteur de la Lune vers la terre, lorſque cet aſtre eſt dans ſes quadratures ?

Réponſe. Nous avons démontré dans l'article du *flux & du reflux de la mer*, que la Lune attirant obliquement les eaux de l'Océan avec leſquelles elle eſt en quadrature, exerçoit ſur ces eaux une action qui ſe décompoſoit en deux actions, l'une perpendiculaire, par laquelle les eaux en quadrature ſont autant attirées vers la Lune que le centre de la terre, & l'autre horizontale par laquelle ces mêmes eaux ſont preſſées vers ce même centre. Nous avons remarqué que cette action horizontale rendoit plus peſantes les eaux en quadrature avec la Lune.

Appliquons ce raiſonnement à la Lune en quadrature; nous verrons que le Soleil attirant obliquement la Lune placée à l'un de ces deux points, exerce sur cet astre une action qui se décompose en deux actions, dont l'une perpendiculaite doit être comptée pour rien, parce que par cette action la terre est autant attirée par le Soleil, que la Lune placée à l'un des points de ses deux quadratures, & l'autre horizontale doit entrer en compte, parce que par cette action la Lune est pressée vers la terre, & par conséquent est rendue plus pesante, qu'elle ne le seroit, si le Soleil n'exerçoit aucune attraction sur elle. Donc l'attraction du Soleil augmente la pesanteur de la Lune vers la terre, lorsque cet astre est dans ses quadratures.

Sixieme Question. Comment peut-on démontrer que l'attraction du Soleil diminue plus, qu'elle n'augmente la pesanteur de la Lune vers la terre ?

Réponse. Lorsque le Soleil diminue la pesanteur de la Lune en conjonction & en opposition avec lui, il n'y a aucune partie de son action qui soit comptée pour rien, puisque cette action se faisant suivant la ligne perpendiculaire, elle est nécessairement simple. Mais lorsque le Soleil augmente la pesanteur de la Lune placée à l'une de ses deux quadratures, il y a une partie de son action oblique qui est comptée pour rien ; (*question cinquieme*) donc l'attraction du Soleil diminue plus qu'elle n'augmente la pesanteur de la Lune vers la terre.

Remarque. Pour comprendre facilement les réponses aux quatre questions suivantes, on lira auparavant avec attention les articles qui commencent par les mots *Mouvement en ligne elliptique* & *Copernic.*

Septieme Question. Comment peut-on démontrer que l'attraction du Soleil diminuant plus, qu'elle n'augmente la pesanteur de la Lune vers la terre ; l'apogée de la Lune doit avoir un mouvement périodique ?

Réponse. Rappellons-nous ce que nous avons dit du mouvement des aphélies des planetes dans l'article de *Copernic.* Nous avons remarqué que l'action de Saturne diminuant la pesanteur de Jupiter vers le Soleil, cette derniere planete devoit arriver plus tard à son aphélie, c'est-à-dire, devoit avoir son aphélie plus orientale. Par la même raison l'attraction du Soleil diminuant la pesanteur de la Lune vers la terre, la Lune doit arriver plus tard à son apogée, c'est-à-dire, doit avoir son apogée à un point du Ciel plus oriental, qu'elle ne l'auroit, si le Soleil n'exerçoit sur elle aucune espece d'attraction. Donc l'attraction du Soleil diminuant plus, qu'elle n'augmente la pesanteur de la Lune vers la terre, l'apogée de la Lune doit avoir un mouvement d'Occident en Orient.

Huitieme Question. Pourquoi la diminution de pesanteur, occasionnée par l'attraction que le Soleil exerce sur la Lune, place-t-elle l'apogée de la Lune à un point du Ciel plus oriental ?

Réponse. La figure 7 de la planche 1 pourra servir à expliquer ce point de Physique, de lui-même très-difficile, quoique l'ellipse de la Lune soit beaucoup plus approchante du cercle, que l'ellipse représentée par la figure 7. Supposons donc la Lune, parcourant autour de la terre, placée au point F, l'ellipse AMHI.

1°. La Lune parcourt cette ellipse en vertu de deux mouvemens, l'un de projection & l'autre centripete.

2°. La Lune placée au point A, est apogée, parce qu'elle est dans sa plus grande distance de la terre.

3°. La Lune placée au point H, est périgée, parce qu'elle est dans sa plus petite distance de la terre.

4°. L'angle que forment au point A les directions des deux mouvemens de la Lune, est un angle droit.

5°. Du point A au point H, les directions des deux mouvemens de la Lune forment des angles aigus.

6°. Au point H, les directions des deux mouvemens de la Lune forment un angle droit.

7°. Du point H au point A, les directions des deux mouvemens de la Lune forment des angles obtus.

Ces principes, dont nous avons donné la démonstration dans l'article du *Mouvement en ligne elliptique*, une fois supposés, voici comment on doit raisonner : la Lune n'arrive à son apogée, que lorsque sa force centripete a assez infléchi la direction de la force de projection, pour lui faire faire un angle droit, au lieu de l'angle obtus que cette direction formoit auparavant. Si quelque cause diminue la pesanteur ou la force centripete de la Lune, cette inflexion se fera plus tard ; donc elle sera plus orientale, puisque la Lune se meut périodiquement d'Occident en Orient ; donc la diminution de pesanteur occasionnée par l'attraction que le Soleil exerce sur la Lune, place l'apogée de la Lune à un point plus oriental.

Neuvieme Question. Comment l'action du Soleil sur la

Lune eſt-elle cauſe des mouvemens des nœuds de l'orbite de cette planete ?

Réponſe. La Lune ne ſe meut pas dans l'écliptique ; ce n'eſt que deux fois chaque mois qu'elle s'y trouve, ou plutôt qu'elle la coupe. Si cette planete n'étoit attirée que par la terre, ces deux points d'interſection ſeroient permanens. Mais le Soleil attire la Lune à lui, & par conſéquent l'oblige à couper l'écliptique plutôt qu'elle ne le feroit ſans cette attraction ſolaire ; donc les nœuds de l'orbite lunaire ont un mouvement cauſé par l'action du Soleil ſur la Lune.

Dixieme Queſtion. Comment l'action du Soleil ſur la Lune, fait-elle mouvoir les nœuds de l'orbite de cette planete d'Orient en Occident ?

Réponſe. La Lune a un mouvement périodique d'Occident en Orient. L'action du Soleil ne peut pas être cauſe que cette planete coupe l'écliptique plutôt qu'elle ne le feroit, ſans que ce point d'interſection devienne plus occidental. Ce point d'interſection ne peut pas devenir plus occidental, ſans que les nœuds de l'orbite lunaire aient un mouvement vers l'Occident ; donc l'action du Soleil ſur la Lune fait mouvoir les nœuds de l'orbite de cette planete d'Orient en Occident.

Si l'on ſe rappelle que l'équateur terreſtre forme un angle avec l'écliptique : ſi l'on fait attention que le Soleil a action ſur cet équateur que nous avons conſidéré dans l'article de *Copernic*, comme une eſpece d'anneau élevé au-deſſus de la ſurface de la terre, l'on verra que le Soleil, en attirant cet anneau dans l'écliptique, doit procurer à l'axe de la terre un mouvement d'Orient en Occident. La Lune, en paſſant par l'écliptique, doit procurer au même axe un pareil mouvement.

Remarque. Liſez, pour comprendre la réponſe à la queſtion ſuivante, les articles qui commencent par les mots *Eclipſe*, & *Diffraction.*

Onzieme Queſtion. Comment s'expliquent les éclipſes ?

Réponſe. Nous avons expliqué ce phénomene fort au long dans l'article qui commence par le mot *Eclipſe* ; & ſi nous en parlons encore ici en peu de mots, c'eſt pour avoir occaſion de dire notre ſentiment ſur le phénomene qu'obſerva dans la Lune, le 24 Juin 1778, Don Antonio de Vlloa, Commandant de la flotte de la nouvelle

Espagne, lors de l'éclipse de Soleil, totale, avec demeure & annulaire. Son observation est consignée dans le Journal de Physique de M. l'Abbé Rozier, *Avril*, 1780, *page* 319 & suivantes.

Il suit de ce que nous avons dit dans notre article *Eclipse*, que lorsque la terre se trouve entre le Soleil & la Lune, elle empêche les rayons solaires de parvenir jusqu'à la Lune, pour lors en opposition avec le Soleil. Si chaque pleine Lune ne nous donne pas une éclipse, c'est que ce satellite de la terre n'a pas son mouvement périodique dans l'écliptique; son orbite forme avec l'écliptique un angle qui va quelquefois jusqu'à cinq degrés, dix-sept minutes. Aussi la Lune ne s'éclipse-t-elle, que lorsqu'elle se trouve dans un, ou près d'un de ses nœuds dans le même tems que le Soleil paroît dans le nœud, ou près du nœud opposé. Les éclipses de Lune sont donc occasionnées par l'interposition de la terre entre le Soleil & la Lune.

Il suit encore de ce que nous avons dit dans le même article, que nous ne pouvons avoir une éclipse de Soleil, que lorsque la Lune se trouve en conjonction entre le Soleil & la terre, parce qu'alors la Lune répand son ombre sur la terre, & qu'elle nous empêche de recevoir les rayons de lumiere que le Soleil nous envoie. C'est donc l'interposition de la Lune entre le Soleil & la terre, qui cause ces sortes d'éclipses, plus rares que celles de Lune, par les raisons que nous avons apportées en son lieu. Une éclipse de Soleil est totale, lorsque tout son disque nous est caché par la Lune. Elle est centrale, lorsque le centre du Soleil, le centre de la Lune & l'œil de l'observateur se trouvent dans la même ligne droite. Elle est annulaire, lorsque l'on voit un anneau de lumiere répandu autour du globe de la Lune. Ce dernier phénomene ne peut arriver, que lorsque le Soleil est périgée & la Lune apogée, parce que le diametre apparent de la Lune apogee est plus petit, que le diametre apparent du Soleil périgée.

Telle est l'éclipse qu'observa en pleine mer Don Antonio de Vlloa, le 24 Juin, 1778. Il en commença l'observation au moment de l'obscurité totale du disque du Soleil, c'est-à-dire, à 3 heures, 44 minutes. Le commencement de l'émersion eut lieu à 3 heures, 48 minutes;

& la fin à 4 heures, 48 minutes. La durée de l'obſcurité totale fut donc de 4 minutes, intervalle ſuffiſant pour pouvoir obſerver l'anneau lumineux qui ſe forma autour de la Lune, & dont il nous donne le détail à-peu-près en ces termes.

Cinq ou ſix ſecondes après l'immerſion totale, *dit-il*, nous commençames à découvrir autour de la Lune un cercle très-brillant de lumiere, qu'on pouvoit fixer ſans fatiguer la vue. Cette lumiere augmenta, à meſure que le centre du Soleil s'approchoit de celui de la Lune; elle devint de plus en plus vive & brillante, juſques au moment de la coincidence des deux centres, ou du moins de leur plus grande proximité : ce cercle de lumiere d'environ deux doigts de largeur, parut alors dans ſa plus grande force & ſa plus grande beauté.

Dès que les centres des deux aſtres commencerent à ſe ſéparer, on s'apperçut de la diminution de l'anneau : elle ſuivit les mêmes progrès que ſon accroiſſement, juſqu'à ce que les rayons lumineux qui partoient de ſa circonférence diſparurent tout-à-fait. Enfin cinq ou ſix ſecondes avant le commencement de l'émerſion, l'anneau lui-même diſparut totalement.

La couleur de la lumiere de l'anneau n'étoit pas la même dans toute ſa largeur. Près du diſque de la Lune, elle étoit d'un beau roſe, qui s'altéroit inſenſiblement à proportion qu'elle s'en écartoit. Elle devenoit tout-à-fait blanche, à prendre depuis la moitié de la largeur de l'anneau, juſques à ſon extrémité extérieure.

Don de Vlloa raiſonne en bon Phyſicien, lorſqu'il attribue ces variétés à l'atmoſphere de la Lune, que les rayons ſolaires ont dû traverſer, avant que d'arriver à l'œil de l'obſervateur : nouvelle preuve de la ſageſſe de la concluſion que nous avons tirée des réponſes aux queſtions 1 & 2 de cet article. Reprenons la relation de Don de Vlloa.

Environ cinq ou ſix ſecondes avant que l'anneau lumineux eut paru, & cinq à ſix ſecondes après qu'il eut diſparu, on voyoit, comme dans la nuit cloſe, les étoiles de la premiere & ſeconde grandeur. Dans ce tems-là l'obſcurité fut telle, que quelques perſonnes qui ſe réveillerent dans cet inſtant, crurent avoir dormi, contre leur ordinaire, l'après-midi entiere, juſques à l'entrée de la nuit. Les poules & les autres bipedes domestiques qui étoient dans les volieres sur le gaillard ; les oiseaux dans leur cage, & les quadrupedes qui étoient dans différens endroits du vaisseau, se plaçoient dans les mêmes situations qu'ils ont accoutumés de prendre, quand ils veulent se livrer au sommeil : les coqs agiterent leurs ailes, & chanterent comme ils le font communément à minuit. Don de Vlloa n'en fut surpris ; ce qui l'étonna, ce fut le phénomene qu'il va nous mettre sous les yeux.

Avant que le disque du Soleil, *dit-il*, commençât à déborder celui de la Lune, on vit un point lumineux sur le disque de celle-ci., à la vérité si petit, qu'on ne pouvoit le distinguer, ni à la vue, ni avec une lunette de spectacle, mais seulement avec une lunette d'un pied & demi. Sa couleur rouge étoit très-distincte du rose qui caractérisoit la partie de l'anneau voisine de la Lune. Il étoit vers la partie du disque de la Lune, où devoit commencer l'émersion, un peu plus au Nord-Ouest. Entre le point lumineux & le limbe de la Lune, on voyoit un petit espace obscur du corps de cet astre, que l'on jugeoit à la vue, de la largeur d'une ligne & demie ou deux lignes ; de maniere que le point lumineux paroissoit comme une étoile de la quatrieme ou cinquieme grandeur, qui auroit été placée sur son disque. Il parut augmenter ensuite jusques à égaler celles de la troisieme ou seconde. Ce fut ainsi qu'on l'observa pendant une minute & un quart au moins. Les observateurs étoient Don de Vlloa, Commandant de la flotte ; Don Joachim d'Aranda, Pilote major des routes, avec le grade de Capitaine de frégate ; & Don Pedre Wintuisen, Lieutenant de vaisseau & Major de l'escadre.

Pour expliquer ce phénomene, Don de Vlloa admet un trou qui traverse la Lune d'un hémisphere à l'autre. Si le fait existoit, ce phénomene ne seroit pas bien difficile à expliquer. Il invite les Physiciens à en donner une explication plus vraisemblable. Voici celle que nous lui présentons ; nous prions le Lecteur de se rappeller qu'entre le point lumineux en question & le limbe de la Lune, on ne voyoit qu'un petit espace obscur du corps de cet astre, d'environ deux lignes de largeur.

La lumiere n'est pas seulement capable de réfraction

& de réflexion ; elle eſt encore capable de diffraction ou d'inflexion ; c'eſt-à-dire, un rayon de lumiere ne peut pas paſſer près d'un corps ſolide, ſans s'approcher ſenſiblement de ce corps & ſe détourner viſiblement de ſon chemin. En l'année 1715 M. Deliſle le cadet, éprouva qu'un rayon de lumiere introduit dans la chambre obſcure, & devenu tangent d'un globe de métal, ne continuoit pas, après l'attouchement, ſa route en ligne droite, mais s'infléchiſſoit vers ce globe. Ces principes ſuppoſés, voici comment j'explique le phénomene apperçu par Don de Vlloa, le 24 Juin 1778.

Parmi les rayons ſolaires qui formoient l'anneau lumineux dont la Lune parut entourée, pluſieurs auroient dû être naturellement tangens du globe lunaire ; ils ſe ſont infléchi vers ce globe ; quelques-uns ſont tombés ſur quelque rocher ou ſur quelque matiere propre à les réfléchir vers l'œil de l'obſervateur ; & voilà ce qui a fait paroître le point lumineux dont parle Don de Vlloa. Cette explication me paroît naturelle & très-conforme aux loix de la ſaine Phyſique. Je ne ſuis rien moins qu'attaché à mes idées, & je ſouhaite ſincerement que quelque Phyſicien en donne une explication plus vraiſemblable.

LUNETTES. Les lunettes ordinaires ſont ou convexes ou concaves ; les premieres ſervent à ceux qui ſont ſur le déclin de l'âge, comme nous l'avons expliqué dans l'article des *Presbytes* ; les ſecondes ſont utiles à ceux qui ont la vue courte, comme nous l'avons remarqué en parlant des *Myopes*. Nous devons cette importante invention à un Cordelier nommé *Bacon*, qui mourut en l'année 1294 ; ce n'eſt pas la ſeule découverte ingénieuſe qui ait pris naiſſance dans cet ordre célebre.

LUNETTES A LONGUE VUE. Nous devons au haſard les lunettes à longue vue. Environ l'année 1609, un ouvrier de Hollande ayant regardé un objet à travers deux verres dont l'un étoit convexe & l'autre concave, s'apperçut que cet objet groſſiſſoit conſidérablement, ſans ſe confondre ni changer de ſituation. C'eſt ſans doute pour cette raiſon que l'on nomme ces ſortes d'inſtrumens, *téleſcopes Hollandois* ou *téleſcopes de Galilée*, parce que cet Auteur a été le premier à en faire dans toutes les regles. Les expériences ſuivantes renfermeront ce qu'il y a de plus curieux sur cette matiere. Nous supposons que l'on a jetté un coup d'œil sur les regles que nous avons données dans l'article de la *Dioptrique* ; il est absolument nécessaire de les avoir présentes à l'esprit.

Premiere Expérience. Faites différens tuyaux qui puissent s'emboîter les uns dans les autres ; à l'extrémité du tuyau tourné vers l'objet que l'on veut fixer, placez un verre *convexo-convexe* ou *plan-convexe* que l'on a coutume de nommer *objectif*, parce qu'il est plus près de l'objet que l'on peut regarder, que le second verre dont nous allons parler ; un peu au-dessus du foyer du verre objectif, placez un verre *concavo-concave* que l'on nomme verre *oculaire*, parce qu'il est fort près de l'œil. Vous aurez une lunette avec laquelle vous verrez les objets éloignés plus gros, plus distincts qu'à la vue simple & dans leur situation naturelle.

Explication. L'objet, par exemple, le château A que l'on regarde avec une pareille lunette, est vu à travers un verre lenticulaire ; donc, suivant les principes que nous avons établis dans la dioptrique, il doit être apperçu plus gros & plus distinct qu'à la vue simple. Ce château ne nous paroîtra pas renversé, parce qu'on a eu soin de mettre un peu au-dessus du foyer du verre *convexo-convexe*, un verre *concavo-concave* qui empêche les rayons de lumiere envoyés par le château A, de se réunir au foyer du verre objectif, & d'y peindre une image renversée ; ce ne sera qu'au fond de l'œil du spectateur que cette image sera peinte, comme elle l'auroit été au foyer du verre objectif ; donc par les regles que nous avons données dans l'article de l'*œil*, la lunette de Galilée doit représenter les objets dans leur situation naturelle.

La lunette dont nous venons de parler, est représentée par la figure 1 de la planche 1. *L'objet* est représenté par BC ; *l'objectif*, par le verre convexo-convexe DE ; & l'*oculaire*, par le verre concavo-concave FG. C'est cet *oculaire* qui empêche que les rayons de lumiere, partis de l'*objet* BC, ne se réunissent au foyer du verre DE pour y peindre une image renversée, puisque nous avons démontré dans l'article de la dioptrique, que les verres concaves ont la propriété de rendre les rayons de lumiere plus divergens, & par conséquent de retarder leur réunion. Donc la lunette de Galilée doit représenter les objets dans leur situation naturelle.

Usage premier. Lorsqu'on ne veut se servir de cette lunette que pour les objets terrestres, il faut mettre un objectif tiré d'une sphere de 4 pieds de diametre & un *oculaire* tiré d'une sphere de 4 pouces & demi de diametre ; le verre *objectif* aura son foyer à deux pieds, & par conséquent votre lunette aura 1 pied 8 pouces de longueur.

Usage second. Lorsqu'on veut faire construire une pareille lunette pour observer les astres, il faut mettre un *objectif convexo-convexe* tiré d'une sphere de 24 pieds de diametre, ou *plan-convexe* tiré d'une sphere de 12 pieds de diametre, & un oculaire tiré d'une sphere de 5 pouces & demi de diametre ; l'un & l'autre de ces *objectifs* auront leur foyer à 12 pieds, & votre lunette pourra avoir 10 pieds de longueur.

Usage troisieme. Pour éviter les couleurs feintes des objets, il faut placer à un pouce au-dessus de l'*oculaire* un cercle de carton fixe ; les astronomes ont donné à ce cercle le nom de *diaphragme.*

Usage quatrieme. Il faut fermer chaque ouverture de la lunette d'un couvercle, pour garantir les verres des accidens, quand on ne s'en sert pas.

La lunette de Galilée ne peut avoir qu'une longueur très-limitée, & l'œil qui s'en sert ne peut embrasser que très-peu d'objets, parce que les faisceaux de lumiere qui sortent de l'*oculaire*, étant divergens entre eux, la prunelle ne peut pas comprendre en même-tems ceux qui viennent des extrémités d'un grand objet. C'est pour obvier à ces inconvéniens que Képler a substitué la lunette suivante qui a beaucoup plus de champ que la premiere ; c'est-à-dire, qui embrasse un plus grand nombre d'objets.

Seconde Expérience. Préparez différens tuyaux qui s'emboîtent les uns dans les autres ; à l'extrémité du tuyau tourné vers l'objet, placez un verre convexe qui sera le verre *objectif* ; à l'extrémité du tuyau tourné vers l'œil de l'observateur, placez un second verre convexe qui vous servira de verre *oculaire* ; placez tellement ces deux verres, que le foyer postérieur du verre *objectif* concoure avec le foyer antérieur de *l'oculaire* ; vous aurez une lunette qui vous représentera les objets plus gros & plus diſtincts qu'à la ſimple vue ; mais vous verrez ces objets dans une ſituation renverſée.

Explication. L'objet, par exemple, le clocher A que l'on regarde avec une pareille lunette eſt vu à travers deux verres lenticulaires ; donc, ſuivant les principes que nous avons établis dans la dioptrique, il doit nous paroître plus gros & plus diſtinct, qu'à la vue ſimple. Par les mêmes principes, ce clocher doit nous paroître renverſé, parce que les faiſceaux des rayons de lumiere qui partent de ſes extrémités, ne peignent ſon image au foyer du verre objectif, qu'après s'être croiſés, avant que d'y arriver.

Il paroît d'abord que le verre *oculaire* étant *convexo-convexe*, l'image du clocher A devroit être redreſſée par ce ſecond verre ; mais ceux qui penſeroient ainſi, ne feroient pas attention que les rayons de lumiere envoyés par l'image renverſée du clocher A n'ont pas le tems de ſe croiſer, avant que d'arriver ſur le verre oculaire, & que ces mêmes rayons de lumiere arrivent à l'œil de l'obſervateur, avant que d'avoir pu ſe réunir au foyer du même verre oculaire.

La figure 2 de la planche 1 donne cette ſeconde eſpece de lunette. Le verre convexo- convexe MN eſt *l'objectif* dont le foyer poſtérieur ſe trouve dans l'eſpace *ba* ; & le verre convexo-convexe *pQ* eſt l'*oculaire* dont le foyer antérieur occupe le même eſpace *ba*. Les rayons de lumiere partis du point A vont ſe réunir au point *a*, & les rayons de lumiere partis du point B vont ſe réunir au point *b*, pour y peindre une image renverſée *ba*. Les rayons de lumiere qui viennent des extrémités de cette image, tombent divergens ſur l'*oculaire pQ* ; & ils ſortent de cet *oculaire* pour entrer paralleles dans l œil de l'obſervateur. Donc la lunette à 2 verres convexes doit renverſer les objets.

Remarquez que la grandeur apparente de l'objet vu à travers cette eſpece de lunette, l'emporte autant ſur la grandeur apparente du même objet vu avec les ſimples yeux, que le foyer de l'objectif l'emporte ſur le foyer de l'oculaire ; ainſi ſi l'objectif a un foyer 60 fois plus loin de ſa ſurface que l'oculaire, l'objet vu à travers cette lunette paroîtra 60 fois plus gros qu'à la vue ſimple.

L'expérience eſt la preuve la plus ſenſible que l'on puiſſe apporter de ce fait. Elle nous apprend qu'une lunette dont l'objectif a 25 pieds de foyer, & l'oculaire 3 pouces de foyer, repréſente les objets 100 fois plus gros qu'ils ne paroiſſent à la vue ſimple. Donc l'on peut faire la proportion ſuivante; la grandeur apparente d'un objet apperçu à la vue ſimple : à la grandeur apparente du même objet vu à travers cette eſpece de lunette :: 1 : 100. Mais le foyer de l'oculaire de cette lunette : au foyer de ſon objectif :: 1 : 100; puiſque le foyer de l'oculaire eſt de 3 pouces, & le foyer de l'objectif de 25 pieds ou de 300 pouces. Donc dans les lunettes à 2 verres convexes, la grandeur apparente de l'objet vu à travers cette eſpece de lunette, l'emporte autant ſur la grandeur apparente de l'objet vu avec les ſimples yeux, que le foyer de l'objectif l'emporte ſur le foyer de l'oculaire.

Comme cependant la démonſtration de cette vérité eſt de la derniere importance dans les Sciences, nous allons la préſenter au lecteur avec toute l'exactitude dont nous pouvons être capables.

Lemme 1. Si dans un triangle rectangle, l'on prend un des côtés pour ſinus total, l'autre côté deviendra la tangente de l'angle qui lui eſt oppoſé; *conſultez l'article Trigonométrie rectiligne*; donc ſi dans le triangle rectangle b o K; *fig.* 3, *pl.* 1, l'on prend o b pour ſinus total; le côté o K ſera la tangente de l'angle b, & par conſéquent la cotangente de l'angle K. De même dans le triangle rectangle b o D, le côté o D ſera la tangente de l'angle b, & par conſéquent la cotangente de l'angle D.

Lemme 2. Les tangentes ſont en raiſon inverſe des cotangentes. En effet, dans les triangles rectangles ſemblables C I i, C H K, *fig.* 9, *pl.* 3, l'on a I i : C I :: C H ou C I : H K; mais le rayon C I ou C H = 1; donc l'on dira, la tangente I i : 1 :: 1 : à la cotangente H K; donc la tangente I i × la cotangente H K = 1; donc la

$$\text{tangente } Ii = \frac{1}{\text{cotang. } HK}; \text{ donc les tangentes ſont en}$$

raiſon inverſe des cotangentes; donc la *fig.* 3 *de la planche* 1 donnera la proportion ſuivante; la tangente de l'angle K : à la tangente de l'angle D :: o D, cotangente de l'angle D : o K, cotangente de l'angle K.

Proposition. La tangente de l'angle sous lequel un objet vu par une lunette à deux verres convexes, est à la tangente de l'angle sous lequel on le voit à la vue simple; comme la longueur du foyer de l'objectif, est à la longueur du foyer de l'oculaire.

Explication. On me donne la lunette représentée par la figure 3 de la planche 1, dont l'objectif MN a 25 pieds, & l'oculaire PQ 3 pouces de foyer, & l'on demande de combien elle grossit la grandeur apparente de l'objet OB que l'on suppose assez éloigné pour envoyer des faisceaux de lumiere composés de rayons paralleles; je dis que puisque le foyer de l'objectif MN est cent fois plus long, que le foyer de l'oculaire PQ, l'objet OB paroîtra à travers cette lunette cent fois plus gros, qu'il ne paroît à la vue simple.

Démonstration. 1°. L'œil placé en D voit l'objet OB sous l'angle BDO == à l'angle b D o; & l'œil placé en F voit l'objet OB, ou plutôt son image o b sous l'angle PFK == à l'angle b K o.

2°. L'angle b K o : à l'angle b D o : : comme la tangente du premier : à la tangente du second; mais (*lemme 2*) la tangente de l'angle b K o : à la tangente de l'angle b D o : : la cotangente de l'angle b D o : à la cotangente de l'angle b K o : : o D : o K : : la longueur du foyer de l'objectif M N : à la longueur du foyer de l'oculaire PQ; donc la tangente de l'angle sous lequel un objet est vu par une lunette à 2 verres convexes, est à la tangente de l'angle sous lequel on le voit à la vue simple, comme la longueur du foyer de l'objectif, est à la longueur du foyer de l'oculaire.

Corollaire. Les grandeurs apparentes des objets dépendent principalement des angles optiques sous lesquels on les voit (*consultez l'article Optique*;) donc la grandeur apparente de l'objet OB, vu par la lunette en question : à la grandeur apparente du même objet qu'on regarde à la vue simple : : l'angle b K o : à l'angle b D o : : la cotangente o D : à la cotangente o K : : la longueur du foyer de l'objectif MN : à la longueur du foyer de l'oculaire P Q.

Usage premier. Le verre objectif de ces sortes de lunettes doit être tiré d'une sphere beaucoup plus grande que celle d'où vous tirez l'oculaire : par exemple, un oculaire qui

qui auroit 3 pouces de foyer, convient à un objectif qui auroit 25 pieds de foyer. L'on trouve dans l'optique de M. l'Abbé de la Caille une table très-exacte qui marque la proportion qu'il doit y avoir entre l'objectif & l'oculaire ; nous allons la rapporter.

TABLE

POUR LES LUNETTES ASTRONOMIQUES.

Longueur du foyer des objectifs.	Diametre de l'ouverture des objectifs.		Longueur du foyer de l'oculaire.		Augmentation des diametres apparens des objets.
Pieds.	*Pouc.*	*Lign.*	*Pouc.*	*Lign.*	*Environ.*
1	0	6½	0	8	20 *fois.*
2	0	9	0	10	28
3	0	12½	1	0½	34
4	1	1	1	2½	40
5	1	2½	1	4	44
6	1	4	1	6	49
7	1	5½	1	7½	53
8	1	6½	1	8½	56
9	1	8	1	9½	60
10	1	9	1	11	63
11	1	10	2	0	66
12	1	11	2	2	69
14	2	0½	2	3	75
16	2	2	2	5	79
18	2	4	2	7	85
20	2	5½	2	8½	89
25	2	8	3	0	100
30	3	0	3	3½	109
35	3	3	3	7	118
40	3	6	3	10	126
45	3	8	4	0½	133
50	3	10	4	3	241

Usage second. Lorsque les Myopes se servent de ces sortes de lunettes, ils doivent avancer plus que les autres l'oculaire vers l'objectif; par ce moyen-là les rayons de lumiere sortent plus divergens de l'oculaire, & c'est justement ce qu'il faut aux Myopes, comme nous l'avons expliqué dans l'article qui les regarde.

Remarque. Lorsqu'on n'a que des astres à observer, il importe fort peu que la lunette renverse les objets ou non; aussi les astronomes se servent-ils de lunettes à deux verres lenticulaires. Mais lorsqu'on veut observer des objets terrestres, on ne passe pas sur un pareil inconvénient. Un fameux Capucin nommé Réita y a obvié, en ajoutant deux verres convexes à l'*oculaire*. Ces sortes de lunettes servent à observer les objets terrestres qu'ils représentent dans leur situation naturelle. En voici la description.

Troisieme expérience. Préparez différens tuyaux qui s'emboîtent les uns dans les autres; à l'extrémité du tuyau tourné vers l'objet, placez un verre convexe qui sera l'*objectif*; dans les autres tuyaux placez trois *oculaires* convexes tirés de la même sphere; placez tellement ces quatre verres, que le foyer postérieur de l'*objectif* concoure avec la foyer antérieur du premier *oculaire;* le foyer postérieur du premier *oculaire* concoure avec le foyer antérieur du second *oculaire*; & le foyer postérieur du second *oculaire* concoure avec le foyer antérieur du troisieme *oculaire*, vous aurez une lunette qui vous représentera les objets, par exemple, l'arbre A dans sa situation naturelle.

Explication. Le verre *objectif*, je l'avoue, vous donne à son foyer postérieur l'image de l'arbre A dans une situation renversée; mais cette image renversée envoie des rayons divergens sur le premier *oculaire;* ses rayons se croisent avant que d'arriver sur le second *oculaire*, au foyer postérieur duquel ils peignent l'image de l'arbre A dans sa situation naturelle; cette image ainsi redressée ne peut pas être renversée une seconde fois par le troisieme *oculaire*, par la raison que nous avons donnée en parlant de l'*oculaire* des lunettes astronomiques corrigées par Képler; donc les lunetes du Pere Réita doivent nous représenter les objets dans leur situation naturelle.

Pour bien comprendre tout le Mécanisme de la lunette du P. Réita ; jettez les yeux ſur la figure 4e. de la planche 1e. dans laquelle *o p* eſt l'*objectif*, *Q R* le premier *oculaire*, *S T* le ſecond, & *V H* le troiſieme. Les rayons de lumiere *M o*, *A p* ſe réuniſſent au point *a*, & les rayons de lumiere *N o*, *B p* ſe réuniſſent au point *b*, après s'être croiſés en chemin, pour y peindre une image renverſée *b a*. Les rayons extrêmes *b Q*, *b D* & *a R*, *a D* tombent divergens ſur le verre *Q R* ; ſortent paralleles de ce premier *oculaire* ; ſe croiſent en chemin ; tombent paralleles ſur le verre *S T* ; ſortent convergens de ce ſecond *oculaire* ; & peignent à ſon foyer *f* une image redreſſée *b a*. Le troiſieme oculaire *V H* reçoit des extrémités de cette image les rayons divergens qu'il fait entrer paralleles dans l'œil de l'obſervateur. Donc la lunette du P. Réita doit repréſenter les objets dans leur ſituation naturelle.

L'expérience nous apprend que la grandeur apparente d'un objet vu avec les ſimples yeux : à la grandeur apparente du même objet vu avec la lunette du P. Réita : : le foyer de l'oculaire : au foyer de l'objectif. En effet, une de ces lunettes dont l'objectif a 5 pieds ou 60 pouces de foyer, & l'oculaire 2 pouces ½ repréſente les objets 24 fois plus gros qu'ils ne paroiſſent à la vue ſimple. Donc l'on peut avoir la proportion ſuivante, la grandeur apparente d'un objet vu à travers cette lunette : à la grandeur apparente du même objet vu avec les ſimples yeux : : 24 : 1. Mais 24 : 1 : : 60 pouces, *foyer de l'objectif* : 2 pouces ½, *foyer* de l'oculaire. Donc la grandeur apparente d'un objet vu avec la lunette du P. Réita, l'emporte autant ſur la grandeur apparente du même objet vu avec les ſimples yeux, que le foyer de l'objectif l'emporte ſur le foyer de l'oculaire.

La démonſtration que nous venons de donner pour les lunettes à 2 verres convexes, doit s'appliquer aux lunettes du P. Réita, parce que ſes trois oculaires étant tirés de la même ſphere, doivent être regardés comme un ſeul oculaire. On ne les triple, que pour redreſſer les objets.

La table ſuivante vous donnera la proportion qu'il doit y avoir dans ces ſortes de lunette entre l'*objectif* & les *oculaires*.

TABLE
POUR LES LUNETTES A QUATRE VERRES.

Longueur du foyer des objectifs.	Diametre de l'ouverture des objectifs.	Longueur du foyer des oculaires.	Diametre du diaphragme au foyer des objectifs.	Augmentation des diametres apparens des objectifs.
Pieds.	*Lignes.*	*Lignes.*	*Lignes.*	*Fois.*
1	4	16	4	9
2	6 $\frac{1}{2}$	22	5 $\frac{1}{2}$	13
3	9	26	7 $\frac{1}{2}$	17
4	11	28	9	21
5	12	30	10	24
6	13	31	10 $\frac{1}{2}$	28
7	14	34	11	30
8	15	36	11 $\frac{1}{2}$	32

SCHOLIE.

Rien n'eſt plus aiſé que de conſtruire une lunette à 2 ou à 4 verres, lorſque l'on ſait trouver le foyer d'un verre convexe. Le lecteur ne ſera pas fâché d'avoir ici une méthode aiſée, infaillible & indépendante de tout calcul algébrique, à l'aide de laquelle il puiſſe trouver le foyer d'un *objectif* ou d'un *oculaire*. La voici en peu de mots.

1°. Bouchez entierement le jour d'une chambre bien expoſée.

2°. Faites un petit trou rond au volet de la fenêtre de cette chambre.

3°. Adaptez à ce trou le verre convexe que l'on vous donne.

4°. Mettez un papier blanc à l'oppofite de ce verre au dedans de la chambre.

5°. Approchez ou reculez le papier, jufqu'à ce que vous ayez une peinture nette, diftincte & renverfée des objets extérieurs ; ce fera là le foyer de votre verre convexe, comme nous l'avons démontré dans l'article de la *Dioptrique*.

6°. Mefurez la diftance qu'il y a de votre papier au centre du verre qu'on vous a préfenté ; & s'il y a 2, 3 ou 4 pieds de diftance, vous conclurez que votre verre a 2, 3 ou 4 pieds de foyer.

Cette expérience nous a appris d'abord qu'un verre *plan-convexe* a fon foyer à-peu-près à la diftance du diametre de fa convexité.

Elle nous a encore appris qu'un verre *convexo-convexe*, compofé de deux égales convexités, a fon foyer à-peu-près à la diftance du demi-diametre de fa convexité.

Elle nous a enfin appris qu'un verre *convexo-convexe*, compofé de deux convexités inégales, a fon foyer diftant à proportion de la différence des demi-diametres des convexités. Suppofons, *par exemple*, que la convexité fupérieure du verre AB ait 10 pieds, & la convexité inférieure du même verre AB ait 16 pieds de diametre, ce verre aura fon foyer éloigné d'un peu moins de 6 pieds de fa furface.

Au défaut du calcul, ces expériences pourroient fervir de démonftration aux formules algébriques dont on fe fert pour trouver les foyers des verres plans-convexes & convexo-convexes. Celle des verres plans-convexes eft $F = \frac{20dr}{11d - 20r}$ dans laquelle F défigne le foyer, d la diftance du verre à l'objet obfervé, r le rayon de la convexité du verre. Suppofons donc $d = 1000$ pieds, & $r = 2$ pieds, nous aurions $F = \frac{40000}{11000 - 0} = \frac{40000}{10960} = 3{,}659$, à-peu-près ; ce qui donne à ce verre environ 4 pieds de foyer. Mais la fphere dont il eft tiré, a 4 pieds de diametre *par hypothefe* ; donc un verre plan-convexe a fon foyer à-peu-près à la diftance du diametre de fa convexité. Nous parlons ici du foyer des rayons à-peu-près paralleles. à l'axe du verre ; tels que sont ceux qu'envoient les objets éloignés.

La formule $F = \frac{10dr}{11d - 10r}$ est celle qui sert à trouver le foyer des verres convexo-convexes composés de deux convexités égales. Dans cette formule F désigne le foyer, *d* la distance du verre à l'objet observé, *r* le rayon de l'une & l'autre convexité. Supposons donc $d = 1000000$ pieds, & $r = 50$ pieds, nous aurons $F = \frac{500000000}{10999500} = 45, 45$ à-peu-près ; ce qui donne à ce verre environ 45 pieds & demi de foyer. Mais la sphere dont il est tiré, a 50 pieds de rayon ; donc un verre convexo-convexe composé de deux convexités égales a son foyer à-peu-près à la distance du demi-diametre de sa convexité.

La formule $F = \frac{20drR}{11dR + 11dr - 20rR}$ est celle qui sert à trouver le foyer des verres convexo-convexes composés de deux convexités inégales. Dans cette formule, comme dans les deux précédentes, F désigne le foyer, *d* la distance du verre à l'objet observé, R le plus grand, & *r* le plus petit rayon des deux convexités. Supposons donc $d = 1000$ pieds, $R = 8$ & $r = 5$ pieds, nous aurons $F = \frac{800000}{142100} = 5,625$ à-peu-près ; ce qui donne à ce verre un peu moins de 6 pieds de foyer; donc un verre convexo-convexe, composé de deux convexités inégales, a son foyer distant à proportion de la différence des dimi-diametres des convexités. Voyez les démonstrations de ces formules dans la derniere édition des leçons d'Optique de M. l'Abbé de la *Caille*, *pag.* 63 *& suivantes*. Consultez aussi notre article *Dioptrique*.

LUNETTE ACHROMATIQUE. C'est une lunette qui représente sans *iris* les images des objets. Avant que d'en donner la construction, mettons sous les yeux du lecteur le principal défaut des lunettes ordinaires.

La lumiere est un corps hétérogene composé de rayons différemment colorés & différemment réfrangibles. Cherchez *couleurs*. Tout verre objectif ne doit donc réunir au même point que les rayons également réfrangibles ; aussi son foyer est-il toujours d'une étendue très-sensible,

& contient-il autant de peintures de l'objet, qu'il y a de couleurs. L'œil n'apperçoit ordinairement que la plus vive ; les autres forment autour de celle-ci une espece de couronne colorée à laquelle on a donné le nom d'*iris*. C'est-là sans contredit le plus grand défaut des lunettes ordinaires. Les lunettes achromatiques n'y sont pas sujettes, & elles sont par-là même infiniment supérieures à toutes les autres. Le lecteur en trouvera la preuve dans les expériences suivantes.

Expérience premiere. L'œil composé de matieres diaphanes différemment réfringentes, c'est-à-dire, des humeurs aqueuse, cristalline & vitrée, donne les images des objets sans *iris* ; donc la lumiere peut se réfracter, & ne pas cependant se décomposer en différentes couleurs.

Expérience seconde. Newton nous assure dans l'expérience 8e. de la proposition troisieme de la partie seconde du livre premier de son optique, que toutes les fois que les rayons de lumiere traversent deux milieux de densité différente, de maniere que la réfraction de l'un détruise celle de l'autre, & que par conséquent les rayons émergens soient paralleles aux incidens, la lumiere sort toujours blanche. Le mot *toujours* est ici de trop, je le sais. Mais n'importe, l'expérience particuliere dont parle *Newton*, est incontestable, & elle prouve que la lumiere peut se réfracter, & non pas se décomposer en différentes couleurs. Il nous assure lui-même qu'il eut du blanc, en faisant passer la lumiere à travers des prismes de verre qu'il plongea dans un vase de figure prismatique rempli d'eau.

Expérience troisieme. M. *Dollond*, savant Opticien de Londres, a joint ensemble trois prismes. Celui du milieu est de cristal d'Angleterre, & a son angle tourné en haut. Les deux extrêmes sont d'un verre verdâtre que les Anglois nomment *crownglass*, & ils ont leur angle tourné en bas. Ces prismes, pris séparément, ou même deux à deux, donnent les 7 couleurs ; joints ensemble, ils donnent le blanc, quoiqu'ils reçoivent la lumiere obliquement, & qu'ils forment un prisme tronqué ; donc la lumiere peut se réfracter, & ne pas cependant se décomposer en différentes couleurs. Comme la machine dont nous parlons, peut servir à la construction des *objectifs* des lunettes achromatiques, j'en ai examiné chaque partie avec l'attention la plus ſcrupuleuſe, & voici le réſultat de mon examen : cette machine eſt repréſentée par la figure 5 de la planche 1.

Examen de la machine de M. Dollond.

1°. Le pouvoir réfringent du criſtal d'Angleterre eſt au pouvoir réfringent du verre verdâtre, comme 3 eſt à 2. En effet expoſez au trait ſolaire entrant dans la chambre obſcure, d'abord un priſme de criſtal d'Angleterre, & enſuite un priſme ſemblable de verre verdâtre, vous verrez que la longueur du premier ſpectre coloré eſt à la longueur du ſecond, comme 3 eſt à 2.

2°. Les trois priſmes de la machine de M. *Dollond* forment des triangles iſoceles acutangles. L'ange G du priſme HGI eſt de 14°, 27′ 18″. L'angle A du priſme BAC eſt de 23°, 53′ 8″. L'angle D du priſme EDF eſt de 27°, 3′ 28″. C'eſt après avoir meſuré les côtés de ces priſmes, que je ſuis parvenu à la connoiſſance de leurs angles. Dans le triangle HGI, la baſe HI a 2 lignes & 5 points, & le côté HG = IG a 9 lignes, 7 points $\frac{1}{3}$. Dans le triangle BAC la baſe BC a 4 lignes & 2 points, & le côté BA = CA a 10 lignes 1 point — $\frac{1}{8}$. Enfin dans le triangle EDF la baſe EF a 4 lignes 7 points $\frac{1}{3}$, & le côté DE = DF a 9 lignes 10 points $\frac{2}{3}$.

3°. J'ai obſervé qu'en regardant à travers chacun des priſmes de la machine de M. *Dollond*, je voyois les objets élevés & le rouge en bas, lorſque je tenois la pointe du priſme en haut; je voyois au contraire les objets abaiſſés, & le rouge en haut, lorſque je tenois cette même pointe en bas.

4°. Les trois priſmes joints enſemble forment un priſme tronqué FHGD, *fig.* 6, *pl.* 1, dont les deux côtés prolongés juſqu'au point de concours O, comprendroient un angle FOH, d'environ 17°, 30′.

5°. A travers les trois priſmes joints enſemble les réfractions qui décompoſent la lumiere, ſe détruiſent néceſſairement. La raiſon ſe préſente tout de ſuite à quiconque a ſous les yeux le priſme tronqué FHDG; il eſt formé de trois priſmes qui ont différens angles, différente épaisseur, différent pouvoir réfringent, & dont les deux extrêmes ont la pointe en haut, tandis que celui du milieu a la pointe en bas.

6°. La lumiere sort réfractée du prisme tronqué FHDG, puisque les objets qu'on regarde à travers ce prisme, ne paroissent pas à leur place naturelle; donc la lumiere peut se réfracter, sans cependant se décomposer en différentes couleurs.

Conclusion. Toutes ces observations me portent à croire que l'on peut faire un *objectif achromatique*, c'est-à-dire, un objectif qui donne les images sans *iris*, en mettant un verre concavo-concave de cristal d'Angleterre entre deux lentilles de verre verdâtre. Ce qui m'a confirmé dans cette pensée, c'est que toutes les fois que j'ai démonté la machine de M. *Dollond*, j'ai toujours eu les couleurs à travers les trois prismes joints ensemble, lorsque j'ai manqué de mettre au milieu celui de cristal d'Angleterre; donc les lunettes achromatiques obvient au grand défaut des lunettes ordinaires. Voilà tout ce qu'on peut dire sur cette matiere dans un Dictionnaire de Physique. Le lecteur trouvera ce probleme parfaitement bien résolu dans les savantes additions que le P. *Pezenas* a faites à l'Optique de *Smith* dont il a donné la traduction en 2 volumes *in-quarto*.

LUNETTE CATA-DIOPTRIQUE. Les lunettes composées de miroirs & de verres s'appellent *cata-dioptriques*. On leur donne ce nom, parce que la catoptrique parle des miroirs & la dioptrique des verres. Le télescope que Newton fit construire en l'année 1672 étoit *cata-dioptrique*, puisqu'il étoit composé d'un verre *convexo-convexe* qui servoit d'*oculaire*, & de deux mirois de métal dont l'un placé au fond du tuyau étoit concave, & l'autre placé presque à l'ouverture du même tuyau étoit plan & de figure ovale. Ce télescope, long seulement de deux pieds, produit l'effet d'une lunette ordinaire de 8 à 10 pieds. Je n'en suis pas surpris, les verres des lunettes dioptriques sont composés de parties dont la tissure irréguliere intercepte beaucoup de rayons de lumiere, & ils ont une surface dont la solidité en réfléchit un grand nombre; les miroirs au contraire du télescope de Newton sont d'un poli assez uni & assez brillant pour renvoyer aux yeux de l'observateur tous les rayons de lumiere qu'ils reçoivent des objets. Avouons-le cependant, ce instrument admirable avoit deux grands défauts ; non seulement il renversoit les objets, mais encore le spectateur étoit obligé de regarder par un des côtés du tuyau qui contenoit les deux miroirs. Grégory obvia à ces deux inconvéniens, en substituant au petit miroir plan un petit miroir concave ; & en mettant deux *oculaires* dans le petit tuyau qu'il adapta au trou qu'il fit au milieu du grand miroir concave. Nous ne nous étendrons pas davantage sur cette correction ; nous avons traité cette matiere, peut-être trop au long, dans l'article qui commence par le mot *télescope*. Nous nous contenterons de donner ici la table de *Smith* qui nous apprend quelles dimensions avoient les différentes parties de l'ancien télescope de Newton. On n'y fait pas mention du petit miroir plan; M. l'Abbé de la Caille nous assure, qu'à un miroir concave de 2 pieds de foyer, il faut un miroir plan ovale de 7 lignes dans sa plus grande largeur, & de 5 dans sa plus petite.

TABLE

POUR LA CONSTRUCTION D'UNE LUNETTE CATA-DIOPTRIQUE.

Longueur du foyer du Miroir concave.	Diametre de l'ouverture du Miroir.		Longueur moyenne du foyer de l'oculaire.		Augmentation des Diametres apparens des objets.
Pieds.	*Pouces.*	*Lig.*	*Lig.*	*Centiemes.*	*Environ.*
½	0	11	2	00	36 *fois.*
1	1	6	2	39	60
2	2	6	2	83	102
3	3	3	3	13	138
4	4	1	3	37	171
5	4	10	3	54	202
6	5	7	3	73	232
7	6	3	3	88	260
8	6	11	4	1	287
9	7	7	4	13	314
10	8	2	4	24	340
11	8	9	4	34	365
12	9	4	4	44	390

SCHOLIE.

Le Lecteur ne sera pas fâché de savoir comment on peut, sans le secours de la Géométrie, trouver le foyer d'un miroir concave. Voici la méthode que l'on pourra employer, sans craindre de se tromper.

Je suppose que l'on présente un miroir concave dont j'ignore le foyer; pour le trouver, j'expose 1°. ce miroir au Soleil, de telle sorte qu'il lui présente son centre.

2°. J'approche peu-à-peu de la surface du miroir un corps combustible, jusqu'à ce que le disque de la lumiere réfléchie paroisse très-petit.

3°. Lorsque j'ai trouvé le point où le corps combustible s'enflamme, je mesure la distance qu'il y a de ce point au miroir ; & si elle est de 2, 3 ou 4 pieds, je conclus que mon miroir a 2, 3 ou 4 pieds de foyer.

Si quelqu'un vouloit prouver d'une maniere géométrique que le foyer d'un miroir concave est placé à environ le quart du diametre de sa concavité, il n'auroit qu'à consulter l'article de la Catoptrique. Il trouvera au commencement de la troisieme partie de ce Traité une proposition exprimée en ces termes. *Le foyer des miroirs concaves se trouve un peu plus bas que le quart du diametre de la même concavité.* Cette proposition cependant ne regarde que le foyer des rayons paralleles, tels que sont les rayons qui nous viennent du Soleil ; car le foyer des rayons convergens est un peu plus près, & le foyer des rayons divergens est un peu plus loin de la concavité du miroir, que le foyer des rayons paralleles.

Nous ferons remarquer en finissant cet article, que les Physiciens qui cherchent à se rendre utiles au public, devroient nous donner quelque méthode pour construire facilement des miroirs paraboliques ; il est sûr qu'ils réuniroient plus de rayons à leur foyer, que les miroirs sphériques dont on a coutume de se servir.

LUSTRE. Le lustre étoit chez les Romains, l'espace de 5 ans.

LYCÉE. Par respect pour le Prince des Philosophes, nous dirons que le lycée étoit un endroit près d'Athenes, célebre par les leçons qu'y donna Aristote, dont nous avons fait l'éloge dans l'article de ce Dictionnaire qui commence par le mot *Aristote*. Le lycée avoit été auparavant, suivant quelques-uns, un temple d'Apollon bâti par Lycus ; suivant quelques autres, un lieu d'exercice bâti par Pisistrate ou par Périclès.

L'Académie & le Portique étoient encore deux écoles de Philosophie fameuses à Athenes. La premiere étoit une maison & des jardins qui avoient autrefois appartenu à un Athénien nommé *Academus*. Cet endroit où le *divin Platon* dogmatisoit, étoit situé dans le Céramique, un des fauxbourgs d'Athenes, à mille pas de la ville.

Enfin le portique étoit une espece de galerie aussi fameuse à Athenes par la Philosophie que Zenon y enseigna, que par une statue d'airain de Mercure, & par les peintures que tous les curieux alloient y admirer.

LYCORNE. Nous étions d'abord tentés de regarder la Lycorne comme un animal fabuleux ; mais le témoignage du célebre Picard qui nous assure que c'est un poisson qui se trouve dans la mer du nord, doit au moins nous faire suspendre notre jugement. Voici comment il parle dans la relation de son voyage d'Uranibourg, fameux observatoire que fit bâtir le grand Astronome Tycho-Brahé, dans l'Isle de Huene, située au détroit du Sund à l'entrée de la mer Baltique, & distante de Copenhague d'environ 6 lieues communes de France : (Je ferois une trop longue digression, si je voulois raconter toutes les curiosités que je vis tant dans le cabinet du Roi de Danemarck, qu'ailleurs ; mais je ne puis ometre qu'à Rosembourg, qui est un château aux jardins de Sa Majesté, il y a un trône fait entierement de ces sortes de cornes que l'on dit communément être de lycorne, & dont il y en a une dans le trésor de S. Denys en France ; la vérité est que c'est la corne d'un poisson qui se trouve dans la mer du nord.) Nous allons exposer dans les conséquences suivantes notre sentiment sur cet animal.

Premiere Conséquence. La Lycorne n'est pas un animal qui se trouve seulement dans l'Afrique, comme l'ont écrit quelques Auteurs.

Seconde Conséquence. La Lycorne n'est pas un animal craintif, qui vive dans les bois, comme l'ont pensé quelques Historiens.

Troisieme Conséquence. L'histoire d'André Thevet, qui assure que le Roi de Monomotapa le mena à la chasse de la *Lycorne*, est une fable.

Quatrieme Conséquence. Il peut se faire que la *Lycorne* ait une corne blanche au milieu du front, ainsi que l'ont assuré quelques naturalistes.

Cinquieme Conséquence. Il n'est pas probable que la *Lycorne* soit un animal amphibie, comme le prétendent *Munster* & *Thevet.*

Sixieme Conséquence. Il est encore moins probable que la *Lycorne* ressemble à quelqu'un des huit animaux que nous allons nommer, le Poulain, le Cheval, l'Ane, le Cerf, le Bouc, l'Eléphant, le Rhinocéros, le Lévrier.

Septieme Conséquence. Il peut se faire que la force de la *Lycorne* consiste dans sa corne ; il peut encore se faire qu'elle lui serve d'arme & de défense pour attaquer les plus gros poiſſons. Ce ſentiment n'a rien de contraire à la vraiſemblance ; il n'en eſt pas ainſi de celui des Hiſtoriens qui aſſurent que quand la *Lycorne* eſt pourſuivie par des chaſſeurs, elle ſe précipite du haut des rochers & tombe ſur ſa corne qui ſoutient tout l'effort de ſa chute, en ſorte qu'elle ne ſe fait point de mal.

Huitieme Conſéquence. La Peyrere peut avoir raiſon, lorſqu'il aſſure dans ſa relation de Groenland que la corne de la *Lycorne* eſt une dent d'un gros poiſſon nommé par les uns *Narwal*, & par les autres *Rohart*, qui ſe trouve dans la mer glaciale.

Neuvieme Conſéquence. S'il y a des Lycornes de différente groſſeur, il peut ſe faire que le monſtre dont parle Paul-Louis Sachius fut une groſſe *Lycorne* : ce monſtre qu'on pêche ſur les côtes du Groenland, n'a qu'une ſeule dent ; elle eſt faite en forme de corne ; elle a 9 pouces de long ; & elle eſt à ſa mâchoire ſupérieure.

Dixieme Conſéquence. La corne de la Lycorne n'a aucune des vertus que les anciens Médecins lui attribuoient.

Onzieme Conſéquence. Il ne paroît pas probable que jamais la corne de la *Lycorne* ſe ſoit vendue 1536 écus la livre, comme le rapporte André Racci, Médecin de Florence.

Douzieme Conſéquence. L'hiſtoire de la *Lycorne* eſt encore très-incertaine : l'on peut cependant être très-ſenſé, & ne pas regarder la *Lycorne* comme un animal fabuleux, quoi qu'en diſent les Auteurs du Dictionnaire univerſel qui nous ont fourni toutes les particularités que l'on trouve parſemées dans les 12 Conſéquences que nous avons tirées de la relation du voyage de M. *Picard* à Uranibourg.

LYMPHATIQUE. Les Latins appellent *lymphatici*, les perſonnes furieuſes & extravagantes ; il me paroît que ce nom convient auſſi-bien aux perſonnes qui ont le malheur d'être mordues par un chien enragé. L'expérience nous apprend que ces miſérables ont avec une ſoif étrange une averſion inſurmontable pour l'eau ; M. Aſtruc, célebre Médecin, remarque à cette occaſion 1°. que la *rage* eſt une ſalive envenimée, compoſée de parties ſubtiles, ſolides, ignées, ſalines, tranchantes & corroſives.

2°. Que les chiens ſont plus ſujets à ce mal que bien

d'autres animaux ; parce qu'ils ne ſuent preſque jamais. Leur ſang, faute de ſueur, ſe charge de particules groſſieres & hétérogenes qui infectent leur ſalive, & leur cauſent la rage.

3°. Que lorſqu'on eſt mordu par un chien enragé, la ſalive empoiſonnée de l'animal s'écoule dans le ſang, & lui communique ſon poiſon. Nous liſons dans le journal des Savans qu'une femme ayant eu le bord de ſa robe déchirée par un chien enragé, la recouſut ; elle ne fit que rompre le fil avec ſes dents, & elle devint enragée.

4°. Que l'eau agite les ſels venimeux dont la gorge, l'œſophage & l'eſtomac du malade ſont imprégnés ; c'eſt pour cela ſans doute que ces ſortes de perſonnes ont une ſi grande averſion pour l'eau.

5°. Que les bains réitérés dans l'eau de la mer ſont un remede des plus efficaces à cette maladie. Pourquoi ? Parce que ces ſortes de bains cauſent des évacuations qui emportent le poiſon. On dit qu'un Phyſicien ſentant un accès de rage, ſe fit violence ; & que s'étant plongé tout-à-coup dans l'eau, il en but tant qu'il en fut guéri ; l'eau ſans doute émouſſa & emporta les particules venimeuſes qui s'étoient mêlées avec ſon ſang. Mais en voilà aſſez ſur cet article : quelqu'un pourroit nous accuſer d'avoir porté notre faulx dans la moiſſon d'autrui.

LYMPHE. La lymphe eſt une humeur fluide qui ſe ſépare de la maſſe du ſang, & qui eſt enfermée dans des vaiſſeaux particuliers. Telle eſt la deſcription que fait de la *lymphe* l'Auteur du Dictionnaire de Médecine d'où nous avons tiré tout ce que nous allons dire dans cet article. Le même Auteur raconte que le Docteur *Keil* fit l'analyſe chimique de la *lymphe*, & qu'il la trouva compoſée de beaucoup de ſel volatil, de quelque peu de flegme & de ſoufre, & d'une petite quantité de terre. Il paroît démontré que la lymphe ſert principalement à délayer, & à perfectionner le chyle, avant qu'il ſe mêle avec la maſſe du ſang, puiſqu'elle ſe rend de toutes les parties du corps dans le réſervoir du chyle. Les Médecins prétendent que toute la *lymphe* qui ſe ſépare du ſang eſt néceſſaire pour cet uſage. Examinons maintenant comment ſe fait cette ſéparation.

Glandes lymphatiques. C'eſt par le moyen des glandes lymphatiques, placées dans preſque toutes les parties du corps, que la lymphe se sépare de la masse du sang. On les nomme *cervicales*, *thorachiques*, *stomachiques*, *mésentériques*, &c. suivant qu'elles sont placées dans la tête, dans la poitrine, dans l'estomac ou dans le mésentere. Nous ne croyons plus avec les Anciens que la lymphe se sépare du sang par le moyen de quelque ferment qui se trouve renfermé dans les glandes lymphatiques ; nous pensons plutôt avec le commun des modernes que ces glandes ont une ouverture tellement configurée, que les seules molécules dont la lymphe est composée peuvent y passer.

Vaisseaux lymphatiques. Tous les conduits qui servent à transporter la lymphe de toutes les parties du corps dans le réservoir du chyle, s'appellent *lymphatiques*. On pourroit donc les nommer *cervicaux*, lorsqu'ils sont dans la tête ; *thorachiques*, lorsqu'ils se trouvent dans la poitrine ; *stomachiques*, lorsqu'ils sont placés dans l'estomac ; *mésentériques*, lorsqu'ils sont dans le mésentere, &c. Quoi qu'il en soit de ces sortes de dénominations, il est sûr 1°. que la plupart de ces vaisseaux se trouvent entre deux *glandes lymphatiques*.

Il est sûr 2°. qu'il y a beaucoup de vaisseaux *lymphatiques* sur la peau & sur le blanc de l'œil.

Il est sûr 3°. que les modernes ont trouvé beaucoup de ces vaisseaux dans des visceres où ils n'ont encore pu découvrir aucune *glande lymphatique*.

LYNX. Les Naturalistes ont dit du *lynx* tant de choses merveilleuses, qu'il convient de distinguer dans un Dictionnaire de Physique ce qu'il y a de vrai d'avec ce qu'il y a de romanesque dans leur narration. Il paroît d'abord que le *lynx* n'est pas un animal fabuleux, comme l'ont prétendu quelques Physiciens ; c'est le loup cervier des anciens. Ce nom ne lui vient pas de la ressemblance qu'il a avec le loup, & avec le cerf ; il n'en a aucune ou presque aucune ; il lui vient sans doute de l'acharnement avec lequel il poursuit le dernier de ces deux animaux ; nos loups ordinaires n'en ont pas autant dans la poursuite des moutons. Le *lynx* dont nous trouvons la description anatomique dans les Mémoires de l'Académie des Sciences, *tom.* 3, *part.* 1, *pag.* 127, avoit environ 4 pieds de longueur & 2 de hauteur. Sa couleur étoit sur le dos d'un roux marqué de taches noires, & sous le ventre d'un gris cendré

cendré marqué aussi de taches noires. Ses pattes de devant avoient 5 doigts, & celles de derriere 4; les uns & les autres étoient armés d'ongles crochus & pointus comme les lions, les ours, les tigres. Son museau ressembloit à celui du chat, il en étoit de même de son estomac, & il en auroit été de même de ses oreilles, s'il n'y avoit pas eu au haut de chacune une houppe de poil fort noir. Il avoit 26 dents, 4 canines, 2 à la mâchoire d'en haut longues de huit lignes, & 2 à la mâchoire d'en bas longues de six; 12 incisives, les six de la mâchoire d'en haut étoient plus longues que les six de la mâchoire d'en bas; 10 molaires, 4 à la mâchoire d'en haut, & 6 à la mâchoire d'en bas. Sa langue longue de quatre pouces & demi, & large d'un pouce & demi, ressembloit à celle du lion. L'intérieur de sa tête n'auroit rien eu de remarquable, si sa glande pinéale avoit été un peu plus grosse. Son poumon avoit 7 lobes; son cœur avoit deux pouces & demi de long sur deux de large. Sa rate tiroit sur le rouge; elle avoit 7 pouces de longueur sur un d'épaisseur. Son foie avoit 7 lobes longs & étroits; le plus long avoit cinq pouces de longueur & deux & demi de largeur sur la base. La vésicule du fiel, large d'un demi pouce, en avoit deux de longueur. Ses intestins étoient fort courts, ils n'avoient tous ensemble que 9 pieds & demi de long. Ses reins avoient deux pouces de longueur sur un de largeur. Enfin le globe de son œil dont la description nous intéresse infiniment, avoit un pouce de diametre. L'humeur aqueuse étoit fort abondante. Son cristallin avoit sept lignes de diametre & cinq d'épaisseur, dont trois faisoient la convexité antérieure & deux la postérieure. L'humeur vitrée étoit fort claire & fort transparente. Enfin son nerf optique avoit à son milieu un point rouge tirant sur le noir.

Telles sont les principales particularités que l'on trouve dans l'histoire du Lynx. S'il est vrai que cet animal ait la vue plus subtile que les autres, cette subtilité lui vient sans doute de l'homogénéité qui regne dans les humeurs de ses yeux, de la flexibilité de ses ligamens ciliaires, & de la sensibilité de sa rétine. Les conséquences que nous allons tirer de tout ce que nous avons dit jusques ici, découvriront quel est notre vrai sentiment sur cette matiere.

Premiere Conséquence. Le *Lynx* n'est pas un animal imaginaire, comme le pensent quelques Modernes.

Seconde Conséquence. Le *Lynx* n'est pas le *Thos* des anciens, comme l'ont écrit plusieurs Auteurs. En effet le premier est un animal fort & courageux ; le second est foible & timide, puisqu'Homere n'a pas cru pouvoir mieux nous représenter la lâcheté des Troyens, qu'en les comparant à des *Thos* qui s'enfuyent à la vue du Lion.

Troisieme Conséquence. Le *Lynx* ne doit pas être confondu avec le *Panther* des anciens, puisque celui-ci est mis par *Oppien* au rang des bêtes les plus petites & les plus chétives, tels que sont les Loirs, les Ecureuils & les Chats, & que le second est regardé comme une bête féroce très-considérable, tels que sont les Lions, les Ours & les Tigres. D'ailleurs le *Panther* n'a pas, comme le *Lynx*, une houppe de poil sur le bout de ses oreilles, qui le distingue de tous les autres animaux.

Quatrieme Conséquence. Il est probable qu'il n'y a point de différence entre le *Lynx*, & l'animal auquel Pline a donné le nom de *Chaos*, puisque le *Chaos* que Pompée fit voir dans son théâtre, n'étoit autre chose qu'un *loup cervier* des pays septentrionaux.

Cinquieme Conséquence. Le *Lynx* ne voit pas à travers les plus épaisses murailles, comme l'ont débité quelques anciens. Les Auteurs du Dictionnaire Universel prétendent que cette fable est fondée sur une autre qu'on fait de Lyncée, l'un des Argonautes, auquel on a attribué une vue si subtile, qu'on assuroit qu'il voyoit jusqu'aux enfers, & la Lune le premier jour qu'elle étoit dans sa conjonction.

Sixieme Conséquence. C'est encore une fable de dire que l'urine du *Lynx* se glace, & qu'il s'en forme une pierre très-luisante. Ce que les Naturalistes appellent *pierre de lynx* ou *Bélemnite* est vraisemblablement une production minérale de la terre. La pierre *Bélemnite* est grosse & longue comme le doigt, pointue par un bout en forme de pyramide ou de fleche, blanche, grise ou brune. Cette description est tirée du Dictionnaire Universel. On prend la *Bélemnite* réduite en poudre contre la pierre du rein, qu'on dit qu'elle brise & chasse par les urines. On s'en sert aussi pour déssécher les plaies. On trouve en abondance cette espece de pierre près de Caen en Normandie.

Septieme Conséquence. Il n'est rien qui prouve que le *Lynx* ait la vue plus subtile que les autres animaux ; on ne sait pas même sur quoi cette fable est fondée, à moins qu'on ne veuille faire, comme nous l'avons déjà dit, allusion à Lyncée ; mais ce que les Poëtes ont dit de lui, n'est dans le fond qu'une fiction par laquelle ils ont voulu peindre son habileté à observer les astres, & à découvrir les mines cachées dans le sein de la terre.

LYRE. C'est la huitieme des 21 constellations placées dans l'hémisphere septentrional de la sphere. Elle contient une très-belle étoile de la premiere grandeur appellée *Lucida Lyræ*. Cherchez *Etoile*.

M

MACHINE. Tout instrument propre à produire du mouvement, s'appelle *machine*. Cherchez *Méccanique*.

MAGNAN. Cherchez Mersenne.

MAGNÉTISME ANIMAL. Expression qui ne signifie rien, si elle ne signifie pas l'art d'introduire dans le corps de l'homme le fluide magnétique, à-peu-près comme l'on y introduit le fluide électrique, ou comme on communique à des barreaux d'acier toute la vertu de la meilleure pierre d'aimant. Voici comment on prétend faire cette opération.

1°. Un vaisseau de bois fermé en dessus, fort grand, de forme ovale, d'environ 24 pouces de haut, auquel on a donné le nom de *baquet*, occupe le milieu de la piece où l'on magnétise. Dans cette piece on tient les portes & les fenêtres exactement fermées ; des rideaux n'y laissent pénétrer qu'une lumiere douce & foible ; on y observe le silence, ou l'on n'y parle qu'à voix basse ; on recommande d'y éviter le bruit & le tumulte.

2°. Le couvercle qui ferme le baquet, est percé sur ses bords & dans toute sa circonférence, de trous d'où s'élevent des tringles de fer poli, de la grosseur du doigt, terminées en pointe mousse & arrondie, recourbées, &

alternativement les unes plus courtes, les autres plus longues. On plonge à volonté l'extrémité des tringles dans le baquet, & on les retire, on les ôte de même, quand on le veut. A la base des tringles sont attachées de longues cordes, à-peu-près de la même grosseur que les tringles.

3°. Les malades se placent autour du baquet : ils sont assis sur des chaises, chacun séparément, & forment suivant leur nombre un, deux ou trois rangs. Ils dirigent chacun vers la partie qui est regardée comme le siége de leur mal, l'extrémité d'une des tringles de fer & ils l'y appliquent. Ils font en même tems plusieurs circonvolutions de la corde attachée à la tringle, autour des parties dans lesquelles ils ont coutume d'éprouver des douleurs, ou qu'ils croient affectées de maladie.

4°. Le baquet est regardé par les personnes qui emploient le magnétisme animal, comme propre à rassembler, à concentrer le fluide ou agent dont elles supposent l'existence, &, suivant ces mêmes personnes, il en est le réservoir. Les tringles & les cordes sont considérées comme des conducteurs.

Cet appareil nous prouve que M. *Mesmer* n'a pas eu d'autre projet que celui d'introduire dans le corps humain le fluide magnétique, à-peu-près comme nous y introduisons le fluide électrique. En est-il venu à bout ? Et supposé qu'il ait réussi, sa découverte est-elle aussi utile à l'humanité, qu'il se l'imagine ? Voilà ce que nous allons discuter. Nous craignons d'autant moins de nous tromper, que nous sommes déterminés à calquer cet article sur les différens rapports des Commissaires nommés par le Roi pour faire l'examen du magnétisme animal. C'est d'eux-mêmes que nous tenons la description du fameux baquet placé au milieu de la piece où l'on magnétise.

Premiere Question. M. *Mesmer* a-t-il trouvé le moyen d'introduire dans le corps humain le fluide magnétique ?

Réponse. Les expériences suivantes nous font soupçonner qu'il n'est pas encore bien prouvé qu'il ait trouvé ce secret. La plupart des personnes qu'on magnétise, éprouvent des sensations internes, des mouvemens convulsifs, *disent les Mesmériens* ; on a donc introduit dans leur corps un fluide qui produit ces différens effets.

Mais si parmi ces convulsionnaires, les uns sont des fourbes, payés sans doute pour jouer cette comédie, & les autres sont des gens à imagination ; le raisonnement des Mesmériens prouve-t-il l'introduction du fluide magnétique dans le corps des personnes qu'on soumet au magnétisme ? Non, sans doute. Et bien, voilà ce que les faits suivans vont faire toucher au doigt.

Premier Fait. A la tête de la commission nommée par le Roi, se trouvoit le célebre *Franklin*. Les Commissaires se réunirent tous chez lui à Passy. Ils firent prier M. *Deslon*, l'un des plus habiles Magnétiseurs, de leur amener des malades & de choisir dans le traitement des pauvres, ceux qui seroient les plus sensibles au magnétisme. M. *Deslon* amena deux femmes ; & tandis qu'il étoit occupé à magnétiser M. *Franklin* & plusieurs personnes dans un autre appartement, on sépara ces deux femmes & on les plaça dans deux pieces différentes.

On couvrit les yeux de l'une d'un bandeau. On lui persuada qu'on avoit amené M. *Deslon* pour la magnétiser. Le silence fut recommandé. Trois Commissaires furent présens, l'un pour interroger, l'autre pour écrire, le troisieme pour représenter M. *Deslon*. On eut l'air d'adresser la parole à ce dernier, en le priant de commencer. Au bout de trois minutes, la femme qui se crut magnétisée, dit qu'elle sentoit un frisson nerveux, une douleur derriere la tête, dans les bras ; elle se roidit, frappa dans ses mains, se leva de son siége, frappa des pieds, &c.

La seconde malade amenée chez M. *Franklin* étoit une fille qui se disoit attaquée de maux de nerfs. On lui laissa les yeux découverts, & on la fit asseoir devant une porte fermée, en lui persuadant que M. *Deslon* étoit de l'autre côté, occupé à la magnétiser. Il y avoit à peine une minute qu'elle étoit assise devant cette porte, qu'elle dit sentir un frisson. Après une autre minute, elle eut un claquement de dents. Enfin après une troisieme minute, elle tomba tout-à-fait en convulsion. La respiration fut précipitée ; elle étendit les deux bras derriere le dos, en les tordant fortement & en penchant le corps en devant. Il y eut un tremblement général de tout le corps. Le claquement de dents devint si bruyant, qu'il pouvoit être entendu de dehors. Elle se mordit la main, &c.

Qu'il eût été facile à de pareils sujets de faire fortune dans ces tems de fanatisme où les convulsions passoient pour des miracles, & les convulsionnaires pour des prophetes ou des prophetesses ! Rendons cependant justice à la vérité ; les convulsions ne sont pas toujours l'effet de la fourberie ; elles le sont quelquefois d'une imagination vive & exaltée. En voici un exemple consigné dans une lettre de M. *Sigault*, Docteur en Médecine de la Faculté de Paris, à l'un des Commissaires du Roi dans l'affaire présente, en date du 30 Juillet 1784.

Second Fait. M. *Sigault* laissa croire dans une grande maison, au marais, qu'il étoit adepte de M. *Mesmer*, & il fit semblant de vouloir magnétiser une jeune Dame. Le ton, l'air sérieux qu'il affecta, joint à des gestes burlesques, lui firent une très-grande impression. Elle sentit son cœur palpiter ; il y eut un resserrement dans sa poitrine ; sa face devint convulsive ; ses yeux se troublerent ; elle tomba évanouie ; elle vomit ensuite son dîner, eut plusieurs garderobes & elle se trouva dans un état de foiblesse & d'affaissement incroyable.

M. *Sigault* répéta le même manége sur plusieurs autres personnes avec plus ou moins de succès, suivant leur degré de crainte & de sensibilité. Lisez les différens rapports faits par les Commissaires du Roi, vous trouverez une foule d'exemples aussi constatés & aussi décisifs que ceux que nous venons de rapporter.

Je ne parlerai pas ici de la maniere de magnétiser par *contact immédiat* ; elle fixera sans doute l'attention du gouvernement qui ne manquera pas de févir contre une manipulation très-propre à corrompre les mœurs.

Conclusion. Le Mesmérisme n'est qu'une charlatanerie qui jusqu'à présent n'a fait que des dupes & qui dans la suite, si l'on n'y prend garde, deviendra une école de débauche. Je n'oserois pas cependant assurer que M. *Mesmer* n'eût pas trouvé le secret d'introduire dans le corps humain le fluide magnétique.

Seconde Question. En supposant que M. *Mesmer* eût trouvé le moyen d'introduire dans le corps humain le fluide magnétique, sa découverte seroit-elle utile à l'humanité ?

Réponse. Elle ne le feroit pas autant que les Mefmériens le publient. Suivant eux, il n'eft qu'une feule caufe de toutes les maladies, une matiere hétérogene; la nature n'a qu'une feule voie pour guérir toutes les infirmités, celle d'opérer la coction & l'évacuation de cette matiere par des crifes : ce que le magnétifme produira infailliblement. En un mot le magnétifme devant bientôt guérir tous les maux promptement, furement & agreablement, la médecine déformais fera nulle avec tous fes agens.

Ainfi parlent les charlatans dans les places publiques. Let vrais Médecins les laiffent dire, les gens de bon fens les méprifent, le peuple feul les croit & les écoute comme des oracles.

Cependant comme je ne crois pas qu'il foit impoffible d'introduire dans le corps humain le fluide magnétique & que j'admets une véritable analogie entre le magnétifme & l'électricité, fi réellement M. *Mefmer* a trouvé le fecret de magnétifer les hommes, fa découverte ne fera pas inutile à l'humanité; on pourra s'en fervir avec fuccès dans tous les cas où l'on emploie l'électricité comme remede. Cherchez *Analogie* & *Electricité médicale.* Je prédis cependant, d'après M. *Gilibert* qui a embraffé le Mefmérifme en homme de bon fens & fans enthoufiafme, que le magnétifme mefmérien, abandonné, tel qu'il eft, à tous ceux qui veulent le tenter, finira par faire beaucoup de mal & peu de bien. Je révoquerai tout en doute, tant que je ne le verrai pas dirigé par de vrais Médecins, travaillant fans intérêt, pour le feul bien public.

Remarque. Ceux qui rapprocheront cet article de celui qui a pour titre *Analogie*, feront fans doute étonnés que nous ayons fondé celle que nous avons établie entre l'aimant & l'électricité fur des expériences faites en Allemagne par M. *Mefmer*, tandis que maintenant nous paroiffons faire peu de cas de tout ce qui fort de cette fabrique. Il eft abfolument néceffaire de lever cette efpece de contradiction. Je n'aurai pas grand peine à prouver qu'elle n'eft qu'apparente.

1°. Quand même on ôteroit de l'article *Analogie* les expériences faites en Allemagne par M. *Mefmer*, l'analogie entre l'aimant & l'électricité n'en feroit pas moins

K iv

prouvée. Mais faut-il les rejeter ces expériences ? Non sans doute. Elles ne sont pas noyées, comme celles des Mesmériens, dans un tas de charlataneries. D'ailleurs elles appartiennent autant à M. *Hell* qu'à M. *Mesmer ;* & M. *Hell*, *avons-nous eu soin de faire remarquer*, est un homme trop savant & trop connu, pour qu'on puisse révoquer en doute son témoignage.

2°. Ce n'est gueres que le charlatanisme des Mesmériens que nous avons attaqué dans cet article. Nous connoissons le mérite réel de M. *Mesmer* ; nous sommes persuadés qu'il gémit de la conduite de ceux qui se disent ses disciples, & que bientôt dans un écrit public, il s'élevera contre leurs prétentions & leur maniere de procéder avec encore plus de chaleur, que nous ne l'avons fait nous-mêmes.

L'extrait de la correspondance de la Société Royale de Médecine de Paris, relativement au Magnétisme animal, imprimé par ordre du Roi en 1785, a enfin dessillé les yeux aux panégyristes du Mesmérisme les plus enthousiastes. Les Mesmériens avoient leurs adeptes dans toutes les parties du monde, & les Médecins les plus fameux, interrogés sur les effets de ce remede universel, ont démontré par les faits les plus frappans & les mieux constatés son insuffisance & le charlatanisme de cette incompréhensible doctrine. Dans cet extrait rien n'est mieux analysé que l'histoire de la cure d'une hydropisie universelle, faite par M. *Thers*, Chirurgien ordinaire du Roi, par le moyen du magnétisme animal. Cette fameuse cure fit dans le public la plus grande sensation ; mais par bonheur l'illusion ne fut que momentanée ; & le malade qu'on prétendoit avoir été guéri par le magnétisme sur la fin du mois de Juillet 1784, mourut hydropique dans les premiers jours du mois d'Octobre de la même année. La Société Royale de Médecine fait remarquer à cette occasion que le changement survenu en mieux dans l'état du malade pendant le traitement, étoit moins dû au magnétisme, qu'aux remedes ordonnés par M. *Thers*, & surtout à la diete laiteuse, à la tisane de pariétaire, & au suc de cerfeuil dont le malade prenoit un verre tous les matins. Le malade étoit pauvre & comme abandonné, *ajoute-t-on* ; l'intérêt que prirent à sa situation des personnes riches &

diſtinguées, les alimens reſtaurans dont il fut abondamment pourvu, les ſecours dont on s'empreſſa de l'aſſiſter dans ſa miſere, & plus que tout cela encore peut-être, l'eſpoir de guérir que firent naître en lui les procédés ſinguliers auxquels on le ſoumit, opérerent naturellement le changement en mieux que les Meſmériens ont voulu faire paſſer pour une guériſon merveilleuſe opérée par le magnétiſme. C'eſt cependant ici, de tous les faits publiés en faveur de ce nouveau remede, un des plus frappans que l'on ait cité; que devra-t-on penſer des autres, ſi l'on veut prendre la peine de les approfondir ?

Les Meſmériens, pour diminuer l'impreſſion que doivent faire ſur tout homme ſenſé les différens rapports des commiſſaires nommés par le Roi pour faire l'examen du magnétiſme animal, & l'extrait de la correſpondance de la Société Royale de Médecine de Paris relativement au même objet, ne manquent pas de rappeller le rapport qui fut fait autrefois par ſix Médecins de la Faculté de Paris, contre l'inoculation. Ils ajoutent un fait encore plus mémorable, le fameux décret de la même Faculté contre l'antimoine. Elle l'avoit déclaré un poiſon. En conſéquence le Miniſtere public donna ſon réquiſitoire ſur lequel intervint arrêt du Parlement, en 1566, qui fit défenſe d'en faire uſage. Cependant les bons effets de ce remede, appliqué à propos, furent conſtatés par tant d'expériences, que, cent ans après, un ſecond arrêt du même Parlement, à la demande de la même Faculté, réhabilita l'antimoine dans toute ſa gloire.

Il n'en ſera jamais ainſi du magnétiſme animal. On le donne pour un remede univerſel; & tout remede univerſel eſt une véritable chimere: on l'adminiſtre avec un ſecret & un cérémonial qui tient du charlataniſme; & il n'eſt que les ſots qui conſultent & le peuple qui écoute les Médecins charlatans.

MAIRAN (Jean-Jacques d'Ortous de) l'un des 40 de l'Académie Françoiſe, de la Société Royale de Londres, de celles d'Edimbourg & d'Upſal, de l'Académie de Péterſbourg, de celle de l'inſtitut de Bologne & ancien Secrétaire de l'Académie des Sciences, naquit à Beziers en 1678, & mourut à Paris le 20 Février 1770 à l'âge de 93 ans. C'eſt ſurtout à M. de Mairan que l'on doit appliquer ces deux vers de M. de Voltaire.

On ne vit qu'à demi, quand on n'a qu'un ſeul goût :
Le véritable eſprit ſait ſe plier à tout.

Il a écrit en effet avec ſuccès ſur la Muſique, la Peinture, la Sculpture, la Chronologie, la Géométrie, l'Aſtronomie & ſurtout ſur la Phyſique. Ce ſeroit ici le lieu de préſenter au monde ſavant le tableau véritablement intéreſſant des ſervices que M. de Mairan a rendus à la Phyſique, & des précieuſes découvertes dont il a enrichi cette ſcience. Mais comme la plupart de ces faits, ou plutôt de ces époques ſe trouvent dans cent endroits de ce Dictionnaire, nous nous contenterons d'avertir ici nos lecteurs que nos articles, *aurore boréale*, *lumiere zodiacale*, *atmoſphere ſolaire*, *forces vive & morte*, *glace*, *froid*, *hiver*, &c, &c., ne ſont que l'abrégé des ouvrages immortels qu'il a compoſés ſur ces différentes matieres. M. de Mairan m'a toujours paru très-content de la maniere dont j'ai eu le bonheur de rendre ſes idées ; & c'eſt pour engager les Phyſiciens à lire ces articles avec plus de confiance, que nous allons leur faire part de deux lettres de cet Auteur : l'une eſt ſur le *proſpectus*, & l'autre ſur l'*exécution* même du Dictionnaire dont nous donnons ici la neuvieme édition.

» M. R. P.

» J'ai reçu des mains du R. P. Boſcovich la lettre dont » vous m'avez honoré, avec le *proſpectus* du nouveau » Dictionnaire de Phyſique que vous allez donner au pu» blic. On ne peut être plus ſenſible que je le ſuis à tou» tes ces politeſſes. Mon amour propre n'a pas été moins » flatté de l'uſage que vous avez bien voulu faire de mes » foibles productions dans l'excellent précurſeur de ce » nouveau Dictionnaire. Je ne l'eus pas plutôt parcouru, » que j'en prédis le ſuccès, & j'oſai avancer en même » tems que vous n'en reſteriez pas là. Oui, M. R. P., » j'en ai loué le plan & l'exécution, & je ne ferai pas » moins porté à rendre juſtice à celui qui doit lui ſuccé» der, quoique je ſois bien perſuadé qu'il n'aura pas be» ſoin de mon ſuffrage pour obtenir celui du public. Vos » regrets ſur les points controverſés de Phyſique aux» quels je n'ai pas travaillé, me font bien de l'honneur ;

» mais si vous jettez les yeux sur les listes qui suivent » mon nom dans les tables de l'Académie des Sciences, » peut-être trouverez-vous, M. R. P. que je n'ai que trop » touché de matieres. Les forces vives sur lesquelles on » a tant disputé entre l'Allemagne & l'Angleterre, sont » un de ces points où je me flatte d'avoir mis plus claire» ment le lecteur en état de décider la question. Je vou» drois vous envoyer la réimpression qui fut faite de ce » mémoire en 1741. J'ai des preuves qu'elle a converti » quelques partisans zélés de M. Leibnitz, à qui je l'a» vois envoyé. Peut-être n'avez-vous pas, M. R. P. la » derniere édition de mon traité de l'aurore boréale aug» menté de plusieurs éclaircissemens. Le volume est trop » gros pour en charger la poste ; mais si vous voulez bien » me mander la voie par laquelle je puis vous le faire par» venir, je vous supplierai d'en accepter un exemplaire. La » préférence que vous avez donnée à mes idées sur ce » sujet, vous en doit attirer l'hommage. Je ne saurois » trop vous marquer ma reconnoissance & les sentimens » de respect &c. »

A Paris ce 28 Déc. 1759.

» M. R. P.

» Ce n'est que depuis trois jours que j'ai reçu la lettre » que vous m'avez fait l'honneur de m'écrire en date du » 12 Novembre dernier, avec le magnifique présent dont » vous avez bien voulu me gratifier ; présent double» ment flatteur par l'usage que vous y faites de mes foi» bles productions. M. Payen qui m'a remis le tout, m'a » expliqué en même tems l'intérêt qu'il avoit au succès » de cet excellent ouvrage, & vous jugez bien, M. R. P. » qu'il ne tiendra pas à moi qu'on n'en connoisse bientôt » le mérite à Paris, & chez tout ce qui m'environne. Il » y auroit bien du malheur, si M. Payen n'y trouvoit » autant de profit que vous devez en retirer de gloire. Le » jour même qu'il vint chez moi, se tenoit une des as» semblées du journal des savans où j'assiste, & où je » n'eus garde de manquer. Il y fut décidé qu'il en seroit » fait mention honorable dans le mois prochain ; si ce

» n'eſt de Février ; qui eſt vraiſemblablement imprimé ; » ce ſera dans celui de Mars, & par une annonce moitié » extrait, pour plus d'expédition. »

A Paris ce 31 Janvier 1762.

Le reſte de la lettre ſeroit un hors d'œuvre dans cet article. Nous aimons à nous perſuader que le public verra volontiers les deux lettres que nous venons de lui mettre ſous les yeux ; elles ſont un monument de la modeſtie & du bon cœur de M. de Mairan, qualités plus précieuſes encore que tous les autres talens dont la nature l'avoit doué.

MALEBRANCHE (Nicolas) *Le plus grand homme qu'ait eu la Congrégation de l'Oratoire, naquit à Paris, le 6 Août* 1638. Quoiqu'il ſe ſoit adonné ſurtout à la Théologie & à la Métaphyſique, & quoiqu'il ait pénétré dans cette derniere ſcience, peut-être auſſi avant que puiſſe le faire un eſprit créé ; le P. Malebranche cependant a aſſez écrit en Phyſique, pour nous le faire regarder comme un des plus grands Phyſiciens de ſon tems. Ce fut cette derniere qualité qui en 1699 lui mérita une place d'honoraire à l'Académie Royale des Sciences. M. de Fontenelle nous raconte par quelle aventure le P. Malebranche s'adonna à la Phyſique. Un jour, *dit-il*, comme il paſſoit par la rue S. Jacques à Paris, un Libraire lui préſenta le *traité de l'homme* de Deſcartes ; il avoit 26 ans, & il ne connoiſſoit Deſcartes que de nom, ou par quelques objections de ſes cahiers de philoſophie. Il lut ce livre avec une eſpece de fureur. Il entrevit une ſcience dont il n'avoit point d'idée. Il ſentit qu'elle lui convenoit. Il fit plus, il connut les défauts du ſyſteme Cartéſien, & il crut les avoir corrigé en métamorphoſant les globules durs de Deſcartes en de petits tourbillons qui tournent en même tems autour d'un centre particulier & d'un centre commun : ce n'eſt dans le fond qu'un nouvel épiſode dont il a embelli un roman très-ingénieux. Nous en avons rendu compte dans l'article des *tourbillons composés*. Il n'en eſt pas ainſi de ſon fameux ouvrage intitulé la *recherche de la vérité*. On doit le regarder comme un livre non ſeulement capable d'immortaliſer ſon auteur, mais le ſiecle même qui l'a vu paroître. Il a été traduit en trop de langues ; & il est entre les mains de trop de personnes, pour qu'il soit nécessaire d'en donner ici l'abrégé. Ce sont-là de ces livres qu'on ne se dispense jamais de lire, & qu'on ne se contente gueres de lire une fois. Il regne, *dit M. de Fontenelle*, dans cet ouvrage physico-métaphysique un grand art de mettre des idées abstraites dans leur jour, de les lier ensemble, de les fortifier par leur liaison. Il s'y trouve même un mélange adroit de quantité de choses moins abstraites, qui étant facilement entendues, encouragent la lecteur à s'appliquer aux autres, le flattent de pouvoir tout entendre, & peut-être lui persuadent qu'il entend tout à-peu-près. La diction, outre qu'elle est pure & châtiée, a toute la dignité que les matieres demandent, & toute la grace qu'elles peuvent souffrir. Ce n'est pas qu'il eût apporté aucun soin à cultiver les talens de l'imagination ; au contraire, il s'est toujours fort attaché à les décrier ; mais il en avoit naturellement une fort noble & fort vive, qui travailloit pour un ingrat malgré lui-même, & qui ornoit la raison en se cachant d'elle. Ce fut en 1712 que parut l'édition la plus complete de cet ouvrage. Trois ans après, c'est-à-dire, le 13 Octobre 1715 le P. Malebranche mourut à l'âge de 77 ans, regretté de tous les savans, dont aucun n'est venu à Paris, sans lui rendre ses hommages. Son mérité distingué lui procura l'honneur de recevoir une visite de Jacques II, Roi d'Angleterre; & un Officier Anglois ne se consoloit d'être conduit à Paris prisonnier, que parce qu'il pourroit y voir le Roi Louis-le-Grand & le P. Malebranche.

MALPIGHI, (Marcel) *l'un des plus grands Anatomistes que l'Italie ait produit, naquit à Crevalcuore, près de Bologne, le* 10 *Mars* 1628. L'éclat avec lequel il enseigna la médecine à Bologne & à Pise, lui mériterent d'abord une place à la Société de Londres, & ensuite la charge de premier Médecin du Pape Innocent XII. Malpighi a assigné le premier pour l'organe du tact les houppes qui sont placées entre l'épiderme & la peau. Cette belle découverte nous a donné occasion de parler des organes des autres sens d'une maniere très - physique. Il mourut à Rome le 19 Novembre 1694, à l'âge de 67 ans. Ses principaux ouvrages sont,

1°. *Plantarum Anatome.*
2°. *Epistolæ variæ.*
3°. *Dissertationes Epistolicæ de Bombyce.*
4°. *De Formatione pulli in ovo.*
5°. *De Cerebro.*
6°. *De Linguâ.*
7°. *De externo tactûs organo.*
8°. *De omento.*
9°. *De Pinguedine & de adiposis ductibus.*
10°. *Exercitatio Anatomica de viscerum structurâ.*
11°. *Dissertationes de polipo cordis & pulmonibus.*

MARALDI, (Jacques-Philippe) *Neveu & éleve du fameux Jean-Dominique Cassini, naquit à Périnaldo, dans le Comté de Nice, le 21 Août* 1665. Il s'adonna à l'Astronomie avec tant de fureur & avec tant de succès, qu'on assure qu'on ne lui pouvoit désigner aucune étoile, quelque imperceptible qu'elle fût à la vue, qu'il ne dît sur le champ la place qu'elle occupoit dans sa constellation. M. de Fontenelle remarque à cette occasion que, puisque les étoiles ont été appellées dans les livres saints *l'armée du Ciel*, l'on pourroit dire que M. Maraldi connoissoit toute cette armée, comme Cirus connoissoit la sienne. Aussi regarde-t-on comme un des plus parfaits le catalogue des fixes qu'il nous a laissé. Cette science du ciel lui procura l'honneur d'être admis en 1694 à l'Académie Royale des Sciences de Paris, & en 1700 à la Congrégation que le Pape Clément XI fit tenir à Rome pour l'examen du Calendrier Grégorien. Ce fut dans cette Congrégation qu'il se lia d'amitié avec le fameux Bianchini qui en étoit Secrétaire. Celui-ci ne manqua pas de se l'associer dans la construction de la méridienne de l'Eglise des Chartreux de Rome. En 1718 M. Maraldi partit de Paris pour terminer la grande méridienne du côté du septentrion, & il eut la gloire de mettre de ce côté-là la derniere main à cette savante entreprise. Il mourut à Paris le Ier. Décembre 1729, à l'âge de 63 ans. Il seroit trop long de rapporter ici les dissertations & les découvertes dont il a enrichi les Mémoires de l'Académie des Sciences ; il n'en est presque aucun depuis 1694 jusqu'en 1729 où il ne soit fait une mention honorable de M. Maraldi.

MARC. Un poids de 8 onces, ou de demi-livre, eſt un *marc*.

MARÉE. Les marées comprennent le *flux* & le *reflux* de la mer, dont nous avons parlé fort au long en ſon lieu.

MARIOTTE, (Edme) *l'un des premiers Membres de l'Académie Royale des Sciences de Paris, & en même tems l'un des plus grands Phyſiciens du 17e. ſiecle., étoit natif de Bourgogne.* Tous les ouvrages qu'il nous a laiſſés, ſont marqués au bon coin, & ont beaucoup ſervi aux progrès de la Phyſique. Ses principaux traités ſont ſur la *percuſſion, la végétation des plantes, la nature de l'air, la chaleur* & *le froid, l'hydroſtatique, l'hydraulique, l'optique, le nivellement, les pendules* & *les couleurs.* Quoique tous ces traités ſuppoſent toujours l'homme de génie & l'habile Phyſicien, ils ont de tems en tems des choſes répréhenſibles. Il dit, par exemple, ſur les couleurs, *pag.* 227, que ſi on reçoit ſur un carton blanc, à une diſtance d'environ 25 ou 30 pieds, un rayon de lumiere qui aura paſſé par un priſme; on verra que les couleurs occuperont un eſpace de plus de dix pouces, dont le rouge en contiendra plus de deux & le violet plus de trois. Il ajoute que ſi l'on fait paſſer l'extrémité du rayon violet par une petite fente d'environ deux lignes de largeur taillée exprès dans un carton, & qu'on reçoive cette lumiere violette fort obliquement ſur un autre priſme, au-delà du carton; alors l'on verra dans la lumiere qui aura paſſé à travers ce ſecond priſme, du rouge & du jaune dans la convexité de la courbure. M. Mariotte aſſure, quelques lignes après, qu'un pareil changement arrivera, ſi on fait paſſer l'extrémité du rayon rouge dans la fente du carton; il dit qu'on verra du bleu & du violet au-delà du ſecond priſme. Il conclut que le ſyſteme de Newton ſur les couleurs ne vaut rien. Cette concluſion ſeroit juſte, ſi les expériences que nous venons de rapporter, étoient vraies; mais elles paſſent maintenant en Phyſique pour fauſſes, & le ſyſteme de Newton ſur les couleurs pour le ſeul ſyſteme raiſonnable. Cela n'empêche pas cependant que les ouvrages de M. Mariotte ne ſoient dignes d'occuper dans les bibliothéques de Phyſique une place très-diſtinguée. Ce grand homme mourut en l'année 1684.

MARSIGLI, (Louis-Ferdinand) *naquit à Bologne le*

10 *Juillet* 1658, *du Comte Charles-François Marsigli & de la Comtesse Marguerite Cicolani.* Le célebre institut de Bologne dont il est le fondateur, sera un monument éternel de son amour pour les sciences, & des progrès qu'il a fait dans les Mathématiques, la Physique, la Botanique, l'Histoire Naturelle, &c. En érigeant cette Académie, il lui laissa un fonds très-riche de toutes les différentes pieces qui peuvent servir à l'Histoire naturelle; d'instrumens nécessaires aux observations astronomiques ou aux expériences de chimie; de plans pour les fortifications; de modeles de machines; d'antiquités, d'armes étrangeres, &c. Les plus célebres Académies de l'Europe voulurent avoir l'honneur de compter parmi leurs membres le fondateur de l'Institut de Bologne. L'Académie Royale des Sciences de Paris, la Société Royale de Londres, l'Académie de Montpellier eurent cet avantage. M. le Comte de Marsigli mourut à Bologne le Ier. Novembre 1730, à l'âge de 72 ans. Les différens accidens qui lui sont arrivés pendant sa vie, ne doivent pas être racontés dans un ouvrage comme celui-ci.

MARS. Les Astronomes ont donné le nom de *Mars* à la premiere des 3 planetes supérieures. Son globe sensiblement sphérique est environ 5 fois moins gros, & presque une fois moins dense que celui de la terre. Cette moindre densité lui vient sans doute de l'éloignement où il est du Soleil. Les planetes les plus voisines du Soleil sont aussi les plus denses, dit M. l'Abbé Sigorgne, qui dans cette occasion n'a fait que traduire Newton. Tout languiroit sur notre terre, & l'eau y seroit perpétuellement gelée, si elle eût été mise à la place de Saturne; & si sans augmenter la consistance de ses parties, elle eût été mise à la place de Mercure, tout y seroit dans un degré d'effervescence, qui feroit bientôt évaporer tous nos fluides, & tueroit en un moment tous les animaux de notre espece. Car la chaleur étant en raison inverse des carrés des distances, & Mercure étant plus d'une fois plus près du Soleil que nous, la terre à la même distance seroit à-peu-près sept fois plus échauffée qu'elle ne l'est dans le plus brûlant été. Or, Newton a éprouvé que l'eau bout à gros bouillons à une chaleur sept fois plus grande que celle de l'été; il faut donc, pour que Mercure ne soit pas exposé à cet inconvénient, qu'il soit de de beaucoup plus dense que notre terre ; il faut encore que les planetes supérieures soient moins denses que la nôtre, pour que tout ne languisse pas sur leur globe. Mars a, comme les autres planetes, deux mouvemens, l'un de rotation sur son axe qui se fait d'Occident en Orient dans 24 heures & 40 minutes, & l'autre périodique qui se fait aussi d'Occident en Orient dans l'espace d'environ 2 années; ou pour parler plus exactement, dans l'espace d'une année & 321 jours, 22 heures ; il parcourt une orbite elliptique dont l'inclinaison à l'écliptique est d'un degré, 50 minutes, 45 secondes, & dont le mouvement annuel de ses nœuds d'Occident en Orient est de 34 secondes & 32 tierces. Les nouvelles observations mettent cette planete dans sa plus grande distance à environ 52, & dans sa plus petite distance à environ 44 millions de lieues du Soleil ; de telle sorte que la différence qu'il y a entre la plus grande & la plus petite distance de Mars au Soleil, est tout au plus de huit millions de lieues. Il n'en est pas ainsi, lorsqu'il s'agit de comparer la plus grande & la plus petite distance de Mars à la terre ; Mars *périgée* est environ sept fois plus près de la terre que Mars *apogée* ; aussi le voyons-nous en certains tems très-gros & très-éclairé, & dans d'autres très-petit & très-peu lumineux. Consultez l'article de *Copernic*, & vous verrez quelques autres particularités sur cette planete. Nous dirons, en parlant de la parallaxe des astres, comment M. l'Abbé de la Caille est parvenu à connoître & à déterminer la parallaxe horizontale de Mars.

MARS. En chimie on donne ce nom au fer. Ce qu'on appelle safran de Mars est un remede très-usité. Il y a différentes especes de safrans de Mars. Celui de la premiere espece n'est qu'une rouille qu'on a ramassée, en frottant des lamines de fer qu'on avoit eu soin de laver, & d'exposer à la rosée pendant assez long-tems. La seconde espece de safran de Mars est une limaille de fer qu'on laisse rouiller, après l'avoir exposée à la pluie jusqu'à 12 fois. La troisieme espece est une limaille de fer calcinée avec le soufre sur un grand feu. Enfin la quatrieme espece de safran de Mars est une limaille de fer dépouillée de sa partie la plus saline.

MASSE. Le poids, la masse & la quantité de matiere

d'un corps ſignifient la même choſe en Phyſique. La maſſe eſt indépendante du volume & de la figure.

MATÉRIALISME. Syſteme impie & extravagant dans lequel on ſoutient que tout ce qui exiſte eſt matiere, & que par conſéquent l'ame eſt un corps, un aſſemblage de parties. C'eſt à Epicure que nous devons cette doctrine abominable. Lucrece, ſon fidelle Diſciple, nous aſſure que tous les atomes ont la même nature ; qu'ils ſont tous également principes des corps, incapables de penſer & d'agir. Mais il ajoute que lorſque le haſard a réuni certains atomes dans un certain ordre, ils produiſent une ame. Le Poëte ne dit pas préciſément quels ils ſont, ni quel eſt cet ordre ; ſeulement il croit en général que de la quinteſſence du ſang, de l'air & du feu ſubtiliſés, il peut réſulter un Etre capable de penſer, quoique corporel ; & que cet Etre périt enfin par la déſunion des élémens dont il eſt l'aſſemblage. De la puiſſance il paſſe bientôt à l'acte ; & voici comment il prouve qu'il n'y a point de diſtinction entre l'ame & le corps. Les deux parties de nous-mêmes, *dit-il*, ſont unies par des liens ſi étroits, qu'il eſt impoſſible de n'en pas confondre la nature. L'ame ne connoît rien que par l'entremiſe des ſens : qu'ils ſoient altérés par une fievre brûlante : que le ſommeil les aſſoupiſſe, l'eſprit ſe trouble, & on le voit errer confuſément d'objet en objet. Il croît avec le corps : uniforme & brut dans les années de l'enfance, il ſe développe par des degrés inſenſibles. Sa jeuneſſe a l'éclat & la durée d'une fleur ; & s'il porte quelques fruits dans un âge plus mûr, bientôt la vieilleſſe l'affoiblit, le glace, en flétrit les reſtes languiſſans. Combien d'hommes naiſſent privés de raiſon, ou la perdent par accident ! Ils en manquent, parce que les parties de leur cerveau n'ont pas eu d'abord un certain ordre, ou qu'elles ont depuis ceſſé de l'avoir. Combien d'autres ſont dégradés au point de devenir ſemblables à des bêtes féroces. La morſure d'un chien furieux infecte la maſſe du ſang, & fait couler dans les veines un cruel poiſon : c'en eſt aſſez pour abrutir un homme : quelle différence faut-il mettre alors entre cet homme & le chien qui l'a bleſſé ? Ce ſont deux animaux que tourmente une aveugle frénéſie : tous deux ont la même fureur de mordre ; leur rage est égale ; leurs transports sont les mêmes.

Voilà sans doute le plus grand argument que puissent apporter les Matérialistes pour prouver l'indistinction de l'ame & du corps. Ils ne diront pas que M. le Cardinal de Polignac l'a affoibli, & que l'incomparable traducteur de *l'Anti-Lucrece* l'a présenté de maniere à ne pas d'abord faire impression sur l'esprit du Lecteur. Mais quelle est foible, quelle est puérile cette objection, lorsqu'on l'examine de près ! Que penseriez-vous du raisonnement suivant ? Le musicien est si dépendant de sa lyre, que sans elle il ne peut faire entendre aucun son : qu'elle soit brisée par quelque chute : que les cordes trop lâches ou trop tendues ne soient pas montées sur le ton : qu'il en manque une seule : qu'enfin l'intérieur soit rempli de corps étrangers qui le rendent moins sonore ; le musicien, malgré toute sa science, ne tire point de sons, ou n'en tire que de vicieux. Donc la lyre a autant de connoissance de la musique que le musicien. Donc l'instrument & le joueur sont la même chose. Ce raisonnement est pitoyable ; celui des Matérialistes l'est-il moins ? Que prouve-t-il autre chose, sinon que l'homme produit des actions auxquelles l'esprit & le corps ont part à la fois, celui-là comme cause physique & efficiente ; celui-ci comme pur instrument & pure condition ? Les Matérialistes ont beau se faire illusion à eux-mêmes ; ils ne peuvent pas ne pas goûter une pareille réponse. Aussi l'Auteur du nouveau traité sur la spiritualité & l'immortalité de l'ame (le R. P. Hubert Hayer, Récolet) les compare-t-il à des joueurs de gobelets. De part & d'autre, *dit-il*, les prétentions sont les mêmes. Tous deux veulent attribuer certains effets à des causes avec lesquelles ces effets n'ont aucun rapport. Les moyens qu'ils emploient pour y parvenir sont aussi assez semblables. Ceux-ci par des tours d'adresse & de subtilité occupent les sens pour séduire la raison ; ils savent la distraire & lui présenter comme cause d'un effet ce qui ne le fut jamais, ce qui même ne sauroit l'être. Ceux-là dans leurs sophismes ne parlent que de l'imagination, ils ne parlent qu'à elle & d'après elle. Partout il leur faut de l'étendue, de la figure, des images. L'imagination, cette cause factice, ils la présentent à des esprits distraits comme l'unique principe de tout ce qu'il y a d'opérations dans l'homme. Mais ce qui acheve la ressemblance entre le Matérialiste & le joueur de gobelets, c'est que, tous deux, séducteurs sans être séduits, se divertissent de la simplicité de leurs stupides admirateurs.

Ce qui doit nous rendre suspecte la sincérité des Physiciens Matérialistes, ce sont les étonnantes contradictions dans lesquelles nous les voyons tomber. Comme Physiciens, ils soutiennent que toute matiere, essentiellement indifférente aux différens états dans lesquels elle peut se trouver, est absolument incapable de passer d'elle-même d'un état dans un autre : comme Matérialistes, ils avancent que certaine matiere a un tel degré d'activité, qu'elle peut produire des idées, des jugemens, des raisonnemens, &c.

Comme Physiciens, ils reconnoissent l'étendue & la divisibilité pour des propriétés de la matiere : comme Matérialistes, ils admettent une matiere inétendue & indivisible ; puisqu'une modification inétendue & indivisible, telle qu'est la pensée, suppose son sujet privé d'extension & simple dans sa nature.

Comme Physiciens, ils disent qu'il est des dénominations qui conviennent à toute sorte de matiere ; ces dénominations sont, *être long*, *large*, *profond*, *capable de figure*, *de couleur*, *&c.* Comme Matérialistes, ils exceptent de cette regle générale toute matiere qui pense ; aucun d'eux en effet n'a encore osé demander si son ame avoit 4 ou 5 pieds de hauteur : si elle étoit carrée ou triangulaire, rouge ou blanche, &c.

Comme Physiciens, ils conviennent que tout effet doit avoir quelque relation, quelque ressemblance avec sa cause : comme Matérialistes, ils seroient fort embarrassés à nous assigner le rapport qu'il y a entre une pensée, un desir, un doute & une matiere très - subtile, mue de telle & telle façon.

Comme Physiciens, ils sont obligés d'admettre des causes secondes dont les unes sont libres & les autres privées de liberté : comme Matérialistes ils doivent regarder toute cause seconde comme matérielle, & par conséquent comme assujettie à une indispensable nécessité.

Comme Physiciens, ils doivent regarder le hasard

comme une cauſe aveugle, imaginaire, chimérique, incapable de produire aucun effet, qui ſuppoſe de l'ordre & de la ſageſſe : comme Matérialiſtes, on ne les entend que trop ſouvent attribuer au haſard l'union & la déſunion des atomes dont ils compoſent l'ame de l'homme.

Comme Phyſiciens, ils ont ſous les yeux les preuves les plus ſenſibles & les plus convaincantes de l'exiſtence d'un Etre tout-puiſſant dont la ſageſſe infinie gouverne l'Univers : comme Matérialiſtes, ils ne nient que trop ſouvent l'exiſtence de l'Etre ſuprême, ou ils n'admettent qu'un Dieu ſans providence, Créateur d'un monde dont il laiſſe la conduite au haſard.

Enfin, comme Phyſiciens ils ſont Théiſtes : & comme Matérialiſtes, on doit les regarder comme de vrais Athées. Combien d'autres contradictions ne nous fourniroient pas les Matérialiſtes, ſi nous voulions oppoſer leurs principes avec ceux de la métaphyſique & de la morale ?

Mais pour faire mieux connoître tout ce que ce ſyſteme a de ridicule & de dangereux, bornons-nous dans cet article à l'hiſtoire même du matérialiſme, c'eſt-à-dire, mettons ſous les yeux du Lecteur les différentes explications des Matérialiſtes. Faiſons un pas de plus, oppoſons-leur les explications des Spiritualiſtes ; nous verrons ſi ceux-là ont droit de regarder ceux-ci comme des ſuperſtitieux, des eſprits foibles, comme des gens incapables de penſer ſainement : nous verrons ſi ces MM. méritent véritablement les titres d'eſprits forts, d'Etres penſans, de Phyſiciens. Au reſte, les explications que nous leur attribuerons, n'ont pas été puiſées dans des ſources, qui leur ſoient ſuſpectes. Hobbes, Bayle, M. de Voltaire, le livre des Mœurs, celui de l'Eſprit, l'Homme machine, l'Encyclopédie, &c. nous les ont fournies. Pour ce qui regarde les Spiritualiſtes, ils ſeront charmés que nous nous ſoyons ſervi de l'Anti-Lucrece de M. de Polignac, des ouvrages de M. le François, du livre du P. Hubert Hayer, Récolet, & d'une excellente brochure à laquelle on ne ſauroit donner de trop grands éloges, intitulée : *la petite Encyclopédie* ou *Dictionnaire des Philoſophes*. Tels ſont les ouvrages qui nous ont fourni le fond des tableaux ſuivans.

EXPLICATIONS DES SPIRITUALISTES.	EXPLICATIONS *DES MATÉRIALISTES.*
Idée générale de l'Homme.	Idée générale de l'homme.
L'homme, le chef-d'œuvre sorti des mains d'un Etre infiniment puissant, est un composé de deux substances spécifiquement différentes. L'une essentiellement active, inétendue & indivisible se connoît, sait qu'elle pense, nie ce qui lui paroît faux, affirme ce qu'elle croit véritable. Souvent par l'examen des raisons contraires, elle demeure en suspens, elle flotte dans l'incertitude, parce qu'elle n'a qu'une connoissance imparfaite. Souvent aussi ce qu'elle sait, la conduit à la découverte de ce qu'elle ignore. Elle infere l'un de l'autre, en suivant le fil d'une progression méthodique; & capable de méditer, elle distingue une conclusion juste de celle qui ne le seroit pas, examine le rapport de ses idées; réfléchit sur l'ordre qu'elle doit leur donner. Par ces efforts redoublés, elle parvient à comprendre un objet, à l'embrasser tout entier; se repliant sur elle-même, elle considere tous les pas qui l'ont conduite à ce terme.	*L'homme qu'on regarde sans raison comme un Etre plus parfait que la bête & que la plante, est composé de deux substances qui ne different que par quelques accidens. L'une n'est qu'un assemblage de corpuscules déliés, toujours en mouvement que le hasard a réunis, & que le hasard doit séparer après un certain tems. Ces corpuscules matériels ont eu par succession, du mouvement, de la sensation, des idées, de la pensée, de la réflexion, de la conscience, des sentimens, des signes, des gestes, des passions, des sons, des sons articulés, une langue, des loix, des sciences & des arts. L'ame de l'homme, l'ame de la bête & l'ame de la plante sont certainement de la même pâte & de la même fabrique. Elles ne different que du plus ou du moins. L'homme est celui de tous les Etres connus qui a le plus d'ame, comme la plante est celui qui en a le moins. Toute ame, matérielle de sa nature, connoît nécessairement, & ne connoît que par les sens. Mortelle, elle est bornée au bonheur d'ici-bas,*

Combien d'autres opérations l'ame n'a-t-elle pas qui ne dépendent que d'elle-même, & auxquelles la substance à laquelle elle est intimement unie, n'a aucune part. Quoique finie dans sa nature, elle perce d'un vol rapide, l'éternel, l'infini, l'immense: elle ose en sonder la profondeur; en parcourir l'étendue, &c.

L'autre substance qui fait partie de l'homme, essentiellement inerte & passive, c'est-à-dire, essentiellement incapable de produire quoi que ce soit d'elle-même, n'est susceptible que d'extension, de figure, de mouvement, de repos, de division, d'organisation, &c. La plus noble de ses fonctions est de servir de pur instrument à l'ame, lorsqu'elle produit ses sensations, à-peu-près comme la lyre sert d'instrument au musicien qui sait en tirer les sons les plus mélodieux.

son intérêt est sa regle; ses penchans, ses loix; le plaisir ou la douleur, les moteurs de sa morale; la crainte des loix humaines, le seul frein à ses entreprises.

Pour le corps de l'homme, c'est une substance de même nature que son ame. Les corpuscules de l'un sont moins divisés, plus grossiers, moins propres au mouvement que les corpuscules de l'autre; mais dans le fond ils n'en sont pas moins nobles. Telle molécule de matiere qui d'abord faisoit partie du corps, pourra, après avoir été subtilisée, servir à former une ame. Je suis corps, & je pense, *doit s'écrier tout homme sage après Voltaire,* je n'en sais pas davantage.

Raisonnement.

La raison est une faculté qu'a l'ame de l'homme de comparer deux idées avec une troisieme. Ces deux idées s'accordent-elles, chacune en particulier, avec la troisieme qu'elle regarde comme une espece de point fixe? L'ame conclut qu'elles s'accordent entr'elles; de ces deux idées au contraire l'une s'accor-

Raisonnement.

Le raisonnement, dit Hobbes au commencement de sa logique, *est une espece d'Arithmétique. Raisonner ce n'est autre chose qu'ajouter ou soustraire; & si quelqu'un veut que ce soit aussi multiplier & diviser, je ne m'y opposerai pas.* Per ratiocinationem autem intelligo computationem.... ratiocinari igitur idem est quod addere

de-t-elle & l'autre ne s'accorde-t-elle pas avec la troisieme ? L'ame conclut qu'elles ne s'accorderont pas entr'elles. *Tout homme a un corps : Je suis homme : donc j'ai un corps.* Voilà ce qu'on nomme un raisonnement positif, & voilà ce que le mécanisme ne pourra jamais expliquer. On n'expliquera pas plus facilement par la mécanique le raisonnement suivant qu'on appelle négatif. *Etre actif, c'est pouvoir sans le secours d'autrui changer d'etat : la matiere ne peut pas sans le secours d'autrui changer d'état : donc la matiere n'est pas active.*

& subtrahere ; vel si quis adjungat his, multiplicare & dividere, non abnuam. *Ainsi ajouter des mots à des mots, c'est*, suivant Hobbes, *former un raisonnement affirmatif ; & l'on formera un raisonnement négatif, lorsqu'on retranchera des mots d'avec d'autres mots ; ce que peut faire le simple mécanisme.*

La Métrie a osé avancer dans son Homme machine, *p.* 37, *que le raisonnement étoit une véritable modification de cette espece de toile médullaire où il prétend que les objets sont peints.*

SENSATIONS.

La sensation dont l'occasion dépend de plusieurs causes purement mécaniques, n'est pas en elle-même moins spirituelle que le raisonnement.

Pour *voir*, par exemple, il faut, je le sais, que la lumiere frappe mes yeux ; qu'elle souffre diverses réfractions dans les humeurs aqueuse, cristalline & vitrée ; que, réunie sur la rétine, elle y peigne des images ; que le nerf optique soit remué. Mais tout cela n'est pas la *vision*. Je ne *vois* en effet que lorsqu'à l'occasion de l'ébranlement du

SENSATIONS.

Les Matérialistes ne reconnoissent que les sensations que les Spiritualistes *appellent occasionnelles. Qu'est-ce que une sensation ? L'objet*, répond Hobbes, dans le ch. 25 du tit. 1. de ses œuvres Philosophiques, *presse la partie extérieure de l'organe, & cette pression se communiquant aux parties voisines, pénetre enfin jusqu'à la partie intérieure ; là se forme la représentation, l'image*, phantasma, *par la résistance de l'organe, ou par une espece de réflexion, qui cause une pression vers la partie extérieure, toute contraire*

nerf optique, & en conséquence de la loi de l'union de l'ame avec le corps, l'ame se représente d'une maniere spirituelle l'objet dont l'image matérielle est dessinée sur la rétine.

De même l'ouie ne consiste pas précisément dans les coups que reçoivent de la part de l'air, d'abord le tympan & ensuite la membrane nerveuse qui tapisse les conduits de l'oreille intérieure, auxquels leur figure a fait donner à l'un le nom de labyrinthe, & à l'autre celui de limaçon.

Le goût, tel qu'il est dans l'ame, n'est pas un simple mouvement d'esprits vitaux occasionné par l'impression que font les sels des alimens sur la membrane nerveuse de la langue.

L'on n'auroit jamais la sensation de l'odorat, si l'on n'avoit que l'intérieur du nez tapissé de la membrane pituitaire sur laquelle fussent attirés certains corpuscules exhalés des corps odoriférans.

Enfin la sensation du toucher n'est pas produite par la compression des houppes nerveuses qui forment comme de petites éminences entre l'épiderme & la peau. C'est-là, si l'on peut parler ainsi, la *sensation occasionnelle*, mais ce n'est pas *à la pression de l'objet qui tend vers la partie intérieure. C'est cette représentation que l'on doit regarder comme la sensation.* Si organi pars extima prematur, illâ cedente, premetur quoque pars quæ versùs interiora illi proxima est, & ita propagabitur pressio, sive motus ille per partes organi omnes usque ad intimam. Quemadmodùm & pressio extimæ procedit ab aliquâ pressione corporis remotioris, & sic perpetuò donec veniatur ad id à quo phantasma ipsum quod à sensione fit tanquàm à primo fonte derivari judicamus... est ergo sensio motus in sentiente aliquis internus generatus à motu aliquo partium objecti internarum & propagatus per media ad organi partem intimam. Quibus verbis quid sensio sit ferè definivimus.

Les Matérialistes concluent de ce galimathias que les sensations sont divisibles : Toute composition, disent-ils, *emporte divisibilité ; or il est des sensations composées. Telle est, par exemple, la vue d'un parterre émaillé de fleurs. Cet agréable objet occasionne une sensation totale qui résulte d'autant de sensations partielles qu'elle a d'objets différens. Il en est de toutes les autres sensations comme de la vue. Si vous entendez un con-*

là la *sensation formelle*. Celle-ci differe encore plus de celle-là, qu'un homme qui se regarde dans un miroir ne differe de l'image qu'il s'imagine voir derriere la glace.

cert de musique ; vous avez une sensation de l'ouie formée par grand nombre de sensations partielles ; il en est de même des parfums par rapport à l'odorat, de l'assaisonnement à l'égard du goût.

MÉMOIRE ET IMAGINATION.

L'Ame a le pouvoir de se rappeller les plaisirs qu'elle a autrefois goûtés, les douleurs qu'elle a ressenties, les sensations dont elle a été affectée. Elle se rend présentes d'anciennes idées dont elle a été occupée ; elle reproduit dans son esprit les jugemens qu'elle a portés, les raisonnemens qu'elle a faits, plusieurs de ses desirs, de ses inclinations, de ses aversions. C'est-là la faculté à laquelle l'on a donné le nom de mémoire. L'ame, *disent les Spiritualistes*, a autant besoin du corps pour produire les actes de cette faculté, qu'elle en a besoin pour sentir. Ils avouent que la mémoire a son organe dans le cerveau ; (quelques-uns assignent la partie cendrée.) Ils ajoutent qu'il reste dans le cerveau des vestiges des choses dont nous nous ressouvenons, & que ces traces, ces

MÉMOIRE ET IMAGINATION.

La cause de la mémoire est tout-à-fait mécanique, comme elle-même, dit la Mettrie dans son traité de l'ame, pag. 75. *La mémoire paroît dépendre de ce que les impressions corporelles du cerveau, qui sont les traces d'idées, se suivent, sont voisines, & que l'ame ne peut faire la découverte d'une trace ou d'une idée, sans rappeller les autres qui avoient coutume d'aller ensemble. Cela est vrai*, ajoute-t-il, *de ce qu'on a appris dans la jeunesse ; si l'on ne se souvient pas d'abord de ce que l'on cherche, un vers, un seul mot le fait retrouver. Ce phénomene démontre*, poursuit-il, *que les idées ont des territoires séparés : mais avec quelqu'ordre : car pour qu'un nouveau mouvement (par exemple, le commencement d'un vers, un son qui frappe les oreilles) communique sur le champ son impression à la partie du*

vestiges ont besoin d'être remués par une substance très-déliée à laquelle on a donné le nom d'esprits vitaux. Mais ce sont là de pures conditions, pour que l'ame se ressouvienne des choses passées. Jamais en bonne Physique l'on n'a pu confondre les traces des idées avec les idées ; jamais la trace d'un homme n'a été l'homme lui-même ; jamais le portrait de Louis le Bien-Aimé n'a été le souvenir de ce monarque bienfaisant, l'amour & l'idole de son peuple. Ainsi avouer qu'il y a une ame qui découvre des traces dans le cerveau, & qui, à l'occasion de ces traces, se rappelle des idées anciennes, c'est admettre une substance essentiellement distinguée de ces traces & du cerveau où elles se trouvent ; de même que celui qui voit un tableau & qui se rappelle les objets qui y sont représentés, est distingué du tableau.

Les Spiritualistes expliquent de la même maniere l'imagination qui est une faculté par laquelle l'ame se représente des objets étendus, sensibles & absens. Ils avouent sans peine qu'elle a son organe dans le cerveau. (Quelques-uns assignent la partie calleuse.) Ils conviennent qu'il faut dans *cerveau qui est analogue à celle où se trouve le premier vestige de ce qu'on cherche (c'est-à-dire, cette autre partie de la moelle où est cachée la mémoire ou la trace des vers suivans) & y représente à l'ame la suite de la premiere idée ou des premiers mots, il est nécessaire que de nouvelles idées soient portées par une loi constante au même lieu dans lequel avoient été autrefois gravées d'autres idées de même nature que celles-là. En effet*, dit-il encore, *si cela se faisoit autrement, l'arbre, au pied duquel on a été volé, ne donneroit pas plus surement idée d'un voleur que quelque autre objet.*

Le même Auteur, accoutumé, comme tous les Matérialistes, à confondre l'occasion de la sensation avec la sensation elle-même, ne reconnoît pour acte de l'imagination, que le mouvement qui se fait dans les images imprimées dans le cerveau. L'imagination ainsi expliquée, dit-il, dans l'homme machine, pag. 37 & 39, *est elle seule toute notre ame ; de cette faculté dépendent toutes les autres facultés ; c'est à elle qu'elles se réduisent toutes.*

le cerveau des images sensibles. Mais l'image idéale que l'ame produit à l'occasion de l'image sensible, est d'une nature toute différente; inétendue & indivisible, elle ne doit pas être confondue avec une image sensible qu'on peut diviser en un nombre infini de parties. Or c'est l'image idéale que les Spiritualistes assurent être l'acte de l'imagination.

LIBERTÉ.

Nous connoissons par le sentiment intérieur que nous sommes libres, que nous avons le pouvoir d'agir, de faire telle ou telle action. Délibérer; prendre conseil; se déterminer après de mûres réflexions; employer les menaces, les avis, les prieres; se repentir en secret, parce qu'on se sent coupable; & s'excuser publiquement, parce qu'on craint de le paroître; remplir des devoirs; se livrer à des soins; établir des loix, condamner & punir le vice; louer & récompenser la vertu; c'est, *dit le Cardinal de Polignac dans son Anti-Lucrece*, faire autant d'actes de liberté, c'est en donner autant de preuves. Nos entreprises, nos projets, nos efforts, tout en un mot décele ce sentiment intérieur qui nous persuade que notre volonté n'est pas esclave, & que nos pareils jouissent de la mê-

LIBERTÉ.

Il s'en faut bien que la preuve de la liberté, tirée du sentiment intérieur, soit une bonne preuve. Ne comprenez-vous pas clairement, dit Bayle dans le tome 1 de ses œuvres, *qu'une girouette à qui l'on imprimeroit tout à la fois (en sorte pourtant que la priorité de nature, ou si l'on veut, une priorité d'instant réel conviendroit au desir de se mouvoir) à qui, dis-je, l'on imprimeroit tout à la fois le mouvement vers un certain point de l'horizon, & l'envie de se tourner de ce côté là; ne comprenez-vous pas clairement que cette girouette seroit persuadée qu'elle se mouvroit d'elle-même pour exécuter les desirs qu'elle formeroit? Je suppose qu'elle ne sauroit point qu'il y eût des vents, ni qu'une cause extérieure fît changer tout à la fois & sa destination & ses desirs. Nous voilà naturellement dans cet état*, poursuit Bayle; *nous ne savons pas si une*

me indépendance. Si l'homme avoit des chaînes ; si les ordres tyranniques d'une cause étrangere nécessitoient ses actions ; que seroit toute notre conduite, sinon un tissu de démarches inutiles, insensées? De quelle utilité seroient ces réglemens destinés à maintenir l'ordre dans les sociétés, ces soins que l'on prend d'inspirer aux citoyens l'amour de leur patrie, d'enflammer le cœur des citoyens d'un zele ardent pour le bien public ? Chaque nation seroit ce qu'est un grand fleuve : ce n'est ni par des leçons ni par des prieres, mais par de fortes digues, qu'on en dompte l'impétueuse fureur. En vain même ces digues prétendent-elles souvent captiver ses flots indociles, & les contraindre dans un lit qui les resserre ; d'un cours rapide ils franchissent leurs bords, inondent les plaines & changent en marécages les campagnes voisines. De quel usage, de quel prix seroit la raison dans sa liberté ? Que nous serviroit de connoître le bien & le mal, s'il n'étoit pas en notre pouvoir de suivre l'un & d'éviter l'autre ?

cause invisible nous fait passer successivement d'une pensée à une autre. Il est donc naturel que les hommes se persuadent qu'ils se déterminent eux-mêmes.... Nous sentirions avec une égale force, dit-il, encore plus bas, *que nous voulons ceci ou cela, soit que toutes nos volitions fussent imprimées à notre ame par une cause extérieure & invisible, soit que nous les formassions nous-mêmes.*

Il est cependant une liberté qui fait toute l'ambition des Matérialistes, c'est celle de penser & d'agir. Ils débitent dans tous leurs ouvrages, & nommément dans l'Encyclopédie les maximes suivantes :

Il n'y a que la liberté de penser & d'agir qui soit capable de produire de grandes choses. Elle est nécessaire à la Philosophie ; la religion même peut en tirer les plus grands avantages. Ceux qui voudroient la proscrire & lui donner le nom de licence, sont des hommes vils & lâches. Le public éclairé sait qu'il est utile de tout penser & de tout dire.

La conséquence directe qui suit de l'existence de la liberté, c'est que l'ame n'est pas *matiere*. Toute matiere, inerte & passive de sa nature, est soumise à des loix inviolables; & c'est toujours une force extérieure qui l'oblige à changer d'état.

IMMORTALITÉ.

Les Spiritualiſtes connoiſſent trop bien la nature de l'ame, ſa ſimplicité, le pouvoir qu'elle a d'agir indépendamment du corps, pour ne pas conclure qu'elle ne peut périr que par la voie de l'anéantiſſement. Or, *diſent-ils*, pourquoi ſuppoſerions-nous dans le créateur la volonté d'anéantir la plus noble partie de l'homme ? Il ne l'a pas cette volonté pour le corps. Quand l'homme meurt, le corps n'eſt point anéanti, il n'arrive à cette machine qu'un ſimple dérangement d'organes. Les corpuſcules les plus ſubtils s'exhalent ; la machine ſe diſſout ; elle perd ſes proportions. Mais en quelque endroit que ſoient portés ſes débris, aucune parcelle ne ceſſe d'exiſter ; il n'y a point le moindre atome qui périſſe. Sur quel fondement craindroit-on donc l'anéantiſſement de l'ame, cette portion de nous-mêmes ſi ſupérieure au corps. Pour nier l'immortalité de l'ame, ne faudroit-il pas que Dieu eût déclaré en termes clairs & précis, qu'il n'a créé l'ame que pour le tems que dureroit la ſociété avec le corps, & que par rapport

IMMORTALITÉ.

Les Matérialiſtes ne reconnoiſſent d'autre vie immortelle que la vie que la réputation & la célébrité donnent à un homme après ſa mort dans le ſouvenir des autres hommes. Si l'ame, diſent-ils, *eſt compoſée de pluſieurs atomes, ils ſe déſuniſſent à la mort, à-peu-près comme les parties du corps ; chacun tire de ſon côté, prêts à former une autre ame, lorſque le haſard les réunira.*

Si l'ame n'eſt compoſée que d'un ſeul atome, elle tombera, lorſqu'elle ſera ſéparée du corps, dans un ſommeil, une inſenſibilité éternelle. L'ame ceſſant de penſer, ajoutent-ils, *ceſſe de vivre. Elle eſt bien un être ; ſi l'on veut, dans cet état, mais un être mort qu'on peut comparer à un corps privé de tout mouvement. Ainſi comme notre corps, quand il ſubſiſteroit éternellement avec le même arrangement de parties qu'on lui voit, ne ſeroit pas moins dans un état de mort, s'il n'avoit aucun mouvement : de même l'ame n'eſt pas moins réduite à un état de mort, quelque exiſtence qu'elle conſerve, ſi après ſa ſéparation elle ne penſe plus. Or l'ame n'étant faite*

à elle ; il a mis une exception à sa loi générale de n'anéantir aucun être. Mais ne portons-nous pas en nous-mêmes toutes les assurances que nous pouvons souhaiter, contraires à cette exception ?

C'est ici où les Spiritualistes entrent dans les démonstrations morales de l'immortalité de l'ame raisonnable. Ces magnifiques démonstrations que nous ne devons pas développer dans un ouvrage comme celui-ci, sont fondées sur le consentement unanime de toutes les nations qui se sont toujours accordées à regarder l'ame comme survivant au corps avec lequel elle a été unie pendant un certain nombre d'années ; sur le desir qu'a l'homme d'un bonheur éternel ; sur la crainte & les remords qui accompagnent le crime ; sur la justice qui veut qu'il y ait une autre vie où le vice soit puni & la vertu récompensée, &c.

que pour le corps, elle doit, à la mort de l'homme, devenir insensible, & tomber dans un sommeil éternel.

Les Matérialistes concluent de-là que l'ame ne doit pas se mettre beaucoup en peine de l'Etre suprême, avec qui elle n'aura jamais rien à démêler, & qu'elle voit distribuer ici bas les maux & les biens sans trop de rapport à la fidélité ou à l'injustice des hommes. Ils ajoutent qu'elle ne doit pas beaucoup de reconnoissance à l'auteur de son être dont la raison ne lui apprend pas les vues & les desseins sur elle, & qui dans ce monde l'a exposée à des maux sans nombre.

Théisme.

Les idées saines que les Spiritualistes se forment de l'ame raisonnable, les conduisent naturellement à la connoissance d'une Intelligence suprême qui gouverne l'univers, & qui est infiniment supérieure à celle que des liens passagers attachent à notre corps : un intervalle immense les sépare : l'une est éternelle ;

Athéisme.

Les Matérialistes se constent dans leurs principes. Les uns, disciples de l'infame Epicure & de l'impie Spinosa, nient absolument l'existence de l'Etre suprême, pour n'admettre que des atomes imaginaires dirigés par le hasard, ou une substance universelle dont les modifications sont aussi incompréhensibles que l'existence. Les

la Toute-Puissance, la grandeur, la majesté en sont les attributs. L'autre tirée du néant, foible, dépendante, est renfermée dans d'étroites limites. C'est un flambeau qui répand à peine autour de nous une lueur pâle & tremblante, comparé à l'astre du jour qui brille sans s'épuiser, & d'où dès l'origine du monde, comme d'une source intarissable, coulent de toutes parts des torrens de lumiere. C'est un ruisseau qui serpente dans la prairie, vis-à-vis un grand fleuve qui roule dans un lit large & profond, au travers des campagnes que ses eaux fertilisent: ou plutôt, c'est un ruisseau mis en parallele avec cet immense bassin, dont la profondeur ne connoît point de bornes, dont l'étendue embrasse toute la terre, & qui voit de toutes les contrées se perdre dans son sein la multitude innombrable des rivieres, sans que les tributs qu'elles lui portent, ajoutent rien à ses richesses. Ainsi l'illustre Cardinal de Polignac nous fait-il passer de la connoissance de l'ame à celle de l'Etre suprême; connoissance absolument nécessaire pour comprendre la nécessité d'une religion révélée.

*autres, aussi athées que les premiers, paroissent d'abord admettre l'existence d'un Dieu; mais quel Dieu reconnoissent-ils! un Dieu qui n'a pas créé ce monde, puisque la matiere est un être nécessaire & capable de penser; un Dieu qui n'exige rien des hommes, puisque leur ame est mortelle; que les idées de la vertu & du vice sont des inventions humaines; que l'honnête & l'utile sont la même chose: un Dieu enfin qui, content du titre d'*Etre suprême, *ne gouverne point ce monde, puisqu'il n'y a pas une autre vie après celle-ci où les bons trouvent des récompenses dignes de leurs actions vertueuses, & les méchans des punitions proportionnées à leurs crimes. Aussi le matérialiste n'est-il dans le fond qu'un athée couvert du voile du déisme, plus dangereux sans doute qu'un athée public & connu de tout le monde.*

Il est un Matérialisme, je le sais, qui paroît d'abord moins révoltant que celui que nous venons de mettre sous les yeux du Lecteur, c'est le Matérialisme de Locke. Cet auteur prétend qu'il peut se faire que l'ame de l'homme soit un esprit, mais qu'il n'est pas sûr qu'elle le soit;

ſoit, & qu'il n'eſt pas démontré que la matiere ſoit incapable de penſer. *Nous avons des idées de la matiere & de la penſée*, dit Locke dans le chapitre de l'étendue de la connoiſſance humaine : *Mais peut-être ne ſerions-nous jamais capables de connoître ſi un être purement matériel penſe ou non, par la raiſon qu'il nous eſt impoſſible de découvrir par la contemplation de nos propres idées, ſans révélation, ſi Dieu n'a point donné à quelque amas de matiere diſpoſée, comme il le trouve à propos, la puiſſance d'appercevoir ou de penſer, ou s'il a joint & uni à la matiere ainſi diſpoſée une ſubſtance immatérielle qui penſe. Car par rapport à nos notions, il ne nous eſt pas plus mal-aiſé de concevoir que Dieu peut, s'il lui plaît, ajouter à notre idée de la matiere la faculté de penſer, que de comprendre qu'il y joigne une autre ſubſtance avec la faculté de penſer, puiſque nous ignorons en quoi conſiſte la penſée, & à quelle eſpece de ſubſtance cet Etre tout-puiſſant a trouvé à propos d'accorder cette puiſſance qui ne ſauroit être dans aucun être créé, qu'en vertu du bon plaiſir & de la bonté du créateur. Je ne vois pas quelle contradiction il y a que Dieu, cet Etre penſant, éternel & tout-puiſſant donne, s'il veut, quelques degrés de ſentiment, de perception & de penſée à certains amas de matiere créée & inſenſible, qu'il joint enſemble, comme il le trouve à propos*, &c.

M. Locke, prenant bientôt après le ton dévot, parle de la ſorte : *Je ne dis point ceci pour diminuer en aucune ſorte la croyance de l'immatérialité de l'ame. Je ne parle point ici de probabilité, mais d'une connoiſſance évidente ; & je crois que non-ſeulement c'eſt une choſe digne de la modeſtie d'un Philoſophe de ne pas prononcer en maître, lorſque l'évidence requiſe pour produire la connoiſſance, vient à nous manquer ; mais encore qu'il nous eſt utile de diſtinguer juſqu'où peut s'étendre notre connoiſſance : car l'état où nous ſommes préſentement, n'étant pas un état de* viſion, *la foi & la probabilité nous doivent ſuffire ſur pluſieurs choſes ; & à l'égard de l'immortalité de l'ame dont il s'agit préſentement, ſi nos facultés ne peuvent pas parvenir à une certitude démonſtrative ſur cet article, nous ne le devons pas trouver étrange. Toutes les grandes fins de la morale & de la religion ſont établies ſur d'aſſez bons fondemens, ſans le ſecours des preuves de l'immatérialité de l'ame tirées de la Philoſophie ; puiſqu'il eſt évident que celui qui a commencé à nous faire subsister ici comme des êtres sensibles & intelligens, & qui nous a conservés plusieurs années dans cet état, peut & veut nous faire jouir encore d'un pareil état de sensibilité dans l'autre monde, & nous y rendre capables de recevoir la rétribution qu'il a destinée aux hommes, selon qu'ils se seront conduits dans cette vie.*

Ce Matérialisme, aussi dangereux peut-être que le premier, est donc fondé sur le raisonnement suivant : la matiere, dit Locke, ne nous est pas parfaitement connue ; donc nous ne pouvons pas fixer les bornes de sa puissance ; donc nous ne pouvons pas décider ce qu'elle peut, ou ce qu'elle ne peut pas acquérir.

Est-ce là raisonner ? *Répond M. le Cardinal de Polignac.* Quoi, *dit-il*, le Physicien n'a pas encore découvert toutes les merveilles de l'aimant ; donc il ne pourra pas dire que l'aimant n'est pas un animal ; donc il ne pourra pas assurer que ce n'est point par amour qu'il attire le fer. Le géometre ne connoît pas toutes les propriétés du cercle ; donc il ne doit pas avancer que le cercle ne peut pas être un triangle. Belles conséquences que celles-là ! Nous n'avons pas, j'en conviens, une connoissance parfaite de la nature de la matiere ; mais nous lui connoissons des propriétés qui excluent aussi-bien la puissance de produire une pensée, que la nature du cercle exclut la nature du triangle. Ces propriétés sont la divisibilité, l'extension, la figure, mais surtout l'inertie & l'inactivité de la matiere.

Si les matérialistes qui donnent de si grandes louanges à Locke, faisoient attention aux dernieres paroles que nous venons de rapporter de ce Philosophe, ils ne seroient pas aussi attachés qu'ils le paroissent à leur sentiment. Ils ne l'embrassent, cet abominable systeme, que pour se persuader que leur ame, mortelle de sa nature, doit périr avec le corps. Mais qu'ils sachent que, de l'aveu même de Locke, l'ame pourroit, étant matiere, être conservée éternellement par le Souverain Etre. Non seulement Dieu le peut, *dit Locke*, mais il le doit, pour que l'ame reçoive après cette vie la récompense due à ses bonnes actions, ou le châtiment que méritent ses crimes.

MATIERE. En général, tout ce qui affecte nos sens d'une façon quelconque, doit s'appeller *matiere* ; & les qualités que nous attribuons aux différentes matieres, sont fondées sur les différentes impressions, ou sur les divers changemens qu'elles produisent en nous-mêmes.

Les propriétés communes à toute matiere sont l'étendue, sinon *actuelle*, du moins *exigitive*, pour me servir du terme consacré dans les écoles orthodoxes, la divisibilité, l'impénétrabilité, la *figurabilité* ou la capacité de recevoir telle & telle figure, la mobilité ou la propriété de pouvoir être mise en mouvement, & la *force d'inertie* ou l'incapacité de pouvoir d'elle-même changer d'état.

Les matieres particulieres ont, outre cela, des qualités qui leur sont propres. La matiere du feu, par exemple, jouit encore de la propriété d'être mue d'un mouvement qui produit sur nos organes la chaleur, ainsi que d'un autre mouvemeent qui occasionne en nous la sensation de la vue. L'aimant a la propriété de se tourner d'un côté vers le pôle boréal, & de l'autre vers le pôle méridional de la terre, &c.

C'est au mouvement que sont dus les changemens, les combinaisons, les formes, en un mot toutes les modifications de la matiere. C'est par le mouvement que les corps se forment, s'alterent, s'accroissent & se détruisent; c'est lui qui change l'aspect des êtres, qui leur ajoute ou leur ôte des qualités extrinseques, & qui fait qu'après avoir occupé un certain rang ou ordre, chacun d'eux, par une suite de sa nature, en sort pour en occuper un autre, & contribue à la naissance, à l'entretien, à la décomposition d'autres corps totalement différens pour l'essence, le rang & l'espece. Cherchez *Regnes de la Nature*, vous y trouverez la démonstration la plus lumineuse de cette incontestable vérité.

Telle est la marche constante de la nature; tel est le cercle qu'est obligé de décrire tout ce qu'il y a de corps dans ce vaste univers. C'est ainsi que le mouvement fait naître, conserve quelque tems & détruit successivement les mixtes les uns par les autres, tandis que la somme de la matiere demeure toujours la même.

C'est donc le mouvement continuel, imprimé à la matiere, qui altere & détruit tous les corps, qui leur enleve tous les jours quelques-unes de leurs qualités extrinseques pour leur en substituer d'autres; c'est lui qui change aussi leurs ordres, leurs directions; leurs tendances. Depuis la pierre formée dans les entrailles de la terre par la combinaison de molécules analogues & similaires qui se sont rapprochées, jusqu'au Soleil, ce vaste réservoir de particules enflammées qui éclaire le firmament : depuis le corps de l'huitre engourdie jusqu'à celui de l'homme actif & pensant, nous voyons une progression non-interrompue, une chaîne perpétuelle de combinaisons & de mouvemens, dont il résulte des mixtes qui ne different entre eux que par la variété de leurs matieres élémentaires, des combinaisons & des proportions de ces mêmes élémens, d'où naissent des façons d'exister & d'agir infiniment diversifiées. Vous trouverez des exemples sans nombre de ces différentes combinaisons, de ces différentes manieres d'exister dans l'article, *Regnes de la Nature*.

Ainsi auroit dû parler de la matiere, de ses combinaisons & de ses mouvemens divers l'Auteur du *Systeme de la Nature* dans le Chapitre troisieme de sa premiere partie. Nous n'avons affecté de nous servir, de tems en tems, de ses propres expressions, que pour prouver au Public que nous ne le réfutons, que lorsque la chose nous paroît absolument nécessaire. Il nous suffit que ses propositions puissent présenter un sens orthodoxe & conforme aux loix de la saine Physique, pour que nous les adoptions purement & simplement : tant nous abhorrons une critique chicaneuse & mal fondée. Mais comment donner un sens raisonnable aux propositions suivantes ?

Les Physiciens ont eu tort de regarder la matiere comme un être grossier, passif, incapable de se mouvoir, de se combiner, de rien produire par lui-même. *pag.* 32 ; on ajoute, *pag.* 39, que le mouvement est inhérent à la matiere.

On conclut de ces deux propositions, *pag.* 40, que le sentiment est l'effet de telle & telle combinaison de la matiere.

L'on trouvera la réfutation de ces erreurs aux articles *Faculté de sentir*, *Homme* & *Matérialisme*.

L'Auteur du *Systeme de la Nature* avance, *pag.* 39, que *la Nature par ses combinaisons enfante des Soleils qui vont se placer aux centres d'autant de systemes ; qu'elle pro-*

duit des planetes qui, par leur essence, gravitent & décrivent leurs révolutions autour de ces Soleils; que peu-à-peu le mouvement altere & les uns & les autres; qu'il dispersera peut-être un jour les parties dont il a composé ces masses merveilleuses que l'homme dans le court espace de son existence ne fait qu'entrevoir en passant.

Voilà bien ce qu'on peut appeller un systeme romanesque. Autant aimerois-je dire qu'un jour viendra où l'on verra les pierres les plus énormes se détacher elles-mêmes insensiblement de leurs carrieres, se transporter en tel & tel endroit, & s'arranger d'elles-mêmes en forme de palais, de maison ou de chaumiere. Ce n'est que dans les petites maisons qu'il est permis de débiter de pareilles inepties.

MATIERE *incapable de sentir.* Une substance purement matérielle est aussi incapable de *sentir*, que de *penser*, de *vouloir* & de *raisonner*. Cherchez *Faculté de sentir.*

MATIERE *incapable de penser.* Cette vérité est démontrée à l'article *Homme*, & à l'article *Matérialisme.*

MATIERE PREMIERE. C'étoit le fondement de l'ancienne Physique; c'étoit un fonds inépuisable d'où Aristote tiroit la matiere de tous les corps. Il disoit que la matiere premiere est *ce qui n'est ni qui, ni combien grand, ni quel, ni rien de ce par quoi l'être est déterminé. Quod neque est quid, neque quantum, neque quale, neque quicquam eorum quibus ens determinatur.* Le Prince des Philosophes, pour se rendre plus intelligible, ajoutoit que la matiere est le *premier sujet de chaque chose, lequel y subsistant toujours, en fait un être par soi-même, & non par accident. Primum subjectum uniuscujusque, ex quo fit aliquid, cùm insit, & non per accidens.* Si Aristote n'avoit entendu par sa matiere premiere qu'une matiere longue, large & profonde, indifférente d'elle-même à appartenir plutôt à un corps, qu'à un autre; son sentiment n'auroit rien eu de surprenant; mais non, il prenoit pour la matiere du corps, une matiere universelle, privée de toute forme, purement idéale, & qui, comme ses catégories, n'avoit d'existence que dans son imagination.

MATIERE SUBTILE CARTÉSIENNE. Descartes, après avoir supposé que Dieu crée une certaine quantité de matiere, & qu'il la divise en parties dures & cubiques, étroitement appliquées l'une contre l'autre, leur fait communiquer deux mouvemens, l'un autour de leur propre centre, l'autre autour de certains centres. Le premier a dû nécessairement faire briser les angles des particules cubiques, & transformer ces petits cubes en autant de corps sphériques. Des angles inégalement rompus ont dû sortir une matiere irréguliere & une matiere infiniment déliée. C'est cette derniere matiere qu'il appelle matiere subtile. Voyez *Cartésianisme* & *Tourbillons simples*.

Les Cartésiens ont travaillé à ôter l'air de Roman qui regne dans le systeme de leur chef. Voyons s'ils y ont réussi ; écoutons pour cela M. Privat de Molieres. Voici comment il s'exprime dans sa *leçon* 5e., *pages* 320 & *suivantes*. L'expérience nous ayant désabusé de presque tous les principes que Descartes avoit supposés, nous conclurons en général que ses élémens, tels qu'on vient de les décrire, ne peuvent subsister dans la nature suivant les loix de la mécanique, principalement parce que les particules dont la matiere subtile est composée, quelque vîtesse qu'elles eussent pu avoir reçue dès le commencement, auroit dû aussitôt l'avoir perdue en la communiquant à la matiere globuleuse & à la matiere irréguliere dont les molécules sont incomparablement plus grosses.

Car un mobile dont la vîtesse est 101, *par exemple*, ne peut rencontrer un autre mobile en repos dont la masse est 100 fois aussi grande que la sienne, qu'il ne lui communique à l'instant du choc 100, de ses 101 degrés de vîtesse. De sorte qu'après le premier choc qui ne peut durer qu'un instant, chacune des parties de la matiere subtile du premier élément de Descartes auroit eu d'autant moins de vîtesse, que sa masse auroit été plus petite que celle de chacune des parties de son second & de son troisieme élément.

D'où il suit qu'après un certain nombre de chocs, qui n'exigent pour être produits que le moindre tems sensible, les parties de cette matiere si subtile, & qu'on supposoit être si fort agitée, n'auroit plus de vîtesse sensible. Il en auroit été de même des parties du second élément par rapport à celles du troisieme.

Malebranche a donc eu raison, *continue Privat de Molieres*, de transformer les globules durs dont Descartes formoit son second élément, en autant de petits tourbillons qui, quoique situés entr'eux de quelque façon que ce soit ; peuvent s'y conserver selon les loix de la mécanique. Il est donc évident que, par la raison que dans le systeme du plein, le mouvement n'a pu être introduit dans l'univers qu'en forme de grands tourbillons ; par la même raison le mouvement n'a pu être introduit dans la matiere de chacun de ces grands tourbillons qu'en forme de petits tourbillons, & que par conséquent l'éther qui remplit tout l'univers ne peut être qu'un espace composé de petits tourbillons.

Dans ce systeme, *dit toujours Privat de Molieres*, l'éther est élastique ; & les mêmes élémens que Descartes avoit imaginés, s'y trouvent avec la distinction la plus parfaite. Car 1°. en transformant en petits tourbillons les globules durs du second élément de Descartes, qui remplissoient tous ses grands tourbillons, & par conséquent tout l'univers, on n'a changé ni leur grandeur, ni leur figure ; on leur a seulement procuré une propriété très-convenable à la propagation de la lumiere, qu'ils n'avoient pas selon les loix de la Mécanique, c'est-à-dire, une élasticité très-prompte & très-vive qui peut transmettre les impulsions des parties des corps lumineux à de très-grandes distances, & en un très-petit espace de tems. Ainsi l'on voit que dans cette nouvelle supposition on a, comme chez Descartes, la matiere globuleuse du second élément, qu'occupe tout l'univers.

2°. Ces petits tourbillons étant nécessairement formés d'une infinité de petites parties qui circulent autour de leurs centres avec des vîtesses inégales, & qui achevent leurs révolutions avec une promptitude qui surpasse l'imagination ; on voit que la somme entiere de toutes ces petites parties compose un milieu dont tous les points sont nécessairement & perpétuellement dans un très-grand mouvement les uns à l'égard des autres, & d'une subtilité prodigieuse par rapport aux petits tourbillons qu'ils composent. On voit donc naître de-là une matiere incomparablement plus subtile & plus agitée que celle de Descartes : que cette matiere subtile remplit non-seulement tous les espaces angulaires que celle de Descartes occupoit, mais encore tous les petits tourbillons qui composent la matiere du second élément qu'elle forme ; & que par conséquent la matiere subtile de notre premier élément s'étend par tout l'espace qu'occupe le second élément ; de ſorte que partout où ſont les grands tourbillons de Deſcartes, dont le monde entier eſt formé ; partout où eſt la matiere du ſecond élément qui conſtitue la lumiere, & qui eſt partout où ſont les grands tourbillons ; partout eſt auſſi individuellement la matiere du premier élément qui conſtitue le feu, & dont les fonctions different prodigieuſement de celles de la lumiere, tant par la petiteſſe des parties dont il eſt compoſé, que par la grandeur du mouvement dont il eſt continuellement agité, qui ſurpaſſe bien au-delà celle que Deſcartes pouvoit lui attribuer.

3°. A l'égard de la matiere du troiſieme élément, on peut la diſtinguer de celle du ſecond & du premier, parce que ſes parties ne ſont pas en petits tourbillons, mais en repos les unes auprès des autres ; ce qui la rend lourde & peſante, ou plus difficile à mettre en mouvement.

Quelque déliée que ſoit la matiere ſubtile des nouveaux Cartéſiens, elle ne l'eſt pas cependant encore aſſez au gré de M. Privat de Molieres. Quoiqu'il ſemble, *dit-il, dans la propoſition quatrieme de ſa cinquieme leçon*, que par l'introduction des petits tourbillons du P. Malebranche à la place des globules durs du ſecond élément de Deſcartes, on ait déjà diviſé la matiere au-delà de l'imagination ; je doute néanmoins que ce point de diviſion ſuffiſe, & je juge que l'inſpection des effets de la nature nous portera à la pouſſer encore plus loin.

C'eſt pourquoi afin de n'être pas arrêté dans la ſuite, je penſe qu'il eſt à propos de conſidérer ici que l'on peut très-bien concevoir que les petits tourbillons, dont le P. Malebranche a ſuppoſé que les grands tourbillons de Deſcartes étoient compoſés, & que nous appellerons *petits tourbillons du ſecond ordre*, peuvent être des tourbillons compoſés d'autres petits tourbillons que nous appellerons *petits tourbillons du troiſieme ordre* ; & que l'on peut encore penſer que les petits tourbillons du troiſieme ordre ſont auſſi des tourbillons compoſés d'autres petits tourbillons d'un quatrieme ordre, & ainſi de ſuite : non pas à l'infini, mais tant qu'il ſera néceſſaire de pouſſer la diviſion & la ſubdiviſion actuelles de la matiere, pour expliquer les phénomenes, puiſque la matiere eſt réellement diviſible à l'infini, & qu'on ne peut ſe diſpenſer de ſuppoſer que dès le commencement elle a été actuellement diviſée & ſubdiviſée, autant qu'il étoit néceſſaire & de la maniere la plus convenable à la production des phénomenes.

Au reſte l'on n'eſt pas obligé de ſuppoſer ici que la différence des petits tourbillons d'un ordre ſupérieur & des petits tourbillons d'un ordre inférieur, eſt infiniment grande : mais il ſuffit de concevoir, par exemple, qu'un tourbillon du ſecond ordre contient quelques millions de tourbillons du troiſieme ordre, & un tourbillon du troiſieme ordre quelques millions de tourbillons du quatrieme ordre, & ainſi de ſuite.

Voilà l'idée que nous donne M. Privat de Molieres de la matiere ſubtile cartéſienne ; c'eſt la matiere des petits tourbillons que l'on peut regarder eux-mêmes comme infiniment petits. Ce ſyſteme eſt-il moins romaneſque que celui de Deſcartes ? C'eſt-là ce que je laiſſe au Lecteur à décider. C'eſt-là cependant le ſyſteme contre lequel on aſſure que vont ſe briſer les armes de Newton. Ce Philoſophe, *dit-on*, n'a entrepris de renverſer le ſyſteme de Deſcartes que parce que Deſcartes n'ayant pas généraliſé ſon idée des tourbillons, la notion qu'il nous en a donnée, n'étoit pas ſuffiſante pour pouvoir en déduire les phénomenes de la nature conſidérés de plus près qu'il n'avoit pu faire, faute d'expériences. Mais M. Newton a-t-il détruit pour cela le ſyſteme des Cartéſiens qui généraliſeront l'idée des tourbillons ? Si cela eſt, M. Newton auroit pu auſſi entreprendre de renverſer le ſyſteme géométrique d'Euclide, dont, à moins qu'on ne le généraliſe, comme Newton l'a fait, on ne peut pas déduire la quadrature des courbes, ni les autres propriétés ſans nombre de ces courbes qu'il nous a ſi profondément développées.

Ce que M. Newton devoit faire à l'égard du ſyſteme Cartéſien étoit donc de le généraliſer, de l'approfondir, comme il a approfondi le ſyſteme géométrique, & non pas d'entreprendre de le détruire, comme il l'a fait en ne ſubſtituant aux forces Mécaniques que des forces imaginaires.

Mais eſt-il vrai que du ſyſteme Cartéſien ainſi généraliſé l'on déduiſe les phénomenes de la nature ? Voilà ce qu'il eſt difficile de penſer. Nous croyons même avoir démontré le contraire dans cent endroits de ce Dictionnaire, & surtout dans les articles qui commencent par les mots *tourbillons composés*, *gravité*, *lumiere*, *milieu*, &c. &c.

MATIERE *subtile Newtonienne*. Quiconque a lu les ouvrages de Newton & surtout les 31 questions qu'il a proposées à la fin de son *Optique*, conviendra sans peine, que ce grand homme n'a pas chassé des espaces célestes une matiere infiniment déliée qu'il appelle *éther*. Cet éther bien différent de la matiere subtile cartésienne, n'a aucun mouvement d'Occident en Orient, n'a aucune densité sensible, puisqu'il est plus de six cent millions de fois moins dense que l'eau ; aussi quoique grave, n'oppose-t-il pas aux planetes & aux cometes qui le traversent, une résistance qui puisse déranger sensiblement leur mouvement périodique. C'est de cet éther Newtonien dont nous nous servons pour expliquer une infinité de phénomenes terrestres d'une maniere physique. De peur cependant que l'on ne s'imagine que nous faisons parler Newton à notre fantaisie, nous allons traduire fidellement le commencement de la vingt-deuxieme question.

Est-ce, *dit-il*, que l'on ne verra pas les planetes, les cometes & tous les autres corps solides se mouvoir plus facilement & avec beaucoup moins de résistance dans cette espece d'éther, que dans tout autre fluide qui n'admettroit aucun vide, & qui par-là même seroit beaucoup plus dense que le vif-argent & l'or ? Ce n'est pas encore assez ; est-ce que la résistance qu'opposera ce *milieu*, ne pourra être assez petite pour être comptée, ou, pour rien, ou, comme pour rien ? En effet, représentons-nous cet éther, (car qui nous empêche de lui donner ce nom) comme sept cent mille fois plus élastique & sept cent mille fois plus rare que l'air que nous respirons ; dès-lors la résistance qu'il opposera aux corps solides qui le traverseront, sera plus de six cent millions de fois moindre que celle de l'eau. Or à peine une résistance aussi insensible pourroit-elle causer pendant dix mille ans le moindre dérangement sensible au mouvement des planetes. Quelqu'un peut-être me demandera comment il peut se faire qu'un *milieu* ait une rareté aussi incompréhensible que celle-là ; je ne le comprends pas ; mais lui-même comprend-il comment l'air de la région supérieure de l'atmoſphere terreſtre eſt plus de cent millions de fois plus rare que l'or ?

Remarquez 1°. que Newton a eu raiſon de dire qu'un éther ſept cent mille fois plus rare que l'air que nous reſpirons, oppoſeroit aux corps ſolides qui le traverſeroient une réſiſtance plus de ſix cent millions de fois moindre que celle de l'eau ; pourquoi ? Parce que l'air que nous reſpirons eſt au moins 870 fois plus rare que l'eau ; donc cet éther ſeroit plus de ſix cent millions de fois plus rare que l'eau. En effet, multipliez 700000 par 870, vous aurez pour produit 609, 000, 000.

Remarquez 2°. Que Newton ſuppoſe ſon éther non ſeulement ſept cent mille fois plus rare, mais encore ſept cent fois plus élaſtique que l'air que nous reſpirons. Cette prodigieuſe élaſticité lui ſert à rendre raiſon d'une infinité de phénomenes dont la cauſe phyſique n'eſt pas d'abord aiſée à trouver.

MATRAS *de Bologne*. Le matras de Bologne eſt une bouteille dont le fond fait en forme de voute, eſt d'une épaiſſeur conſidérable. Frappez-vous ce fond à coups de marteau ? Laiſſez - vous tomber dans la bouteille des pierres conſidérables ? Le matras ne ſe briſera pas : y jettez-vous un *inſenſible* de pierre à fuſil ? Le fond tombera en pieces ; pourquoi ? Parce qu'il s'eſt ramaſſé dans ce fond une infinité de corpuſcules combuſtibles que le feu contenu dans la pierre à fuſil, & excité par le choc, ne manque pas d'enflammer ; ces particules enflammées agiſſent contre le fond du matras & le font tomber en pieces. Quelques-uns aſſurent que l'on a le même effet, lorſqu'on laiſſe tomber dans le matras un morceau de diamant, d'agate, en un mot une matiere propre à faire une ouverture au fond du verre. Si le fait eſt vrai, l'on eſt obligé d'avoir recours à l'introduction de l'air extérieur, & l'on doit expliquer ce phénomene, comme nous avons expliqué celui que nous fournit la larme batavique.

MAUPERTUIS, (Pierre Louis Moreau de) de l'Académie Françoiſe & de celles des Sciences de Paris & de Berlin, naquit à Saint Malo en l'année 1697. Nous devons en grande partie à ce ſavant la détermination exacte de la figure de la terre. Son voyage au Nord ſera regardé par les ſiecles à venir comme une des époques les plus avantageuſes à la Phyſique ; & ſon Mémoire ſur la meſure du degré du méridien ſera toujours apporté en preuve de l'exactitude avec laquelle il a procédé dans une opération auſſi délicate & auſſi difficile. Ce Mémoire ſe trouve dans le quatrieme volume de ſes œuvres. Ce recueil eſt entre les mains de trop de perſonnes, pour qu'il ſoit néceſſaire de faire ici l'analyſe des ouvrages qu'il contient ; la plupart ſont marqués au coin de l'immortalité. Nous ferons cependant remarquer à nos Lecteurs que la *vénus phyſique* de M. de Maupertuis eſt une piece qu'il ne convient pas de mettre entre les mains des jeunes gens. Nous ajouterons que cet auteur a eu tort d'attaquer dans ſa *coſmologie*, les preuves ordinaires de l'exiſtence de Dieu, pour leur en ſubſtituer une qui, toute vraie qu'elle eſt, n'eſt à la portée que d'un très-petit nombre de perſonnes ; elle ne peut être bien développée que par le calcul différentiel. Nous avancerons enfin que ce qu'il a écrit ſur le *ſyſteme du monde* eſt très-dangereux ; il y favoriſe ouvertement le matérialiſme de Locke. M. de Maupertuis n'étoit pas cependant *matérialiſte. Nous ſommes*, dit-il, *ſi remplis de reſpect pour la religion, que nous n'héſiterions jamais à lui ſacrifier notre hypotheſe, & mille hypotheſes ſemblables, ſi l'on nous faiſoit voir qu'elles continſſent rien qui fût oppoſé aux vérités de la foi, ou ſi cette autorité à laquelle tout chrétien doit être ſoumis, les déſapprouvoit. Mais nous regarderions comme un outrage fait à la religion, ſi l'on penſoit que quelque conjecture philoſophique, qu'on ne propoſe qu'en chancelant, fût capable de porter préjudice à des vérités d'un autre ordre & d'une toute autre certitude.* (Tome 2, page 174.) Ce ſavant eſt mort à Baſle, le 27 Juillet 1759 à l'âge de 62 ans.

MAXIMA & MINIMA. Les nouveaux Géometres ont donné ces noms à la méthode qui apprend à trouver quelle a été la valeur d'une quantité variable juſqu'à un certain point, lorſque cette quantité a été dans ſa plus grande augmentation & dans ſa plus grande diminution. Ainſi chercher quelle a été la valeur de cette quantité, lorſqu'elle a été la plus grande, c'eſt chercher le *maximum*. Chercher le *minimum*, c'eſt chercher quelle a été la valeur de la même quantité, lorſqu'elle a été la plus petite. La méthode de *maximis* & *minimis* ſuppoſe non-ſeulement la connoiſſance des ſections coniques, mais encore celle du calcul infinitéſimal. Nous ſuppoſons donc que ceux qui voudront nous ſuivre dans l'exemple que nous allons donner, auront lu avec attention les articles de ce Dictionnaire qui commencent par les mots *ſections coniques* & *calcul*.

L'on demande, par exemple, en quel point de l'ellipſe AMHI, *fig.* 7, *pl.* 1, ſe trouve la plus grande ordonnée au grand axe AH.

Pour ſatisfaire à cette queſtion, 1°. je nomme le grand axe AM, $2a$; le petit axe MI, $2b$; une ordonnée quelconque, y; une abſciſſe quelconque, x.

2°. Je remarque que dans le point où la quantité dont on cherche le *maximum*, eſt devenue la plus grande, ſon accroiſſement eſt devenu nul, ou o.

3°. Je remarque encore que dans le point où la quantité dont on cherche le *minimum*, eſt devenue la plus petite, ſon décroiſſement eſt auſſi devenu nul, ou o.

4°. La différentielle d'une variable qui eſt arrivée à ſon *maximum* ou à ſon *minimum* eſt o.

5°. Pour trouver en quel point de l'ellipſe AMHI ſe trouve la plus grande ordonnée au grand axe AH, je prends l'équation à l'ellipſe $aayy = 2abbx - bbxx$.

6°. Je différencie cette équation, & j'ai $2aaydy = 2abbdx - 2bbxdx$.

7°. Comme l'ordonnée y eſt ſuppoſée arrivée à ſon *maximum*, ſa différentielle $dy = o$, & par conſéquent le premier membre de l'équation ſupérieure $= o$. Donc l'équation ſupérieure ſera $o = 2abbdx - 2bbxdx$. Donc $2abbdx = 2bbxdx$.

8°. En diviſant cette équation par $2bbdx$, l'on aura $a = x$. Mais a repréſente la moitié du grand axe; donc l'ordonnée d'une ellipſe eſt parvenue à ſon plus grand accroiſſement, lorſqu'elle a pour abſciſſe correſpondante la moitié du grand axe. Mais la moitié du petit axe MI eſt une ordonnée qui a pour abſciſſe correſpondante la moitié du grand axe AH; donc la plus grande ordonnée de l'ellipſe eſt la moitié du petit axe.

MAYER, (Tobie) Profeſſeur de Mathématique dans l'Univerſité de Gottingen, Membre de la Société Royale des Sciences de la même ville, & de l'inſtitut de Bologne, naquit à Marbach dans le pays de Wirtemberg, le

17 Février 1723. Il n'avoit pas encore 30 ans, lorſqu'il publia ſes fameuſes Tables du Soleil & de la Lune. Les plus habiles Aſtronomes les ont comparées à plus de deux cent obſervations, non-ſeulement de notre ſiecle, mais encore du ſiecle précédent; & à peine en a-t-on trouvé dix qui ſe ſoient éloignées du calcul d'une minute & demi. La plupart ont été d'accord avec le calcul à moins d'une minute près, & aucune ne s'en eſt écartée de deux minutes; tandis que les meilleures Tables s'écartent ſouvent des obſervations de 4 à 5 minutes. L'on en ſera moins ſurpris, ſi l'on conſidere que les Tables de Mayer ſont fondées, en partie ſur un grand nombre d'excellentes obſervations, & en partie ſur la théorie inconteſtable qu'a donné de la Lune l'illuſtre Chevalier Newton dans ſon livre des *Principes*. Ce grand Aſtronome mourut à Gottingen le 20 Février 1762, à l'âge de 39 ans. Quelque tems avant ſa mort, il corrigea ſes Tables avec la plus grande exactitude, & il les adreſſa à l'Amirauté d'Angleterre, comme un des plus grands pas qu'on eût pu faire pour la découverte des longitudes, & comme devant lui mériter une récompenſe, aux termes de l'acte paſſé dans la douzieme année de la Reine Anne, pour l'encouragement de la recherche des longitudes. Elles furent ſoumiſes pendant pluſieurs années à l'examen le plus rigoureux. Enfin le 22 Mars 1765, la chambre baſſe aſſigna aux héritiers du Profeſſeur Mayer une récompenſe de trois mille livres ſterling; ce qui équivaut à environ 72 mille livres de notre monnoie. Quels éloges ne mérite pas une nation qui récompenſe ainſi les Savans, quelque part du monde qu'ils ſe trouvent, & quel que ſoit le pays qui leur a donné naiſſance! Elle ſuit en cela l'exemple de Louis le Grand qui, n'ayant jamais pu engager l'infatigable Aſtronome Hévélius à quitter Dantzick, pour venir fixer ſon ſéjour en France, lui fit juſqu'à la mort une penſion annuelle très-conſidérable.

MÉCANIQUE. La mécanique, ou la ſcience du mouvement, ſe diviſe en mécanique générale & en mécanique particuliere. La premiere, après avoir démontré les loix générales du mouvement & les regles qui ne manquent jamais de s'obſerver dans le choc des corps élaſtiques & non élaſtiques, nous apprend quand eſt-ce qu'un corps se meut en ligne diagonale, en ligne courbe, en ligne circulaire, en ligne elliptique, &c. Nous avons traité fort au long cette premiere partie dans les articles du *mouvement*, de la *dureté* & de l'*élasticité*. La mécanique particuliere, ou la Science des machines nous apprend à mettre en équilibre des poids ou des puissances inégales. Pour nous rendre intelligibles dans une question aussi agréable & aussi intéressante que celle-ci, nous apporterons d'abord quelques définitions; nous établirons ensuite un principe général; nous tirerons enfin de ce principe plusieurs corollaires qui contiendront l'explication des machines que nous avons tous les jours sous les yeux.

Premiere Définition. Une machine est un instrument propre à produire du mouvement. Dans toute machine, par exemple, dans le levier PCM, *fig.* 8, *pl.* 1, l'on distingue trois choses, la puissance M, le poids P & le centre de mouvement C. L'on comprend sous le nom de *puissance* tout ce qui peut soutenir, ou, mouvoir un poids appliqué à une machine; aussi le petit poids M est-il regardé en cette occasion comme une vraie puissance. L'on donne le nom de *poids* à tout ce qui résiste à une puissance appliquée à une machine. Enfin l'on nomme *centre de mouvement* ce point fixe autour duquel la machine se meut, ou tend à se mouvoir.

Seconde Définition. L'on distingue en mécanique trois sorte de leviers, celui de la premiere, celui de la seconde & celui de la troisieme espece. Le levier de la premiere espece représenté par la *fig.* 8, *de la pl.* 1, a son point fixe C entre la puissance M & le poids P. Le levier de la seconde espece représenté par la *fig.* 9, *de la pl.* 1, a son poids P entre le point fixe C & la puissance M. Enfin le levier de la troisieme espece représenté par la *fig.* 10, *de la pl.* 1, a la puissance M placée entre le poids P & le point fixe C.

Troisieme Définition. La ligne de direction d'une puissance appliquée à une machine, est une ligne droite suivant laquelle cette puissance soutient un poids, ou le met en mouvement. La ligne de direction d'un poids appliqué à une machine, est la ligne droite suivant laquelle ce poids se meut, ou, tend à se mouvoir. La ligne mM, par exemple, est la ligne de direction de la puissance M appliquée perpendiculairement au levier Pcm, *fig.* 11, *pl.* 1; la ligne mN est la ligne de direction de la même puissance, appliquée obliquement au même levier ; enfin la ligne PP est la ligne de direction du poids P.

Quatrieme Définition. La distance d'une puissance, ou, d'un poids au point d'appui d'un levier quelconque, est toujours marquée par la perpendiculaire tirée de ce point d'appui sur la ligne de direction de la puissance, ou du poids. Ainsi la ligne *cm*, perpendiculaire sur la ligne de direction mM, marque de combien la puissance M est éloignée du point d'appui *c* ; la ligne *c*P, perpendiculaire sur la ligne de direction PP, marque la distance du poids P au point d'appui *c* ; enfin la ligne *co*, perpendiculaire sur la ligne de direction *omN*, exprime la distance de la puissance N au point d'appui *c*.

Il suit de-là qu'une puissance dont la direction est perpendiculaire à la machine, est plus éloignée du point d'appui, que celle dont la ligne de direction est oblique à la même machine. En effet, si j'applique ma main au point M, je serai éloigné du point d'appui *c* de la distance *cm* ; si je l'applique au point N, je serai éloigné du même point d'appui *c* de la distance *co* ; or *co*, opposé à l'angle aigu m, est plus petit que *cm* opposé à l'angle droit *o*, comme il est démontré dans l'article de la *Géométrie* ; donc si j'applique ma main au point M, je serai plus éloigné du point d'appui *c*, que si je l'applique au point N, & par conséquent une puissance dont la ligne de direction est perpendiculaire à la machine, est plus éloignée du point d'appui, que celle dont la ligne de direction est oblique à la même machine.

Cinquieme Définition. La distance au point d'appui marque la vîtesse, & par conséquent le poids M, *fig.* 8, *pl.* 1, aura plus de vîtesse que le poids P ; en voici la preuve. Le levier PCM ne peut pas se mouvoir sur son point d'appui C, sans que le poids M parcoure le grand arc MN dans le même tems que le poids P parcourra le petit arc PS ; donc le poids M a plus de vîtesse que le poids P.

PRINCIPE GÉNÉRAL

DE MÉCANIQUE.

Deux poids appliqués à un levier seront en équilibre, lorsque

lorsque leurs masses seront en raison inverse de leurs distances au point d'appui.

Explication. Je suppose que l'on applique au levier PCM, *fig.* 8, *pl.* 1, le poids P de 4 livres & le poids M de 2 livres : je suppose encore que l'on mette le poids P à 2 pieds, & le poids M à 4 pieds du point d'appui C ; il est évident que ces deux poids auront leurs masses en raison inverse de leurs distances au point d'appui ; c'est-à-dire, il est évident que la masse du poids P l'emportera autant sur la masse du poids M, que la distance du poids M au point d'appui C l'emportera sur la distance du poids P au même point d'appui ; je dis que ces deux poids seront en équilibre.

Démonstration. Le poids P a 4 de masse & 2 de vîtesse ; donc il a 8 de force, suivant le principe que nous avons établi dans l'article des *forces* : de même le poids M a 2 de masse & 4 de vîtesse ; donc, suivant le même principe, il a 8 de force ; donc ces deux poids ont égale force ; donc ils sont nécessairement en équilibre ; mais ces deux poids ont leurs masses en raison inverse de leurs distances au point d'appui C ; donc deux poids appliqués à un levier seront en équilibre, lorsque leurs masses seront en raison inverse de leurs distances au point d'appui.

Il en seroit de même non-seulement de deux puissances, mais d'une puissance & d'un poids appliqués à un levier. Tel est le principe général de la Mécanique ; il va nous servir à résoudre les problemes suivans. Nous en tirerons ensuite un grand nombre de corollaires qui nous mettront sous les yeux le spectacle le plus intéressant. Ce sera l'explication physique des machines les plus simples & les plus usuelles ; telles que sont la Balance, la Romaine, les Poulies, le Cabestan, les Roues, &c.

Probleme premier. Dans un levier de la premiere espece, connoissant la distance des extrémités du levier au point d'appui & la masse d'un poids appliqué à l'une de ces extrémités, trouver un second poids qui soit en équilibre avec le premier.

Explication. L'on me donne le levier PCM, *fig.* 8, *pl.* 1 ; & l'on suppose que PC a 2 pieds & CM 4 pieds de longueur ; l'on suppose encore que le poids P est de 200 livres ; l'on demande quel poids il faudra mettre à l'extrémité M, pour qu'il soit en équilibre avec le poids P.

Résolution. Vous ferez la proportion suivante ; la distance CM : à la distance CP : : le poids P : au poids que vous cherchez, c'est-à-dire, 4 : 2 : : 200 : à un quatrieme nombre qui exprimera la masse du poids que vous cherchez ; & que vous trouverez en multipliant 200 par 2, & en divisant le *produit* 400 par 4 ; donc dans l'hypothese présente un poids de 100 livres, mis à l'extrémité M, sera en équilibre avec un poids de 200 livres, mis à l'extrémité P du levier PCM.

Démonstration. Deux poids appliqués à un levier sont en équilibre, lorsque leurs masses sont en raison inverse de leurs distances au point d'appui ; mais un poids de 200 livres placé à 2 pieds, & un poids de 100 livres placé à 4 pieds du point d'appui, ont leurs masses en raison inverse de leurs distances au point d'appui ; donc ces deux poids doivent être en équilibre ; donc le probleme proposé a été bien résolu.

La solution auroit été la même de quelque espece qu'eût été le levier.

Probleme second. Connoissant la longueur d'un levier, & les deux poids qu'on veut y mettre en équilibre, déterminer où doit être son point d'appui.

Explication. L'on me donne le levier PCM, *fig.* 8, *pl.* 1, long de 12 pieds, & les deux poids M & P, l'un de 100 & l'autre de 300 livres ; l'on demande où sera son point d'appui, dans la supposition que les deux poids M & P soient appliqués à ce levier, & qu'ils soient en équilibre.

Résolution. Vous ferez la proportion suivante ; la somme des deux poids M & P : à la longueur du levier PCM : : un des deux poids : au quatrieme terme que vous cherchez, c'est-à-dire, 400 : 12 : : 100 : à un quatrieme terme qui exprimera la distance du poids de 300 livres au point d'appui. Pour trouver cette distance, vous multiplierez 100 par 12 ; vous diviserez le *produit* 1200 par 400 ; & le quotient vous apprendra que le point d'appui du levier PCM doit être à 3 pieds du poids P, & à 9 pieds du poids M, c'est-à-dire, à la ligne qui sépare le neuvieme pied d'avec le dixieme.

Démonstration. Les poids M & P ainsi placés, ont leurs

masses en raison inverse de leurs distances au point d'appui ; donc ils sont en équilibre ; donc le probleme proposé a été bien résolu.

Remarque. Dans la solution des deux problemes précédens, nous n'avons pas eu égard à la pesanteur du levier PCM, *fig.* 8, *pl.* 1 ; ce qu'il ne faut pas négliger dans la pratique. Aussi nous paroît-il nécessaire de résoudre le probleme suivant.

Probleme troisieme. La longueur, la pesanteur & le point d'appui d'un levier quelconque de la premiere espece étant donnés, déterminer le poids qu'il faut appliquer à l'extrémité du bras le plus court, pour que le levier soit en équilibre avec lui-même ?

Explication. Supposons que le levier PCM pese 12 livres, qu'il ait 6 pieds de longueur, & que le plus court de ses bras PC ait 2 pieds, c'est-à-dire, que le point P soit éloigné de 2 pieds du point d'appui C, vous direz :

Résolution. La distance du point P du levier PCM au point d'appui C, est à la distance du centre de gravité du même levier au même point d'appui, comme 12 livres, sont à 6 livres ; c'est-à-dire, qu'en attachant 6 livres au point P, le levier PCM sera en équilibre avec lui-même, & qu'il sera comme dénué de toute pesanteur.

Démonstration. Le centre de gravité du levier PCM est précisément au point qui le partage en 2 parties égales, c'est-à-dire, qu'il est éloigné d'un pied du point d'appui C ; donc demander à mettre le levier PCM en équilibre avec lui-même, c'est demander quel poids, éloigné de 2 pieds du point d'appui C, fera équilibre avec un poids de 12 livres éloigné d'un pied du même point d'appui. Mais *par le principe général de Mécanique*, ce sera évidemment un poids de 6 livres ; donc, &c.

Corollaire premier. En général, la distance de l'extrémité du bras le plus court au point d'appui du levier donné, est à la distance du centre de gravité du même levier au même point d'appui, comme le poids du levier, est au poids qu'il faut suspendre à l'extrémité du bras le plus court pour avoir l'équilibre cherché.

Corollaire second. Dans l'exemple qui sert d'explication au probleme I, l'on aura 206 livres en équilibre avec

100 livres; & dans celui qui sert d'explication au probleme II, l'on aura en équilibre 324 & 100 livres; donc dans ce second cas le levier en pese 24.

Corollaire troisieme. La formule générale pour élider la pesanteur d'un levier de la seconde espece, sera la suivante : la longueur du levier, est à la distance de son centre de gravité au point d'appui, comme la pesanteur du levier, est à un quatrieme terme qui vous donnera l'effort que devra faire la puissance pour élider cette pesanteur.

Nous ne parlerons pas du levier de la troisieme espece, c'est plutôt une anti-machine, qu'une machine véritable, puisqu'avec cet instrument la puissance est toujours moins éloignée du point d'appui, que le poids qu'elle veut soutenir ou soulever.

Il est tems de tirer du principe général de la mécanique les corollaires intéressans dont nous avons parlé, avant que de résoudre ces problemes.

Corollaire premier. La Balance ordinaire est un levier de la premiere espece; la puissance est représentée par le poids de métal que l'on met dans l'un des deux bassins; le poids par la marchandise que l'on met dans l'autre; & le point d'appui par cette espece de clou autour duquel se meut le *fléau* de la Balance. Comme cette machine ne doit servir qu'à mettre en équilibre deux quantités égales de matiere, le *fléau* doit être partagé en deux parties parfaitement égales; les deux bassins doivent être parfaitement égaux; les cordes qui servent à les suspendre ne doivent pas être plus pesantes les unes que les autres; en un mot la Balance vide doit être, lorsqu'elle est suspendue, dans un parfait équilibre.

La Balance dont nous venons d'expliquer le mécanisme, est représentée par la figure 12 de la planche 1. Le point fixe se trouve dans ce petit clou I autour duquel tourne le *fléau* DE. Comme DE a été divisé en deux parties géométriquement égales DC, BE; que les bassins G & F sont parfaitement égaux; & que les cordes qui les soutiennent, sont d'une égale pesanteur : l'on peut assurer que la figure 12 représente une Balance très-juste.

Il n'en est pas ainsi de la figure 13 de la même planche. Elle donne une Balance avec laquelle un vendeur peut faire beaucoup de tort à un acheteur. Voici le fait. Suppoſons une Balance dont le côté BA n'ait dont 5 pouces de longueur, tandis que le côté CA en aura 6. Il arrivera néceſſairement qu'un fripon vous fera payer 6 livres de marchandiſes, tandis qu'il ne vous en livrera que 5 ; en voici la démonſtration. Il mettra dans le baſſin D un poids de 6 livres, & dans le baſſin E une quantité de marchandiſes qui ne peſera que 5 livres ; ces deux corps ſeront en équilibre ; puiſque le premier ayant 6 de maſſe & 5 de vîteſſe, aura 30 de force : & que le ſecond ayant 5 de maſſe & 6 de vîteſſe aura auſſi 30 de force. Donc le fripon qui ſe ſert de cette Balance, vous fera payer 6 livres de marchandiſes, tandis qu'il ne vous en livrera que 5.

L'on ne demandera pas ſans doute pourquoi le poids mis dans le baſſin D n'a que 5 degrés de vîteſſe, tandis que la marchandiſe miſe dans le baſſin E en a 6 ; l'on voit que le baſſin D n'eſt qu'à 5 pouces du point d'appui, & que le baſſin E en eſt éloigné de 6.

Rien n'eſt plus facile que de découvrir cette ſupercherie. Faites changer de place au poids & à la marchandiſe, c'eſt-à-dire, mettez celle-ci dans le baſſin D, & celui-là dans le baſſin E. Comme l'équilibre ne ſubſiſtera pas, & que toute Balance juſte doit demeurer en équilibre, lorſque ces deux baſſins contiennent deux poids égaux ; vous conclurez que le Marchand qui ſe ſert de la Balance BAC eſt un mal-honnête homme.

Corollaire ſecond. La *Romaine* eſt encore un levier de la premiere eſpece ; la puiſſance eſt repréſentée par le poids mobile que l'on peut avancer ou reculer à volonté ; le poids, par la marchandiſe que l'on attache au crochet ; & le point d'appui par cette eſpece de clou autour duquel la *Romaine* ſe meut. Cette machine compoſée de deux bras inégaux ſert à mettre en équilibre deux quantités inégales de matiere ; en effet ſi le poids mobile peſe 10 livres, & que vous le placiez à 10 pouces du point d'appui, il ſera en équilibre avec un quintal de marchandiſe que vous attacherez à un crochet éloigné du point d'appui d'un pouce ſeulement. La raiſon en eſt évidente ; la force d'un corps ſe connoît en multipliant ſa maſſe par ſa vîteſſe ; le poids mobile a 10 de maſſe & 10 de vîteſſe, il a donc 100 de force ; le quintal de marchandiſes a 100 de maſſe & 1 de vîteſſe, il a donc 100 de force, & par conſéquent ces deux poids doivent être en équilibre.

Pour comprendre la ſimplicité de ce mécaniſme ; qu'on jette les yeux ſur la figure 14 de la planche 1. Dans la *Romaine* BCD, C eſt le point d'appui ; le poids mobile M que l'on approche & que l'on éloigne à volonté du point d'appui, tient lieu de puiſſance ; tout ce qui s'attache au crochet A ſert de poids. Cette Romaine eſt évidemment un levier de la premiere eſpece ; puiſque le point d'appui C ſe trouve entre la puiſſance M & le poids *p*. C'eſt encore une machine dans toutes les formes, puiſqu'elle ſert à mettre en équilibre des maſſes inégales, & que la puiſſance M étant plus éloignée du point d'appui que le poids *p*, celle-là l'emporte en vîteſſe ſur celui-ci.

Corollaire troiſieme. Les ciſeaux vous fourniſſent un double levier de la premiere eſpece ; la puiſſance eſt repréſentée par les doigts qui menent les deux branches ; le poids par la choſe que l'on veut couper ; & le point d'appui par le clou qui tient ces deux leviers en raiſon ; auſſi les ciſeaux deſtinés à faire de grands efforts, tels que ſont ceux des Chaudronniers, des Ferblantiers, ont-ils les branches fort longues & les parties tranchantes aſſez courtes ; par ce moyen la puiſſance l'emporte facilement ſur une réſiſtance conſidérable. Ce que nous avons dit des ciſeaux, nous devons le dire des tenailles, des pinces, des pincettes, &c. Tous ces inſtrumens ſont autant de leviers de la premiere eſpece qui tournent autour d'un point fixe commun.

Corollaire quatrieme. Les moulins à eau ne ſont qu'un aſſemblage de leviers de la premiere eſpece ; la puiſſance eſt repréſentée par l'eau qui tombe ſur l'extrémité des rayons de la grande roue ; le point d'appui eſt ſitué dans tout l'axe, c'eſt-à-dire, dans toute la ligne qui ſe trouve préciſément au milieu du cylindre auquel ces rayons ſont attachés ; & ce qui ſert de poids, c'eſt la petite roue intérieure qui communique à la meule le mouvement qu'elle reçoit du cylindre. Les moulins *à vent* tournent par les mêmes principes que les moulins *à eau.*

Corollaire cinquieme. Le couteau de Boulanger arrêté ſur une table, eſt un levier de la ſeconde eſpece ; la puiſſance eſt repréſentée par la main qui tient le manche ; le poids par le pain qu'on entame, & le point d'appui par le point fixe autour duquel le couteau tourne.

Corollaire ſixieme. Les rames des Bateliers ſont encore

des leviers de la seconde espece. La main attachée à l'une des extrémités de la rame, est la puissance ; le poids est le bateau attaché au milieu ; & le point d'appui se trouve à l'autre extrémité de la rame qui s'appuie contre l'eau qu'elle déplace.

Corollaire septieme. Tout le mécanisme *du moulin à café* dépend d'un levier de la premiere espece. La main attachée au manche de la *manivelle* sert de puissance ; le café que l'on veut moudre, sert de poids ; & l'axe du cylindre perpendiculaire auquel est attachée la *noix*, sert de point d'appui. Comme il est évident que la main est plus éloignée de l'axe du cylindre, que ne le sont les grains de café, l'on comprend d'abord pourquoi l'on a si peu de peine à les moudre.

Corollaire huitieme. Ce que nous venons de dire du *moulin à café* doit s'appliquer au *cabestan.* La puissance qui le fait tourner, est attachée à l'extrémité du rayon, à-peu-près comme la main qui fait tourner le *moulin à café* est attachée au manche de la *manivelle* ; le point d'appui du *cabestan* se trouve dans l'axe du cylindre élevé perpendiculairement à l'horizon ; & autant que la longueur du rayon auquel la puissance est appliquée, l'emporte sur la ligne qui représente la distance de la surface du cylindre à son axe ; autant la vîtesse de la puissance l'emporte sur celle du poids.

Le treuil ne differe du *cabestan* que par sa position ; celui-ci est perpendiculaire, & celui-là est horizontal.

La figure 15 de la planche 1 est nécessaire pour l'intelligence de ce dernier corollaire. Le cylindre CD est le corps du treuil ou du cabestan. L'axe de ce cylindre, c'est-à-dire, une ligne imaginaire tirée du point D au point C, & passant précisément par le milieu du cabestan, en est le point d'appui, puisqu'on ne peut pas faire jouer cette machine, sans la faire tourner sur son axe. Les *puissances* dont on se sert pour la faire jouer, sont placées aux extrémités I, H, E, G des rayons IE, HG. Le poids *p* est attaché à la corde MN.

Cette machine est évidemment un levier de la premiere espece, puisque le point fixe se trouve entre les puissances & le poids. Il en est peu d'aussi propres que celle-ci à augmenter la vîtesse de la puissance sur celle du poids. En effet tandis que la puissance placée au point I décrit un cercle, dont le diametre eſt la ligne IE, le poids *p* ne parcourt que la circonférence du cylindre CD ; puiſque toutes les fois que la puiſſance I décrit ſon cercle, la corde MN entoure une fois le cylindre CD. Donc la vîteſſe de la puiſſance dans cette machine : à la vîteſſe du poids :: la circonférence du cercle que décrit la puiſſance : à la circonférence du cercle que décrit la corde à laquelle le poids eſt attaché. Mais les circonférences des cercles ſont entr'elles comme leurs rayons ; & les rayons ſont la moitié de la ligne IE, & la diſtance de l'axe du cylindre CD à ſa circonférence, c'eſt-à-dire, le rayon du cylindre CD. Donc la vîteſſe de la puiſſance : à celle du poids :: la moitié de la ligne IE : au rayon du cylindre CD. Donc ſi la moitié de la ligne IE contient 10 fois le rayon du cylindre CD, la puiſſance appliquée au point I aura 10 fois plus de vîteſſe que le poids *p* attaché à la corde MN. Donc une puiſſance capable de ſoulever avec les mains un poids de 100 livres, ſoulevera, à l'aide du cabeſtan CD, un poids 10 fois plus conſidérable, c'eſt-à-dire, un poids d'environ 1000 livres. Donc 4 puiſſances capables de ſoulever, chacune en particulier, un poids de 100 livres, ſouleveront, à l'aide du cabeſtan CD, un poids d'environ quatre mille livres.

Je dis d'environ quatre mille livres, parce qu'il faut avoir égard aux frottemens inſéparables de quelque machine que ce ſoit.

Il faut remarquer que ſi l'on place deux hommes à chaque extrémité I, H, E, G, comme l'on fait très-ſouvent ; celui qui ſe trouve précisément à l'extrémité I a plus de force que l'autre, parce qu'il eſt plus éloigné de l'axe du cylindre CD. Il en eſt de même de ceux qui ſont placés aux extrémités H, E, G.

Il faut encore remarquer que s'il ſe fait pluſieurs circonvolutions de corde, les unes ſur les autres, la vîteſſe du poids augmente ; parce que le cylindre CD faiſant un tout avec la corde qui l'entoure, ſon rayon augmente néceſſairement, & par conſéquent la diſtance du poids au point d'appui de la machine devient plus conſidérable.

Corollaire neuvieme. La *Poulie immobile* doit être rangée parmi les leviers de la premiere eſpece, puiſqu'elle a ſon point d'appui à ſon *centre* ſitué entre le poids élevé, & la puiſſance qui l'éleve. Cette machine n'augmente ni ne diminue la vîtesse de la puissance aussi éloignée du point d'appui, que le poids. Il n'en est pas ainsi de la *Poulie* mobile, c'est-à-dire, de la *Poulie* qui monte ou qui descend avec le poids qui lui est attaché. Pour peu qu'on examine cette machine avec des yeux physiciens, l'on verra qu'elle doit être comptée parmi les leviers de la seconde espece, puisque le poids se trouve placé entre le point d'appui auquel est attachée l'une des extrémités de la corde, & entre la puissance appliquée à l'autre extrémité : l'on s'appercevra 2°. que, puisque la longueur des cordes qui passent par les mains de la puissance, est double de l'espace que parcourt le poids dans un tems donné; la vîtesse d'une puissance qui se sert d'une Poulie mobile, doit être double de celle du poids qui lui est attaché.

Les figures 16 & 17 de la planche 1, représentent, l'une une poulie immobile, l'autre une poulie mobile. Examinons-en le mécanisme. 1e. La poulie CMD a son point d'appui au point M, puisque c'est autour de ce point qu'elle fait ses révolutions. Ce point d'appui M est placé entre la puissance A & le poids B. Donc cette poulie est un levier de la premiere espece. Elle n'augmente en aucune maniere la vîtesse de la puissance A sur celle du poids B, puisque si celui-ci monte de 2 pieds, il ne passe que deux pieds de corde par les mains de la puissance A. Donc la description que nous avons faite de la poulie immobile, au commencement du corollaire neuvieme, est exactement vraie.

Qu'on ne conclue pas cependant de cette description que la poulie immobile est une machine inutile. Elle n'augmente pas, je l'avoue, la vîtesse de la puissance sur celle du poids, mais elle fait que la puissance tire le poids dans une position infiniment plus commode qu'elle ne l'auroit, si elle puisoit de l'eau, par exemple, à force de bras & sans le secours d'une poulie immobile.

Pour la poulie mobile AB, *fig.* 17, *pl.* 1, à laquelle tient le poids Q, c'est évidemment un levier de la seconde espece. Le point fixe de cette machine est au point X de la poulie immobile P; car tout l'effort se fait à ce point : la puissance est au point R, & le poids au point Q, entre la puissance & le point d'appui. Donc la poulie AB est un levier de la seconde espece. De combien augmente-t-elle la vîtesse de la puissance sur celle du poids ; voilà ce que nous allons examiner.

Je dis donc qu'une puissance quelconque R, *fig.* 1, *pl.* 2, qui tire le poids D à l'aide de la poulie mobile AB, a une vîtesse double de celle du poids. Pour en concevoir la démonstration, représentez-vous le poids D arrivé au point H ; sa distance au point d'appui C sera marquée par HC ; mais la distance de la puissance R au point d'appui C est marquée par RC double de HC. Donc la distance de la puissance R au point d'appui C est double de la distance du poids D au même point d'appui. Donc une puissance quelconque R qui tire le poids D à l'aide de la poulie mobile AB, a une vîtesse double de celle du poids. Donc une puissance qui, sans le secours d'aucune machine, tirera un poids de 400 livres, en tirera un de 800, à l'aide de la poulie mobile.

Pour tirer plus facilement le poids D qui tient à la poulie mobile QBp, *fig.* 2, *pl.* 2, l'on attache une des extrémités de la corde au crochet C, & on fait entrer l'autre extrémité de la corde dans la partie de la circonférence de la poulie immobile NAO, creusée en *gorge*.

Remarquez que lorsqu'on joint dans la même machine des *poulies mobiles* à des *poulies immobiles*, on les nomme *poulies mouflées*. Lorsqu'il n'y a qu'une poulie mobile, la puissance acquiert une vîtesse double de celle du poids; elle en acquerroit une quadruple, s'il y avoit dans la même machine deux *poulies mobiles*, & une sextuple, s'il y en avoit trois.

La figure 2 de la planche 2, vous met sous les yeux un moufle, qui ne fait que doubler la vîtesse de la puissance, puisqu'il ne contient qu'une poulie mobile QBp & une poulie immobile NAO.

La figure 3 de la même planche est un moufle composé de deux poulies mobiles D & C & de deux poulies immobiles A & B. Cette machine donne à la puissance O qui s'en sert, 4 fois plus de vîtesse qu'au poids P. Donc une puissance capable d'élever, sans le secours d'aucune machine, un poids de trois quintaux, en élevera avec cette machine un d'environ 12. Je dis *environ*, parce que les moufles sont sujets à de très-grands frottemens.

Cette machine est encore sujette, lorsque l'on met un

trop grand nombre de poulies, à un inconvénient très-considérable ; c'eſt que les cordes d'une poulie s'engagent dans celles de l'autre. Auſſi ne voit-on gueres de moufle qui ait plus de 3 à 4 poulies mobiles, & autant d'immobiles.

Remarque. M. l'Abbé de la Caille nous avertit dans ſes élémens de mécanique, que lorſqu'on ſe ſert de la poulie, il faut avoir égard au poids des cordes, à leur roideur & au frottement que les différentes parties de cette machine exercent les unes ſur les autres. C'eſt-là dire des choſes que tout le monde ſait. Pour nous, nous prendrons une route bien différente ; & comme chaque poulie éprouve un frottement différent, nous croyons devoir commencer par réſoudre le probleme ſuivant :

Etant donnée une poulie quelconque immobile, chargée de deux poids quelconques égaux ; trouver le frottement qu'elle éprouve dans la pratique ?

1°. L'on me donne la poulie CD, *fig.* 16, *pl.* 1, dont on me charge de calculer le frottement. Pour le trouver, je peſe d'abord la poulie elle-même, enſuite les cordes, enfin les deux poids égaux A, B. Suppoſons donc que la poulie peſe 10 livres, les cordes 5 livres, & les 2 poids 7 livres & demi chacun. Cela ſuppoſé, voici comment je raiſonne : il eſt évident que pour peu que j'ajoute à l'un des deux poids, l'équilibre ne devroit pas ſubſiſter ; & ſi le contraire arrive, cela ne peut venir que du frottement qui ſe trouvera plus fort, que la quantité qu'on aura ajoutée à l'un des deux poids A, B.

J'examine quel eſt le poids ajouté qui a rompu l'équilibre ; & ſi c'eſt 2 livres, je dirai : ſi 30 livres cauſent un frottement de 2 livres, quel frottement cauſeront 10 livres ? ou, $30 : 2 :: 10 : \frac{20}{30} = \frac{2}{3}$, c'eſt-à-dire, que le frottement de la ſeule poulie CD ſera de $\frac{2}{3}$ de livre.

Le frottement des ſeules cordes ſera de $\frac{1}{3}$ de livre ; parce que $30 : 2 :: 5 : \frac{10}{30} = \frac{1}{3}$. Enfin le frottement cauſé par la preſſion des deux poids A, B ſur l'axe de la poulie CD, ſera de 1 livre, parce que $30 : 2 :: 15 : 1$.

Si le poids B étoit ſoutenu par une puiſſance P de 7 livres $\frac{1}{2}$ dont la direction fût oblique à l'horizon, le frottement ne ſeroit pas auſſi conſidérable, que dans le cas de la direction perpendiculaire. Pour le trouver, voici comment je raiſonne : la puiſſance ou la force P, repréſentée par la ligne PC, équivaut aux deux forces PR & CR. La force horizontale PR ne peſe pas ſur l'aiſſieu de la poulie ; cet aiſſieu n'eſt donc chargé que de la force CR ; c'eſt-à dire, que la charge qu'exerce ſur l'aiſſieu de la poulie CD la puiſſance P dirigée perpendiculairement à l'horizon, eſt à la charge qu'elle exerce ſur le même aiſſieu, lorſque ſa direction eſt oblique ; comme PC eſt à CR, ou comme le ſinus total eſt au ſinus de l'angle de l'inclinaiſon de la puiſſance à l'horizon. Si le ſinus de l'angle d'inclinaiſon n'eſt que la moitié du ſinus total, l'aiſſieu de la poulie CD, dans le cas de la direction oblique dont il s'agit, ſera chargé de 3 livres & trois quarts de moins. Il en ſera de même de la charge qu'exerce la corde PC ſur le même aiſſieu ; elle ſera relative à la grandeur du ſinus de l'angle de l'inclinaiſon de la puiſſance à l'horizon. Ainſi ſi la corde PC peſe 2 livres $\frac{1}{2}$, elle ne chargera dans le cas préſent l'aiſſieu que de 1 livre $\frac{1}{4}$. Enfin ſi la direction du poids B étoit oblique à l'horizon, on feroit par rapport à lui tout ce qu'on a fait par rapport à la puiſſance P, & l'on trouveroit par-là la charge qu'il exerceroit ſur l'aiſſieu de la poulie. Cela fait, on chercheroit, comme dans le probleme précédent, les différens frottemens occaſionnés par les différentes peſanteurs de la poulie, des cordes, de la puiſſance & du poids. Pour éclaircir toujours plus cette matiere, reprenons l'exemple précédent, & après avoir trouvé que 30 livres donnent un frottement de 2 livres dans le cas de la perpendicularité des directions de la puiſſance & du poids, cherchons quel ſera le frottement dans le cas que ces mêmes directions feront avec l'horizon un angle de 30 degrés ; car le ſinus de cet angle eſt préciſément la moitié du ſinus total.

Dans le cas des directions perpendiculaires, l'aiſſieu de la poulie CD eſt chargé d'un poids de 30 livres ; & dans le cas des directions qui font avec l'horizon un angle de 30 degrés, il n'eſt chargé que d'un poids de 20 livres ; je dirai donc, 30 : 2 : : 20 : 1 $\frac{1}{3}$, c'eſt-à-dire, que dans le cas dont il s'agit, la totalité des frottemens ne ſera que de 1 livre $\frac{1}{3}$.

Le frottement de la ſeule poulie ſera, comme dans le premier exemple, de $\frac{2}{3}$ de livre, parce que 20 : 1 $\frac{1}{3}$: : 10 : $\frac{2}{3}$.

Le frottement des feules cordes fera de $\frac{1}{6}$ de livre, car $20 : 1\frac{1}{3} :: 2\frac{1}{4} : \frac{1}{6}$.

Pour le frottement de la puiffance & du poids, il fera de $\frac{1}{2}$ livre, parce que $20 : 1\frac{1}{3} :: 7\frac{1}{2} : \frac{1}{2}$.

Il eft aifé de comprendre que ces mêmes principes conduiront à la folution du probleme fuivant : *étant donnée une balance quelconque, chargée de deux poids quelconques égaux, trouver le frottement qu'elle éprouve dans la pratique.* Ce qui nous refte à faire maintenant, c'eft de trouver le frottement qu'éprouve une poulie quelconque mobile, chargée d'un poids quelconque en équilibre avec une puiffance quelconque.

Pour réfoudre ce probleme, j'ajoute à la poulie mobile AB la poulie immobile PX, *fig.* 17, *pl.* 1, autour de laquelle je fais paffer une corde APH. J'attache au point H un poids *q* qui foit précifément la moitié du poids Q. Ce poids *q*, abftraction faite des réfiftances, devroit être en équilibre avec le poids Q. Il s'en faut bien cependant qu'il y foit. Je cherche donc cet équilibre, en ajoutant au poids *q* un certain nombre de petits poids, & lorfque je m'apperçois que je l'ai trouvé, je cherche quelle eft la pefanteur des petits poids ajoutés; cette pefanteur me donnera évidemment la totalité des frottemens que cette machine éprouvera dans la pratique. Les frottemens particuliers qu'éprouvera chacune de fes parties, fe trouveront par des méthodes fondées fur les analogies précédentes. Ces mêmes analogies, jointes à de pareilles expériences, feront decouvrir les frottemens, non feulement des *moufles*, mais encore de la plupart des machines ufuelles.

Corollaire dixieme. L'on doit encore ranger parmi les leviers de la premiere efpece, les roues dentées repréfentées par la figure 4 de la planche 2. La premiere roue B n'eft pas dentée; mais elle porte à fon centre un pignon C qui engrene la roue dentée D, & celle-ci porte à fon centre un fecond pignon E qui engrene une feconde roue dentée F: cette derniere roue enfin porte à fon centre un cylindre G, d'où pend une corde à l'extrémité de laquelle eft attaché le poids H.

L'infpection feule de cette figure nous fait connoître que c'eft ici un affemblage de plufieurs leviers de la premiere efpece. Je confidere en effet le centre de la roue non dentée B comme le point d'appui du premier levier ; placé précisément entre la puissance A & la roue D que l'on doit regarder comme poids. Cette roue D devient puissance par rapport à la roue F qu'elle fait tourner : & comme le point d'appui est au centre de la roue D entre la puissance D & le poids F, l'on trouve déjà deux leviers de la premiere espece. Enfin la roue F devient puissance par rapport au poids H ; & comme le point d'appui est dans l'axe du cylindre G entre la puissance F & le poids H, l'on doit assurer que la figure 4 est un assemblage de trois leviers de la premiere espece.

Il est peu de machines qui augmentent la vîtesse de la puissance sur celle du poids d'une maniere aussi prodigieuse que celle-ci. Pour le faire toucher au doigt, donnons au pignon C 10 fois moins de dents, qu'à la roue D ; & au pignon E 10 fois moins de dents qu'à la roue F ; & supposons que les dents des pignons entrent exactement dans les dents des roues : qu'arrivera-t-il ? la roue B qui porte à son centre le pignon C fera 10 tours, tandis que la roue D n'en fera qu'un ; & celle-ci qui porte à son centre le pignon E, en fera 10, tandis que la roue F & le cylindre G qu'elle porte à son centre, n'en feront qu'un. Donc la roue B, & la puissance A qui la met en mouvement, feront 100 tours, lorsque le cylindre G n'en fera qu'un. Donc en supposant même le diametre du cylindre G égal à celui de la roue B, la puissance A aura 100 fois plus de vîtesse que le poids H. Donc une puissance capable de remuer un poids de 100 livres, en remuera, à l'aide de cette machine, un de 10000.

S'il y avoit une quatrieme roue qui engrenât un pignon qui eût 10 fois moins de dents qu'elle, la roue B feroit 1000 tours, tandis que cette quatrieme roue dentée, n'en feroit que 1 ; & une puissance capable de remuer un poids de 100 livres, en remueroit, à l'aide de cette machine, un de 100000.

Une cinquieme roue qui engreneroit un pignon qui auroit 10 fois moins de dents qu'elle, ne feroit qu'un tour, tandis que la roue B en feroit 10000. Donc une puissance capable de remuer un poids de 100 livres, en remueroit un de 1000000 de livres, à l'aide de cette machine. Dans quels calculs effrayans ne nous jetterionsnous pas, si nous supposions 6, 7, 8 roues dentées, & des pignons qui eussent 100 fois moins de dents que les roues qu'elles engrenent. Donc la machine dont nous venons de donner la description est une assemblage de leviers de la premiere espece, capable d'augmenter d'une maniere presque incompréhensible, la vîtesse de la puissance sur celle du poids.

Dans tout ce calcul nous avons fait abstraction des frottemens auxquels il faut avoir grand égard dans cette espece de machine.

Tout l'art de l'horlogerie consiste à donner à chaque roue dentée le pignon qui lui convient. La roue des minutes, par exemple, doit aller 60 fois plus vîte que celle des heures. La roue des secondes doit aller 60 fois plus vîte que celle des minutes, & 3600 fois plus vîte que celle des heures, parce qu'une heure contient 60 minutes & 3600 secondes.

Par la même raison l'on auroit des pendules à tierces; si l'on adaptoit l'aiguille des tierces à une roue qui allât 60 fois plus vîte que la roue des secondes; 3600 plus vîte que la roue des minutes, & 216000 plus vîte que la roue des heures.

Il ne sera pas difficile de construire par le même mécanisme une horloge dont une aiguille marque les jours, tandis qu'une autre marquera les heures; il faudra que le mouvement de celle-ci dépende d'une roue qui aille 24 fois plus vîte que la roue qui regle le mouvement de celle-là.

Une aiguille qui dépend d'une roue allant 365 fois moins vîte que la roue qui fait mouvoir l'aiguille des jours, marqueroit les années.

Enfin une aiguille attachée à une roue qui iroit 100 fois moins vîte que la roue qui regle l'aiguille des années, marqueroit les siecles.

Corollaire onzieme. Le mécanisme du coin ABC, *fig.* 5. *pl.* 2, est très-simple; & il n'est pas difficile de faire entrer cette machine dans la classe des leviers de la seconde espece. Faisons-en d'abord la description exacte. Le coin est un prisme triangulaire de fer, de bois, ou de quelqu'autre matiere solide dont le sommet va en pointe. Dans le coin ABC, B est la pointe; AC, la base; l'angle ABC est un angle qui range le coin dans la classe qui lui convient : l'angle ABC eſt-il droit ? Le coin ſera rectangulaire ; eſt-il obtus ? Le coin ſera obtuſangle ; eſt-il aigu ? Le coin ſera acutangle. Enfin une ligne tirée perpendiculairement de la pointe B ſur la baſe AC marque la hauteur du coin.

Cette machine dont on ſe ſert pour fendre facilement les matieres compoſées de parties qui ont de la ténacité, augmente la vîteſſe de la puiſſance ſur celle de la réſiſtance ; pourquoi ? Parce que tandis que les parties du bois MN s'écarteront de la longueur de la baſe AC ; le coin ABC aura fait dans le bois MN un chemin repréſenté par toute ſa hauteur. Donc la vîteſſe de la puiſſance qui ſe ſert du coin, l'emporte autant ſur la vîteſſe de la réſiſtance ou des parties qu'il faut diviſer, que la hauteur du coin, l'emporte ſur ſa baſe.

Plus un coin eſt aigu, plus il augmente la force de la puiſſance : parce qu'un coin aigu a beaucoup de hauteur & peu de baſe.

Comme le point d'appui de cette machine paroît être au point ſur lequel appuye le tranchant B, ce levier doit être compté parmi ceux de la ſeconde eſpece. En effet les parties qu'il faut ſéparer & qui tiennent lieu de poids, ſe trouvent entre le point d'appui B & la puiſſance qui frappe ſur la baſe AC ; donc le coin eſt un levier de la ſeconde eſpece.

Corollaire douzieme. Le plan incliné BEC, *fig.* 6, *pl.* 2, eſt une machine compoſée de 3 côtés, l'un horizontal BE, l'autre perpendiculaire CE, & le troiſieme oblique BC. Ce troiſieme côté eſt la piece eſſentielle du plan incliné ; il en détermine la longueur, & il forme toujours avec la ligne horizontale BE un angle aigu CBE. Pour le côté perpendiculaire CE, il déſigne la hauteur du plan BEC. On ſe ſert de cette machine, tantôt pour élever un poids à une hauteur donnée avec plus de facilité, tantôt pour faire deſcendre un poids avec moins de rapidité. Examinons avec attention de quelle quantité le plan incliné augmente dans ces deux cas différens la force de la puiſſance ; un pareil examen eſt digne d'un Phyſicien ; peut-être même n'eſt-il pas auſſi facile à faire, qu'on pourroit d'abord ſe l'imaginer.

Premier cas. Je veux faire monter le poids A placé au point B, juſques au point C ; & au lieu de le tirer d'abord horizontalement

horizontalement de B en E, & ensuite perpendiculairement de E en C; je me mets au point P; je fais attacher une corde au poids A; je fais entrer cette corde dans la gorge de la poulie immobile pq; & je tire le poids A par la ligne oblique, ou par le plan incliné BC: l'on demande de quelle utilité m'a été cette machine. Je réponds qu'à l'aide du plan incliné, la vîtesse de la puissance: à celle du poids:: la longueur BC du plan BEC: à sa hauteur CE; c'est-à-dire, que si BC est double de CE, & que je puisse, sans le secours d'aucune machine, élever du point E au point C un poids de 100 livres, avec le secours de celle-ci, j'en éleverai un de 200.

Démonstration. 1°. Je suppose BH = CE. Il est impossible que le poids A monte du point B au point H, sans qu'il me passe par les mains une quantité de cordes égale à la ligne CE. Donc dans ce tems la vîtesse de la puissance est représentée par CE, & celle du poids par GH.

Que la vîtesse de la puissance soit représentée par CE dans le tems que le poids va de B en H; cela est évident. Mais que la vîtesse du poids soit représentée par GH, voilà ce que l'on ne saisit pas d'abord. On le comprendra facilement, si l'on prend garde que le poids A, en parcourant BH, ne s'approche de la hauteur à laquelle on veut l'élever que de la quantité GH. Donc lorsque le poids A va du point B au point H, la vîtesse de la puissance: à celle du poids:: CE: GH.

2°. A cause des paralleles GH, CE, les deux triangles BGH & BEC sont semblables. Donc *par la proposition troisieme de notre sixieme Livre de Géométrie*, l'on peut dire, CE: GH:: BC: BH. Donc la vîtesse de la puissance: à celle du poids:: BC: BH. Mais BH = CE, *num.* 1°. Donc la vîtesse de la puissance: à celle du poids:: BC: CE.

3°. BC marque la longueur & CE la hauteur du plan BEC. Donc lorsqu'on se sert du plan incliné pour élever quelque poids à une hauteur donnée, la vîtesse de la puissance: à celle du poids:: la longueur du plan incliné: à sa hauteur.

Il suit de-là que plus un plan est incliné, c'est-à-dire, plus l'angle CBE est aigu, plus la puissance a de facilité à élever le poids ; parce que plus un plan eſt incliné, plus ſa longueur l'emporte ſur ſa hauteur.

Second Cas. L'on veut faire deſcendre le poids A, & on veut empêcher qu'il ne deſcende avec toute la rapidité que lui imprimeroit la force de la gravité ; l'on ſe ſert pour cela d'un plan incliné ; l'on demande pourquoi.

La réponſe ſe préſente d'elle-même. Un corps qui deſcend par un plan incliné eſt un corps qui parcourt une diagonale : un corps qui parcourt une diagonale eſt un corps animé de deux mouvemens, l'un perpendiculaire, l'autre horizontal : un corps animé de deux pareils mouvemens ne peut pas obéir entierement à la force de la gravité. Donc le plan incliné empêche qu'un poids ne deſcende vers l'horizon avec rapidité.

Plus un plan eſt incliné & plus il modere la rapidité avec laquelle tout corps grave tend vers la terre ; parce que plus le plan par lequel deſcend le corps, eſt incliné, plus le corps a de mouvement horizontal. Voyez l'article du *mouvement en ligne diagonale.*

Ceux qui veulent compter le plan incliné parmi les leviers, le regardent comme un levier de la premiere eſpece ; ils diſent que le point d'appui ſe trouve dans le point de la *gorge* de la poulie immobile pq, ſur lequel la corde tirée par la puiſſance P, fait impreſſion. Or un pareil point d'appui eſt placé entre la puiſſance P & le poids A. Donc le plan incliné conſidéré comme un levier, doit être compté parmi les leviers de la premiere eſpece.

Corollaire treizieme. La *vis* dont on ſe ſert pour preſſer les corps les uns contre les autres, eſt une machine compoſée d'un cylindre AB, *fig.* 7, *pl.* 2, cannelé en ligne ſpirale, c'eſt-à-dire, ſur lequel on a creuſé une gorge qui tourne en ligne ſpirale. La cloiſon qui ſépare un tour de la gorge d'avec un autre, s'appelle le *filet de la vis* ; telles ſont les cloiſons M & N, ce ſont dans le fond autant de plans inclinés au cylindre AB. La diſtance qu'il y a entre les deux *filets* M & N, ſe nomme *pas de vis.* Enfin la piece DE cannelée intérieurement comme le cylindre AB, a le nom d'*écrou.* Cette machine donne une force prodigieuſe à la puiſſance qui s'en ſert, & dont la main eſt appliquée au point C. En effet tandis qu'elle décrit un tercle très-considérable qui a pour rayon CA ; le corps que l'on presse, par exemple, les raisins dont on veut exprimer le jus, ne parcourent qu'un espace égal à la distance MN. Donc par cette machine la puissance acquiert une vîtesse très-considérable. Donc cette machine est très-propre à produire l'effet dont nous avons déjà parlé. Aussi les pressoirs, les étaux sont-ils d'un très-grand usage en mécanique. Ce sont autant de leviers de la premiere espece dont le point d'appui est au point A entre la puissance placée au point C, & le corps que l'on veut presser, & que l'on met entre la piece DE & la piece B.

La *vis sans fin*, *fig.* 8, *pl.* 2, augmente beaucoup plus la force de la puissance, que la *vis simple* dont nous venons de faire la description. Cette machine est composée d'un cylindre BC cannelé en ligne spirale, qu'on fait tourner horizontalement sur des pivots. Les filets de la gorge que l'on a creusée autour de ce cylindre, engrenent les dents de la roue R ; & cette roue, en tournant, fait tourner un cylindre qu'elle porte à son centre A, & auquel est attachée la corde Sp de laquelle pend le poids p qu'on prétend élever. Pour comprendre le jeu de cette machine, donnons 100 dents à la roue R ; & supposons que la puissance appliquée en M, décrive un cercle 2 fois plus grand que le cercle décrit par le cylindre A. Il arrivera nécessairement que la puissance M fera 100 tours, tandis que le cylindre A n'en fait que 1, puisqu'à chaque cercle décrit par la puissance M, il ne s'engrene qu'une nouvelle dent de la roue R dans les *filets* du cylindre cannelé BC. Mais chaque cercle décrit par la puissance M est double du cercle décrit par le cylindre A. Donc la puissance M, à l'aide de la vis sans fin BCA, a 200 fois plus de vîtesse que le poids p.

Cette machine décomposée donne 2 leviers de la premiere espece. Le point d'appui du premier est dans l'axe du cylindre cannelé BC, entre la puissance M & la roue R qui sert de poids. Le point d'appui du second levier est au centre A, entre la roue R qui sert de puissance & le poids p.

La *vis* d'Archimede représentée par la figure 9 de la planche 2, est une machine très-simple & très-ingénieuse, qu'il faut cependant avoir sous les yeux, pour en comprendre le jeu. Elle est composée d'un cylindre incliné à l'horizon qui tourne sur deux pivots B, A, & d'un canal ou tuyau, qui en serpentant, l'enveloppe en forme d'échelle. Comme les échelons sont autant de plans inclinés au cylindre MA, & que tout corps par sa pesanteur descend toujours à l'endroit le plus bas du plan, le poids ira d'abord de C en d; & si une main fait tourner sur son axe le cylindre MA, on verra ce poids s'élever, de plan en plan, jusqu'au point B, par la même force qui l'a fait descendre à chaque instant à l'endroit le plus bas de chaque plan. Si l'extrémité de la *vis* d'Archimede est plongée dans l'eau, & que l'on fasse tourner la machine, l'eau s'élevera jusqu'au point R, & coulera par le canal que l'on y aura pratiqué; l'on prétend que ce fut ainsi qu'Archimede rendit l'Egypte habitable; en épuisant les eaux dont le pays étoit inondé.

MÉDECINE. Science qui donne des moyens de conserver la santé, & qui fournit des remedes pour la recouvrer, lorsqu'on l'a perdue. Elle a eu, comme toutes les sciences & tous les arts, son enfance, ses progrès, ses panégyristes & ses détracteurs.

La Médecine a été dans l'enfance tout le tems qu'on ne l'a étudiée que dans les ouvrages des anciens Médecins Arabes, c'est-à-dire, jusqu'au quinzieme siecle. Dans ces tems d'ignorance & de barbarie la Médecine n'étoit guere exercée que par les moines & par les clercs, parce que c'étoient les seuls qui sussent lire & écrire, ou du moins qui sussent étudier; & voilà pourquoi la profession de Médecin étoit en France incompatible avec le mariage; ce ne fut qu'en 1452 que cette défense fut levée par une bulle du Pape, demandée & apportée par le Cardinal *d'Estouville*.

Les progrès de la Médecine n'ont guere été sensibles en Europe, que depuis l'invention de l'Imprimerie, parce qu'on put alors consulter les ouvrages des anciens Médecins Grecs dans leur langue originale, ou dans d'assez bonnes traductions latines. De la presse d'*Aldus* sortirent en 1500 les ouvrages de *Dioscoride*, en 1525 les œuvres de *Galien*, & celles d'*Hypocrate* l'année suivante. C'est ce dernier qui a formé & qui formera toujours les grands Médecins; & ne pourrois-je pas aussi bien dire, *lisez Hyppocrate*, à ceux qui veulent se distinguer dans la Médecine, que je puis dire, *lisez Ciceron*, à ceux qui veulent briller dans l'art oratoire ?

Les grands progrès de la Médecine ont eu différentes causes. Les principales sans doute sont l'érection des Universités, de celle surtout de Montpellier, célebre dans toutes les parties du monde ; la culture de la Botanique, de la Chimie & de l'Anatomie ; mais surtout la perfection de la Physique. Les progrès de ces deux sciences ont toujours marché d'un pas égal, & les noms de *Médecin* & de *Physicien* ont été pendant long-tems deux termes synonymes. N'avoit-on pas raison ? Quel fonds peut-on faire sur le savoir d'un Médecin qui ignore les principes de la Mécanique, de l'Hydrostatique & de l'Aréométrie ? La connoissance des découvertes du Docteur *Priestley* est encore plus nécessaire aux Médecins, qu'aux Physiciens. Cherchez *Airs factices* & *Gaz*. C'est à ses grandes connoissances en Physique que M. *Mauduyt*, Docteur en Médecine, doit la haute réputation dont il jouit à si juste titre. Cherchez *Electricité médicale.*

Les Panégyristes de la Médecine ont été aussi outrés dans leurs éloges, que ses détracteurs dans leur critique. J'avoue que je suis tenté de rire, lorsque je vois les premiers s'élever jusques dans les cieux, pour y aller chercher l'origine de la Médecine, lorsque je les entends appeller les Médecins des hommes célestes, des hommes inspirés, des especes de dieux sur la terre ; mais aussi je suis indigné, lorsque je vois les seconds faire monter la médecine sur le théâtre, la tourner en ridicule, & donner le nom d'assassins aux bienfaiteurs de l'humanité. Tenons donc un juste milieu, & assurons, sans craindre de nous tromper, que la médecine est une science nécessaire, & que les grands Médecins sont des hommes précieux qu'on ne sauroit trop chérir & trop respecter.

MÉDIASTIN. La cavité de la poitrine est partagée en deux parties égales, l'une à droite, l'autre à gauche, par une membrane que l'on nomme *médiastin* ; elle est la continuation de la plevre.

MEMBRANE. On donne ce nom à toutes les grandes enveloppes du corps.

MÉMOIRE. Nous savons par expérience que nous nous ressouvenons des choses passées, c'est-là ce que nous appellons *mémoire*. Cette puissance de l'ame, ou plutôt ce sens interne a son organe dans la *substance cendrée* du cerveau. Cette partie est assez molle pour recevoir facilement, & assez dure pour conserver pendant longtems les vestiges des objets auxquels nous avons pensé avec une certaine attention. Les esprits vitaux vont remuer ces vestiges gravés dans l'organe de la mémoire, & déterminent l'ame à se ressouvenir des choses passées, souvent depuis bien des années. Les enfans ont la *substance cendrée* trop molle ; aussi oublient-ils presque aussi facilement, qu'ils apprennent. Les vieillards l'ont trop dure ; c'est pour cela sans doute qu'il leur est presque impossible d'apprendre par cœur. Pour ceux à qui l'auteur de la nature a donné une mémoire excellente, il est vraisemblable que leur *substance* n'a ni trop peu de mollesse, ni trop peu de dureté.

MÉPHITISME. Cherchez *Air méphitique* dans l'article des Airs factices.

MER. La mer présente à un Physicien deux phénomenes bien intéressans, celui de son flux & de son reflux, & celui de la salure de ses eaux ; nous avons déjà rendu compte du premier, il nous reste à dire deux mots du second. La salure de la Mer vient des particules de sel, de nitre, de vitriol, de soufre & de bitume qui se trouvent mêlés avec ses eaux depuis le commencement du monde. En effet, mêlez ensemble 6 gros de sel marin, 23 onces 2 gros d'eau de citerne, & 48 grains d'esprit de bitume, vous aurez une eau salée, amere & presque semblable à l'eau de la mer. L'on nous assure dans les Journaux de Trévoux qu'il n'est pas bien difficile de dessaler l'eau de la mer par voie de *distillation*. La nature indiquoit ce moyen, *disent les Journalistes*, & M. Gautier, Médecin de Nantes, fut un des premiers à s'en appercevoir. Il fit réflexion que l'eau de pluie n'est que l'eau de la mer distillée par le Soleil. Ce savant Physicien étudia donc soigneusement la maniere dont opere en cette occasion le grand agent de la nature, & il imagina des équivalens fort heureux pour tenir lieu de ce qui étoit inimitable dans la distillation naturelle de l'eau de la Mer, changée en pluie. Il mit le feu, non par dessous, mais dessus l'eau, c'est-à-dire, il mit de l'eau de la Mer dans la *cucurbite* de sa machine pour être échauffée & élevée en vapeurs par le moyen d'un tambour placé au dessus de l'eau, qui dans son sein contenoit un feu de bois & de charbons; & alors on vit couler par le robinet de la citerne de la machine une eau meilleure encore que toutes celles des fontaines les plus renommées. Ce fut le 20 Mai 1717 que M. Gautier fit son expérience au port de l'Orient à bord du vaisseau de guerre le *Triton*; il alluma le feu dans le réchaud de sa machine, & dans l'espace de 24 heures, il eut 9 pieds-cubes d'eau-douce, c'est-à-dire, 324 pintes. Le 22 du même mois, il ralluma le feu dans la machine, & dans 12 heures il tira 144 pintes d'eau douce. Le 25, le feu fut encore rallumé; on eut de l'eau douce, on s'en servit pour faire cuire des viandes ordinaires : le tout fut très-bien cuit, en moins de 2 heures avec un feu médiocre. Le 27, on pesa de cette eau avec un *pese-liqueurs*; elle se trouva aussi légere que celle de la meilleure fontaine du port de l'Orient. Le 28, on pétrit du pain avec cet eau; & le pain se trouva aussi bon, & même un peu plus frais & plus léger, que celui que l'on fait avec l'eau ordinaire. Cette eau n'avoit aucun goût de sel, & les gens du vaisseau assurerent avec serment en avoir bu pendant plus d'un mois, même fort souvent à jeun, sans avoir ressenti aucune incommodité. Ajoutez à tout cela que la barique d'eau qui contenoit 282 pintes, ne revenoit qu'à 15 sols 11 deniers. Toutes ces particularités sont tirées du registre des procès-verbaux tenus au contrôle de la marine au port de l'Orient.

MERCURE. C'est la premiere des planetes inférieures. Son globe, sensiblement sphérique, est 27 fois moins gros que celui que nous habitons. Eloigné du Soleil d'environ 15 millions de lieues dans sa plus grande distance & d'environ 10 millions dans sa plus petite distance, il doit être beaucoup plus dense que la terre, par la raison que nous avons apportée dans l'article des *Planetes*. Mercure doit avoir un mouvement sur son axe; mais comme il est ordinairement caché dans les rayons du Soleil, dont il ne s'éloigne jamais de plus de 28, & de moins de 18 degrés, nous ignorons en combien d'heures il l'acheve. Son mouvement périodique nous est beaucoup mieux connu; il se fait en 88 jours, d'Occident en Orient, autour du Soleil dans une ellipse inclinée à l'écliptique de 6 degrés 55 minutes 30 secondes; c'est cette grande inclinaison qui rend si rare le passage de Mercure sous le disque du Soleil. Les nœuds de cette ellipse ne sont pas permanens ; ils ont un mouvement assez lent d'Occident en Orient : il n'est que de 52 secondes par année. Enfin Mercure tournant autour du Soleil à-peu-près comme la Lune autour de la terre, doit avoir ses *phases* par rapport à nous ; c'est-à-dire, doit nous présenter tantôt son hémisphere obscurci, tantôt tout son hémisphere éclairé, tantôt la moitié, tantôt le quart du même hémisphere, &c. La figure qui a servi dans l'article *Lune*, à expliquer les différentes *phases* de cet astre, doit vous servir à expliquer celles de Mercure. L'on trouvera dans l'article de *Copernic* l'explication des autres phénomenes qui regardent cette Planete.

MERCURE. Le Mercure est regardé par la plupart des Chimistes comme la matiere principale des métaux. Parmi les corps fluides il tient le premier rang, & parmi les corps pesans il ne tient que le second. Sa grande fluidité lui vient de la figure de ses parties extrêmement rondes & extrêmement polies ; sa grande pesanteur, de la quantité de particules terrestres qu'il contient, & de la maniere exacte dont ces particules sont unies entr'elles.

MÉRIDIEN. Le Méridien est un grand cercle dont nous avons parlé fort au long dans l'article de la *sphere*.

MÉRIDIENNE. Chercher la ligne méridienne d'un lieu, c'est chercher une ligne, laquelle continuée aboutiroit aux deux points où le Méridien de ce lieu coupe l'horizon. Pour la trouver facilement, choisissez 1°. un plan fort horizontal ; 2°. du point A comme centre, *fig.* 10, *pl.* 2, décrivez l'arc FCE ; 3°. plantez au même point A un style perpendiculaire AB ; 4°. deux à trois heures avant midi marquez exactement quel est le point où l'extrémité de l'ombre du style AB va tomber, par exemple, le point F de l'arc FCE ; 5°. examinez après midi quand-est-ce que cette ombre tombera sur quelqu'un des points du même arc FCE, par exemple, sur le point E ; 6°. divisez l'arc FE en deux parties égales au point C ; 7°. par le point C & par le point A tirez la ligne CA qui sera la Méridienne de ce lieu ; pourquoi ? Parce que l'expérience nous apprend que le Soleil est aussi élevé sur l'horizon, deux heures avant, que deux heures après midi.

Remarquez que cette méthode n'eſt exacte, que dans le tems des ſolſtices, c'eſt-à-dire, au commencement de l'été, ou au commencement de l'hiver, parce qu'alors la déclinaiſon du Soleil eſt auſſi grande ſenſiblement le matin que le ſoir.

MERSENNE ET MAGNAN. Deux des plus grands Hommes, non-ſeulement de l'Ordre des Minimes, mais encore du XVIIe. Siecle, ſe ſont diſtingués dans les Mathématiques & dans la Phyſique. Le premier naquit au Maine, dans le Bourg d'Oyſe, le 8 Septembre 1588, & mourut à Paris le 1 Septembre 1648, à l'âge de 60 ans. Ses principaux Ouvrages ont été recueillis en 2 volumes *in*-4°. Il y paroît très-verſé, non-ſeulement dans la Géométrie, mais encore dans la Mécanique, l'Hydroſtatique, l'Hydraulique, l'Optique, la Catoptrique, la Dioptrique, en un mot, dans toutes les Sciences Phyſico-Mathématiques.

Pour le P. Magnan, il naquit à Toulouſe en 1601, & mourut dans la même Ville en l'année 1676. Il nous a laiſſé un Cours de Philoſophie, bon en lui-même, & excellent pour le tems où il a été compoſé. Il y paroît grand Phyſicien dans les queſtions ſurtout indépendantes de tout ſyſteme. On ne pardonnera gueres cependant à un Homme comme lui, qui avoit enſeigné les Mathématiques à Rome avec tout l'éclat poſſible, on ne lui pardonnera gueres, dis-je, d'avoir préféré l'hypotheſe de Tychon à celle de Copernic. Ceux qui veulent le juſtifier ſur cet article, diſent que c'étoit-là l'opinion du P. Saguens, Minime, qui a rédigé & mis en ordre le Cours de Philoſophie du P. Magnan.

MÉSENTERE. Le Méſentere eſt une membrane circulaire ſur laquelle ſont répandus, & à laquelle ſont attachés les boyaux.

MÉTAUX. Les Métaux ſont des corps *durs*, *ductiles*, *fuſibles* & *mixtes*. On ne doute pas des trois premieres de ces qualités; mais quelques perſonnes révoquent en doute la quatrieme, & regardent les Métaux comme des corps ſimples, c'eſt-à-dire, comme des corps compoſés de parties homogenes. Il eſt probable cependant qu'ils ſont compoſés de parties hétérogenes; la preuve en eſt tirée de pluſieurs expériences faites par M. *Homberg* au foyer du fameux verre du Palais Royal, &

insérées dans plusieurs volumes des Mémoires de l'Académie des Sciences. Nous nous contenterons de rapporter celle qu'il a faite sur l'or ; on la trouve dans le Mémoire de l'année 1702, page 143. Il y a trois endroits, *dit M. Homberg*, où l'on peut placer l'or qu'on veut décomposer. Le premier est au point précis du foyer. Dans cét endroit, l'or étant tenu un peu de tems, commence à pétiller & jeter de petites gouttelettes de sa substance à six, sept & huit pouces de distance ; la superficie de l'or fondu devenant hérissée fort sensiblement, comme est la coque verte d'une châtaigne. Toute la substance de l'or se perd par-là sans souffrir aucun changement ; car si l'on étend une feuille de papier au-dessous du vaisseau qui contient cet or en fonte qui pétille, on ramasse sur ce papier une poudre d'or, dont les petits grains étant regardés par le microscope paroissent de petites boules rondes, que l'on peut refondre ensemble en une masse d'or.

Le second endroit pour placer l'or en fonte est de l'éloigner un peu du vrai foyer, jusqu'à ce qu'on voie que l'or ne paroisse plus hérissé, & qu'il ne pétille plus. Dans cet endroit se fait la vitrification de l'or, laquelle est un vrai changement de la substance du métal pesant, malléable & ductile, en un verre léger, cassant & obscurément transparent.

Le troisieme endroit pour placer l'or en fonte, est de l'éloigner un peu plus encore du vrai foyer, qu'il ne l'est dans la place vitrifiante ; & dans cet endroit, il ne fait que fumer seulement ; sa perte y est très-lente & l'on est obligé de tems en tems de l'approcher du foyer, afin de l'empêcher de se figer.

De ces expériences M. Homberg a conclu que l'or avoit pour élémens le Mercure qui s'exhale en fumée, & la matiere dont le verre est composé, c'est-à-dire, un sable fin & de sels fixes. Il n'a pas conclu, comme quelques aventuriers, que rien n'étoit plus aisé que de faire de l'or & de trouver la *Pierre philosophale*. Pour réussir dans une pareille entreprise, il ne suffiroit pas de connoître les parties élémentaires de l'or ; il faudroit encore savoir au juste quelle proportion il y a entre ces parties, & il faudroit surtout posséder le secret de les unir aussi exactement, que le font dans le sein de la terre les agens naturels. Les autres métaux, je veux dire, l'argent, l'étain, le plomb, le cuivre & le fer, ſont des corps auſſi mixtes que l'or, comme nous le ferons remarquer dans leurs articles relatifs.

MÉTÉORES. Les Phyſiciens donnent le nom de Météores à certains phénomenes qui paroiſſent dans l'atmoſphere. Ils les diviſent en *ignées*, *aériens* & *aqueux*. Nous avons parlé des premiers dans l'article du *Tonnerre*; nous avons expliqué les ſeconds dans l'article des *Vents*; nous allons maintenant rendre compte des troiſiemes.

L'on a fait entrer dans la claſſe des *Météores aqueux* les vapeurs, les nuages, la neige, la pluie, la grêle, la roſée & le ſerein.

L'action du Soleil jointe à celle des feux ſouterrains ſépare de l'eau les particules les plus déliées; ces petites maſſes que quelques Phyſiciens transforment en autant de petits ballons vides, devenues plus légeres qu'un pareil volume d'air, s'élevent dans l'atmoſphere par les loix de l'Hydroſtatique, & vont ſe réunir dans une région où elles ſont en équilibre avec un air moins peſant que celui que nous reſpirons aux environs de la terre. C'eſt à leur réunion que nous devons les nuages. Ces nuages ſont d'autant plus épais, qu'il s'eſt joint plus de particules terreſtres aux particules aqueuſes qui s'élevoient dans l'atmoſphere. Les nuages ſont-ils condenſés par le froid, ou bien les parties qui les compoſent ſont-elles rapprochées les unes des autres par les vents contraires? Ils deviennent plus peſans qu'un pareil volume d'air correſpondant, & par les loix de l'Hydroſtatique ils tombent ſur la terre, tantôt en pluie, tantôt en neige & tantôt en grêle. Il tombent en pluie, lorſque le froid qui qui les condenſe, ou, les vents qui rapprochent leurs parties les unes des autres, ne ſont pas capables de les geler.

Ils tombent en neige, lorſque la congélation ſaiſit le nuage, avant que les particules dont il eſt compoſé, àyent pu ſe réunir en groſſes gouttes.

Enfin les nuages tombent en forme de grêle, lorſqu'après avoir été changés en pluie, ils trouvent aux environs de la terre quelque vent froid qui les condenſe & qui les glace. Un nuage changé en grêle ne peut donc venir que de fort haut; auſſi ce phénomene eſt-il fréquent pendant l'été, tems auquel les nuages ſont fort élevés.

Une vapeur très-ſubtile élevée du ſein de la terre par

la chaleur qui regne dans l'atmoſphere quelque tems avant le lever du Soleil, & qui va ſe raſſembler en forme de goutte ſur les herbes & ſur les plantes, nous donne la roſée. L'on s'étoit imaginé bonnement que la roſée tomboit; l'on avoit tort; & l'on n'a été convaincu du contraire, que lorſqu'après avoir expoſé à la roſée un plat d'argent, l'on en a trouvé la partie concave ſeche & la partie convexe mouillée.

Enfin l'on appelle *ſerein* des particules terreſtres qui, après avoir été élevées par l'action du Soleil, ſont condenſées par le froid, quelque-tems après le coucher de cet aſtre, & retombent ſur la terre par les loix de l'Hydroſtatique, c'eſt-à-dire, parce qu'elles ſont plus peſantes que le volume d'air auquel elles correſpondent. Le *ſerein* ne tombe que fort tard pendant l'été; l'on doit d'abord en appercevoir la cauſe; le Soleil a dans ce tems-là aſſez de force pour élever fort haut les particules terreſtres qu'il a ſéparées de la terre, en les diviſant & en les ſubtiliſant. La ſolution des queſtions ſuivantes ne coûtera rien à ceux qui auront compris ce mécaniſme.

Premiere Queſtion. Quelle différence y a-t-il entre un nuage & un brouillard?

L'on aſſure communément qu'un brouillard n'eſt qu'un nuage que le Soleil n'a pas eu la force d'élever aſſez haut. L'on a raiſon; l'on devroit cependant ajouter que les brouillards contiennent moins de particules aqueuſes que les nuages. Leur mauvaiſe odeur & le dommage qu'ils cauſent aux fruits & aux grains, en ſont une preuve aſſez convaincante. Nous exceptons de cette regle les brouillards de la Saone; nous ſavons quel bien ils ſont à ceux qui ſont menacés de Phthiſie.

Seconde Queſtion. La partie aqueuſe eſt-elle toujours la partie dominante dans les nuages qui ſe fondent en pluie?

Cela eſt vrai, à parler en général, puiſque l'eau de pluie eſt une eau très-légere & très-homogene. Cependant les faits ſuivans paroiſſent démontrer que certains nuages n'ont pas autant de particules aqueuſes, qu'on pourroit bien ſe l'imaginer. M. Nollet nous en garantit la vérité.

En 1695, il tomba en Irlande une pluie graſſe & viſqueuſe qui demeura 14 ou 15 jours dans les endroits où elle s'étoit amaſſée & qui devint noire en ſe ſéchant.

En 1649, il tomba à Copenhague une pluie de soufre; le même phénomene arriva à Brunswick au mois d'Octobre de l'annéc 1721.

On voit des pluies de cendre dans les pays où se trouvent des Volcans; & on voit des especes de pluies de sable non-seulement dans les pays maritimes, mais encore dans des pays assez éloignés de la mer. Tous ces faits ne contiennent rien de contraire aux loix de la Physique. Le suivant est tout-à-fait romanesque.

L'an de Rome 619 au commencement du consulat de Scipion & de Caius Fulvius, parmi le nombre infini de prodiges qu'on annonça aux Romains, on fit mention d'une pluie de sang. Plutarque, Dion, Tite-Live, Pline & plusieurs autres Historiens assurent, que ce prodige n'est pas rare. Si ces Auteurs avoient été Physiciens, ils auroient remarqué qu'immédiatement après ces sortes de pluies, l'air se trouvoit rempli d'une multitude innombrable d'insectes d'une même espece. De cette observation ils auroient conclu que les taches dont les murailles étoient teintes, venoient, non pas des gouttes d'une pluie de sang, mais des gouttes d'une espece de sérosité rouge que chacun de ces insectes avoient déposées, en sortant de sa chrysalide. La pluie ordinaire n'avoit fait que hâter leur sortie.

Troisieme Question. Quelle est la quantité de pluie qui tombe pendant le cours de l'année?

La pluie n'est pas uniforme dans les différens endroits de la terre. Dans les années moyennes il tombe à Paris environ 19 pouces d'eau; à Londres environ 35; à Rome 20; à Zuric en Suisse 32; à Utrecht 23 pouces, &c. Voici comment se font ces sortes d'observations. On prend un vase carré ou cylindrique, gradué par dedans suivant sa hauteur. On l'expose dans un lieu qui soit découvert & à l'abri du vent. Chaque fois qu'il pleut, on marque sur un journal de combien de lignes l'eau s'est élevée dans le vaisseau. A la fin de l'année on additionne ces quantités différentes, & leur somme vous donne ce que vous cherchez.

Quatrieme Question. Quels sont les effets de la pluie?

La pluie a de bons & de mauvais effets. Purifier l'atmosphere, rafraîchir l'air & fertiliser la terre; voilà les principaux avantages que procure une pluie modérée,

Une pluie trop abondante est un vrai fléau du Ciel. Le plus grand dommage qu'elle nous cause, c'est de pourrir les racines des plantes & surtout des grains.

Cinquieme Question. Pourquoi les gouttes de pluie sont-elles plus grosses pendant l'été que pendant l'hiver ?

C'est que pendant l'été la pluie venant de plus haut que pendant l'hiver, les particules dont elle est composée, ont le tems de se réunir, & de former des gouttes plus considérables.

Sixieme Question. Pourquoi en certains pays le serein est-il plus dangereux, qu'en certains autres ?

En certains pays, à Paris, par exemple, le serein ne contient presque que des parties aqueuses, fournies pour la plupart par les eaux de la Seine; en certains autres, comme à Rome, le serein contient, avec les parties aqueuses, plusieurs particules nuisibles; donc le serein, dangereux par-tout, doit l'être beaucoup plus en certains pays, qu'en certains autres. Dans les pays marécageux le serein est à craindre. Cherchez *Influence*; vous trouverez dans ce grand article ce qui pourroit manquer à celui-ci.

METON, célebre Mathématicien d'Athenes, trouva le cycle lunaire dont nous avons parlé fort au long dans l'article du calendrier. Il vivoit environ l'an 439 avant J.C.

METTRIE (Julien Offroy de la) *a été un des plus célebres Médecins de ce siecle.* S'il se fût contenté de composer des ouvrages analogues à sa profession, nous n'aurions que les plus grands éloges à lui donner. Sa traduction de la Physiologie de Boerrhaave, & les notes qu'il a faites sur cet ouvrage, supposent qu'il possédoit à fond la science du corps humain. Mais la Mettrie s'est mis à la tête des impies de nos jours, & a composé les ouvrages les plus abominables contre la Religion; témoin son Livre intitulé, *l'Homme machine*, dans lequel, affichant le Matérialisme le plus horrible, il débite les maximes les plus impies & les sentimens les plus extravagans. Nous avons réfuté son infame systeme dans l'article du *Matérialisme.* La Mettrie se retira à Berlin où il mourut en l'année 1751. L'on a écrit qu'il avoit fait paroître à sa mort de grands sentimens de contrition & de piété; Dieu veuille qu'ils aient été sinceres.

MEULE. Cherchez *Grains.*

MICROMETRE. Instrument astronomique dont on

se sert, surtout pour mesurer les diametres apparens du Soleil & des planetes. En voici l'exacte description. Dans une boîte carrée qui embrasse la lunette auprès de l'*oculaire*, est enfermé un chassis de cuivre portant un fil vertical, & un fil, ou plusieurs fils horizontaux qui coupent le premier à angles droits. Tous les fils que porte ce premier chassis, sont fixes & immobiles. Un second chassis adossé au premier, & garni d'un seul fil horizontal, est enfilé par une longue vis à laquelle il sert d'écrou, & qui en tournant le fait monter & descendre, parallélement au premier fil horizontal, dans une coulisse pratiquée dans les côtés verticaux de la boîte. On donne le nom de *curseur* au fil mobile attaché au second chassis. La surface supérieure de la boîte, par où sort l'extrémité de la vis, est garnie d'un cadran que l'on divise communément en 100 parties égales. Un *index* attaché à la tête de la vis, parcourt ce cadran en entier à chacune de ses révolutions, & marque par-là le chemin que fait faire la vis au chassis mobile & au *curseur*; en sorte que chaque division du cadran corresponde à $\frac{1}{100}$ du chemin que parcourt le *curseur* pendant un tour de la vis. L'essentiel pour la justesse de l'instrument est que l'espace parcouru par le *curseur* s'accorde exactement avec celui qu'annonce l'*index*, & que la vis ne puisse tourner de la plus petite quantité, sans faire avancer ou reculer d'autant le chassis mobile. Enfin l'on détermine la valeur des tours & fractions des tours de la vis par une opération trigonométrique familiere à tous les Astronomes. C'est à MM. Auzout & Picard que nous devons cet instrument. Ils s'en servirent pour la premiere fois pendant l'été de 1666 pour mesurer le diametre de plusieurs planetes. Cette description ne paroîtra obscure qu'à ceux qui n'auront jamais eu l'occasion de voir de Micrometre.

MICROMETRE *objectif*. Instrument astronomique composé de deux objectifs, ou de deux moitiés d'objectifs, par le moyen duquel on mesure plus facilement & plus exactement que par le Micrometre ordinaire les diametres apparens du Soleil & des planetes. Cette définition, toute claire qu'elle est en elle-même, a besoin de l'explication suivante.

Le Micrometre de MM. Auzout & Picard, dont nous avons fait la description dans l'article précédent, est sujet à deux grands inconvéniens. Le premier est qu'on ne peut l'appliquer qu'à des lunettes de 7 à 8 pieds; de plus longues n'auroient pas assez de champ, c'est-à-dire, grossiroient trop les astres pour en présenter l'image en entier. Le second défaut de cet instrument est qu'il ne peut servir qu'à mesurer le diametre vertical du Soleil & de la Lune. En voici la raison. L'image de ces deux astres a toujours trop d'étendue, même dans les petites lunettes, pour que l'Observateur puisse l'embrasser distinctement toute entiere par un même coup-d'œil. Les Astronomes, je le sais, ont trouvé un expédient qui supplée à la foiblesse de notre vue; mais ce n'est que lorsqu'il s'agit de prendre le diametre vertical; pour tout autre diametre, ils ont été obligés de renoncer au Micrometre ordinaire. Ce fut là ce qui engagea M. *Bouguer* à penser à perfectionner l'Astronomie dans ce point important. Il inventa pour cela un nouvel instrument auquel il donna le nom d'*Héliometre* ou d'*Astrometre*, & qu'on a nommé depuis *Micrometre objectif*. Voici à-peu-près comment il s'exprime dans les Mémoires de l'Académie des Sciences, *année* 1748, *pag.* 23 *& suivantes*.

Je prends deux objectifs qui soient d'un très-long-foyer & d'un foyer égal. Je les place à côté l'un de l'autre dans un tuyau dont je fais l'extrémité d'en haut en forme d'entonnoir. Je les combine avec un seul oculaire, c'est-à-dire, que je fais en sorte, à proprement parler, que deux lunettes se réduisent à une seule par en bas. Je garnis l'oculaire d'un Micrometre ordinaire; & ayant rendu mobiles mes objectifs, je les éloigne, ou je les approche à volonté par le moyen des vis & des coulisses.

Si l'on dirige cet *Astrometre* vers le Soleil, il se formera au foyer deux images, à cause des deux *objectifs*. Chacune de ses images seroit entiere, si la lunette étoit assez grosse par en bas; mais il n'y aura que deux especes de segmens: ainsi lorsque l'Observateur appliquera l'œil à l'oculaire, il distinguera deux portions de disque à côté l'un de l'autre; il verra comme deux croissans adossés dont les parties voisines représenteront les deux bords opposés de l'astre, c'est-à-dire, qu'au lieu de ne voir qu'un des bords du disque, comme cela nous arrive, lorsque nous nous servons d'une lunette de 40 ou de 50 pieds, parce que le reste de l'image ne trouve pas place dans le champ,

champ, nous aurons ſous les yeux les deux extrémités du même diametre, malgré l'extrême augmentation de tout le diſque. Nous les rendrons même auſſi voiſines l'une de l'autre que nous le voudrons, en changeant la diſtance mutuelle des deux objectifs.

Si les deux images ſe touchent, lorſque le Soleil eſt dans ſa moyenne diſtance, & que les deux verres ſoient fixes, elles s'écarteront, lorſque l'aſtre deviendra apogée; & elles paſſeront au contraire un peu l'une ſur l'autre, lorſqu'il ſera dans ſon périgée. Par-là l'on connoîtra combien le diametre du Soleil augmente ou diminue par ſon changement de diſtance à la terre dans ſon mouvement annuel. Il en ſera de même du diametre de la lune. Telle eſt en peu de mots la deſcription exacte de l'*Aſtrometre* de M. *Bouguer*. Ce ne fut que cinq ans après que MM. *Dollond* & *Short* de la Société Royale de Londres le mirent dans ſa derniere perfection, en y faiſant les changemens ſuivans.

Au lieu de deux objectifs égaux, ils prirent deux moitiés d'un même objectif de foyer convenable, bien poli & bien centré. Ils placerent ces deux ſegmens ſur deux platines de cuivre qu'ils poſerent parallélement l'une à côté de l'autre ſelon leur longueur. Ils firent en ſorte que ces platines gliſſaſſent dans des couliſſes, de façon qu'on pût réunir les deux ſegmens dans la même poſition où ils étoient avant qu'on coupât l'objectif, ou les éloigner l'un de l'autre ſelon le champ de la lunette. Un *index* ménagé à l'extrémité de chaque platine leur ſervit à tenir un compte exact de leur écartement. Les deux points principaux en quoi cet inſtrument differe de celui de M. *Bouguer*, c'eſt qu'au lieu de deux objectifs entiers, il n'eſt composé que de deux moitiés d'un même objectif coupé par ſon centre, & qu'il n'eſt pas néceſſaire de garnir l'oculaire de la lunette d'un Micrometre ordinaire. Pour tout le reſte il faut raiſonner des deux moitiés d'un même objectif, comme M. *Bouguer* l'a fait des deux objectifs entiers. Chaque ſegment forme une image nette & entiere de l'objet. Les deux images ſe confondent & n'en font qu'une, lorſque les deux ſegmens ſe trouvent dans leur ſituation primitive; mais à meſure qu'on les tire de cette poſition, les images ſe ſéparent plus ou moins à proportion de la diſtance des centres des deux ſegmens. Par ce moyen, en écartant les deux ſegmens, on fera marcher les images des deux objets différens, ou de deux points oppoſés d'un même objet, jufqu'à ſe toucher dans le foyer des demi-objectifs. L'oculaire déterminera leur coincidence ; & le chemin connu que l'on aura fait parcourir aux centres des deux verres, combiné avec la longueur du foyer, donnera l'angle formé par les deux points dont on aura réuni les images. Si je veux prendre, *par exemple*, le diametre du Soleil, je fais marcher les deux images de cet aſtre, juſqu'à ce que leurs bords oppoſés ſe touchent exactement ; l'angle formé par le diametre du Soleil au centre de l'ouverture de la lunette, fera toujours égal à l'angle compris entre les centres des deux moitiés d'objectifs au foyer des rayons paralleles. Cette propoſition a d'autant plus beſoin d'être démontrée, qu'on doit la regarder comme le fondement de la théorie des Micrometres objectifs.

Propoſition fondamentale. L'angle formé par le diametre d'un aſtre quelconque, *par exemple*, du Soleil, au centre de l'ouverture de la lunette, eſt toujours égal à l'angle compris entre les centres des deux moitiés d'objectifs au foyer des rayons paralleles.

Explication. Soient C & D, *fig.* 18, *pl.* 1, les centres des deux demi-objectifs écartés à la diſtance CD ; A & B les deux extrémités du diametre du Soleil, à une ſi grande diſtance que tous les rayons qui partent du même point A, comme AC, AM, AD, ſoient ſenſiblement paralleles entr'eux, ſur quelque point des objectifs qu'ils tombent, & de même tous ceux qui partent du point B. Soit encore M le centre de l'ouverture de la lunette, également éloigné des centres C & D des objectifs. Soit enfin FEG le lieu de leur foyer commun. Je dis que l'angle AMB formé par le diametre du Soleil au centre M de l'ouverture de la lunette, eſt égal à l'angle CED compris entre les centres des deux moitiés d'objectifs au foyer des rayons paralleles.

Démonſtration. 1°. L'angle ACB eſt égal à l'angle AMB, parce que la ligne AC étant parallele à la ligne AM, & la ligne BC à la ligne BM, il eſt impoſſible que ces quatre lignes, priſes de deux en deux, n'ayent une égale inclinaiſon ; donc elles forment l'angle ACB égal à l'angle AMB.

2°. L'angle ACB est égal à l'angle FCE qui lui est opposé au sommet ; donc l'angle AMB est égal à l'angle FCE.

3°. L'angle FCE est égal à son alterne CED, à cause des paralleles CF, DE ; donc l'angle AMB est égal à l'angle CED.

REMARQUE.

Cette démonstration n'est pas moins vraie pour les télescopes de réflexion. Dans ces instrumens les miroirs ne changent rien quant à ce point à l'effet des objectifs appliqués à leur extrémité ; on doit les regarder à-peu-près comme les oculaires dans les lunettes à deux verres ; ils contribuent plus ou moins à l'amplification de l'image, mais ils ne dérangent rien à la mesure des angles compris entre ses diverses parties. C'est à M. *Short* que nous devons l'application du Micrometre objectif au télescope de *Newton*. Ce grand Astronome s'étant apperçu que les grandes lunettes présentent dans la longueur de leur tube un obstacle presque insurmontable au jeu des objectifs, parce que l'Observateur placé à l'autre extrémité du tube, a trop de peine à les faire avancer ou reculer à son gré, en tenant toujours l'œil à l'oculaire, ce grand Astronome, dis-je, triompha de cet obstacle, en substituant à la lunette astronomique le télescope de réflexion, & appliquant de grands objectifs à des télescopes de 2 à 3 pieds de longueur. Toutes ces particularités sont tirées des Mémoires de l'Académie des Sciences, *année* 1748, & des Mémoires de Mathématique & de Physique, *année* 1755, qu'on rédigeoit à l'Observatoire de Marseille, lorsqu'il étoit entre les mains du savant Pere *Pezenas*.

MICROSCOPE. Les trois expériences suivantes mettront au fait de tout ce qui regarde le microscope soit simple, soit composé, ceux qui auront présens à l'esprit les principes que nous avons établis dans notre Dioptrique, & dans l'article des *lunettes*.

Premiere expérience. Prenez un petit morceau de glace ; faites-le fondre à la flamme d'une bougie un peu inclinée, & recevez-le sur un morceau de papier ; si la boule de glace est fort petite & fort ronde, placez-la sur une plaque de cuivre trouée ; vous aurez un microscope simple qui vous fera paroître très-gros les objets presqu'insensibles que vous mettrez à son foyer.

P ij

Explication. Cette boule de glace est très-propre à réunir beaucoup de rayons de lumiere & à les réunir bientôt ; donc, suivant les principes que nous avons établis dans la dioptrique, elle doit représenter très-gros les objets les plus insensibles.

Seconde expérience. Prenez 1°. Un verre *objectif* de 4 lignes & demi de foyer & placez un objet presque insensible à-peu-près à son foyer antérieur : 2°. Prenez un *oculaire* de 3 pouces deux lignes de foyer, & placez-le à 4 pouces & demi de l'*objectif* : 3°. Prenez un *second oculaire* d'un pouce 8 lignes de foyer, & placez-le à 4 pouces & demi du premier *oculaire* ; vous aurez un microscope composé qui vous représentera les objets plus gros, plus distincts, mais dans une situation renversée. La figure 19 de la planche 1 représente le microscope dont nous venons de parler. AB est l'objet qui envoie des rayons divergens Ad & Ac, Bd & Bc sur l'*objectif* C. Ces rayons qui iroient se réunir aux points EE pour y peindre une image renversée de l'objet AB, sortent presque paralleles de l'*objectif* C ; tombent presque paralleles sur l'*oculaire* D ; en sortent convergens, & peignent à son foyer l'image renversée *ba*. Cette image envoie des rayons divergens sur l'*oculaire* F, d'où ils sortent, pour entrer paralleles dans l'œil de l'observateur O.

Explication. 1°. L'objet insensible AB que vous placez au foyer antérieur du verre *objectif* C, est vu à travers trois verres convexes ; donc, suivant tous les principes de la dioptrique, il doit être apperçu plus gros & plus distinct, qu'à la vue simple.

2°. Ces trois verres convexes sont tellement disposés, que les rayons de lumiere partis des extrémités de l'objet insensible AB que l'on a placé à-peu-près au foyer antérieur du verre *objectif* C, ne se croisent qu'une fois, avant que de parvenir à mes yeux ; donc je dois voir l'objet insensible dans une situation renversée.

Troisieme expérience. Pratiquez 1°. un trou rond au volet de la fenêtre d'une chambre obscure. 2°. Adaptez à ce trou deux tuyaux qui s'emboîtent l'un dans l'autre, dont l'un soit immobile & l'autre mobile. 3°. A l'extrémité du tuyau immobile qui se trouve au trou de la fenêtre, placez un verre lenticulaire qui ait près de deux pouces de diametre & 9 pouces de foyer. 4°. A-peu-près au foyer de ce premier verre, mettez l'objet insensible que vous voulez représenter en grand sur la muraille. 5°. A l'extrémité de tuyau mobile, mettez une lentille d'un foyer fort court. 6°. Du côté de l'objet couvrez cette lentille avec une petite lame de plomb mince, qui n'ait d'autre ouverture qu'un trou percé au milieu, comme celui que pourroit faire une épingle. 7°. Avancez ou reculez tellement le tuyau mobile, que l'objet que vous voulez peindre sur la muraille, soit un peu plus loin que le foyer antérieur de la seconde lentille; vous aurez un microscope solaire qui amplifiera tellement les objets, qu'une puce écrasée, *dit M. l'Abbé Nollet*, se verra grosse comme un mouton : les poussieres de papillon ressembleront à des feuilles d'œillet ; un cheveu paroîtra gros comme un manche à balai, &c.

Explication. On explique le microscope solaire de la même maniere que la lanterne magique dont nous avons parlé en son lieu ; le rayon du soleil tient lieu de la chandelle dont on se sert dans les lanternes magiques ordinaires.

Remarquez 1°. Que le microscope solaire a été inventé environ l'an 1740 par M. Lieberkuyn de l'Académie Royale des Sciences de Berlin.

Remarquez 2°. Qu'il faut placer en dehors de la fenêtre un miroir plan qui puisse se tourner à droite ou à gauche, & s'incliner plus ou moins : ce miroir présenté convenablement au soleil, sert à faire tomber la lumiere de cet astre dans la direction du tuyau.

Remarquez 3°. Qu'il faut dans le microscope solaire, comme dans la lanterne magique, renverser les figures, que l'on veut représenter sur la muraille dans leur état naturel.

MIDI. Il est midi par rapport à une Ville, lorsque le soleil paroît dans le méridien de cette Ville.

MILIEU. Les Physiciens donnent le nom de *milieu* aux fluides dans lesquels se trouvent les corps. L'air, par exemple, est le *milieu* dans lequel se meuvent les hommes & la plupart des animaux ; l'eau est le *milieu* dans lequel vivent les poissons. Comme c'est ici un point de Physique que Newton regarde comme très-intéressant, nous allons poser quelques principes d'où nous tirerons plusieurs conséquences pratiques. Nous supposons dans cet article que les *milieux* dont nous parlerons, sont en repos, parfaitement homogenes, & que les corps qui les traversent sont d'une figure géométriquement égale.

1°. Un corps solide qui se meut dans un fluide, en divise les parties, les pousse, leur communique de son mouvement, & en perd du sien à proportion. Ce principe est fondé sur les regles qui s'observent dans le choc des corps.

2°. Un corps solide qui se meut dans un fluide éprouve deux especes de résistance. La résistance de la *premiere espece* vient de la viscosité & de la ténacité du fluide, c'est-à-dire, de la difficulté qu'il y a à séparer des molécules qui ont entr'elles une vraie cohésion. La résistance de la *seconde espece* vient de la quantité de matiere qu'il faut déplacer.

3°. La résistance de la *premiere espece* qu'oppose un fluide homogene à un corps solide qui le traverse, est toujours proportionnelle au tems employé à la traverser, c'est-à-dire, plus un corps solide emploîra de tems à traverser un fluide homogene, & plus aussi la résistance de la *premiere espece* qu'il éprouvera en divisant les parties de ce fluide, sera considérable. Supposons en effet que le corps A emploie une heure à traverser un bassin rempli d'une eau sensiblement homogene; supposons aussi que le corps B parfaitement égal au corps A emploie deux heures à traverser le même bassin; le corps A éprouvera de la part de cette eau une résistance de la *premiere espece* qui ne sera que la moitié de celle qu'aura éprouvé le corps B; pourquoi? Parce que le corps A aura une fois moins de peine à séparer les molécules de l'eau, que le corps B.

4°. Plus un fluide a de viscosité, & plus la résistance de la *premiere espece* qu'il oppose aux corps solides qui le traversent, est considérable; pourquoi? Parce que plus un fluide a de viscosité, & plus il est difficile de séparer ses parties les unes d'avec les autres.

5°. La résistance de la *seconde espece* qu'oppose un fluide homogene à un corps solide qui le traverse, augmente avec la vîtesse du corps qui se meut dans ce fluide. La raison en est claire. Plus un corps a de vîtesse, plus de matiere il déplace, dans un tems donné; donc la résistance de la *seconde espece* augmente avec la vîtesse d'un corps qui se meut dans un fluide.

6°. Plus un *milieu* eſt denſe, & plus la réſiſtance de la *ſeconde eſpece* qu'il oppoſe aux corps ſolides qui le traverſent, eſt conſidérable; pourquoi? Parce que plus un *milieu* eſt denſe, & plus il y a de matiere à déplacer, dans un tems donné.

Premiere Conſéquence. S'il ſe trouvoit dans la nature un fluide extraordinairement denſe dont les molécules n'euſſent aucune cohéſion, ce fluide n'oppoſeroit pas aux corps ſolides qui le traverſeroient, une réſiſtance de la *premiere eſpece;* mais il leur en oppoſeroit une de la *ſeconde eſpece* qui ſeroit très-conſidérable.

Seconde Conſéquence. Lorſqu'un corps ſolide traverſe un fluide avec beaucoup de vîteſſe, l'on doit faire ſurtout attention à la réſiſtance de la *ſeconde eſpece.* S'il le traverſoit au contraire avec une vîteſſe inſenſible, il faudroit faire ſurtout attention à la réſiſtance de la *premiere eſpece.*

Troiſieme Conſéquence. Un corps ſolide qui traverſe un fluide qui lui oppoſe quelqu'une de ces deux réſiſtances, doit enfin perdre ſon mouvement.

Quatrieme Conſéquence. Un corps ſolide qui ſe meut avec beaucoup de vîteſſe d'Orient en Occident, & qui traverſe un fluide en repos, éprouve beaucoup moins de réſiſtance, que ſi ce fluide avoit un mouvement très-rapide d'Occident en Orient.

Les Cartéſiens avouent ces conſéquences tirées en général; ils ſont cependant obligés de les nier, lorſque les Newtoniens les appliquent aux cometes dont pluſieurs, dans le ſyſteme du *plein*, ſe meuvent très-rapidement d'Orient en Occident dans un fluide preſque infiniment denſe, qui ſe meut lui-même d'Occident en Orient avec une vîteſſe preſque infinie. Je le demande à un lecteur impartial; eſt-ce-là ſe conſter dans ſes principes; auſſi les Newtoniens regardent-ils ce que Newton a dit ſur la réſiſtance des *milieux* comme une vraie démonſtration contre l'exiſtence des tourbillons Cartéſiens.

Les ſectateurs de la Philoſophie de Deſcartes ſe ſont mis l'eſprit à la torture, pour donner à cette démonſtration une réponſe ſatisfaiſante. Les uns ont dit que la matiere éthérée, quoique parfaitement denſe, étant un fluide dont les parties étoient en tout ſens dans un très-grand mouvement, redonnoit par derriere au mobile qui la traverſoit, le mouvement que le mobile devoit perdre en la pouſſant en avant.

Mais cette réponſe n'eſt-elle pas contraire à l'expérience ? En effet, ſi la matiere éthérée, comme fluide, a ſes parties ſenſibles dans un mouvement en tout ſens, pourquoi tous les fluides ne les auront-ils pas ; & s'il faut reconnoître un pareil mouvement dans tous les fluides, pourquoi un mobile ſe mouvant horizontalement dans l'eau, perd-il dans un tems égal plus de vîteſſe, qu'en ſe mouvant dans l'air ?

D'ailleurs s'il eſt démontré qu'un mobile perde de ſa vîteſſe dans un fluide denſe dont les parties ſenſibles ſont en repos, n'en perdra-t-il pas davantage & ne la perdra-t-il pas plutôt, ſi on ſuppoſe ces mêmes parties dans un mouvement en tout ſens ? Pourquoi ? Parce que celles qui ſe mouvroient en ſens contraire à la direction du mobile, lui raviroient à chaque inſtant plus de mouvement que celles qui ſe mouvroient de même ſens ne pourroient lui en procurer ; puiſqu'il eſt évident qu'un corps ſolide ſuit le choc des parties du fluide qui vont de même ſens que lui. Donc le mouvement en tout ſens que quelques Cartéſiens donnent aux parties ſenſibles de leur matiere éthérée, n'eſt pas une réponſe à la démonſtration des Newtoniens ſur la réſiſtance qu'oppoſeroit cette même matiere éthérée aux corps ſolides qui ſeroient obligés de la traverſer.

Il eſt des Cartéſiens qui prétendent répondre à la démonſtration de Newton ſur la réſiſtance des *milieux*, en diſant que les corps ſenſibles étant percés d'une infinité de pores ou de petits canaux imperceptibles, l'éther y paſſe comme à travers un crible, ſans apporter aucun obſtacle à leurs mouvemens ; & que c'eſt pour cette raiſon qu'un mobile continue ſi long-tems à ſe mouvoir à travers ce *milieu*, ſans perdre ſenſiblement de ſa vîteſſe, parce qu'il ne faut conſidérer dans le mobile que ſa matiere propre : qu'il ne faut conſidérer dans un globe de plomb, par exemple, que le plomb qu'il contient, ſans avoir aucun égard à la matiere ſubtile qui remplit ſes pores, laquelle allant & venant très-librement en tout ſens, ne fait aucun obſtacle au mouvement du mobile, dont les parties propres ſont fixes & bien liées entr'elles ; & que le globe continueroit à ſe mouvoir avec la même vîteſſe, ſi les parties groſſieres de l'air ou de l'eau, qui ne peuvent paſſer librement à travers ſes pores, ne ralentiſſoient ſon mouvement par leur rencontre: qu'il ne faut auſſi conſidérer dans l'air ou dans l'eau, que la matiere propre de l'air ou de l'eau, & nullement la matiere éthérée qui remplit les pores que les parties de l'air ou de l'eau laiſſent entr'elles: qu'ainſi y ayant beaucoup plus de plomb proprement dit dans un globe de plomb, qu'il n'y a d'eau proprement dite dans un pareil volume d'eau, & beaucoup plus d'eau proprement dite dans ce volume d'eau, qu'il n'y a d'air proprement dit dans un pareil volume d'air; cela fait que le globe de plomb continue beaucoup plus long-tems à ſe mouvoir dans l'air, ſans perdre ſenſiblement de ſa vîteſſe, qu'à ſe mouvoir dans l'eau; & qu'il continuera toujours à ſe mouvoir dans l'éther, ſans rien perdre de ſa vîteſſe.

M. Privat de Molieres qui rapporte cette réponſe, n'eſt pas tenté de l'approuver, quelque porté qu'il ſoit à admettre tout ce qui a le moindre rapport avec les idées de Deſcartes. Pour s'appercevoir, *dit-il*, du peu de ſolidité de cette réponſe, ſuppoſons pour un inſtant que ce mobile criblé ſoit recouvert d'une ſuperficie impénétrable à l'éther, & que dans cet état l'éther ne pouvant plus paſſer à travers ſes pores, le mobile doive éprouver toute la réſiſtance que l'on veut éviter par le moyen propoſé, à cauſe du mouvement qu'il doit communiquer aux parties de ce *milieu*, en les choquant par toute ſa demi-ſuperficie, & en déplaçant un volume de ce *milieu* pareil au ſien, à chaque fois qu'il parcourt la longueur d'un de ſes diametres.

C'eſt un principe généralement reçu en mécanique, qu'un corps traverſant un fluide perd à chaque inſtant d'autant plus de ſa force qu'il a plus de ſuperficie, ou qu'il donne à chaque inſtant d'autant plus de priſe par ſa ſuperficie à un plus grand nombre de parties du fluide qu'il traverſe.

Or il eſt évident qu'il n'y a pas de comparaiſon à faire entre la quantité de ſuperficie que touche l'éther, qui traverſe à chaque inſtant les pores tortueux & innombrables de ce mobile en ſens contraire à ſa direction, & celle que contient ſa demi-ſuperficie ſphérique.

Donc ce corps deſtitué de l'enveloppe que nous lui

avons d'abord prêtée, ne doit pas parcourir à beaucoup près tant d'espace, avant que de perdre la moitié de sa vîtesse, que s'il en étoit recouvert.

Que si quelqu'un avançoit que les pores des corps qui se meuvent dans l'éther, sont directs, & qu'ils laissent toujours à ce fluide un libre passage. Je lui ferois d'abord remarquer que les corps qui se meuvent dans l'éther sont des corps opaques, & qu'il est par conséquent impossible de supposer qu'ils ayent des pores droits, comme les corps diaphanes. J'ajouterois ensuite que, quelques pores qu'ils ayent, ils ont un très-grand nombre de parties solides qui vont heurter contre les particules dont l'éther est composé. Donc la démonstration de Newton contre la non-résistance que l'éther cartésien oppose aux corps solides qui le traversent, demeure encore dans toute sa force.

M. Privat de Molieres prétend avoir répondu dans toutes les formes à cette démonstration. Voici quelle est la proposition huitieme de sa cinquieme leçon. *Un corps pesant qui traversera horizontalement l'éther, n'éprouvera aucune résistance sensible, en le traversant, par la seule raison que l'éther ne pese point. Et le mobile ne perdra tout au plus à chaque fois qu'il parcourra, dans ce milieu, un de ses diametres, & qu'il déplacera un volume de ce milieu égal au sien, qu'une quantité infiniment petite de sa force & de sa vîtesse.*

Car quoiqu'il soit vrai, *dit-il*, qu'un globe pesant, traversant horizontalement un fluide, dont un volume égal au mobile, pese autant que le mobile, perde la moitié de sa vîtesse, avant que d'avoir parcouru trois de ses diametres; il n'est pas vrai cependant que si ce même mobile pesant se mouvoit dans un fluide aussi dense qu'on voudra le supposer, mais dont la pesanteur seroit infiniment petite ou nulle, le mobile traversant ce fluide ne doive parcourir que trois de ses diametres, avant que d'avoir perdu la moitié de sa vîtesse.

Au contraire l'on conclut très-bien que moindre sera la pesanteur spécifique du fluide par rapport à celle du mobile, plus grand sera l'espace que le mobile parcourra, avant que d'avoir perdu la moitié de la vîtesse. De sorte que si la pesanteur spécifique du fluide, c'est-à-dire, la pesanteur d'un volume du fluide égal au mobile est comme infiniment petite par rapport à celle du mobile, le mobile pourra parcourir, en traverſant le fluide horizontalement, un nombre preſque infini de ſes diametres, avant que d'avoir perdu la moitié de ſa vîteſſe.

Cette réponſe eſt ingénieuſe ; mais de bonne foi eſt-ce une réponſe qui puiſſe contenter un Phyſicien ? Ne voit-on pas d'abord que M. Privat de Molieres ſuppoſe comme vrai ce dont il faut démontrer l'exiſtence ? En effet il ſuppoſe que l'éther, quoique denſe, n'a point de peſanteur, parce que ſes molécules ſont agitées en tourbillon. Mais ſont-elles agitées en tourbillon ? Voilà préciſément le point de la queſtion : voilà ce qu'il auroit dû prouver : & voilà cependant ce qu'il ſuppoſe.

Mais accordons-lui que l'éther agité en tourbillon, n'a aucune peſanteur ; que s'enſuivra-t-il ? qu'un mobile peut déplacer une quantité d'éther qui contient plus de matiere, ou pour le moins autant de matiere que lui, ſans lui communiquer le moindre degré de vîteſſe ; & cela, parce que l'éther n'a point de peſanteur. Mais dans quelle mécanique M. Privat de Molieres a-t-il trouvé cette regle ? où a-t-il vu que la vîteſſe du corps choquant ſe communiquoit en raiſon de la peſanteur, & non en raiſon de la maſſe du corps choqué ? Depuis quand *maſſe* & *peſanteur* ſignifient-elles la même choſe ? La premiere n'eſt-elle pas une ſubſtance préciſément étendue en longueur, largeur & profondeur : & l'autre n'eſt-elle pas une force qui pouſſe cette ſubſtance vers un centre ? Dans quelle Phyſique a-t-on jamais pu confondre la cauſe qui pouſſe, avec la ſubſtance pouſſée ? De deux choſes, l'une ; ou M. Privant de Molieres ne diſtingue pas la *maſſe* d'avec la *peſanteur* ; ou il diſtingue l'une de l'autre ? S'il ne diſtingue pas la *maſſe* ou la quantité de matiere d'avec la *peſanteur* ; donc toute maſſe eſt peſante ; donc l'éther cartéſien qui a une quantité de matiere incompréhenſible, a auſſi une peſanteur prodigieuſe ; donc M. Privat de Molieres n'a pas dû ſuppoſer l'éther très-denſe & dénué néanmoins de toute peſanteur.

Si M. Privat de Molieres diſtingue la *maſſe* d'avec la *peſanteur* ; pourquoi dans toute ſa premiere *leçon* donne-t-il des regles de mécanique qui ſuppoſent qu'en faiſant *abſtraction* (ce ſont ici ſes propres paroles, page 65) *de tous les effets particuliers que la réſiſtance du milieu, la figure, la peſanteur, la diſpoſition des parties des mobiles, pourroient causer dans le choc*, la vîtesse du corps choquant se communique en raison de la masse du corps choqué; & pourquoi veut-il *dans la proposition huitieme de sa cinquieme leçon*, qu'un mobile déplace une quantité incompréhensible de matiere, sans lui communiquer le moindre degré de vîtesse? Si ce n'est pas là se contredire, j'avoue que je ne comprends pas ce que c'est que contradiction.

Concluons donc que M. Newton a apporté, en parlant de la résistance des *milieux*, une démonstration contre l'existence des tourbillons à laquelle aucun Cartésien n'a encore donné une réponse satisfaisante. C'est-là précisément l'*argument terrassant des cometes*, qui dans le systeme du plein devroient depuis long-tems s'être toutes précipitées dans le sein du soleil.

MINES. Les métaux, les minéraux, les pierres, &c. se forment dans le sein de la terre; les endroits où se fait cette espece de production s'appellent *mines*. Les plus précieuses sont sans contredit les mines d'or. Ce riche métal s'y trouve tantôt en grains, tantôt en pierres. Celui-là est du poids de 1, 2, 3 marcs. C'est par des lotions réitérées qu'on sépare ces grains de la terre avec laquelle ils sont mêlés. Pour l'or en pierre, c'est-à-dire, pour l'or dont les paillettes sont comme incorporées avec une pierre très-dure, on le prépare de la sorte: on brise la pierre qui le contient, sous des pilons de fer. On en porte les fragmens au moulin pour les pulvériser. On passe cette poudre par un fin tamis de cuivre: puis avec de l'eau & du vif-argent on en fait une pâte qu'on pétrit dans des auges de bois, au plus grand soleil, pendant deux jours de suite. Le mercure s'imbibe de tout l'or qui s'y trouve, & ne s'unit point aux terres épaisses, ni aux sables grossiers. La masse qui demeure, ne se trouve plus composée que d'or, de mercure & d'une terre fine. On se débarrasse de la terre en versant de l'eau chaude à plusieurs reprises sur la masse, & on se délivre du vif-argent en le faisant évaporer sur le feu. C'est surtout au Pérou que les mines d'or sont abondantes.

Le Potosi, Province du Pérou, a plusieurs mines d'argent très-abondantes. Le métal s'y trouve dans la pierre, d'où on le sépare à-peu-près comme l'or. Consultez l'article qui commence par le mot *Argent*.

L'Allemagne & l'Angleterre possedent plusieurs mines d'étain. Le plus pur nous vient de Cornouaille, Province d'Angleterre.

La Suede nous fournit de l'excellent cuivre que l'on trouve dans les mines, en terre ou en pierre. On le fait fondre au feu pour le décrasser.

Le plomb se trouve dans la terre, incorporé avec la pierre, c'est-là ce qu'on appelle *mine de plomb*. On fait fondre cette mine dans des fourneaux faits exprès ; le plomb coule par un canal que l'on a fait au fourneau, & la terre demeure avec le charbon.

Enfin le fer se trouve dans des mines noirâtres, tantôt en pierre qu'on rompt sous des pilons, tantôt mélangé de terre & de gros sable, qu'on jette dans une cuve plate, longue & large de 10 pieds, & haute de 2, dans laquelle on fait passer une eau courante, en remuant continuellement le tout. La plupart de ces particularités sont tirées de *l'entretien* XXVI du Spectacle de la Nature.

MINÉRAUX. M. Baron, commentateur de la Chimie de M. Lémery, définit les minéraux, des corps inanimés & sans vie, produits dans le sein de la terre ou à sa surface, qui n'ont rien d'organisé, qui subsistent d'eux-mêmes, tels qu'ils ont été créés, sans prendre aucun accroissement & sans souffrir aucune perte qui demande d'être réparée par un suc nourricier ; enfin qui ne sont aucunement susceptibles de putréfaction, & dont toutes les parties, quelqu'extrêmement divisées qu'elles soient, sont parfaitement semblables les unes aux autres.

MINUIT. Il est minuit par rapport à nous, lorsque le Soleil paroît dans la partie de notre méridien qui passe par notre *nadir*.

MINUTE. Une minute est la soixantieme partie, tantôt d'une heure, tantôt d'un degré.

MIROIR. Il y a des miroirs de métal, & des miroirs de verre. Les premiers sont composés de 8 parties de cuivre, de 2 parties d'étain d'Angleterre, & de 5 parties de marcassite. On fait fondre le tout ensemble ; on remue pendant assez long-tems cette matiere fondue ; on la verse dans des moules disposés à la recevoir, & on la polit de la même maniere que le verre. On fait encore des miroirs de métal avec 10 parties de cuivre, 4 parties d'étain d'Angleterre, un peu d'antimoine & un peu de ſel ammoniac.

Les miroirs de verre ſe font avec une glace polie que l'on étame par derriere. Les plus belles glaces nous venoient autrefois de Veniſe. On ne va pas aujourd'hui les chercher ſi loin. Celles qu'on coule au Château St. Gobin à trois lieues de Laon, ſont de la derniere magnificence. Voici l'abrégé d'un Mémoire intéreſſant que les chefs de cette fabrique communiquerent à M. Pluche, & que celui-ci a inſéré dans ſon Spectacle de la Nature. Ces ſortes de pieces ne ſont jamais moins hors d'œuvre que dans les Dictionnaires.

Le bâtiment où l'on coule les glaces ſe nomme *halle* : chaque halle peut avoir onze toiſes de long ſur dix & demie de large. Le grand four eſt au centre, & autour de lui ſe trouvent d'autres plus petits fours que l'on nomme *carquaiſſes* ; ils ſervent à faire recuire les glaces, lorſqu'elles ſont coulées ; ils ont les uns & les autres différentes ouvertures en forme de portes, qui facilitent infiniment la manœuvre des ouvriers. Le bâtiment ne nous arrêtera pas davantage ; le détail où nous allons entrer eſt plus du reſſort de la Phyſique.

Le verre qui forme les glaces, eſt compoſé de ſoude & d'un ſable très-blanc & très-pur. Le tout eſt nettoyé, lavé, ſéché & mis en pouſſiere dans un moulin à pilons. Cela fait, l'on paſſe ce ſable dans des tamis de ſoie, & l'on le porte ſécher dans des réduits qui ſont pratiqués aux coins du grand four.

Ce four n'eſt échauffé qu'après qu'il a conſumé cinquante cordes de bois : pour lors il eſt en état de fondre la ſoude & le ſable. On lui conſerve cette chaleur, en jettant continuellement du bois.

Dans ce four ſe trouvent pluſieurs pots en forme de creuſet, de la hauteur de 3 pieds, & d'environ 3 pieds de diametre ; ils peuvent tenir la quantité d'un muid de vin. C'eſt dans ces pots que l'on enfourne la ſoude & le ſable qui y ſéjournent 36 heures.

Ce tems écoulé, l'on ſurvide avec une grande cuiller de fer ou de fonte la matiere d'un des pots dans une cuvette qui ſe met dans le four pour cet effet. Cette cuvette eſt, comme les pots, d'une terre bien cuite ; elle peut avoir 36 pouces de long, 18 de large & 18 de haut. Dès qu'elle eſt pleine, on la tire hors du four, & on la tranſporte ſur un chariot de fer vis-à-vis une carquaiſſe allumée. Là ſe trouve une table de fonte de dix pieds de long ſur cinq de large. L'on poſe parallelement ſur cette table deux tringles ou réglets de fer plat de l'épaiſſeur que l'on veut donner à la glace, & qui ſervent auſſi par leur écartement pour en fixer la largeur. On met ſur ces tringles un rouleau de fonte de cinq pieds de long & d'un pied de diametre. On renverſe la cuvette au devant du rouleau qui eſt tenu par deux hommes. Ceux-ci avec promptitude le font rouler parallelement ſur la matiere, & le font revenir par la même route pour le remettre à ſa place.

La glace étant refroidie & décidée bonne, on la pouſſe de deſſus la table dans la carquaiſſe. Quand la carquaiſſe eſt pleine, l'on en bouche les ouvertures avec des portes de terre cuite. Les glaces y reſtent pendant 15 jours. On les tire enſuite de-là avec de grandes précautions pour les encaiſſer & les charger pour les envoyer par eau à Paris, où on leur donne le poli.

Remarquez cependant que l'on ne coule que les grandes glaces ; les moyennes & les petites ſont ſoufflées. Les verreries ſont trop communes, pour qu'il me ſoit permis de m'étendre ſur l'art de ſouffler le verre. Tout le monde ſait que le principal inſtrument du ſoufflage eſt une canne de fer de 6 pieds de long, de deux pouces de diametre, percée en dedans d'un bout à l'autre, pointue par le côté qui ſe met dans la bouche, & élargie par le côté oppoſé, afin que la matiere s'attache après. L'ouvrier plonge à différentes repriſes cette canne dans un pot rempli de ſoude & de ſable fondus, en la tournant toujours. Il la retire chaque fois, & il ſouffle un peu dans la canne, afin que l'air groſſiſſe cette boule de matiere, &c. Encore une fois, les autres opérations ſont trop connues, pour que j'en faſſe, même en peu de mots, le détail.

Ainſi ſe font les miroirs ſoit de métal, ſoit de verre. Nous en avons démontré les différentes propriétés dans notre catoptrique.

MIXTE. Un mixte eſt un corps compoſé de parties hétérogenes, telles que ſont les molécules aériennes, ignées, aqueuſes, terreſtres, &c.

MOBILE. Tout ce qui peut recevoir du mouvement, s'appelle *mobile* en Phyſique.

MOELLE. La partie *calleuse* du cerveau & la moelle ; sont en Physique deux termes synonymes.

MOIS. Le mois est la douzieme partie de l'année. Voyez dans l'article du *Calendrier* la différence qu'il y a entre les mois solaires & lunaires.

MOLÉCULE. On nomme molécules, ou, petites masses les corpuscules dont les corps sont composés.

MOLIERES, (Joseph Privat de) *Prêtre & Professeur de Philosophie au Collége Royal, Membre de l'Académie des Sciences de Paris & de la Société de Londres, naquit à Tarascon, en l'année* 1677. Ami & éleve du fameux Malebranche, il se déclara défenseur des grands tourbillons composés de petits tourbillons, & il en fit comme le fondement & la base des 20 leçons de Physique qu'il donna au public en 4 volumes *in-12*. L'auteur paroît dans toutes, grand Mécanicien, mais surtout dans celles qui ne supposent aucun systeme, telles que sont ses leçons sur les loix générales du mouvement & sur celles qui s'observent dans les chocs des corps élastiques & non élastiques. On ne peut pas présenter ces loix avec plus de clarté, plus de méthode & plus de précision, qu'il l'a fait. Pour ce qui regarde les leçons fondées sur le systeme de Descartes corrigé par Malebranche, il s'en faut bien qu'elles soient de la solidité des premieres. L'on y décele toujours l'homme de génie, l'écrivain séduisant, le savant Mathématicien; mais tout homme impartial trouvera qu'outre l'air de roman qui y regne, l'auteur donne le nom de démonstration à ce qui n'est fondé pour l'ordinaire que sur des hypotheses arbitraires. Nous ne nous étendrons pas davantage sur cette Physique. Nous en avons parlé en cent endroits de cet ouvrage, & surtout dans les articles qui commencent par les mots *tourbillons composés*, *milieu*, *Matiere subtile cartésienne*, *lumiere*, *électricité*, &c. &c. M. Privat de Molieres, convaincu de la nécessité qu'il y a d'être Mathématicien, pour pouvoir faire quelques progrès dans la saine Physique, a encore donné au public deux petits ouvrages dont l'un contient les élémens de l'Arithmétique & de l'Algebre, & l'autre les élémens de Géométrie. L'on ne sauroit trop en recommander la lecture aux jeunes gens qui passent de logique en physique. Ils sont donnés d'une maniere très-intelligible. Cet habile Professeur qui a eu la gloire de voir dicter ses leçons dans plusieurs écoles très-renommées, mourut à Paris le 12 du mois de Mai 1742 dans les plus grands sentimens de religion. Il a fait paroître sa religion jusques dans sa Physique, qu'il termina par une nouvelle démonstration de l'existence de Dieu, tirée de l'existence du mouvement de la matiere. M. Privat de Molieres avoit été reçu à l'Académie Royale des Sciences de Paris en 1721, d'abord en qualité d'adjoint pour la mécanique ; & en 1729 il monta au rang d'associé dans la même Académie.

MOLLESSE. On nomme corps mous, ceux que le choc & la compression font changer de figure, & qui, après le choc & la compression, ne tendent pas à reprendre la figure qu'ils viennent de perdre. Semblables aux corps durs, ils n'ont aucune élasticité ; semblables aux corps fluides, ils sont indifférens à toutes les formes qu'on veut leur faire prendre : différens des premiers, ils ne conservent pas dans le choc leur ancienne figure ; différens des seconds, ils ont leurs molécules unies les unes avec les autres ; aussi les Physiciens assurent-ils que les corps mous tiennent le milieu entre les corps durs & les corps fluides. Mais quelles sont les causes physiques de la mollesse des corps ? J'en remarque deux principales, l'une intérieure & l'autre extérieure ; l'intérieure n'est autre que la figure de leurs molécules qui, accrochées ensemble, sont très-propres à s'alonger & à glisser les unes sur les autres, sans se détacher. Pour la cause extérieure de la mollesse des corps, nous pouvons assigner la matiere subtile Newtonienne qui trouve dans ces sortes de corps une infinité d'endroits par où elle peut se glisser, ou qui du moins peut sans peine se faire une infinité de passages. Nous ne parlerons pas ici des regles du mouvement qui ne manquent jamais de s'observer dans le choc des corps mous ; au changement de figure près, elles sont les mêmes que celles qui s'observent dans le choc des corps durs.

C'est-là la pensée de M. Privat de Molieres qui assure dans la *proposition quatrieme de sa dix-septieme leçon* que les corps *mous* doivent aller après le choc avec la somme ou la différence de leurs forces, comme s'ils étoient *durs*, & demeurer applatis. Car, *dit-il*, toute la différence qu'il y a entre le choc des corps *durs*, & le choc des mêmes corps supposés *mous*, est qu'au moment du choc toute la force que ces mêmes corps supposés *durs*, doivent avoir après le choc, se distribue également en toutes leurs parties dès le premier instant du choc ; au lieu que dans le choc de ces mêmes corps supposés *mous*, leurs parties pouvant s'approcher les unes des autres, & les antérieures aller plus vîte que les postérieures ; cette force s'y distribue d'abord inégalement ; & les parties s'approchant les unes des autres, les mobiles s'applatissent nécessairement.

Ensuite ces mêmes parties venant à se choquer successivement, & à acquérir par le choc une égale vîtesse ; cette inégalité de force & de vîtesse diminue continuellement, jusqu'à ce qu'après une multitude infinie de petits chocs, cette même force se distribue enfin également dans les mobiles ; ce qui ne peut arriver qu'à la fin du choc total où les corps commenceront à aller avec une égale vîtesse.

Or cette approche mutuelle des parties de ces corps, ne doit pas plus augmenter on diminuer la somme ou la différence de leurs forces dans ce choc, que l'approche d'un corps dur A, d'un autre corps dur B avant le choc, l'augmente ou la diminue.

D'où il suit clairement qu'au moment que toutes les parties antérieures de la masse des mobiles auront communiqué ce qu'ils doivent perdre de leurs mouvemens, selon la loi générale du choc, aux parties postérieures de la même masse ; les mobiles iront ensemble avec la somme ou la différence des forces qu'ils avoient avant le choc, comme s'ils eussent été durs ; & les mobiles n'ayant point de ressort, leurs parties demeureront affaissées, ou conserveront l'état qu'elles auront acquis par le choc.

M. le Monnier pense que les corps *mous* ont une grande partie de leurs molécules dans un mouvement en tout sens.

MOLYNEUX, (Guillaume) *naquit à Dublin en* 1656. Il nous a laissé plusieurs ouvrages estimés, parmi lesquels on ne doit pas oublier son traité de *dioptrique*. Il mourut à Dublin le 11 Octobre 1698, à l'âge de 42 ans. Il a établi dans cette ville une société de savans, semblable à la Société Royale de Londres.

MOMENT. On donne ce nom en mécanique à la quantité de mouvement d'un corps, c'est-à-dire, qu'on mesure le *moment* en multipliant la maſſe par la vîteſſe. Un corps qui a 10 de maſſe & 10 de vîteſſe, aura par conſéquent 100 de *moment.*

MONADES. Ce ſont, ſuivant M. Leibnitz, des corps ſimples, immuables, indiſſolubles, ſolides, individuels, ayant toujours la même figure & la même maſſe. Si ce Philoſophe n'eût parlé des *monades*, qu'en parlant des corps, ſon ſyſteme n'auroit pas été bien différent de celui des atomes. Mais nous liſons dans ſon éloge hiſtorique, qu'il croyoit qu'il y a partout des *monades* qui ſont les vies, les ames, les eſprits qui peuvent dire *moi* : que ces monades, ſelon le lieu où elles ſont, reçoivent des impreſſions de tout l'univers, mais confuſément à cauſe de leur multitude : que ce ſont des miroirs ſur leſquels tout l'univers rayonne, ſelon qu'ils lui ſont expoſés : qu'une *monade* eſt d'autant plus parfaite, qu'elle a des perceptions plus diſtinctes : que les *monades* qui ſont des ames humaines, ne ſont pas ſeulement des miroirs des créatures, mais des miroirs & des images de Dieu même, &c.

Si M. Leibnitz ne diſtingue pas ſes *monades* en matérielles & en ſpirituelles, ſon ſentiment très-obſcur en lui-même, eſt un vrai matérialiſme dont nous avons démontré l'impiété en ſon lieu.

MONDE. Le monde comprend non-ſeulement la terre que nous habitons, mais encore tous les êtres créés.

MONNIER, (Pierre le) *après avoir enſeigné pendant long-tems avec beaucoup de réputation la Philoſophie au Collége d'Harcourt à Paris*, fit imprimer en 1750 les mêmes cahiers qu'il avoit dictés à ſes éleves, avec ce titre : *Curſus Philoſophicus ad ſcholarum uſum accommodatus.* Ce cours, quoique très-imparfait, & quoique contenant bien des ſentimens faux, doit cependant être regardé comme le plus complet qui ait paru juſqu'à préſent. L'on y trouve non-ſeulement les notions géométriques néceſſaires à tout Phyſicien, mais encore les plus grandes queſtions de Phyſique traitées pour l'ordinaire avec aſſez d'étendue, beaucoup de méthode & beaucoup de clarté. Comme nous avons eu occaſion de rapporter dans cent endroits de ce Dictionnaire la maniere dont M. le Monnier explique les points de Phyſique les plus intéreſſans, nous nous contenterons de faire ici quelques réflexions sur son systeme général, c'est le cartésianisme corrigé.

RÉFLEXIONS

Sur le Systeme général qu'a embrassé en Physique M. le Monnier.

Ce systeme renferme six *suppositions*, trois *annotations*, huit *assertions*, le *tableau général de l'arrangement du monde*, & une *conclusion*.

1°. Les *suppositions* contiennent précisément ce dont les Newtoniens demandent la preuve, savoir, que le Tout-Puissant a produit au commencement du monde une certaine quantité de mouvement qu'il conserve toujours la même : qu'il a divisé la matiere en grands tourbillons : que les grands tourbillons sont composés de tourbillons infiniment petits. Ce sont-là des suppositions qu'on ne peut admettre, qu'autant qu'on sera entêté du cartésianisme. Les Newtoniens n'en font pas de même pour l'*attraction* ; ils ne l'admettent qu'après avoir apporté des expériences incontestables qui en démontrent l'existence.

2°. Les *annotations* qui suivent les *suppositions* de M. le Monnier, paroissent très-raisonnables à tout homme qui ne craint pas les tourbillons. La troisieme surtout est très-sage ; l'auteur avoue ingénument qu'il ne sait pas ce que devient une grande partie de ce qu'il appelle *matiere subtile*.

3°. La plupart de ses *assertions* sont vraies dans le sens hypothétique, & non pas dans le sens absolu : c'est-à-dire, s'il étoit vrai que la matiere eût reçu du Créateur un mouvement de tourbillon, la plupart des *assertions* de M. le Monnier seroient incontestables. On ne lui pardonnera jamais cependant de n'avoir pas tenté de donner à ses grands tourbillons une figure ellipsoïdale.

4°. Le tableau qu'a fait M. le Monnier de l'arrangement général du monde, est réel ; la cause seule est imaginaire.

5°. Pour la conclusion que tire ce Physicien de ses *suppositions*, de ses *annotations*, & de ses *assertions*, elle est dans la classe des argumens qui sont fondés sur un *faux supposé*.

MONOME. Terme d'algebre qui signifie une quantité composée d'un seul terme. La grandeur *a* est un monome.

MONSTRE. On donne ce nom à tout homme, à tout animal qui vient au monde notablement différent du commun des individus qui forment son espece. Quelque beaux, quelque bien faits que fussent deux hommes dont l'un auroit six doigts & l'autre n'en auroit que quatre, ce seroient-là deux vrais monstres. A plus forte raison doit-on regarder comme tels les hommes & les animaux dont les parties extérieures ou intérieures n'occuperoient pas leur place naturelle. L'on doit enfin appeller monstrueuse la jonction de deux individus faits pour vivre séparés l'un de l'autre. Il y a donc comme quatre classes de monstres. La premiere renferme les monstres *par excès*; la seconde les monstres *par défaut*; la troisieme les monstres *par transposition*, & la quatrieme les monstres *par conjonction*. Il n'en est aucun qui ne présente des faits qui ont exercé les plus grands Physiciens. C'est ici peut-être la partie de Physique la plus en friche; on n'en sait gueres que l'histoire souvent incertaine, plus souvent fabuleuse. Essayons de la parcourir en critique; portons la défiance jusqu'au pyrrhonisme le plus outré; ayons toujours devant les yeux l'histoire de la fameuse *dent d'or*, & ne rapportons que des faits dont l'existence soit incontestable. Ces faits une fois supposés; substituons, s'il est possible, aux explications souvent gratuites, plus souvent risibles, des explications plus conformes aux loix de la saine mécanique; & pour mettre de l'ordre dans ce long & important article, commençons par l'histoire des monstres *par excès*.

Au mois de Janvier de l'année 1514, (1) l'epouse de *Dominique de Malatendis* mit au monde à Bologne en Italie une fille qui avoit deux bouches & quatre yeux. On fut saisi d'horreur à l'aspect de ce monstre. On le vouloit étouffer. Des gens de bien s'opposerent à cet homicide. L'affaire fut portée au tribunal du Cardinal *de Grassis*, pour lors Evêque de cette ville. L'enfant reçut le baptême, fut appellée *Marie*, & vecut quatre jours.

Les monstres à plusieurs bras & à plusieurs pieds ne paroissent pas avoir été rares. *Julius Obsequens*, Ecrivain

(1) *Aldrovandus de Monstris*, pag. 454.

latin du quatrieme siecle, raconte dans son livre des *prodiges* que, sous le consulat de *P. Crassus* & de *M. Juventius*, une femme mit au monde un enfant à trois bras. (2) Le même Auteur assure que l'an 160 avant l'Ere chrétienne, sous le consulat de *T. Gracchus*, tous les curieux allerent voir un enfant qui naquit avec 4 bras, *Partum quatuor brachiis insignitum antiquitas conspicata & admirata fuit.*

Lycosthene, écrivain du seizieme siecle, a fait des additions à l'ouvrage de *Julius Obsequens*. Il y parle de trois enfans venus au monde avec 4 bras & 4 jambes. Il fait naître le premier l'an 133, le second l'an 162 avant l'Ere chrétienne, & le troisieme l'an 1389 de notre Ere. Ce dernier mourut d'abord après avoir reçu le baptême.

Jovianus Pontanus, Précepteur d'*Alphonse le Jeune*, Roi d'Aragon, parle d'un pareil monstre, à la naissance duquel toute l'Allemagne fut effrayée. On le regarda comme le présage assuré des plus grands malheurs.

Aldrovandus dont nous aurons occasion de faire connoître le mérite, nous assure (3) que de son tems naquit aux environs de Ferrare un monstre à 4 bras, dont chacun avoit 6 doigts.

St. Augustin fait la description d'un monstre né dans l'Orient. Il avoit, *dit-il*, (4) 4 bras & 4 oreilles, les parties supérieures du corps doubles & les parties inférieures simples. Il ajoute qu'il vécut quelque tems *aliquandiù vixit* : s'il faut en croire *Cœlius Rhodiginus* dont *Scaliger* parle avec tant d'éloges, l'on a vu en Italie deux monstres pareils, l'un, garçon & l'autre fille. Le garçon ne vécut pas long-tems, mais la fille ne mourut qu'à l'âge de 25 ans. La statue antique qu'on voit à Nîmes & qu'on nomme *l'homme à 4 jambes*, ne fait-elle pas soupçonner que, du tems des Romains, il naquit dans cette ville un monstre de cette espece?

Parmi les monstres, il n'en est point de plus affreux & de plus difficiles à expliquer que les monstres à plusieurs têtes. Ils sont en grand nombre. *Ambroise Paré*, Chirurgien des Rois *Henri II*, *François II*, *Charles IX*

(2) *Aldrovandus*, pag. 489.
(3) Pag. 492.
(4) Lib. 16. de Civit. Dei, cap. 8.

& *Henri III*, nous a laissé dans ses ouvrages (5) la figure d'un monstre qui n'avoit d'autre difformité, que celle d'avoir deux têtes. L'une ne parloit & ne dormoit jamais sans l'autre ; il en étoit de même du boire & du manger. Cette fille qui vécut assez long-tems, couroit le pays en demandant son pain de porte en porte. *Paré* prétend qu'elle demeura plusieurs années en Baviere, d'où enfin elle fut chassée, dans la crainte où l'on étoit qu'à l'aspect de ce monstre, les femmes ne missent au monde de pareils enfans.

Orose, *Tritheme*, *Aldrovandus* & tant d'autres Auteurs nous ont laissé la description de plusieurs monstres semblables à celui dont nous venons de parler, nés en différens tems & dans différentes parties du monde.

Corneille Gemma nous parle (6) de plusieurs monstres à deux têtes, d'un en particulier qui étoit parfaitement semblable à *Janus*. Par le moyen de l'une, il voyoit ce qui se passoit devant lui, & par le moyen de l'autre, il voyoit ce qui se passoit derriere. Le son de voix dans l'une & dans l'autre étoit parfaitement le même, & l'une ne mangeoit jamais, sans que l'autre eût envie de le faire.

Lycosthenes a vu naître dans la Hesse un enfant à deux têtes, tournées l'une contre l'autre ; ces deux têtes se regardoient d'un air menaçant. Cette naissance arriva au mois de Janvier 1540.

Quatre ans après naquit à Milan un monstre à deux têtes dont *Cardan*, dans son Traité des *Variétés de la nature*, nous a laissé la description la plus détaillée. (7) C'étoit une fille. Sa mere, *dit-il*, en accoucha au tems ordinaire ; & constituée comme elle étoit, elle auroit probablement vécu, si la sage-femme par mégarde ne lui eût donné la mort, en lui tordant par mal-adresse un de ses deux cols. Elle vint au monde avec 6 dents, dont deux étoient placées à la mâchoire supérieure & quatre à la mâchoire inférieure. En l'absence de *Cardan* un de ses éleves qu'il appelle *Gabriel Cuneus* en fit la dissection anatomique avec beaucoup de soin. Il trouva doubles plusieurs parties intérieures du corps, double

(5) Des monstres, liv. 25, pag. 647.
(6) Lib. 3, de concept. hum. cap. 3.
(7) Lib. 14, cap. 77.

œsophage ; double ventricule avec un seul pylore ; les intestins, terminés au même *rectum*, étoient aussi doubles ; il en étoit de même de l'épine du dos, dont chacune appartenoit à une tête particuliere ; ce qui prouve que ce monstre auroit pu vivre aussi facilement & aussi long-tems que le commun des hommes. Les autres parties extérieures & intérieures de son corps étoient simples.

Ambroise Paré parle (8) d'un monstre à deux têtes dont l'une étoit placée à l'endroit ordinaire, & l'autre au ventre. Celle-ci se nourrissoit comme celle-là. Ce monstre vécut jusqu'à l'âge viril ; il prit le parti de voyager ; & s'il eût vécu plus long-tems, il eût fait une fortune brillante ; on ne le voyoit qu'à prix d'argent. *Paré* place sa naissance sous le regne de *François premier.*

Aldrovandus fait mention de trois monstres dont l'un étoit à trois, l'autre à sept & le dernier à sept têtes dont chacune n'avoit qu'un œil. (9) Il fait naître le premier à *Syracuse*, le second à *Fréjus*, d'une femme appellée *Perdonone.* Il ajoute que le troisieme naquit, suivant les uns, à Novare dans le Duché de Milan, & suivant les autres dans le Piémont. Mais comme sa narration est fondée sur des bruits populaires, nous regarderons ces monstres comme fabuleux, & nous ne serons pas tentés d'en chercher l'explication physique. Il nous suffit d'avoir prouvé qu'il a existé & que par conséquent il peut encore exister des *Monstres par excès.* Nous chercherons les causes de ces jeux effrayans de la nature, lorsque nous aurons prouvé qu'il a existé & que par conséquent il peut encore exister des *monstres par défaut, par transposition, & par conjonction.*

Les monstres *par défaut* seroient en plus grand nombre que les monstres par excès, si les cyclopes avoient existé autrement, que dans l'imagination des poëtes. Mais tout le monde sait qu'on n'a peint les premiers habitans de la Sicile avec un seul œil au milieu du front, que parce qu'ils avoient toujours l'œil au guet, pour surprendre & voler leurs voisins. Il a cependant existé

(8) Des monstres, chap. 24, pag. 652.
(9) Pag. 414.

des monſtres *par défaut*. *Aldrovandus* nous a fait l'hiſtoire de pluſieurs enfans (10) venus au monde les uns ſans yeux, les autres ſans yeux & ſans nez, les autres enfin ſans yeux, ſans nez & ſans oreilles. Pour les monſtres ſans bras, ils ont été en très-grand nombre. *Dion* dans la vie d'*Auguſte* raconte que les Indiens envoyerent à ce Prince un jeune homme ſans bras qui, avec les pieds, lançoit une fleche avec une force & une dextérité incompréhenſibles. *George Pictorius* aſſure (11) avoir vécu avec un Eſpagnol, né ſans bras, qui avec ſes pieds filoit & couſoit beaucoup mieux que ne le feroit avec ſes deux mains la femme la plus habile & la plus adroite. *Cardan* aſſure, dans ſon traité de la *ſubtilité*, (12) avoir vécu avec un homme, né ſans bras, qui, outre la plupart des choſes que nous venons de raconter, faiſoit un habit auſſi bien que le meilleur tailleur. Le fait eſt trop public, *ajoute-t-il*, pour qu'il ſoit néceſſaire de le confirmer par témoins, *nec tanti miraculi defuturos teſtes ſpero, cùm res publicè ageretur.*

Et qui pourroit révoquer en doute de pareils phénomenes? Toute l'Europe n'a-t-elle pas vu, & n'avons-nous pas vu à Nîmes il n'y a pas long-tems (13) le nommé *François-Xavier Raidlmaer*, né ſans bras à Vienne en Autriche? Cet homme enfiloit l'aiguille avec laquelle il couſoit très-proprement; tailloit la plume avec laquelle il écrivoit très-diſtinctement, préparoit le crayon avec lequel il faiſoit des chefs-d'œuvre de deſſein; ils ont fait l'admiration des plus grands maîtres, &c. *Aldrovandus* rapporte des milliers de faits ſemblables à ceux que nous venons de raconter.

Le même Auteur nous parle (14) de pluſieurs monſtres, nés ſans tête. Il commence par celui que mit au monde *Roxane*, épouſe de *Cambyſe*, ſecond Roi de Perſe, entre les années 529 & 522 avant l'Ere chrétienne; & il finit par celui qu'il a vu naître dans le territoire de Bologne en Italie au mois d'Août de l'année 1600.

Enfin il y a des monſtres qui le ſont en même tems

(10) Pag. 454.
(11) Pag. 475.
(12) Lib. 17, pag. 627.
(13) En 1781.
(14) *Aldrov.* pag. 400.

& par *excès* & par *défaut*. Tel est celui dont parle *Ambroise Paré* qui vint au monde, en l'année 1575, avec deux têtes & un seul bras ; c'étoit le bras gauche. L'on en voit la figure dans *Aldrovandus*, (15) de même que celui de la plupart des monstres dont nous avons fait la description, d'après ce grand Naturaliste. On reproche à *Aldrovandus*, je le sais, d'avoir été souvent trop crédule. Aussi dans son immense ouvrage sur les *monstres*, n'avons-nous fait attention qu'aux histoires que tout sage critique doit regarder comme sûres & avérées. Le jugement qu'a porté de cet Auteur le célebre *Buffon*, lui est trop avantageux, pour que je n'en fasse pas ici l'abrégé. Il prouvera que son histoire des *monstres* (16) en un gros volume *in-folio*, est une riche mine qu'on peut exploiter avec succès.

Aldrovandus, dit M. de Buffon, le plus laborieux & le plus savant de tous les naturalistes, a laissé, après un travail de 60 ans, des volumes immenses sur l'Histoire naturelle .... On les réduiroit à la dixieme partie, si l'on en ôtoit toutes les inutilités, & toutes les choses étrangeres à son sujet. A cette proxilité près, qui, je l'avoue, est accablante, ses livres doivent être regardés comme ce qu'il y a de mieux dans l'Histoire naturelle. Le plan de son ouvrage est bon, ses distributions sont sensées, ses descriptions assez exactes, monotones, à la vérité, mais fidelles ; l'historique est moins bon, souvent il est mêlé de fabuleux, & l'Auteur y laisse voir trop de penchant à la crédulité.

Nous ajouterons à cet éloge qu'*Aldrovandus* avoit pour l'Histoire naturelle une espece de fureur ; témoins les fréquens voyages & les dépenses incroyables qu'il fit pour s'y perfectionner. Pour les seules figures de son ornithologie, il eut à ses gages, pendant plus de 30 ans, les plus habiles Artistes de l'Europe ; il en est tel à qui il faisoit une rente annuelle de deux cent louis. La honte de son siecle est que ce grand homme soit mort à l'hôpital de Bologne, chargé d'années & d'infirmités. Cette mort arriva en 1605.

Pour *Cardan* qui nous a fourni deux monstres, l'un

(15) Pag. 411.
(16) Hist. nat. tom. 1, de l'édit. *in*-4°, pag. 26 & suiv.

par *excès* & l'autre par *défaut*, je sais que ; malgré son bel esprit & sa vaste érudition, il passe néanmoins avec raison pour un Auteur peu sensé & d'une crédulité inconcevable. Aussi n'avons-nous cité de lui que deux faits publics, dont il a été le témoin oculaire. *Cardan*, follement entêté de l'Astrologie judiciaire, crut avoir vu dans le ciel qu'il devoit mourir en tel tems ; il se laissa mourir de faim, pour vérifier sa prédiction. Cette mort tragique arriva à Rome le 21 Septembre 1576. Long-tems après, c'est-à-dire, en 1663, ses ouvrages furent imprimés à Lyon en dix volumes *in-folio*. Les deux traités que nous avons cités, le traité de la *Subtilité* & celui des *Variétés de la nature*, sont peut-être ce qu'il y a de mieux dans cette immense collection.

Mais pourquoi nous arrêter plus long-tems à justifier les Auteurs que nous avons cru devoir consulter ? Ne trouvons-nous pas dans les Mémoires de l'Académie Royale des Sciences de Paris, recueil infiniment estimé, des faits aussi incroyables que ceux que rapportent *Lycosthene*, *Aldrovandus*, *Cardan* & *Paré* ? N'en citons que deux ; l'un va nous présenter un monstre par *excès* & l'autre un monstre par *défaut*.

Winslow, l'un des plus grands Anatomistes de ce siecle, raconte qu'en l'année 1698, il vit à Paris un Italien, âgé d'environ 18 ans. Ce jeune homme, *dit-il*, (17) avoit, immédiatement au-dessous du cartilage de la troisieme côte, du côté gauche, une seconde tête beaucoup plus petite que la sienne. A la naissance de ce monstre, on conféra le baptême à chaque tête en particulier. On donna à l'une le nom de *Jacques* & à l'autre celui de *Matthieu*. Cette derniere étoit située, comme l'auroit été celle d'un enfant qui, caché dans le bas-ventre, l'auroit poussée en-dehors, pour regarder quelque chose. Elle étoit fort adhérente au grand corps par la moitié inférieure de la partie latérale du côté droit de la face ; de sorte que l'oreille droite & les parties circonvoisines de cette oreille étoient cachées. Le reste de la tête & de la face, avec les cheveux & la plus grande partie du cou étoient entierement dehors ; on y voyoit le front, les yeux, le nez, la bouche, les dents

(17) Mém. de l'Acad. des Sciences, an. 1733, pag. 512 de l'éd. *in*-12.

& le menton très-distinctement. Je pinçai avec mes ongles, *continue Winslow*, la peau derriere l'oreille de la petite tête; le grand cria dans l'instant que je lui faisois mal: preuve évidente de la communication du sentiment entre deux corps joints ensemble contre les loix de la nature.

Le même Auteur assure avoir vu à Paris, en l'année 1732, (18) un étranger qui n'avoit à chaque main que le seul doigt *index*. Avec ces deux doigts, il écrivoit, dessinoit, & peignoit, même en miniature. Pour le faire, il renversoit les deux mains & les adossoit du côté des deux doigts, qu'il croisoit à contre-sens pour tenir la plume ou le crayon entre les articulations de leurs extrémités. Il tailla en ma présence, *dit Winslow*, une plume, que je conserve encore.

La premiere fois que je le vis, *continue-t-il*, il me demanda les premieres lettres de mon nom. Je lui nommai les lettres J. B. W. (*Jacques-Benigne Winslow*). Il en fit sur le champ en ma présence un chiffre très-symétrique, & cela sans prendre aucune mesure, ni faire ce qu'on appelle calquer. Il écrivit en même-tems au-dessous du chiffre ces mots: *Fecit duobus, quorum unum in utraque manu habet, digitis.* 1732, *D.* 7. Januarii; *J. A. Pius.*

Je le demande maintenant à tout homme raisonnable: ces deux derniers monstres dont il est impossible de révoquer en doute l'existence, ne presentent-ils pas des phénomenes aussi étonnans, que tous ceux dont les anciens Naturalistes nous ont tracé la figure? Il a donc existé des monstres dont les individus forment deux classes, la classe des monstres *par excès* & celle des monstres *par défaut.*

La troisieme classe renferme les monstres par *transposition.* Ils ne sont pas en aussi grand nombre que les monstres par *excès* & par défaut. *Lycosthene* cependant nous parle d'un enfant qui vint au monde avec trois pieds & un seul bras; c'étoit le bras gauche. Par un accident arrivé au *fœtus*, le bras droit fut transporté des parties supérieures du corps dans les parties inférieures. Il place sa naissance l'an du monde 3819. *Al-*

(18) Mémoires pour la même année, pag. 539.

drovandus a fait graver la figure de ce monſtre. On la trou ve à la page 485.

Le même *Lycoſthene* rapporte qu'en l'année 1554, dans un faubourg de Stetin, ville capitale du duché de Poméranie, une femme accoucha d'un enfant mort dont un des bras ſortoit de l'endroit qu'occupe naturellement l'oreille gauche. *Aldrovandus* en a encore fait graver la figure. On la trouve à la page 487.

Les monſtres par *tranſpoſition* des parties intérieures du corps ſont en plus grand nombre que les monſtres par *tranſpoſition* des parties extérieures. Nous en trouvons bien des exemples dans les Mémoires de l'Académie Royale des Sciences de Paris. Dans les hommes ordinaires l'eſtomac eſt placé ſous le diaphragme entre le foie à droite & la rate à gauche. M. *Petit* rapporte (19) que le 18 Janvier de l'année 1716, une femme accoucha au tems ordinaire de deux jumeaux dont l'un ne vécut que quatre heures. Il en fit la diſſection anatomique & il trouva que dans cet enfant l'eſtomac étoit ſitué au-deſſous du foie touchant le rein droit, & que la rate ſe trouvoit immédiatement au-deſſous près du pylore.

Dans les hommes ordinaires le cœur eſt placé à-peu-près au milieu de la poitrine, la baſe en haut & la pointe en bas. A la baſe du cœur ſe trouvent deux cavités, l'une à droite & l'autre à gauche; on les appelle *ventricules*; chacun d'eux eſt comme muni de ſon *oreillette*. Enfin au côté droit du cœur eſt placée la veine-cave, & l'aorte au côté gauche.

En l'année 1688, mourut à l'Hôtel Royal des Invalides un ſoldat âgé de 72 ans. M. *Mery* fit l'ouverture de ſon cadavre. Il trouva d'abord que la veine-cave, placée au côté gauche du cœur, deſcendoit le long des vertebres, perçoit à gauche le diaphragme & occupoit auſſi le même côté dans le bas-ventre juſqu'à l'os ſacrum. (20) Pour l'aorte, elle étoit placée au côté droit du cœur, & après avoir paſſé entre les deux portions du muſcle inférieur du diaphragme, elle deſcendoit juſqu'à l'os ſacrum, ayant toujours la veine-cave à ſa gauche.

(19) Mémoires pour l'année 1716, pag. 114 & ſuiv. de l'édit. *in*-12.

(20) Mémoires de l'Acad. an. 1733, pag. 119 & ſuiv. de l'édit. *in*-12.

Il trouva dans le bas-ventre le foie placé au côté gauche de l'estomac, son grand lobe occupant entierement l'hypocondre de ce côté-là. La rate étoit placée dans l'hypocondre droit & le pancréas se portoit de droite à gauche dans le duodenum.

Dionis assure que la transposition de la rate & du foie arrive quelquefois, mais il ajoute que ce cas est bien rare. Je puis, moins que personne, révoquer en doute ce phénomene. Un valet d'écurie, à la fleur de son âge & jouissant de la meilleure santé, reçut un coup de pied d'un de ses chevaux ; il mourut sur le champ à Avignon. Un habile Anatomiste obtint du gouvernement le cadavre de cet homme. Il en fit la dissection & il trouva la rate à droite & le foie à gauche. Je me convainquis par moi-même de la réalité du fait. L'accident dont je parle, arriva au mois de Juin de l'année 1760.

L'assassin qui, en 1650, tua un gentilhomme, au lieu de M. le Duc *de Beaufort*, fut rompu vif à Paris. Son cadavre fut disséqué chez M. *Regnier*, Docteur en Médecine, par M. *Bertrand*, Anatomiste très-exact. Il y trouva les mêmes transpositions que celles que M. *Mery* avoit trouvées, à l'ouverture du cadavre du soldat, mort à l'Hôtel des Invalides. *Riolan*, Auteur très-estimé, fut présent à cette dissection ; il en fit l'histoire dans un traité particulier qui a pour titre : *Disquisitio de transpositione partium naturalium & vitalium in corpore humano*. Ce traité fait partie de ses opuscules anatomiques.

Joli, dans ses mémoires, rapporte qu'on avoit trouvé la même chose, à l'ouverture du corps d'un Chanoine de Nantes.

Le cadavre du sieur *Audran*, Commissaire du régiment des Gardes, fut ouvert, en 1657, à Paris ; on y trouva une pareille transposition. Ce fait est attesté par Dom *Pierre de St. Romuald*, dans le journal qu'il fit imprimer en 1661.

En l'année 1716, M. *Petit* présenta à l'Académie Royale des Sciences de Paris un *fœtus* (21) dans lequel la veine ombilicale, au lieu de passer en bas par la scissure du foie, pour se rendre dans le sinus de la veine-porte, passoit en haut par-dessus la partie convexe de

(21) Mém. de l'Acad. an. 1733, pag. 532.

ce viscere & alloit se jeter près de l'endroit où la veine-cave perce le diaphragme.

La même année, M. *Mery* fit la dissection d'un enfant qui n'avoit vécu que 14 heures. Il trouva les visceres du bas-ventre déplacés en-dehors. Le foie tout entier, la vésicule du fiel, la rate, l'estomac & tous les intestins étoient renfermés dans un sac membraneux de neuf à dix pouces de diametre, blanc & opaque comme le cordon ombilical. M. *Mery*, curieux de savoir si ce phénomene, connu en médecine sous le nom d'*Exomphale monstrueux*, avoit eu pour cause quelque accident, ou un vice de conformation, interrogea la mere sur tout ce qui pouvoit lui être arrivé pendant le cours de sa grossesse. Celle-ci répondit qu'il ne lui étoit arrivé aucun accident particulier; qu'elle se rappelloit seulement d'avoir vu tirer les entrailles du ventre d'un bœuf: ce qui lui avoit frappé vivement l'imagination.

Le célebre *Vésal*, Médecin de l'Empereur *Charles V* & de *Philippe II*, Roi d'Espagne, ouvrit le cadavre d'un forçat très-robuste, qui n'avoit jamais vomi, même dans les plus grandes tempêtes, & qui par conséquent avoit toujours parfaitement bien digéré les alimens qu'il avoit pris; il trouva que le conduit de la bile se partageoit en deux branches, dont la plus déliée s'inséroit à la partie inférieure du fond du ventricule près de la naissance du pylore, & la moins déliée se rendoit, comme dans le commun des individus de l'espece humaine, dans le premier des intestins greles, connu sous le nom de *duodenum*.

L'on convient assez unanimement en Physique & en Médecine que dans l'estomac ou le ventricule (car ces termes sont synonymes) la digestion est occasionnée par la chaleur, la trituration & les sucs dissolvans, dont les principaux sont les liquides que nous prenons, la salive que nous avalons & le suc gastrique que fournit la membrane veloutée qui tapisse l'intérieur de l'estomac. L'on convient encore que la digestion s'acheve dans les intestins, & surtout dans le *duodenum* par le moyen de la bile & du suc pancréatique. Si le conduit de la bile débouchoit dans l'estomac, la digestion se feroit trop tôt, & l'on feroit attaqué de la maladie que l'on appelle *faim canine*; aussi le forçat dont nous avons parlé, étoit-il doué du plus brillant appétit.

Tels font les monftres *par tranfpofition* dont l'exiftence nous a paru inconteftable. Nous prions le Lecteur de les avoir préfens à l'efprit, & furtout le foldat mort à l'Hôtel Royal des Invalides, à l'âge de 72 ans, lorfque nous propoferons le fyfteme que nous avons embraffé, pour expliquer la nature des monftres, d'une maniere conforme aux loix de la faine Phyfique.

Aux monftres par *excès*, par *défaut* & par *tranfpofition* fuccedent naturellement les monftres par *conjonction*. Ils font en très-grand nombre ; & pour rendre plus croyables les faits racontés par les Auteurs anciens, je vais rapporter ce qu'on lit dans les Mémoires de l'Académie Royale des Sciences de Paris, année 1706.

Le dix-neuvieme du mois de Septembre 1705, *Catherine Feuillet*, femme de *Michel Alibert*, jardinier du village de Vitry près Paris, accoucha de deux enfans mâles, joints enfemble par la partie inférieure du ventre. (22) Ces enfans paroiffoient fort vifs ; ils vécurent depuis le 19 du mois de Septembre jufqu'au 26. Celui qui paroiffoit le plus fort, mourut à 4 heures du matin, & l'autre trois heures après. Cette mort précipitée eut pour caufes la mauvaife fituation qu'on leur donna, en les emmaillottant ; le lait de vache dont on les nourrit, lequel fe cailla dans l'eftomac & dans les inteftins ; mais furtout l'indifcrétion des curieux qui exigeoient qu'on les découvrît & qu'on les tournât chaque fois en divers fens. Après leur mort le célebre *Duverney* en fit la diffection avec l'habileté qui diftinguoit ce grand Anatomifte. Voici ce qu'il y a de plus intéreffant dans fa narration.

Ces enfans joints enfemble, *dit-il*, avoient chacun vingt-deux pouces de long. Toutes les parties extérieures de leur corps, & toutes les parties intérieures depuis la tête jufqu'à la partie moyenne de leurs ventres, avoient leur conformation ordinaire ; mais à cette partie moyenne il n'y avoit qu'un feul nombril pour ces jumeaux, & c'étoit par-là que commençoit leur jonction extérieure. Le bas du ventre préfenta à M. *Duverney* des fingularités fans nombre. Je ne m'arrêterai qu'aux principales. Les inteftins grêles avoient dans chaque enfant leur mécentere

(22) Pag. 538 & fuiv. de l'édit. *in*-12.

mésentere & leurs vaisseaux particuliers ; mais ces intestins venoient s'ouvrir par leurs extrémités dans un intestin commun qui leur servoit de *colon* & de *rectum*, & qui, à l'un de ses côtés, avoit un petit *cæcum*. Dans cet intestin commun se rendoient tous les excrémens solides & liquides qui, mêlés ensemble, n'auroient jamais eu, si ces enfans avoient vécu, qu'une consistance molle. Cet état de mollesse dans les excrémens étoit absolument nécessaire, parce que l'intestin commun se terminoit dans chacun de ces jumeaux à un seul conduit de décharge, dont l'ouverture étoit fort étroite.

De ce que l'on vient de dire, on doit conclure que les maladies auroient été, pour la plupart, communes à ces deux freres, & que l'un des deux venant à mourir, l'autre devoit nécessairement subir le même sort, très-peu de tems après ; ce qui arriva en effet, comme nous l'avons déjà remarqué.

Nous n'avons pas cru devoir entrer dans un plus grand détail anatomique. Les gens de l'art, pour qui seuls ce détail eût été intéressant & intelligible, pourront lire les Mémoires de l'Académie, à l'endroit déjà cité, depuis la *page* 538, jusqu'à la *page* 555. Ils ne manqueront pas sans doute de se rappeller que M. *Duverney* est celui-là même qui eut l'honneur de faire, en qualité d'Académicien, les démonstrations anatomiques à Monseigneur le Dauphin, trisayeul de l'Auguste Monarque (23) sous les loix duquel nous avons le bonheur de vivre. Ce Prince, environné de M. le Duc *de Montausier*, de M. l'Evêque de Meaux, de M. *Huet* & de M. *de Cordemoi*, y prenoit tant de plaisir, qu'il offrit quelquefois de ne point aller à la chasse, si on vouloit continuer ces démonstrations, d'abord après son dîner.

Nous trouvons dans l'histoire de la même Académie (24) deux monstres, semblables, à quelques différences près, à celui dont nous venons de parler. M. *Mery* fit la description du premier ; (25) c'étoient, *dit-il*, deux fœtus jumeaux mâles qui sortirent vivans du sein de leur mere ; il assura les avoir vus. M. *Sauveur* communiqua à l'Académie une lettre de M. *de Louvigny*, Inten-

(23) *Louis XVI.*
(24) Année 1700, pag. 56.
(25) Année 1702, pag. 36.

dant de Breſt. Ce Magiſtrat lui marquoit qu'il venoit de naître dans cette ville deux filles qui ſe tenoient par l'eſtomac juſqu'au nombril qui leur étoit commun. Elles n'avoient entre elles qu'un cœur, qu'un foie & qu'une rate. Les autres parties intérieures & toutes les parties extérieures de leur corps, étoient dans l'état naturel. Chacune de ces filles fut baptiſée en particulier, & peu de tems après elles moururent toutes les deux. Après des faits auſſi bien conſtatés, l'on ne regardera pas ſans doute comme fabuleux ceux que nous liſons dans les anciens Auteurs.

Ambroiſe Paré, dans ſes œuvres de Chirurgie, (26) nous a laiſſé la figure de deux jumeaux, ſemblables à ceux dont *Duverney* a fait la diſſection, avec la différence que l'un des deux étoit mâle & l'autre femelle; il les fait naître à Paris le 20 du mois de Juillet 1570. Ils furent baptiſés à Saint Nicolas des Champs & nommés *Louis* & *Louiſe*. Leur pere s'appelloit *Pierre-Germain*, ſurnommé *Petit-Dieu*, & leur mere, *Mathée Pernelle*.

Le même Auteur nous a laiſſé dans ce même ouvrage la figure de pluſieurs monſtres *par conjonction*. Les uns étoient joints dos à dos, les autres, par les parties antérieures du corps, depuis le cou juſqu'au nombril qui leur étoit commun; la jonction d'un autre étoit au front. *Ambroiſe Paré* n'a pas vu ce dernier; il n'en parle que ſur le témoignage de *Sébaſtien Monſter* qui aſſure l'avoir vu naître, en l'année 1495, au mois de Septembre, à *Briſtant*, village près de Wormes. Ces deux filles, *dit-il*, avoient deux corps entiers & bien formés; mais leur front étoit tellement attaché l'un à l'autre, que lorſque l'une des deux, âgée de dix ans mourut, l'autre ne lui ſurvécut que quelques heures; & ſa mort fut cauſée par la bleſſure qu'on lui fit, lorſqu'on ſépara le corps mort d'avec le corps vivant. Mais le monſtre le plus ſingulier dont ait parlé *Ambroiſe Paré* (27) eſt un homme du ventre duquel ſortoit un autre homme dont tous les membres étoient bien formés, à la tête près qu'on ne voyoit pas. Ce monſtre a dû naître à Paris, à-peu-près en l'année 1490, puiſqu'il avoit environ 40 ans

(26) Des monſtres, liv. 25, pag. 650.
(27 Pag. 645.

en 1530, lorſque *Paré* le vit portant entre ſes bras le corps qui ſortoit de ſon ventre. Il ne paroiſſoit jamais en public, *ajoute-t-il*, qu'il ne s'aſſemblât autour de lui un nombre infini de curieux qui admiroient cette merveille.

Nous ne finirions jamais, ſi nous voulions faire l'hiſtoire des monſtres *par conjonction* dont les Naturaliſtes nous ont laiſſé la figure & dont les Anatomiſtes ont fait la diſſection. Qu'on liſe l'ouvrage d'*Aldrovandus* ſur les *monſtres* depuis la page 631 juſqu'à la page 650, l'on y trouvera deux corps, joints enſemble en cent manieres différentes. Cet ouvrage ne fut mis au jour qu'en l'année 1642, c'eſt-à-dire, 37 ans après la mort de ſon Auteur, par les ſoins & aux dépens de *Marc-Antoine Bernia.* C'eſt lui ſans doute qui a ajouté l'hiſtoire d'un monſtre né à Riez en Provence, au mois de Novembre 1615. Les deux corps de ce monſtre, *dit-il*, (28) étoient joints par la poitrine, le ventre & le nombril qui leur étoit commun. L'un d'eux étoit blanc & l'autre noir, comme un éthiopien. Ils avoient l'attitude de deux perſonnes qui ſe ſerrent tendrement entre leurs bras. Ces jumeaux vécurent trois heures.

On nous a aſſuré que dans le premier volume des obſervations ſur toutes les parties de la Phyſique, ouvrage eſtimé que nous n'avons pas pu nous procurer, on trouvoit l'hiſtoire d'un monſtre compoſé de deux individus femelles, accolés par le côté. Elles furent élevées dans un couvent de Quebec où elles ſe firent & moururent Religieuſes. L'Auteur aſſure que l'une étoit beaucoup plus forte que l'autre ; que la premiere étoit méchante & la ſeconde bonne par caractere & que la mort de l'une fut ſuivie en peu de jours de la mort de l'autre.

Terminons ce recueil par un fait raconté par *George Buchanan* dans ſon Hiſtoire d'Ecoſſe. (29) On a vu naître dans ce royaume, *dit-il*, un monſtre mâle, dont toutes les parties intérieures & extérieures du corps, depuis le nombril en haut étoient doubles, double tête, double poitrine, quatre bras, &c. & les parties intérieures & extérieures depuis le nombril en bas étoient ſimples,

(28) Pag. 637.
(29) Liv. 13.

un seul ventre, deux jambes, &c. Le Roi d'Ecosse le fit élever avec soin. Il fit des progrès étonnans dans l'étude des langues & dans la Musique. Il chantoit de maniere à ravir en admiration les plus grands Musiciens de son tems. Ce qu'il y avoit de singulier dans ce monstre, c'est que ses deux têtes n'étoient pas toujours d'accord ; elles en venoient quelquefois à des querelles & à des injures peu décentes. La douleur provenant de quelque blessure faite dans les parties inférieures, leur étoit commune ; ce qui n'arrivoit pas, lorsque cette blessure se faisoit dans les parties supérieures d'un des deux corps. Ce monstre mourut à l'âge de vingt-huit ans.

Il a donc existé quatre sortes de monstres ; les uns l'ont été par *excès*, les autres par *défaut*, les troisiemes par *transposition* & les quatriemes par *conjonction*. Essayons d'expliquer d'une maniere conforme aux loix de la nature ces phénomenes effrayans. Mais avant que d'édifier, commençons par détruire.

Les anciens Naturalistes ont presque tous écrit dans un tems où la Physique étoit comme au berceau. Aussi n'ont-ils pas manqué de crier *au miracle*, lorsqu'il a paru quelque monstre sur la terre. La plupart ont regardé cette naissance comme le présage assuré de quelque malheur à venir. Entrons ici dans une énumération qui nous fera déplorer le sort de l'homme, lorsqu'il est enveloppé dans les ténebres de l'ignorance.

Cambyse, fils de *Cyrus*, second Roi de Perse, fut un Prince cruel. Dans un accès de phrénésie, il fit mourir son frere *Smerdis*, & il mourut lui-même bientôt après d'une blessure qu'il s'étoit faite à la cuisse. A sa mort, son royaume fut le theâtre des plus sanglantes guerres. Un Mage Persan qui ressembloit beaucoup au frere de *Cambyse*, prit le nom de *Smerdis* & s'empara du trône. Sa tromperie fut découverte. Sept des principaux Seigneurs Persans, à la tête desquels étoit *Darius*, fils d'*Hystaspe*, leverent des troupes, combattirent contre l'usurpateur, le mirent à mort, & *Darius* fut couronné Roi de Perse. On s'attendoit à tous ces événemens, *disoient les Physiciens de ce tems-là* ; *Cambyse* devoit mourir sans successeur ; son épouse *Roxane* avoit mis au monde un enfant mâle sans tête.

En l'année 455, l'Empereur *Valentinien III* fut détrône & mis à mort par ordre *de Pétrone Maxime*, Sénateur Romain, qui se saisit de l'Empire. Cette révolution, *disoit-on*, avoit été annoncée par la naissance de deux monstres dont l'un étoit d'une grandeur étonnante & l'autre d'une petitesse inconcevable. Celui-ci survécut quelque tems à celui-là ; nouvelle preuve de la vérité du présage. Tout le monde sait que *Genseric*, Roi des Vandales, passa d'Afrique en Italie, pour venger l'assassinat de *Valentinien III.* Ce Prince s'empara de Rome, fit mettre en pieces *Petrone Maxime* & fit jeter dans le Tibre ses membres épars, le 12 Juin 455, après un regne de 77 jours.

Les hérésies de *Donat* & de *Pelage* ; les invasions des Gots, des Vandales & des Huns ; toutes les calamités, en un mot, du quatrieme siecle avoient été annoncées, suivant les Historiens de ce tems-là, par un grand nombre de monstres qui naquirent dans l'Orient du tems à-peu-près de *St. Jérôme* & de *St. Augustin.* Nous avons fait la description de quelques-uns dans la partie historique de cet article.

En l'année 1293, naquit à Constantinople un enfant à deux têtes & à quatre bras. Les ennemis de l'Empire & de l'Empereur *Andronic* ne manquerent pas de publier que Dieu avoit fait naître ce monstre, pour annoncer au peuple que l'Empire étoit sur le point de sa ruine totale. C'est peut-être à une pareille fable qu'il faut attribuer une partie des conquêtes des Turcs sur les Grecs. Ces conquêtes allerent toujours en augmentant jusqu'en l'année 1453, époque de la destruction de l'Empire d'Orient par la prise de Constantinople, que *Mahomet II* emporta d'assaut & qu'il fit la capitale de l'Empire Ottoman. Tant il est vrai que les Princes ne sauroient punir trop séverement les Auteurs dont les écrits n'inspirent pas l'amour de la patrie & l'obéissance au Souverain.

Le seizieme siecle a été l'un des plus féconds en monstres de toute espece ; nous avons parlé de ceux dont la naissance ne sauroit être révoquée en doute. Tous ces monstres, suivant les Auteurs de ce siecle aussi peu éclairé que les précédens, présageoient ou accompagnoient les révolutions dont personne n'ignore les vraies causes morales, celles en particulier qui occasionnerent le schisme d'Angleterre ; opéré par le refus que fit *Clément VII* de casser le mariage de *Henri VIII* avec *Catherine* d'Aragon, avec qui il avoit vécu pendant 20 ans, & dont il avoit des enfans.

La naissance de quelque monstre & surtout de quelque monstre à deux têtes, a toujours précédé, suivant *Aldrovandus*, (30) les schismes occasionnés par l'élévation de deux concurrens au Souverain Pontificat. Il n'a pas manqué de parler des monstres qui annoncerent le fameux schisme qui désola l'église pendant 51 ans & qui commença en l'année 1378, à la mort du Pape *Grégoire XI*, pour ne finir qu'en l'année 1429, sous le Pontificat de *Martin V*; schisme d'autant plus affreux, qu'on ignorera toujours quel est celui des prétendans qui a été le vrai chef de l'Eglise.

Ambroise Paré est un des Ecrivains anciens qui ait adopté avec le plus de crédulité toutes ces rêveries. (31) En l'année 1475, *Charles* Duc de Bourgogne, s'empara du Duché de Lorraine ; un violent embrasement réduisit en cendres la Ville de Cracovie. Il y eut une sanglante guerre entre *Ferdinand*, Roi d'Espagne, & *Alphonse*, Roi de Portugal. Tous ces événemens, *dit Paré*, avoient été annoncés par un monstre qui naquit la même année à Vérone ; c'étoient deux filles, jointes ensemble, depuis les épaules jusqu'aux reins. *Ce monstre*, continue-t-il, *fut suivi de plusieurs autres effets qu'il semble avoir présagiés :* ce sont-là ses propres paroles.

L'année 1540 fut peut-être la plus féconde en tristes événemens. (32) Des combats sanglans, de fréquens tremblemens de terre, l'embrasement du Palais Royal & de l'Eglise Cathédrale de Prague, des chaleurs affreuses qui firent périr presque toutes les récoltes, le châtiment des Gantois qui s'étoient révoltés contre *Charles-Quint* ; tous ces malheurs & plusieurs autres qui arriverent cette année, *dit Paré*, avoient été prédits par la naissance d'un monstre à deux têtes, tournées l'une contre l'autre, qui se regardoient d'un air menaçant. Ce monstre naquit dans la Hesse le 5 Janvier 1540. Il n'est rien

(30) *De monstris*, pag. 367.
(31) Des monstres, pag. 648.
(32) Pag 651.

de plus singulier que le raisonnement qu'il fait, pour donner à son sentiment un air de vraisemblance. Toutes les fois, *dit-il*, qu'il arrive dans l'espece humaine des choses horribles à voir, il doit arriver dans les Etats des accidens fâcheux qui en dérangent l'économie.

Dans un siecle aussi éclairé que le nôtre, on ne peut pas réfuter sérieusement de pareilles inepties. Si la naissance d'un monstre, eût jamais été le présage assuré de quelque malheur à venir, cette naissance auroit été nécessairement l'effet d'un miracle du premier ordre, puisque tout monstre seroit un effet supérieur aux loix de la nature, un effet produit hors de l'enchaînement des causes naturelles, un effet, en un mot, qui supposeroit dans sa cause un pouvoir plus grand que celui de tout être créé. Refuser à Dieu le pouvoir de faire des miracles, c'est un blaspheme, c'est une folie ; celui qui a fait les loix de la nature, peut évidemment agir indépendamment de ces loix. Révoquer en doute des miracles avérés, mais surtout des miracles révélés, c'est une impiété ; mais aussi regarder comme des miracles des effets purement naturels, c'est une ignorance qui conduit souvent au fanatisme le plus dangereux. Nous tirerons sans peine les monstres du rang des effets miraculeux, lorsque nous aurons rapporté & réfuté, lorsqu'il sera nécessaire, quelques autres sentimens des Physiciens sur ces productions informes de la nature.

Thomas Bartholin, Médecin & Anatomiste du dix-septieme siecle, connu par des découvertes précieuses sur les veines lactées & sur les vaisseaux lymphatiques, & par un excellent ouvrage qu'il publia en 1661, sur l'usage de la neige, comme remede, dans certaines maladies, a regardé les cometes comme des *abcès* du ciel, & leur influence sur l'espece humaine comme la cause physique de la formation des monstres. Ce délire est consigné dans l'ouvrage qui a pour titre : *De cometa consilium medicum, cum monstrorum in Dania natorum historia.* C'est dans cet ouvrage que ce savant Médecin Danois prescrit gravement un régime pour se préserver de la contagion des cometes. L'on trouve dans les œuvres *d'Ambroise Paré* (33) comme la semence d'un sentiment aussi ori-

(33) Des Monstres, 651.

ginal. Ce grand Anatomiste n'a pas manqué de parler des éclipses qui arriverent & des cometes qui parurent les mêmes années où il naquit quelque monstre. Tant il est vrai qu'on peut dire de certains savans ce que l'on a dit du Prince des Poëtes Grecs : *Quandoque bonus dormitat Homerus.*

Entrons maintenant dans des systemes plus conformes à la raison & aux loix de la saine Physique, & commençons par celui de *Pierre-Sylvain Regis*, Philosophe Cartésien très-estimé. Cet Auteur assure (34) que rien n'empêche de croire que les germes des monstres ont été créés par le Tout-Puissant, au commencement du monde, comme ceux des animaux parfaits. Dans ce systeme l'on est obligé d'admettre des germes essentiellement monstrueux, comme l'on admet des germes essentiellement naturels. L'on doit ajouter que les parties monstrueuses sont en petit dans leur germe, comme les naturelles dans le leur, & que les unes & les autres n'ont besoin que de développement & d'un développement produit par les mêmes causes, pour paroître telles qu'on les voit ensuite. M. *Duverney* embrassa ce systeme avec empressement, & M. *Winslow* le défendit avec succès. Les monstres *par transposition* des parties intérieures du corps lui fournirent des preuves assez probables & des argumens assez forts, pour embarrasser ses adversaires. Il tira le meilleur parti de la dissection faite à l'Hôtel Royal des Invalides sur le cadavre d'un soldat mort à l'âge de 72 ans, à l'ouverture duquel on trouva généralement, comme nous l'avons déjà remarqué, toutes les parties internes de la poitrine & du bas-ventre situées à contre-sens. Quand même, *dit-il*, (35) on ne supposeroit dans ce sujet qu'une simple transposition ou inversion de parties ordinaires à contre-sens, elle seroit incompréhensible dans le sentiment de ceux qui prétendent expliquer les phénomenes qui ont rapport aux monstres par des accidens arrivés au fœtus dans le sein de la mere. Car quel accident, quelle pression, quel mouvement irrégulier pourroit-on imaginer, qui fût capable de

(34) Systeme de Philosophie, tom. 5, pag. 221 de l'édit. in-12.

(35) Mémoires de l'Acad. des Sciences, an. 1733, pag. 524 de l'édit. in-12.

déplacer tous ces viſceres, comme par un ſeul tour de pivot, en les détachant de leur connexion primitive & en leur donnant des attaches nouvelles, & cela ſans cauſer la mort à l'enfant avant ſa naiſſance ? Outre la contorſion funeſte dont je viens de parler, par une telle tournure, le devant ordinaire de ces parties auroit été en arriere, & l'arriere en devant ; au lieu que ce devant & ce derriere dans le ſujet dont il s'agit, paroiſſoient comme de coutume, mais avec cela tout ce qui devoit être à droite, étoit à gauche, & tout ce qui devoit être à gauche étoit à droite. Il faut donc, pour expliquer de pareils phénomenes, renoncer à toute cauſe accidentelle, & avoir recours à un germe originairement monſtrueux. M. *Winſlow* parle de pluſieurs autres monſtres qu'il ſuppoſe inexplicables dans tout autre ſyſteme que le ſien. Il n'a pas manqué de fonder ſon opinion ſur un phénomene des plus incompréhenſibles, celui d'un cœur humain à trois ventricules qui communiquoient enſemble. Les deux ventricules ordinaires ne recevoient que les veines, ſavoir, le ventricule droit recevoit les veines caves & le ventricule gauche recevoit les veines pulmonaires. Le ventricule monſtrueux fourniſſoit les arteres pulmonaires & l'aorte. Par cette conſtruction particuliere les deux ventricules ordinaires pouſſoient dans le troiſieme ventricule le ſang qu'ils avoient reçu des veines, & ce troiſieme ventricule pouſſoit dans les arteres le ſang qu'il avoit reçu des deux autres. Je le demande à tout Anatomiſte, *dit Winſlow*, peut-on, ſans le ſecours d'un germe originairement monſtrueux, tenter d'expliquer une tranſpoſition & un mécaniſme qui dérangent toute l'économie du corps humain ?

Il faut avouer qu'il n'eſt rien de plus commode qu'un pareil ſyſteme de Phyſique. A l'inſtant il fait évanouir toutes les difficultés ; & en partant du principe de M. *Winſlow*, l'homme le plus ignorant expliquera ſans peine des phénomenes qui embarraſſeront toujours les Phyſiciens les plus expérimentés. Je ne prononce pas encore ſur l'exiſtence ou la non-exiſtence des germes originairement & eſſentiellement monſtrueux ; mais j'avance ſans peine qu'on ne peut y avoir recours en Phyſique, que lorſqu'il ſera démontré qu'il eſt des cas où l'on ne ſauroit s'en paſſer ; & ces cas ſont infiniment rares. Le grand défaut du ſyſteme de *Regis* eſt donc d'expliquer tous les monſtres par de pareils germes, quoiqu'il ſoit évident que la plupart ſont des monſtres purement accidentels.

M. *Lemery* (36) & tous ceux qui ſont plus Phyſiciens, qu'Anatomiſtes, aſſurent que les monſtres ne ſont jamais que l'effet de quelque accident arrivé au *fœtus* dans le ſein de la mere. Et combien n'en arrive-t-il pas ? Il ſuffira, *diſent-ils*, que, par quelque accident, quelque partie du germe ait été détruite, pour qu'il naiſſe un *monſtre par défaut.* La confuſion de deux germes produira néceſſairement un *monſtre par excès.* Un monſtre à deux têtes ſur un ſeul corps, *par exemple*, ſera produit par la confuſion de deux germes, dans l'un deſquels toutes les parties, la tête exceptée, ont été détruites avant la naiſſance. Dans les *monſtres par conjonction* aucune partie principale des germes n'aura été détruite : quelques parties ſuperficielles des *fœtus* jumeaux déchirées dans quelque endroit, & repriſes l'une avec l'autre, cauſeront l'adhérence de deux corps.

Ce ſyſteme, généralement conforme aux loix de la nature, ne fournit pas, je l'avoue, des explications ſatisfaiſantes, lorſqu'on en vient à certains *monſtres par tranſpoſition*, à ceux ſurtout dont M. *Winſlow* n'a fait l'Anatomie, que pour prouver la néceſſité où l'on étoit d'admettre en Phyſique la création de certains germes originairement & eſſentiellement monſtrueux.

Les deux ſyſtemes que nous venons d'expoſer, ont chacun & du vrai & du faux. Ce qu'il y a de vrai dans le ſyſteme de *Regis*, c'eſt qu'il eſt certains monſtres qui viennent de germes eſſentiellement difformes ; ce qu'il y a de faux, c'eſt la généralité du ſyſteme, c'eſt le recours à ces ſortes de germes dans des occaſions où l'on peut évidemment s'en paſſer.

Il en eſt de même du ſyſteme de *Lemery.* Il a tort de regarder comme purement accidentels les monſtres, à quelque claſſe qu'ils appartiennent ; il en eſt quelques-uns qui doivent leur origine à des germes eſſentiellement monſtrueux. Faiſons donc une eſpece de traité de paix entre les différens combattans. Accordons aux défenſeurs du ſyſteme de *Regis* quelques germes originairement monſ-

(36) Mémoires de l'Acad. an. 1727, pag. 63 & ſuiv. de l'édit, *in*-12.

trueux, & invitons-les à ne les admettre, que lorsque les explications des défenseurs du systeme de *Lemery* ne seront pas conformes aux loix de la saine Physique. C'est-là le parti que nous prenons; & par ce moyen l'explication naturelle de ce grand nombre de monstres dont nous avons constaté l'existence, se présentera comme d'elle-même à tout Physicien qui saura les premiers élémens de l'Anatomie, & le mécanisme du corps humain. Comment, par exemple, peut-on avancer, avec M. *Lemery*, qu'un enfant qui a un doigt de trop, est un monstre composé de deux germes, dans l'un desquels toutes les parties, excepté ce doigt, ont été détruites par accident? Cette explication, toute forcée qu'elle est, pourroit avoir quelque air de vraisemblance, s'il n'y avoit pas des familles *sex-digitaires*, dans lesquelles cette difformité se perpétue, quoiqu'alliées avec des personnes qui en sont exemptes. (37) Or on trouve de ces sortes de familles, dans presque tous les pays du monde, & nommément dans plusieurs Paroisses du Bas-Anjou. Ce fait incontestable ne suppose-t-il pas des germes originairement & essentiellement monstrueux? N'y ayons cependant recours, comme nous l'avons déjà dit, que rarement & comme en désespoir de cause.

L'on trouve dans le regne animal & dans le regne végétal les quatre classes de monstres qu'on distingue dans l'espece humaine. Leur histoire est consignée dans les ouvrages de nos plus grands Naturalistes & de nos meilleurs Botanistes; & l'explication de ces phénomenes ne coûtera rien à quiconque n'admettra des germes originairement monstrueux, qu'après avoir tenté d'expliquer par des accidens ces especes de jeux de la nature.

Il est une difformité dans l'espece humaine qui doit naturellement terminer ce petit traité sur les monstres. Le Lecteur me prévient & il voit que je veux parler du phénomene connu sous le nom d'*envies des femmes enceintes*. Une mere, *dit-on*, desirant de manger tel ou tel fruit, a-t-elle l'imprudence de porter la main à son visage? L'enfant viendra surement au monde avec la figure du fruit desiré, marquée sur la partie de son visage analogue à celle que la mere a touchée sur le sien. Aussi a-t-on grand

(37) Observations de Physique, année 1774, Nov. pag. 372.

soin d'engager les femmes enceintes à ne pas cacher leurs *envies*, ou du moins à ne pas se toucher, lorsqu'elles sont dans cet état de souffrance.

Dans ce siecle éclairé, les plus grands Physiciens ont regardé ces sortes d'histoires comme des contes faits à plaisir, & ces craintes comme de vraies puérilités. On peut mettre à la tête de ces Physiciens sensés le célebre *Maupertuis*. Rien n'est si fréquent, *dit-il*, (38) que de rencontrer de ces signes qu'on prétend formés par les envies des meres : tantôt c'est une cérise, tantôt c'est un raisin, tantôt c'est un poisson. J'en ai observé un grand nombre : mais j'avoue que je n'en ai jamais vu qui ne pût être facilement réduit à quelque excroissance ou quelque tache accidentelle. J'ai vu jusqu'à une souris sur le cou d'un enfant dont la mere avoit été épouvantée par cet animal ; un autre portoit au bras un poisson que sa mere avoit eu envie de manger. Ces animaux paroissoient à quelques-uns parfaitement dessinés : mais pour moi l'un se réduisit à une tache noire & velue, de l'espece de plusieurs autres qu'on voit quelquefois placées sur la joue & auxquelles on ne donne aucun nom, faute de trouver à quoi elles ressemblent : le poisson ne fut qu'une tache grise. Le rapport des meres, le souvenir qu'elles ont d'avoir eu telle crainte ou tel desir, ne doit pas beaucoup embarrasser : elles ne se souviennent d'avoir eu ces desirs ou ces craintes, qu'après qu'elles sont accouchées d'un enfant marqué ; leur mémoire alors leur fournit tout ce qu'elles veulent : & en effet il est difficile que dans l'espace de neuf mois une femme n'ait jamais eu peur d'aucun animal, ni envie de manger d'aucun fruit.

J'ai fait cent fois les mêmes observations que M. *de Maupertuis*, & je n'ai pas plus reconnu que lui les fruits qu'on prétendoit être représentés par ces empreintes accidentelles. Une grande tache rouge qui couvroit la moitié de la joue d'une femme, avoit pour cause, *me disoit-on*, l'envie qu'avoit eu sa mere de boire un verre de vin pur. Je voulus examiner le fait, & je me convainquis facilement que la mere qui avoit le vin en horreur, n'avoit jamais eu une pareille envie.

(38) Œuvres de *Maupertuis*. Tom. 2, pag. 78.

Bien des Physiciens cependant pensent différemment de M. *de Maupertuis.* Ils adoptent aveuglément tout ce qu'on raconte des envies des femmes enceintes & de leurs effets pernicieux, lorsqu'elles ont eu l'imprudence de se toucher. Ils s'appuyent du nom de *Malebranche* & de l'autorité que s'est justement acquise un si grand Philosophe. *Malebranche* en effet, dans son Traité de l'imagination, a fait un systeme dans les formes, pour expliquer le phénomene dont nous parlons. Il a ramassé des faits ; il a posé des principes ; & les conséquences qu'il en tire, présentent des explications quelquefois hasardées, plus souvent assez naturelles.

Malebranche avance 1°. que les enfans dans le sein de leurs meres, unis avec elles de la maniere la plus étroite, éprouvent les mêmes sentimens & les mêmes passions que celles qui doivent leur donner le jour. Le corps de l'enfant, *dit-il*, fait comme un même corps avec celui de la mere. Le sang & les esprits sont communs à l'un & à l'autre : les sentimens & les passions sont des suites des mouvemens des esprits & du sang ; & ces mouvemens se communiquent nécessairement de la mere à l'enfant. Donc les passions & les sentimens sont communs à la mere & à l'enfant.

Il avance 2°. qu'il y a dans notre cerveau des ressorts qui nous portent naturellement à l'imitation ; il regarde même ces ressorts comme l'un des principaux liens de la Société civile.

Il avance 3°. d'après l'expérience de la sensation douloureuse qu'on éprouve, lorsqu'on voit frapper rudement quelqu'un, que les esprits vitaux se portent naturellement dans les parties analogues de notre corps, pour nous faire participer en quelque maniere à leurs blessures, & pour nous faire prendre part à leurs miseres.

Il avance 4°. que plus on a les chairs tendres & molles, plus on est affecté du mouvement des esprits vitaux. Il conclut de-là que le cours des esprits peut produire dans l'enfant qui est encore dans le sein de sa mere, des accidens sans nombre qui lui causent quelquefois la mort : témoin, *dit-il*, ce malheureux enfant dont le visage ressembloit à celui d'un vieillard ; dont les bras étoient croisés sur la poitrine, les yeux tournés vers le ciel & la tête couverte d'une espece de mitre renverfée fur fes épaules. Son imprudente mere, *ajoute-t-il*, avoit regardé trop attentivement le tableau de *Saint Pie*; auffi accoucha-t-elle d'un enfant mort qui reffembloit parfaitement à l'image de ce Saint.

Ces principes pofés, *Malebranche* explique fans peine tout ce qui a rapport aux envies des femmes enceintes. Une mere, *dit-il*, ne peut pas avoir envie de manger tel ou tel fruit, fans que les efprits vitaux en gravent l'image dans fon cerveau. Porte-t-elle dans ce tems-là la main à quelque partie de fon corps, par exemple, à fa joue? Ce mouvement détermine les efprits à diriger leur cours de ce côté-là, & ils y laifferoient l'empreinte de ce fruit, fi elle pouvoit fe graver facilement fur un corps déjà formé, & fur une chair qui a toute fa confiftance.

Ce qui arrive à la mere, arrive auffi à l'enfant qu'elle porte dans fon fein. Les efprits vitaux commencent par graver dans fon cerveau l'image du fruit que fa mere a envie de manger. Ils dirigent enfuite leur cours vers la joue de l'enfant; & ils y en laiffent l'empreinte, parce que fa chair tendre & molle reçoit facilement toute forte de figures.

Quel parti prendrons-nous donc dans une occafion où les plus grands Phyficiens ne font pas d'accord entre eux fur l'exiftence des faits? Le voici en deux mots.

Révoquer en doute la plupart des faits qu'on raconte, & furtout leur analogie avec les envies des femmes enceintes: regarder pour l'ordinaire ces envies comme des caufes infuffifantes, pour produire de pareils effets; voilà le parti le plus fage & le plus conforme aux loix de la faine Phyfique.

Si cependant je voyois jamais fur le corps d'un homme l'empreinte bien décidée de tel ou tel fruit, par exemple, d'un raifin, & qu'une mere honnête & à imagination vive, m'affurât avoir eu pendant fa groffeffe une envie étonnante de manger de ce fruit: fi elle m'ajoutoit furtout qu'elle eut dans ce tems-là l'imprudence de porter fa main fur quelque partie de fon corps, j'avoue que dans cette occafion je ne ferois pas éloigné d'adopter la plupart des principes de *Malebranche* & les conféquences qu'il en tire. Je trouve *Maupertuis* trop pyrrhonien & *Malebranche* trop crédule en cette matiere.

MONTAGNE. Grande élévation au-dessus de la surface de la terre. Ce que la charpente est à un bâtiment ; ce que l'épine du dos est au corps humain, les montagnes le sont au globe que nous habitons. Elles augmentent d'environ un vingt-six millieme le poids absolu de la terre ou sa solidité. Je ne crains pas de le dire : c'est ici une découverte qui m'est propre. Je renvoie à la fin de cet article ce grand nombre d'opérations physico-géométriques qui m'ont conduit heureusement à la parfaite solution d'un probleme qu'on avoit regardé jusqu'à présent, je ne sais pourquoi, comme insoluble, & ce probleme nous présente une vérité bien consolante : que les montagnes ne sont pas les effets du hasard, des défectuosités sur notre globe, & que la terre n'est pas une masse confuse, composée de parties amoncelées sans ordre, sans égard à la beauté & à la symétrie. Les montagnes joignent parfaitement l'agréable à l'utile ; & voilà ce qui nous les rend infiniment cheres. Disons, comme en passant, deux mots sur ce qu'elles ont d'agréable, & faisons ensuite l'énumération des biens immenses qu'elles nous procurent.

Est-il rien de plus beau, rien de plus frappant que la vue d'une montagne cultivée avec soin ? Ici vous trouverez d'abondans pâturages, là des moissons précieuses ; sur tel côteau vous verrez paître des troupeaux sans nombre ; tel autre, complanté en vignes, vous fournira la boisson la plus délicieuse, *apertos Bacchus amat colles* ; partout vous verrez errer des animaux dont la chair flattera votre goût & dont la peau tachetée vous donnera les meilleures fourrures. Que ce point de vue est agréable ! Qu'il est supérieur à celui que nous présente une plaine immense, mais unie, lorsqu'on ne monte pas sur une hauteur pour en contempler toute la beauté. Mais occupons-nous d'objets plus intéressans, & comparons l'air qu'on respire dans les pays montagneux avec celui qu'on respire dans les plaines & dans les bas fonds ; c'est un air très-pur & très-salubre : premier avantage que nous retirons des montagnes.

Graces à M. *Priestley* & à tant de laborieux savans qui, depuis environ 20 ans, ont enrichi la Physique d'une foule d'expériences précieuses, nous connoissons assez bien maintenant la nature de l'air que nous respirons. Nous savons que dans les plaines, les bas fonds & surtout dans les grandes villes, il n'y a qu'environ un tiers d'air respirable dans la partie d'air qui nous environne; tout le reste est un composé d'air fixe, d'air inflammable, d'air nitreux, en un mot, d'un air assez méphitique, pour faire tomber dans l'asphyxie les hommes & les animaux qui auroient le malheur de le respirer. Ils y mourroient même infailliblement, pour peu qu'on tardât de les en retirer & de leur procurer des remedes propres à neutraliser ces gaz pestilentiels. Il n'est aucun Physicien à qui cette expérience soit inconnue; il en est peu qui n'ayent vu mourir des oiseaux dans l'air fixe pur qu'ils avoient respiré tout au plus deux minutes. Cherchez *Gaz*.

Il n'en est pas ainsi de l'air qu'on respire sur les montagnes un peu élevées; il est presque tout respirable; sa nature approche beaucoup de celle de l'air le plus salutaire que nous connoissions, l'air déphlogistiqué, air dans lequel les animaux vivent trois fois plus de tems, que dans l'air ordinaire. Cherchez *Gaz*. Les pays montagneux sont presque les seuls où l'on voie des vieillards arriver à leur centieme année, compter même plus d'un siecle de vie, sans avoir éprouvé la moindre incommodité. Témoin, parmi tant d'autres, ce fameux Hermite qui, dès son bas âge, avoit fixé sa demeure sur le sommet d'une montagne du Cap-de-Bonne-Espérance. *Boerhave*, au rapport de *Linné*, attribue la santé robuste & la longueur de la vie de ce Solitaire à la pureté de l'air qu'il avoit respiré. *

Vraie ou fausse, tout le monde sait l'histoire qu'on raconte d'un Botaniste qui herborisoit sur les Alpes. Il entra dans une chaumine & il y trouva un vieillard fondant en larmes & poussant les sanglots les plus vifs. Quel est donc le sujet de vos larmes, *lui dit-il*, serois-je assez heureux pour les essuyer? Quel malheur vous est-il arrivé? Auriez-vous perdu quelqu'un de vos enfans ou de vos petits enfans? Non, Monsieur, lui répondit le

* *Serenus aer & purus, quanti nostrûm intersit, exemplo Eremitæ colligere licet, quem Boerhavius ad summum montis Capitis Bonæ Spei fastigium, sedes suas fixisse, optimâ usum valetudine, multòque longiorem, quàm depressam urbem habitantes, vitam traduxisse testatur.* Linn. differt. de aere habitabili, num. 28.

vieillard;

vieillard ; je pleure la mort prochaine de mon pere ; ce pauvre homme ne sauroit survivre à la perte qu'il vient de faire, celle de mon grand-pere.

Je ne garantis pas la vérité de ce fait ; je pense même qu'il est ou fabuleux ou exagéré. Mais ce qu'il y a de vrai, c'est que la durée de la vie humaine dépendant évidemment de l'air qu'on respire habituellement, l'on doit naturellement pousser la vie plus loin dans les pays montagneux, que dans les plaines & les bas fonds.

La pureté de l'air que l'on respire dans les pays montagneux, vient surtout de la pureté & de l'abondance des eaux dont ils sont arrosés. Que les fontaines & les fleuves viennent uniquement des pluies & des neiges ; qu'elles viennent uniquement de la mer ; qu'elles viennent, comme je le pense, en partie des pluies & en partie de la mer, peu nous importe ; il n'est pas moins vrai que les montagnes sont comme les réservoirs & les citernes de la terre. Aussi n'avons-nous aucun fleuve qui n'ait ses sources dans quelque montagne ; & plus la montagne est élevée, plus le fleuve est abondant & majestueux. Des Alpes seules sortent le Pô, qui se rend dans la mer Adriatique ; le Rhin qui se perd dans les sables en Hollande ; le Rhône qui tombe dans la Méditerranée, & le Danube qui va jusqu'à la mer Noire. C'est des Cordillieres que sort le Maragnon, le plus grand fleuve de la terre, puisque près de ses sources il a 135 toises de large sur 30 de profondeur, & que dans les 600 lieues de pays qu'il parcourt, il est regardé, non comme un fleuve, mais comme une vaste mer. Et sans l's montagnes que seroient les eaux sur nos continens ? Stagnantes & croupissantes, elles deviendroient bientôt pestilentielles ; il falloit qu'elles tombassent d'un endroit assez élevé, pour arroser nos plaines d'une maniere aussi utile, qu'elle est agréable.

Je dis plus, sans les montagnes, nous n'aurions presque aucune pluie sur la terre, puisque sans les montagnes nous n'aurions presque aucun vent pluvieux. C'est ici une découverte de M. *Ducarla*, découverte qui doit faire époque en Physique. J'en ferai sentir tout le beau à l'article *Vent pluvieux & vent sec.*

Autre avantage que nous retirons des montagnes ; nous y trouvons les plantes les plus salutaires. Ici je prends tous les Botaniſtes à témoins. N'eſt-il pas vrai qu'ils ne vont gueres herboriſer que ſur les montagnes ? Ils ont raiſon ; dans les plaines les terroirs ſont preſque uniformes ; dans les pays montagneux ils ſont très-diverſifiés ; & voilà pourquoi l'on y trouve tant de plantes différentes. On compte ſur les Alpes juſqu'à cinq cens eſpeces de plantes ſalutaires qui leur ſont propres, & un bien plus grand nombre d'autres qui naiſſent indifféremment ſur les Alpes & ſur bien d'autres montagnes des quatre parties du monde. J'ai M. *de Haller* pour garant de ce fait intéreſſant. L'Aconit ſalutaire, par exemple, ou l'Anthore, ce contrepoiſon du Thora & de tous les Aconits veneneux, ſans en excepter le Napel, l'Anthore, dis-je, ne ſe trouve que ſur les Alpes. M. *de Bomare* nous l'aſſure ; il ajoute même que les payſans de ces montagnes s'en ſervent efficacement contre la morſure des chiens enragés & les tranchées violentes de la colique.

Il n'en eſt pas ainſi du Napel ; cette plante n'eſt pas propre aux Alpes ; elle vient ſur différentes montagnes, ſur le Mont-*Eſperou* en particulier, l'une des montagnes du pays des Cevennes. Au reſte, le Napel, tout veneneux qu'il eſt, (qu'on me permette ici cette eſpece d'épiſode) devient entre les mains des grands Médecins un remede efficace contre la ſciatique & le rhumatiſme goutteux. L'extrait de cette plante, mêlé avec le ſucre, a ſouvent rendu la ſanté à des malades qui ſouffroient les douleurs les plus aiguës, & qui n'avoient, comme des corps morts, aucun uſage de leurs membres. Il entre dans cette préparation trois parties de ſucre ſur une partie d'extrait de Napel. Liſez l'excellente brochure ſur les plantes veneneuſes compoſée par M. *Razous*, de différentes Académies, & Secrétaire perpétuel de celle de Nîmes ; vous verrez combien de cures ce grand Médecin a faites avec le Napel ainſi préparé.

Autre plante qu'on trouve ſur les Alpes, les Pyrénées & en Auvergne, la grande Gentiane, dont on fait tant d'uſage dans la médecine. Sa racine groſſe comme le poignet & longue d'un pied, eſt rameuſe, ſongueuſe, brune en-dehors, d'un jaune rouſsâtre en-dedans & d'un goût fort amer. Cette racine, *dit M. de Bomare*, eſt vulnéraire, fébrifuge, vermifuge, ſtomachique &

d'un grand secours dans la morsure des chiens enragés. On s'en sert dans les maladies qui supposent des obstructions. Elle arrête les progrès de la gangrene & les ravages de la peste. Elle excite l'appétit & elle facilite la digestion, comme tous les amers. Dans l'usage extérieur elle mondifie les plaies, & elle sert de base à la poudre cordiale des Maréchaux.

Il est peu de montagnes renommées où l'on ne trouve la grande centaurée, plante hystérique & astringente ; la véronique ou le thé de l'Europe ; les pieds de chat & de lion dont l'un est si salutaire à quiconque est attaqué de la poitrine, & l'autre à quiconque a le sang dissous ; la grande valériane dont les asthmatiques se servent avec tant de succès ; l'orpin si propre à guérir les maux de tête ; l'angélique qui tire son nom des vertus sans nombre de cette plante salutaire. Au reste l'angélique qui croît dans nos jardins, est bien inférieure à celle qui croît sur les montagnes. Suivant *Linné*, elle perd dans nos jardins $\frac{1}{2}$ de sa résine & plus d'un $\frac{1}{6}$ de son odeur. Il en est de même de l'orpin transplanté dans nos jardins, sa racine n'a pas $\frac{1}{10}$ de l'odeur de rose qu'elle exhale dans son lieu natal.

Si des plantes je passois aux arbres, je ferois remarquer que nous tirons des montagnes les chênes, les pins, les hêtres, & presque tous les bois de chauffage, de charpente & de construction. Mais ce sont-là des faits trop connus, pour que le détail où je pourrois entrer, ne fût pas une chose au moins inutile.

Terminons la premiere partie de cet article par un avantage que nous retirons encore des montagnes. Dans leur intérieur se trouvent les fossiles les plus variés, les plus curieux & les plus précieux. Pourquoi la Suisse est-elle si abondante en fossiles ? C'est que c'est un pays très-montagneux ; les montagnes en occupent environ les deux tiers. Dans le seul canton de Berne qui n'a que 60 lieues de long sur 30 dans sa plus grande largeur, se trouvent, *assure M. Elie Bertrand*, des terres & des sels fossiles de toute espece, des bitumes sans nombre, plus de cent especes de pierres figurées & non figurées, diaphanes, semi-diaphanes & opaques : parmi ces dernieres les unes admettent le plus parfait poli, les autres sont incapables d'en recevoir aucun. L'on y compte plus de trente especes de pétrifications différentes. L'on y trouve enfin tous les métaux, à l'exception de l'étain, & cinq especes de demi-métaux.

Pourquoi le Pérou est-il la plus riche contrée de l'univers ? C'est qu'il est couvert de hautes montagnes, dans le sein desquelles se trouvent les plus riches mines d'or & d'argent.

Pourquoi la Suede est-elle si abondante en mines métalliques, & surtout en mines de cuivre & d'argent ? C'est que c'est un pays entrecoupé de montagnes. La plus riche de ces mines sans doute est celle de Salseberyt dans laquelle on a pratiqué un salon soutenu par des colonnes d'argent. C'est donc, & voici la conclusion qu'il faut tirer de tout ce que j'ai dit jusqu'à présent, c'est donc une témérité, je pourrois dire une impiété de regarder les montagnes comme les effets du hasard, des défauts dans la création, des défectuosités sur le globe que nous habitons.

Ici finit comme la premiere partie de l'article sur les montagnes ; la seconde va présenter un probleme dont personne avant moi n'avoit tenté de chercher la solution. *Newton* est venu à bout de peser le Soleil & les planetes (cherchez dans le corps de l'ouvrage *Centre de gravitation* ;) seroit-il impossible de peser les montagnes qui se trouvent sur la surface de la terre ? Je ne le pense pas ; je suis même assuré du contraire ; l'on en sera bientôt convaincu.

Probleme physiquo - mathématique.

Trouver de combien nos montagnes augmentent le poids de la terre ou sa solidité.

Notions Préliminaires.

1°. La terre est une sphere solide dont l'équateur a environ 9000 lieues de circonférence & le diametre environ 3000 de longueur. La terre, en prescindant de nos montagnes, a donc en surface environ vingt-sept millions de lieues carrées, puisqu'on trouve la surface d'une sphere, en multipliant par son diametre la circonférence d'un de ses grands cercles ; elle a donc en poids ou en solidité environ 13 milliards cinq cent millions de lieues cubes; puifqu'on trouve cette folidité en multipliant fa furface par le tiers de fon rayon.

2°. A l'infpection d'un globe terreftre, l'on s'apperçoit facilement que nos continens & nos ifles n'occupent qu'environ le tiers de la furface de la terre; leur furface eft donc d'environ neuf millions de lieues carrées.

3°. Nos Géographes conviennent prefque unanimément que la bafe de nos montagnes n'eft qu'environ le dixieme de nos ifles & de nos continens; l'aire de cette furface eft donc d'environ neuf cens mille lieues carrées; & comme nos lieues moyennes courantes font au moins de 2000, & nos lieues moyennes carrées au moins de 4000000 de toifes carrées, l'aire de cette bafe par conféquent eft au moins de 3,600,000,000,000 de toifes carrées.

4°. Les montagnes ont plus ou moins de hauteur perpendiculaire au-deffus du niveau de la mer. Les plus hautes montagnes de l'Europe font les Alpes; il y en a qui ont plus de deux mille toifes de hauteur perpendiculaire. Les plus hautes montagnes de l'Afie font le Mont-Taurus, le Mont-Imaüs, le Caucafe & les montagnes du Japon; ces montagnes font plus élevées que celles de l'Europe. Les montagnes d'Afrique, le grand Atlas & les monts de la Lune, font au moins auffi hautes, que celles de l'Afie. Enfin les montagnes les plus élevées de la Terre font celles de l'Amérique méridionale, furtout celles du Pérou, connues fous le nom de *Cordillieres*, dont la plupart ont trois mille toifes de hauteur au-deffus du niveau de la mer; il en eft même qui en ont jufqu'à 3220.

Prenons une hauteur moyenne & donnons dix-huit cens toifes de hauteur à toutes les montagnes, grandes ou petites, beaucoup ou peu élevées.

5°. Les montagnes ont à-peu-près une figure conique. On peut les repréfenter par le cône tronqué ABCD, *fig.* 10, *pl.* 3, dont les plaines fupérieures CMDN, font, à vue de pays, le tiers de la bafe ARBT. L'aire CMDN fera donc, *num.* 3, d'environ 1,200,000,000,000 de toifes carrées & le rayon CG de fa circonférence d'environ 625000 toifes courantes. Que fi quelqu'un doutoit que le rayon CG eût la valeur que nous venons de lui donner ; il n'auroit qu'à chercher par les regles de la plus simple Géométrie l'aire d'un cercle qui auroit un rayon de 625000 toises courantes, & il seroit bientôt convaincu que la longueur du rayon CG est telle que nous l'avons énoncée.

6°. L'aire FARBT étant connue, *num.* 3, son rayon AF le sera aussi ; nous l'avons trouvé d'environ 1,070,474 toises courantes.

7°. AH = AF — HF = AF — CG = 1,070,474 — 625000 = 445474 toises courantes. *Num.* 5 & 6.

8°. CH = GF = 1800 toises courantes. *Num.* 4.

9°. Pour connoître la hauteur FE du cône parfait AEB, dont le cône tronqué ABCD fait partie, je dis, à cause des triangles semblables AHC, AFE ; AH : CH :: AF : FE ; donc $FE = \frac{AF \times CH}{AH} = \frac{1070474 \times 1800}{445474}$ = 4325 toises courantes ; donc $\frac{1}{3}$ FE = 1442 toises courantes.

10°. Pour connoître la solidité du cône parfait AEB, je multiplie la base FARBT, connue *num.* 3 par $\frac{1}{3}$ FE, connu *num.* 9, & je trouve que ce cône a 5,191,200,000,000,000 de toises cubes qui valent 648900 lieues cubes, parce qu'une lieue cube vaut 8,000,000,000 de toises cubes. Le cône parfait AEB a donc en solidité 648900 lieues cubes.

11°. Pour connoître la solidité du petit cône CED, je cherche d'abord la valeur de GE = FE, (connu *num.* 9) — GF (connu *num.* 4) = 4325 — 1800 = 2525 toises courantes ; donc $\frac{1}{3}$ GE = 842 toises courantes. Je multiplie ensuite la base GCMDN, connue *num.* 5 par $\frac{1}{3}$ GE, connu *num.* 11, & je trouve que ce cône a 1,010,400,000,000,000 de toises cubes qui valent 126300 lieues cubes. Le petit cône CED a donc en solidité 126300 lieues cubes.

12°. Pour connoître la solidité du cône tronqué ABCD, je dis ; la solidité du cône tronqué ABCD = la solidité du cône parfait AEB — la solidité du petit cône CED ; donc la solidité du cône tronqué ABCD = 648900 — 126300 = 522600 lieues cubes, valeur de la solidité des montagnes. Cela supposé, le probleme proposé sera bientôt résolu.

Résolution. Les montagnes augmentent de $\frac{1}{25832}$ le poids abſolu de la Terre ou ſa ſolidité.

Démonstration. Si la Terre n'avoit point de montagnes, elle auroit en ſolidité 13 milliards cinq cens millions de lieues cubes, *num.* 1. Les montagnes ont en ſolidité 522600 lieues cubes, *num.* 12. Diviſons la ſolidité de la Terre par la ſolidité des montagnes, c'eſt-à-dire, diviſons 13,500,000,000 par 522600, nous aurons pour quotient 25832, & ce quotient repréſente évidemment de combien les montagnes augmentent le poids abſolu de la Terre; donc les montagnes augmentent de $\frac{1}{25832}$ le poids abſolu de la Terre ou ſa ſolidité. C. Q. F. D.

Remarque 1) Pour ſe former une idée du poids abſolu des montagnes, il faut commencer par réduire en livres la valeur d'une lieue cubique. On en viendra aſſez facilement à bout, ſi l'on fixe le poids d'un pied cubique de matiere compoſant les montagnes. Comme ces matieres ſont plus peſantes les unes que les autres, je ne crois pas m'écarter de la vérité, en avançant qu'un pareil pied cubique doit peſer 100 livres. Les montagnes, il eſt vrai, contiennent dans leur ſein des matieres très-peſantes, telles ſont les matieres métalliques; mais elles contiennent auſſi beaucoup d'eau douce, & le pied cubique d'eau douce ne peſe guere que 70 livres. Cela ſuppoſé, voici comment je procede.

1°. Le pied cubique de matiere compoſant les montagnes, étant une fois fixé à 100 livres, la toiſe cubique qui contient 216 pieds cubiques, peſera 21600 livres.

2°. Une lieue cubique vaut 8,000,000,000 de toiſes cubiques; donc une lieue cubique peſe 172,800,000,000,000 de livres.

3°. Les montagnes ont en poids ou en ſolidité 522600 lieues cubiques; elles peſent donc 90,305,280,000,000,000,000 de livres.

Remarque 2. Ce n'eſt pas ſans raiſon que nous avons donné à cette queſtion le nom de *Probleme phyſico-mathématique.* Les *données* ne ſont pas aſſez ſûres, pour la regarder comme un probleme de pure Géométrie. Les *à-peu-près*, toujours permis en Phyſique, ne le ſont jamais en Mathématique. *Newton* n'avoit pas des *données* plus sûres, que les nôtres, lorſqu'il ſe détermina à peſer le Soleil & les planetes ; & cependant ſes ſolutions feront toujours l'admiration de l'univers, & juſtifieront l'expreſſion hyperbolique d'un des plus grands Poëtes que la France ait produit, lorſqu'il dit dans une Epître à Madame la Marquiſe *du Châtelet :*

Confidens du Très-Haut, ſubſtances éternelles,
Qui brûlez de ſes feux, qui couvrez de vos ailes
Le trône où l'Eternel eſt aſſis parmi vous ;
Parlez, du grand Newton *n'étiez-vous point jaloux* ?

VOLTAIRE.

MORIN, (Louis) *né au Mans le 11 Juillet 1635, mérite une place diſtinguée parmi les Botaniſtes de ſon ſiecle.*

Lorſqu'en 1662 on réſolut de dreſſer un catalogue des plantes du Jardin Royal, on ne crut pas pouvoir ſe diſpenſer d'aſſocier M. Morin à ce travail. La réputation qu'il ſe fit alors, lui mérita en 1699 une place à l'Académie Royale des Sciences de Paris, & en 1700 l'honneur de faire les démonſtrations des plantes au Jardin Royal, à la place du célebre Tournefort qui alla herboriſer dans le Levant. Celui-ci à ſon retour trouva que M. Morin s'étoit fait aſſez eſtimer, pour que ſon nom pût être donné à une plante étrangere qu'il appella *Morina Orientalis.* M. Morin mourut à Paris le Ier. Mars 1715 à l'âge de 80 ans avec la réputation d'un ſaint. On raconte de lui des choſes qui nous étonneroient dans les plus ſéveres anachoretes. Sa nourriture ordinaire depuis qu'il fut ſorti de Philoſophie, ne fut que du pain & de l'eau ; rarement ſe permit-il quelques fruits. A l'âge de 60 ans il ſe fit ſervir un peu de riz cuit à l'eau ; & lorſqu'il approcha de 80 ans, il ſe réſolut à prendre d'abord une once, & puis deux à trois onces de vin. Sa charité pour les pauvres étoit véritablement héroïque. L'argent qu'il recevoit de ſa penſion de l'Hôtel-Dieu de Paris dont il étoit Médecin, il le remettoit dans le Tronc, après avoir bien pris garde à n'être pas découvert. Toutes ces belles actions ſont racontées dans ſon éloge hiſtorique. On y trouve encore ſon réglement de vie ; c'eſt celui d'un Saint. Il ſe couchoit à 7 heures du ſoir en tout tems,

& il se levoit à 2 heures du matin. Il passoit 3 heures en prieres. Entre 5 & 6 heures en été, & l'hiver entre 6 & 7, il alloit à l'Hôtel-Dieu, & entendoit le plus souvent la Messe à Notre-Dame. A son retour il lisoit l'Ecriture-Sainte, & sur les 11 heures il prenoit son repas. Il passoit le reste du jour à examiner les plantes du Jardin Royal & à lire des livres analogues à sa profession.

Il ne faut pas le confondre avec Jean-Baptiste Morin, Médecin & Professeur de Mathématique à Paris. Celui-ci ne s'est distingué que par un fol entêtement pour l'Astrologie judiciaire ; comme il le paroît dans son livre intitulé *Astrologia Gallica.* Il naquit à Ville-Franche en Beaujolois le 23 Février 1583, & il mourut à Paris le 6 Novembre 1656, à l'âge de 73 ans.

MORISON, (Robert) *naquit à Aberdéen en Ecosse en l'année* 1620. Après avoir enseigné avec éclat la Philosophie dans sa patrie, il s'adonna avec succès à la Médecine & à la Botanique. Les guerres civiles dans lesquelles il se montra toujours très-attaché au Roi Charles I, l'obligerent à passer en France. Ce fut un vrai bonheur pour lui. Il mérita l'estime de Gaston, Duc d'Orléans, qui lui donna la Surintendance du Jardin Royal de Blois. Il conserva cette charge jusqu'en l'année 1660, tems auquel il retourna en Angleterre. Le Roi Charles II qui le connoissoit de réputation, le nomma Professeur Royal de Botanique ; le choisit pour son Médecin, & lui donna une pension annuelle de 200 livres sterlings. Neuf ans après, Morison accepta une Chaire de Professeur en Botanique dans l'Université d'Oxford. Son *Præludium Botanicum*, & sa grande Histoire des Plantes *in-folio*, nous prouvent combien il étoit digne de l'empressement que témoigna cette célebre Université de l'avoir pour Professeur. Il mourut à Londres en 1683, à l'âge de 63 ans.

MOUFLE. C'est une machine composée de poulies mobiles & immobiles. Nous en avons parlé fort au long dans l'article de la Mécanique, en expliquant les poulies.

MOULIN à eau & à vent.

MOUTURE. Cherchez *Grain ;* vous trouverez dans ce long article, non-seulement tout ce qui a rapport à la mouture ordinaire & à la mouture économique ; mais encore tout ce qui a rapport aux moulins à eau & aux moulins à vent, par le moyen desquels l'une & l'autre s'operent.

MOUVANT. On donne cette épithete en Physique à toute force qui imprime, ou qui tend à imprimer du mouvement à un corps.

MOUVEMENT *local.* Le mouvement local est toujours joint avec le passage d'un lieu à un autre. Un corps qui n'a qu'un mouvement de rotation, c'est-à-dire, qu'un mouvement sur son axe, n'a pas un mouvement local, parce qu'il ne change pas de lieu. Comme c'est ici le fondement de la Physique, nous traiterons cet article fort au long, & nous nous ferons une loi de ne pas nous écarter de la maniere de penser de Newton; il ne paroît jamais plus grand homme, que lorsqu'il traite les matieres de Mécanique. Il établit au commencement de son livre des *Principes*, trois regles générales que nous allons rapporter.

PREMIERE REGLE.

Tout corps qui n'est pas en mouvement, persévere dans l'état de repos; & tout corps qui est en mouvement, continue de se mouvoir dans la direction & avec le degré de vîtesse qu'il a reçu, jusqu'à ce qu'une cause nouvelle l'oblige à changer d'état.

EXPLICATION.

Le corps A est-il en repos? Il demeurera dans son état de repos jusqu'à ce qu'une cause extérieure le mette en mouvement. Le corps A est-il en mouvement? Il continuera de se mouvoir jusqu'à ce qu'une cause extérieure l'oblige à passer de l'état de mouvement à l'état de repos.

Le corps A se meut-il d'Orient en Occident? Il continuera de se mouvoir dans cette direction jusqu'à ce qu'une cause extérieure l'oblige à en prendre une autre.

Enfin le corps A commence-t-il de se mouvoir avec 10 degrés de vîtesse? Il continuera de se mouvoir avec ce même nombre de degrés, jusqu'à ce qu'une cause extérieure vienne les augmenter ou les diminuer.

DÉMONSTRATION.

Tout corps eſt indifférent, non-ſeulement au repos ou au mouvement, mais encore à telle ou à telle direction, à telle ou à telle vîteſſe ; donc tout ce qui eſt énoncé dans cette premiere regle générale eſt exactement vrai.

SECONDE REGLE.

Le changement qui arrive au mouvement d'un corps, eſt toujours proportionnel à la cauſe qui le produit, & il ſe fait toujours ſuivant la ligne droite.

EXPLICATION.

Suppoſons le corps A en mouvement : ſuppoſons encore qu'une force capable de lui imprimer deux nouveaux degrés de vîteſſe apporte quelque changement à ce mouvement, Newton prétend ſeulement avancer dans cette ſeconde regle, qu'une force capable d'imprimer au corps A quatre nouveaux degrés de vîteſſe, occaſionneroit un changement dont l'effet ſeroit double. Il ajoute que ce changement ſe feroit ſuivant la ligne droite, parce que, *par la premiere regle générale*, tout corps tend à conſerver la direction qu'il reçoit.

DÉMONSTRATION.

L'effet eſt proportionnel à ſa cauſe ; donc ce qui eſt énoncé dans la ſeconde regle générale eſt exactement vrai.

TROISIEME REGLE.

La réaction ou la réſiſtance eſt égale & contraire à l'action, ou à la compreſſion.

EXPLICATION.

Cette regle eſt vraie, non-ſeulement dans le cas d'équilibre, mais encore dans le cas de non équilibre. En effet ſuppoſons deux poids parfaitement égaux dans les deux bassins d'une balance ; le poids *A* agira autant contre le poids *B*, que le poids *B* réagira contre le poids *A*. Supposons encore qu'un cheval qui a 100 de force, tire une pierre qui a 50 de force, le cheval ne tirera pas cette pierre avec 100, mais seulement avec 50 de force. Il me paroît que c'est-là le vrai sens d'une regle que Newton auroit pu donner un peu moins obscurément, & que quelques auteurs ont obscurcie par leurs commentaires.

DÉMONSTRATION.

Deux forces égales & contraires se détruisent; donc ce qui est énoncé dans cette troisieme regle générale est exactement vrai.

Aux regles générales du mouvement succedent les regles qui s'observent dans les chocs des corps; on les trouvera dans les articles de la *dureté* & de l'*élasticité*.

MOUVEMENT *simple en ligne droite.* Un corps se meut d'un mouvement simple en ligne droite, lorsqu'il n'est poussé que par une seule force, ou bien lorsqu'il est poussé par plusieurs forces qui ont la même direction. Ce corps parcourt-il, dans des tems égaux, le même nombre de pieds, parcourt-il, par exemple, un pied à chaque instant ? L'on dit qu'il décrit sa ligne avec un mouvement constant & uniforme ; parcourt-il au premier instant 1 pied, au second 3, au troisieme 5, &c. ? L'on dit qu'il décrit sa ligne avec un mouvement accéléré ; parcourt-il au contraire au premier instant 5 pieds, au second 3, & au troisieme 1 ? L'on dit qu'il décrit sa ligne avec un mouvement retardé. La force qui cause un mouvement uniforme, se nomme constante & uniforme; celle qui cause un mouvement ou accéléré ou retardé, s'appelle force variable.

Rien n'est plus facile que de connoître la vîtesse & la force respective de deux corps qui parcourent d'un mouvement simple & uniforme, chacun une ligne droite. Nous en allons donner la méthode dans les problemes suivans. Il ne faut, pour nous suivre, qu'avoir lu l'article du Tome premier de ce Dictionnaire, qui commence par les mots *Arithmétique algébrique.*

PROBLEME PREMIER.

Connoissant deux corps égaux en masse & inégaux en vîtesse, trouver le rapport qu'il y a entre leurs forces.

Registre.

Masse du corps $A = M =$ 2 livres.
Masse du corps $B = M =$ 2 livres.
Vîtesse du corps $A = V =$ 4 degrés.
Vîtesse du corps $B = u =$ 2 degrés.
Force du corps $A = F$.
Force du corps $B = f$.

L'on demande le rapport qu'il y a entre F & f, c'est-à-dire, entre la force du corps A & celle du corps B.

OPÉRATIONS.

$$F : f :: MV : Mu.$$
$$FMu = fMV.$$
$$Fu = fV.$$
$$F : f :: V : u.$$

EXPLICATION

DES OPÉRATIONS PRÉCÉDENTES.

1°. La force de tout corps est égale au produit de sa masse par sa vîtesse. Donc $F = MV$ & $f = Mu$. Donc $F : f :: MV : Mu$.

2°. Dans toute proportion géométrique le produit des extrêmes est égal au produit des moyennes. Donc notre seconde équation a dû être $FMu = fMV$.

3°. En divisant cette derniere équation par M, l'on a $Fu = fV$.

4°. En décomposant cette équation, l'on aura $F : f :: V : u$, c'est-à-dire, la force du corps A : à la force du corps B :: 4 : 2.

DÉMONSTRATION.

Le corps A a 8 de force, puisqu'il a 2 de masse & 4

de vîteſſe. Le corps *B* a 4 de force, puiſqu'il a 2 de maſſe & 2 de vîteſſe. Donc la force du corps *A* : à la force du corps *B* :: 8 : 4. Mais 8 : 4 :: 4 : 2 ; donc la force du corps *A* : à la force du corps *B* :: 4 : 2.

PROBLEME SECOND.

Connoiſſant deux corps égaux en vîteſſe & inégaux en maſſe, trouver le rapport de leurs forces.

Regiſtre.

Maſſe du corps $A = M =$ 10 livres.
Maſſe du corps $B = m =$ 2 livres.
Vîteſſe du corps $A = V =$ 4 degrés.
Vîteſſe du corps $B = V =$ 4 degrés.
Force du corps $A = F$.
Force du corps $B = f$.

L'on demande le rapport qu'il y a de F à f.

OPÉRATIONS.

$$F : f :: MV : mV.$$
$$FmV = fMV.$$
$$Fm = fM.$$
$$F : f :: M : m.$$

L'on a opéré dans ce probleme, comme dans le précédent, avec cette différence, qu'au lieu de diviſer la ſeconde équation par M, on l'a diviſée par V. Ces équations nous donnent lieu d'aſſurer que la force du corps *A* : à la force du corps *B* :: 10 : 2.

PROBLEME TROISIEME.

Connoiſſant l'égalité des forces de deux corps inégaux en maſſe & en vîteſſe, trouver le rapport qu'il y a entre leur maſſe & leur vîteſſe.

Regiſtre.

Maſſe du corps $A = M = 10$ livres.
Maſſe du corps $B = m = 4$ livres.
Vîteſſe du corps $A = V = 2$ degrès.
Vîteſſe du corps $B = u = 5$ degrès.
Force du corps $A = F$
Force du corps $B = F$.

L'on demande le rapport qu'il y a entre les maſſes & les vîteſſes de ces deux corps.

OPÉRATIONS.

$$F : F :: MV : mu.$$
$$FMV = Fmu.$$
$$MV = mu.$$
$$M : m :: u : V.$$

EXPLICATION

DES OPÉRATIONS PRÉCÉDENTES.

1°. Les opérations de ce probleme ſont les mêmes que celles des deux précédens, avec la différence qu'on a diviſé la ſeconde équation par F, au lieu de la diviſer par M ou par V.

2°. La quatrieme opération prouve que non-ſeulement les deux corps dont nous parlons, ont leur maſſe en raiſon inverſe de leur vîteſſe; mais elle prouve en général que toutes les fois que deux corps inégaux en maſſe & en vîteſſe, ont leurs forces égales, ils ont auſſi leurs maſſes en raiſon inverſe de leurs vîteſſes. L'on pourroit même tirer une démonſtration très-ſimple du principe de la Mécanique particuliere, qu'on a coutume d'exprimer en ces termes : *Deux corps appliqués à un levier ſont en équilibre, lorſqu'ils ont leurs maſſes en raiſon inverſe de leurs diſtances au point d'appui.*

PROBLEME QUATRIEME.

Connoiſſant deux corps dont les vîteſſes ſont égales,

déterminer le rapport qu'il y a entre les espaces qu'ils parcourent & les tems qu'ils emploient à les parcourir.

Registre.

Vîtesse du corps $A = V$.

Espace qu'il parcourt $= E =$ 10 lieues.

Tems qu'il emploie à parcourir cet espace $= T =$ 2 heures.

Vîtesse du corps $B = V$.

Espace qu'il parcourt $= e =$ 5 lieues.

Tems qu'il emploie à parcourir cet espace $= t =$ 1 heure.

L'on demande le rapport qu'il y a entre les espaces parcourus par ces deux corps, & les tems employés à les parcourir.

OPÉRATIONS.

$$V = \frac{E}{T}.$$

$$V = \frac{e}{t}.$$

$$V : V :: \frac{E}{T} : \frac{e}{t}.$$

$$\frac{Ve}{t} = \frac{VE}{T}.$$

$$TVe = tVE.$$

$$Te = tE.$$

$$E : e :: T : t.$$

EXPLICATION

DES OPÉRATIONS PRÉCÉDENTES.

1°. Les deux premieres équations sont fondées sur ce principe : la vîtesse d'un mobile est égale à l'espace parcouru divisé par le tems employé à le parcourir ; ce qui donne la proportion géométrique de la troisieme opération.

2°. La propriété de la proportion géométrique, a donné la

la quatrieme équation, laquelle multipliée en croix, a produit $TVe = tVE$.

3°. En divisant par V les deux membres de cette derniere équation, l'on a eu $Te = tE$.

4°. Cette équation décomposée a fourni la proportion $E : e :: T : t$, c'est-à-dire, l'espace parcouru par le corps A : à l'espace parcouru par le corps B :: le tems que le corps A a mis à parcourir son espace : au tems que le corps B a mis à parcourir le sien.

DÉMONSTRATION.

10 lieues : 5 lieues :: 2 heures : à 1 heure. Donc l'espace parcouru par le corps A : à l'espace parcouru par le corps B :: le tems que le corps A a mis à parcourir 10 lieues : au tems que le corps B a mis à en parcourir 5. Donc en général lorsque deux corps parcourent avec des vîtesses égales des espaces inégaux dans des tems inégaux ; les espaces qu'ils parcourent sont comme les tems employés à les parcourir.

PROBLEME CINQUIEME.

Connoissant deux corps qui parcourent, dans des tems égaux, des espaces inégaux, déterminer le rapport qu'il y a entre leurs vîtesses & les espaces parcourus.

Registre.

Vîtesse du corps $A = V$.

Espace qu'il parcourt $= E =$ 20 lieues.

Tems employé à parcourir cet espace $= T =$ 4 heures.

Vîtesse du corps $B = u$.

Espace qu'il parcourt $= e =$ 8 lieues.

Tems employé à parcourir cet espace $= T =$ 4 heures.

L'on demande le rapport qu'il y a entre les vîtesses de ces deux corps & les espaces qu'ils parcourent.

OPÉRATIONS.

$$V = \frac{E}{T}.$$

$$u = \frac{e}{T}.$$

$$V : u :: \frac{E}{T} : \frac{e}{T}$$

$$\frac{Ve}{T} = \frac{uE}{T}.$$

$$Ve = uE.$$

$$V : u :: E : e.$$

L'on a opéré dans ce probleme comme dans le précédent, avec la différence qu'on a fait sur T dans le cinquieme probleme, ce qu'on a fait sur V dans le quatrieme; & l'on a trouvé que les vîteſſes de ces deux corps ſont comme les eſpaces parcourus. Donc en général deux corps qui parcourent différens eſpaces dans des tems égaux ont leurs vîteſſes en raiſon directe des eſpaces qu'ils parcourent.

PROBLEME SIXIEME.

Connoiſſant les eſpaces égaux que parcourent deux corps dans des tems inégaux, déterminer le rapport qu'il y a entre les vîteſſes de ces corps & les tems qu'ils emploient à parcourir leurs eſpaces.

Regiſtre.

Vîteſſe du corps $A = V$.
Eſpace qu'il parcourt $= E =$ 20 lieues.
Tems employé à le parcourir $= T =$ 2 heures.
Vîteſſe du corps $B = u$.
Eſpace qu'il parcourt $= E =$ 20 lieues.
Tems employé à le parcourir $= t =$ 4 heures.

L'on demande le rapport qu'il y a entre les vîteſſes de ces deux corps, & les tems qu'ils ont employé à parcourir 20 lieues.

OPÉRATIONS.

$$V = \frac{E}{T}.$$

$$u = \frac{E}{t}.$$

$$V : u :: \frac{E}{T} : \frac{E}{t}.$$

$$\frac{VE}{t} = \frac{uE}{T}.$$

$$TVE = tuE.$$

$$TV = tu.$$

$$V : u :: t : T.$$

La marche de ce probleme eſt encore la même que celle des deux précédens, avec cette différence que nous avons fait ſur E, dans ce probleme ſixieme, ce que nous avons fait ſur V dans le quatrieme, & ſur T dans le cinquieme. Cette marche nous a conduit à la proportion ſuivante $V : u :: t : T$, c'eſt-à-dire, la vîteſſe du corps A : à la vîteſſe du corps B :: le tems que le corps B a employé à parcourir 20 lieues : au tems que le corps A a mis à parcourir le même eſpace.

DÉMONSTRATION.

La vîteſſe du corps A : à la vîteſſe du corps B :: $\frac{20}{2} : \frac{20}{4}$. Donc la vîteſſe du corps A : à la vîteſſe du corps B :: 10 : 5. Mais 10 : 5 :: 4 heures : 2 heures. Donc la vîteſſe du corps A : à la vîteſſe du corps B :: 4 heures, *tems qu'a employé le corps B à parcourir 20 lieues* : 2 heures, *tems employé par le corps A à parcourir le même eſpace.* Donc en général 2 corps qui parcourent le même eſpace dans des tems inégaux, ont leurs vîteſſes en raiſon inverſe des tems employés à le parcourir.

REMARQUE.

Pour faire connoître combien ſont juſtes les réſultats que nous avons eu, nous allons manier l'équation $FTme = ftME$. Examinons auparavant comment elle a été formée. Nommons F la force du corps A, M sa masse, $\frac{E}{T}$ sa vîtesse. Nommons aussi f la force du corps B, m sa masse, $\frac{e}{t}$ sa vîtesse. Nous aurons les équations suivantes.

$$F = \frac{ME}{T}.$$

$$f = \frac{me}{t}.$$

$$F : f :: \frac{ME}{T} : \frac{me}{t}.$$

$$\frac{Fme}{t} = \frac{fME}{T}.$$

$$FTme = ftME.$$

EXPLICATION

DES OPÉRATIONS PRÉCÉDENTES.

1°. La premiere & la seconde équations sont fondées sur ce principe incontestable, *la force d'un corps quelconque est égale à sa masse multipliée par sa vîtesse.*

2°. Des deux premieres équations est née la proportion géométrique qui forme la 3e. opération.

3°. La propriété de la proportion géométrique a donné l'équation $\frac{Fmc}{t} = \frac{fMF}{T}$.

4°. Cette derniere équation multipliée en croix, selon la regle ordinaire, a donné la formule $FTme = ftME$, que nous allons manier.

PREMIER CAS.

Supposons 1°. que dans la formule $FTme = ftME$; les masses soient égales, cette formule se réduira à celle-ci $FTMe = ftME$. Donc $FTe = ftE$. Donc en divisant les 2 membres de cette équation par tT, l'on aura $\frac{FTe}{tT} = \frac{ftE}{tT}$. Donc en ôtant les quantités qui se détruisent, c'est-à-dire, les lettres communes aux numérateurs & aux dénominateurs de ces fractions, l'on aura $\frac{Fe}{t} = \frac{fE}{T}$. Donc, en decompofant cette équation, l'on formera la proportion fuivante $F : f :: \frac{E}{T} : \frac{e}{t}$; c'eſt-à-dire, la force du corps A : à la force du corps B :: la vîteſſe du corpe A : à la vîteſſe du corps B. Donc 2 corps égaux en maſſe & inégaux en vîteſſe, ont leurs forces en raiſon directe de leurs vîteſſes ; proportion que nous a déjà donnée la ſolution du probleme premier.

SECOND CAS.

Suppoſons 2°. que dans la formule $FTme = ftME$, les vîteſſes ſoient égales ; cette formule ſe réduira à celle-ci ; $FTmE = fTME$. Donc en diviſant tout par TE, l'on aura $Fm = fM$. Donc, en décompoſant cette équation, l'on dira $F : f :: M : m$. Donc 2 corps égaux en vîteſſe & inégaux en maſſe, ont leurs forces en raiſon directe de leurs maſſes ; proportion que nous a déja donnée le probleme ſecond.

TROISIEME CAS.

Suppoſons 3°. que dans la formule $FTme = ftME$; les forces ſoient égales ; cette formule ſe réduira à celle-ci $FTme = FtME$. Donc en diviſant tout par F, l'on aura $Tme = tME$. Donc en diviſant tout par tT, l'on aura $\frac{Tme}{tT} = \frac{tMe}{tT}$. Donc $\frac{me}{t} = \frac{ME}{T}$. Donc en décompoſant cette dérniere équation l'on dira $M : m :: \frac{e}{t} : \frac{E}{T}$, c'eſt-à-dire, la maſſe du corps A : à la maſſe du corps B :: la vîteſſe de celui-ci : à la vîteſſe de celui-là. Donc en général 2 corps égaux en force & inégaux en maſſe & en vîteſſe, ont leurs maſſes en raiſon inverſe de leurs vîteſſes ; proportion qu'a déjà donnée la ſolution du probleme troiſieme.

QUATRIEME CAS.

Suppoſons 4°. que dans la formule F T m e = f t M E, les tems ſoient égaux, c'eſt-à-dire, ſuppoſons vraie cette équation F T m e = f T M E. Donc F m e = f M E. Donc F : f :: M E : m e. Donc 2 corps inégaux en maſſe & parcourant dans le même tems des eſpaces différens, ont leurs forces comme les produits de leurs maſſes par les eſpaces parcourus.

CINQUIEME CAS.

Suppoſons enfin que dans la formule F T m e = f t M E, les eſpaces parcourus ſoient égaux, c'eſt-à-dire, ſuppoſons F T m E = f t M E. Donc F T m = f t M. Donc $\frac{FTm}{tT} = \frac{ftM}{tT}$. Donc $\frac{Fm}{t} = \frac{fM}{T}$. Donc F : f :: $\frac{M}{T} : \frac{m}{t}$. Donc 2 corps inégaux en maſſe, & parcourant le même eſpace en différens tems, ont leurs forces en raiſon directe de leurs maſſes diviſées par les tems employés à parcourir le même eſpace. En voilà aſſez ſur le mouvement ſimple & uniforme en ligne droite ; venons-en au mouvement composé. Peut-être ceux qui ſont au fait du calcul, trouveront-ils que nous nous ſommes trop étendu ſur cette premiere eſpece de mouvement ; mais qu'ils ſe rappellent que nous écrivons dans cet ouvrage non-ſeulement pour ceux qui ont déjà fait quelque progrès dans la Phyſique, mais encore pour les commençans : il eſt plus facile à un Lecteur d'omettre ce qu'il ſait, que de trouver ce qu'il ne ſait pas.

MOUVEMENT *composé en ligne droite.* Un corps ſe meut d'un mouvement composé en ligne droite, lorſqu'il décrit une diagonale ; & un corps décrit une diagonale, lorſqu'il eſt pouſſé en même tems par deux forces conſtantes & uniformes dont les deux directions forment un angle quelconque, ou aigu, ou droit, ou obtus. Le corps A, par exemple, eſt-il pouſſé au même inſtant par la force horizontale S, *figure* 20, *planche* 1, dont la direction eſt la ligne A E, & par la force perpendiculaire

R dont la direction eſt la ligne A I? Il parcourra la diagonale AK du carré AEIK dans le même tems qu'il auroit parcouru un des côtés, s'il n'eût été pouſſé que par une des deux forces. N'en ſoyons pas ſurpris; le corps A doit ſatisfaire aux deux directions qu'il reçoit; il doit donc parcourir une ligne commune à ces deux directions; mais la diagonale A K eſt commune aux deux directions A E & A I; donc le corps A doit parcourir la diagonale A K.

M. Privat de Molieres demande pourquoi l'on ne ſe ſent pas frappé dans la démonſtration de cette propoſition de la même maniere dont on ſe ſent frappé dans les démonſtrations des propoſitions géométriques. La raiſon qu'il apporte de cette différence, c'eſt que les principes d'où les propoſitions géométriques dépendent ſont des principes *néceſſaires*; au lieu que le principe d'où celui-ci dépend, n'eſt qu'un principe de *convenance*, fondé ſur l'idée de la plus grande ſimplicité.

COROLLAIRE PREMIER.

Une force qui tireroit le corps A ſuivant la diagonale A K, ſeroit, non pas égale, mais équivalente aux deux forces dont l'une pouſſeroit le corps A ſuivant la direction horizontale S E, & l'autre pouſſeroit le même corps A ſuivant la direction perpendiculaire R I.

COROLLAIRE SECOND.

Si les directions SE & RI des deux forces S & R, au lieu de former un angle droit au point A formoient un angle obtus, la diagonale que parcourroit le corps A ſeroit moindre que A K; parce que deux forces dont les directions forment un angle obtus, ſont plus oppoſées que deux forces dont les directions forment un angle droit.

Par une raiſon contraire, ſi les directions SE & RI des deux forces S & R, au lieu de former un angle droit au point A, formoient un angle aigu, la diagonale que parcourroit le corps A ſeroit plus longue que A K, parce que 2 forces dont les directions forment un angle aigu, ſont moins oppoſées que deux forces dont les directions forment un angle droit.

T iv

COROLLAIRE TROISIEME.

Plus l'angle formé par les directions des deux forces dont nous parlons sera obtus, & moindre sera la diagonale que parcourra le corps animé de ces deux forces. Plus l'angle formé par les directions des deux forces sera aigu, & plus grande sera la diagonale parcourue.

MOUVEMENT *en ligne courbe.* Les Physiciens ont coutume de regarder une ligne courbe comme un composé de différentes diagonales infiniment petites; qui de deux en deux, forment le plus grand angle obtus que l'on puisse assigner, c'est-à-dire, forment un angle qui vaut presque 180 degrés. Ils ont raison, & l'expérience nous apprend qu'un corps ne décrit jamais une ligne courbe, sans être sollicité en même tems par une force de projection constante & uniforme, & par une force variable dirigée vers un centre, c'est-à-dire, par une force centripete. En effet, supposons que le corps A *fig.* 11, *pl.* 2, soit poussé au premier instant infiniment petit par une force de projection qui ait sa direction suivant la ligne AB, & par une force centripete qui ait sa direction suivant la ligne AO, il décrira la diagonale infiniment petite AD. Au second instant infiniment petit, le corps A qui sera poussé par la force de projection suivant la ligne DM & par la force centripete suivant la ligne DO, décrira la diagonale infiniment petite DE; cette seconde diagonale DE sera très-peu inclinée sur la premiere diagonale AD, parce que dans un tems infiniment petit, l'action de la force centripete sur la direction de la force de projection ne peut causer qu'une inclinaison insensible. Au troisieme instant infiniment petit le corps A décrira la diagonale infiniment petite EF. Au quatrieme instant infiniment petit, il décrira la diagonale infiniment petite FG, &c. Telle est la formation physique de la ligne courbe considérée en général.

MOUVEMENT *en ligne circulaire.* Quatre choses sont absolument nécessaires pour que la courbe dont nous venons de donner la description, soit une ligne circulaire HEIM, *fig.* 9, *pl.* 3. 1°. La force de projection suivant HK & la force centripete suivant HC doivent être tellement combinées, que l'une n'anéantisse jamais l'autre.

En effet si la force de projection anéantissoit jamais la force centripete, le corps s'échapperoit par la tangente HK; & si la force centripete venoit jamais à anéantir la force de projection, le corps tomberoit au centre C.

2°. La direction de la force de projection doit toujours être perpendiculaire à la direction de la force centripete; pourquoi cela ? Parce que la force de projection a pour direction la tangente HK, & la force centripete le rayon HC; & qu'il est démontré, dans l'article de la *Géométrie*, que la tangente du cercle forme toujours un angle droit avec le rayon.

3°. La force centripete doit toujours être égale à la force centrifuge. En effet, un corps H qui décrit une circonférence circulaire, doit toujours être à égale distance du centre C; il doit donc régner toujours une parfaite égalité entre sa force centripete & sa force centrifuge; sans cela le corps H seroit tantôt plus près & tantôt plus loin du centre C. Lorsque la force centripete l'emporteroit sur la force centrifuge, il en seroit plus près, & il en seroit plus loin, lorsque celle-ci l'emporteroit sur celle-là.

4°. La vîtesse de projection qu'a reçu le corps qui circule, doit être égale à celle qu'il auroit acquise en tombant librement en vertu de sa pesanteur, & en parcourant d'un mouvement uniformément accéléré la moitié du rayon HC, ou le quart du diametre du cercle HEMI. La Lune, par exemple, parcourt autour de la terre un orbite sensiblement circulaire, parce qu'avec sa force centripete dirigée vers le centre de la terre, elle a reçu une force ou une vîtesse de projection égale à celle qu'elle auroit acquise, après être tombée librement en vertu de sa pesanteur, & après avoir parcouru d'un mouvement uniformément accéléré l'espace de 45 mille lieues.

Nous avons démontré algébriquement cette proposition dans le Tome premier de ce Dictionnaire sur la fin de l'article *Arithmétique algébrique, appliquée à l'analyse.*

Nous avons encore démontré dans ce même article, que les vîtesses de deux corps qui se meuvent dans deux cercles concentriques, sont en raison inverse des racines carrées des rayons des cercles qu'ils décrivent; il nous reste à examiner maintenant quel rapport suivent les forces centrifuges de deux corps qui se meuvent dans des cercles tantôt égaux & tantôt inégaux. Nous allons le faire dans les problemes suivans.

PROBLEME PREMIER.

Connoissant les vîtesses inégales de deux corps égaux qui se meuvent dans deux cercles égaux, déterminer le rapport qu'il y a entre leurs forces centrifuges.

Registre.

Vîtesse du corps $A = V = 6$ degrés.
Vîtesse du corps $B = u = 2$ degrés.
Diametre du cercle parcouru par le corps $A = D$.
Diametre du cercle parcouru par le corps $B = D$.
Force centrifuge du corps $A = F$.
Force centrifuge du corps $B = f$.

L'on demande le rapport qu'il y a de F à f.

OPÉRATIONS.

$$F = \frac{VV}{D}.$$

$$f = \frac{uu}{D}.$$

$$F : f :: \frac{VV}{D} : \frac{uu}{D}.$$

$$F : f :: VV : uu.$$

EXPLICATION

DES OPÉRATIONS PRÉCÉDENTES.

1°. La force centripete d'un corps qui décrit un cercle est égale au carré de la vîtesse de ce corps divisé par le diametre du cercle parcouru (*article force.*) La force centrifuge d'un corps qui décrit un cercle est égale à sa force centrifuge (*num.* 3.) Donc les deux premieres équations sont bonnes.

2°. Ces deux premieres équations ont donné la proportion $F : f :: \frac{VV}{D} : \frac{uu}{D}$. Mais $\frac{VV}{D} : \frac{uu}{D} :: VV : uu$. Donc la force centrifuge du corps A : à la force centrifuge du corps B :: le carré de la vîtesse du corps A = 36 : au carré de la vîtesse du corps B = 4. Donc en général les forces centrifuges de deux corps égaux qui se meuvent dans deux cercles égaux avec des vîtesses inégales, sont comme les carrés de leurs vîtesses.

DÉMONSTRATION.

$V = 6$, & $u = 2$ *par supposition.* Donc VV = 36 & $uu = 4$. Donc la force centrifuge du corps A : à la force centrifuge du corps B :: 36 : 4.

COROLLAIRE.

Si les 2 corps A & B se fussent mus dans deux cercles dont le diametre D du premier eût été de 4 pieds, & le diametre d du second eût été de 2 pieds, l'on auroit dit $F : f :: \frac{VV}{D} : \frac{uu}{d}$. Mais $\frac{VV}{D} : \frac{uu}{d} :: \frac{36}{4} : \frac{4}{2}$; & $\frac{36}{4} : \frac{4}{2} :: 9 : 2$. Donc $F : f :: 9 : 2$. Donc l'on auroit dit, la force centrifuge du corps A : à la force centrifuge du corps B :: 9 : 2. Donc en général 2 corps égaux qui se meuvent dans deux cercles inégaux avec des vîtesses inégales, ont leurs forces centrifuges comme les carrés de leurs vîtesses, divisés par les diametres des cercles parcourus.

PROBLEME SECOND.

Connoissant 2 corps égaux qui se meuvent dans 2 cercles inégaux avec une égale vîtesse, déterminer le rapport de leurs forces centrifuges.

Registre.

Vîtesse du corps $A = V = 6$ degrés.

Diametre du cercle qu'il parcourt $= D = 12$ pieds.

Rayon de ce cercle $= R =$ 6 pieds.
Force centrifuge du corps $A = F$.
Vîteſſe du corps $B = V =$ 6 degrés.
Diametre du cercle qu'il parcourt $= d =$ 8 pieds.
Rayon de ce cercle $= r =$ 4 pieds.
Force centrifuge du corps $B = f$.

L'on demande le rapport de F à f.

OPÉRATIONS.

$$F = \frac{VV}{D}.$$
$$f = \frac{VV}{d}.$$
$$F : f :: \frac{VV}{D} : \frac{VV}{d}.$$
$$\frac{FVV}{d} = \frac{fVV}{D}.$$
$$FVVD = fVVd.$$
$$FD = fd.$$
$$F : f :: d : D.$$
$$F : f :: r : R.$$

EXPLICATION

DES OPÉRATIONS PRÉCÉDENTES.

1°. La bonté des 3 premieres opérations a été démontrée dans le probleme précédent.

2°. La propriété de la proportion géométrique a donné l'équation $\frac{FVV}{d} = \frac{fVV}{D}$, laquelle multipliée en croix ſuivant la regle ordinaire, a produit $FVVD = fVVd$.

3°. En diviſant par VV les deux membres de cette équation, l'on a eu $FD = fd$.

4°. Cette équation décompoſée a donné la proportion $F : f :: d : D$. Mais $d : D :: r : R$, parce que deux diametres ſont entr'eux comme leurs rayons correſpondans. Donc $F : f :: r : R$. Donc la force centrifuge du corps A : à la force centrifuge du corps B :: le rayon du cercle dans lequel ſe meut le corps B : au rayon du cercle dans lequel ſe meut le corps A. Donc la force centrifuge du corps A : à la force centrifuge du corps B :: 4 : 6. Donc plus un cercle eſt petit, plus un corps qui le parcourt a de force centrifuge. Donc en général les forces centrifuges de deux corps égaux qui ſe meuvent dans des cercles inégaux avec des vîteſſes égales, ſont en raiſon inverſe des rayons des cercles parcourus.

REMARQUE.

Dans les deux problemes que nous venons de réſoudre, nous avons fait abſtraction des maſſes, parce que nous les avons ſuppoſées égales. Mais ſi elles étoient inégales, il faudroit y avoir égard, puiſque la force centrifuge eſt une vraie force, & que la maſſe eſt un des élémens de toute vraie force. Cela étant, il faut aſſurer 1°. que les forces centrifuges de deux corps inégaux qui ſe meuvent dans deux cercles égaux avec des vîteſſes inégales ſont en raiſon compoſée de leur maſſe & du carré de leur vîteſſe. Ainſi donnons à ces deux corps les dénominations contenues dans le Regiſtre du probleme premier, en ajoutant que la maſſe du corps A eſt M, & celle du corps B eſt m; l'on aura la proportion ſuivante $F : f :: MVV : muu$, parce que dans cette hypotheſe l'on a $F = \frac{MVV}{D}$ & $f = \frac{muu}{D}$.

2°. Si les cercles étoient inégaux, l'on auroit $F : f :: \frac{MVV}{D} : \frac{muu}{d}$.

3°. Si les vîteſſes étoient égales, l'on feroit les opérations ſuivantes.

$$F = \frac{MVV}{D}.$$

$$f = \frac{mVV}{d}.$$

$$F : f :: \frac{MVV}{D} : \frac{mVV}{d}.$$

$$\frac{FmVV}{d} = \frac{fMVV}{D}.$$

$$FmVVD = fMVVd.$$

$$FmD = fMd.$$

$$F : f :: dM : Dm.$$

$$F : f :: \frac{dM}{mM} : \frac{Dm}{Mm}.$$

$$F : f :: \frac{d}{m} : \frac{D}{M}.$$

$$F : f :: \frac{r}{m} : \frac{R}{M}.$$

C'eſt-à-dire, la force centrifuge du corps A : à la force centrifuge du corps B :: le rayon du cercle que parcourt le corps B, diviſé par la maſſe de ce corps : au rayon du cercle que parcourt le corps A diviſé par la maſſe de ce corps. Donc en général deux corps inégaux qui décrivent 2 cercles inégaux avec la même vîteſſe, ont leurs forces centrifuges en raiſon inverſe des rayons des cercles parcourus, diviſés par les maſſes.

4°. Ce que nous avons dit de la force centrifuge doit s'appliquer à la force centripete ; puiſque dans le cercle ces 2 forces ſont égales.

MOUVEMENT *en ligne elliptique*. Cinq choſes ſont néceſſaires, pour que la courbe décrite ſoit une ellipſe. 1°. La force centripete du corps qui décrit une ellipſe, doit être dirigée, non pas vers le centre P, mais vers le foyer F, *fig.* 7, *pl.* 1.

2°. La force de projection & la force centripete doivent être tellement combinées, que l'une n'anéantiſſe jamais l'autre. La raiſon pour le mouvement elliptique eſt la même que pour le mouvement circulaire.

3°. La direction de la force de projection doit former tantôt un angle droit, tantôt un angle aigu & tantôt un angle obtus avec la direction de la force centripete. L'angle est droit, lorsque la planete se trouve à l'aphélie A, ou au périhélie H. L'angle est aigu, lorsque la planete descend de l'aphélie A au périhélie H. Enfin l'on a l'angle obtus, lorsque la planete monte du périhélie H à l'aphélie A.

4°. Dans l'ellipse tantôt la force centripete doit l'emporter sur la force centrifuge, & tantôt la force centrifuge doit l'emporter sur la force centripete. La planete descend-elle de l'aphélie A au périhélie H? la force centripete l'emporte sur la force centrifuge. La planete au contraire monte-t-elle du périhélie H à l'aphélie A? la force centrifuge l'emporte sur la force centripete. M. Sigorgne, pour expliquer ce phénomene, soutient dans ses institutions Newtoniennes, que dans l'ellipse la force centrifuge ne suit pas, comme la force centripete, la raison inverse des carrés des distances; mais la raison inverse des cubes des distances au foyer. Nous verrons à la fin de cet article dans quel sens il faut prendre cette proposition.

5°. La vîtesse de la projection qu'a reçu le corps qui décrit une ellipse, doit être égale à celle qu'il auroit acquise en tombant librement en vertu de sa pesanteur, & en parcourant d'un mouvement uniformément accéléré le quart du grand axe AH. Toutes ces différentes regles que nous venons de donner, & qu'un Physicien doit toujours avoir présentes à l'esprit, peuvent être regardées comme infaillibles. Elles sont démontrées dans tous les livres où l'on donne les élémens des forces centrales. Cela ne nous empêchera pas cependant de les démontrer de la maniere la plus rigoureuse. Nous allons, pour le faire plus clairement, poser deux lemmes.

LEMME PREMIER.

Une courbe non circulaire peut être décrite en vertu d'un mouvement paracentrique & de plusieurs mouvemens circulaires.

EXPLICATION.

La courbe non circulaire ABD, *fig.* 12, *pl.* 2, est parcourue par la balle A trouée au milieu. On suppose cette balle enfilée dans le bâton AC. On suppose encore que, tandis que la balle A s'approche peu-à-peu par sa gravité du centre C, une main fait tourner circulairement ce bâton autour de ce centre. Je dis que la courbe non circulaire ABD que parcourt la balle A dans deux instans infiniment petits, est décrite en vertu d'un mouvement paracentrique & de plusieurs mouvemens circulaires. Tout mouvement qui se fait dans la direction du rayon vecteur, soit que le corps qui se meut, s'approche, soit qu'il s'éloigne du centre, s'appelle *mouvement paracentrique.*

CONSTRUCTION.

Du point C comme centre, à l'intervalle CA, décrivez l'arc de cercle infiniment petit AE. Du même centre C, à l'intervalle CB, décrivez l'arc de cercle infiniment petit BF. Prolongez les rayons vecteurs CB & CD, l'un jusqu'en E, l'autre jusqu'en F.

DÉMONSTRATION.

Si la balle A étoit fixée au point A, elle décriroit au premier instant l'arc de cercle AE; c'est son mouvement paracentrique qui lui fait décrire au premier instant un arc AB plus courbe, que l'arc de cercle AE. Il en est de même au second instant auquel la balle A fixée au point B parcourroit l'arc de cercle BF, au lieu de l'arc BD, qu'elle parcourt par son mouvement paracentrique combiné avec le mouvement circulaire que la main imprime au bâton CB. Donc une courbe quelconque non circulaire ABD peut être décrite en vertu d'un mouvement paracentrique & de plusieurs mouvemens circulaires.

LEMME SECOND.

Le vîtesses circulaires que la balle A a reçues, sont en raison inverse des rayons vecteurs de la courbe ABD.

EXPLICATION.

Au premier instant infiniment petit, la balle A a reçu une vîtesse circulaire représentée par l'arc de cercle infiniment

finiment petit AE ; au second instant infiniment petit la même balle A a reçu une vîtesse circulaire représentée par l'arc de cercle infiniment petit BF. Je dis que la vîtesse AE : à la vîtesse BF :: le rayon vecteur CD : au rayon vecteur CB.

DÉMONSTRATION.

1°. Le triangle ABC a pour base CB, & le triangle CBD a pour base CD.

2°. *Par la premiere loi de Képler*, l'aire du triangle ABC est égale à l'aire du triangle CBD ; puisqu'on suppose que le rayon vecteur de la balle A parcourt ces deux aires en tems égaux. Donc ces deux triangles inégaux en base & en hauteur, ont leur base en raison inverse de leur hauteur. Il est en effet impossible de supposer que deux triangles inégaux en base & en hauteur, ayent leurs aires égales, sans que l'on puisse dire ; la base du premier : à la base du second :: comme la hauteur du second : à la hauteur du premier. *Voyez l'article de la Géométrie.*

3°. Puisque les arcs de cercle AE & BF sont infiniment petits, on peut les regarder comme des lignes droites perpendiculaires sur les bases prolongées CBE & CDF. Donc les arcs de cercle AE & BF représentent les hauteurs des triangles ABC & CBD. Donc on peut faire la proportion suivante ; AE, *hauteur du triangle* ABC : BF, *hauteur du triangle* CBD :: CD, *base du triangle* CBD : CB, *base du triangle* ABC.

4°. AE & BF représentent les vîtesses circulaires de la balle A dans les deux instans qu'elle a mis à parcourir les arcs AB, BD. De plus CD & CB sont les rayons vecteurs de la courbe ABD. Donc on peut dire ; la vîtesse circulaire de la balle A dans le tems qu'elle a parcouru AB : à la vîtesse circulaire de la balle A dans le tems qu'elle a parcouru BD :: le rayon vecteur CD : au rayon vecteur CB. Donc en général une courbe non circulaire, une ellipse, par exemple, peut être considérée comme décrite en vertu d'un mouvement paracentrique & de plusieurs mouvemens circulaires, & les vîtesses circulaires du corps qui là parcourt sont en raison inverse des rayons vecteurs de cette ellipse.

Ces Lemmes nous ont été absolument nécessaires pour trouver la solution de celui des deux problemes suivans, qu'on doit regarder comme le principal.

PROBLEME PREMIER.

Déterminer la vîtesse de projection d'un corps qui décrivant une ellipse, gravite vers un des foyers de cette courbe en raison inverse des carrés de sa distance à ce foyer.

EXPLICATION.

L'on suppose que la planete A, *fig.* 7, *pl.* 1, gravite vers le foyer F en raison inverse des carrés de ses différentes distances à ce foyer : l'on demande quelle vîtesse de projection suivant la ligne AB, a reçu le corps A, pour décrire l'ellipse AMHM.

RÉSOLUTION.

La vîtesse de projection suivant la ligne AB qu'a reçu la planete A, pour pouvoir décrire, conjointement avec sa force vers F, l'ellipse AMHM, est égale à la vîtesse qu'elle auroit acquise, en tombant librement en vertu de sa pesanteur, & parcourant d'un mouvement uniformément accéléré le quart du grand axe AH.

DÉMONSTRATION.

La planete A qui décrit l'ellipse AMHM, décriroit une circonférence circulaire, si avec la vîtesse de projection qu'elle a reçue, elle pesoit vers le centre P, & non pas vers le foyer F ; puisqu'un corps qui décrit une ellipse ne differe d'un corps qui décrit un cercle, qu'en ce que le premier gravite vers le foyer, & le second vers le centre de la figure dont il décrit la circonférence. Mais si la planete A décrivoit une circonférence circulaire, en pesant vers le centre P, c'est-à-dire, un cercle qui eût pour centre le point P, la planete A auroit reçu une vîtesse de projection égale à la vîtesse qu'elle auroit acquise, après avoir parcouru d'un mouvement uniformément accéléré la moitié de AP, ou le quart du grand axe AH, comme nous l'avons démontré dans l'article *arithmétique algébrique appliquée à l'analyse*. Donc la planete A a reçu, pour décrire l'ellipse AMHM, une vîtesse de projection suivant la ligne AB, égale à la vîtesse qu'elle auroit acquise en tombant librement en vertu de sa pesanteur, & parcourant d'un mouvement uniformément accéléré le quart du grand axe AH.

Donnons encore plus d'étendue à cette importante vérité. 1°. Le corps A, *fig.* 13, *pl.* 2, a reçu pour décrire l'ellipse ABCD, moins de mouvement de projection, qu'il n'en auroit reçu, s'il avoit dû décrire le cercle AMRN dont le centre est le foyer F, & le rayon la ligne AF, c'est-à-dire, la distance de l'aphélie A au foyer F. En effet l'ellipse ABCD est plus courbe que le cercle AMRN; donc le corps A qui gravite au point F, soit qu'il décrive l'ellipse, soit qu'il décrive le cercle dont nous parlons, doit avoir reçu moins de mouvement de projection qu'il n'en auroit reçu, s'il avoit dû decrire la seconde de ces deux courbes. La conséquence est évidente pour quiconque fait attention que le mouvement de projection est un obstacle à la courbure d'une ligne, de quelque espece qu'elle soit. L'on a donc raison d'assurer en général que dans toute ellipse la force de projection est moindre, que dans un cercle qui auroit pour centre le foyer de l'ellipse, & pour rayon la distance de l'aphélie à ce même foyer.

Il suit de-là que le corps A décrivant l'ellipse ABCD, doit avoir reçu une vîtesse de projection moindre que celle qu'il auroit acquise, en tombant librement selon le rayon vecteur AF, & en parcourant par un mouvement uniformément accéléré la moitié de ce rayon vecteur; puisqu'en décrivant le cercle AMRN, il n'auroit reçu qu'une vîtesse de projection suivant la ligne AH, égale à celle qu'il auroit acquise en tombant librement selon le rayòn AF, & en parcourant par un mouvement uniformément accéléré la moitié de ce rayon.

2°. Le corps A a reçu, pour décrire l'ellipse ABCD, plus de mouvement de projection, qu'il n'en auroit reçu, si placé au périhélie C, il avoit dû décrire le cercle KTVI, qui a pour centre le foyer F, & pour rayon la ligne CF, distance du périhélie C au même foyer F.

Pourquoi ? Parce que l'ellipſe ABCD eſt moins courbe ; que le cercle KTVI. Auſſi les Mécaniciens aſſurent-ils que dans toute ellipſe la force de projection eſt plus grande que dans un cercle qui auroit pour centre le foyer, & pour rayon la diſtance du périhélie au foyer de l'ellipſe.

Il ſuit de-là que le corps A décrivant l'ellipſe ABCD ; doit avoir reçu une vîteſſe de projection plus grande que celle qu'il auroit acquiſe en tombant librement ſelon le rayon vecteur CF, & en parcourant par un mouvement uniformément accéléré la moitié de ce rayon vecteur ; puiſque s'il eût décrit le cercle KTVI, il auroit reçu une vîteſſe de projection ſelon la ligne CX, précisément égale à la vîteſſe qu'il auroit acquiſe en tombant librement ſelon le rayon CF, & en parcourant par un mouvement uniformément accéléré la moitié de ce rayon.

Les planetes ne décrivent donc des ellipſes autour du Soleil d'Occident en Orient, que parce qu'elles ont reçu de la cauſe premiere moins de force de projection, qu'il ne leur en faudroit pour décrire autour du Soleil un cercle qui eût pour rayon leur diſtance aphélie, & plus de force de projection, qu'il ne leur en faudroit pour décrire autour du même aſtre un cercle qui eût pour rayon leur diſtance périhélie. Ce *plus* & ce *moins* me font ſoupçonner que le corps A qui décrit l'ellipſe ABCD a reçu une vîteſſe de projection ſelon la ligne AH ſenſiblement égale à la vîteſſe qu'il auroit acquiſe en tombant librement, & en parcourant d'un mouvement uniformément accéléré la moitié de la ligne AO, c'eſt-à-dire, le quart du grand axe AC.

COROLLAIRE.

La planete A au point I, *fig.* 7, *pl.* 1, c'eſt-à-dire, la planete A placée à-peu-près à ſa diſtance moyenne, a autant de vîteſſe de projection qu'elle en auroit, ſi elle ſe mouvoit dans un cercle qui eût pour rayon FI. Pour en concevoir la démonſtration, il faut ſe rappeller auparavant que $FI = fI$; que $FI + fI = AH$; que $FI = \frac{AH}{2}$; que $\frac{FI}{2} = \frac{AH}{4}$, c'eſt-à-dire, que la moitié du rayon vecteur FI eſt égale au quart du grand axe AH.

Relisez l'article de l'ellipse. Cela supposé, voici le raisonnement que je fais.

1°. Lorsque la planete A se trouve au point I, elle a la même vîtesse de projection que celle qu'elle avoit au point A, c'est-à-dire, une vîtesse de projection égale à la vîtesse qu'elle auroit acquise en tombant librement en vertu de sa pesanteur, & parcourant d'un mouvement uniformément accéléré le quart de AH, ou la moitié de FI; car la vîtesse de projection est constante & uniforme.

2°. Si la planete A placée au point I décrivoit un cercle qui eût pour rayon FI, elle auroit une vîtesse de projection égale à la vîtesse qu'elle auroit acquise, en tombant librement en vertu de sa pesanteur, & parcourant d'un mouvement uniformément accéléré la moitié de FI, comme nous l'avons démontré dans l'article *arithmétique algébrique appliquée à l'analyse.* Donc la planete A, au point M ou au point I, a autant de vîtesse de projection, qu'elle en auroit si elle se mouvoit dans un cercle qui eût pour rayon FI.

Ce corollaire est de la derniere importance, lorsqu'il s'agit de déterminer dans quels points de l'ellipse se vérifie la seconde Loi de Képler.

PROBLEME SECOND.

Connoissant le changement qui se fait dans la vîtesse d'un corps qui décrit une ellipse, déterminer le changement qui se fera dans la force centrifuge de ce corps.

Résolution. La force centrifuge du corps sera en raison inverse des cubes des distances au foyer. Ce probleme a déjà été résolu sur la fin de l'article *arithmétique algébrique appliquée à l'analyse.*

Concluons de tout ce que nous avons dit 1°. que dans le corps A qui décrit l'ellipse ABCD, *fig.* 13, *pl.* 2, la force centrifuge qui naît de la vîtesse circulaire, est en raison inverse des cubes des rayons vecteurs, ou des distances au foyer.

Concluons 2°. que le corps A doit franchir le périhélie C avec toute la facilité possible. En effet la force centripete du corps A augmentant en raison inverse des simples carrés, & sa force centrifuge en raison inverse des cubes des distances au foyer F, cette derniere force doit être terrible au point C; elle doit donc, pour éloigner le corps A du foyer, le faire monter du périhélie C à l'aphélie A.

Concluons 3°. que lorsque la planete est à l'aphélie A, elle a toute la force centripete qu'il lui faudroit pour décrire un cercle qui auroit son centre au point F, mais qu'elle n'a pas toute la force de projection qu'il lui faudroit pour décrire ce même cercle; donc lorsque la planete descend de l'aphélie A au périhélie C, sa force centripete infléchit plus la direction de la force de projection, qu'elle ne l'infléchiroit, si la planete décrivoit un cercle qui eût pour centre le point F; donc il n'est pas étonnant que l'angle formé par la direction de la force centripete & par la direction de la force de projection soit aigu dans l'ellipse, lorsque la planete descend de l'aphélie au périhélie.

Concluons 4°. que lorsque la planete est au périhélie C, elle a toute la force centripete qu'il lui faudroit pour décrire un cercle qui auroit son centre au point F, mais qu'elle a plus de force de projection qu'il ne lui en faudroit pour décrire ce même cercle; donc lorsque la planete monte du périhélie C à l'aphélie A, sa force centripete infléchit moins la direction de la force de projection qu'elle ne l'infléchiroit, si la planete décrivoit un cercle qui eût pour centre le point F: donc l'angle formé par la direction de la force centripete & par la direction de la force de projection doit être obtus dans l'ellipse, lorsque la planete monte du périhélie C à l'aphélie A. Nous ne parlerons pas du mouvement en ligne parabolique, & hyperbolique; il n'est aucun astre qui parcoure une hyperbole, & nous devons parler du mouvement parabolique à l'article *Parabole*.

MOUVEMENT perpétuel. Chercher le mouvement perpétuel, c'est chercher un mouvement lequel une fois imprimé, persévérât toujours le même sans augmentation, sans diminution, en un mot sans aucun changement, de quelque espece qu'il pût être. Cette hypothese est physiquement impossible; il faudroit, pour la vérifier, supposer que le Tout-Puissant eût créé, dans une espace immense parfaitement vide, un corps qu'il eût mis en mouvement; aussi regarde-t-on ceux qui cherchent le mouvement perpétuel, à-peu-près comme ceux qui cherchent la pierre philosophale.

Ici finiroit le grand, l'important article du *mouvement*, si nous n'avions pas à réfuter le chapitre second de la premiere partie du *Systeme de la Nature*, dans lequel se trouvent presque tous les faux principes sur lesquels a été bâti ce dangereux & incompréhensible systeme. L'Auteur ignore ou fait semblant d'ignorer les premiers élémens de la Physique, science que l'on doit posséder à fond, lorsqu'on veut analyser, comme il prétendoit le faire, les loix de l'univers. Entrons ici dans un détail qui doit naturellement étonner quiconque est tant soit peu au fait de la Physique.

1°. L'Auteur du systeme de la Nature assure (pag. 19) que la *force d'inertie est une force active*. Aucun Physicien de réputation ne s'est encore exprimé de la sorte. Ils disent tous, à l'exemple de *Newton*, que tout corps, considéré précisément comme corps, est essentiellement indifférent au repos ou au mouvement. Ils ajoutent que l'effet nécessaire de cette indifférence est de faire persévérer le corps dans l'état où il se trouve ; & ils concluent de-là que tout corps, en raison de sa masse, s'oppose au changement d'état. C'est cette opposition-là même qu'ils appellent *force d'inertie* ; je ne vois pas qu'une pareille force annonce aucune espece d'activité. C'est ainsi qu'on écrit, lorsqu'on n'a pas intention de préparer de loin l'esprit de son lecteur au dogme affreux du Matérialisme. Lorsque, comme l'Auteur que nous réfutons, on a formé ce malheureux projet, on commence par mettre en principe que la force d'inertie est une force active. Cherchez *Homme* & *Faculté de sentir*.

2°. On assure (pag. 21) que le *mouvement est une façon d'être qui découle nécessairement de l'essence de la matiere* ; on ajoute que la *matiere se meut par sa propre énergie*, &c. C'est-là la conséquence qui découleroit nécessairement de l'activité de la force d'inertie. Il faut être bien hardi pour oser avancer d'un ton imposant & sans aucune espece de preuve, des propositions aussi fausses. Tous les Physiciens conviennent que la matiere, considérée en général, est une substance inerte & passive, naturellement impénétrable, capable de division, de figure, de mouvement, de repos, en un mot naturellement étendue, c'est-à-dire, naturellement lon gue, large & profonde, cherchez *Matiere;* donc le mou vement n'est pas une façon d'être qui découle nécessairement de l'essence de la matiere; donc la matiere ne se meut pas par sa propre énergie. Si l'Auteur du Systeme de la Nature eût voulu paroître Physicien il n'auroit pas confondu *Mouvement* avec *Mobilité*; celle ci est une propriété de la matiere, celui-là n'en est qu'un accident.

Pour prouver l'énergie de la matiere, on dit (pag. 22) qu'*elle tend à s'approcher du centre de la terre.* Eh quoi! l'Auteur du Systeme de la Nature ignoreroit-il que la matiere n'est pas grave par elle-même; que la pesanteur ou l'attraction passive est une qualité purement extrinseque aux corps, & tellement extrinseque, qu'il est démontré que le même corps, éloigné de la surface de la terre de quatre-vingt-dix mille lieues, peseroit trois mille six cent fois moins, que lorsqu'il se trouve sur la surface de notre globe? Cherchez *Attraction dans le corps de l'ouvrage.* Lorsqu'on n'est pas en état de comprendre de pareilles démonstrations, l'on ne doit pas s'aviser d'écrire sur les matieres de Physique.

C'est donc gratuitement que le même Auteur assure (pag. 27) que la *matiere a toujours existé & qu'elle a été en mouvement de toute éternité, parce que le mouvement est une suite nécessaire de son existence, de son essence & de ses propriétés primitives.* Qu'il sache qu'une matiere existant nécessairement de toute éternité, & dont l'essence est le mouvement perpétuel, est infiniment plus incompréhensible qu'une matiere tirée du néant, & mise en mouvement par la cause premiere.

3°. On assure (pag. 23) qu'*en humectant de la farine avec de l'eau, & renfermant ce mélange, on trouve au bout de quelque tems, à l'aide du microscope, qu'il a produit des êtres organisés qui jouissent d'une vie dont on croyoit la farine & l'eau incapables.* Si l'Auteur du Systeme de la Nature parloit sérieusement, ce seroit sans contredit le plus grand ignorant qu'il y eût dans l'univers. Bientôt, *remarque sagement M. l'Abbé* Nollet, *dans sa premiere leçon, pag. 62 & suivantes*, l'on conclura qu'un cadavre de cheval engendre des corbeaux, parce qu'il arrive souvent qu'on y trouve de ces oiseaux voraces assemblés ; ou qu'un pré fait naître des moutons, parce qu'on y en rencontre des troupeaux qui paissent. Il faut donc bien se garder de croire que les petites anguilles qu'on apperçoit dans le vinaigre, ainsi que les petits animaux qu'on observe dans les infusions des plantes, soient des parties putréfiées de ces végétaux qui se convertissent en corps animés. L'expérience apprend que, si l'on tient les vaisseaux fermés, il ne s'y engendre rien ; mais on doit penser que, quand ils sont ouverts, les meres que l'air transporte de côté & d'autre, y vont déposer leurs œufs ou leurs vermisseaux, comme dans un lieu qui doit faciliter leur développement, fournir à leur nourriture & les faire croître. Ce sentiment est solidement appuyé sur des exemples. Combien d'especes de mouches ne voyons-nous pas aller placer leurs œufs dans des eaux croupies, où le vermisseau venant à éclore, se nourrit & prend son accroissement, jusqu'à ce que le tems de sa métamorphose étant arrivé, il s'éleve dans l'air avec une nouvelle forme & des ailes qui le rendent semblable à sa mere ?

Il est aussi impossible à la terre de produire une plante sans semence, qu'à la pourriture d'engendrer un insecte sans œuf. Pour vous en convaincre, faites un creux très-profond : du fond de ce creux tirez-en une certaine quantité de terre où il soit sûr que les vents n'ont apporté aucune espece de semence : fermez cette terre dans un vase de verre avec lequel l'air extérieur n'ait aucune communication : quelque précaution que l'on prenne, de quelque maniere qu'on le présente au Soleil, on n'y verra jamais un brin d'herbe ; donc aucune plante ne peut naître sans semence.

Ce n'est pas sans dessein que l'Auteur du systeme de la Nature prétend que la fermentation & la putréfaction produisent des animaux vivans. Il ne nous donne pas à nous-mêmes une origine plus noble. *Pour un homme qui réflechit*, dit-il, *la production d'un homme, indépendamment des voies ordinaires, ne seroit pas plus merveilleuse, que celle d'un insecte avec de la farine & de l'eau* (pag. 23). Voilà où conduit comme nécessairement le dogme insensé du Matérialisme. Cherchez *Homme*, *Faculté de sentir*, *Matiere*, & *Matérialisme* dans le corps de l'ouvrage.

4°. On avance (pag. 25) que *ceux qui admettent une cause extérieure à la matiere, sont obligés de supposer que cette cause a produit tout le mouvement dans cette matiere, en lui donnant l'existence.* D'où est-ce que l'Auteur du Systeme de la Nature a pu tirer une pareille obligation? De l'idée de la matiere? Mais elle n'a aucune propriété qui la rende incapable de recevoir un mouvement plus grand, que celui qui lui a été primitivement imprimé: de l'idée du premier Moteur? Mais sa Toute-Puissance n'a pas été épuisée par le mouvement qu'il a produit dans la matiere, lorsqu'il l'a tirée du néant; donc ceux qui admettent une cause extérieure à la matiere, ne sont pas obligés de supposer que cette cause a produit tout le mouvement dans cette matiere, en lui donnant l'existence.

Après ce que nous avons réfuté dans cet article, l'on ne sera pas surpris d'entendre dire au même Auteur qu'il n'a jamais été démontré par des preuves valables que la matiere ait pu commencer d'exister; que la création n'est qu'un mot qui ne peut nous donner une idée de la formation de l'univers; que ce mot ne présente aucun sens auquel l'*esprit* puisse s'arrêter, &c. &c. *pag.* 25. Mais comment cet homme vient-il nous parler d'*esprit?* A-t-il oublié qu'il n'admet que des êtres matériels?

5°. On lit (pag. 28) que *pour former l'univers*, Descartes *ne demandoit que de la matiere & du mouvement.* On auroit dû ajouter que *Descartes* parloit de l'univers purement matériel; qu'il supposoit la matiere mise en mouvement par la cause premiere; & qu'il avertissoit, au commencement même de son roman, que la Génese est l'unique histoire où il faille apprendre quelle a été l'origine du Monde. *Non enim dubium est quin mundus ab initio fuerit creatus cum omni sua perfectione, ita ut in eo & sol & terra & luna & stellæ extiterint, ac etiam in terra non tantùm fuerint semina plantarum, sed ipsæ plantæ; nec Adam & Eva nati sint infantes, sed facti sint homines adulti. Hoc fides christiana nos docet; hocque etiam ratio naturalis planè persuadet*, &c. Principiorum Philosophiæ parte tertiâ, paragrapho XLV.

Voilà une très-petite partie des principes établis dans le chapitre que nous avons entrepris de réfuter. En partant de pareils principes, peut-on avoir imaginé autre chose que le plus monstrueux de tous les systemes ? Cherchez *Systeme de la Nature.*

MULLER ou REGIOMONTAN, (Jean) *l'un des plus grands Astronomes du quinzieme siecle, naquit à Koningshoven dans la Franconie, en* 1436. Il n'est pas seulement connu par l'abrégé qu'il donna de l'*Almageste* de Ptolomée, & par des éphémérides qu'il publia pour plusieurs années ; mais encore par plusieurs observations dont on fait encore grand cas. On le regarde comme le premier qui ait observé le cours des cometes d'une maniere astronomique ; ce qui prouve qu'il a été un des premiers à ne pas regarder ces astres comme des exhalaisons élevées du sein de la Terre dans l'atmosphere terrestre : ce trait seul suppose un grand Physicien. Nous avons rapporté, dans l'article des cometes, les observations qu'il fit sur la comete de 1472. On ne sait ni quand, ni comment, ni où mourut ce grand homme. Quelques-uns le font mourir de la peste, à l'âge de 40 ans. D'autres le font assassiner par les fils de George de Trébisonde qui voulurent venger la réputation de leur pere dont Muller avoit critiqué les traductions. Ils placent cet assassinat environ l'année 1476, tems auquel le Pape Sixte IV qui l'avoit pourvu de l'Archevêché de Ratisbonne, l'appella à Rome, pour y travailler à la réforme du Calendrier.

MULTIPLIANT. On donne ce nom à tout verre qui cause plusieurs images du même objet. Le verre BMNC, *fig.* 14, *pl.* 2, est de cette espece, puisque l'œil A regardant à travers ce verre, le globe E, apperçoit 3 images de ce globe. L'on en voit d'abord la raison optique. Le *multipliant* BMNC est composé de 3 verres plans convexes BM, MN, NC qui, n'étant pas dans un même plan, donnent nécessairement l'image D, l'image E & l'image D du globe E. En effet le rayon EA perpendiculaire à la surface MN arrive à l'œil A sans souffrir aucune réfraction, & par conséquent l'œil A rapporte le globe E là où il est véritablement. Il n'en est pas ainsi des rayons EB, EC obliques aux surfaces BM, NC. Le rayon EB, après avoir souffert deux réfractions, se plie vers l'œil A, & cet œil qui doit rapporter l'image à l'extrémité de la ligne droite AB prolongée, voit au point D une seconde image du globe E. Il en est de même de la troisieme image que l'œil A voit à l'extrémité de la ligne droite AC prolongée jusqu'en D. Donc le *multipliant* BMNC doit procurer 3 images du même objet.

MULTIPLICANDE. C'est un nombre multiplié par un autre. Multipliez 20 par 5 ; 20 sera le multiplicande.

MULTIPLICATEUR. C'est un nombre qui en multiplie un autre. Dans l'exemple précédent 5 est le multiplicateur de 20.

MULTIPLICATION. Opération par laquelle un nombre est ajouté à lui-même autant de fois qu'il y a d'unité dans un autre. Nous avons donné cette regle trop au long dans l'article *arithmétique* pour en parler maintenant. Nous avons encore donné dans le même *article*, les regles de la multiplication algébrique.

MUSC. Cherchez *Xerchiam*.

MUSCHEMBROEK, (Jean) natif de Leyde & Professeur de Philosophie & de Mathématique à Utrecht, tiendra toujours un rang très-distingué parmi les plus célebres Physiciens de ce siecle. Ce fut par modestie qu'il donna le titre d'*Essai* à son cours de Physique, imprimé en 2 volumes *in*-4°. Presque toutes les questions qui ont rapport à cette science, y sont traitées avec beaucoup d'ordre, beaucoup de clarté, beaucoup d'étendue, beaucoup de profondeur & beaucoup de solidité. C'est un ouvrage dont nous sommes dispensés de rendre compte ; cent fois nous avons eu occasion de le citer dans les articles les plus intéressans de ce Dictionnaire. Nous dirons seulement en général qu'il s'y déclare partisan zelé de Newton : qu'il y démontre la nécessité des Mathématiques, & l'impossibilité de devenir Physicien, lorsqu'on n'a aucune teinture de cette science. Nous ajouterons que la plupart de ses assertions sont fondées sur les expériences les plus curieuses & les mieux constatées. Lisez, pour vous en convaincre, notre article *Frottement*.

Nous ferons encore remarquer que Muschembroek n'a composé son bel ouvrage, que pour faire connoître à tous les hommes l'existence d'un Dieu, & les grandes perfections de cet Etre tout-puissant, perfections, *dit-il*, qui paroissent d'une maniere sensible, lorsqu'on contemple l'univers en général & les admirables propriétés des corps dont ce monde visible est composé. Belle leçon pour ces Physiciens manqués, qui, marchant sur les traces de l'impie Auteur du *Système de la Nature*, voudroient soumettre ce monde au hasard, sous le nom d'une prétendue matiere active, qui ne doit son inintelligible énergie qu'aux écarts les plus déréglés de l'imagination la plus folle & la plus extravagante.

MUSCLES. Les Anatomistes regardent les muscles comme les principaux organes des mouvemens du corps. Ils distinguent trois parties dans chaque muscle, les deux *extrémités* & le *milieu*; ils donnent aux deux *extrémités tendineuses* les noms de *tête* & de *queue*, & au *milieu* que l'on trouve toujours couvert de chair, celui de *ventre*. Tous les muscles ont un mouvement de contraction & un mouvement de production; ils sont dans un mouvement de contraction, lorsque leur *queue* s'approche de leur *tête*; leur queue s'approche de leur *tête*, lorsque leur *ventre* se gonfle; & leur ventre se gonfle par l'introduction des esprits vitaux. C'est à la sortie de ces mêmes esprits vitaux, que l'on doit attribuer la production des muscles. Un muscle simple ne contient qu'une *tête*, un *ventre* & une *queue*; un muscle composé n'est qu'un assemblage de différens muscles simples.

MYOPES. Les Myopes sont ceux dont le cristallin est trop convexe; cette trop grande convexité leur fait appercevoir confusément les objets qui sont loin, & distinctement ceux qui sont près. En voici la cause physique. Pour voir distinctement un objet, la rétine doit recevoir les rayons qu'il envoie, précisément à leur point de réunion; si elle les reçoit avant ou après leur réunion, l'objet ne sera vu que confusément, comme nous l'avons remarqué, lorsque nous avons fait la description de l'œil. Ce principe une fois supposé, voici comment je raisonne: un objet éloigné envoie sur l'œil du spectateur des rayons de lumiere qui tendent à se réunir bientôt, c'est-à-dire, presque d'abord après avoir souffert les trois réfractions ordinaires, parce qu'ils sont sensiblement paralleles; il faudroit pour retarder cette réunion, un cristallin peu convexe; celui des Myopes n'est pas de cette nature; aussi réunira-t-il ces rayons quelque-tems avant qu'ils soient parvenus à la rétine; & par-là même sera-t-il cause que les Myopes ne verront que confusément les objets éloignés. C'eſt pour corriger ce défaut, que ces ſortes de perſonnes ont coutume de ſe ſervir d'un verre concave. Par une raiſon contraire le Myope doit appercevoir diſtinctement les objets qui ne ſont pas éloignés, parce que les rayons envoyés par de pareils objets étant ſenſiblement divergens, demandent un criſtallin très convexe qui accelere leur réunion. Telle eſt en peu de mots l'explication d'un fait qui ſuppoſe que l'on a préſent à l'eſprit ce que nous avons dit dans les articles de ce Dictionnaire qui commencent par les mots *Dioptrique* & *Œil*.

MYTHOLOGIE. Abus du langage de l'Aſtronomie & des figures ſymboliques de l'ancienne Ecriture. Les Elémens, les Animaux, les Héros n'ont pas été les premieres divinités du monde ; c'eſt l'abus du langage de l'Aſtronomie & des figures ſymboliques de l'ancienne Ecriture, que l'on doit regarder comme la ſource de l'idolâtrie, & la véritable cauſe de toutes les ſuperſtitions. Remontons, pour nous en convaincre, juſqu'à l'origine des Dieux de l'Egypte, & choiſiſſons parmi ces Dieux les quatre plus fameuſes divinités du pays, je veux dire, *Anubis*, *Oſiris*, *Iſis* & *Horus*.

L'inondation du Nil a toujours commencé & commence encore aujourd'hui, lorſque *Syrius*, la plus belle de toutes les étoiles du ciel, paroît ſur l'horizon, peu avant le lever du Soleil, placé alors dans le ſigne du *Lion*. Comme c'eſt l'événement annuel auquel il eût été le plus dangereux de ſe méprendre, les Egyptiens donnerent à l'étoile qui venoit les avertir à tems le nom d'*Anubis*, qui ſignifie, en langue du pays, le *Chien*, l'*Aboyeur*, le *Moniteur* ; ils l'appellerent auſſi le *Portier*, lorſqu'elle venoit les avertir du commencement d'une nouvelle année, fixé anciennement au lever de *Syrius* avec le Soleil placé ſous le ſigne du *Cancer*. Ils firent plus ; ils en tracerent tellement quellement la figure ſymbolique, & ils l'expoſerent dans l'aſſemblée du peuple aux approches des événemens dont nous venons de parler. Ainſi *Syrius* annonçoit-il le commencement de l'année Egyptienne ? On le repréſentoit ſous la forme d'un *Portier* à deux têtes adoſſées, l'une d'un vieillard qui marquoit l'année expirante & l'autre d'un jeune homme qui marquoit le nouvel an. Faiſoit-il l'office de

Moniteur pour l'inondation du Nil? On voyoit paroître la même figure avec une tête de chien, &c. Voilà sans doute pourquoi l'on trouve chez les Antiquaires des *Anubis* si peu ressemblans entre eux.

Dans la suite *Anubis Moniteur* reçut les honneurs divins. On l'appella *Esculape* qui signifie en langue Egyptienne *Homme chien.* On supposa qu'un Roi d'Egypte qui portoit ce nom, avoit trouvé une foule de remedes propres à guérir les maladies les plus opiniâtres. Il n'en fallut pas davantage, pour le faire adorer par le peuple comme le Dieu qui préside à la Médecine. C'est donc l'étoile *Syrius* qu'on adoroit en Egypte, tantôt sous le nom de *Moniteur*, tantôt sous le nom de *Portier* & tantôt sous celui d'*Esculape* : premiere preuve de l'abus qu'on a fait de l'Astronomie & des figures symboliques de l'ancienne Ecriture, pour faire un code de rêveries connu sous le nom de Mythologie.

Le culte d'*Osiris*, autrefois si célebre chez presque toutes les nations de la terre, n'a pas eu une autre origine que celui d'*Anubis.* Les premiers Egyptiens ne trouverent pas de symbole plus propre à nous représenter la grandeur de l'Etre Suprême, que l'Astre brillant qui roule majestueusement sur nos têtes. Ils exposerent donc le globe solaire dans les assemblées du peuple, & ils l'accompagnerent tantôt de la figure des plantes les plus fertiles & les plus fécondes, tantôt d'un ou de deux serpens.

Le premier symbole exprimoit évidemment l'admirable fécondité de la Providence qui nous fournit tous les ans une nourriture abondante; le second invitoit à adorer l'Etre Suprême, comme l'auteur & le conservateur de la vie, parce qu'en langue Egyptienne le même mot signifie tantôt *vie* & tantôt *serpent.*

Enfin pour signifier la puissance & l'action universelle de celui qui nous a tiré du néant, ils s'aviserent de représenter le Soleil sous la figure d'un homme, quelquefois armé d'un fouet, & plus souvent tenant un sceptre à la main, & alors ils le nommerent *Osiris* ou le Gouverneur. Cette derniere figure donna lieu à la fable suivante.

Osiris, chef de la Colonie Egyptienne, fut transporté après sa mort dans le sein du Soleil, pour y faire ſa réſidence. De-là il ne ceſſe de protéger l'Egypte dont il a été le premier Roi, & ſon plus grand plaiſir eſt de répandre une plus riche abondance ſur ſes anciens Etats, que ſur aucune autre contrée de la terre. Voilà pourquoi l'Egypte eſt le plus fertile de tous les pays de l'univers.

Iſis, ou la prétendue épouſe d'*Oſiris*, n'eut pas après ſa mort un ſort moins brillant que celui de ſon mari. On lui donna la Lune pour demeure, & on l'invoqua comme la mere commune de tous les hommes, comme la Reine du Ciel & de la terre. Dans le fond *Iſis* eſt le premier nom que les Egyptiens donnerent à la Terre. Ils la peignirent ſous la figure d'une femme ; & pour en mieux exprimer la fécondité, ils lui ſuppoſerent un très-grand nombre de mamelles : c'eſt ainſi qu'on la préſentoit au peuple, lorſqu'on avoit lieu de ſe promettre une bonne récolte. Lorſqu'au contraire le pronoſtic n'étoit pas favorable, on n'expoſoit *Iſis* qu'avec un ſeul ſein.

Pour mieux inculquer au peuple que la terre ne ſauroit être travaillée avec trop de ſoin & d'aſſiduité, les premiers Egyptiens expoſoient dans les aſſemblées publiques la figure d'un petit enfant qu'ils appelloient *Horus* ou le *Laboureur* en langue Egyptienne. Cet enfant paſſoit pour le fils bien-aimé d'*Oſiris* & d'*Iſis*. Cette peinture ſymbolique donna lieu à une foule de contes, tous plus ridicules les uns que les autres, & fit rendre à *Horus* les honneurs divins.

Les Dieux du Paganiſme dont il ſeroit trop long de faire ici l'énumération, n'ont pas eu une autre origine que ceux dont nous venons de faire l'hiſtoire en peu de mots. L'*Oſiris* & l'*Iſis* qu'on adoroit en Egypte, ne ſont pas diſtingués de l'*Apollon* & de la *Vénus* auxquels on éleva tant de temples dans les autres parties de l'univers. Qu'on liſe l'hiſtoire du Ciel de M. *Pluche*, ouvrage très-eſtimé, l'on en ſera bientôt convaincu. L'Auteur du *Syſteme de la Nature*, tout rempli de reſpect qu'il eſt pour la Mythologie qu'il n'a pas honte de mettre bien au-deſſus de la révélation, n'a pas oſé le révoquer en doute. Voici comment il s'exprime au chapitre ſecond de la ſeconde partie, *page* 30 : « le Soleil, cet aſtre » bienfaiſant qui influe d'une façon ſi marquée ſur la » Terre,

» Terre, devint un *Osiris*, un *Bélus*, un *Mithras*, un » *Adonis*, un *Apollon*; la Nature attristée de son éloignement » ment périodique fut une *Isis*, une *Astarté*, une *Vénus*, » une *Cybelle*. Enfin toutes les parties de la Nature furent » personnifiées; la mer fut sous l'empire de *Neptune*; le » feu fut adoré par les Egyptiens sous le nom de *Sérapis*; » sous celui d'*Ormus* & d'*Oromaze* par les Perses, sous le » nom de *Vesta* & de *Vulcain* chez les Romains. » Il est donc vrai que c'est l'abus du langage de l'Astronomie & des figures symboliques de l'ancienne écriture, qu'on doit regarder comme la source de l'idolâtrie & la véritable cause de toutes les superstitions.

Remarque. Ce que nous venons de dire dans cet article, est une réfutation directe de tout ce qu'avance sur l'origine de la Mythologie l'Auteur du *Systeme de la Nature*; aussi ne le suivrons-nous point pas-à-pas dans sa marche; c'est un des chapitres de ce monstrueux ouvrage où il paroît le plus forcené contre l'essence & l'existence du Souverain Maître de l'univers; il n'est encore existé & il n'existera jamais sur la terre une créature assez méchante, pour oser vomir de pareils blasphemes. Il est cependant une fausseté qu'il est nécessaire de relever; il l'a insérée à dessein dans ce chapitre, pour induire sans doute en erreur quiconque n'est pas au fait de la Physique & de l'Astronomie. Il assure que le mouvement de la Terre qui produit la précession des équinoxes, sera cause que ce globe, au bout de plusieurs milliers d'années, changera totalement de face, & que les mers finiront à la longue par occuper la place qu'occupent maintenant les terres du continent. Voici comment il s'exprime, pag. 28.

« Il est certain, qu'indépendamment des causes extérieures » rieures qui peuvent changer totalement la face de la » terre, comme l'impulsion d'une comete peut le faire, » il est certain, dis-je, que ce globe renferme en lui- » même une cause qui peut totalement le changer. En » effet, outre le mouvement diurne & sensible de la » terre, elle en a un très-lent & presque insensible » par lequel tout doit changer en elle; c'est le mou- » vement d'où dépendent les précessions des équinoxes » observées par *Hipparque* & par d'autres Mathématiciens : par ce mouvement, la terre doit, au bout de

» plusieurs milliers d'années, changer totalement, & » les mers doivent, à la longue, finir par occuper la » place qu'occupent maintenant les terres du Continent. » D'où l'on voit que notre globe est dans une disposi- » tion continuelle à changer, ainsi que tous les êtres de » la Nature. »

C'est ainsi qu'on raisonne, lorsqu'on n'entend pas les termes, & qu'on n'a pas la plus légere idée de la *précession des équinoxes.* Nous ne prétendons pas discuter ici ce point d'Astronomie physique ; c'est peut-être la question que nous avons traitée avec le plus de soin dans les différentes éditions de notre Dictionnaire, à l'article *Copernic* ; nous y renvoyons le Lecteur. Lorsqu'il sera tant soit peu au fait de cette matiere, il conviendra facilement avec nous qu'il faut ignorer les premiers élémens de la Mécanique, pour avancer que le mouvement de l'axe de la terre est capable de faire, tôt ou tard, changer de face au globe que nous habitons. Eh quoi, le mouvement de la terre dans l'Ecliptique n'est pas capable de déranger un grain de sable de la position où il se trouve, quoique ce mouvement nous fasse parcourir, chaque année, un espace d'environ cent quatre-vingt millions de lieues ; & l'on aura la hardiesse d'avancer que le mouvement qui fait parcourir, dans environ vingt-six mille ans, à l'axe de la terre, autour des pôles de l'Ecliptique, un cercle dont le diametre n'est que de 47 degrés, 20 minutes, on aura, dis-je, la hardiesse d'avancer que ce mouvement causera, tôt ou tard, sur la terre les plus effroyables de tous les dérangemens ? Il faut mépriser souverainement ses Lecteurs, pour leur raconter de pareilles fornettes. Cherchez *Nature* ; vous y trouverez la réfutation de plusieurs erreurs contenues dans le Chapitre dont nous venons de faire l'analyse.

N.

NADIR, c'eſt le point du ciel directement oppoſé au Zénith, c'eſt-à-dire, au point du firmament perpendiculaire à notre tête. Le Nadir eſt auſſi mobile que le Zénith; nous en changeons toutes les fois que nous changeons de lieu.

NAGER. Les hommes naturellement plus peſans qu'un égal volume d'eau, ne nagent, que parce qu'ils ont ſoin de diminuer leur gravité ſpécifique en ſe dilatant la poitrine, en étendant les pieds & les bras, & en produiſant pluſieurs mouvemens contraires à celui de la peſanteur. Voyez l'article de l'*Hydroſtatique*, où nous avons poſé les principes d'où dépend l'art de nager.

NAPEL. Plante veneneuſe qui croît naturellement dans preſque tous les pays montagneux & ſurtout ſur les Alpes & dans la forêt Noire en Siléſie; on la trouve en abondance ſur le mont *Eſperou*, l'une des montagnes du pays des Cevennes. Sa racine eſt vivace, de la groſſeur d'un petit navet, noire en dehors & blanchâtre en dedans. Qu'on ſe garde d'échauffer cette racine dans la main, encore moins d'en manger; ce ſeroit-là le moyen de ſe procurer une mort précédée d'enflures, d'inflammations & de violentes convulſions. Le napel pouſſe pluſieurs tiges à la hauteur de trois pieds; elles ſont rondes, liſſes, moelleuſes, roides, difficiles à rompre, garnies de grandes feuilles arrondies, verdâtres, nerveuſes & découpées en beaucoup de parties étroites. Ses fleurs, de couleur bleue rayée, ſont diſpoſées au haut des tiges en forme d'épis. Elles produiſent un fruit à pluſieurs graines membraneuſes qui renferment des ſemences menues, ridées & noires dans leur maturité. Telle eſt à-peu-près la deſcription que font du napel la plupart des Botaniſtes, & ſurtout *Jean Bauhin*, *Mathiole* & *Valmont de Bomare*. Ce dernier aſſure qu'autrefois on empoiſonnoit les fleches avec le ſuc de cette plante, & que l'on détruiſoit les lions, les tigres, les loups, les pantheres & tous les animaux féroces avec le napel adroitement mêlé avec les viandes qu'ils aiment le plus. *Mathiole* raconte qu'on proposa à un criminel, condamné à mort, de manger de la racine de napel, avec promesse de lui donner des antidotes qui pourroient lui sauver la vie; on vouloit, pour le bien de l'humanité, faire l'essai de ces antidotes. Malgré tous les contre-poisons qu'on lui fit prendre, ce malheureux fut, deux heures après, saisi de vertiges & de violentes commotions dans le cerveau; il s'imaginoit avoir la tête pleine d'eau bouillante. Cet état fut suivi d'une enflure générale dans tout le corps; son visage devint livide; ses yeux lui sortirent de la tête de la maniere la plus affreuse; enfin il expira dans les plus horribles convulsions.

Le napel cependant, tout veneneux qu'il est, est devenu, depuis quelque tems, entre les mains des grands Médecins, un remede efficace contre bien des maladies, & surtout contre la sciatique & le rhumatisme goutteux. L'extrait de cette plante, mêlé avec le sucre, a souvent rendu la santé à des malades qui souffroient les douleurs les plus aiguës, & qui n'avoient, comme des corps morts aucun usage de leurs membres. Il entre dans cette préparation trois parties de sucre sur une partie d'extrait de napel. M. *Razous*, Docteur en Médecine, de différentes Académies & Secrétaire perpétuel de celle de Nîmes, a fait dans cette Ville des cures admirables avec le napel ainsi préparé. Il en a fait part au public dans une excellente brochure latine sur les plantes veneneuses. Il regarde M. *Storck* son Mécene comme l'inventeur de cette belle découverte. Pour ordonner ce remede avec plus de sécurité, il en fit l'essai le premier. Pendant sept jours consécutifs, il avala différentes doses de ce mélange; il en prit six grains le premier jour, huit le second, dix le troisieme & vingt les quatre jours suivans. Il se reposa le huitieme jour, & il continua jusqu'au quatorzieme à en prendre vingt grains les six jours suivans. C'est ainsi qu'on se comporte, lorsqu'on veut être le bienfaiteur de l'humanité.

NATURE. On doit entendre par ce terme l'Univers entier, ce vaste assemblage de tout ce qui existe, de tout ce qui a été tiré du néant par la main toute-puissante du Créateur. Son *ensemble* nous montre une chaîne immense de causes & d'effets. Quelques-unes de ces causes nous sont connues, parce qu'elles frappent immédiatement nos ſens ; la plupart nous ſont inconnues, parce qu'elles n'agiſſent ſur nous que par des effets ſouvent très-éloignés de leurs cauſes. Tel eſt le ſens qu'il faut attribuer au mot *Nature*, lorſqu'on le prend dans ſa ſignification la plus genérale. Mais le prend-on dans un ſens beaucoup moins étendu ? conſidere-t-on la nature dans chaque être en particulier ? c'eſt le *tout* qui réſulte de l'eſſence, c'eſt-à-dire, des propriétés, des façons d'agir, des combinaiſons, des mouvements qui le diſtinguent des autres êtres. L'homme, par exemple, le chef-d'œuvre ſorti des mains de l'Auteur de la nature, eſt compoſé de deux ſubſtances ſpécifiquement différentes. L'une, eſſentiellement inerte & paſſive, c'eſt-à-dire, eſſentiellement incapable de produire quoi que ce ſoit d'elle-même, n'eſt ſuſceptible que d'extenſion, de figure, de mouvement, de repos, de diviſion, d'organiſation, &c. L'autre, eſſentiellement active, inétendue & indiviſible, ſe connoît, ſait qu'elle penſe, nie ce qui lui paroît faux, affirme ce qui lui paroît véritable, &c. Cherchez *Homme*.

Le même animal, en vertu de ſon organiſation, paſſe ſucceſſivement des beſoins ſimples, à des beſoins plus compliqués, mais qui n'en ſont pas moins des ſuites de ſa nature. C'eſt ainſi que le papillon, dont nous admirons la beauté, commence par être un œuf inanimé, duquel la chaleur fait ſortir un ver qui devient chryſalide, & puis ſe change en un inſecte ailé que nous voyons s'orner des plus vives couleurs. Parvenu à cette forme, il ſe reproduit & ſe propage. Enfin dépouillé de ſes ornemens, il eſt forcé de diſparoître, après avoir rempli la tâche que la nature lui impoſoit, ou décrit le cercle des changemens qu'elle a tracés aux êtres de ſon eſpece.

Nous voyons des changemens & des progrès analogues dans tous les végétaux. C'eſt par une ſuite de la combinaiſon & du tiſſu de l'aloës, que cette plante inſenſiblement accrue & modifiée, produit au bout d'un grand nombre d'années des fleurs qui ſont les annonces de ſa mort.

Il en eſt de même du corps de l'homme ; dans tous ſes progrès, dans toutes les variations qu'il éprouve, il est soumis aux loix propres de son organisation & aux matieres dont il est composé.

C'est donc à la Physique & à l'expérience que l'homme doit recourir dans ses recherches, lorsqu'elles roulent sur des objets purement naturels ; ce sont elles qu'il doit consulter dans les sciences & dans les arts. La nature agit par des loix simples, uniformes, naturellement invariables que l'expérience nous met à portée de connoître ; c'est par nos sens que nous sommes liés à la nature universelle ; c'est par nos sens que nous pouvons découvrir ses secrets ; dès que nous quittons l'expérience, nous tombons dans le vuide où notre imagination nous égare.

C'est faute d'étudier la nature & ses loix, de chercher à découvrir ses ressources & ses propriétés que l'homme a si long-tems croupi dans l'ignorance, ou a fait des pas si lents & si incertains dans la Physique, la Médecine, l'Agriculture, en un mot dans presque toutes les sciences utiles. Stupides admirateurs de l'antiquité, ceux qui professoient ces sciences aimoient mieux suivre les routes qui leur étoient tracées que de s'en frayer de nouvelles ; ils préféroient les délires de leur imagination & leurs conjectures gratuites à des expériences laborieuses qui seules eussent été capables d'arracher à la nature ses secrets.

Elevons-nous donc, dans la route épineuse des sciences, au-dessus du nuage du préjugé. Sortons de l'atmosphere qui nous entoure, pour considérer les opinions des hommes & leurs systemes divers. Défions-nous d'une imagination déréglée ; prenons l'expérience pour guide ; consultons la nature ; tâchons de puiser en elle des idées vraies sur les objets qu'elle renferme ; interrogeons la raison dont quelques-uns ont voulu trop étendre & quelques autres trop resserrer les droits ; contemplons attentivement le monde ; & cette contemplation nous conduira infailliblement à la connoissance de son invisible Auteur.

Remarque. L'Auteur du *Systeme de la Nature* a dû commencer son ouvrage par discuter la matiere que nous venons de traiter dans cet article. Il l'a fait dans son premier chapitre ; c'est-là que l'on trouve les semences des horreurs & des blasphemes qu'il vomit dans la suite contre *Dieu*; contre le *Christianisme*; contre les *bonnes mœurs* & contre les *Souverains*. Cherchez *Systeme de la Nature*. Son Systeme dans le fond est le pur *Spinosisme*. Ecoutons d'abord *Spinosa*, & écoutons ensuite l'Auteur que nous avons eu tant de fois occasion de réfuter dans différens articles de ce *Supplément*.

Il n'est dans l'univers, *dit Spinosa*, qu'une seule substance dont l'existence est nécessaire & dont les différens êtres particuliers sont des modifications. Elle a pour attributs l'étendue & la pensée. En un mot celui qu'on appelle *Dieu* est le monde & chacune de ses parties. C'est-à-dire, que le Dieu de *Spinosa* est un être couvert de figures; sujet au mouvement & au repos; borné dans toutes ses parties; principe & sujet d'une infinité de pensées bonnes, mauvaises, sages, extravagantes, chastes, impures, &c.

Cet abominable systeme a paru, même à l'impie *Bayle*, un systeme insoutenable, un tissu de termes d'une Métaphysique incompréhensible, un amas de définitions obscures, de propositions hasardées, de sophismes grossiers, en un mot, un galimathias dont les dehors pompeux & la marche géométrique n'en imposeront jamais qu'aux esprits foibles.

Ecoutons maintenant l'Auteur du *Systeme de la Nature*. » L'homme, *dit-il*, est l'ouvrage de la nature, il existe » dans la nature, il est soumis à ses loix, il ne peut » s'en affranchir, il ne peut même par la pensée en sortir; c'est en vain que son esprit veut s'élancer au-delà des bornes du monde visible, il est toujours » forcé d'y rentrer. Pour un être formé par la nature » & circonscrit par elle, il n'existe rien au-delà du » grand *tout* dont il fait partie & dont il éprouve les influences; les êtres que l'on suppose au-dessus de la » nature ou distingués d'elle-même, seront toujours des » chimeres, dont il ne nous sera jamais possible de nous » former des idées véritables, non plus que du lieu » qu'elles occupent & de leur façon d'agir. Il n'est & » il ne peut rien y avoir hors de l'enceinte qui renferme tous les êtres.

» Toute erreur est nuisible; c'est pour s'être trompé, » que le genre humain s'est rendu malheureux. Faute » de connoître la nature, il se forma des Dieux qui

» ſont devenus les ſeuls objets de ſes eſpérances & de
» ſes craintes. Les hommes n'ont point ſenti que cette
» nature, dépourvue de bonté comme de malice, ne
» fait que ſuivre des loix néceſſaires & immuables, en
» produiſant & détruiſant des êtres, en faiſant tantôt
» ſouffrir ceux qu'elle a rendus ſenſibles, en leur diſ-
» tribuant des biens & des maux, en les altérant ſans
» ceſſe : ils n'ont point vu que c'étoit dans la nature
» elle-même & dans ſes propres forces, que l'homme
» devoit chercher ſes beſoins, des remedes contre ſes
» peines & des moyens de ſe rendre heureux ; ils ont
» attendu ces choſes de quelques êtres imaginaires qu'ils
» ont ſuppoſé les Auteurs de leurs plaiſirs & de leurs
» infortunes. D'où l'on voit que c'eſt à l'ignorance de
» la nature que ſont dues ces Puiſſances inconnues ſous
» leſquelles le genre humain a ſi long-tems tremblé, &
» ces cultes ſuperſtitieux qui furent les ſources de tous
» ſes maux.

» Pour avoir méconnu la nature & ſes voies, pour
» avoir dédaigné l'expérience, pour avoir mépriſé la rai-
» ſon, pour avoir deſiré du merveilleux & du ſurnaturel,
» enfin pour avoir tremblé, le genre humain eſt de-
» meuré dans une longue enfance dont il a tant de peine
» à ſe tirer. Il n'eut que des hypotheſes puériles dont il
» n'oſa jamais examiner les fondemens & les preuves;
» il s'étoit accoutumé à les regarder comme ſacrées,
» comme des vérités reconnues dont il ne lui étoit
» point permis de douter un inſtant : ſon ignorance le
» rendit crédule ; ſa curioſité lui fit avaler à longs traits
» le merveilleux ; le tems le confirma dans ſes opinions
» & fit paſſer de races en races ſes conjectures pour
» des réalités ; la force tyrannique le maintint dans ſes
» notions, devenues néceſſaires pour aſſervir la ſociété;
» enfin la ſcience des hommes en tout genre ne fut
» qu'un amas de menſonges, d'obſcurités, de contra-
» dictions.

» C'eſt faute de connoître ſa propre nature, ſa propre
» tendance, ſes beſoins & ſes droits, que l'homme en
» ſociété eſt tombé de la liberté dans l'eſclavage ; il
» méconnut ou ſe crut forcé d'étouffer les deſirs de ſon
» cœur, & de ſacrifier ſon bien-être aux caprices de
» ſes chefs ; il ignora le but de l'aſſociation & du gou-

» vernement ; il se soumit sans réserve à des hommes » comme lui, que ses préjugés lui firent regarder comme » des êtres d'un ordre supérieur, comme des Dieux sur » la terre ; ceux-ci profiterent de son erreur pour l'as- » servir, le corrompre, le rendre vicieux & misérable. » Ainsi, c'est pour avoir ignoré sa propre nature, que » le genre humain tomba dans la servitude & fut mal » gouverné.

» Lorsque, dans le cours de cet ouvrage, je dis que » la Nature produit un effet, je ne prétens point per- » sonnifier cette Nature, qui est un être abstrait ; mais » j'entends que l'effet dont je parle, est le résultat néces- » saire des propriétés de quelqu'un des êtres qui com- » posent le grand *ensemble* que nous voyons. » *Extrait du chapitre premier de la premiere partie du Systeme de la Nature.*

Que le Lecteur réfléchisse maintenant sur le Systeme du Juif *Spinosa* & sur celui de l'Auteur du *Systeme de la Nature*, je ne crois pas que, quant à l'essentiel, il apperçoive la moindre différence entre l'un & l'autre. Je ne crois pas aussi qu'il ait de la peine à convenir que l'on trouve, dans ce *premier chapitre*, les malheureuses semences des horreurs & des blasphemes qu'il vomit dans tout le cours de son ouvrage contre *Dieu*, contre le *Christianisme*, contre les *bonnes mœurs* & contre les *Souverains*. Nous ne l'avons que trop prouvé dans différens articles de ce *Supplément*. Cherchez *Systeme de la Nature* ; vous y trouverez ces articles indiqués.

Il est cependant dans ce *chapitre* plusieurs propositions qui ne sont fausses & pernicieuses que dans le sens de leur Auteur. Prises dans le sens obvie, & appliquées, comme nous l'avons fait, aux sciences usuelles, elles sont incontestables. Défions-nous cependant de lui, lors même qu'il dit des choses qui paroissent raisonnables ; & ne cessons de répéter à ses lecteurs les mieux intentionnés, *latet anguis in herba.*

NAVIGATION AÉRIENNE. Probleme dont la solution donneroit aux hommes les moyens de voyager dans les airs sur les *Aérostats*, à-peu-près comme ils voyagent sur les rivieres & sur la mer dans les barques & dans les vaisseaux. Cette question doit-elle être mise dans la classe des problemes possibles ou dans celle des problemes impoſſibles; & ſuppoſé que la navigation aérienne puiſſe avoir abſolument lieu, cette queſtion doit-elle être miſe dans la claſſe des problemes utiles? Voilà ce que je vais examiner, ou plutôt, voilà ce que j'ai preſque déjà examiné à l'article *Aeroſtat* auquel je renvoie le Lecteur; je ſuppoſe même qu'il ne lira celui-ci, qu'après avoir appris dans celui-là tout ce qui a rapport à cette ingénieuſe machine; je n'en ſuis ni l'admirateur enthouſiaſte, ni le détracteur de mauvaiſe foi.

Premiere queſtion. La navigation aérienne doit-elle être miſe dans la claſſe des problemes poſſibles ou dans celle des problemes impoſſibles?

Réponſe. Je regarde la *navigation aérienne*, comme j'ai toujours regardé la *quadrature du cercle*, le *mouvement perpétuel* & la *pierre philoſophale.* Il eſt évident qu'il y a un rapport réel entre le diametre du cercle & ſa circonférence; il eſt donc évident qu'en lui-même le probleme de la quadrature du cercle eſt un probleme très-poſſible. Mais il n'eſt pas moins évident que ce rapport réel nous ſera toujours inconnu, puiſque la fin des recherches des plus grands Géometres a toujours été d'arriver, après des calculs immenſes, à une *ſuite infinie;* donc la quadrature du cercle doit être miſe dans la claſſe des problemes poſſibles en eux-mêmes & impoſſibles par rapport à nous.

Pour le mouvement perpétuel, c'eſt-à-dire, pour le mouvement, lequel une fois imprimé à un corps, perſévéreroit toujours le même, ſans augmentation, ſans diminution, en un mot, ſans aucun changement, de quelque eſpece qu'il pût être; non-ſeulement il eſt poſſible, mais encore il eſt néceſſaire en lui-même: tout corps en mouvement exige, en vertu de ſa force d'inertie, de continuer à ſe mouvoir dans la même direction & avec le même degré de viteſſe qu'il a reçu. Si cela n'arrive pas, c'eſt que les corps en mouvement trouvent une infinité d'obſtacles qui empêchent cette regle générale de la nature de ſe vérifier jamais à la lettre. Le mouvement perpétuel eſt donc la matiere d'un probleme très-poſſible en lui-même, mais impoſſible dans l'état actuel des choſes.

Il en eſt de même de la pierre philoſophale. L'or eſt évidemment un corps mixte; il n'eſt donc pas impoſſible de le décompofer en fes premiers élémens. Mais comment connoître exactement la proportion qui regne entre eux? Comment trouver le fecret de les unir auffi parfaitement que le font, dans le fein de la terre, les agens naturels? Auffi, quoique ce fameux probleme foit très-poffible en lui-même, a-t-on toujours regardé comme dignes des petites maifons, ceux qui s'occupent à chercher la pierre philofophale.

Je me trompe peut-être & je fouhaite fincerement de me tromper; mais je penfe que la direction conftante des aéroftats pour un voyage de long cours dans les plaines aériennes eft la matiere d'un probleme qui réunit toutes les difficultés des trois précédens. Pour en prouver la poffibilité, nos Géometres feront de longs & ennuyeux calculs qui, après des travaux immenfes, les conduiront à quelque *fuite infinie*; je le leur prédis. *Premiere reffemblance entre le probleme qui a pour objet la quadrature du cercle & celui qui aura pour objet la navigation aérienne.*

Nos Phyficiens ne manqueront pas de nous dire qu'il n'eft rien de plus facile que de diriger une efpece de bateau qu'on a eu foin de mettre en équilibre avec telle & telle couche d'air; mais ils pafferont légerement fur les obftacles infinis qui s'oppoferont à cette direction, obftacles de la part de l'aéroftat, obftacles de la part du fluide qu'il contient, obftacles de la part de l'élément où il fe trouve, obftacles de la part des hommes qui feront obligés de manœuvrer, &c. &c. *Seconde reffemblance entre le probleme qui a pour objet le mouvement perpétuel, & celui qui aura pour objet la navigation aérienne.*

Des hommes courageux, je dirois prefque téméraires tenteront peut-être dans les airs les mêmes voyages que l'on entreprend tous les jours fur l'océan. Si, après tant de malheurs arrivés, dont nous avons rendu compte à l'article *Aéroftat*, ils ne font pas les triftes victimes de leur enthoufiafme, ne pourra-t-on pas dire qu'ils auront été plus heureux, que fages? *Troifieme reffemblance entre le probleme qui a pour objet la pierre philofophale & celui qui aura pour objet la navigation aérienne.*

Je penfe donc que ce dernier probleme, très-poffible en lui-même & lorfqu'il s'agira de quelque voyage d'agrément, eft impoffible par rapport à nous, lorfqu'il s'agira d'un voyage de long cours dans les plaines aériennes. Ce qui me confirme dans ma maniere de penser, c'est ce qui vient de se passer à l'Académie de Lyon. Cette célebre Compagnie avoit proposé un prix de la valeur de douze cent livres pour le mémoire qui indiqueroit *la maniere la plus sûre, la moins dispendieuse & la plus efficace de diriger à volonté les machines aérostatiques.* Cent & un mémoires ont été admis au concours; & quoique dans ce nombre il y en ait de très-savans par les calculs & les regles de proportion, l'Académie a jugé que l'objet n'étoit pas rempli; que les aérostats ne pouvoient être dirigés par aucun des moyens indiqués; elle n'a pas adjugé le prix & a abandonné le sujet.

Seconde question. Si l'on trouvoit jamais le moyen de diriger les aérostats pour un voyage de long cours, la navigation aérienne devroit-elle être mise dans la classe des problemes utiles à la société?

Réponse. Avant que de m'expliquer sur cette matiere, qu'il me soit encore permis de faire quelques réflexions sur la *quadrature du cercle*, le *mouvement perpétuel* & la *pierre philosophale.*

Si quelque Géometre, plus savant qu'*Archimede* & *Métius* qui ont tant travaillé pour trouver la quadrature du cercle, découvroit jamais le rapport exact qu'il y a entre le diametre & une circonférence circulaire; quelle utilité réelle en retireroit-on dans la pratique? aucune ou presque aucune. Ce seroit sans doute par quelque formule compliquée qu'il parviendroit à cette célebre découverte; on lui donneroit les justes éloges qu'il mériteroit, & on continueroit à se servir des anciennes formules, parce qu'elles sont plus courtes & qu'elles n'induisent à aucune erreur sensible. *Métius* n'a-t-il pas démontré que 355 n'excede pas de sa onze millionieme partie la circonférence d'un cercle qui a pour diametre 113? Cependant, au lieu de nous servir du rapport de 355 à 113, nous nous servons de celui de 22 à 7.

Si quelque Physicien construisoit une machine qui représentât le mouvement perpétuel, sans doute qu'on l'admireroit; mais ce seroit une machine *en petit* & de pure curiosité; & l'on se garderoit bien de l'exécuter jamais *en grand*, si l'on avoit la plus légere teinture de Physique.

Si quelque Alchimiste, parfaitement au fait des élémens dont l'or est composé, trouvoit le secret d'en réunir de pareils dans son laboratoire, & de faire sortir de son creuset cette matiere précieuse; ce seroit sans doute un grand, un très-grand homme; mais bien surement il n'amasseroit pas de grandes richesses; les dépenses seroient immenses & le profit très-petit.

Il en sera de même de la direction des *Aérostats* pour un voyage de long cours. Si quelqu'un vient jamais à la trouver, il aura droit à nos suffrages; mais il n'y aura que des téméraires qui entreprennent un long voyage sur une aussi frêle machine. Lisez notre *cinquieme réflexion* dans l'article *Aérostat*.

Il faut avouer cependant que l'on a dit des choses fort ingénieuses sur la direction des aérostats. J'ai lu avec plaisir la brochure de M. l'Abbé *Bertholon* sur les globes aérostatiques; il pense que toute la difficulté consiste à connoître la direction des divers courans qui regnent dans l'atmosphere; & voici le moyen qu'il propose, pour parvenir à cette connoissance. On fera, *dit-il*, plusieurs petits ballons. Ces petits globes construits, on les remplira d'air inflammable; & ces globes, en s'élevant, serviront à connoître la direction des courans supérieurs. On remplira d'autres petits globes d'air fixe, ou d'air atmosphérique, pris aux environs de la terre; & ces globes, plus pesans que l'air déplacé dans la couche où se trouve le grand ballon, descendront & indiqueront la direction des courans d'air inférieurs.

Lorsque l'Aéronaute aura reçu par ce moyen les instructions qui lui sont nécessaires, il élevera son globe, ou il le fera descendre dans la couche où regne le vent favorable; & rien n'est plus aisé, que d'en venir à bout. On s'éleve, en jettant de son lest; on s'abaisse, en diminuant un peu la force du feu, ou en perdant un peu de son *gaz*.

Le moyen que propose ce grand Physicien est d'autant plus efficace, que les vents ou les courans d'air en sont le grand ressort, & que c'est de l'ennemi qu'on a à vaincre, qu'il tire des armes propres à le combattre avec succès. Si c'étoit-là le seul obstacle à la navigation aérienne, M. l'Abbé *Bertholon* pourroit se flatter d'en avoir applani toutes les difficultés.

Il faut encore avouer que personne n'a eu dans la navigation aérienne, & n'aura peut-être jamais des succès semblables à ceux de M. *Blanchard.* Nous avons rendu compte dans la *huitieme réflexion* de notre article *Aérostat* de son voyage aérien de Rouen à Puissanval, & dans la *dixieme* de celui de Douvres à Calais. Il a fait en Flandres une nouvelle expérience qui a réussi encore mieux que les deux autres. Le 26 Août 1785, il partit de Lille à onze heures sept minutes du matin; & le même jour à six heures précises du soir, il descendit à Servant, près de Ste. Menehould en Champagne; il avoit pour compagnon de voyage M. le Chevalier *de l'Epinard.* Nous souhaitons bien sincerement qu'un homme si célebre ne soit pas, tôt ou tard, la triste victime de son zele pour le progrès de la navigation aérienne; & nous avons d'autant plus lieu de l'espérer, qu'on assure qu'il ne s'embarque jamais, sans se munir, en cas de malheur, d'un excellent *parachute* de son invention. Cherchez *Parachute.*

Remarque 1. Dans le tems même que nous écrivons les derniers mots de cet article, nous apprenons que le nouveau voyage aérien que M. *Blanchard* tenta à Francfort le 27 Septembre 1785, a parfaitement échoué. Par bonheur le vent déchira le ballon de haut en bas, quelques momens après que notre intrépide Aéronaute fut entré dans la nacelle avec le Prince *Louis de Hesse-Darmstadt* & M. *Schweitzer*, Officier au régiment de Schomberg dragons. Si cet accident fût arrivé, quelques minutes plus tard, l'Allemagne eût été dans la plus grande consternation. M. *Blanchard*, peu accoutumé sans doute au revers, fut si sensible à celui-ci, qu'il s'en trouva mal & perdit connoissance. Nous souhaiterions bien que fût-là le dernier de ses voyages.

Remarque 2. Si quelqu'un (ce qui est bien difficile) n'avoit jamais eu occasion de voir des ballons aérostatiques, il en trouvera les figures exactement dessinées dans la planche placée à la fin de ce supplément. La figure 1 représente un ballon à feu, la figure 2 un ballon à air inflammable, & la figure 3 un ballon à char. Cherchez *Voyage aérien.*

NÉCESSITÉ. On ne connoît en Physique d'autre nécessité que celle qui résulte de la liaison infaillible &

constante des causes avec leurs effets. Le feu brûle nécessairement les matieres combustibles qui sont placées dans la sphere de son action. Les corps graves tombent, les corps légers s'élevent, les substances analogues s'attirent, tous les êtres tendent à se conserver. Enfin il ne peut y avoir de cause isolée, d'action détachée dans une nature où les êtres agissent sans interruption les uns sur les autres, & dans laquelle on entrevoit un cercle continuel de mouvemens donnés & reçus suivant les loix sagement établies par le Créateur. Un seul exemple servira à nous rendre sensible le principe qui vient d'être posé. Dans un tourbillon de poussiere qu'éleve un vent impétueux, quelque confus qu'il paroisse à nos yeux: dans la plus affreuse tempête excitée par des vents opposés qui soulevent les flots, il n'y a pas une seule molécule de poussiere ou d'eau qui soit placée au hasard, qui n'ait sa cause suffisante pour occuper le lieu où elle se trouve, & qui n'agisse rigoureusement de la maniere dont elle doit agir. Un Mécanicien qui connoîtroit exactement les différentes forces qui agissent dans ces deux cas, & les propriétés des molécules qui sont mues, démontreroit que, d'après les causes données, chaque molécule se meut précisément comme elle doit se mouvoir, & ne peut se mouvoir autrement qu'elle ne fait.

Enfin si tout est lié dans la nature; si les mouvemens y naissent les uns des autres; quoique leurs communications secretes échappent souvent à notre vue, nous pouvons assurer qu'il n'est point de cause si petite ou si éloignée qui ne produise quelquefois les effets les plus grands & les plus immédiats sur nous-mêmes. C'est peut-être dans les plaines arides de la Lybie que s'amassent les premiers élémens d'un orage qui, porté par les vents, viendra vers nous, appesantira notre atmosphere & désolera nos campagnes. C'est donc par le mouvement que le grand *Tout* de la nature a des rapports avec ses parties, & celles-ci avec le *Tout*; c'est ainsi que tout est lié dans l'univers; il est lui-même une chaîne immense de causes & d'effets qui sans cesse découlent nécessairement les uns des autres.

Si l'Auteur du *systeme de la Nature* dont nous avons affecté d'emprunter souvent les propres paroles, s'en fût tenu là ; nous n'aurions que des éloges à lui donner. Mais quel blâme ne mérite-t-il pas, lorsqu'il ose assurer que la plus invincible *nécessité* n'est pas moins l'ame de l'ordre *moral*, qu'elle est l'ame de l'ordre *physique*. » Dans les convulsions terribles, *dit-il*, qui agitent quel» quefois les sociétés politiques & qui produisent sou» vent le renversement d'un empire, il n'y a pas une » seule action, une seule parole, une seule pensée, » une seule volonté, une seule passion dans les agens » qui concourent à la révolution comme destructeurs » ou comme victimes, qui ne soit nécessaire, qui n'a» gisse comme elle doit agir, qui n'opere infailliblement » les effets qu'elle doit opérer, suivant la place qu'oc» cupent ces agents dans ce tourbillon moral. « (*premiere partie*, *pag.* 52.) Il avoit posé les fondemens de cette affreuse doctrine dans son *chapitre premier* où il dit qu'il n'y a point de distinction entre l'homme *physique* & l'homme *moral*.

Analysons quelques-uns de ses prétendus raisonnemens ; ce sera-là le moyen d'en découvrir le faux & le foible. Voici comment il s'exprime à la *page* 186.

» L'homme est un être physique. De quelque façon » qu'on le considere, il est lié à la nature universelle, » & soumis aux loix nécessaires & immuables qu'elle » impose à tous les êtres qu'elle renferme, d'après l'es» sence particuliere ou les propriétés qu'elle leur donne » sans le consulter. Notre vie est une ligne que la na» ture nous ordonne de décrire à la surface de la terre, » sans jamais pouvoir nous en écarter un instant. Nous » naissons sans notre aveu ; notre organisation ne dé» pend point de nous ; nos idées nous viennent invo» lontairement ; nos habitudes sont au pouvoir de ceux » qui nous les font contracter ; nous sommes sans cesse » modifiés par des causes soit visibles, soit cachées qui » reglent nécessairement notre façon d'être, de penser » & d'agir. Nous sommes bien ou mal, heureux ou » malheureux, raisonnables ou déraisonnables, sans que » notre volonté entre pour rien dans ces différens Etats. » Cependant malgré les entraves continuelles qui nous » lient, on prétend que nous sommes libres, ou que » nous déterminons nos actions & notre sort, indépen» damment des causes qui nous remuent. »

Reprenons

Reprenons ces différentes propositions, & soumettons-les à l'examen les plus réfléchi. *L'homme est un être physique.* J'en conviens, si l'on prétend dire par-là que le corps & l'ame de l'homme sont deux substances physiques, faites pour être unies physiquement l'une avec l'autre. Mais si, à l'exemple de l'Auteur du *systeme de la Nature*, l'on confond *physique* avec *matériel*, nous ferons remarquer que nous avons démontré la fausseté de cette assertion dans ce *Supplément* aux articles *Homme* & *Faculté de sentir*, & dans le *corps de l'ouvrage*, à l'article *Matérialisme*.

De quelque façon qu'on considere l'homme, il est lié à la nature universelle, & soumis aux loix nécessaires & immuables qu'elle impose à tous les êtres qu'elle renferme, d'après l'essence particuliere ou les propriétés qu'elle leur donne, sans les consulter. Que prétend-on dire par-là ? que l'homme fait partie de l'univers ; qui en a jamais douté ? qu'il sent le froid & le chaud, qu'il éprouve la faim & la soif, &c. ; chacun le sait par expérience. Donc il n'est pas libre de se délivrer ou de ne pas se délivrer de ces sortes de miseres ; je l'avoue. Donc il n'est pas libre de faire le bien ou le mal moral : je ne vois pas sur quoi peut être fondée cette conséquence.

Notre vie est une ligne que la nature nous ordonne de décrire à la surface de la terre, sans jamais pouvoir nous en écarter un instant. Ou cette proposition ne signifie rien, ou l'Auteur a voulu dire que nos jours sont comptés. Quel rapport a tout cela avec la liberté.

Nous naissons sans notre aveu, notre organisation ne dépend point de nous. Jamais les défenseurs de la liberté n'ont prétendu que la vie & l'organisation que nous avons avons reçue, fussent des actes de notre libre arbitre. *Ipse fecit nos & non ipsi nos.*

Nos idées nous viennent involontairement. Aussi les pensées mauvaises ne sont-elles pas des péchés. C'est un péché d'en chercher l'occasion ; c'est un péché de s'y arrêter volontairement ; c'est un péché d'agir en conséquence de telle & telle mauvaise pensée ; mais la liberté de l'homme n'a jamais consisté dans le pouvoir de ne pas avoir ou d'avoir telle ou telle pensée.

Nos habitudes sont au pouvoir de ceux qui nous les font contracter. Cette proposition ne présente aucun sens.

Nous sommes sans cesse modifiés par des causes. soit visibles, soit cachées, qui reglent nécessairement notre façon d'être, de penser & d'agir. Otez *nécessairement*, & la proposition ne sera pas ridicule.

Nous sommes bien ou mal, heureux ou malheureux, sages ou insensés, raisonnables ou déraisonnables, sans que la volonté entre pour rien dans ces différens états. Combien de gens ne jouissent, malgré eux, que d'un revenu qui leur donne à peine de quoi ne pas mourir de faim; cela leur ôte-t-il la liberté d'être hommes de bien, de déterminer leurs actions, & d'être par conséquent véritablement libres?

L'Auteur du systeme de la Nature continue sur le même ton à la *page* 187.

» Partie subordonnée d'un grand *Tout*, l'homme est » forcé d'en éprouver les influences. Pour être libre, » il faudroit qu'il fût tout seul plus fort que la nature » entiere, ou il faudroit qu'il fût hors de cette nature » qui, toujours en action elle-même, oblige tous les » êtres qu'elle embrasse d'agir & de concourir à son » action générale, ou, comme on l'a dit ailleurs, de » conserver sa vie agissante par les actions ou les mou» vemens que tous les êtres produisent en raison de » leurs énergies particulieres soumises à des loix fixes, » éternelles, immuables. Pour que l'homme fût libre, » il faudroit que tous les êtres perdissent leurs essences » pour lui, il faudroit qu'il n'eût plus de sensibilité » physique, qu'il ne connût plus ni le bien, ni le mal, » ni le plaisir, ni la douleur. Mais dès-lors il ne seroit » plus en état ni de se conserver, ni de rendre son » existence heureuse; tous les êtres, devenus indiffé» rens pour lui, il n'auroit plus de choix, il ne sauroit » plus ce qu'il doit aimer ou craindre, chercher ou » éviter. En un mot l'homme seroit un être dénaturé » ou totalement incapable d'agir de la maniere que nous » lui connoissons. » Voilà de grands mots, voyons s'ils renferment quelque sens. *Partie subordonnée d'un grand Tout, l'homme est forcé d'en éprouver les influences.* Nous avons déjà remarqué que l'homme, comme partie de l'univers, éprouvoit nécessairement le froid, le chaud, la faim, la soif, &c., & que cette nécessité ne l'empêchoit pas d'être parfaitement libre.

Pour être libre, il faudroit que l'homme fût tout seul plus fort que la nature entiere, ou il faudroit qu'il fût hors de cette nature qui, toujours en action elle-même, oblige tous les êtres qu'elle embrasse d'agir & de concourir à son action générale, ou, comme on l'a dit ailleurs, de conserver sa vie agissante par les actions ou les mouvemens que tous les êtres produisent en raison de leurs énergies particulieres, soumises à des loix fixes, éternelles, immuables. C'est manquer de respect à son lecteur, que de lui apporter ce galimathias en preuve de sa non liberté. Quoi! j'aurai droit de conclure que je suis plus fort que la nature entiere, ou que je suis hors de cette nature, parce que je me suis déterminé librement à réfuter le *systeme de la Nature?*

Pour que l'homme fût libre, il faudroit que tous les êtres perdissent leurs essences pour lui, il faudroit qu'il n'eût plus de sensibilité physique, qu'il ne connût plus ni le bien, ni le mal, ni le plaisir, ni la douleur. C'est-à-dire, que l'exercice de ma liberté empêchera le soleil d'éclairer le monde, les astres de rouler sur nos têtes, le froid de se faire sentir, &c. Voilà ce que les prétendus *esprits forts* de ce siecle appellent *raisonner.* Que ne diroient-ils pas, & que n'auroient-ils pas droit de dire, si ceux qu'ils appellent *esprits foibles* s'avisoient de raisonner de la sorte!

Après cela je ne suis pas étonné que l'Auteur du *systeme de la Nature* ait assuré (pag. 189) que *la volonté est une modification dans le cerveau par laquelle il est disposé à l'action ou préparé à mettre en jeu les organes qu'il peut mouvoir.*

Mais il me paroît qu'une assertion aussi extraordinaire devroit être étayée de quelque preuve. Ce n'est pas ainsi que nous en avons agi, lorsque nous avons avancé que le cerveau matériel est essentiellement & métaphysiquement incapable, je ne dis pas de penser & de vouloir, mais même de sentir. Cherchez *Homme*, *Faculté de sentir* & *Matérialisme* dans le *corps de l'ouvrage.*

Les autres raisonnemens de l'Auteur du *systeme de la Nature* sont à-peu-près dans le même goût & de la même force; ils sont tous fondés sur ces prétendus principes.

L'Ame de l'homme n'est pas distinguée du cerveau matériel.

Tous les motifs qui se présentent à l'homme pour agir, sont de pures impulsions mécaniques.

Tout motif qui détermine l'homme à agir, est un motif nécessitant, parce que la matiere est obligée de céder à la plus forte des impulsions.

La premiere conséquence que l'on doive tirer de cette abominable doctrine, c'est d'excuser, j'ai presque dit de canoniser les plus affreuses débauches. Elles sont en effet canonisées à la *page* 198 où on lit ce qui suit.

« Lorsque notre volonté est fortement déterminée par » quelque objet ou idée qui excite en nous une passion » très-vive, les objets ou idées qui pourroient nous » arrêter, disparoissent de notre esprit; nous fermons » alors les yeux sur les dangers présens qui nous mena- » cent ou dont l'idée devroit nous retenir; nous mar- » chons tête baissée vers l'objet qui nous entraîne; » la réflexion ne peut rien sur nous; nous ne voyons » que l'objet de nos desirs; & les idées salutaires qui » pourroient nous arrêter, ne se présentent point à » nous, ou ne s'y présentent que trop foiblement ou » trop tard pour nous empêcher d'agir. Tel est le cas » de tous ceux qui, aveuglés par quelque passion forte, » ne sont point en état de se rappeller des motifs dont » l'idée seule devroit les retenir; le trouble où ils » sont les empêche de juger sainement, de pressentir les » conséquences de leurs actions, d'appliquer leurs ex- » périences, de faire usage de leur raison, opérations » qui supposent une justesse dans la façon d'associer ses » idées dont notre cerveau n'est plus capable à cause » du délire momentané qu'il éprouve, que notre main » n'est capable d'écrire, tandis que nous prenons un » exercice violent. »

La nécessité du suicide est encore une conséquence de cette même doctrine. Voici ce qu'on lit à la *page* 194.

» L'homme ne peut chérir son existence que tant qu'elle » a pour lui des charmes. Mais lorsqu'il est travaillé par » des sensations pénibles ou des impulsions contraires, » sa tendance naturelle est dérangée; il est forcé de » suivre une route nouvelle qui le conduit à sa fin, » & qui la lui montre même comme un bien desirable. » Voilà comment nous pouvons expliquer la conduite » de ces mélancoliques que leur tempérament vicié, que

» leur *conſcience bourrelée*, que le chagrin & l'ennui dé» terminent quelquefois à renoncer à la vie. »

Je ne comprens pas comment on peut joindre ces deux idées : *agir par une invincible néceſſité* & *avoir la conſcience bourrélée*. Telle eſt cependant l'inconcevable logique de l'Auteur que nous réfutons. L'invitation au ſuicide eſt des plus formelles aux *pages* 298, 299, &c. On y voit les maximes ſuivantes érigées en principes de morale.

» Si la même force qui oblige tous les êtres intelligens » à chérir leur exiſtence, rend celle d'un homme ſi » pénible & ſi cruelle, qu'il la trouve odieuſe & in» ſupportable, il ſort de ſon eſpece, l'ordre eſt détruit » pour lui, & en ſe privant de la vie, il accomplit un » arrêt de la nature qui veut qu'il n'exiſte plus ; cette » nature a travaillé pendant des milliers d'années à for» mer dans le ſein de la terre le fer qui doit trancher » ſes jours.

» L'homme ne peut aimer ſon être, qu'à condition » d'être heureux ; dès que la nature entiere lui refuſe » le bonheur ; dès que tout ce qui l'entoure, lui devient » incommode ; dès que ſes idées lugubres n'offrent que » des peintures affligeantes à ſon imagination, il peut » ſortir d'un rang qui ne lui convient plus, puiſqu'il » n'y trouve aucun appui, il n'exiſte déjà plus ; il eſt » ſuſpendu dans le vide ; il ne peut être utile, ni à » lui-même, ni aux autres.

» Si l'homme ne peut ſupporter ſes maux, qu'il quitte » un monde qui déſormais n'eſt plus pour lui qu'un » affreux déſert.

» Une nature qui s'obſtine à rendre notre exiſtence » malheureuſe, nous ordonne d'en ſortir.

» La vie étant communément pour l'homme le plus » grand de tous les biens, il eſt à préſumer que celui » qui s'en défait, eſt entraîné par une force invin» cible.

» Celui qui ſe tue, ne fait pas un outrage à la na» ture.... Il ſuit l'impulſion de cette nature, en pre» nant la ſeule voie qu'elle lui laiſſe pour ſortir de ſes » peines. »

Ces abominables maximes conduiſent trop naturellement au *Fataliſme*, pour que l'Auteur qui a le front de les débiter ; n'en ait pas reconnu l'existence. Aussi assure-t-il qu'un destin impérieux a formé la chaîne de tous les événemens, & qu'une insurmontable nécessité assujettit tous les hommes à ses loix. A ses yeux, les voleurs, les assassins sont plus malheureux, que coupables ; & quelqu'avérés que soient leurs crimes, la société ne peut pas sans injustice user de rigueur à leur égard ; elle peut tout au plus les condamner à une prison perpétuelle. Voici ce qu'on lit à la *page* 229.

» La folie est sans doute un état involontaire & nécessaire, cependant personne ne trouve qu'il soit injuste de priver de la liberté les foux, quoique leurs actions ne puissent être imputées qu'au dérangement de leur cerveau. Les méchans sont des hommes dont le cerveau est, soit continuement, soit passagerement troublé ; il faut donc les punir en raison du mal qu'ils font, & les mettre pour toujours dans l'impuissance de nuire, si l'on n'a point l'espoir de jamais les ramener à une conduite plus conforme au but de la société. »

Notre Auteur, craignant peut-être d'être taxé de rigorisme, se fait bientôt après l'avocat de tous ceux qui volent & assassinent sur les grands chemins ; peu s'en faut qu'il n'invite les hommes à commettre sans remords ces crimes affreux qui déshonorent l'humanité. On lit à la *page* 231.

» En vain la loi crie à l'homme de s'abstenir du bien d'autrui ; ses besoins lui crient plus fort qu'il faut vivre aux dépens de la société qui n'a rien fait pour lui, & qui le condamne à gémir dans l'indigence & la misere. Privé souvent du nécessaire, il se venge par des vols, des larcins, des assassinats. Au risque de sa vie, il cherche à satisfaire soit ses besoins réels, soit les besoins imaginaires que tout conspire à exciter dans son cœur. L'éducation qu'il n'a point reçue, ne lui a point appris à contenir la fougue de son tempérament. Sans idées de décence, sans principes d'honneur, il se permet de nuire à une partie qui n'est qu'une marâtre pour lui ; dans ses emportemens, il ne voit plus le gibet même qui l'attend. D'ailleurs ses penchans sont devenus trop forts ; ses habitudes invétérées ne peuvent plus se changer ; la paresse l'en-

» gourdit; le désespoir l'aveugle, il court à la mort; » & la société le punit avec rigueur des dispositions fa» tales & nécessaires qu'elle a fait naître en lui, ou du » moins qu'elle n'a pas convenablement déracinées & » combattues par les motifs les plus propres à donner » à son cœur des inclinations honnêtes. Aussi la société » punit souvent les penchans que la société fait naître, » ou que sa négligence fait germer dans les esprits; elle » agit comme ces peres injustes qui châtient leurs en» fans des défauts qu'ils leur ont eux-mêmes fait con» tracter. »

Est-ce là la doctrine d'un Philosophe? Est-ce même celle d'un *Cartouche* ou d'un *Mandrin?* Non, c'est celle de tout homme qui adoptera le dogme insensé de l'irrésistible *nécessité*.

Ce n'est pas ainsi que pensoit le plus grand Philosophe que la France ait produit, l'immortel *Descartes*. Interrogé par la Princesse *Elizabeth* comment pouvoit se concilier le souverain domaine de Dieu sur toutes les créatures, avec l'espece d'indépendance dont notre liberté paroît jouir; j'avoue, *lui répondit-il*, que, si je ne pense qu'à moi-même, je ne puis pas m'empêcher de reconnoître en moi une liberté qui va presque jusqu'à l'indépendance. Mais lorsque je pense à la puissance infinie de Dieu, je vois que toutes les choses créées, sans en excepter notre libre arbitre, dépendent essentiellement de ce Maître suprême; sans cela la Puissance divine seroit en même-tems finie & infinie; finie, puisqu'il y auroit sur la terre quelque chose qui ne dépendroit pas de ce divin attribut; infinie, puisqu'il s'agit d'un attribut essentiel à la divinité. Mais comme la connoissance de l'existence de Dieu ne nous doit pas faire révoquer en doute notre liberté, parce que nous l'expérimentons & que nous l'éprouvons en nous-mêmes: de même la connoissance de notre liberté ne doit pas nous faire révoquer en doute l'existence de Dieu, parce que cette vérité nous est démontrée de la maniere la plus évidente. *Lettre 9, tom. 1, édit. in-12.*

L'Auteur du *systeme de la Nature* nous dira peut-être que *Descartes* a été dirigé dans ses écrits plutôt par sa religion, que par sa raison. Eh bien, opposons-lui donc l'autorité d'un Philosophe qui veut avoir la fausse gloire de ne se conduire que par les lumieres naturelles; c'est *Jean-Jacques Rousseau*. Voici comment il parle dans son *Emile*, *tom.* 3, *pag.* 70 & *suivantes*.

« » Le principe de toute action est dans la volonté d'un » être libre ; on ne sauroit remonter au-delà. Ce n'est » pas le mot de liberté qui ne signifie rien, c'est celui » de nécessité.

» L'homme est actif & libre, il agit de lui-même ; » tout ce qu'il fait librement, n'entre point dans le » systeme ordonné de la Providence & ne peut lui » être imputé. Elle ne veut point le mal que fait l'hom- » me, en abusant de la liberté qu'elle lui donne, mais » elle ne l'empêche pas de le faire .... Elle l'a fait libre, » afin qu'il fît, non le mal, mais le bien par choix. Elle » l'a mis en état de faire ce choix, en usant bien des » facultés dont elle l'a doué : mais elle a tellement borné » ses forces, que l'abus de la liberté qu'elle lui laisse, » ne peut troubler l'ordre général. Le mal que l'homme » fait, retombe sur lui, sans rien changer au systeme du » monde, sans empêcher que l'espece humaine elle-même » ne se conserve, malgré qu'elle en ait. Murmurer de » ce que Dieu ne l'empêche pas de faire le mal, c'est » murmurer de ce qu'il la fit d'une nature excellente, de » ce qu'il mit à ses actions la moralité qui les ennoblit, » de ce qu'il lui donna droit à la vertu. La suprême jouis- » sance est dans le contentement de soi-même. C'est pour » mériter ce contentement, que nous sommes placés sur » la terre & doués de la liberté ; que nous sommes ten- » tés par les passions & retenus par la conscience. Que » pouvoit de plus en notre faveur la Puissance divine » elle-même ? Pouvoit-elle mettre de la contradiction » dans notre nature, & donner le prix d'avoir bien fait » à qui n'eut pas le pouvoir de mal faire ? Quoi ! pour » empêcher l'homme d'être méchant, falloit-il le borner » à l'instinct & le faire bête ? Non, Dieu de mon ame, » je ne te reprocherai jamais de m'avoir fait à ton image, » afin que je puisse être libre, bon & heureux comme » toi. »

A ces témoignages ajoutons celui du plus beau génie que l'antiquité payenne ait produit, je parle du Prince des orateurs Romains. Et d'abord son bel ouvrage sur les *Loix* est fondé sur ce principe incontestable qu'il y a dans l'homme une puiſſance qui porte au bien & qui détourne du mal, auquel néanmoins nous ne nous abandonnons que trop ſouvent, c'eſt-à-dire, que *Cicéron* reconnoiſſoit que les loix ſuppoſoient dans l'homme le pouvoir de faire le bien ou le mal, ou, ce qui revient au même, la liberté qui renferme dans ſon idée l'exemption de toute contrainte & de toute néceſſité. *Vis ad recta facta vocandi & à peccatis avocandi non modò ſenior eſt, quàm ætas populorum & civitatum, ſed æqualis illius, cœlum atque terras tuentis & regentis Dei.* De legibus II, 4.

Il ajoute dans ſon ouvrage ſur la *République* que la droite raiſon nous commande le bien & nous défend le mal; mais de maniere que ſes commandemens & ſes défenſes ne nous impoſent aucune eſpece de néceſſité, puiſque les gens de bien s'y conforment, & que les méchans n'en font aucun cas. *Eſt quidem vera lux recta ratio.... quæ vocet ad officium jubendo, vetando, à fraude deterreat: quæ tamen neque probos fruſtrà jubet aut vetat, neque improbos jubendo aut vetando movet.* Fragm. Libri tertii de Rep.

Je le demande maintenant à tout homme ſenſé: *Cicéron* auroit-il pu parler de la ſorte, s'il eût ſoupçonné qu'il pût y avoir un inſtant dans la vie où l'homme fût néceſſité à faire le mal? Vous ne l'avez jamais penſé, frénétique Auteur du Syſteme de la Nature; j'en prends à témoins les remords de votre conſcience bourrelée; je ne vous crois pas aſſez méchant, pour n'en être pas déchiré nuit & jour. Faſſe ce Dieu miſéricordieux contre qui vous avez vomi tant de blaſphemes, qu'ils operent en vous tôt ou tard le plus heureux de tous les changemens.

NEGRES. Hommes noirs & à cheveux crépus. Rien n'eſt plus varié que la couleur de la peau humaine. Le blanc & le noir ſont comme deux extrêmes auxquels on n'arrive que par des millions de nuances intermédiaires. Parcourez les différens climats de la terre, & partez de celui où les hommes ſont les plus blancs; vous n'arriverez au pays des negres, qu'après avoir trouvé des nations différentes dont la couleur tirera toujours plus ſur le noir. Rougeâtre, olivâtre, couleur de cuivre, bazané, brun tirant ſur le noir, preſque noir ou couleur de More ; voilà une partie des nuances intermédiaires qu'on remarque entre les blancs & les negres. Il n'est pas douteux cependant que le blanc n'ait été la couleur primitive de la peau humaine. Quelles sont les causes physiques qui ont procuré à l'espece humaine un changement aussi étonnant ? Voilà ce que je dois examiner. Mes conjectures, je le sais, seront peut-être aussi peu conformes aux loix de la saine Physique, que celles de tant de grands hommes qui ont écrit sur un sujet si difficile ; n'importe, je vais les hasarder ; trop heureux, si elles me conduisoient, ou si, perfectionnées, elles pouvoient conduire quelque autre Physicien à la solution d'un probleme qui n'a pas encore été résolu d'une maniere satisfaisante.

La partie de l'Afrique comprise sous 36 degrés, dont 18 de latitude nord & 18 de latitude sud, est habitée par des hommes noirs & à cheveux crépus. Les autres différences sont purement accidentelles. Le P. *du Tertre* qui a parcouru toute l'Afrique en Missionnaire zélé & en voyageur éclairé, nous assure que les negres ne sont camus, que parce que les peres & meres écrasent le nez à leurs enfans, quelques jours après leur naissance ; il nous apprend aussi qu'on leur presse les levres, pour les rendre plus grosses, & il ajoute que ceux à qui l'on n'a pas fait ces opérations, ont les traits du visage aussi beaux, le nez aussi élevé, les levres aussi minces que les Européens. M. *de Buffon*, sans avoir recours à ces opérations douloureuses, explique ce point de Physique d'une maniere bien naturelle. Les Negresses, *dit-il*, portent leurs petits enfans sur le dos pendant qu'elles travaillent. La mere, en se haussant & se baissant par secousses, fait donner du nez contre son dos à l'enfant. L'enfant, pour éviter le coup, se retire en arriere, autant qu'il le peut, & il avance le ventre ; voilà pourquoi les negres ont communément le ventre gros & le nez applati.

Ajoutons à ces bonnes raisons, une réflexion qui se présente comme d'elle-même. Rien n'est plus naturel que la ressemblance entre les enfans & leurs parens. Les enfans des negres naîtront donc assez généralement camus, par-là même que leurs peres & meres le sont. C'est donc la couleur de la peau & la nature des cheveux qui sont les deux grands caractéristiques des negres. Nous dirons deux mots de leurs cheveux à la fin de cet article ; commençons par chercher les causes physiques de la couleur des negres. Mais avant que d'édifier, commençons par détruire.

Il a paru différens systemes sur la couleur de la peau des negres. Il en est qui n'ont pas besoin de réfutation. Semblables à ces édifices qui pechent par les fondemens, ils s'écroulent comme d'eux-mêmes. Telles sont les rêveries de ceux qui ont prétendu que les negres sont les vrais descendans de *Caïn* ou de *Cham* ; ils regardent leur couleur noire comme l'effet de la malédiction de Dieu sur le premier, ou de celle de *Noë* sur le second. Autre rêverie ; celle de ceux qui prétendent que des trois enfans de *Noë*, le premier étoit blanc, le second bazané & le troisieme noir. Venons-en à des systemes aussi peu vrais que ceux-ci dans le fond, mais du moins étayés de raisons ou d'expériences, quelquefois séduisantes.

Nous trouvons dans le recueil intitulé, *Acta medico-physica*, deux faits bien frappans dont je ne garantis pas la vérité. Une dame, *dit-on*, qui n'avoit jamais vu d'homme noir, fut tellement frappée à l'aspect d'un negre, qu'elle mit au monde un enfant parfaitement noir. Une autre dame accoucha d'un enfant jaunâtre, parce qu'elle avoit vu un homme de cette couleur. L'Auteur conclut de-là que la couleur des negres est l'effet de l'imagination des meres : Conclusion directe, s'il n'y avoit dans le monde que quelques familles noires ; mais conclusion risible, lorsqu'on donne cette origine à une nation aussi nombreuse que celle des negres.

D'ailleurs les enfans des negres naissent, comme tous les enfans, blancs ou plutôt rouges. Trois jours après leur naissance ils paroissent d'un jaune bazané qui se brunit peu-à-peu ; & au septieme ou huitieme jour ils sont aussi noirs que leurs parens. M. *de Buffon* nous est garant de ce fait.

M. *Barrere* prétend que les negres ont la bile noire ; & c'est cette bile qu'il assigne comme la cause physique de leur couleur. Ce systeme est faux & dans le fait & dans le droit. La bile des negres n'est pas différente de celle des blancs, M. *le Cat* nous l'assure, & son assertion est fondée sur les dissections qu'il a faites de plusieurs cadavres negres. Apparemment M. *Barrere* n'a disséqué que le cadavre d'un negre dont la maladie avoit fait changer la bile de jaune en noire. Voilà pour le fait. Ce systeme est encore faux dans le droit ; la bile n'a jamais été la cause physique de la couleur de la peau humaine. Les Européens dont la bile est évidemment jaune, sont-ils pour cela de couleur jaunâtre ? Ils ont cette couleur, lorsque par maladie leur bile sort des vaisseaux destinés à la contenir & se mêle avec leur sang.

Même systeme que celui de M. *Barrere*, le systeme des Physiciens qui font dépendre la couleur des negres de la couleur noire de leur sang ; il peche & dans le fait & dans le droit. Cependant M. *Towns* assure que les negres ont le sang aussi noir que leur peau. Voici ce que nous lisons dans l'histoire des voyages (tom. 15, pag. 613, édit. *in*-4°.) J'ai vu saigner, *dit M. Towns*, plus de vingt negres, malades & en santé ; & j'ai toujours remarqué que la superficie de leur sang est d'abord aussi noire, qu'elle l'est au sang des Européens, lorsqu'il est conservé quelques heures ; d'où ce Docteur croit pouvoir conclure que la noirceur est naturelle aux negres & ne vient point de l'ardeur extrême du Soleil, surtout, *ajoute-t-il*, si l'on considere que d'autres créatures qui vivent dans le même climat, ont le sang aussi vermeil qu'on l'a communément en Europe. Ces idées ont été communiquées à la Société Royale de Londres. Mais quelque jugement qu'elle en ait porté, (c'est toujours l'historien qui parle) un autre de nos voyageurs assure à son tour que, de mille negres dont il a vu le sang à la Barbade, il ne s'en est pas trouvé un dans lequel il fût différent de celui des Européens. M. *le Cat* nous assure la même chose dans son traité sur la couleur de la peau humaine, & l'on sait que M. *le Cat* a traité plusieurs negres dont les uns ont été malades, & les autres sont morts à l'Hôpital de Rouen. Mais enfin que le sang des negres soit noir ou rouge, peu nous importe ; la couleur de la peau dans aucune nation n'a jamais été celle du sang.

Isaac Vossius n'a pas été plus heureux dans ses conjectures. Il regarde la couleur des negres comme une maladie de la peau. Mais comment regarder comme une maladie une couleur commune à un grand peuple ; dont les individus jouiſſent d'une ſanté aſſez robuſte, pour être employés aux travaux les plus fatigans ?

L'on m'objectera peut-être que dans un coin de l'Iſthme de l'Amérique où tous les habitans ſont couleur de cuivre, il exiſte des hommes bien ſinguliers. La couleur de ces hommes eſt celle d'un blanc de lait, qui approche beaucoup de la couleur du poil d'un cheval blanc. Leur peau eſt couverte d'une eſpece de duvet court & blanchâtre ; il n'eſt pas aſſez épais ſur les joues & ſur le front, pour qu'on ne puiſſe pas diſtinguer aiſément la peau. Leurs ſourcils ſont auſſi d'un blanc de lait ; il en eſt de même de leurs cheveux à demi friſés ; ils ſont très-beaux & leur longueur eſt de ſept à huit pouces. Leur taille eſt au-deſſous de la taille médiocre. On les appelle *Dariens*.

M. *de Buffon, diront les partiſans de Voſſius*, regarde la couleur des Dariens comme l'effet d'une maladie qui s'eſt tranſmiſe de génération en génération ; pourquoi ne pourroit-on pas raiſonner ainſi ſur la couleur des negres ?

Le parallele ſeroit inſoutenable. Tout prouve que la couleur des Dariens eſt l'effet d'une maladie, & rien ne le prouve pour les negres. D'abord les Dariens ne forment pas une nation ; ils ſont en très-petit nombre : les negres forment un grand peuple. Ceux-ci ſont robuſtes & vigoureux ; ceux-là ſont d'une complexion délicate : on ne peut les appliquer à aucun exercice pénible ; ils ont les yeux ſi foibles, qu'ils ne peuvent ſupporter, que la lumiere de la Lune ; auſſi dorment-ils le jour & ne ſortent-ils que la nuit.

Les Médecins, défenſeurs du ſyſteme des œufs, expliquent aſſez facilement l'origine des negres. Si les hommes, *diſent-ils*, ont d'abord été tous formés d'œuf en œuf, il peut y avoir eu dans la premiere mere des œufs blancs & des œufs noirs. Ceux-ci n'ont dû éclore, qu'après un certain nombre de générations & dans les tems que la providence avoit marqués pour l'origine des peuples noirs qui y étoient contenus.

Il en eſt de même du ſyſteme des vers ſpermatiques. Il y aura eu des vers blancs & des vers noirs. Le ver noir, pere des negres, aura contenu, de ver en ver, tous les habitans de l'Ethiopie.

Ces explications tombent avec deux syftemes qu'on a maintenant totalement abandonné. Les difficultés qui se présentent, comme d'elles-mêmes, contre ces deux syftemes, sont insolubles; les mettre sous les yeux, ce seroit m'écarter évidemment de la fin que je me propose.

M. *le Cat* fait dépendre la couleur des negres de la couleur noire de leur suc nerveux. Entre l'épiderme & la peau, *dit-il*, se trouvent des millions & des milliards de houpes nerveuses. Ces houpes nerveuses sont comme noyées dans une subftance molle, mucilagineuse, mais affez tenace; c'eft une espece de réseau ou de crible, dont les mailles ou les trous enveloppent chaque houpe. On appelle cette subftance mucilagineuse *corps réticulaire* ou *corps muqueux*. Ce corps eft noir dans les negres; & il eft noir, parce qu'il eft continuellement arrosé d'un suc nerveux que M. *le Cat* prétend être noir.

Mais ce n'eft ici qu'une prétention; M. *le Cat* sait bien que le suc nerveux eft une subftance trop déliée, pour que sa couleur puiffe tomber sous les sens, à l'aide même du microscope le plus parfait. Auffi l'appelle-t-on *esprit vital*.

D'ailleurs dans ce syfteme le probleme dont il s'agit demeure sans solution. Car enfin moi qui demande pourquoi tels & tels hommes sont noirs, je demanderai à M. *le Cat* d'où vient la noirceur de leur suc nerveux. Venons-en donc à des syftemes plus conformes à la raison & aux loix de la saine Phyfique.

Ceux qui regardent la chaleur du climat comme la cause phyfique de la couleur des negres, nous font remarquer que ce peuple habite le pays du monde le plus chaud. Au Sénégal & dans la Nubie, *disent-ils*, où les hommes sont les plus noirs, la chaleur eft exceffive. Elle eft fi grande au Sénégal que le thermometre de Réaumur y monte conftamment jusqu'au 38e. degré; il en eft à-peu-près de même dans la Nubie; donc c'eft à cette chaleur qu'il faut recourir, lorsqu'on veut parler en Phyficien de la couleur des negres.

Que la chaleur du climat soit une des causes phyfiques de la couleur des negres, je ne crois pas qu'on puisse le révoquer en doute. Mais que cette chaleur en soit la cause unique, voilà ce qui est démontré faux par une foule d'expériences bien constatées. En effet, s'il n'y a pour cause de cette noirceur, que la chaleur du climat, pourquoi les enfans des negres sont-ils, à l'âge de huit jours, aussi noirs que leurs peres & meres? Ils n'ont pas encore éprouvé les effets de l'ardeur du Soleil. Pourquoi les Européens, habitans du Sénégal depuis environ 300 ans, ne sont-ils pas aussi noirs, que les habitans du pays? Pourquoi les familles noires, transportées dans le Pérou depuis que ce pays appartient à l'Espagne, n'ont-elles pas perdu, après quelques générations, leur teinte originelle? Ne sait-on pas que le climat du Pérou est très-tempéré. Dans le Pérou la plus grande hauteur du thermometre est le 25e. degré; & dans ce pays-ci il monte quelquefois jusqu'au 30e. Il ne faut que 150 ou 200 ans, *dit M. de Buffon*, pour laver la peau d'un negre par la voie du mélange avec le sang du blanc; mais il faudroit un grand nombre de siecles pour produire ce même effet par la seule influence du climat. Admettons donc la chaleur du climat comme une des causes physiques; si vous voulez même comme la cause principale de la couleur des negres; j'y consens volontiers; mais ajoutons à ce systeme plusieurs autres causes que je regarde comme absolument nécessaires; & voici quelles sont là-dessus mes conjectures.

Parmi les arts mécaniques que le génie & l'industrie des hommes ont porté à la plus haute perfection, celui de la teinture doit tenir un rang distingué. Par cet art nous procurons aux étoffes cette variété de couleurs, l'un des beaux agrémens de la vie; c'est lui qui nous apprend à imiter parfaitement ce qu'il y a de plus beau dans la nature. Examinons donc comment s'y prend le teinturier pour teindre en noir une étoffe blanche; cet examen nous conduira peut être à la solution parfaite du probleme proposé.

Tout le monde le sait, les drogues qui entrent dans cette teinture, sont le vitriol, le bois d'inde & les noix de galles, celles surtout qui viennent des pays étrangers: les noix de galles d'Alep sont sans contredit les meilleures. Ces drogues, jettées dans l'eau bouillante, lui procurent la couleur la plus noire ; & cette couleur est communiquée aux étoffes blanches qu'on fait tremper dans cette eau. Voilà les opérations de l'art ; & voici comment je soupçonne que la nature a opéré pour communiquer à une peau, naturellement blanche, la couleur la plus noire.

Dans les pays des negres les mines sont très-communes. Tout pays abondant en mines, abonde par-là même en vitriol. Cette espece de sel se trouve toujours au fond ou à côté des mines de métal. L'air que respirent les negres est donc un air constamment imprégné de parties vitrioliques. Il est aussi imprégné de ce qu'il y a de plus spiritueux dans le bois d'Inde. Enfin il doit y avoir dans ce pays beaucoup d'arbres dont les fruits aient les mêmes propriétés que la noix de galles ; & ces fruits envoient nécessairement dans l'air ce qu'ils ont de plus subtil. Cela supposé, voici comment je raisonne.

Les negres, soit par la respiration, soit par les pores absorbans, soit enfin par la nourriture, reçoivent beaucoup de corpuscules propres à donner à l'eau la couleur la plus noire. Leur corps muqueux est imprégné de ces corpuscules ; & ce corps, constamment arrosé par une lymphe, toujours en effervescence, doit devenir aussi noir, que nos étoffes blanches le deviennent par la voie de la teinture.

Dans ce nouveau systeme le Soleil me sert de feu, la lymphe d'eau chaude, & les corpuscules dont j'ai parlé, équivalent aux drogues que le teinturier jette dans son eau bouillante.

Voilà mes conjectures sur les causes physiques de la couleur des negres. Venons-en maintenant à la nature de leurs cheveux.

Si la tête des negres étoit couverte d'une espece de laine, ce point de Physique seroit fort embarrassant. Mais j'ai vu plusieurs negres & je me suis convaincu par moi-même qu'il n'est rien de plus faux que ce fait. Les negres ont des cheveux fort grossiers, & la différence qu'il y a entre une laine grossiere & une laine fine me paroît être la même que celle qu'il y a entre leurs cheveux & les nôtres. Or nous savons par expérience que la finesse de la laine dépend de la température du climat où vit l'animal ; ce climat ne doit être ni trop chaud,

ni

ni trop froid. Elle dépend encore de la nature des pâturages & de la propreté des écuries ; tel animal dont la laine est fine, parce qu'il vit dans de bons pâturages & qu'il est tenu proprement, n'en donnera qu'une grossiere, s'il est mal nourri, & s'il vit dans l'ordure. Je conclus de-là que les negres n'ont des cheveux grossiers, que parce qu'ils habitent un climat trop chaud ; que leur nourriture est trop grossiere & qu'ils sont naturellement mal-propres.

Le systeme que nous venons de proposer sur les causes physiques de la couleur & de la nature des cheveux des negres, tout raisonnable qu'il nous paroît, n'est pas cependant exempt de difficulté ; il en présente même d'effrayantes. Je n'en dissimulerai, je n'en affoiblirai aucune ; & si mes réponses ne sont pas aussi satisfaisantes, qu'on le souhaiteroit ; voici quel sera toujours mon dernier recours : cherchez la réponse à la difficulté proposée dans les différens systemes de Physique qui ont paru jusqu'à présent sur cette matiere ; & s'ils vous en fournissent une meilleure ; s'ils en fournissent même une aussi bonne, je consens sans peine qu'on regarde comme autant de rêveries toutes les conjectures que je viens de faire sur le sujet peut-être le plus difficile qu'un Physicien puisse traiter.

Premiere difficulté. Puisque, dans le systeme proposé, la chaleur du climat est la cause principale de la couleur des negres, pourquoi les negres, transportés depuis longtems dans un climat tempéré, mettent-ils au monde des enfans aussi noirs que leurs peres & leurs meres ?

Réponse. La difficulté proposée porte sur un faux supposé. Les enfans des negres qui naissent dans un climat tempéré & qui continuent à l'habiter, ne sont pas généralement aussi noirs que leurs peres & leurs meres. Je pense même qu'après cinq à six siecles leur teinte originelle sera entierement effacée. Et qu'on ne soit pas surpris que j'assigne un terme aussi éloigné pour la vérification de ce fait ; l'expérience nous apprend qu'il faut environ 200 ans, pour laver la peau d'un negre par la voie du mélange avec le sang du blanc ; ne faudra-t-il pas trois fois plus de tems pour produire cet effet par la seule influence du climat ? C'est à la postérité à décider de la bonté de ma réponse à cette premiere difficulté ; les

Physiciens actuels ne sont pas des juges compétens en cette matiere.

Seconde difficulté. Si les causes exposées dans le systeme proposé, sont des causes nécessaires ; pourquoi n'agissent-elles pas sur les blancs, transportés dans le pays des negres, & surtout sur les enfans qui naissent de ces nouveaux colons ? Ne sont-ils pas exposés à la même chaleur ? L'air qu'ils respirent, n'est-il pas imprégné des mêmes corpuscules qui par la respiration, les pores absorbans & la nourriture se rendent dans le corps muqueux ; & ce corps n'est-il pas constamment arrosé par une lymphe, toujours en effervescence ? Nous ne voyons pas cependant que les blancs & les enfans qui naissent d'eux, prennent la couleur des habitans du pays dans lequel ils ont été transplantés.

Réponse. Ils ne la prennent que trop, & leur couleur bazanée ne nous fait que trop conjecturer que dans un certain nombre de siecles il arrivera aux blancs, transplantés dans le pays des Negres, ce que je soupçonne devoir arriver aux negres, après cinq ou six siecles, transplantés dans le pays des blancs. La métamorphose se feroit bien plutôt, si nos blancs étoient exposés à la même chaleur, assujettis aux mêmes travaux, & nourris de la même maniere que les esclaves negres. Tout le monde sait qu'il n'est point de précautions que ne prennent les Européens, transplantés dans le pays des negres, pour se garantir, pendant le jour, des ardeurs du Soleil, & pendant la nuit, de l'intempérie de l'air. Tout le monde sait combien peu ils travaillent & combien délicatement ils se nourrissent ; & voilà ce qui retardera, peut-être même ce qui empêchera la métamorphose dont je parle. Les causes physiques, exposées dans mon nouveau systeme, sont des causes nécessaires, j'en conviens ; mais elles n'agissent de la même maniere que dans les mêmes circonstances & sur des sujets qui gardent le même régime de vie. Cette seconde difficulté est donc plus propre à confirmer, qu'à détruire nos nouvelles conjectures.

Troisieme difficulté. Dans le systeme proposé, on explique assez bien pourquoi le corps muqueux, situé entre l'épiderme & la peau, a une couleur noire ; mais on n'explique pas pourquoi l'épiderme des negres a la même couleur. Ce systeme est donc au moins insuffisant, puisqu'il laisse sans explication physique ce qu'il y a de plus intéressant dans la question proposée.

Réponse. Cette troisieme difficulté est de la nature de la premiere ; elle porte sur un faux supposé. L'épiderme des negres n'est pas noir. Transparent de sa nature, comme l'épiderme des blancs, il ne nous paroît noir, que parce qu'il est appliqué sur un corps muqueux auquel des causes physiques ont procuré la couleur la plus noire.

Je regarde ce que je viens de dire sur les negres, non comme la solution, mais comme le moyen de parvenir peut-être dans la suite à la parfaite solution de ce probleme de Physique, le plus difficile que je connoisse. Je dirai volontiers avec le Poëte à quiconque ne sera pas content de mes nouvelles conjectures :

Si quid novisti rectius istis,
Candidus imperti ; si non, his utere mecum.

NEIGE. Météore aqueux d'une rareté & d'une blancheur excessive, qui se forme dans les nues qui ne sont pas beaucoup élevées au-dessus de la terre. *Descartes* s'est trompé, lorsqu'il a avancé que les nues les plus élevées sont des vapeurs converties par le froid en une espece de neige permanente, & suspendues dans l'atmosphere, jusqu'à ce que des causes physiques les obligent à tomber sur la terre. Les Physiciens qui, pour grimper au sommet des plus hautes montagnes, ont traversé des nues très-élevées, se sont facilement convaincus que *Descartes*, dans son traité des Météores, n'a que trop souvent donné des explications où la plus belle imagination a eu la meilleure part. Tant de voyageurs aériens dont quelques-uns, par le moyen des globes aérostatiques, se sont élevés à la hauteur d'environ deux mille toises (cherchez *Aérostat*), hauteur à laquelle s'éleve bien rarement la matiere des météores ordinaires, n'ont percé aucune nue formée comme l'enseigne *Descartes*, dans le traité que nous venons de citer ; *quandoque bonus dormitat Homerus*.

Nous pensons donc que les nues sont composées de parties fort déliées que l'action du Soleil, jointe à celle des feux souterrains, sépare de l'eau, de la terre, des végétaux, &c. Moins pesantes que le fluide aérien, elles s'élevent dans l'atmosphere avec plus ou moins de vîtesse par les loix inviolables de l'hydrostatique, & elles parviennent enfin à une région où, en équilibre avec un air moins dense & moins pesant que celui que nous respirons aux environs de la terre, elles demeurent suspendues sur nos têtes. Réunies par différentes causes dont le détail seroit ici fort étranger, elles sont sur le point de se transformer en gouttes d'eau. Dans cet état la congélation saisit souvent les vapeurs; & c'est alors qu'elles retombent sur la terre en forme de neige. La neige n'est pas donc une pluie congelée, comme l'ont écrit quelques mauvais Météorologistes; la pluie congelée n'a jamais donné & ne donnera jamais que de la grêle : ce sont des vapeurs assez épaisses, prêtes à se changer en pluie, & saisies par le froid dans le moment (& ce moment est peut-être unique) où ce changement est sur le point de s'opérer.

Tout le monde sait que la neige est un météore d'une grande rareté & par-là même d'une grande légereté. Des Physiciens attentifs ont mesuré cette rareté; & ils l'ont trouvée tantôt 6, tantôt 9, tantôt 12, quelquefois même 24 fois plus grande que celle de l'eau. Ce dernier cas est une espece de phénomene, j'en conviens; M. *Weideler* cependant nous assure, dans ses observations météorologiques, l'avoir vu arriver une fois à Utrecht; & il faut bien que le fait soit avéré, puisque *Muschembroek* le donne pour certain dans son paragraphe des Météores.

D'autres Physiciens plus oisifs ont examiné, à l'aide du microscope, la forme des flocons dont la neige est composée; & ils ont cru voir dans les uns la figure d'une aiguille, dans les autres celle d'une étoile, dans plusieurs la forme d'une, de deux, de trois fleurs de lys. Voilà ce que j'appelle perdre son tems. On peut l'employer plus utilement, en faisant l'énumération des bons & des mauvais effets de la neige; ceux-là sont en bien plus grand nombre, que ceux-ci.

Tous les Agronomes conviennent que la neige engraisse la terre, & que la plupart des plantes, ensevelies dans la neige pendant l'hiver, poussent au printems avec plus de rapidité. Ils en ont cherché la cause dans les différens sels, & surtout dans le nitre, dont ils prétendent qu'elle est imprégnée. Je ne fais pas grand fond sur ces sels aériens que les Anciens avoient toujours à leurs gages dans la formation de la plupart des météores aqueux; c'est-là même un des défauts de la Physique de *Muschembroek*. Ces corpuscules invisibles je les admettrai, lorsque l'analyse chimique m'en aura constaté l'existence; & il y a pour long-tems, avant que je fasse un pareil aveu. En attendant j'ai recours à une cause plus puissante, à la chaleur intérieure qui s'évapore beaucoup moins, lorsque la neige fait un long séjour sur la terre. Aussi le plus ou le moins de neige qui tombe pendant l'hiver, est-il, si je puis ainsi parler, comme le thermometre de la fertilité de l'année.

La neige est souvent un remede efficace dans des circonstances infiniment dangereuses. Dans le Nord on couvre de neige les membres gelés; sans ce remede un Roi d'Angleterre, pour lors en Danemarck, eût perdu le nez & les oreilles dans l'excès du froid.

Elle est encore un objet d'agrément & souvent de nécessité pendant les chaleurs de l'été. On la ramasse par pelotons, celle surtout dont les prairies sont couvertes; on la bat & on la presse le plus qu'il est possible; & dans cet état elle se conserve dans les glacieres, pour le moins aussi bien que la glace ordinaire.

On a prétendu qu'il seroit dangereux de boire de l'eau de neige fondue; l'on a même ajouté que les habitans des Alpes n'étoient sujets aux goîtres, que parce qu'ils usoient pendant l'hiver de cette boisson. Je ne serois pas de ce sentiment. Les habitans de la Norwege boivent pendant l'hiver de l'eau de neige fondue, & ils n'ont jamais été sujets à cette monstrueuse incommodité. Ils ne font fondre, il est vrai, que la neige la plus blanche, la plus propre, celle qui a le moins séjourné sur la terre, celle en un mot qui est la moins mêlée de parties hétérogenes. Sans doute que les habitans des Alpes ne prennent pas toutes ces précautions; & voilà pourquoi cette boisson devient sur ces montagnes la cause physique de différentes maladies.

La neige a cependant quelques mauvais effets, & il ne faut pas les dissimuler. Sa fonte trop subite cause souvent des inondations; c'est-là la cause ordinaire qui fait sortir de leur lit les fleuves & les rivieres sur la fin du printems ou au commencement de l'été.

Lorsque la neige séjourne sur la terre, & qu'elle se fond en partie pendant le jour pour se geler de nouveau la nuit suivante, elle cause un dommage infini aux plantes & aux arbres. La perte qu'on fit de la plupart des oliviers dans le Bas-Languedoc & en Provence en 1709, 1755 & 1766 n'a pas eu d'autre cause. Peut-être les eût-on tous perdus en 1784, si le froid n'eût pas été constamment rigoureux pendant le jour, lorsque la terre étoit couverte de neige.

On demande quelquefois pourquoi il neige constamment pendant l'hiver sur les montagnes élevées, & beaucoup plus rarement dans la plaine. Je n'en suis pas étonné; les pays montagneux sont très-près des nuages, convertis en neige par les causes physiques que nous avons apportées; ils n'ont pas donc le tems de se changer en pluie, avant que d'arriver sur la terre. Ce changement n'est gueres possible que dans la plaine où la neige se liquéfie, en passant par une région plus chaude, que celle où sa formation s'est opérée.

Il est peu de corps aussi blancs que la neige. Les vues foibles n'en peuvent supporter l'éclat. Plusieurs soldats de l'armée de *Cyrus*, au rapport de *Xenophon*, devinrent aveugles, pour avoir marché quelques jours à travers des montagnes couvertes de neige. Dans les pays du Nord, à la faveur de la lumiere de la lune, réfléchie par la neige, lors même que cet Astre n'est pas dans son plein, l'on voyage sans peine pendant la nuit, & l'on peut même se mettre en garde contre les ours & les animaux féroces que l'on découvre de fort loin. Mais d'où lui vient cette blancheur? Grande question parmi les Physiciens, étonnés avec raison qu'un corps aussi rare & aussi spongieux réfléchisse la lumiere avec autant de force. La difficulté seroit effrayante, j'en conviens, si les pores dont la neige est comme criblée, étoient des pores vides, ou remplis d'un fluide sur lequel le froid n'eût aucune ou peu d'action. Il n'en est pas ainsi. Les pores de la neige sont remplis d'un air très-condensé par le froid, d'un air très-propre par conséquent à réfléchir la lumiere avec beaucoup de force & sans la décomposer; & la blancheur des corps n'ayant pas d'autre cause physique ; il doit y avoir peu de corps aussi blancs que la neige.

Voilà ce qu'il y a de plus essentiel à dire sur la neige considérée en général. Il se présente un phénomene singulier dont les Physiciens n'ont pas manqué de chercher la cause. L'année 1784 sera époque en Physique. Les annales de cette science ne font mention d'aucune où la neige ait été aussi abondante, aussi constante & aussi générale. Il n'est peut-être aucun coin de l'Europe qui n'ait été, pendant le long hiver de cette année, couvert de neige pendant un tems considérable. La hauteur a varié dans différens endroits ; mais il en est peu, il n'en est peut-être aucun où elle n'ait été au moins quadruple de celle où elle s'est élevée les années ordinaires. Mon assertion est fondée sur la comparaison que j'ai faite de l'état météorologique d'un très-grand nombre d'années avec l'état météorologique de l'année 1784, constaté par les lettres de différens Physiciens avec qui je suis en correspondance. Pendant un tems, les François, les Parisiens surtout se sont crus transplantés dans les pays du Nord où l'on n'entend parler que de voyageurs, de maisons, de hameaux ensevelis sous la neige. Tel est le phénomene singulier dont je vais tâcher de découvrir la cause.

Je ne crois pas qu'on puisse donner une explication raisonnable du phénomene en question, sans avoir recours aux brouillards que nous eumes depuis le 24 du mois de Juin jusqu'à la fin du mois de Juillet de l'année 1783, brouillards permanens, brouillards généraux, brouillards en un mot d'une nature entierement différente de celle des brouillards ordinaires, soit d'été, soit d'hiver. Cherchez *brouillard*, vous trouverez dans cet article tout ce qui peut concerner ce météore extraordinaire. Vous remarquerez d'abord que ces brouillards étoient secs ; qu'ils s'éleverent à une hauteur prodigieuse ; qu'ils ne retomberent presque plus sur la terre, & que l'on marchoit pendant ce tems-là à travers une espece de fumée qui faisoit paroître le soleil & la lune d'un rouge couleur de feu. Vous remarquerez ensuite que presque partout ils furent accompagnés & surtout suivis d'orages affreux, de tonnerres épouvantables, & que jamais la grêle ne tomba plus souvent & plus abondamment; que lorsque ces brouillards eurent disparu. Vous remarquerez enfin que non-seulement l'automne de 1782, mais encore l'hiver & surtout le printems de 1783 avoient été très-pluvieux. D'après ces faits exactement vérifiés, voici comment vous raisonnerez.

Le soleil, pour lors dans sa plus grande force, éleva de la terre, prodigieusement humectée, des vapeurs sans nombre qu'il divisa en des parties insensibles. Ces corpuscules déliés monterent, par les loix inviolables de l'hydrostatique, à une hauteur extraordinaire. Le soleil éleva aussi, mais en moindre quantité, des exhalaisons, électriques de leur nature ou fortement électrisées; ces exhalaisons entrerent bientôt dans la composition des météores ignées & causerent les orages & les tonnerres dont on vient de parler.

Mais que sont devenues ces vapeurs subtilisées qui pendant plus d'un mois se sont élevées, du sein de la terre, jusqu'à la plus haute région de l'atmosphere? Elles ont été la matiere de la neige dont, pendant une grande partie de l'hiver de l'année 1784, toute l'Europe a été couverte. Voici comment s'est opérée cette métamorphose.

Ces vapeurs subtilisées flotterent, pendant toute l'automne de l'année 1783, dans un air fort rare. Condensées par le froid au commencement de l'hiver, elles se rapprocherent; ce furent des vapeurs ordinaires. Plus pesantes que le fluide dans lequel elles nageoient, elles tomberent peu-à-peu jusqu'à la région où se trouvent les nuages pendant l'hiver. Prêtes à se changer en gouttes de pluie, le froid les saisit, & elles retomberent pendant près d'un mois sur la terre en forme de neige. Sans ce froid elles seroient retombées en pluie, & elles auroient causé des inondations, telles qu'on n'en a pas encore vu, & qu'on n'en verra peut-être jamais.

Si mon explication est conforme aux loix de la saine Physique, n'allons pas chercher la cause des brouillards de l'année 1783 dans les tremblemens de terre qui, quelques mois auparavant, renverserent Messine & tant de villes & villages dans la Calabre ultérieure. Une pareille cause auroit produit des brouillards où la partie sulfureuse auroit dominé, la partie aqueuse n'y auroit pas joué un grand rôle. Le contraire est arrivé; le renversement de Messine & de la Calabre ultérieure n'a pas donc influé sur les brouillards dont nous parlons.

Remarque. Bien des Physiciens penseront sans doute comme moi sur la cause physique de l'abondance de neige tombée pendant l'hiver de l'année 1784 ; peut-être même auront-ils fait part au public de leurs conjectures dans quelque écrit imprimé avant ce Supplément. Si le fait est vrai, je le regarderai comme une preuve de la bonté de la découverte dont je crois que personne, avant moi, n'a eu l'idée. Au commencement de l'année 1784, tems où il n'avoit encore paru aucun écrit sur cette matiere, j'exposai mon systeme à l'Académie Royale de Nîmes dont j'ai l'honneur d'être Membre ; & je demandai qu'il fût consigné dans nos Registres, en attendant que je pusse le rendre public par la voie de l'impression : ce qui me fut accordé.

NEPER, (Jean) *Gentilhomme Écossois, Baron de Merchiston, a été un des plus savans & des plus laborieux Mathématiciens du dix-septieme siecle.* Il forma le beau dessein de simplifier les calculs trigonométriques, en substituant l'addition à la multiplication, & la soustraction à la division. Il en vint à bout par le moyen des *logarithmes* dont il est l'inventeur. Ceux qui voudront comprendre toute la grandeur du service que Neper a rendu aux Sciences par cette précieuse découverte, n'ont qu'à lire d'abord l'article, & ensuite les tables des *logarithmes.* Il est peu de points que nous ayons traité avec autant d'étendue & autant de soin que celui-là. On ignore en quel tems, en quel lieu & à quel âge mourut Neper. Sa mémoire ne finira, qu'avec les Mathématiques & la Physique.

NERFS. Les nerfs sont des corps longs, ronds & blancs, au milieu desquels se trouve un conduit destiné à recevoir les esprits vitaux. Il y a dans le corps humain 40 paires de nerfs, 10 sortent du cerveau, & 30 de la moelle de l'épine. Voyez dans les articles où l'on parle des *sens externes*, de quel usage sont les nerfs.

NEWTON. Le lecteur ne sera pas surpris de trouver ici quelques particularités de la vie d'un Philosophe à qui la Physique moderne doit la plupart de ses connoissances. Comme ce sont les Anglois qui nous les fournissent, leurs dates sont dans le *vieux style ;* tout le monde sait qu'ils n'accepterent pas la réformation du calendrier ordonnée par Grégoire XIII. Auſſi avions-nous commencé depuis 10 jours l'année 1643, lorſqu'ils ſe trouvoient au dernier jour de l'année 1642.

Iſaac Newton, originaire de la ville de Newton en Irlande, naquit le jour de Noël de l'année 1642, à Volſtrope dans la Province de Lincoln en Angleterre, Ville dont depuis près de 200 ans ſes ancêtres étoient Seigneurs. Dès ſa plus tendre jeuneſſe il s'adonna aux mathématiques, qu'il apprit, non pas dans les élémens d'Euclide qui lui parurent trop faciles, mais dans la Géométrie de Deſcartes & dans les optiques de Képler. On lui pourroit appliquer ce que Lucain a dit du Nil, dont les anciens ne connoiſſoient point la ſource, *qu'il n'a pas été permis aux hommes de voir le Nil foible & naiſſant.* Cette réflexion de M. de Fontenelle eſt exactement vraie. M. Barrow nous aſſure qu'à l'âge de 24 ans, Newton avoit trouvé le calcul infinitéſimal qu'on doit regarder comme la baſe de ſon livre des *principes.* Ce ne fut que 25 ans après, c'eſt-à-dire, en 1687, qu'il donna au public, ce fameux ouvrage où brille, *dit toujours M. de Fontenelle*, un eſprit original dont tout le monde a été frappé, & un eſprit créateur, qui dans toute l'étendue du ſiecle le plus heureux ne tombe guere en partage qu'à 3 ou 4 perſonnes priſes dans toute l'étendue des pays ſavans. C'eſt dans ce fameux ouvrage que nous avons puiſé ce qu'il y a de plus intéreſſant dans ce Dictionnaire. Nous nous ſommes ſurtout attachés à dévoiler les deux principales théories qui y dominent, celle des *forces centrales*, & celle de la *réſiſtance des milieux au mouvement.* Il nous paroît que dans les articles qui commencent par les mots *attraction*, *force*, *mouvement* & *lune*, nous avons établi de la maniere la plus démonſtrative, d'abord l'exiſtence d'une force centripete independante de l'action d'un fluide environnant & agité d'un mouvement de tourbillon; enſuite la néceſſité de combiner la force centripete avec une force de projection, pour faire décrire aux corps céleſtes des ellipſes autour du Soleil placé à l'un des foyers de cette eſpece de courbe; enfin le changement de la force centripete en raiſon inverſe des carrés des diſtances au corps central. La belle démonſtration que nous avons apportée de ce changement, eſt de Newton. Ce génie incomparable a été le premier à calculer que la Lune éloignée du centre de la terre de 60 rayons terrestres, a une force centripete 3600 fois moindre, qu'elle ne l'auroit si elle étoit aux environs de la terre.

La seconde théorie qui regne dans le livre des *principes* est celle de la résistance des *milieux au mouvement*. L'Auteur s'en sert pour ruiner les tourbillons, & pour prouver que dans le systeme du *Plein*, la plupart des cometes devroient depuis long-tems s'être précipitées dans le sein du Soleil. Nous croyons avoir mis les pensées de Newton dans le plus grand jour, dans l'article qui commence par le mot *milieu*.

Ce ne sont pas-là les seuls points de Physique dont le livre des *principes* nous ait fourni l'explication. Sans son secours nous n'aurions jamais pensé à rendre raison du *mouvement périodique des cometes*, de celui des *apogées des planetes*, des *irrégularités de la Lune parcourant son orbite*, du *flux* & du *reflux de la mer*, &c. &c.

Dix-sept ans après avoir donné son livre des *principes*, Newton fit paroître son optique. Nous sommes dispensés d'en faire ici l'analyse. Nous avons rapporté dans notre article des *Couleurs* ce que cet ouvrage contient de plus intéressant & de mieux constaté. Nous nous contenterons de faire remarquer qu'il a montré autant de dextérité dans la Physique expérimentale, que de sublimité dans son calcul. Graces à la maniere adroite & pressante dont il a interrogé la nature par la voie de l'expérience, nous savons maintenant que la lumiere est un corps hétérogene : que cette hétérogénéité lui vient de 7 rayons différens en masse & en figure : que les couleurs sont dans la lumiere : qu'il n'y a que 7 couleurs primitives : que chacune de ces couleurs est inséparable d'un rayon primitif : que le rouge appartient à celui des 7 rayons qui a le moins de réfrangibilité & de réflexibilité : que le violet est inséparable du rayon le plus réfrangible & le plus réflexible : que les autres 5 couleurs, c'est-à-dire, l'orangé, le jaune, le vert, le bleu & l'indigo appartiennent à des rayons qui ont plus ou moins de réfrangibilité & de réflexibilité, suivant qu'ils sont plus ou moins près du rayon violet : que la jonction de quelques-unes des couleurs primitives donne des couleurs composées ou subalternes : que la couleur la plus composée de toutes, eſt le blanc ; puiſqu'il réſulte de l'aſſemblage des 7 couleurs primitives. Enfin Newton a dit ſur les couleurs des choſes ſi neuves, ſi frappantes, ſi bien conſtatées, qu'il n'eſt perſonne maintenant, même parmi les Cartéſiens, qui osât expliquer ce phénomene différemment de lui. Son téleſcope dont nous avons fait connoître la ſtructure & l'utilité dans les articles qui commencent par les *lunettes catadioptrique* & *téleſcope*, eſt encore une invention dont il a enrichi ſon optique. Newton a composé pluſieurs autres ouvrages dont nous n'avons pas eu occaſion de faire uſage ; on en trouve la liſte à l'*année* 1699, *tome* 2, *page* 383 des Mémoires de l'Académie des Sciences de Paris qui a la gloire de le compter parmi ſes aſſociés. Quelques mois avant que de faire imprimer ſon optique, il fut élu Préſident de la Société Royale de Londres. Malgré les ſtatuts de cette compagnie auxquels on ſe ſera toujours un devoir de déroger, lorſqu'il ſe préſentera un homme de ce mérite, Newton occupa cette place pendant 23 ans, c'eſt-à-dire, juſqu'à ſa mort qui arriva le 20 Mars de l'année 1727 ; il avoit alors 85 ans. L'on avoit en Angleterre tant de reſpect & de vénération pour lui, qu'on l'enterra à-peu-près avec les mêmes cérémonies que l'on obſerve aux obſeques des têtes couronnées. Son corps fut exposé ſur un lit de parade dans la chambre de Jéruſalem. De-là on le porta dans l'Abbaye de Weſtminſter où ſont les tombeaux des Rois d'Angleterre, le poile étant ſoutenu par Milord grand Chancelier, par les Ducs de Montroſe & Roxburgh, & par les Comtes de Pembroche, de Suſſex & de Maclesfield, tous ſix, Pairs d'Angleterre. L'Evêque de Rocheſter fit le ſervice, accompagné de tout le Clergé de l'Egliſe ; & le corps fut enterré près de l'entrée du chœur. L'Angleterre devoit tous ces honneurs à la mémoire du plus grand homme qu'elle ait encore eu.

NEWTONIANISME. Syſteme de Phyſique proposé par Iſaac Newton, & adopté dans cet ouvrage. L'on tient dans ce ſyſteme des eſpaces vides, au moins de toute matiere agitée en tourbillon ; la gravitation mutuelle des corps en raiſon directe des maſſes, & en raiſon inverſe des carrés des diſtances ; la formation des courbes par la ſimple combinaiſon de la force de projection & de la force centripete ; la lumiere *par émiſſion* composée de 7 rayons, à chacun desquels convient un tel degré de réfrangibilité & de réflexibilité, &c. Le Lecteur nous dispensera sans peine de nous étendre davantage sur ce systeme incomparable. Nous l'avons expliqué assez au long dans tout le cours de cet ouvrage, & principalement dans les articles qui commencent par les mots *vide*, *attraction*, *force*, *mouvement*, *milieux*, *matiere subtile newtonnienne*, *feu*, *lumiere & couleurs*.

NICERON, (Jean-François) *naquit à Paris, en l'année* 1613. A l'âge de 19 ans, il entra dans l'Ordre des Minimes où il se distingua par un goût décidé pour les mathématiques en général & pour l'optique en particulier. Son ouvrage *in-folio* intitulé *thaumaturgus opticus*, lui mérita l'estime & l'amitié de Descartes. Niceron ne jouit pas long-temps de la réputation qu'il s'étoit faite dans le monde savant. Il mourut à Aix en Provence le 27 Septembre 1646, à l'âge de 33 ans.

NIEVWENTIT, (Bernard) *naquit à Westgraafdyk, en Hollande, en l'année* 1654. Il se distingua dans la Philosophie & dans les Mathématiques. Les écrits qu'il fit contre les *infiniment petits* ne furent pas ceux qui lui firent le plus d'honneur. Il réussit mieux, lorsqu'il attaqua l'athéisme. Il composa à cette occasion 2 bons ouvrages. Le premier est intitulé, *l'existence de Dieu, démontrée par les merveilles de la Nature*, *in*-4°. ; le second est une réfutation du systeme de Spinosa. Nievwentit mourut en l'année 1718, à l'âge de 63 ans.

NITRE. M. Lémery a mis dans son cours de chimie les les choses les plus intéressantes sur le nitre, ou le salpêtre. C'est, *dit-il*, un sel acide, aérien, ou empreint des esprits de l'air, qui le rendent volatil. Il se tire des pierres, des terres que donne la démolition des vieux bâtimens. On en trouve dans les caves & dans plusieurs autres lieux humides. Le salpêtre se fait aussi quelquefois par l'urine des animaux qui tombe sur des pierres ou des terres. On trouve encore dans les tems secs, dans les pays chauds, du salpêtre naturel attaché contre les murailles & des rochers en petits cristaux. On les sépare en *houssant* doucement ces lieux avec des balais, & l'on appelle par cette raison ce salpêtre, *salpêtre de houssage* ; l'on prétend que c'est le meilleur que l'on puisse employer dans la composition de la poudre à canon & des eaux fortes. On le préfere à celui qui nous vient des Indes Orientales, où l'on assure qu'on le voit s'élever de certaines terres désertes en cristaux blancs, aussi près l'un de l'autre, que le sont les herbes dont sont couvertes les terres incultes.

M. Lémery le fils ne pense pas tout-à-fait comme son pere sur la nature du nitre. Il prétend que le nitre est un sel dont l'acide existe naturellement tout formé dans toutes les matieres végétales & animales, où il est lié tantôt par un alkali volatil, tantôt par un alkali fixe; en sorte que selon lui les animaux & les végétaux sont deux grands magasins, dans lesquels se forme & s'amasse tout le nitre qui se trouve dans la nature, & que la putréfaction ne sert qu'à le développer & le dégager des matieres étrangeres, surtout huileuses, dans lesquelles il étoit embarrassé.

NIVEAU *à l'eau.* Instrument composé d'un tuyau creux de fer blanc AB, *fig.* 21, *pl.* 1, de 3 à 4 pieds de long, & d'un à deux pouces de diametre. Aux extrémités de ce tuyau sont soudés perpendiculairement deux tuyaux de verre E, E de 6 à 8 pouces de long, & d'un diametre un peu moindre que celui du tuyau de fer blanc. Le tout est monté sur un pied DHK de 3 à 4 pieds de haut, sur lequel le niveau tourne facilement, & peut être dirigé du côté où l'on veut.

L'eau dont on remplit cet instrument, communique du tuyau de fer blanc dans les tuyaux de verre, & des tuyaux de verre dans le tuyau de fer blanc, pour se mettre en équilibre avec elle-même, par les regles que nous avons données dans l'article *Hydrostatique.* Telle est la machine dont on se sert, lorsqu'on veut niveller un terrain qui ne suppose qu'une ou plusieurs opérations de 30 à 40 toises chacune. Nous allons en expliquer les différens usages dans l'article suivant.

NIVELLEMENT. Action par laquelle on cherche deux points également éloignés du centre de la terre. La ligne du niveau est donc une ligne dont tous les points sont à égale distance de ce centre. Cette ligne est droite & parallele à l'horizon dans les nivellemens de 30, 40, & même 100 toises; elle est courbe dans les nivellemens d'une étendue plus considérable. De-là la division du niveau en *vrai* & *apparent*; celui-ci s'éleve toujours au-dessus de celui-là de la quantité de la sécante comprise entre la circonférence & la tangente. La figure 22 de la planche 1 mettra cette vérité dans le plus grand jour ; nous supposons que ceux qui l'examinent, ont présent à l'esprit, notre article *Géométrie*.

Le point A représente le centre de la terre ; l'arc BC une partie de sa circonférence ; les points B & C appartiennent au vrai niveau ; la courbe BC est la ligne de ce niveau ; les points B & D appartiennent au niveau apparent ; la droite BD est la ligne de ce niveau ; enfin la partie DC de la sécante AD marque l'excès dont le niveau apparent s'éleve au-dessus du vrai. Dans les nivellemens ordinaires, nous le répétons, cet excès est zero ; mais dans les nivellemens considérables, tels que sont ceux qu'on est obligé de faire dans la construction des canaux de plusieurs lieues de longueur, l'on tomberoit dans les plus grossieres erreurs, si l'on y avoit le plus scrupuleux de tous les égards. Aussi a-t-on construit des tables des haussemens du niveau apparent par-dessus le vrai ; on les trouvera à la fin de ce volume ; elles eussent été inutiles dans un article où nous ne proposerons que deux problemes qu'on résout par des opérations où ces deux niveaux sont toujours confondus l'un avec l'autre.

Probleme 1. Deux points étant donnés, à la distance de 30 toises l'un de l'autre, trouver de combien l'un est plus élevé que l'autre.

Explication. L'on me donne les 2 points A & B, *fig.* 23, *pl.* 1, éloignés de 30 toises l'un de l'autre ; & l'on demande de combien le point A est plus élevé que le point B.

Résolution. 1°. Placez le niveau représenté par la figure 21 de la planche 1 au point C, aussi éloigné du point A que du point B. 2°. Faites tenir par quelque aide une toise bien à plomb au point A, & dirigez le niveau vers ce point. 3°. Faites signe à votre aide de faire glisser sur la toise AD une marque, un carton, par exemple, & de l'élever ou de le baisser, jusqu'à ce que les deux surfaces E, E de l'eau soient en ligne droite avec la marque en question ; supposons qu'on ait été obligé d'élever le carton jusqu'au point D. 4°. Mesurez la distance de A à D ; supposons-la de 4 pieds. 5°. Faites tenir à plomb une toise au point B, & dirigez le niveau vers ce point, sans le déranger de sa place. 6°. Que votre aide fasse glisser sur la toise BG sa marque, jusqu'à ce que les deux surfaces E, E de l'eau soient en ligne droite avec elle; supposons que cela arrive au point G. 7°. Mesurez la distance de B à G; supposons-la de 5 pieds. 8°. Otez la moindre hauteur de la plus grande, c'est-à-diee, 4 de 5; & le restant 1 vous fera conclure que le point A est plus élevé d'un pied que le point B.

Probleme 2. Le point A & le point M, *fig.* 23, *pl.* 1; étant donnés à une distance considérable l'un de l'autre, trouver de combien le point A est plus élevé que le point M.

Résolution. Ce probleme se résout, comme le précédent, par plusieurs opérations dont on met les résultats dans deux colonnes en la maniere suivante.

1°. Mettez le niveau au point C, & écrivez dans la premiere colonne la hauteur AD, & dans la seconde la hauteur BG trouvées par le probleme précédent.

2°. Transportez le niveau au point O, aussi éloigné de B que de H: & si les surfaces E, E de l'eau sont en ligne droite avec les points K & L; mesurez BK & HL, & écrivez la hauteur BK dans la premiere colonne, & la hauteur HL dans la seconde.

3°. Transportez le niveau au point F aussi éloigné de H que de M; & si les surfaces E, E de l'eau sont en ligne droite avec les points P & R; mesurez HP & MR, & écrivez la hauteur HP dans la premiere colonne & la hauteur MR dans la seconde.

4°. Additionnez d'un côté les différentes hauteurs de la premiere colonne, & de l'autre les différentes hauteurs de la seconde.

5°. Otez la plus petite somme de la plus grande; & comme la premiere colonne contient 6 pieds de moins que la seconde, concluez que le point A est plus élevé de 6 pieds que le point M.

Corollaire. Si le total de la seconde colonne eût été moindre que le total de la premiere, le point M auroit été plus élevé que le point A.

Colonne 1	*Colonne* 2
AD 4 *pieds*	BG 5 *pieds*
BK 3	HL 6
HP 5	MR 7
Total 12	*Total* 18
	Différence 6

Remarque.

Remarque. L'opération auroit été aussi sûre, quand même il se seroit trouvé entre le point A & le point M quelque montagne qui eût obligé celui qui opere, à monter & à descendre. L'essentiel consiste à mettre exactement dans une premiere colonne tous les coups de niveau donnés d'un même côté, & dans une seconde tous les coups de niveau donnés de l'autre. Consultez pour ce qui manque à cet article la table qui lui est analogue ; elle est à la fin de ce volume.

NŒUD. Les deux points où l'orbite d'une planete coupe l'écliptique, s'appellent *nœuds*. Les nœuds des orbites planétaires ne sont pas permanens. Ceux de l'orbite de Mercure se meuvent d'Occident en Orient, en parcourant 52 secondes par année. Ceux de l'orbite de Vénus se meuvent du même sens encore plus lentement ; ils ne parcourent que 34 secondes par année. Les nœuds de l'orbite de Mars n'ont pas un mouvement plus rapide ; il est de 34 secondes & 32 tierces par année d'Occident en Orient. Ceux de l'orbite de Jupiter ont un mouvement beaucoup plus lent dans le même sens ; ils ne parcourent chaque année que 17 secondes, 12 tierces. Les nœuds de l'orbite de Saturne ont un mouvement moins lent d'Occident en Orient ; il est chaque année de 29 secondes, 24 tierces. Les nœuds ne l'orbite lunaire, non-seulement se meuvent beaucoup plus rapidement que les nœuds des autres orbites planétaires, mais ils se meuvent encore dans un sens contraire ; puisqu'ils parcourent les 12 signes du Zodiaque d'Orient en Occident, dans l'espace de 19 ans.

NOIR. Nous avons remarqué dans l'article des *couleurs* qu'un corps paroissoit noir, lorsqu'il ne réfléchissoit aucun rayon de lumiere.

NOLLET, (Jean-Antoine) de l'Académie Royale des Sciences, de la Société Royale de Londres, de l'Institut de Bologne, &c. Maître de Physique & d'histoire naturelle des Enfans de France, & Professeur Royal de Physique expérimentale au Collége de Navarre, & aux écoles du Génie & de l'Artillerie, naquit à Pimpré, village du Diocese de Noyon, le 19 Novembre 1700. Je regarde M. l'Abbé Nollet comme le plus grand homme que la France ait encore produit dans l'art de faire des expériences. Son cours de Physique expérimentale est un chef-d'œuvre ; il n'est gueres possible à un Physicien de se passer d'un ouvrage de cette espece ; la clarté, la méthode & la pureté du style en rendent la lecture aussi agréable qu'utile. Ce cours contient 9 volumes *in-12*. Les six premiers ont pour titre *leçons de physique expérimentale ;* les trois derniers apprennent la construction & l'usage des instrumens, la préparation & l'emploi des drogues qui servent aux expériences. Cet ouvrage est entre les mains de trop de personnes pour qu'il soit nécessaire d'en faire ici l'analyse.

Nous avons encore de M. l'Abbé Nollet 5 volumes *in-12* sur l'*Electricité* dont il peut être regardé comme l'Apôtre. Le premier est un essai ; le second contient des recherches sur les causes des phénomenes électriques, les trois derniers forment un recueil de 22 lettres, adressées à différens Physiciens de l'Europe avec qui M. l'Abbé Nollet étoit en correspondance. J'y occupe, malgré mon peu de mérite, une place assez distinguée ; & sa dix-neuvieme lettre est une preuve du cas qu'il faisoit du Dictionnaire dont nous donnons ici la neuvieme édition. C'est cette lettre là même qui me donna occasion de composer, en 1768, l'ouvrage qui a pour titre l'*Electricité soumise à un nouvel examen*. Je le dédiai à M. l'Abbé Nollet ; & comme l'Epître Dédicatoire présente l'éloge de ce grand homme, elle doit naturellement trouver place dans cet article. Elle est conçue en ces termes.

MONSIEUR,

On dédie ses livres à des savans, pour étendre sa réputation ; & on les dédie à des amis pour exprimer les sentimens de son cœur. Pour moi, en offrant mon ouvrage à un savant qui veut bien me permettre de prendre avec lui le nom d'ami, je suis assuré de recueillir l'un & l'autre avantage. Oui, Monsieur, l'intérêt que vous voulez bien prendre au nouvel ouvrage que je mets au jour, & les marques d'estime que vous m'avez données, dans le tems même que vous avez cru devoir écrire contre ma maniere de penser en fait d'électricité, sont bien plus capables de me faire un nom, que les livres de physique & de mathématique que j'ai donnés jusqu'à présent au public. Mais ce qui me flatte encore davantage, c'est que je sais que notre dispute littéraire, en devenant le modele des disputes, ne contribuera pas peu à cimenter l'union qui regne entre vous & moi depuis bien des années.

Permettez-moi cependant de vous le dire, Monsieur; vous avez un peu trop étendu les droits de l'amitié, lorsqu'en me permettant de mettre votre nom à la tête de mon ouvrage, vous m'avez interdit ce qui devoit faire le plus bel ornement de mon Epître Dédicatoire, je veux dire, les justes éloges que je comptois donner à vos talens & à vos vertus; aussi ai-je été tenté plus d'une fois de manquer à la promesse que je vous ai faite, comme malgré moi. Tout ce qui me tranquillise, c'est qu'en supprimant le détail intéressant des services que vous avez rendus, & que vous rendez tous les jours aux Sciences; je n'ai supprimé dans le fond que ce que toute l'Europe publie, & ce qu'attesteront vos ouvrages dans les siecles à venir, tant que durera le goût de la saine Physique. Jouissez long-tems d'une réputation si bien méritée. Soyez persuadé qu'il n'est personne au monde qui y prenne plus de part que moi, parce qu'il n'est personne au monde qui soit avec plus de respect & plus d'attachement, &c.

Mes vœux n'ont pas été accomplis. La mort nous enleva M. l'Abbé Nollet au milieu de la 70e. année de son âge. Ce digne Ecclésiastique mourut de la mort des Saints au mois d'Avril 1770. Cherchez *Electricité* & *Tonnerre*; il y est beaucoup fait mention de M. l'Abbé Nollet.

NOMBRE. C'est l'assemblage de plusieurs unités. La science des nombres c'est l'arithmétique que nous avons donnée fort au long, *tom.* 1, *pag.* 55 & *suiv.*

NONAGÉSIME. C'est le point où l'écliptique est coupée perpendiculairement par un *vertical.* On l'appelle *nonagésime*, parce que de part & d'autre ce point est éloigné de 90 degrés de l'horizon.

NORD. Le nord est la partie de la sphere où se trouve le pôle arctique.

NOURRITURE. Les Physiologistes modernes assurent que ni le sang, ni le chyle n'ont aucune des qualités requises pour pouvoir servir à la nourriture des parties qui composent le corps. Il faut pour cela, *disent-ils*, un fluide homogene, susceptible de se figer en une seule masse & d'acquérir une consistance aussi dure que celle des os. Or, *continuent-ils*, il n'y a de toutes les humeurs animales que la lymphe ſeule qui jouiſſe de ces propriétés. Donc l'on doit conſidérer la lymphe comme le vrai ſuc nourricier.

NOYAU. Les Aſtronomes donnent ce nom au corps de la comete. Les Botaniſtes appellent ainſi la partie dure & ſolide de certains fruits qui enferme leur ſemence.

NUAGE. Les nuages ſont compoſés de particules que l'action du Soleil, jointe à celle des feux ſouterrains, ſépare de l'eau & de la terre, & qui par les loix de l'hydroſtatique s'élevent dans l'atmoſphere, comme nous l'avons expliqué dans l'article des *Météores aqueux*.

NUIT. Le tems ou le Soleil n'envoie aucun rayon ſur notre horizon eſt le tems de la nuit par rapport à nous. Il faut pour cela que cet aſtre ſoit enfoncé de 18 degrés audeſſous de notre horizon, comme nous l'avons dit dans l'article qui commence par le mot crépuſcule, *tom.* 1, *pag.* 541 & *ſuivantes.*

NUTATION. Terme d'Aſtronomie qui ſignifie balancement de l'axe de la terre, ou plutôt de l'équateur vis-à-vis l'écliptique. Voici le fait. L'obliquité de l'écliptique vis-à-vis l'équateur, c'eſt-à-dire, l'angle de l'écliptique & de l'équateur eſt d'environ 23 degrés & demi. Vers l'année 1730, M. *Bradley*, s'apperçut que cette obliquité n'étoit pas conſtante. Il continua ſes obſervations ; & il en réſulte maintenant que, dans l'eſpace de 19 années, cette obliquité eſt tantôt plus grande & tantôt plus petite de 18 ſecondes ; elle augmente de 9 ſecondes en 9 ans & demi, & diminue d'autant les 9 ans & demi ſuivans ; l'augmentation & la diminution ſe font d'une maniere inſenſible ; ce n'eſt qu'après quelque années, & à l'aide des inſtrumens les plus parfaits que les Aſtronomes du premier ordre peuvent s'en appercevoir. Pour rendre raiſon de ce phénomene que l'on appelle la *nutation de l'axe de la terre*, il faut ſe rappeller les notions ſuivantes dont nous avons établi la vérité dans les articles de ce Dictionnaire qui leur ſont analogues.

1°. La terre eſt un ſphéroïde applati vers les pôles & élevé vers l'équateur.

2°. L'équateur terreſtre peut être conſidéré comme une eſpece d'anneau entourant la terre, & élevé de quelques lieues au deſſus de ſa ſurface.

3°. L'angle que fait l'équateur terrestre avec l'écliptique que la terre parcourt annuellement, est d'environ 23 degrés & demi.

4°. L'angle que fait avec l'écliptique l'orbite que parcourt chaque mois la Lune autour de la terre, est de 5 degrés 9 minutes.

5°. Comme les nœuds de la Lune parcourent l'écliptique entiere d'Orient en Occident dans l'espace de 19 ans, il s'ensuit que tantôt l'écliptique se trouve entre la Lune & l'équateur de la terre, & tantôt la Lune se trouve entre l'écliptique & ce même équateur. Dans le premier cas l'inclinaison de l'orbite lunaire vis-à-vis l'équateur terrestre, peut augmenter jusqu'à 28 degrés $\frac{2}{3}$, & dans le second elle peut diminuer jusqu'à 18 degrés $\frac{1}{3}$; cela supposé, voici comment je raisonne.

Quand la position de la Lune est telle, qu'elle se trouve dans le plan de l'équateur terrestre, cet astre n'a d'action que pour attirer cet équateur à lui; il n'en a point pour faire varier son inclinaison vis-à-vis l'écliptique. Il n'en est pas ainsi, lorsque la Lune ne correspond plus à l'équateur terrestre; plus elle s'en écarte, plus elle fait varier l'angle de l'équateur & de l'écliptique; donc cet angle doit varier plus ou moins dans l'espace de 19 ans; donc l'axe de la terre doit avoir une véritable nutation. Oui, le systeme de l'attraction doit être le véritable systeme du monde, puisqu'il fournit des explications si claires & si justes des phénomenes les plus difficiles de la nature.

O

OBJECTIF. Dans les lunettes astronomiques & dans les microscopes, le verre objectif est celui qui est fixé vers l'objet qu'on observe. Ces sortes de verres sont ou convexo-convexes, ou plan-convexes. Nous avons donné, dans l'article des *lunettes*, des tables dans lesquelles on fait mention de toute sorte d'*objectifs*, de ceux-là même qu'on suppose avoir 50 pieds de foyer. Nous avons encore appris dans l'article des *microscopes*, combien court doit être le foyer des *objectifs* de cette machine si propre à faire appercevoir les objets les plus insensibles.

OBLIQUE. Une ligne tombe obliquement sur un plan, lorsqu'elle penche plus d'un côté que d'un autre.

OBLONG. Une figure plus longue que large, est oblongue.

OBTUS. L'angle obtus est celui qui est plus grand que l'angle droit. Cherchez *Géométrie*.

OBTUSANGLE. On appelle ainsi tout triangle qui a un angle obtus.

OCCIDENT. Le point de l'horizon où le Soleil se couche, se nomme l'*Occident*. Le point du vrai Occident est le point où le Soleil se couche, le jour de l'équinoxe.

OCCIPITAL. C'est un des os du crâne, à la partie postérieure & inférieure duquel il est situé. Il forme la partie postérieure de la tête ou l'*occiput*. Il fait l'articulation de la tête avec le tronc. Il enferme une partie du cerveau & presque tout le cervelet. Il donne passage à la moelle allongée, &c. Cherchez *Crâne*.

OCULAIRE. Le verre oculaire des *lunettes astronomiques*, & des *microscopes*, est celui qui est fort près de l'œil de l'observateur. Chaque *oculaire* a son *objectif* correspondant. Cherchez les mots *Lunette* & *Microscope*.

ODEUR. Les odeurs ont pour cause des corpuscules très-déliés de sel & de soufre que les corps odoriférans envoient à nos narines. C'est surtout de la figure de ces particules que se tire la différence spécifique des odeurs. En les transmettant jusqu'à nous, il nous informe de la bonne ou mauvaise qualité des viandes : & comme il nous annonce par des sensations délicates & flatteuses ce qui est d'une nature bienfaisante & convenable à nos usages, il n'est pas moins fidelle à nous affliger à propos, quand il faut fuir un poison, un séjour marécageux, une demeure infecte & mal saine.

ODORAT. Les nerfs de la premiere & quelques rameaux des nerfs de la cinquieme conjugaison se rendent dans les narines. Ce sont leurs extrémités faites en forme *de petites houpes*, & placées entre la peau & l'épiderme intérieur du nez, que nous devons regarder comme l'organe de l'odorat ; pourquoi ? Parce que les odeurs faisant impression sur ces *houpes*, agitent non-seulement les nerfs dont elles forment les extrémités, mais encore les esprits vitaux que ces nerfs contiennent; en faut-il davantage pour que cette impression soit portée jusqu'au *centre ovale*, le vrai siége de l'ame, & par conséquent en faut-il davantage pour nous faire regarder ces *houpes nerveuses* comme l'organe de l'odorat? Ce qui nous confirme dans cette pensée, ce sont les paroles même de Dionis. Les petits atomes, *dit-il*, qui exhalent d'un corps odoriférant, sont portés avec l'air dans le nez, où frappant la membrane antérieure, ils ébranlent les petits tuyaux des nerfs olfactoires : la matiere subtile dont ils sont remplis, participe d'abord à cet ébranlement, qui s'étend en un moment, par le moyen de la continuité, jusqu'aux éminences cannelées où ces nerfs prennent leur origine, & où notre ame qui connoît les différentes ondulations que chaque objet est capable de produire dans les esprits, juge que c'est l'impression d'un corps odoriférant; d'où naît la sensation qu'on appelle odeur : de sorte que flairer, n'est pas faire quelque chose, mais seulement souffrir sur les nerfs de l'odorat l'impression que les corps odoriférans font par le moyen des fumées qui en exhalent. *Anatomie de Dionis, page* 519.

ŒIL. On distingue dans l'œil des tuniques & des humeurs. Ces tuniques sont la *cornée*, l'*uvée*, la *rétine*, &c. La cornée est une tunique extérieure qui couvre le *devant* de l'œil; on peut la toucher avec le doigt; sa figure est très-convexe, & le nom qu'elle porte lui vient sans doute de la ressemblance qu'elle a avec de la corne transparente. La partie de la *cornée* qui s'enfonce dans le globe de l'œil prend le nom de *sclérotique*; elle est trop épaisse pour être diaphane.

Sous la *cornée* se trouve l'*uvée*. Opaque de sa nature, elle a au milieu une petite ouverture circulaire, nommée la *prunelle*. Cette ouverture, par le moyen de quelques fibres, s'agrandit dans les endroits obscurs & se rétrécit dans les endroits éclairés. La partie de *l'uvée* qui s'enfonce dans le globe de l'œil, a le nom de *choroïde*, elle est très-noire & très-opaque; aussi, placée entre la *sclérotique* & la *rétine*, rend-elle l'œil à-peu-près semblable à une chambre obscure.

Au fond de l'œil se trouve la *rétine*, qui n'est qu'une

expanſion du nerf optique, des plus déliées fibres duquel elle eſt compoſée ; elle s'étend ſur toute la *choroïde*, & le nom qu'on lui a donné, nous apprend qu'elle eſt faite en forme de filet.

L'on diſtingue encore dans l'œil trois humeurs différentes ; l'humeur *aqueuſe*, l'humeur *criſtalline* & l'humeur *vitrée*. L'humeur *aqueuſe*, ſemblable à une eau aſſez fluide & aſſez limpide, occupe la partie antérieure de l'œil, c'eſt-à-dire, l'eſpace qu'il y a entre la *cornée* & le *criſtallin*.

L'humeur *vitrée*, quoique diaphane, a cependant quelque conſiſtance ; deſtinée à rafraîchir la rétine, elle occupe la partie poſtérieure de l'œil.

Enfin l'humeur *criſtalline* renfermée dans une membrane que l'on nomme l'*aracnoïde*, ſe trouve entre l'humeur *aqueuſe* & l'humeur *vitrée* ; elle eſt diaphane ; ſa figure eſt lenticulaire, plus convexe cependant dans ſa partie poſtérieure que dans ſa partie antérieure. C'eſt par le moyen de quelques filamens que l'on nomme *ligamens ciliaires*, que le *criſtallin* devient tantôt plus, tantôt moins convexe.

Ces trois humeurs ne ſont pas de même denſité. L'humeur *aqueuſe* eſt moins denſe que l'humeur *criſtalline* ; & l'humeur *criſtalline* plus denſe que l'humeur *vitrée*. Ces notions nous ſerviront à réſoudre les queſtions ſuivantes. Nous les propoſerons, après avoir expliqué la figure 15 de la planche 2 qui nous mettra ſous les yeux la ſituation des différentes parties de l'œil, les unes par rapport aux autres. Dans cette figure F f repréſente la cornée ; FE, fe la ſclérotique ; H h l'uvée ; A la prunelle ; CK, ck les ligamens qui ſervent tantôt à l'élargir, tantôt à la rétrécir ; HG, hg eſt la choroïde ; Cc le criſtallin dont la partie poſtérieure n eſt plus convexe que la partie antérieure ; Hc, hc ſont les ligamens ciliaires qui ſervent à rendre le criſtallin tantôt plus, tantôt moins convexe ; LLL eſt la rétine, c'eſt-à-dire, une expanſion du nerf optique N, dont les extrémités terminées en houpes nerveuſes, ſont entrelaſſées en forme de filet.

Les trois humeurs de l'œil ont chacune une place diſtinguée. L'humeur aqueuſe ſe trouve entre la *cornée* F f & le *criſtallin* C c. L'humeur criſtalline eſt renfermée dans la membrane C n c à laquelle les Anatomistes ont donné le nom d'*Aracnoïde*. Enfin l'humeur vitrée occupe l'espace L L L n.

Premiere Question. Dans quelle partie de l'œil se peignent les objets que nous regardons ?

Ils se peignent dans la rétine. En voici la démonstration. Ce n'est pas dans les *humeurs* qu'ils se peindront, puisqu'elles sont toutes les trois diaphanes. Ils ne peuvent pas aussi se peindre dans l'uvée, puisqu'elle est trouée au milieu, & que les autres parties qui sont après l'uvée, je veux dire, le cristallin, l'humeur vitrée, & la rétine seroient alors parfaitement inutiles; c'est donc dans la rétine rendue opaque par la choroïde, que se peignent les objets que nous fixons; aussi la regardons-nous avec tous les Physiciens comme l'unique organe de la vue.

Seconde Question. Combien de réfractions souffrent les rayons de lumiere, avant que d'arriver à la rétine ?

Ils en souffrent trois; la premiere en passant de l'air dans l'humeur aqueuse; la seconde en passant de l'humeur aqueuse dans l'humeur cristalline, & la troisieme en passant de l'humeur cristalline dans l'humeur vitrée. La premiere & la seconde réfraction les font approcher de la perpendiculaire; la troisieme les en éloigne; & toutes les trois cependant concourent à les réunir sur la rétine. Cette réponse ne paroîtra obscure, qu'à ceux qui ne se rappelleront pas de quelle maniere les verres convexes réunissent à leur foyer les rayons de lumiere envoyés sur leur surface. Pour la faire toucher au doigt, nous allons nous servir de la figure 16 de la planche 2. Je suppose donc l'objet A envoyant sur l'œil trois rayons de lumiere AB, AF, AL. Je dis que par le moyen des trois réfractions que 2 de ces rayons souffriront dans les trois humeurs de l'œil, les trois rayons iront se réunir sur la rétine au point a. Pour en concevoir la démonstration, que l'on se rappelle les notions suivantes.

1°. L'air est plus rare que l'humeur aqueuse.

2°. L'humeur aqueuse est plus rare que l'humeur cristalline.

3°. L'humeur cristalline est plus dense que l'humeur vitrée.

4°. Un rayon de lumiere passant obliquement d'un milieu plus rare dans un milieu plus dense, se réfracte en s'approchant de la perpendiculaire.

5°. Un rayon de lumiere passant obliquement d'un milieu plus dense dans un milieu plus rare, se réfracte en s'éloignant de la perpendiculaire.

6°. Un rayon de lumiere passant perpendiculairement d'un milieu dans un autre, ne souffre aucune réfraction, de quelque espece que soit le milieu dans lequel il entre.

7°. Le point S est le centre non-seulement de la cornée FBL, mais encore de l'humeur aqueuse qu'elle contient, & par conséquent les lignes SF & SL sont perpendiculaires à la cornée & à l'humeur aqueuse.

8°. Le point P est le centre de la convexité supérieure KJ du cristallin KJMN, & par conséquent les lignes PK & PI sont perpendiculaires à cette convexité supérieure.

9°. Le point O est le centre & de la convexité inférieure MN du cristallin KJMN, & de la couche d'humeur vitrée qui touche cette convexité. Donc les lignes OM, ON, sont des perpendiculaires à la partie inférieure du cristallin & à l'humeur vitrée. Tout le monde sait que les convexités n'ont pour perpendiculaires que les lignes qui passent par leur centre. Ces notions supposées, il est aisé de démontrer que les rayons de lumiere AF, AL iront se réunir avec le rayon AB au point a, par le moyen des 3 réfractions qu'ils souffrent dans les trois humeurs de l'œil.

Démonstration. 1°. Le rayon de lumiere AB perpendiculaire à toutes les humeurs & à toutes les membranes de l'œil, ira en droite ligne au point a *par la notion sixieme.*

2°. Les rayons obliques AF, AL, qui passent de l'air dans l'humeur aqueuse, se brisent, en s'approchant l'un de la perpendiculaire FS, l'autre de la perpendiculaire LS, *par les notions quatrieme & septieme*, & cette premiere réfraction les faisant approcher l'un de l'autre, les rend plus convergens qu'ils n'étoient.

3°. Les mêmes rayons de lumiere AFK, ALI s'approcheront par la même raison des perpendiculaires KP & IP; puisqu'ils passeront obliquement de l'humeur aqueuse dans l'humeur cristalline; & cette seconde réfraction les rendra plus convergens qu'ils n'étoient.

4°. Les mêmes rayons de lumiere AFKM, ALIN, ne pourront pas passer obliquement de l'humeur cristalſine dans l'humeur vitrée, ſans s'éloigner, le premier de la perpendiculaire OM, le ſecond de la perpendiculaire ON *par les notions cinquieme & neuvieme.* Mais ces deux rayons ne peuvent pas s'éloigner de ces deux perpendiculaires, ſans s'approcher l'un de l'autre. Donc cette troiſieme réfraction doit donner aux rayons de lumiere AFKM, ALIN le degré de convergence néceſſaire, pour qu'ils aillent ſe réunir au point a avec le rayon ABa.

Troiſieme Queſtion. Par quel mécaniſme les rayons de lumiere envoyés par un objet que nous fixons, vont-ils peindre dans la rétine l'image de cet objet?

Que l'on ſe rappelle les principes que nous avons établi dans la dioptrique, & l'on n'aura pas grand'peine à répondre à une pareille queſtion. En effet notre œil fait en forme de verre lenticulaire, doit réunir tous les rayons de lumiere qui partent du même point d'un objet; ces différens rayons frappent la rétine qui ſe trouve placée préciſément au foyer de l'œil, & deſſinent l'image à leur point de réunion. Cet ébranlement eſt porté par le nerf optique juſqu'au centre ovale que nous regardons comme le vrai ſiége de l'ame; & c'eſt alors que cette ſubſtance ſpirituelle intimement unie à notre corps, produit la ſenſation à laquelle nous avons donné le nom de *viſion.*

Quatrieme Queſtion. Comment ſe fait la viſion diſtincte & comment ſe fait la viſion confuſe.

Nous voyons diſtinctement un objet, lorſque la rétine reçoit préciſément dans le point de leur réunion les rayons de lumiere qu'il envoie; nous le voyons au contraire confuſément, lorſque la rétine reçoit ces différens rayons, ou avant qu'ils aient été réunis, ou après qu'ils l'ont été; auſſi dans les perſonnes qui ſont l'organe de la vue bien ſain, le criſtallin, par le moyen des ligamens ciliaires, devient-il tantôt plus, tantôt moins convexe. Il devient moins convexe, lorſqu'elles regardent les objets éloignés; & il devient plus convexe, lorſqu'elles fixent un objet qui n'eſt qu'à quelques pas.

Cinquieme Queſtion. Pourquoi le criſtallin devient-il moins convexe, lorſque l'on voit diſtinctement un objet éloigné?

En voici la raiſon phyſique. Plus un objet eſt éloigné, & plutôt les rayons de lumiere qu'il envoie, arrivent à leur point de réunion, après avoir souffert dans les humeurs de l'œil les trois réfractions ordinaires. Ce n'est donc que pour empêcher cette réunion trop précipitée qui ne manqueroit pas de se faire avant la rétine, que le cristallin perd de sa convexité, lorsque l'on fixe un objet éloigné.

C'est par une raison toute contraire que le cristallin devient plus convexe, lorsque l'on veut voir distinctement un objet qui n'est qu'à quelques pas.

Sixieme Question. Pourquoi les rayons de lumiere envoyés par un objet éloigné, arrivent-ils plutôt à leur point de réunion, que s'ils étoient envoyés par un objet moins éloigné ?

Un objet éloigné envoie sur l'œil des rayons de lumiere sensiblement paralleles entr'eux, tandis qu'un objet qui n'est pas éloigné n'envoie que des rayons sensiblement divergens; or il est évident par toutes les regles de la dioptrique, que des rayons paralleles sont plutôt réunis par un verre lenticulaire, que des rayons divergens. Donc les rayons de lumiere envoyés par un objet eloigné doivent arriver plutôt à leur point de réunion, que s'ils étoient envoyés par un objet moins éloigné.

Septieme Question. Dans quelle situation les objets extérieurs se peignent-ils sur la rétine ?

Ils s'y peignent dans une situation renversée, puisque les rayons de lumiere partis des extrémités d'un objet n'arrivent à la rétine, qu'après s'être croisés dans la prunelle. L'ame cependant accoutumée à rapporter l'objet au bout de la ligne droite qui passe par le centre de l'œil, corrige très-facilement cette illusion optique. L'image GH, *par exemple*, de la fleche CAE, *fig.* 17, *pl.* 2, doit être renversée sur la rétine GH; puisque les rayons extrêmes CH, EG n'arrivent à la rétine, qu'après s'être croisés au point B. Aussi le point C à droite dans l'objet CAE, est-il peint à gauche dans la rétine; & le point E à gauche dans le même objet, est-il peint à droite dans la même rétine. L'ame cependant qui transporte le point H au point C, & le point G au peint E doit voir l'objet dans sa situation naturelle.

Huitieme Question. Pourquoi l'objet A simple en lui-même, ne nous paroît-il pas double, quoique son image soit peinte en même-tems dans chacun de nos yeux ?

Lorsque nous voulons voir distinctement un objet, nous disposons tellement nos yeux, que les rayons partis de cet objet viennent frapper dans les deux rétines deux fibres sympathiques ou homologues, c'est-à-dire, deux fibres qui partent du même point du cerveau ; or deux impressions faites sur deux pareilles fibres ne font sensiblement qu'une même impression, & déterminent l'ame à n'appercevoir qu'un objet. Le point G, par exemple, de l'objet FGE, *fig.* 18, *pl.* 2, ne paroît pas double, parce que les 2 rayons de lumiere Gi, Gi vont frapper dans les deux yeux A & B deux fibres homologues qui partent du même point h du cerveau.

C'est par une raison contraire que les gens ivres, les personnes transportées de rage & de colere voient ordinairement double. Qu'on regarde leurs yeux, l'on s'appercevra qu'ils sont tellement dérangés qu'il est bien difficile que l'impression des rayons, partis des objets, se fasse sur des fibres homologues.

ŒSOPHAGE. C'est un canal qui porte le boire & le manger au ventricule. Il commence au fond de la bouche, & il finit à l'orifice supérieur de l'estomac. Sa figure est ronde. Il est situé sous la trachée-artere & sous les poumons. Il est couché sur les vertebres du col & du dos, & sur deux glandes vers la quatrieme vertebre du dos, où il se range un peu à droite, y étant poussé par la grosse artere ; puis il se recourbe un peu à gauche, à la neuvieme vertebre, & ayant enfin percé le diaphragme, environ à l'endroit de la onzieme vertebre du dos, il se termine à l'orifice supérieur du ventricule. L'on voit dans l'œsophage des fibres droites ou *longitudinales* & des fibres circulaires ou *annulaires*. L'introduction des esprits vitaux dans les fibres droites, les gonfle, les rend moins longues, & cause un mouvement de contraction. L'introduction des mêmes esprits vitaux dans les fibres circulaires, les gonfle aussi ; mais en les gonflant, elle les sépare les unes des autres, & cause un mouvement de production. Le premier mouvement se fait lorsque nous voulons faire passer les alimens, de la bouche dans l'œsophage ; le second a lieu, lorsque nous voulons que ces mêmes alimens passent de l'œsophage dans l'estomac.

OLIVIER. Arbre précieux qui porte un fruit d'où

l'on exprime la meilleure de toutes les huiles ; ce fruit se nomme *Olive*. Il vient très-bien dans les terres légeres des pays chauds, ou du moins tempérés. Cet arbre est trop connu & trop multiplié, surtout en Provence & en Languedoc, pour que je m'amuse ici à en faire la description ; je ne compose pas un Dictionnaire de Botanique ou d'Histoire Naturelle, & je me hâte de rendre compte des expériences que j'ai faites sur la culture de l'olivier dans l'espace d'une vingtaine d'années ; j'en ai retiré un profit réel.

Dans l'enceinte de l'ancienne ville de Nîmes & sur une colline dont le principal aspect est à l'Orient, je cultive environ deux cent pieds d'oliviers ; ils sont presque tous de moyenne grandeur, & ils portent presque tous cette espece d'olives qu'on appelle *couiasses* en langage vulgaire. Quoiqu'ils soient plantés pêle-mêle dans la vigne, ils me produisent chaque année presqu'autant d'olives que quatre cens oliviers de la meilleure *olivete* ont coutume d'en produire, & l'huile que j'en fais exprimer est toujous d'une qualité supérieure. Bien des gens la préferent à la meilleure huile de Provence. Voici la méthode que j'observe constamment dans la culture de cet arbre, des environs duquel j'ai eu soin d'éloigner toute souche de vigne.

Vers le milieu du mois de Novembre, quelquefois huit jours plus tard, je commence à faire cueillir mes olives, malgré l'ancien proverbe du pays exprimé en ces termes : *à la Toussan l'oulive en man* ; je différerois même jusqu'au mois de Décembre, s'il n'avoit régné aucun froid capable de *mater* le fruit. Les paysans cultivateurs, auxquels j'ai plus de confiance qu'à tous les Agronomes de cabinet, disent que depuis le milieu du mois d'Octobre jusqu'à la fin du mois de Novembre l'*olive ramasse son huile*.

Comme je fais fumer chaque année la moitié de mes arbres, je fais marquer, dans le tems qu'on cueille les olives, quels sont ceux qui en ont le plus produit ; & dès que leur fruit a été ramassé, je les fais découvrir avec la bêche dans une étendue circulaire qui surpasse d'environ un pied l'arrondissement de l'arbre : nos oliviers dans ce pays-ci ne donnent une récolte abondante que de deux en deux ans. J'ai donc chaque année, en prenant cette précaution, cent arbres extraordinairement, & cent autres médiocrement chargés.

Je laisse, huit à dix jours, mes cent arbres découverts, à moins que je n'aie raison de craindre une forte gelée ; aussi ne fais-je cette premiere opération, que lorsque le tems me paroît sûr & décidé. Je fais ensuite porter mon fumier dans la fosse circulaire & j'ordonne surtout qu'on le répande également sur les racines, & qu'on l'écarte de la souche de l'arbre. Je fais enfin couvrir mon fumier avec la terre qui avoit été tirée de la fosse, lorsque mes arbres avoient été découverts.

La nature de l'engrais que j'emploie, est un mélange de fumier fort léger & de terre neuve ; je fais faire ce mélange à-peu-près à parties égales.

Comme mes oliviers ne sont que de grandeur moyenne, je ne leur fais mettre à chacun que ce que peut porter un âne robuste.

Vers la fin du mois de Février, je fais bêcher les cent arbres que je n'ai pas fait fumer, dans l'étendue circulaire dont j'ai déjà parlé.

Au commencement des mois de Mai & de Septembre, je fais donner la même *œuvre* à tous mes arbres. Les circonstances me font différer ou devancer ces opérations ; je ne les fais faire pour l'ordinaire que deux à trois jours après qu'il a fait une pluie bénigne.

Les oliviers que j'ai fait fumer au commencement du mois de Décembre, le les fais émonder au commencement du printems. Je me sers pour cette opération, la plus délicate de toutes, de cultivateurs très-entendus, & je préfere leur routine expérimentale à l'observation de tous les préceptes dont fourmillent nos ouvrages sur l'Agriculture. Je n'oublierai jamais qu'une année, après avoir lu avec attention un excellent livre sur la taille des oliviers, je voulus faire, vis-à-vis mes cultivateurs, ce que font les Architectes vis-à-vis les maçons ; j'eus bien lieu de m'en repentir ; je payai le double de journées, & jamais mes arbres n'ont été moins bien émondés que cette année-là. Voilà ma méthode, & bien surement, on a beau écrire sur cette matiere, je n'en changerai pas. Mon systeme a pour fondement & pour base de fréquentes cultures, faites à propos ; il n'est pas ruineux ; il est donc bien difficile qu'on en propose un meilleur.

Le plus mauvais de tous est celui de *Virgile* ; il dépare même le plus beau, le mieux travaillé de ses poëmes, les *Géorgiques* ; & par malheur pour l'agriculture, il n'est que trop de propriétaires qui le suivent à la lettre. Ce Poëte Agronome prétend que les oliviers n'exigent aucune culture ; qu'ils n'ont besoin ni de la serpe, ni du râteau, & que lorsqu'une fois ils sont plantés & accoutumés au grand air, la terre remuée au pied avec le hoyau, leur fournit assez de suc pour les rendre féconds :

Contrà non ulla est oleis cultura : neque illæ
Procurvam expectant falcem, rastrosque tenaces,
Cùm semel hæserunt arvis, aurasque tulerunt.
Ipsa satis tellus, cùm dente recluditur unco,
Sufficit humorem, & gravidas cum vomere fruges.

Georgic. libro 2.

Les oliviers, comme tous les arbres, sont sujets à des maladies. Je n'en parlerai cependant presque pas dans cet article, parce que les miens n'ont gueres éprouvé que celles auxquelles il est impossible d'apporter remede, les effets des brouillards & de l'intempérie des saisons, & que je me suis fait un devoir de ne rendre compte que des expériences que j'ai faites moi-même. J'avoue cependant que si je soupçonnois que quelque ver eût attaqué les racines d'un olivier, j'en arroserois le pied avec de l'eau dans laquelle j'aurois fait détremper de la suie ; je sais que c'est-là le poison qui tue le plus infailliblement ces sortes d'insectes. D'ailleurs la suie, à cause de ses parties huileuses & inflammables, est très-favorable à la végétation. J'avoue encore que si je voyois quelque insecte s'attacher au tronc d'un olivier, je ferois bouillir sept à huit livres de charbon de terre dans un chaudron plein d'eau. Je le laisserois sur le feu, jusqu'à ce que l'eau eût contracté l'odeur d'une espece de bitume, connu sous le nom d'*Asphalte* ; & lorsque j'aurois nettoyé le tronc de mon arbre avec une forte brosse, je le laverois avec cette eau, devenue tiede.

Je ne parle pas de la *carie* ; il faut couper impitoyablement, & le plutôt possible, toute branche attaquée de cette cruelle maladie.

Terminons

Terminons cet article par quelques remarques sur l'huile que je retire de mes olives. Elle est, *ai-je déjà dit*, d'une qualité supérieure, & voici ma méthode pour me la procurer telle. A peine mes olives ont-elles été cueillies, que j'en fais séparer tous les corps étrangers qui se trouvent mêlés avec elles; je n'y laisse aucune feuille; elles donneroient de l'amertume à mon huile. Ces feuilles cependant ne me sont pas inutiles; mêlées avec un fumier léger, elles me fournissent un excellent engrais. Je dépose mes olives, ainsi nettoyées, dans un endroit spacieux & frais, & je les y laisse cinq à six jours; je ne crains pas qu'elles fermentent; ce sont des *couiasses*; & cette espece n'est pas exposée à cet inconvénient; je ne les envoie même au moulin, que lorsque je m'apperçois qu'elles commencent à suer. Je prens des mesures efficaces pour être des premiers à faire mon huile; par ce moyen j'évite le grand inconvénient de voir mes olives, réduites en pâte, renfermées dans des *cabas* qui auroient contracté quelque mauvaise odeur. Je reçois mon huile dans des vases de terre, vernissés en-dedans, qu'on a eu soin de bien nettoyer; on a même frotté leurs parois intérieures avec le suc de pommes reinettes ou celui de limon. Ces vases sont exactement fermés; & ils sont placés dans un endroit qui n'est ni chaud, ni froid. A la fin du mois de Mars, ou au commencement du mois d'Avril, c'est-à-dire, après le dégel, je transvase mon huile dans des urnes préparées comme celles où elle a été reçue, au sortir du moulin; je fais la même opération sur la fin du mois de Juin, & par ce moyen j'use de la meilleure huile du pays.

Les habitans des pays où croissent les oliviers, ne sauroient les cultiver avec trop de soin; leurs peines ne seront pas infructueuses. En mettant les choses sur le pied le plus bas, la valeur des huiles qu'on recueille chaque année en Languedoc est d'environ neuf millions. En effet l'on a dans cette Province, année commune, deux cent quatre-vingt-huit mille quintaux d'huile d'olive, soit fine, soit commune. L'huile fine se vend plus, & l'huile commune moins. Réduisons-les toutes à un prix commun, & fixons ce prix à trente livres le quintal. Multiplions maintenant 288000 par 30, nous aurons pour produit 8640000 ; donc la valeur des huiles du Languedoc eſt, année commune, d'environ neuf millions ; on pourroit compter ſur dix, parce qu'on a tout mis ſur un pied trop bas, ſoit par rapport à la quantité d'olives qu'on recueille, ſoit par rapport au prix fixé pour les huiles. L'huile fine ſe vend au moins cinquante livres le quintal en gros, & plus de ſoixante livres en détail.

Ce que nous avons dit juſqu'à préſent ne regarde que l'olivier *franc* ou l'olivier cultivé ; il convient de faire quelques remarques ſur l'olivier *ſauvage*. On le trouve dans les bois, dans les terres incultes que nous appellons *garrigues*. Il eſt ſi commun aux environs de Nîmes, qu'on en a cent pour cinq à ſix livres, tandis qu'un plant d'olivier *franc* coûte quarante ſols, quelquefois même un petit écu, lorſqu'il eſt beau & de bonne eſpece. On ne ſait pas aſſez de cas de l'olivier ſauvage ; on en tireroit un excellent parti, ſi, lorſqu'il eſt jeune, on le tranſplantoit dans un terrain léger, expoſé au Levant ou au Midi. Il faudroit le cultiver comme on cultive l'olivier franc, & le greffer, la ſeconde ou la troiſieme année, ſur une bonne eſpece d'olives. On ſe procureroit par ce moyen, à grand marché, une belle plantation d'oliviers.

Ici l'on pourroit me demander comment viennent les oliviers ſauvages. Les uns viennent, à ce que je penſe, des racines ou des ſouches des oliviers francs qu'on cultivoit autrefois dans ces endroits. Ne ſavons-nous pas qu'on peut former une pépiniere, en coupant des tranches grandes comme la main, de la ſouche des vieux oliviers, & en les plaçant dans une terre bien préparée, pourvu qu'on les recouvre de trois pouces de terre & qu'on les arroſe par intervalle ?

Il eſt des oliviers ſauvages qui pourroient bien avoir une autre origine. Combien d'oiſeaux ſe nourriſſent d'olives, dans le tems qu'elles ſont ſur l'arbre ? Ils n'en digerent pas le noyau ; ils le rendent çà & là mêlé avec leurs excrémens ; peut-être même qu'ils le préparent de maniere à *lever* plutôt & beaucoup mieux, que ſi l'on ſemoit les olives, comme l'on ſeme les fruits des autres arbres. Voilà quelle je crois être l'origine la plus naturelle de ce grand nombre d'oliviers ſauvages que nous trouvons dans nos *garrigues*. Rien ne vient par hasard ; c'est-là le principe le plus incontestable que l'on puisse poser en Physique.

OMBRE. C'est la privation de la lumiere. Les expériences suivantes vous mettront sous les yeux ce qu'il y a de plus intéressant sur cette matiere.

Premiere Expérience. Présentez à un globe lumineux un globe opaque moins gros que lui ; l'ombre du globe opaque sera un cône qui aura sa base dans le corps opaque, & sa pointe à l'extrémité de l'ombre.

Explication. Les rayons qui terminent l'ombre du corps dont nous parlons, sont convergens entre eux & tendent à se réunir à un point commun ; donc l'ombre de ce corps doit avoir une figure conique. Telle est l'ombre de la Terre éclairée par le Soleil. Supposons en effet que le globe G, *fig.* 19. *pl.* 2, représente le Soleil, & le globe K la Terre ; il est évident que les rayons extrêmes BI, AN, partis du Soleil, iront, après avoir touché la premiere surface du globe terrestre, se réunir au point H. Donc l'ombre de la Terre est précisément NIH. Mais NIH est un cône qui a sa base sur la Terre K & sa pointe à l'extrémité H de l'ombre NIH. Donc si l'on présente à un globe lumineux un globe opaque moins gros que lui, l'ombre du globe opaque sera un cône qui aura sa base dans le corps opaque, & sa pointe à l'extrémité de l'ombre.

Seconde Expérience. Présentez à un globe lumineux un globe opaque aussi gros que lui ; l'ombre du globe opaque sera étendu, pour ainsi dire, à l'infini.

Explication. L'ombre du globe opaque est terminée par des rayons paralleles ; donc ces rayons ne doivent jamais se réunir ; donc l'ombre de ce corps doit être étendue, pour ainsi dire, à l'infini. C'est pour cela que l'ombre des corps terrestres a tant d'étendue au lever & au coucher du Soleil ; les rayons envoyés par cet astre étant presque paralleles à l'horizon, se réunissent beaucoup plus tard. La figure 20 de la planche 2 met sous les yeux l'étendue infinie de l'ombre d'un corps opaque éclairé par un corps lumineux aussi gros que lui. Le corps lumineux est C, & le corps opaque F, dont l'ombre est terminée par les rayons paralleles DS, ET qui ne peuvent jamais se réunir ensemble.

Si l'on présentoit à un globe lumineux un globe opaque plus gros que lui, son ombre terminée par des rayons divergens, auroit la figure d'un cône tronqué. Telle est l'ombre de la terre éclairée par la lune. Reprenons, pour faire toucher au doigt cette vérité, la figure 19, & supposons que le globe K, représente la lune éclairant la terre G ; celle-ci aura une ombre terminée par les rayons FS, ER. Donc l'ombre de la terre sera comprise dans l'espace DCSR. Donc l'ombre de la terre éclairée par la lune aura la figure d'un cône tronqué. Donc en général un globe opaque éclairé par un globe lumineux moins gros que lui, aura une ombre dont la figure sera celle d'un cône tronqué.

Les questions les plus intéressantes que l'on puisse faire sur cette matiere, seront résolues dans les problemes suivans.

Probleme premier. Connoissant les demi-diametres du Soleil & de la terre, & la distance de l'un à l'autre, déterminer la longueur de l'axe du cône de l'ombre de la terre.

Explication. L'on me donne le demi-diametre AG, *fig.* 19, *pl.* 2, du Soleil G, de 150000 lieues, & le demi-diametre KF de la terre K, de 1500 lieues. L'on me donne encore la distance moyenne du centre de la terre, représentée par la ligne GK ou NO, de 20626 rayons terrestres ; & l'on me demande la longueur de l'axe KH du cône NIH de l'ombre de la terre K éclairée par le Soleil G. Pour la trouver, je tire la ligne NO parallele à la ligne KG. Je remarque que le rayon DG du Soleil G sera 100, & le rayon NK de la terre K sera 1, parce que 150000 : 1500 : : 100 : 1. Je remarque encore que la ligne DO = à la ligne DG — OG, c'est-à-dire, = à la ligne DG — NK sera de 99 parties, dont chacune vaudra 1500 lieues.

Résolution. La longueur de l'axe du cône de l'ombre de la terre est de 208 $\frac{14}{99}$ rayons terrestres, ou d'environ 312510 lieues.

Démonstration. 1°. Les deux triangles DON & DGH sont semblables, puisqu'ils ont l'angle D commun, & qu'à cause des paralleles ON & GH, l'angle O est égal à l'angle G, *par le Corollaire second de la proposition 4e. de notre premier Livre de Géométrie.* Donc, *par le Corollaire*

4e. *de la proposition* 5e. *du même Livre*, les triangles DON & DGH, sont équiangles. Donc *par la proposition troisieme du Livre sixieme*, ils ont leurs côtés homologues proportionnels. Donc l'on peut dire DO : NO :: DG : GH.

2°. DO = 99. NO = 20626 rayons terrestres. DG = 100. Donc 99 : 20626 :: 100 : à un quatrieme nombre qui donnera la valeur GH.

3°. Pour trouver ce quatrieme nombre, je multiplie 20626 par 100. Je divise le produit 2062600 par 99. Le quotient 20834 $\frac{14}{99}$ rayons terrestres, donnera la valeur du côté GH.

4°. J'ôte 20626 *valeur de* GK de 20834 $\frac{14}{99}$ *valeur de* GH, je trouve 208 $\frac{14}{99}$ *valeur de* KH.

5°. KH représente l'axe du cône de l'ombre de la terre éclairée par le soleil. Donc cet axe a 208 $\frac{14}{99}$ rayons, ou, environ 312510 lieues, parce que le rayon terrestre n'est pas tout-à-fait de 1500 lieues.

Probleme second. Connoissant les demi-diametres du soleil & de la lune, & la distance de l'un à l'autre, déterminer la longueur de l'axe du cône de l'ombre de la lune.

Explication. La figure 19 de la planche 2, servira encore à résoudre ce probleme. Le globe K représentera la lune dont le demi-diametre KF est d'environ 500 lieues. La ligne GK ou ON qui marque la distance du soleil à la lune, sera seulement de 20566 rayons terrestres; parce que la lune en *conjonction*, comme nous la supposons ici, est plus près du soleil, que ne l'est la terre, de 60 rayons terrestres. Le rayon DG du soleil G sera 300, & le rayon KF de la lune K sera 1, parce que 150000 lieues, *valeur du rayon solaire* : 500 lieues, *valeur du rayon de la lune* :: 300 : 1. Donc DO = DG — OG = DG — KF vaudra 299 parties dont chacune sera de 500 lieues.

Résolution. La longueur de l'axe du cône de l'ombre de la lune en *conjonction*, éclairée par le soleil est de 68 $\frac{214}{199}$ rayons terrestres, ou d'environ 103173 lieues de longueur.

Démonstration. 1°. Par le probleme précédent DO : ON :: DG : GH. Donc 299 : 20566 :: 300 : à un quatrieme terme qui donnera la valeur de GH.

2°. Pour trouver ce quatrieme terme, je multiplie

20566 par 300. Je divise le produit 6169800 par 299. Le quotient 20634 $\frac{214}{299}$ rayons terrestres donnera la valeur du côté GH.

3°. J'ôte 20566 *valeur de* GK de 20634 $\frac{214}{299}$ *valeur de* GH ; je trouve 68 $\frac{214}{299}$ *valeur de* KH.

4°. KH représente l'axe du cône de l'ombre de la lune en *conjonction*, éclairée par le soleil. Donc cet axe a 68 $\frac{214}{299}$ rayons terrestres, ou environ 103173 lieues de longueur.

Corollaire premier. La lune en *opposition*, c'est-à-dire, la lune éloignée du soleil de 20686 rayons terrestres, a une ombre conique dont l'axe s'étend à 103826 lieues.

Corollaire second. La lune en *quadrature*, c'est-à-dire, la lune éloignée du soleil de 20626 rayons terrestres, a une ombre conique dont l'axe s'étend à 103500 lieues.

Nous avons mis les choses sur le plus bas pied ; car la plupart des Astronomes donnent plus de 150000 lieues de longueur à l'axe du cône de l'ombre de la lune éclairée par le soleil.

ONCE. L'once est la 16e. partie de la livre.

OPAQUE. Les corps opaques sont ceux qui ne transmettent pas la lumiere. Voyez ce qui constitue l'opacité des corps, dans l'article qui commence par le mot *diaphane*. Nous n'avons pas pu parler des corps diaphanes sans parler en même tems des corps opaques.

OPPOSITION. Deux astres sont en opposition, lorsqu'ils sont éloignés de six signes ; la lune, par exemple, est en opposition avec le soleil, lorsque celui-ci se trouve sous le signe du *Belier*, & celle-là sous le signe de la *Balance*.

OPTIQUE. L'optique est une science physico-mathématique qui nous apprend par quel mécanisme nous voyons un objet qui de tous ses points envoie à nos yeux des rayons de lumiere. Ce que nous avons dit dans l'article de l'*œil* appartient directement à l'optique ; aussi supposons-nous que le lecteur l'aura vu, avant que de vouloir se former une idée de cette science. Nous allons en jetter les fondemens dans les principes suivans.

1°. La grandeur apparente d'un objet est mesurée par l'angle optique sous lequel il est vu ; & l'angle optique est formé par les deux rayons qui partent des extrémités d'un objet, & qui se rencontrent au centre de la prunelle. L'angle BFA, par exemple, eſt l'angle optique ſous lequel eſt vu l'objet AB par l'œil placé au point F, *fig.* 11, *pl.* 3.

2°. Plus un objet eſt éloigné, & plus auſſi l'angle optique, ſous lequel il paroît, eſt petit. L'objet BA, par exemple, éloigné de mon œil de la diſtance EC paroît ſous l'angle optique BCA, beaucoup plus petit que l'angle optique BFA ſous lequel paroît le même objet BA, lorſqu'il n'eſt éloigné de mon œil, que de la diſtance EF.

3°. Dans les diſtances conſidérables, la grandeur apparente d'un objet eſt en raiſon inverſe de ſa diſtance à l'œil, c'eſt-à-dire, ſi l'objet BA de 10 pieds eſt éloigné de mon œil tantôt d'une & tantôt de deux lieues, la grandeur apparente de cet objet éloigné d'une lieue, l'emportera autant ſur la grandeur apparente du même objet éloigné de deux lieues, que deux lieues l'emportent ſur une lieue, ou pour dire les choſes encore plus clairement, la grandeur apparente de l'objet BA éloigné de mon œil d'une lieue ſera double de la grandeur apparente du même objet éloigné de mon œil de deux lieues; pourquoi? Parce que l'objet BA éloigné de mon œil d'une lieue, eſt vu ſous l'angle optique BFA double, ſuivant tous les Géometres, de l'angle optique BCA ſous lequel eſt vu le même objet BA, lorſqu'il eſt à deux lieues de mon œil.

4°. Les objets paroiſſent d'autant plus éloignés, qu'ils paroiſſent plus ſombres & plus confus; pourquoi? parce qu'accoutumé à ne voir que confuſément les objets éloignés, nous jugeons éloignés ceux qui nous paroiſſent ſombres & confus.

5°. Les objets paroiſſent avec des couleurs d'autant moins vives, qu'ils ſont plus éloignés; pourquoi? parce que la vivacité des couleurs dépend principalement de l'intenſité de la lumiere, laquelle, par la divergence de ſes rayons, & par l'interpoſition de l'air groſſier compris entre l'objet & l'œil, décroît, lorſque l'objet eſt éloigné.

6°. Les objets paroiſſent d'autant plus éloignés, que l'on voit un plus grand nombre de corps & une plus grande étendue de terrain entre l'œil & ces objets; pourquoi? parce que cette grande quantité de corps & de terrain intermédiaire donne l'idée d'une grande diſtance.

7°. La connoiſſance que nous avons de la grandeur réelle d'un corps eſt un moyen très-aſſuré pour juger ſainement de ſa diſtance. En effet ſi un corps que je ſais être très-gros, ne me paroît que très-petit, je jugerai alors qu'il doit être à une grande diſtance.

8°. Un objet, lorſque nous ſommes en repos, vient-il frapper ſucceſſivement différentes parties de notre rétine? nous jugeons que cet objet eſt en mouvement.

9°. Sommes-nous nous-mêmes en mouvement, & un objet vient-il frapper toujours les mêmes parties de notre rétine? nous jugeons que cet objet ſe meut avec nous.

10°. Sommes-nous dans un vaiſſeau qui ſe meut d'un mouvement égal? nous regardons le vaiſſeau comme immobile, parce que ſes parties ne changent pas de place par rapport à nous; & les objets extérieurs immobiles nous paroiſſent ſe mouvoir en ſens contraire.

11°. Sommes-nous obligés, lorſque nous ſommes en repos, de remuer ſenſiblement les yeux pour voir le même objet? nous concluons que cet objet ſe meut.

12°. Sommes-nous en repos, & voyons-nous un objet tantôt ſous un plus grand, tantôt ſous un plus petit angle optique? nous aſſurons que cet objet tantôt s'approche & tantôt s'éloigne de nous.

13°. Un objet en peu de tems répond-il ſucceſſivement à différentes parties d'un corps immobile? cet objet nous paroît ſe mouvoir. Nous jugeons qu'il a été en mouvement, lorſqu'après un certain tems il a répondu à différentes parties du corps immobile.

14°. Avec quelque vîteſſe qu'un objet ſe meuve, il doit nous paroître immobile, ſi l'eſpace qu'il parcourt dans une ſeconde de tems eſt vu ſous un angle optique inſenſible, c'eſt-à-dire, ſous un angle de 15 à 20 ſecondes.

15°. Un arc vu d'un endroit extrêmement éloigné, nous paroît une ligne droite, parce que ſa courbure eſt vue ſous un angle optique inſenſible.

16°. Une ligne directement oppoſée au centre de la prunelle, c'eſt-à-dire, tellement oppoſée à l'œil, qu'étant prolongée elle paſsât par le centre de la prunelle perpendiculairement au plan de l'œil, une pareille ligne, dis-je, ne nous paroîtra qu'un point? pourquoi? parce que ce point ſeul enverra des rayons de lumiere à notre œil.

Par une raiſon ſemblable, une ſurface ne nous paroîtra qu'une ligne, & un ſolide qu'une ſurface. Telles ſont les principales regles reçues en optique ; on en tire une infinité de corollaires ; nous rapporterons les plus intéreſſans.

Corollaire premier. Le ſoleil & la lune doivent nous paroître égaux.

Corollaire ſecond. Dans une longue allée d'arbres plantés parallelement, les deux derniers doivent preſque paroître ſe toucher. Suppoſons, par exemple, que les deux lignes bA, dC, *fig*. 12, *pl*. 3, repréſentent une allée d'arbres paralleles ; il eſt évident que l'arbre B paroîtra plus éloigné de l'arbre D, que l'arbre b de l'arbre d ; puiſque les deux premiers paroiſſent ſous l'angle optique DEB, beaucoup plus grand que l'angle optique dEb ſous lequel paroiſſent les deux derniers. Par la même raiſon l'arbre F paroîtra plus éloigné de l'arbre G, que l'arbre B de l'arbre D.

Corollaire troiſieme. Une tour fort élevée, ſi elle eſt d'aplomb, paroît comme penchée ſur celui qui du pied en regarde le ſommet, c'eſt-à-dire, ſur celui dont le rayon viſuel eſt parallele à la tour.

Corollaire quatrieme. Dans une longue galerie dont le plafond eſt parallele au parquet, le plafond paroît aller toujours en baiſſant & le parquet en montant. La raiſon optique de ces quatre corollaires eſt tirée des trois premiers principes que nous avons établis. L'explication des cinq corollaires ſuivans, dépend évidemment des principes 4, 5, 6, 7.

Corollaire cinquieme. Lorſqu'on voyage de nuit, les objets peu éloignés paroiſſent plus loin, qu'ils ne le ſont réellement.

Corollaire ſixieme. Pendant la nuit les feux clairs paroiſſent plus près, qu'il ne le ſont.

Corollaire ſeptieme. Deux ſommets de montagne éloignés l'un de l'autre doivent de loin paroître ſe toucher : l'horizon doit paroître contigu au Ciel : les étoiles ne doivent pas nous paroître plus élevées que les planetes, &c.

Corollaire huitieme. Un aſtre à l'horizon doit nous paroître plus éloigné qu'au méridien.

Corollaire neuvieme. Nous devons juger que le ſoleil eſt beaucoup plus éloigné de nous, que la lune.

Corollaire dixieme. Dans l'hypothefe de Copernic le foleil & tous les aftres doivent nous paroître tourner autour de la terre d'Orient en Occident dans l'efpace de 24 heures. Dans la même hypothefe le foleil doit avoir un mouvement périodique apparent autour de la terre dans l'efpace de douze mois, *par le dixieme principe d'optique.*

Corollaire onzieme. Les étoiles, le foleil, la lune, l'aiguille d'une montre doivent nous paroître immobiles; *par le quatorzieme principe d'optique.*

Corollaire douzieme. Un globe vu de fort loin, doit nous paroître un cercle, *par le quinzieme principe d'optique.*

Les mêmes principes ferviront à réfoudre les problemes fuivans.

Probleme premier. Expliquer pourquoi la lune paroît plus groffe à l'horizon qu'au méridien.

Réfolution. Il fe trouve toujours à l'horizon une grande quantité de vapeurs, que l'on peut regarder comme autant de verres convexes; ces fortes de verres, comme nous l'avons expliqué dans l'article de la *Dioptrique*, groffiffent les objets; donc la lune vue à travers ces vapeurs, doit paroître très-groffe à l'horizon, c'eft-à-dire, lorfqu'elle fe leve, ou lorfqu'elle fe couche. Il n'en eft pas ainfi lorfqu'elle eft au méridien; les vapeurs font alors fort rares, & lorfqu'il y en a de femblables entre la lune & l'œil de l'obfervateur, cet aftre au méridien paroît auffi gros qu'à l'horizon.

La même caufe nous fait paroître le foleil & les autres aftres plus gros à l'horizon, qu'au méridien. Comme cependant c'eft ici un point d'optique de la derniere importance, nous l'allons expliquer d'une autre maniere. Commençons d'abord par démontrer que le Ciel ne nous paroît pas une voûte en plein cintre, c'eft-à-dire, une voûte de figure circulaire, comme AVE, *fig.* 13, *pl.* 3; mais une voûte furbaiffée, je veux dire, une voûte qui s'abaiffant par le milieu, forme une figure elliptique, comme ARE.

1°. La terre comparée au firmament n'eft qu'un point. Donc dans quelque endroit de la terre que je me trouve, je fuis fenfiblement au centre du firmament, & l'hémifphere du Ciel que je vois a 180 degrés.

2°. Si le firmament paroiſſoit une voûte en plein cintre à tout obſervateur placé ſur la terre O ; dans quelque point du Ciel qu'il vît le ſoleil BC, DH, FG, il devroit lui paroître également éloigné. Mais cela n'eſt pas ; car cet aſtre paroiſſant plus ſombre à l'horizon B qu'au zenith V, il doit, ſuivant la premiere regle des diſtances, paroître plus éloigné à l'horizon qu'au zenith. De plus, les objets intermédiaires que nous voyons entre nos yeux & les aſtres, lorſqu'ils ſe levent, nous les font auſſi paroître plus éloignés à l'horizon, qu'au zenith, par la troiſieme regle des diſtances. Donc le firmament ne paroît pas une voûte en plein cintre, mais il paroît une voûte ſurbaiſſée.

3°. Ce ſurbaiſſement apparent eſt ſi conſidérable, que ſi nous voulons aſſigner, à l'eſtime de la vue & ſans le ſecours d'aucun inſtrument, un point dans le Ciel auſſi loin de l'horizon que du zenith, nous le prenons vers le vingt-troiſieme ou le vingt-quatrieme degré de hauteur ; au lieu que ſi le Ciel nous paroiſſoit une voûte en plein cintre, nous aſſignerions le quarante-cinquieme degré de hauteur. Cela ſuppoſé, rien n'eſt plus facile que d'expliquer pourquoi le ſoleil nous paroît plus gros à l'horizon qu'au zenith.

Jettons encore les yeux ſur la figure 13 de la planche 3 dans laquelle AE repréſente l'horizon, O le lieu de l'obſervateur, AVE la figure réelle du Ciel, ARE ſa figure apparente ; & ſuppoſons le ſoleil ſucceſſivement en BC, DH & FG. Il eſt évident que dans quelque endroit que ſoit le ſoleil dans le cercle AVE dont O eſt le centre, il paroît toujours ſous les angles égaux BOC DOH & FOG. Mais à cauſe de la figure ſurbaiſſée du Ciel, le ſoleil paroît en KI, lorſqu'il eſt en BC ; il paroît en PN, lorſqu'il eſt en DH ; & en TS, lorſqu'il eſt en FG : or en KI le diametre de cet aſtre paroît plus grand, qu'en PN ; puiſqu'en KI il paroît plus éloigné du ſommet O de l'angle optique IOK, qu'il ne paroît éloigné en PN du ſommet de l'angle optique PON, égal à l'angle IOK : par la même raiſon en PN le diametre du ſoleil paroîtra plus grand qu'en TS. Donc le ſoleil à cauſe de la figure ſurbaiſſée du Ciel, doit nous paroître plus gros à l'horizon, qu'au zenith, & par conséquent l'on doit mettre cet effet au rang des illusions optiques.

C'étoit-là la pensée du P. Malebranche qui parle ainsi dans le livre 1 de la *recherche de la vérité*, *page* 76 *& suivantes. Nous jugeons de l'éloignement d'un objet par la force avec laquelle il agit sur nos yeux, parce qu'un objet éloigné agit bien plus foiblement qu'un autre.... Il est facile de reconnoître de-là la véritable raison pourquoi la lune nous paroît plus grande lorsqu'elle se leve, que lorsqu'elle est fort haute sur l'horizon. Car lorsqu'elle se leve, elle nous paroît éloignée de plusieurs lieues, & même au-delà de l'horizon sensible, ou des terres qui terminent notre vue; au lieu que nous ne la jugeons qu'environ à une demi-lieue de nous, ou, 7 à 8 fois plus élevée que nos maisons, lorsqu'elle est montée sur notre horizon. Ainsi nous la jugeons beaucoup plus grande, quand elle est proche de l'horizon, que lorsqu'elle en est fort éloignée, parce que nous la jugeons beaucoup plus éloignée de nous, lorsqu'elle se leve, que lorsqu'elle est fort haute sur l'horizon.* Malebranche se seroit rendu plus intelligible, s'il avoit mis sous les yeux du Lecteur une figure semblable à la figure 3 de la planche 3.

Ici se présente une difficulté qu'il est nécessaire de faire évanouir. Il est démontré au commencement de cet article, *dira-t-on*, que plus un objet est éloigné, plus il diminue en grandeur apparente; pourquoi avance-t-on à présent que le soleil & la lune ne nous paroissent plus gros à l'horizon qu'au zenith, que parce que ces astres nous paroissent plus éloignés lorsqu'ils se levent, que lorsqu'ils passent par le méridien? N'y auroit-il pas là une espece de contradiction?

Non, il n'y en a pas même l'ombre. Dans le premier cas, les objets dont la grandeur apparente diminue à cause de leur éloignement, sont réellement à une plus grande distance, & sont vus réellement sous un plus petit angle optique, lorsqu'ils nous paroissent moins gros. Mais dans le second cas, le soleil & la lune ne sont pas réellement plus éloignés de nous, & ils ne nous paroissent pas réellement sous différens angles optiques à l'horizon & au zenith.

Avouons cependant que, quelque part qu'ait l'illusion

optique au phénomene que nous venons d'expliquer, elle n'en eſt pas l'unique cauſe. Les vapeurs dont nous avons d'abord parlé, pourroient bien, comme autant de verres convexes, contribuer à groſſir les aſtres à l'horizon. En ſuivant ce parti mitoyen qui nous paroît le plus raiſonnable, il faudra regarder ce phénomene comme en partie optique & en partie phyſique.

Probleme ſecond. Expliquer pourquoi l'on ne voit pas les étoiles en plein midi.

Réſolution. La même cauſe qui nous empêche d'appercevoir la lumiere d'une chandelle expoſée au ſoleil doit nous empêcher de voir les étoiles en plein midi. L'impreſſion que fait ſur notre rétine la lumiere du ſoleil, rend inſenſible celle que cauſe la lumiere des étoiles.

Cette réponſe devient une vraie démonſtration, s'il eſt sûr, comme on le dit, que du fond d'un puits profond, on apperçoive les étoiles en plein jour. Leur lumiere tombe alors perpendiculairement ſur les yeux de l'obſervateur, tandis que celle du ſoleil que l'on ne ſuppoſe pas placé directement ſur ſa tête, n'y parvient qu'après avoir été affoiblie par un grand nombre de réflexions.

Probleme troiſieme. Expliquer pourquoi le diametre d'un flambeau allumé paroît plus grand de loin, que de près, par exemple, à 200 pas qu'à 50.

Réſolution. De près, je vois diſtinctement le diametre du flambeau allumé; de loin je vois le diametre d'un *tout* compoſé d'un corps lumineux & de l'air éclairé qui l'environne; donc de loin le diametre du corps éclairé que je vois, doit me paroître plus grand, que de près; donc le diametre d'un flambeau allumé doit paroître plus grand à 200 pas qu'à 50.

Probleme quatrieme. Expliquer pourquoi certains oiſeaux de proie voient mieux la nuit que le jour.

Réſolution. Ces ſortes d'oiſeaux ont, avec une prunelle fort ouverte, la rétine très-délicate. Le trop de lumiere les fatigue & les offuſque; il leur en faut peu, pour appercevoir diſtinctement les objets. La même choſe nous arrive, lorſque nous paſſons d'un lieu ſombre dans un lieu éclairé; nous ſommes éblouis par le grand nombre des rayons qu'admet notre prunelle qui s'étoit dilatée dans l'obſcurité.

Probleme cinquieme. Expliquer pourquoi dans les yeux fains, l'œil gauche voit l'objet plus diſtinct, que l'œil droit.

Réſolution. L'œil gauche eſt plus près de l'aorte, que l'œil droit, puiſque le ſang arrive plutôt de l'aorte au cerveau par l'artere carotide gauche, que par l'artere carotide droite. Donc le nerf optique gauche doit recevoir plus d'eſprits vitaux, que le nerf optique droit. Donc l'œil gauche doit avoir plus de force & de vivacité que l'œil droit. Donc il doit voir les objets plus diſtinctement que l'œil droit.

Le lecteur qui ne ſe rappelleroit pas ce que c'eſt que l'aorte & les arteres carotides, ſaura que l'aorte eſt un gros vaiſſeau placé au côté gauche du cœur, par lequel le ſang ſe rend aux extrémités du corps.

Les carotides ſont deux arteres du cou qui portent le ſang au cerveau.

Probleme ſixieme. Expliquer pourquoi l'on voit de grandes traînées de lumiere, lorſqu'on reçoit un coup à la tête dans l'obſcurité.

Réſolution. Le coup que nous recevons alors, ébranle & fait trémouſſer pendant un tems aſſez conſidérable les rameaux dont le nerf optique eſt compoſé, à-peu-près comme le feroit une grande traînée de lumiere. Donc il doit nous ſembler voir une grande traînée de lumiere, lorſque nous recevons un coup à la tête dans l'obſcurité. C'eſt même parce que nous ſommes dans l'obſcurité, que cette lumiere imaginaire nous paroît ſi brillante : la flamme d'une chandelle ne paroît jamais plus vive, que lorſque la chandelle eſt dans un lieu très-obſcur ; à peine l'apperçoit-on, lorſqu'on l'expoſe au grand jour.

Probleme ſeptieme. Expliquer pourquoi un charbon allumé, tourné rapidement, paroît faire un ruban, un cercle de feu.

Réſolution. L'impreſſion qu'a fait la lumiere ſur ma rétine, lorſque le charbon ſe trouve au commencement de la ligne, perſévere encore, lorſqu'il arrive à la fin de la même ligne. Donc un charbon allumé, tourné rapidement, doit nous paroître faire un ruban de feu. Il en eſt de même du cercle de feu que nous imaginons voir, lorſqu'on lui fait décrire très-rapidement un petit cercle.

M. l'Abbé de la Caille se sert de ces expériences pour prouver que le sens de la vue est un des plus paresseux, & pour expliquer pourquoi le passage successif & rapide de plusieurs couleurs différentes ne fait pas autant d'impressions distinctes, & ne procure pas à la vue un plaisir semblable à celui que procure à l'oreille une suite de sons harmonieux, produits rapidement.

Probleme huitieme. Expliquer pourquoi en regardant au jour la tête d'une aiguille posée près de l'œil, & entre l'œil & un carton percé d'un très-petit trou d'aiguille, cette tête paroît derriere le carton & renversée.

Résolution. 1°. On ne peut pas la voir en-deçà du carton, puisqu'on la suppose tout-à-fait près de l'œil.

2°. Si elle paroît renversée au-delà du même carton, c'est que les rayons qui portent les images des deux extrémités de cette tête d'aiguille, se croisent en passant par le petit trou au-delà duquel l'œil la rapporte.

Probleme neuvieme. Expliquer pourquoi un objet paroît double, lorsqu'on le place trop près entre les deux yeux.

Résolution. L'on suppose l'objet FGE, *fig.* 18, *pl.* 2, placé beaucoup plus près qu'il n'est, des deux yeux A & B. L'on demande pourquoi il paroîtra double. Pour répondre à cette question, l'on doit remarquer que l'on nomme *axe optique* tout rayon de lumiere envoyé par l'objet, qui, étant perpendiculaire à toutes les humeurs de l'œil, arrive sur la rétine sans souffrir aucune réfraction. Les deux rayons GA & GB sont donc les deux axes optiques de l'objet FGE. Cela supposé, voici comment il faut raisonner. L'objet FGE ne paroît simple, que lorsque les deux axes optiques AG, BG vont se réunir à un même point. Mais dans le cas que l'on pose, ces deux axes ne peuvent pas assez se plier, pour se réunir à un même point, puisque l'objet qui devroit être comme le centre de leur réunion, est supposé tout-à-fait près des yeux A & B. Donc, dans ce cas, chaque axe optique AG, BG doit donner une image de l'objet FGE. Donc cet objet doit paroître double.

Probleme dixieme. Expliquer pourquoi nous voyons beaucoup mieux à travers les vitres les passans, que les passans ne nous voient à travers les mêmes vitres.

Résolution. Ceux qui sont dans la rue, sont dans un

lieu fort éclairé ; & ceux qui sont dans la chambre sont dans un lieu ou obscur, ou médiocrement éclairé. Donc le peu de rayons qui sortent de la chambre par les vitres, ne doit pas faire impression sur les passans ; & le grand nombre de rayons qu'envoient les passans, à ceux qui regardent à travers les fenêtres, doit faire grande impression sur les yeux de ces observateurs. Donc nous devons beaucoup mieux voir, à travers les vitres, les passans, que les passans ne nous voient à travers les mêmes vitres.

Par la même raison ceux qui, pendant la nuit, regardent à travers les vitres ceux qui sont dans une boutique éclairée, doivent les voir beaucoup mieux qu'ils n'en sont vus.

Probleme onzieme. Expliquer pourquoi, lorsque le soleil, la lune, ou un flambeau éclaire une eau courante, l'on voit sur la surface de l'eau, une très-longue traînée de lumiere tremblante & interrompue.

Résolution. Les parties de l'eau courante, *dit M. l'Abbé de la Caille*, glissent les unes sur les autres en petites lames, qui font l'effet d'autant de petits miroirs plans différemment inclinés, & qui changent à tout moment de grandeur, de place, de vîtesse & d'inclinaison : ces petites lames se présentent tantôt du côté du spectateur, tantôt à l'opposite. Donc une eau courante éclairée doit nous donner une très-longue traînée de lumiere tremblante & interrompue.

Probleme douzieme. Expliquer pourquoi l'on s'imagine voir une espece de visage dans la lune pleine.

Résolution. On ne peut attribuer cette illusion optique qu'aux taches qui se trouvent sur la surface de la lune, & au préjugé reçu à la vue des images de la pleine lune que l'on a coutume de dessiner comme un visage.

Probleme treizieme. Expliquer pourquoi les myopes voient ordinairement les objets éloignés plus gros, que ceux qui ont une bonne vue.

Résolution. Nous avons remarqué dans l'article qui regarde les *myopes*, que ces sortes de personnes ont un cristallin qui réunit les rayons de lumiere qui viennent des objets éloignés, avant que ces rayons aient pu frapper leur rétine. Après leur réunion ces rayons de lumiere miére se séparent, & arrivent divergens sur la rétine du *myope*. Ceux au contraire qui ont une bonne vue, ne reçoivent ces mêmes rayons sur leur rétine, que réunis. Donc les myopes doivent voir les objets éloignés plus gros que ceux qui ont bonne vue.

OPTIQUE *machine*. La machine à laquelle on a donné le nom d'*optique*, a la propriété de renverser les objets, de les grossir & de les représenter perpendiculaires, d'horizontaux qu'ils sont. Voici la raison physique de tous ces effets.

Le corps de *l'optique* est une caisse à-peu-près carrée, soutenue par quatre especes de pieds. A l'un des côtés de la caisse se trouve un miroir plan incliné à l'horizon de 45 degrés; & au côté opposé l'on met un verre *convexo-convexe* de 2, 3 à 4 pieds de foyer. Nous avons démontré, dans l'article de la *Dioptrique*, que ces sortes de verres renversent & grossissent les objets; l'expérience nous apprend qu'un miroir plan incliné à l'horizon de 45 degrés, représente comme perpendiculaires les objets horizontaux; donc l'*optique* doit renverser, grossir, & rendre perpendiculaires les objets horizontaux.

Premier usage. Placez l'objet horizontalement entre les pieds de la caisse. La longueur de ces pieds n'est pas arbitraire; elle dépend de la longueur du foyer du verre convexe. Votre verre a-t-il 23 pouces de foyer, & comptez-vous 5 pouces depuis son centre jusqu'au centre du miroir plan? vous ferez les pieds de la caisse de telle façon, qu'il y ait 20 pouces de distance de l'objet au centre du verre convexe.

Second usage. Renversez l'objet que vous voulez faire représenter par votre *optique*; s'il étoit dans sa situation ordinaire, il vous paroîtroit renversé.

Troisieme usage. Mettez votre œil vis-à-vis le miroir, & placez-le tellement que le verre convexe se trouve entre votre œil & le miroir. Si vous êtes myope, servez-vous de votre verre concave ordinaire, de telle sorte que vous ne regardiez le centre du miroir plan, qu'à travers deux verres, dont l'un soit le verre convexe de l'*optique*, & l'autre votre verre concave. Telle est la maniere dont on doit se servir d'une machine que la coutume fait nommer, *optique*; mais que les regles de la saine Physique doivent faire appeller, *boîte cata-dioptrique ;* pourquoi ? parce que la catroptique traite des miroirs, & la dioptrique des verres.

OR. C'est le premier, le plus pesant, & comme l'on dit, le Roi des métaux. M. Homberg, fameux Chimiste, prétend avoir découvert que l'or étoit composé de mercure, d'un sable très-fin, & de quelques sels fixes. Voyez l'article des *Métaux* où cette matiere est traitée assez au long. Voyez encore celui des *Mines* où vous trouverez sur l'or des choses très-curieuses. Tout ce que les Chimistes ont dit des effets de l'or potable, est un tas de fables. S'il y a des personnes qui, pour avoir mangé des chapons qu'on avoit nourris d'une pâte faite avec des viperes & de l'or, aient été guéries de plusieurs maladies ; on doit attribuer ces guérisons aux viperes & non à l'or. Il n'en est pas ainsi de l'or fulminant. On l'emploie avec succès dans bien des maladies. Voici comment on le prépare.

On prend une certaine quantité d'or réduit en limaille. On la met dans un matras. On verse dessus 3 à 4 fois autant pesant d'eau régale. On place le matras sur le sable un peu chaud. On l'y laisse jusqu'à ce que l'eau régale ait dissous autant d'or qu'elle en aura pu contenir ; ce qu'on connoîtra quand les ébullitions auront cessé. On verse par inclinaison la liqueur dans un verre ; & s'il est resté de l'or dans le matras, on le fait dissoudre comme ci-devant avec un peu d'eau régale. On mêle les dissolutions. On jette ensuite peu-à-peu, sur le mélange, de l'esprit volatil de sel ammoniac, ou de l'huile de tartre faite par défaillance. Il se fait une effervescence avec chaleur, & on voit précipiter l'or, au fond du verre, en poudre. On le laisse reposer long-tems, afin de ne rien perdre. On verse dessus 5 à 6 fois autant d'eau commune. On verse par inclinaison la liqueur qui surnage. On lave la poudre d'or avec de l'eau tiede jusqu'à ce qu'elle soit insipide. On la fait ensuite sécher sur un papier à une très-lente chaleur, parce que le feu y prend facilement, & que la poudre s'envole avec grand bruit. Cette poudre est précisément ce que l'on appelle *or fulminant.* Toute cette préparation est de M. Lémery.

ORBE. L'on donne souvent ce nom en Astronomie aux corps des astres. On dit l'*orbe* du soleil, l'*orbe* de la lune, &c.

ORBICULAIRE. On donne en Physique cette épithete à toute figure ronde, à tout mouvement exactement circulaire. On la donne encore au muscle qui environne les deux levres, & à celui qui ferme les paupieres.

ORBITE. On appelle ainsi les ellipses, que parcourent les planetes. Il n'est que la terre qui se meuve dans l'écliptique, les autres planetes ont des orbites qui lui sont plus ou moins inclinées. L'orbite de Mercure, par exemple, est inclinée à l'écliptique de 6 degrés, 55 minutes, 30 secondes. Celle de Vénus, de 3 degrés, 23 minutes, 10 secondes. Celle de Mars, de 1 degré, 50 minutes, 45 secondes. Celle de Jupiter, de 1 degré, 19 minutes, 38 secondes. Enfin l'orbite de Saturne est inclinée à l'écliptique de 2 degrés, 30 minutes, 40 secondes.

OREILLE. Les principales parties de l'oreille sont la conque, le conduit auditif, le tympan & les quatre osselets qui l'accompagnent, la caisse du tympan, la trompe d'Eustache, le labyrinthe & le limaçon. Ce n'est dans aucune de ces parties, je l'avoue, que nous devons placer l'organe de l'ouïe; il n'en est cependant aucune qui ne nous soit d'une grande utilité, j'ai presque dit, d'une nécessité indispensable. Aussi en allons-nous faire la description & en indiquer l'usage en peu de mots.

1°. La conque que l'on voit évasée en forme d'entonnoir, sert à rassembler les rayons sonores. Cette partie de l'oreille manque-t-elle à quelqu'un ? dès-lors il entend un bruit à-peu-près semblable à celui que fait une eau qui coule avec impétuosité. C'est sans doute pour faire cesser un murmure si importun, que l'on voit ces sortes de personnes porter à leurs oreilles leurs mains courbées en forme de cornet.

2°. Le conduit auditif, canal qui part de la conque, sert à porter le son jusqu'à la membrane du tympan. Quelque délicate que soit cette membrane, il n'est pas à craindre qu'elle en soit blessée; le son est déjà amorti, lorsqu'il y parvient. Aussi la nature, toujours attentive à nos besoins, a-t-elle donné au conduit auditif la figure d'un canal long & tortueux. C'est sans doute par la même raison que le tympan se présente obliquement, & fait un angle fort aigu avec la partie inférieure du conduit auditif.

3°. Le tympan est une membrane seche, déliée, transparente ; terminée par l'os orbiculaire ; & tendue à-peu-près comme la peau d'un tambour par le manche du marteau qui va aboutir précisément à son centre. Il me paroît que le tympan est pour l'ouïe, ce que le cristallin est pour la vue ; celui-ci, par le moyen des ligamens ciliaires, devient plus ou moins convexe, suivant que la situation des objets le demande ; celui-là par le moyen du manche du marteau est plus ou moins tendu, suivant que la nature des sons paroît l'exiger. Quoi qu'il en soit de cette analogie, il est sûr que le tympan ferme absolument le conduit auditif, & ôte toute communication entre l'air qui se trouve dans l'oreille extérieure & celui qui réside dans l'oreille intérieure. M. Cheselden, je le sais, assure le contraire ; il ajoute même qu'il a vu un homme fumer une pipe de tabac, & faire sortir la fumée par ses oreilles. Mais ce prétendu fait n'est au fond qu'une supercherie, de l'aveu même de plusieurs soldats des invalides qui s'étoient vantés de rendre la fumée par les oreilles. Ce sont-là les propres paroles de M. l'Abbé Nollet dont le témoignage pourroit passer en Physique pour une espece de démonstration ; tant il est sur ses gardes, lorsqu'il avance quelque fait, ou lorsqu'il rapporte quelque expérience.

4°. A l'entrée de la caisse du tambour, l'on remarque quatre osselets que leur figure singuliere ont fait nommer l'*os orbiculaire*, le *marteau*, l'*enclume*, & l'*étrier*. L'os orbiculaire termine le tympan vers le centre duquel aboutit le manche du marteau. La tête du marteau s'emboîte dans l'enclume, & l'enclume dans l'étrier dont la base ferme celle des deux entrées du labyrinthe, que l'on nomme la *fenêtre ovale*. De la situation de ces osselets les Anatomistes ont tiré depuis long-tems leurs différens usages. Le marteau, disent-ils, sert à tendre & à détendre le tympan, par le moyen d'un tendon que produit le premier des deux muscles qui se trouvent dans la caisse du tambour, & qui tient à l'extrémité du manche du marteau. L'enclume paroît destiné à fixer le tympan ; c'est pour cela sans doute que l'on voit l'une de ses branches appuyée contre l'os orbiculaire, tandis que l'autre s'enfonce dans l'os pétreux. Enfin l'étrier pourroit bien être pour la membrane qui ferme la fenêtre ovale, ce qu'est le marteau pour celle qui ferme le conduit auditif ; aussi le second des muscles qui se trouve dans la caisse du tambour, produit-il un tendon qui communique & avec l'étrier & avec la membrane qui ferme la fenêtre ovale.

A ces différentes notions que les Anatomistes regardent comme sûres, me sera-t-il permis d'ajouter une conjecture; je la tire non pas seulement, de la situation, mais de la figure des osselets dont je viens de parler. La voici en deux mots. N'est-il pas probable que toutes les fois que l'air, modifié en son, frappe le tympan, alors le manche du marteau est mis en mouvement, & sa tête frappe un coup sur l'enclume; ce mouvement se communique nécessairement de l'enclume à l'étrier, & de l'étrier à la membrane qui ferme la fenêtre ovale? L'on peut donc conjecturer qu'une des fonctions principales des osselets, est de faire passer l'impression du son, de la membrane du tympan jusqu'à celle qui ferme la fenêtre ovale.

5°. Par la caisse du tympan l'on prétend désigner cette cavité assez ample & assez ronde dans laquelle se trouvent les quatre osselets dont nous venons de faire la description. L'air dont est remplie cette caisse n'est pas *inné*, comme l'ont prétendu les anciens; il lui vient par un canal long & étroit que l'on nomme la *trompe d'Eustache* & qui descend jusques à la luette. Il est donc vrai de dire que l'on entend par la bouche, & l'on ne doit pas être surpris de voir les personnas qui ont l'oreille dure, ouvrir la bouche, lorsqu'elles assistent à quelque discours ou à quelque concert. L'on doit être encore moins surpris de la forte impression que fait sur l'ouïe un corps sonore que l'on agite, en le tenant entre les dents.

6°. Au fond de la caisse du tympan se trouve une cavité remplie d'air; ses tours & ses détours la font nommer *labyrinthe*. Ses parties principales sont le vestibule, les trois canaux semi-circulaires & le limaçon. Elle communique avec la caisse du tambour par deux issues que deux membranes bien tendues tiennent exactement fermées. La premiere de ces issues se nomme *fenêtre ovale*, elle conduit au vestibule du labyrinthe; la seconde s'appelle *fenêtre ronde*, elle conduit au limaçon. Je croirois sans peine que les mêmes raisons qui ont engagé l'Auteur, de la Nature à donner au conduit auditif la figure d'un canal long & tortueux, l'ont déterminé à construire en forme de labyrinthe la cavité dont nous parlons. Quoi qu'il en soit, l'air dont elle est remplie, sert à transmettre le son jusques aux houpes nerveuses dont elle est tapissée. Telles sont les principales parties de l'oreille.

Ce n'est dans aucune de ces parties, quelque nécessaires qu'elles soient, qu'il faut placer l'organe de l'ouïe, comme nous l'avons déjà dit. A peine oseroit-on de nos jours agiter une pareille question. L'on ne faisoit pas autrefois difficulté, je le sais, de le placer dans la membrane du tympan. Mais pourroit-on soutenir un pareil sentiment depuis l'heureuse découverte de la trompe d'Eustache ? Depuis lors n'est-il pas évident que l'on entend quelquefois immédiatement par la bouche ? C'est même par cette voie que je distingue les mots que je prononce à voix basse, & presque sans ouvrir les levres. Mais si j'entends quelquefois immédiatement par la bouche, je puis donc absolument entendre sans le secours du tympan ; & si je puis absolument entendre sans le secours du tympan, le tympan ne doit être regardé comme l'organe de l'ouïe. C'est cette espece de démonstration qui engagea M. Cheselden à rompre à un de ses chiens la la membrane du tympan ; l'animal ne perdit pas par cette opération l'usage de l'ouïe ; il eut, il est vrai, pendant quelque-tems, une grande aversion pour les sons, parce qu'ils entroient dans l'oreille intérieure avec trop d'impétuosité ; mais il en devint si peu sourd, qu'il distinguoit encore la voix de son maître d'avec la voix de tous les autres.

Où placerons-nous donc l'organe de l'ouïe, & quelle sera la solution d'une question aussi difficile que celle-là ? La voici en peu de mots. De la partie du cerveau que l'on appelle *le centre ovale* partent dix paires de nerfs que l'on nomme les dix conjugaisons. Les nerfs de la septieme conjugaison se partagent en différens rameaux dont les plus durs vont aboutir à différentes parties intérieures de la bouche & du visage, & les plus mous vont se rendre dans le limaçon & dans le labyrinthe. Semblables à tous les autres nerfs, ils s'y terminent en une infinité de petites *houpes* & de petits *mamelons* ; & ce sont ces houpes & ces mamelons que nous devons regarder comme l'organe de l'ouïe. Les preuves que je vais en apporter me paroissent incontestables.

Tout le monde convient qu'il faut placer l'organe de l'ouïe ou dans la membrane du tympan, ou dans les houpes nerveuses qui tapissent le limaçon & le labyrinthe. Mais il est démontré que le tympan n'est pas l'organe de l'ouïe; donc il faut placer cet organe dans les houpes nerveuses qui tapissent le limaçon & le labyrinthe. A cette preuve purement négative, ajoutons-en de positives & de directes. En voici deux à l'évidence desquelles on aura de la peine à ne pas se rendre. Qu'entendent les Physiciens par l'organe de l'ouïe ? Ils entendent sans doute cette partie de l'oreille qui peut faire passer les vibrations des corps sonores jusqu'à l'organe du sens commun, si connu sous le nom de *centre ovale*. Or je vous le demande, n'est-ce pas-là la fonction naturelle des houpes nerveuses dont je viens de parler ? Et s'il est impossible de remuer l'extrémité d'une corde tendue, sans que l'impression se communique à l'instant jusqu'à l'autre extrémité, pourra-t-on agiter les houpes des nerfs auditifs, sans que ce mouvement se communique jusqu'à leur origine que personne n'a encore placé hors de l'organe du sens commun ?

D'ailleurs n'a-t-on pas toujours reconnu une vraie analogie entre les différens organes des sens extérieurs ? Hé bien, c'est de cette analogie-là même que je tire une preuve convaincante pour le sentiment que je propose. En effet les houpes nerveuses que l'on apperçoit entre l'épiderme & la peau, sont l'organe du tact, de l'aveu de tous les Physiciens. Celles qui, après être sorties de la membrane nerveuse de la langue, traversent sa membrane réticulaire & s'élevent jusqu'à son épiderme, sont regardées avec raison comme l'organe du goût. L'on place l'organe de l'odorat dans les houpes qui terminent les nerfs de la premiere conjugaison, & quelques rameaux des nerfs de la cinquieme. L'on avoue sans peine que les houpes des nerfs optiques qui servent à former la rétine, sont l'unique organe de la vue; pourquoi auroit-on de la peine à avouer que l'on doit regarder, comme l'organe de l'ouïe, ces houpes & ces mamelons qui partent des rameaux les plus mous des nerfs de la septieme conjugaiſon, & qui tapiſſent le labyrinthe & le limaçon. Non, je ne crains pas de le dire; ou l'on ne doit ſe rendre à aucune preuve phyſique; ou l'on doit avouer ſans peine que ce ſentiment a tous les dégrés de probabilité qui conſtituent l'évidence morale.

ORDRE. C'eſt la ſituation des choſes, ſuivant l'état, la place & le rang qui conviennent à leur nature ou à leurs fonctions. Si l'on veut appliquer cette idée à l'univers matériel, l'ordre ne ſera qu'une ſuite de mouvemens imprimés, une chaîne de cauſes & d'effets qui conſpirent à une fin commune, je veux dire, au maintien de ce qu'on peut appeller l'*enſemble* du monde. Qu'eſt-ce en effet que l'ordre dans notre ſyſteme planétaire, ſinon la ſuite des phénomenes qui s'operent ſuivant certaines loix générales d'après leſquelles nous voyons agir les corps qui le compoſent? En conſéquence de ces loix, le Soleil occupe le centre; les planetes gravitent ſur lui, & décrivent autour de lui, en des tems réglés, des révolutions continuelles. Les ſatellites de ces mêmes planetes gravitent ſur celles qui ſont au centre de leur ſphere d'action, & décrivent autour d'elles leurs routes périodiques. L'une de ces planetes, la terre que nous habitons, tourne en vingt-quatre heures autour d'elle même; & par les différens aſpects que ſa révolution annuelle l'oblige de préſenter au Soleil, elle éprouve des variations réglées que nous nommons *ſaiſons*. Par une ſuite néceſſaire de l'action du Soleil ſur différentes parties de notre globe, tout ce qu'il contient éprouve des viciſſitudes. Les plantes, les animaux, les hommes ſont en hiver dans une ſorte de léthargie; au printems tous les êtres ſemblent ſe ranimer & ſortir d'un long aſſoupiſſement. En un mot la façon dont la terre reçoit les rayons du Soleil, influe ſur toutes ſes productions; ces rayons, dardés obliquement, n'agiſſent point comme s'ils tomboient à plomb; leur abſence périodique, cauſée par la révolution de notre globe ſur lui-même, produit *le jour* & *la nuit*. Tous ces effets ſont dûs à la gravitation, à l'attraction, à la force de projection, aux forces centripete, centrifuge, &c.

D'un autre côté cet ordre admirable, que nous regardons avec raiſon comme la preuve permanente de l'exiſtence d'un maître infiniment ſage & infiniment puiſſant, vient quelquefois à se troubler ou se changer en désordre ; mais ce désordre lui-même est toujours une suite des loix générales de la nature, dans laquelle il est nécessaire que quelques-unes de ses parties, pour le maintien du *tout*, soient dérangées dans leur marche ordinaire. C'est ainsi que des cometes s'offrent inopinément à nos yeux surpris ; leur course vient troubler la tranquillité de notre systeme planétaire ; elles excitent la terreur du vulgaire, pour qui tout est merveille ; le Physicien attentif sait que ce sont des globes créés au commencement du monde, lesquels, comme les planetes ordinaires, tirent leur lumiere du Soleil, & parcourent dans le vide, autour de cet astre, des ellipses fort excentriques en vertu de deux forces dont l'une de projection est constante & uniforme, & l'autre centripete est variable en telle & telle raison.

Indépendamment de ces désordres apparens, il en est de plus réels auxquels nous sommes tous les jours exposés. Tantôt les saisons semblent deplacées ; tantôt les élémens en discorde semblent se disputer le domaine de notre monde ; la mer sort de ses limites ; la terre solide s'ébranle, les montagnes s'embrasent ; la contagion détruit les hommes & les animaux ; la stérilité désole nos campagnes ; tous ces désordres affligeans sont pour l'ordinaire des effets purement naturels, produits par des causes naturelles, qui agissent par des loix fixes & constantes en vertu desquelles tous les mixtes doivent, après un certain tems, se déranger, s'altérer & se dissoudre. Ce que nous appellons *désordre* n'est donc qu'un terme relatif, fait pour désigner des mouvemens par lesquels des êtres particuliers sont nécessairement altérés & troublés dans leurs façons d'exister passagere, & forcés de changer de façon d'agir ; mais aucunes de ces actions, aucuns de ces mouvemens ne contredisent, ni ne dérangent l'ordre général de la nature, auxquels ces mouvemens particuliers sont toujours subordonnés. Le désordre pour un mixte n'est souvent que son passage à un ordre nouveau, à une nouvelle façon d'exister qui entraîne nécessairement une nouvelle suite de mouvemens, différens de ceux dont ce mixte se trouvoit précédemment susceptible.

L'ordre & le désordre physiques nous désignent donc

des états différens dans lesquels des êtres particuliers se trouvent successivement. Un être est dans l'ordre, lorsque tous ses mouvemens conspirent au maintien de son existence actuelle & favorisent sa tendance à s'y conserver ; il est dans le désordre, lorsque les causes qui le remuent, troublent, détruisent l'harmonie ou l'équilibre nécessaire à la conservation de son être actuel. Cependant le désordre dans un mixte n'est souvent, comme on a vu, que son passage à un ordre nouveau. Plus ce passage est rapide, & plus le désordre est grand pour l'être qui l'éprouve.

Nous disons que le corps humain est dans l'ordre ; lorsque les différentes parties qui le composent, agissent d'une maniere dont résulte la conservation du *tout* ; nous disons qu'il est en santé, lorsque les solides & les fluides de son corps concourent à ce but, & se prêtent des secours mutuels pour y arriver ; nous disons que ce corps est en désordre, aussitôt que sa tendance est troublée, lorsque quelques-unes de ses parties cessent de concourir à sa conservation & de remplir les fonctions qui lui sont propres. C'est ce qui arrive dans l'état de maladie, dans lequel néanmoins les mouvemens qui s'excitent dans la machine humaine, sont aussi nécessaires, sont réglés par des loix aussi certaines, aussi naturelles, aussi invariables que ceux dont le concours produit la santé : la maladie ne fait que produire en lui une nouvelle suite, un nouvel ordre de mouvemens & de choses. L'homme vient-il à mourir, ce qui est le plus grand des désordres ? Son corps n'est plus le même, ses parties ne concourent plus au même but, son sang ne circule plus ; la mort est l'époque de la cessation de son existence humaine ; sa machine devient une masse inanimée ; sa tendance est changée, & tous les mouvemens qui s'excitent dans ses débris, conspirent à une fin nouvelle : à ceux dont l'ordre & l'harmonie produisent la vie, la santé, il succede une suite de mouvemens d'un autre genre, qui se font suivant des loix aussi constantes que les premiers : toutes les parties du corps de l'homme mort conspirent à produire ceux que l'on nomme *dissolution*, *fermentation*, *pourriture* ; & ces nouvelles façons d'être sont aussi naturelles au corps de l'homme réduit en cet état, que le mouvement périodique du sang, la sensibilité, la pensée, &c. l'étoient à l'homme vivant : aux mouvemens réglés qui conspirent à produire ce que nous appellons la *vie*, succedent des mouvemens déterminés qui conspirent à produire la dissolution du cadavre, la dispersion de ses parties, la formation de nouvelles combinaisons d'où résultent de nouveaux êtres, ce qui, comme on a vu ci-devant, est dans l'ordre d'une nature toujours en mouvement. On ne peut donc trop le répéter ; relativement au grand *ensemble*, tous les mouvemens des corps, toutes leurs façons d'agir sont conformes à la nature & sont par-là même dans l'ordre physique; dans tous les états par lesquels ces corps sont forcés de passer, ils agissent constamment d'une façon subordonnée à l'*ensemble* universel.

Nous attribuons quelquefois au *hasard* les effets dont nous ne voyons point la liaison avec leurs causes. C'est-là un mot, vide de sens, dont nous nous servons pour couvrir notre ignorance de la cause naturelle qui produit les effets que nous voyons par des moyens dont nous n'avons point d'idées, ou qui agit d'une maniere dans laquelle nous ne voyons point d'ordre ou de systeme suivi d'actions semblables aux nôtres. Il n'y a ni *hasard*, ni rien de fortuit dans une nature où il n'est point d'effet sans cause suffisante, & où tous les corps se meuvent suivant des loix fixes, certaines & dépendantes de la volonté suprême du premier Moteur.

De tout ce que nous avons dit jusqu'à présent, nous devons conclure qu'il ne faut regarder comme *miracle divin* que ce qui est supérieur aux loix de la nature, que ce qui est produit hors de l'enchaînement des causes naturelles, que ce qui en un mot suppose un pouvoir plus grand que celui de tout être créé. Il faut avoir perdu l'esprit, pour demander sérieusement si Dieu peut faire des miracles. Proposer une pareille question, c'est ignorer que celui qui a fait les loix de la nature, peut agir indépendamment de ces loix ; que tout ce qui est créé, est dans la dépendance la plus essentielle & la plus absolue du Créateur ; que le Tout-puissant est doué d'une autorité qui ne peut avoir aucune borne, &c. Donc la possibilité des miracles est de la derniere évidence. En effet on doit regarder comme possible tout ce qui n'eſt pas abſurde ; tout ce qui dans ſon idée ne renferme pas une contradiction manifeſte ; mais un miracle divin n'eſt pas une choſe abſurde, n'eſt pas une choſe qui renferme dans ſon idée aucune eſpece de contradiction ; car la raiſon nous apprend qu'au ſeul acte de ſa volonté, l'Etre qui a créé la matiere, peut la modifier à ſon gré, peut la faire paſſer par toutes les métamorphoſes poſſibles, peut même l'anéantir ; donc les miracles divins doivent être mis au rang des choſes poſſibles.

Ce n'eſt pas ainſi que penſe l'*Auteur du Syſteme de la Nature*. Dans le Chapitre cinquieme de la premiere partie, *page* 61, il s'éleve avec la plus grande hardieſſe & la plus grande indécence contre la poſſibilité des miracles divins. *Quant à ce qu'on nomme des miracles*, dit-il, *c'eſt-à-dire, des effets contraires aux loix immuables de la nature ; on ſent que de telles œuvres ſont impoſſibles, & que rien ne pourroit ſuſpendre un inſtant la marche de la nature des êtres, ſans que la nature entiere ne fût arrêtée & troublée dans ſa tendance. Il n'y a de merveilles dans la nature, que pour ceux qui ne l'ont point ſuffiſamment étudiée, ou qui ne ſentent point que ſes loix ne peuvent jamais ſe démentir dans la moindre de ſes parties, ſans que le tout ne fût anéanti, ou du moins ne changeât d'eſſence & de façon d'exiſter.*

J'ai étudié la nature avec plus de ſoin, & j'oſe dire avec plus de ſuccès que l'Auteur du Syſteme que je réfute. J'avoue que je ne comprens pas comment on peut avancer ſérieuſement que le monde ſeroit anéanti, ou du moins changeroit d'eſſence & de façon d'exiſter ſi un mort étoit rendu à la vie, ſi un aveugle de naiſſance recevoit l'uſage de la vue, ſi la ſanté étoit accordée à un homme affligé d'une maladie naturellement incurable, &c. Il faut regarder ſon Lecteur comme un bien petit Phyſicien, pour lui tenir un langage auſſi extraordinaire.

Je ne prétens pas cependant donner le nom de *miracle* à tout ce que le peuple regarde comme tel ; de pareils effets ſont ſupérieurs, il eſt vrai, aux loix de la nature qui lui ſont connues ; mais ces loix ſont en très-petit nombre ; les véritables Phyſiciens en connoiſſent bien d'autres ; aussi sont-ils des choses que le vulgaire regarde comme miraculeuses, & qui néanmoins sont purement naturelles.

Je ne réfuterai pas ici les autres faussetés qui se trouvent dans le Chapitre cinquieme du *Systeme de la Nature*; je le regarde comme un véritable galimathias. On croit d'abord que l'Auteur va parler de l'*ordre* & du *désordre*, il assure cependant (page 56) que ni l'un, ni l'autre n'existent dans ce monde. Il répete la même chose à la *page* 60 ; il conclut néanmoins (même page) que tout est dans l'ordre dans l'univers physique & moral. *Il est dans l'ordre*, dit-il, *page* 64, *que le feu nous brûle, parce qu'il est de son essence de brûler ; il est dans l'ordre que le méchant nuise, parce qu'il est de son essence de nuire.* J'ajouterois volontiers qu'il seroit dans l'ordre de traiter l'Auteur qui a écrit une pareille maxime, comme l'on a traité son ouvrage dans tous les Etats policés de l'Europe ; alors l'ordre régneroit autant dans le monde moral, qu'il regne dans le monde physique.

ORGANE. L'organe d'un sens est la partie du corps où l'objet de ce sens fait impression. Tous les organes des sens internes & externes communiquent avec le siége de l'ame, c'est-à-dire, avec le centre ovale, par le moyen de quelque nerf.

ORIENT. Le côté du Ciel où le Soleil se leve, s'appelle la partie orientale de la sphere.

ORIFICE. Ouverture & orifice sont deux termes synonymes.

OS. Les os sont des parties solides qui soutiennent toute la masse du corps. Ils sont couverts d'une membrane très-déliée que l'on nomme communément le *périoste*. Les Anatomistes comptent dans le corps humain jusqu'à deux cent quarante-neuf os, soixante à la tête, soixante-sept au tronc, soixante-deux aux bras & aux mains, & soixante aux jambes & aux pieds. Ce n'est pas dans un ouvrage comme celui-ci qu'on s'attend à trouver les noms de tous ces os.

OSCILLATION. On donne ce nom aux vibrations du pendule, dont nous renvoyons l'explication aux articles qui commencent par les mots, *centre de gravité*, *statique* & *pendule*. Nous dirons seulement ici en passant que les pendules que l'on fait actuellement sont de la derniere justeſſe, quoique la lentille ne décrive pas des arcs cycloïdaux ; on leur fait décrire de très-petits arcs circulaires qui ſe confondent avec des arcs de cycloïde.

OVALE. Voyez *Ellipſe*.

OUIE. L'ouïe eſt un ſens externe qui a ſon organe dans les *houpes* qui terminent les rameaux les plus mous des nerfs de la ſeptieme conjugaiſon, & qui ſe diſtribuent ſur le labyrinthe & le limaçon, comme nous l'avons prouvé en parlant de l'*oreille*. Quoique l'organe de l'ouïe ſoit double, il ne s'enſuit pas cependant que nous devions entendre deux fois un ton ſimple & unique. Les deux impreſſions que fait ce ſon ſur les deux oreilles, ſont reçues ſur des fibres ſympathiques des nerfs auditifs, & par conſéquent ces deux impreſſions doivent être regardées comme une ſeule impreſſion. Voyez comment nous avons expliqué dans l'article de *l'Œil*, pourquoi un objet ſimple ne nous paroît pas double, quoique ſon image ſoit peinte en même-tems dans chacun de nos yeux.

OUEST. L'Occident & l'Oueſt ſont deux mots ſynonymes.

OZANAM, (Jacques) *naquit en 1640 dans la Souveraineté de Dombes.* Son génie le porta aux Mathématiques auxquelles il s'adonna de bonne-heure. A l'âge de 30 ans, il avoit déjà conſtruit des tables des ſinus, tangentes, ſécantes & logarithmes plus correctes que celles qui avoient paru juſqu'à lui. Auſſi le public leur fit-il un bon accueil. Ces premiers ſuccès l'engagerent à faire paroître ſucceſſivement un Dictionnaire & un cours de Mathématique, un traité d'algebre, des ſections coniques, des récréations mathématiques & phyſiques, &c. Tous ces ouvrages prouvent que M. Ozanam avoit l'eſprit fort clair & qu'il ſavoit très-bien l'ancienne géométrie. Il eût été à ſouhaiter qu'il eût été plus riche, ou qu'il eût eu moins d'enfans (il en avoit 12 ;) il auroit fait moins de livres, & il les auroit fait meilleurs. M. Ozanam fut reçu à l'Académie Royale des Sciences en 1701, & il mourut d'apoplexie à Paris, le 3 Avril 1717, à l'âge de 77 ans. Il avoit dans ſa piété une ſimplicité d'enfant. Il avoit coutume de dire *qu'il appartient aux Docteurs de Sorbonne de diſputer, au Pape de prononcer, & aux Mathématiciens d'aller en Paradis en ligne perpendiculaire.*

P

PALINGÉNÉSIE. Nouvelle vie ou résurrection des plantes. Nos Physiciens modernes prétendent avoir enrichi de nouvelles découvertes cette branche curieuse de la Chimie ; ils ont tort ; quelque mauvais gré qu'ils nous en sachent, nous allons dans cet article mettre en évidence tous leurs plagiats ; nous nous éleverons toujours avec force contre ceux qui ont la sotte vanité de se parer des plumes du Paon ; & pour qu'on ne puisse pas nous faire un pareil reproche, nous avouerons avec reconnoissance que nous avons sous les yeux l'ouvrage de M. l'Abbé *de Vallemont*, intitulé *Curiosités de la Nature & de l'Art*, imprimé à Paris en 1711.

Depuis un tems immémorial la Palingénésie est connue en Chimie. Les procédés qu'on employoit, étoient, il est vrai, tenus fort secrets. Le célebre *Kirker* est le premier qui les ait dévoilés dans le livre 12 de son ouvrage intitulé *Mundus subterraneus*. On prétend même que ce qu'il a écrit, lui avoit été communiqué par l'Empereur *Ferdinand III* qui avoit acheté d'un fameux Chimiste toutes les manipulations de la Palingénésie, & voilà pourquoi on les appelle encore le *secret impérial*.

1°. Prenez, *dit Kirker*, quatre livres de graines bien mûres de la plante que vous voulez faire revivre de ses cendres. Pilez-les dans un mortier. Mettez les graines pilées dans un vaisseau de verre qui soit bien propre & de la hauteur de la plante primitive. Bouchez exactement le vaisseau & gardez-le dans un lieu tempéré.

2°. Exposez à la rosée dans un plat convenable vos graines pilées ; & dès qu'elles en auront été suffisamment imbibées, remettez-les dans le vaisseau de verre d'où vous les avez tirées, & continuez à placer ce vaisseau dans un lieu tempéré.

3°. Par le moyen d'un grand linge bien net, attaché à quatre pieux dans un pré, ramassez huit pintes de la même rosée dont les graines ont été imbibées. Versez-les dans un vaisseau de verre bien propre. Filtrez-les ; distillez-les, & calcinez ensuite tout ce qui restera d'impur après la distillation ; vous en retirerez un beau sel que vous mêlerez avec la rosée distillée.

4°. Versez la rosée distillée & imbue de ce sel sur vos graines. Bouchez hermétiquement le vaisseau qui les contient, & enterrez-le pendant un mois dans du fumier neuf de cheval. Après ce terme vous retirerez le vaisseau. Vous verrez au fond la graine qui sera devenue comme de la gelée. Au-dessus de cette gelée, vous appercevrez une petite peau de différentes couleurs, & entre deux une espece de rosée verdâtre.

5°. Pendant l'été vous exposerez le vaisseau de verre, le jour, au Soleil, & la nuit, à la Lune, excepté lorsque le tems sera douteux ; car alors vous le tiendrez dans un lieu sec & chaud, jusqu'au retour du beau tems. Vous continuerez, jusqu'à ce que vous vous apperceviez que la substance limoneuse s'enfle & s'éleve, que la petite peau diminue & disparoît, que toute la matiere s'épaissit, & qu'elle se change en une poussiere bleue. Autre marque du succès de l'opération, ce sont des exhalaisons subtiles, de légers nuages qui s'élevent du fond du vaisseau.

Tout étant ainsi préparé, vous échaufferez médiocrement le vaisseau ; vous verrez alors avec étonnement s'élever, du sein de la poussiere bleue, une tige, des feuilles, des fleurs, une plante en un mot qui sortira du milieu de ses cendres. La chaleur cesse-t-elle ? La plante disparoît, & le tout se précipite au fond du vaisseau, pour y former un nouveau chaos. Excitez-vous une nouvelle chaleur, ce phénix végétal renaît de ses cendres. En un mot la présence de la chaleur lui donnera la vie, & son absence lui causera la mort. Ainsi écrivoit *Kirker*, il y a près de cent cinquante ans.

Il suit de ce que nous venons de rapporter, que le germe de la plante que l'on veut faire revivre n'a pas été détruit, & que, confié à une poussiere que je regarde comme une terre des millions de fois mieux préparée que la terre ordinaire, il fait à l'instant, par le moyen de la chaleur artificielle, ce qu'il eût fait, après un tems considérable, dans le sein de la terre, par le moyen de la chaleur naturelle. Cette explication nous paroît plus conforme aux loix de la Physique, que celle du Pere *Kirker* qui se perd dans un tas de raisonnemens inintelligibles.

Le Pere *Schott*, confrere & ami du Pere *Kirker*, a mis en

en évidence, presque tous les secrets & presque toutes les manipulations de la Palingénésie dans la *classe premiere* de la seconde partie de l'ouvrage qu'il fit imprimer, en 1757, à *Wirtzbourg* en Franconie. C'est un volume *in*-4°. qui a pour titre : *Mechanica Hydraulico-pneumatica, quâ prœterquàm quòd aquei elementi natura, proprietas, vis motrix atque occultus cum aëre conflictus à primis fundamentis demonstratur; omnis quoque generis experimenta hydraulico-pneumatica recluduntur.*

Le Chevalier *Digby* dit des choses admirables sur la Palingénésie dans sa dissertation sur la végétation des plantes, imprimée en 1660. Ce savant Anglois nous assure qu'il prit une certaine quantité d'orties, savoir les racines, les tiges, les feuilles, en un mot les plantes entieres. Il calcina le tout à la maniere ordinaire. Avec la cendre qu'il retira, il fit une lessive, qu'il filtra, pour en ôter le *caput mortuum*, & il exposa cette lessive filtrée à l'air froid en tems de gelée. A peine l'eau fut-elle glacée, qu'il apperçut dans la glace une quantité de figures d'orties.

Le même Physicien distilla de la gomme de cérisier, & il se procura par cette distillation la figure de cet arbre. Il se procura encore une espece de forêt de Pins, par l'extrait de l'huile & de l'esprit de la résine gommeuse que l'on tire de cette espece d'arbre.

On nous dira sans doute que le célebre *Boile*, le pere de la Physique expérimentale, traite assez mal les Philosophes qui croient aux effets de la Palingénésie ; il les accuse de ne consulter qu'une imagination vive qui les égare pitoyablement. On m'avoit assuré, *dit-il*, qu'en mettant du sel d'absinthe dans de l'eau de fontaine, & qu'en exposant ensuite ce mélange à l'air, pendant l'hiver, afin de le faire geler, on voyoit immanquablement l'image d'une plante d'absinthe sur la superficie de la glace. Pour moi, *continue-t-il*, je déclare que cela ne m'a jamais réussi. J'ai bien vu quelques figures extraordinaires sur cette glace, comme sur toutes celles qui sont d'une eau où l'on a mis des sels particuliers. Mais l'absinthe n'y paroissoit pas plus, qu'une autre plante. *Eruditi scriptores prodiderunt, nimirùm, si lixivium ex combustœ alicujus plantœ cinere, vel sale fixo paratum conglacietur, speciem sive ideam ejusdem plantœ in glacie appari-*

turam. Rem enim nullo successu multoties tentavi ; & memini superiori hyeme..... lixivium ex aqua fontana & sale absinthii in hunc usum paravi, quod deindè cum sale communi & nive in glaciem condensavi, in qua tamen nihil percipere poteram quod absinthii magis quàm alterius cujusvis plantæ speciem referret..... Et sanè magnoperè vereor ne qui se ejusmodi plantarum simulachra in glacie vidisse profitentur, imaginationem non minùs quàm oculos ad hoc spectaculum adhibuerint. Tout ceci est tiré mot par mot du tome premier de l'ouvrage que *Boile* a intitulé *opera varia*. Lisez la partie de cet ouvrage qui a pour titre : *Tentamina quædam physiologica diversis temporibus & occasionibus conscripta*, *pag.* 43, *édit. in*-4°.

C'étoit-là, j'en conviens, la maniere de penser de *Boile*, lorsqu'il parla de la sorte ; mais bientôt après il changea de sentiment ; & ce changement presque subit fut occasionné par l'expérience la plus décisive. Je pris, *dit-il*, une certaine quantité de ce vert-de-gris qui contient beaucoup de parties salines du marc de raisin ; j'en fis une solution d'un fort beau vert ; je fis congéler cette solution avec du sel & de la neige ; je vis alors avec admiration sur cette glace de petites figures qui représentoient parfaitement des vignes. *Enim verò nos ipsi cùm non ita pridem optimæ æruginis quæ salinas uvarum particulas.... copiosè continet, solutionem pulcherrimè virescentem sale & nive congelassemus, figuras in glacie minusculas vitium speciem eximiè referentes, non sine aliqua admiratione, conspeximus.* Même ouvrage, *pag.* 44.

Quercetan, antérieur aux Auteurs dont nous avons parlé jusqu'à présent, puisqu'il étoit Médecin du Roi *Henri IV*, raconte qu'un Chimiste Polonois lui fit voir douze vaisseaux de verre, scellés hermétiquement, dans chacun desquels étoit contenue la substance d'une plante différente ; dans l'un étoit une rose, dans l'autre une tulipe, &c. Au fond de chaque vaisseau, l'on ne voyoit qu'un amas de cendres. A peine le Polonois les avoit-il exposés à une chaleur assez douce & assez médiocre, qu'on voyoit sortir, comme de leur tombeau, les plantes avec leurs fleurs. A ne consulter que les sens, on les eût prises pour des plantes réelles & véritables. Retiroit-il les vaisseaux de dessus le feu ? Les exposoit-il à l'air ? Dès qu'ils étoient refroidis, l'on voyoit les fleurs pâlir, les plantes disparoître & s'ensevelir sous leurs cendres.

Dans ces sortes de jeux, *dit le Pere Magnan*, ne cherchez pas des corps solides; ce ne sont que des ombres & des fantômes; & si quelque téméraire vouloit toucher ces plantes, ces fleurs ressuscitées, il éprouveroit le sort du sacrilége *Ixion*, qui croyant embrasser *Junon*, ne rencontra qu'un nuage frêle, délicat, fugitif & sans consistance.

M. *de Negrepont* que je crois avoir été contemporain de *Quercetan*, ne se contente pas d'ombres & de figures, il veut de la réalité, & il se la procure par le moyen d'une eau minérale dont voici la composition. Prenez, *dit-il*, neuf livres de mine de bismuth, avant qu'elle ait passé par le feu. Mettez cette mine dans une retorte convenable, à laquelle soit adapté un grand récipient. Distillez-la pendant douze heures avec des degrés de feu proportionnés à cette matiere. Il montera une eau blanche & douce. Rectifiez cette eau deux à trois fois; elle se purifiera & s'adoucira davantage.

M. *de Negrepont* nous assure qu'il a pris plusieurs fois avec sa racine une plante morte, & qu'en mettant cette racine dans l'eau minérale dont nous venons de parler, il a vu, en trois ou quatre heures de tems, la plante reverdir. Pour moi, je pense que, quoique la plante fût morte, la racine étoit encore vivante.

Autre expérience encore plus curieuse, elle est du même Physicien. Mettez dans une bouteille, *dit-il*, de l'eau distillée d'une plante ou d'une fleur, avec trois onces de sel tiré de la même plante ou de la même fleur. Achevez de remplir la bouteille avec l'eau minérale en question. En deux à trois jours, vous verrez sortir du milieu de cette eau une plante semblable à celle dont on a tiré l'eau & le sel. Remuez-vous rudement la bouteille? La plante disparoît; mais elle reparoît, comme auparavant, dès que le vaisseau est en repos. Tout ceci est tiré de l'ouvrage de M. *de Negrepont* qui a pour titre: *Philosophia amœnior*.

Il y a plus de trois cens ans qu'on cultivoit la Palingénésie, mieux encore peut-être qu'on ne la cultive aujourd'hui, puisque *Paracelse*, qui mourut en 1534; parle de la sorte au livre sixieme de son ouvrage sur la *nature.* Prenez, *dit-il*, de la cendre de bois brûlé : mettez-la dans une cucurbite avec de la résine, de la séve & de l'huile de ce même arbre, de chaque chose poids égal ; mettez le tout dans une cucurbite ; à un feu doux, ces matieres se réduiront en liqueur & le tout deviendra mucilagineux. Enterrez alors dans un fumier de cheval le vaisseau qui les contient, autant de tems qu'il faudra, pour que la matiere mucilagineuse se putréfie. Déposez ensuite la matiere putréfiée dans une terre bien préparée, à plus ou moins de profondeur, suivant la nature de l'arbre qu'elle doit produire. Après un certain tems, vous verrez naître un arbre, bien supérieur en bonté à celui d'où l'on a tiré la cendre, la résine, la séve & l'huile.

Le Pere *Kirker* remarque, à cette occasion, dans son *Monde souterrain*, que cette opération est bien longue, & qu'il n'est pas besoin d'une si grande levée de bouclier, pour faire végéter le sel d'une plante. Prenez, *dit-il*, du sel d'absinthe ; semez-le dans une bonne terre ; vous verrez naître de ce sel différentes plantes d'absinthe.

Nous aurions pu extraire des ouvrages de *David Major*, d'*Hannemann*, de *Bari*, &c. des expériences aussi curieuses que celles que nous avons rapportées ; mais en voilà assez pour prouver que nos Physiciens modernes n'ont pas fait, par eux-mêmes, de grands progrès dans la Palingénésie des plantes.

En ont-ils fait dans la Palingénésie des animaux ? Je ne le pense pas ; je regarde même comme des contes faits à plaisir tout ce qu'on a écrit sur cette matiere. Je ne crois pas, par exemple, qu'autrefois un nommé *de Claves*, Chimiste François, ait fait comme revivre un moineau de ses cendres, & je suis étonné que le Pere *Schott* ait orné sa *Physique curieuse* d'une pareille fable. Ecoutons-le parler : *Non solùm in vegetalibus se præstitisse, sed etiam in passerculo se vidisse, pro certo quidam mihi narravit. Et sunt qui publico scripto confirmarunt quòd hoc ipsum Claveus gallus quasi publicè pluribus demonstraverit.*

Je ne crois pas cependant que le Pere *Schott* ait fait grand fond sur cette histoire. Je la tiens, *dit-il*, d'un homme, sans nom, sans autorité, *quidam mihi narravit*. *De Claves* n'a jamais fait cette expérience publiquement ;

il ne l'a faite que comme publiquement ; *quasi publicè.* Tout cela sent bien le charlatanisme.

L'on me dira peut-être que le Chevalier *Digby* a vu naître des écrevisses, grosses comme des grains de millet, dans une liqueur qu'il tira, par une opération chimique, d'une certaine quantité d'écrevisses, des cendres desquels il retira des sels qu'il mêla avec cette liqueur. Ce n'est pas-là une Palingénésie. Des œufs d'écrevisse qui apparemment n'avoient pas été détruits, ont dû, après un certain tems, naturellement éclore dans la liqueur extraite des écrevisses en question.

PANCRÉAS. C'est un assemblage de glandes renfermées dans la même membrane, & placées sous l'estomac près du *Duodenum.* Elles servent à séparer du sang une humeur insipide, limpide, & qui a beaucoup d'analogie avec la salive. Les Anatomistes la nomment *suc pancréatique.* Elle se rend dans le *Duodenum*, où elle sert à la digestion.

PAPIN, Docteur en Médecine, Professeur de Mathématique à Marbourg, & Membre de la Société Royale de Londres, a été l'un des premiers inventeurs de la Pompe à feu. La preuve en est consignée dans un petit ouvrage, imprimé à Cassel en 1707, qui a pour titre : *Nouvelle maniere d'élever l'eau par la force du feu.* L'Auteur y rend compte d'un grand nombre d'expériences qu'il avoit faites, pendant neuf ans, par ordre de son Altesse Sérénissime *Charles Landgrave de Hesse*, pour essayer d'élever l'eau par la force du feu. Il les communiqua à plusieurs Savans, & nommément au célebre *Leibnitz* qui l'assura avoir eu la même pensée que lui, & qui l'engagea à faire exécuter au plutôt sa machine.

Papin ne se rendit à l'invitation de *Leibnitz*, que lorsqu'il apprit que *Thomas Savery* avoit fait construire à Londres une *pompe à feu* dont les effets étoient merveilleux. Il ne lui dispute pas la gloire d'en être l'inventeur, puisque, *dit-il*, la même idée peut venir en même-tems à différentes personnes ; mais il ajoute qu'aucun Savant n'a eu avant lui cette heureuse pensée, puisque, dès l'année 1698, il se servit de l'action du feu pour élever les eaux à une hauteur très-considérable. Il compare ensuite sa machine avec celle de *Savery* ; & comme il la regarde comme beaucoup plus parfaite que celle de son Antagoniste, il invite le Public à suivre sa méthode dans l'exécution de ces sortes de machines.

Personne ne doit être juge dans sa propre cause. *Bélidor* qui a fait l'examen le plus exact & le plus circonstancié de ces deux machines, regarde la *pompe à feu* de *Savery* comme plus ingénieuse & plus achevée que celle de *Papin.*

Les arts vont toujours en se perfectionnant. Les *pompes à feu* qu'on construit maintenant, sont préférables à celles dont nous venons de parler. Voyez-en la description à l'article *Pompe à feu.*

Remarque. Ceux qui voudront se mettre au fait d'une machine que nous n'avons pu qu'indiquer dans cet article, liront ce qu'a écrit *Bélidor* sur cette matiere dans son Architecture hydraulique, *tome* 2, *page* 308 & *suiv.*

PARABOLE. C'est une courbe dans laquelle le carré d'une ordonnée quelconque est toujours égal au rectangle fait sous le parametre & l'abscisse correspondante. Voyez-en la démonstration dans l'article *sections coniques*, & apprenez ce qu'il y a sur la *parabole* dans ce petit traité, afin d'être en état de comprendre les deux propositions suivantes & les corollaires qui en dépendent. Rappellez-vous encore ce que nous avons dit à l'article *mouvement* sur la formation des lignes courbes considérées en général.

Proposition 1. Lorsqu'un corps décrit une parabole, la force de projection, ou la force du jet, peut être exprimée par une ligne verticale, égale à la hauteur où il seroit monté, si cette même force l'avoit poussé perpendiculairement en haut.

Explication. Je suppose que le corps C, *fig.* 14, *pl.* 3, décrive la parabole CSN; il la décrira en vertu de la force de projection suivant la ligne CA, & en vertu de sa pesanteur suivant la ligne CI; je dis que la force qui le pousse suivant la ligne CA, peut être exprimée par la verticale CB, égale à la hauteur où il seroit monté, si cette même force l'avoit poussé perpendiculairement en haut. Supposons, pour la démonstration de cette proposition, que le corps C soit poussé, suivant la ligne CA, avec deux degrés de vitesse dont chacun soit capable de lui faire parcourir uniformément 30 pieds dans chaque seconde de tems. Supposons encore que la verticale CB ait 60 pieds de longueur.

Démonstration. Si le corps C descendoit librement du point B en vertu de sa pesanteur, il parcourroit d'un mouvement uniformément accéléré en 2 secondes de tems la verticale BC ; & arrivé au point C, il auroit acquis 2 degrés de vîtesse dont chacun seroit capable de lui faire parcourir uniformément 30 pieds à chaque seconde de tems, comme il est démontré à l'article *Statique.* Il est encore sûr que si le corps C étoit poussé perpendiculairement en haut avec la vîtesse qu'il a acquise en descendant, il remonteroit de C en B, en 2 secondes de tems, avec un mouvement uniformément retardé ; donc de quelque maniere qu'un corps décrive une parabole, la force qui le pousse uniformément, c'est-à-dire, la force de projection ou la force du jet, peut être exprimée par une verticale CB, égale à la hauteur où il seroit monté, si cette force l'avoit poussé perpendiculairement en haut.

Corollaire 1. La verticale CB exprime la force du jet.

Corollaire 2. CA = 2 CB, puisque CB exprime l'espace parcouru en vertu d'une force accélératrice constante, & que CA exprime l'espace parcouru uniformément en même tems avec la vîtesse acquise en C par la chute du corps de B en C. Cherchez *Statique.*

Corollaire 3. La verticale CB est le quart du parametre p du diametre CI de la parabole CSN. Pour le démontrer, prolongez le diametre CI jusqu'en H, de telle sorte que vous ayez CH = CB. Tirez ensuite au diametre CI l'ordonnée HM = CA = 2CB ; cette ordonnée aura pour abscisse correspondante la ligne CH = CB. Cela fait, voici comment je raisonne.

$HM^2 = CH \times p$, cherchez *sections coniques*, mais $HM^2 = 4CB^2$, puisque HM = 2CB ; donc $4CB^2 = CH \times p$. Mais CH = CB ; donc $4CB^2 = CB \times p$; donc $4CB = p$; donc $CB = \frac{1}{4}$ p.

L'on demandera peut-être pourquoi nous avons fait HM = CA = 2CB ; je reponds qu'en faisant CH = CB nous avons dû faire HM = 2CB. Avec cela nous trouvons l'équation $HM^2 = CH \times p$, équation nécessaire à la parabole. En effet $4CB^2 = CB \times 4CB$ est une équation incontestable. Mais d'après nos suppositions, l'équation $HM^2 = CH \times p$ devient $4CB^2 = CB \times 4CB$; donc, &c.

Corollaire 4. Si du point B on éleve à CB une perpenpendiculaire BT, elle ſera la directrice de toutes les paraboles poſſibles parcourues par la force du jet repréſentée par CB. Nous avons expliqué dans l'article *ſections coniques* la nature & les propriétés de la *directrice* de la parabole.

Propoſition 2. La direction du jet faiſant un angle avec celle de la peſanteur, le foyer de la parabole ſera d'autant plus éloigné de ſon ſommet, que la force du jet ſera plus grande par rapport à celle de la peſanteur, & que l'angle formé par les directions de ces deux forces approchera plus d'être droit.

Démonſtration. 1°. Plus la force du jet ſera grande; plus auſſi la verticale CB aura de longueur; plus la verticale CB aura de longueur, plus auſſi le ſommet S de la parabole CSN ſera éloigné de la directrice BT; plus le ſommet S ſera éloigné de la directrice BT, plus auſſi le foyer de la parabole CSN ſera éloigné du ſommet S, parce que la parabole eſt une ligne telle que les deux diſtances de chacun de ſes points, l'une à la directrice & l'autre au foyer, ſont égales entre elles; donc 1°. le foyer de la parabole ſera d'autant plus éloigné de ſon ſommet, que la force du jet ſera plus grande par rapport à celle de la peſanteur.

2°. Si la ligne CA faiſoit un angle droit avec la ligne CI, le point C ſeroit le ſommet de la parabole, parce que CA étant alors parallele à l'horizon, le corps parti du point C iroit toujours en deſcendant. Si le point C étoit le ſommet de la parabole, la diſtance de ce ſommet au foyer ſeroit CB, tandis que dans la poſition où eſt la ligne de projection CA vis-à-vis CI, la diſtance du ſommet au foyer F eſt égale à RS; donc le foyer de la parabole eſt d'autant plus éloigné de ſon ſommet, que l'angle formé par les directions de ces deux forces approchera plus d'être droit.

Remarque. Ces deux propoſitions & les corollaires qui en dépendent, ſont néceſſaires à ceux qui apprennent le jet de la bombe. Elles leur ſerviront à réſoudre pluſieurs problemes analogues à cette matiere. L'on en trouve de très-intéreſſans dans la Mécanique de la Caille entre les articles 434 & 443.

PARACHUTE. Machine ingénieuſement inventée pour garantir de la mort quiconque a la hardieſſe de voyager dans les airs sur les *Aérostats*. Tant d'accidens arrivés à nos nouveaux *Icares*, n'ont pas encore dégoûté les François de ces périlleux voyages ; ils prétendent avoir trouvé des moyens de prévenir, en cas de malheur, toute chute dangereuse ; & ils ont donné au meilleur de ces moyens le nom de *Parachute*, mot très-expressif en lui-même, si cette machine a dans la pratique, tous les effets que nous promet une savante théorie. On parle beaucoup & avec éloge du *Parachute* nouvellement inventé par le célebre *Blanchard*. On assure qu'il en a fait l'essai à Lille en Flandres sur la fin du mois d'Août 1785. Il s'éleva avec un chien sur son *Aérostat* à la hauteur perpendiculaire de cinq quarts de lieues. A cette hauteur il arma le chien de son *Parachute* ; & l'animal, *dit-on*, parvint à terre, sans avoir éprouvé le moindre mal. Je souhaite que, pour sauver ses jours, M. *Blanchard* ne soit jamais obligé de se servir d'une pareille machine. J'ignore comment sont construits les *Parachutes* inventés dans le courant de l'année 1785 ; mais je sais bien qu'au commencement du mois de Septembre 1784, M. *Baron*, Conseiller à la Cour des Aides de Montpellier, des Académies de Dijon & de Toulouse, & mon Confrere à l'Académie Royale de Nîmes, me fit part d'un Mémoire sur un nouveau moyen de préserver les Aéronautes de tout accident fâcheux, en cas de chute ; il donna à ce moyen le nom de *Parachute* ; il est donc l'un des inventeurs & de la nouvelle machine & de sa nouvelle dénomination. Je lui prédis que s'il n'enrichissoit pas au plutôt le Journal de Physique de sa précieuse découverte, il seroit surement prévenu par quelque habile Physicien qui auroit la même idée que lui. Il ne se rendit pas à mon invitation. Remettez-moi votre Mémoire, *lui dis-je*, j'en enrichirai le Supplément que je prépare à mon Dictionnaire de Physique. J'eus beaucoup de peine à vaincre sa modestie ; j'en vins cependant à bout après bien des instances. Je vais donc transcrire littéralement ce Mémoire, tel qu'il me fut remis sur la fin de Septembre 1784.

» Ma machine que j'appelle *Parachute*, *dit M. Baron*, » est une espece de parasol, garni de taffetas & de ba- » leines, comme les parasols ordinaires. Le corps de » l'Aéronaute sert de bâton & sa tête de chapiteau à

» cette machine. Ce qu'on appelle la *douille* dans les » parasols, armée de son cercle de laiton auquel s'atta- » chent les baleines, est fixée sous les aisselles de l'Aéro- » naute par deux bandes de cuir qui passent sous ses » épaules. La noix est arrêtée vers le milieu de son » corps par deux bandes de cuivre qui s'attachent fixe- » ment à la *douille*. Les branches qui supportent les » baleines, sont brisées par une charniere, pour empê- » cher que la noix ne glisse, le long du corps de l'Aéro- » naute, comme elle fait le long du bâton du parasol. » Les baleines sont également brisées & de la même » maniere que dans les parasols ordinaires. Il y a enfin » deux bandes de cuir dans lesquelles il passe les mains. » L'Aéronaute est-il dans un danger imminent ? il étend » les bras, il ouvre son *Parachute* & il embrasse un vo- » lume d'air assez considérable, pour pouvoir le soute- » nir en équilibre, & par-là prévenir les malheurs d'une » chute dont on n'a déjà eu que trop d'exemples.

Après cet exposé, M. *Baron* prouve par le calcul le plus clair que son *Parachute* doit produire tous les effets qu'il vient de nous annoncer. Copions encore son Mémoire; il y paroît aussi bon Géometre, qu'il a paru jusqu'à présent ingénieux Physicien.

» 1°. Je donne, *dit-il*, à mon Parasol quatre pieds » de diametre ; il en aura donc douze de circonférence, » parce que dans les calculs qui ne demandent pas une » exactitude géométrique, on suppose que le diametre » est à la circonférence :: 1 : 3, au lieu de le suppo- » ser :: 7 : 22 ou :: 113 : 355.

» 2°. Si mon parasol a 12 pieds de circonférence sur » 4 de diametre, il aura 12 pieds carrés d'aire, de » même que la colonne aérienne à laquelle il corres- » pond, puisqu'on connoît l'aire d'un cercle en mul- » tipliant sa circonférence par le quart de son diametre.

» 3°. Supposons notre Aéronaute à 100 pieds de hau- » teur perpendiculaire, la colonne aérienne en question » contiendra donc 1200 pieds cubes d'air, puisqu'on » connoît la solidité d'une colonne cylindrique, en mul- » tipliant l'aire de sa base par la hauteur du cylindre; » elle pesera donc 1800 onces = 112 liv. $\frac{1}{2}$, puisqu'un » pied cube d'air pese une once & demi ; elle tiendra

» donç en équilibre un poids de 112 livres. Mais tel eſt » le poids de l'Aéronaute, armé de ſon paraſol; donc ce » paraſol ſera pour lui un véritable *Parachute.*

» 4°. Les choſes étant en cet état, notre Aéronaute » veut-il deſcendre? Il amoindrira peu-à-peu & à ſa » volonté la ſurface de ſon paraſol, ou, s'il ne veut pas » déranger ſa machine, il ſe donnera un effor en bas; » quelque parti qu'il prenne, l'équilibre ſera par l'un de » ces deux moyens néceſſairement rompu. Que s'il ſe » trouvoit à plus de cent pieds de hauteur, il prendroit » encore l'un de ces deux moyens, pour deſcendre juſ- » qu'au point de l'équilibre.

» 5°. Si l'Aéronaute, armé de ſon paraſol, peſe plus » de 112 livres, il ſera en équilibre dans un point un » peu plus haut de l'atmoſphere; & s'il en peſe moins, » ce ſera dans un point un peu plus bas; les premiers » élémens du calcul donneront la ſolution d'une in- » finité de ces ſortes de problemes en *plus* & en » *moins.*

Enfin M. *Baron* termine ſon Mémoire par les remarques ſuivantes. » Pour éviter le naufrage aérien, je ſup- » poſe, *dit-il*, que l'Aéronaute ſera un homme de ſang » froid, qui ne donnera à ſon corps aucun mouvement » propre à le faire précipiter, & qui ſe jettera dans l'air » avec autant de tranquillité, qu'un bon nageur ſe jette » dans l'eau. Je ſuppoſe encore notre Aéronaute muni » d'un excellent barometre dont il aura marqué exacte- » ment la hauteur, lors de ſon départ. En le conſultant, » il ſaura à-peu-près à quelle élévation il ſe trouve au- » deſſus de la ſurface de la terre. Tout le monde ſait » que douze toiſes perpendiculaires d'un air groſſier, » tel qu'eſt celui que nous reſpirons, occaſionnent dans » le barometre une élévation d'une ligne; donc ſi le ba- » rometre a baiſſé d'une, de deux, de trois, de quatre » lignes, &c. il ſera à 12, 24, 36, 48 toiſes d'éléva- » tion par rapport au point du départ.

Remarque 1. Nîmes eſt peut-être la ville où l'on ſoit le moins tenté de révoquer en doute l'efficacité des *Parachutes.* Il y arriva, il y a quelques années, un accident qu'il eſt néceſſaire de raconter ici juſques dans ſes moindres circonſtances. La fille du ſieur C** Pâtiſſier de cette ville, âgée d'environ dix-huit ans, eut l'imprudence d'attacher des rideaux à une fenêtre, avant d'avoir pris la précaution d'en fermer les volets. L'échelle fur laquelle elle étoit montée, gliffa, & Mademoifelle C** tomba, du fecond étage dans la baffe-cour. Par bonheur pour elle, il régnoit pour lors un vent du Nord des plus violens & la porte de la maifon étoit ouverte. L'air, furieufement agité, entra avec force par la porte dans la baffe-cour, gonfla fes vêtemens, en forme de parafol, & elle en fut quitte pour quelques légeres contufions. Jamais chute n'aura des fuites auffi heureufes. Mademoifelle C** étoit fourde; l'ébranlement qui fe fit dans toute la machine, lui rendit l'ufage de l'ouie. Je ne confeillerois pas cependant à ceux qui font atteints d'une pareille incommodité, d'employer un femblable remede, dans l'efpérance d'obtenir leur guérifon.

Remarque 2. J'avois déjà rédigé cet article, lorfque je reçus une lettre de M. l'Abbé *Bertholon*, l'un des plus grands Phyficiens de ce fiecle. Il m'invite, dans cette lettre, à parler des *Parachutes*, à l'occafion des voyages aériens, & il m'affure que les expériences qu'il a faites par le moyen de cette machine, ont plus de deux ans de date fur celles qui ont été faites dans la fuite; il prétend même avoir été le premier à lui donner le nom de *Parachute*. Ce ne feroit pas la premiere fois que l'idée de la même machine feroit venue à différentes perfonnes de génie, fans qu'aucune d'elles pût raifonnablement être accufée de plagiat. L'on vit, fur la fin du fiecle dernier, trois grands hommes travailler en même-tems à la conftruction de la pompe à feu, *Papin* en Allemagne, *Savery* en Angleterre & *Amontons* en France.

M. l'Abbé *Bertholon*, dans la nouvelle édition qu'il a donnée de fon ouvrage fur les avantages que la Phyfique & les Arts qui en dépendent, peuvent retirer des globes aéroftatiques, M. l'Abbé *Bertholon*, dis-je, penfe qu'il faut donner à un parachute un diametre de quatorze pieds; il eft vrai qu'il fuppofe que l'homme qui en fera muni, pefera à-peu-près deux cens livres. M. *de Montgolfier* a fait à Avignon, avec M. le Marquis *de Brantes*, des expériences décifives fur la bonté de cette machine. Il fit conftruire une efpece de parachute en toile de fept pieds & quatre pouces de diametre. Douze cordes attachées à différentes parties correfpondantes de la circonférence, soutenoient par le bout opposé un panier d'osier dans lequel étoit un mouton. Au-dessous du panier étoient placées quatre vessies de cochon, remplies d'air. On fit tomber cet appareil du haut des tours du Palais, c'est-à-dire, de la hauteur d'environ cent pieds, après avoir mis le tout en peloton, & l'avoir jetté aussi loin qu'il fut possible, pour l'écarter des murs. La chute, *dit M. Bertholon*, fut très-rapide dans la premiere moitié de l'espace; mais après, le parachute s'étant ouvert, le mouvement fut si lent, que le grand nombre des spectateurs qui étoient dans la rue, bien loin de s'éloigner, s'approcherent au contraire de l'endroit qu'ils regardoient comme le terme de la descente, & que le mouton, dès que l'appareil fut sur la surface de la terre, en sortit avec liberté & fuit rapidement. Cette expérience fut répétée six fois avec le même succès, en se servant du même animal. Rien n'est plus louable que de faire ces sortes d'essais sur des animaux; rien ne seroit plus imprudent que de les faire sur des hommes.

M. l'Abbé *Bertholon* dont les précieuses découvertes tendent toutes au bien public, remarque que les parachutes peuvent être très-utiles dans le cas d'un incendie, qui ne laisseroit aux personnes renfermées dans une maison, que l'espoir de se sauver, en sautant par une fenêtre. De plus, *dit-il*, si dans un ballon où il y auroit plusieurs voyageurs, quelques-uns desiroient de s'arrêter dans une ville, tandis que d'autres seroient déterminés à faire une plus longue route, alors ceux qui voudroient s'arrêter dans le lieu à la hauteur duquel ils arriveroient, s'armeroient d'un parachute de quatorze pieds environ de diametre, & descendroient sans aucun danger dans l'endroit desiré, & ainsi de suite dans divers lieux, sans être obligés d'abaisser le globe aérostatique pour cet effet. Un seul parachute serviroit successivement pour plusieurs personnes, parce qu'avec une ficelle on le feroit remonter dans le globe. Cherchez *Aérostat*, *Navigation aérienne*, & *Voyage aérien*.

On a écrit pour & contre le Parachute de M. *Baron*. J'ai promis d'insérer cette dispute littéraire dans la neuvieme édition de mon Dictionnaire de Physique. C'est ici qu'elle doit trouver place.

OBSERVATIONS

Sur l'article Parachute *du ſupplément au Dictionnaire de Phyſique de M. l'Abbé* Paulian, *par M.* Antoine Gouan *le fils*.

Ayant parcouru quelques articles de ce ſupplément; j'eus occaſion de faire différentes obſervations. Je me borne à en rapporter une, par le ſeul motif qu'elle intéreſſe l'humanité; je veux parler du parachute de M. *Baron*, Conſeiller à la Cour des Aides de Montpellier, un confrere à l'Académie de Nîmes du Pere Paulian: voici ſon Mémoire rapporté avec beaucoup d'éloges par celui-ci dans ce même ſupplément.

Ma machine que j'appelle Parachute, dit M. *Baron*, eſt une eſpece de paraſol, garni de taffetas & de baleines, comme les paraſols ordinaires. Le corps de l'Aéronaute ſert de bâton & ſa tête de chapiteau à cette machine, &c.

Je ne m'arrêterai pas à montrer la forme vicieuſe de ſon parachute de quatre pieds de diametre, avec lequel on ſeroit ſûr de ſe caſſer le cou; il ſuffit de faire voir l'erreur de ſon principe ou plutôt de ſa ridicule théorie.

M. *Baron* s'imagine ſans doute qu'un homme, armé de ſon parachute, eſt un barometre renverſé, en le faiſant contre-balancer avec la colonne de l'air *inférieure*; à la hauteur de 100 pieds, elle tiendra, dit-il, en équilibre un poids de 112 livres. Mais tel eſt le poids de l'aéronaute, armé de ſon paraſol; donc ce paraſol ſera pour lui un véritable parachute; aſſurément il ſera un véritable parachute, puiſqu'il n'y aura aucune chute effective, cet homme reſtant en l'air en équilibre. Mais qui lui apportera à manger? car il ne faut pas qu'il meure de faim. M. l'Académicien a obvié à cela. Les choſes étant en cet état, dit-il, notre Aéronaute veut-il deſcendre? il amoindrira peu-à-peu & à ſa volonté la ſurface de ſon paraſol, &c. Effectivement c'eſt un moyen ſûr de deſcendre ſur la terre ou plutôt de s'y précipiter: oui, M. *Baron*, j'oſe le dire, s'y précipiter: & cela d'après vos principes mêmes.

Puiſque vous eſtimez votre colonne d'air de 100 pieds de hauteur uniforme, & du poids de 112 livres, faiſant équilibre à votre homme *emparachuté*, chaque tranche d'un pied, ſera ſelon vous de $\frac{112}{100}$ livres $= 1 + \frac{12}{100}$; ainſi quand votre homme qui peſe zéro à la hauteur de 100 pieds aura deſcendu d'un pied, il peſera 1 livre $+ \frac{12}{100}$ de livres; à 98 pieds de hauteur, il peſera $2 (1 + \frac{12}{100})$; à 97 pieds, $3 (1 + \frac{12}{100})$...... à 50 pieds, $50 (1 + \frac{12}{100}) = 56$ livres...... à 25 pieds, $75 (1 + \frac{12}{100}) = 84$ livres, &c. En ſorte qu'en arrivant ſur la terre il tombera avec tout ſon poids effectif de 112 livres. Or vous devez ſavoir qu'un jeune homme du poids de 84 livres, qui tombera de la hauteur de 25 pieds ſeulement, doit ſe fracaſſer & périr ſur le coup. Mais ſi vous ajoutez à ces poids la force acquiſe par les loix de l'accélération d'un terme à l'autre de cette ſuite, vous ſerez convaincu que votre homme avec ſon parachute, d'après vos principes, tombera avec beaucoup plus de vîteſſe qu'un homme qui ſe précipitera du ſommet d'une haute maiſon en bas, ſans aucun parachute; ainſi d'après vos principes, dis-je encore, le moyen ſûr que vous donnez pour garantir de la mort l'homme tombant eſt celui au contraire qui lui aſſure une mort ſoudaine. Il eſt donc de la plus grande importance de réfuter une pareille erreur. Après avoir établi l'effet du parachute de cet Académicien, d'après les principes ſur leſquels il en a cru montrer l'efficacité, il me reſte à faire voir que ces principes ſont erronés; il faudra peu de raiſonnement pour cela.

Le principe de notre Académicien eſt qu'un corps dans un fluide perd de ſon poids, en raiſon du poids total de toute la colonne inférieure du fluide qui le ſoutient; ainſi il lui fait équilibre ou reſte ſuſpendu, lorſque cette colonne eſt égale à ſon poids.

Il ſuit de là que ſon parachute eſt un parfait aéroſtat; il mériteroit ſurement la préférence ſur ceux de MM. Montgolfier & Charles, puiſqu'il ſe tient en équilibre dans l'air ſans feu, ſans gaz; qu'il eſt ſi peu volumineux & ſi peu coûteux; mais que dis-je! l'homme même ne ſeroit-il pas un aéroſtat? Placé au point de l'atmoſphere où la colonne d'air qui le ſoutient ſeroit égale à ſon poids, cet homme ſans aucune machine reſteroit ſuſpendu dans les airs, d'après les principes de notre Académicien : je doute fort qu'il voulût s'y placer ; & si cet homme étoit mis quelques pieds plus haut, il devroit s'envoler au haut de l'athmosphere sans pouvoir en descendre. On pense bien qu'il arriveroit tout le contraire. Si MM. Baron & Paulian ne veulent pas convenir de cela, ils se rendront à ces raisons-ci. Je ne dirai pas qu'il ne devroit jamais pleuvoir ni tomber de la grêle d'après ce principe, mais il suffit de leur faire voir qu'un boulet de canon ne pourroit tomber dans l'eau, posé sur sa surface, lorsque sa colonne sous le boulet seroit plus pesante que lui. Il n'est aucun corps dans la nature ou du moins ici-bas qui pese vingt fois plus que l'eau ; donc dans une eau qui auroit plus de vingt pieds de profondeur, aucun corps, quelque pesant qu'il fût, ne pourroit y tomber, sans être sous une forme oblongue verticale ; les ancres ne pourroient même descendre au fond de la mer sur laquelle un homme oseroit marcher sans craindre de s'y enfoncer. C'en est assez, je crois, pour montrer l'absurdité d'un tel principe, ainsi que l'inefficacité du parachute de cet Auteur.

M. Paulian devoit-il faire tant d'instance à son confrere Académique, pour qu'il donnât son Mémoire afin d'en enrichir son Dictionnaire, ainsi qu'il le dit lui-même ? il auroit dû plutôt s'en tenir à rapporter ce qu'avoient dit du parachute, avant M. Baron, plusieurs Physiciens, dont les principes sont bien plus certains. Si j'ai réfuté le Mémoire de celui-ci, c'est beaucoup moins pour relever une erreur physique, que pour préserver d'une mort soudaine quiconque voudroit se servir d'un parachute fabriqué selon ces principes. Or tout homme qui ne seroit pas versé dans les sciences physico-mathématiques ne manqueroit pas de croire qu'une machine si simple, donnée d'après des raisonnemens géométriques, par un Académicien, est rapportée avec éloges par un autre Académicien, dans un ouvrage de cours ; tout homme, dis-je, croiroit cette machine d'un effet salutaire, s'en serviroit avec assurance, & il y trouveroit sa mort. J'ai cru par humanité, devoir prévenir un tel malheur, par la publicité de ces Observations.

Lettre adressée aux Auteurs du Journal, par M. Paulian, *Prêtre, de l'Académie Royale de Nîmes, de la Société Royale d'Agriculture.*

De Lyon, *&c.*

Je vous remercie bien sincerement, Messieurs, d'avoir publié dans votre Journal, N°. 10, page 89 & suivantes, les observations de M. Antoine Gouan le fils, sur l'article *Parachute* du supplément à mon Dictionnaire de Physique. Je sais, à n'en pouvoir douter, que vous recevrez bientôt les remercîmens de M. Baron, Conseiller à la Cour des Aides de Montpellier, des Académies de Nîmes, Dijon, Toulouse, Arras, &c. S'il s'est glissé quelques erreurs dans le Mémoire dont il a enrichi mon supplément, il a trop de mérite, il s'intéresse trop sincerement au progrès des sciences, pour ne pas savoir gré à celui qui les aura découvertes. M. Baron examinera, avec attention les observations de M. Gouan; & après cet examen qu'il est en état de faire mieux que personne, il condamnera généreusement sa théorie, si elle ne doit produire qu'un parachute dangereux, ou il la défendra par de très-bonnes raisons & sans invectives contre l'observateur, si le diametre qu'il donne à son parachute est suffisant pour sauver les jours d'un aéronaute qu'il suppose ne peser que 112 livres, lorsqu'il est muni de son espece de parasol.

Je suivrai donc scrupuleusement dans cette lettre, la loi que je me suis faite, de ne pas m'ériger en censeur des Mémoires qu'on a la bonté de me communiquer; & en me comportant de la sorte, j'ai le bonheur de marcher sur les traces de ceux qui désirent véritablement d'étendre les limites des connoissances humaines. D'ailleurs je pense qu'on doit laisser au public le soin de juger dans ces matieres, parce que je crois que le public seul peut les juger impartialement.

Mais, *me dira M. Gouan*, les éloges que vous donnez au Mémoire de M. Baron, pourroient induire bien des gens en erreur, & les engager à faire un parachute, qui, loin de sauver leurs jours, les exposeroit à une mort inévitable. Que M. Gouan ne prenne pas l'épouvante mal-à-propos. Le parachute n'eſt pas une machine uſuelle & de premiere néceſſité ; les voyages aëriens ont été une affaire de mode, & les modes chez les François ne ſont pas de longue durée. Je vois avec plaiſir que ce que j'ai écrit contre ces voyages indiſcrets, a éu tout l'effet que je pouvois deſirer. D'ailleurs, dans l'article de mon Dictionnaire dont il s'agit, j'ai mis ſous les yeux de mes lecteurs des parachutes, de quatre, de ſept & de quatorze pieds de diametre ; c'eſt à eux de choiſir celui qui leur paroîtra le plus propre à les garantir de la mort. Ne croyez pas cependant, Meſſieurs, que je me repente d'avoir donné des éloges au Mémoire de M. Baron ; jamais éloges mieux mérités. Son Mémoire eſt fait de main de maître ; il eſt écrit avec beaucoup d'élégance, beaucoup de préciſion & beaucoup de netteté, & ſon Auteur y paroît, ce qu'il eſt, Phyſicien ingénieux & très-bon géometre.

Je vous le répete, Meſſieurs, je ne veux point examiner dans cette lettre la théorie de M. Baron ; je conviens, ſans peine, qu'il pouvoit ne pas avoir égard à la colonne d'air dont il calcule la peſanteur avec tant d'exactitude ; mais je prétends, & c'eſt ici le point principal, qu'un aéronaute, muni du parachute inventé par cet Académicien, dans la ſuppoſition qu'il ne peſe que 112 livres, ne ſeroit pas expoſé, comme le ſoutient M. Gouan, à une mort inévitable ; l'accident arrivé à Nimes à Mademoiſelle C**, & rapporté dans mon article *Parachute*, page 295 de mon ſupplément, en eſt une preuve inconteſtable ; bien ſurement les vêtemens de Mademoiſelle C**, gonflés en forme de paraſol préſentoient tout au plus un diametre de quatre pieds : mais en voilà aſſez ſur cette matiere. Riche de ſon propre fonds, M. Baron n'a pas beſoin que je lui fourniſſe des armes pour ſe défendre.

Vous comprenez, Meſſieurs, que les articles du ſupplément que je viens de donner au public, ſeront incorporés & mis à leur place dans la neuvieme édition de mon Dictionnaire de Phyſique. Je promets à M. Gouan, qu'à la ſuite de l'article du parachute de M. Baron, je mettrai les obſervations, qu'il vient de faire ſur ce Mémoire.

LETTRE de M. Baron, *Conseiller en la Cour des Comptes, Aides & Finances de Montpellier, des Académies de Toulouse, Nîmes, Dijon & Arras, à MM. les Auteurs du Journal d'histoire naturelle.*

MESSIEURS,

Vous avez inséré dans votre Journal N°. 10, une lettre de M. Gouan le fils, sur le parachute de mon invention, dont M. Paulian a donné la description dans le supplément de son Dictionnaire de Physique. Cette lettre m'est parvenue à Toulouse, où je suis à la poursuite d'un procès considérable. Je n'aurois certainement pas songé à y répondre, si M. Paulian, dans sa réponse à M. Gouan, insérée N°. 11, n'avoit annoncé une réfutation de ma part. Je la fais, mais la plus courte possible, afin de ne pas occuper dans votre Journal une place qui peut être remplie par des objets plus intéressans que celui-ci.

M. Gouan annonce dans ses observations, qu'il a réfuté mon Mémoire pour préserver, *dit-il*, d'une mort soudaine quiconque voudroit se servir d'un parachute fabriqué selon mes principes. Mais si, comme M. Gouan veut le faire croire, l'amour de l'humanité eût réellement dirigé sa plume, le diametre du parachute en question auroit dû être le grand objet de son examen; tout le reste devoit lui être presque indifférent. L'efficacité du parachute ne peut venir que de la plus grande ou de la moindre quantité d'air qu'il déplace, & cette quantité est toujours en raison directe du diametre de cette machine. Examinons ce point, il est délicat & très-important. Pour le faire avec plus de clarté, énonçons la question en ces termes. Un parachute de quatre pieds de diametre garantiroit-il les jours d'un aéronaute qui ne peseroit que cent douze livres, lorsqu'il seroit armé de son espece de parasol; qui auroit assez de sang froid pour ne donner à son corps aucun mouvement propre à le faire précipiter; qui en un mot, se jetteroit dans l'air, avec autant de tranquillité qu'un bon nageur se jette dans l'eau. Tel est l'état d'une question de simple théorie, & non de pratique, ainsi qu'il est énoncé dans mon Mémoire.

A présent je réponds que dans ce cas purement métaphysique, le diametre de mon parachute est plus que suffisant. Voici comment je le prouve ; je dirois presque, je le démontre fondé sur l'autorité d'un de nos plus grands Physiciens. M. Bertholon soutient qu'à la faveur d'un parachute de 14 pieds de diametre, un Aéronaute qui peseroit deux cents livres, ne sauroit périr, quelque fâcheuse que fût la circonstance où il pût se trouver.

Cependant, observez Messieurs, je vous prie, que M. Bertholon ne suppose pas, comme je le fais moi-même, que l'Aéronaute ne donne à son corps aucun mouvement propre à le faire précipiter ; il suppose encore moins qu'il se jette dans l'air avec autant de tranquillité, qu'un bon nageur se jette dans l'eau ; puisque son parachute doit être très-utile dans le cas d'une incendie, qui ne laisseroit aux personnes renfermées dans une maison, que l'espoir de se sauver en sautant par une fenêtre. Si j'avois parlé d'un Aéronaute du poids de deux cents livres, je n'aurois pas manqué de donner à peu près huit pieds de diametre à mon parachute ; j'en eusse donné au moins quatorze, si j'avois supposé (ce qu'il faut toujours faire dans la pratique) que l'Aéronaute donnât à son corps des mouvemens propres à le faire précipiter ; si je n'avois pas surtout supposé qu'il se jettât dans l'air avec autant de tranquillité qu'un bon nageur se jette dans l'eau. Donc si le parachute de M. Bertholon est suffisant dans la pratique, le mien est admirable dans la théorie. Mais, me dira-t-on, pourquoi, pour démontrer l'efficacité de mon parachute, ai-je préféré la théorie à la pratique ? c'est que c'est la marche ordinaire de ceux qui savent les premiers élémens de la Physique : autant aimerois-je qu'on me demandât pourquoi la fameuse démonstration des loix du mouvement n'est vraie que dans la théorie ; & pourquoi dans la pratique, aucune de ces loix ne se vérifie, & ne se vérifiera jamais à la lettre. Dans la théorie on précinde de toute espece d'obstacle ; voilà pourquoi la démonstration est si claire & si lumineuse : dans la pratique au contraire on en trouve à chaque pas ; voilà pourquoi rien ne se vérifie dans la pratique. Aussi n'y a-t-il qu'un véritable Physicien qui puisse dans la pratique profiter de ces sortes de démonstrations. Chercher sérieusement dans la pratique le mouvement perpétuel, c'est mériter les petites maisons; cependant le mouvement perpétuel est un corollaire nécessaire de la premiere loi générale du mouvement, puisque par cette loi, tout corps en mouvement doit continuer de se mouvoir dans la direction & avec le degré de vîtesse qu'il a reçu, jusqu'à ce qu'une cause nouvelle l'oblige à changer d'état.

Je finis en remerciant M. Gouan de m'avoir prouvé que je ne devois pas avoir égard au poids absolu de la colonne aërienne inférieure dans la construction de mon parachute. Il me délivre par ce moyen d'un calcul que bien des personnes ne se soucieroient pas de faire.

Je suis, &c.

Le lecteur, homme de goût, saura gré à M. Baron d'avoir répondu avec tant de modération, tant de décence & tant de politesse à un critique qui appelle sa théorie *ridicule*, ses principes *absurdes*. Ces termes sont durs; ils ne se trouvent que dans les *honnêtetés littéraires de M. de Voltaire*.

M. Baron auroit pu encore faire remarquer que les mots *colonne de l'air inférieure*, *emparachuté*, *confrere académique* sont, les uns des mots impropres, les autres des solécismes décidés.

Enfin M. Baron auroit pu nous dire que, dans ce siecle, on lira avec dégoût des observations qui commencent de la sorte: *Ayant parcouru quelques articles de ce supplément, j'eus occasion de faire différentes observations; je me borne à en rapporter une, par le seul motif qu'elle intéresse l'humanité, &c.*

J'invite M. Gouan à faire part au public des autres observations qu'il a faites, en lisant mon supplément; & je prie instamment MM. Bertholon & Boyer d'en enrichir leur Journal d'histoire naturelle.

PARALLAXE. Pour comprendre ce que nous avons à dire dans cet article, lisez d'abord avec attention les articles de ce Dictionnaire qui commencent par les mots *logarithme*, *trigonométrie*, & jettez ensuite les yeux sur la figure 15 de la planche 3 dont voici l'explication. Y represente la terre; AB l'axe du monde; A le pole austral; B le pole boréal; EYQ l'équateur; c le Cap de Bonne-Espérance où se trouvoit M. l'Abbé de la Caille, lorsqu'il obferva la parallaxe de Mars ; Z le zenith du Cap ; V Stockholm où fe trouvoit M. Wargentin, lorfqu'il obferva, au même inftant que M. l'Abbé de la Caille, la parallaxe du même aftre, z le Zenith de Stockholm ; P la pofition réelle de Mars ; e la pofition apparente de Mars par rapport au Cap ; T la pofition apparente de Mars par rapport à Stockholm. Cela fuppofé, voici comment on peut connoître la parallaxe d'un aftre, & comment, par le moyen de fa parallaxe, on peut parvenir à déterminer fa diftance de la terre.

1°. La différence d'apparence entre la fituation d'un aftre obfervé du centre de la terre & celle où on l'apperçoit de quelque endroit de fa furface, s'appelle *parallaxe*. Suppofons, *par exemple*, Mars au point K & le centre de la terre au point Y ; fi la terre étoit diaphane, un obfervateur placé précifément à fon centre Y rapporteroit Mars au point R du Ciel, tandis qu'un fecond obfervateur placé au point H de la furface du même globe, le rapporte au point S ; l'angle RKS, ou, fon égal HKY nous donne donc l'angle parallactique, ou, la parallaxe horizontale de Mars.

2°. L'obfervation faite le 6 Octobre 1751 par M. l'Abbé de la Caille au Cap de Bonne-Efpérance, & par M. Wargentin à Stockholm, nous donne l'angle ePT de trente-trois fecondes, trois dixiemes.

3°. M. l'Abbé de la Caille nous apprend dans fes élémens d'aftronomie, que, lorfqu'il eut trouvé la valeur de l'angle ePT, il détermina la parallaxe horizontale de Mars par la proportion fuivante. *Comme la fomme des finus des diftances de l'aftre à chaque zenith, eft au finus total ; de même la quantité trouvée, eft à la parallaxe de l'aftre.* Ainfi puifque Mars e étoit éloigné du zenith Z de M. l'Abbé de la Caille de vingt-cinq degrés deux minutes, & que Mars T étoit éloigné du zenith z de M. Wargentin de foixante-huit degrés, quatorze minutes, l'on a dû dire, *comme la fomme des finus de vingt-cinq degrés deux minutes & de foixante-huit degrés quatorze minutes, eft au finus total ; ainfi trente-trois fecondes trois dixiemes, font à vingt-quatre fecondes foixante-quatre centiemes qui marquent la parallaxe horizontale de Mars.*

4°. L'angle parallactique RKS une fois trouvé, rien n'eft plus aifé que de connoître la diftance de cette planete au centre de la terre. En effet dans le triangle rectangle KHY, je connois tous les angles & le côté HY qui repréſente le rayon terreſtre; donc, par une ſimple opération trigonométrique, je connoîtrai la valeur du côté YK qui exprime la diſtance que l'on cherche.

5°. Ce que nous avons dit de Mars, nous pouvons le dire de la plupart des planetes & des cometes; elles ont preſque toutes une parallaxe plus, ou moins grande. Pour les étoiles fixes, elles ſont trop éloignées de nous, pour qu'elles en ayent une.

Les exemples ſuivans jetteront un grand jour ſur cet article.

Probleme premier. Connoiſſant la parallaxe du Soleil de 10 ſecondes, déterminer à quelle diſtance il eſt du centre de la terre.

Réſolution. 1°. Dans le triangle HKY rectangle en H, je connois l'angle H de 90 degrés, l'angle K de 10 ſecondes, l'angle Y de 89 degrés 59 minutes 50 ſecondes, & le côté HY de 1433 lieues, parce qu'il repréſente la valeur du demi-diametre de la terre Y.

2°. Le logarithme du ſinus de l'angle K eſt 5, 6855748, celui de l'angle H 10, 0000000, & celui du côté HY 3, 1562462.

3°. Par les principes que nous avons établis dans les articles qui commencent par les mots *logarithme* & *trigonométrie*, l'on doit dire 5, 6855748. à 3, 1562462 : 10, 0000000. à un quatrieme terme qui vous donnera le logarithme du côté YK qui repréſente la diſtance du Soleil au centre de la terre Y.

4°. Pour trouver ce logarithme, j'additionne le ſecond & le troiſieme termes de la proportion arithmétique ſupérieure; je ſouſtrais le premier terme de la ſomme 13, 1562462, & le reſtant 7, 4706714 me donne ce que je cherche.

5°. J'examine à quel nombre correſpond le logarithme 7, 4706714; & comme il répond à trente millions de lieues, je conclus que c'eſt-là la diſtance qui ſe trouve entre le Soleil & le centre de la terre.

6°. Dès que je connois la diſtance de la terre au Soleil, j'aurai facilement, par la ſeconde Loi de Képler, la diſtance des autres planetes ſupérieures au même aſtre.

Probleme ſecond. Connoiſſant la parallaxe de la lune

d'un degré, déterminer à quelle distance elle est de la surface de la terre.

Résolution. Dans le triangle HKY rectangle en H, je connois l'angle H de 90 degrés, l'angle K d'un degré, l'angle Y de 89 degrés, & le côté HY de 1433 lieues.

2°. Le logarithme du sinus de l'angle K est 8, 2418553; celui de l'angle Y 9, 9999338, & celui du côté HY 3, 1562462.

3°. Par les principes que nous avons établis dans les articles qui commencent par les mots *logarithme* & *trigonométrie*, l'on doit dire, 8, 2418553. 3, 1562462: 9, 9999338 à un quatrieme terme qui vous donnera le logarithme du côté HK qui représente la distance de la lune K à la surface de la terre Y.

4°. Pour trouver ce logarithme, j'additionne le second & le troisieme termes de la proportion arithmétique supérieure. Je soustrais le premier terme de la somme 13, 1571800, & le restant 4, 9143247 me donne ce que je cherche.

5°. J'examine à quel nombre correspond le logarithme 4, 9143247; & comme il répond à environ 90000 lieues, je conclus que c'est-là la distance qui se trouve entre la lune & la surface de la terre.

PARALLELE. Deux lignes sont paralleles, lorsque toutes les perpendiculaires que l'on tire entr'elles sont égales, c'est-à-dire, deux lignes sont paralleles, lorsque dans tous leurs points elles sont également éloignées l'une de l'autre; aussi a-t-on coutume de dire que ces sortes de lignes prolongées à l'infini ne se rencontreroient jamais. Les lignes db, DB, GF, *fig.* 12, *pl.* 3, sont paralleles entr'elles.

PARALLELOGRAMME. Le parallélogramme est un quadrilatere dont les côtés opposés sont paralleles. Il y a quatre sortes de parallélogrammes, le carré, le carré long, le rhombe & le rhomboïde. Le carré a ses quatre côtés égaux & ses quatre angles droits. Le carré long a ses quatre angles droits, mais il n'a que ses côtés opposés égaux. Le rhombe a ses quatre côtés égaux, mais il n'a aucun angle droit. Le rhomboïde n'a aucun angle droit, & il n'a que ses côtés opposés égaux. Voyez l'article de la *Géométrie*.

PARATONNERRE. Machine dressée sur un lieu élevé, pour empêcher qu'il ne soit frappé de la foudre. Rien de plus simple que cette utile machine. Ayez une barre de fer de figure cylindrique, depuis un, jusqu'à quatre, pouces de diametre, dont l'extrémité supérieure sera terminée en aiguille. La hauteur de la barre sera aussi arbitraire, que son diametre ; je ne voudrois pas cependant qu'elle fût de moins de dix & de plus de vingt pieds. Ayez un support de verre massif, plus ou moins épais & plus ou moins large, à la volonté du Physicien qui dirige le paratonnerre. Faites au milieu de ce support un trou circulaire, plus ou moins grand & plus ou moins profond, suivant le diametre & la hauteur de la barre de fer ; ce trou ne doit pas être prolongé jusqu'à la surface inférieure du support ; il doit y avoir au moins deux pouces de verre solide entre cette surface inférieure & l'excavation faite dans le verre. Faites entrer dans ce trou l'extrémité inférieure de la barre de fer ; & pour peu qu'elle remue, fixez-la avec de la résine ou tout autre ciment qui soit électrique par *frottement*. Arrêtez solidement le support dans l'endroit le plus élevé du bâtiment que voulez garantir de la foudre ; dès-lors vous aurez mis en place la piece principale de votre paratonnerre. Ne vous en tenez pas-là, vous n'auriez qu'un simple *Electroscope*. Ayez une petite chaîne de métal dont vous attacherez l'une des extrémités à la barre de fer, quelques pouces au-dessus de son support. Menez cette chaîne par un conduit de verre où elle ne soit pas gênée, jusqu'à l'extrémité du couvert du bâtiment, d'où elle pendra librement, pour se rendre dans un puits perdu ; vous aurez une machine qui mettra votre maison à l'abri de la foudre, surtout si, pour prévenir la rouille, vous faites dorer au moins la partie de la barre de fer terminée en pointe. Voici quelle nous croyons être l'opération de la nature.

Le tonnerre n'étant dans le fond qu'une électricité naturelle violemment comprimée dans le nuage qui porte dans son sein ce terrible météore (cherchez *Tonnerre*,) si ce nuage passe sur un bâtiment armé d'un paratonnerre, la matiere électrique qu'il contient, sera soutirée par la pointe de la barre de fer, & coulera, par le moyen de la chaîne de métal, dans le puits perdu dont nous avons parlé, où elle éclatera, souvent d'une maniere sensible, quelquefois d'une maniere effrayante ; mais toujours sans aucune espece d'inconvénient. La chose arriva, le 3 du mois d'Août 1782, à Seefeld en Baviere, au Château de M. le Comte *de Torrin Seefeld*. Dans un orage violent, accompagné de tonnerres affreux, la foudre devoit naturellement tomber sur ce château & y causer les plus grands dommages, s'il n'eût pas été défendu par un excellent paratonnerre. Le fluide fulminant fut soutiré par la pointe de cette admirable machine & conduit dans une espece de puits perdu assez éloigné du château. Mais comme il n'avoit que six pieds de profondeur, on vit, par l'explosion qui s'y fit, voler en tout sens les pierres & la terre dont il étoit couvert. Quelques mois après l'Electeur de Baviere fit placer jusqu'à dix-sept paratonnerres sur son château de Nymphenbourg ; & à l'exemple du Souverain, on en fit construire sans nombre dans tout l'Electorat. Il seroit maintenant bien difficile de faire l'énumération des paratonnerres dressés dans l'ancien, comme dans le nouveau monde. On est si convaincu de leur utilité, qu'on en a armé les magasins à poudre, pour les mettre à l'abri des funestes effets d'un météore, toujours à craindre en lui-même, plus à craindre encore, s'il venoit à pénétrer dans ces sortes de bâtimens.

Ce que la nature fait en grand dans l'électricité naturelle, nous le faisons en petit dans l'électricité artificielle. Tous les jours dans nos cabinets de Physique nous déséléctrisons le corps le plus fortement électrisé, en approchant de lui, à une certaine distance, la moindre pointe, celle même d'une aiguille ; nous voyons alors toute l'électricité de ce corps, attirée par la pointe, passer dans l'homme non-isolé qui la tient à la main, de l'homme à la terre, & se dissiper ainsi, en se communiquant à toute la masse du globe. Cette dissipation se fait avec tant de promptitude, que vous ne tirerez jamais avec une pointe une étincelle d'un corps fortement électrisé, semblable à celle, que vous excitez, en en approchant un corps arrondi ; tout au plus appercevrez-vous une petite bluette à l'extrémité de votre pointe. C'est en méditant sur cette expérience, que le Docteur *Franklin* inventa les paratonnerres. Il ne falloit rien moins qu'un génie créateur, pour tirer un tel parti de la plus simple de toutes les opérations.

L'établissement des paratonnerres ne s'est fait ni tout-à-coup ; ni sans de grandes difficultés. Des Physiciens mal intentionnés, jaloux peut-être de la gloire du Docteur *Franklin*, ont déclamé très-indécemment contre cette utile machine. Peu contens de la faire regarder comme inutile & comme ridicule, ils l'ont dépeinte comme préjudiciable au bien public, comme capable d'attirer le tonnerre, non sur le bâtiment qui en est armé, mais sur les maisons circonvoisines. M. l'Abbé *Nollet*, tout modéré qu'il est dans sa critique, a bien eu quelque chose à se reprocher en cette matiere. La septieme de ses lettres, adressée au Docteur *Franklin*, ne lui a pas fait honneur, ni quant au fond, ni quant à la forme, comme nous aurons occasion de le faire remarquer dans la suite de cet article ; cette lettre est une véritable tache à sa haute réputation, d'ailleurs très-bien méritée.

Les écrits de quelques Physiciens contre les paratonnerres ont de tems en tems ameuté le peuple & rendu timides ceux qui auroient voulu s'en procurer : témoin ce qui se passa à Geneve en 1771, lorsque M. *de Saussure*, célebre Professeur de cette ville, en eut fait dresser un, pour garantir de la foudre sa maison & tout son quartier ; il lui fallut, pour tranquilliser les esprits, faire paroître un petit ouvrage sur *l'utilité des conducteurs électriques*, ouvrage dont il distribua *gratis* des exemplaires à quiconque voulut en aller chercher au *Bureau d'avis* : témoin encore ce qui vient de se passer à Saint Omer contre M. *Visseri de Bois-Vallé* dont l'ingénieux paratonnerre étoit imprudemment surmonté d'une apparence de globe fulminant & terminé par une épée qui sembloit menacer le ciel & braver la foudre. A la vue de cet appareil imposant, toute la ville fut en rumeur ; on s'assembla en foule & en tumulte à la porte de la maison de M. *de Bois-Vallé* ; & les Officiers municipaux, dans la crainte d'une sédition, porterent un jugement provisoire par lequel il étoit ordonné de détruire à l'instant, & nonobstant toute appellation quelconque, cette machine, regardée comme infernale. Il est donc nécessaire de répondre d'une maniere triomphante aux objections qu'on fait quelquefois contre l'utilité, je dirois presque la nécessité des paratonnerres.

Premiere objection. Les paratonnerres sont très-dangereux en eux-mêmes ; ils peuvent attirer la foudre dans la maison sur laquelle on a eu l'imprudence de les élever. Le 6 du mois d'Août 1753, M. *Richmann*, Physicien de Pétersbourg, fut tué dans cette ville par la foudre, attirée vraisemblablement par un semblable appareil & conduite dans la chambre au-dessus de laquelle il avoit été dressé.

Réponse. Il y a paratonnerre & paratonnerre. Celui qui sera construit suivant les regles que nous avons données & avec les précautions que nous avons suggérées, ne sauroit inspirer aucune crainte bien fondée ; il doit inspirer au contraire la plus grande sécurité dans un tems d'orage ; nous croyons l'avoir, je ne dis pas prouvé, mais même démontré par les raisons les plus solides & par les expériences les mieux constatées. Il n'en est pas ainsi de la fatale machine de M. *Richmann* ; ce n'étoit pas un paratonnerre, c'étoit un attire-tonnerre. Ce Physicien d'ailleurs très-estimable, mais peu au fait des effets de l'électricité, enferma, comme l'on dit, le loup dans la bergerie. Il éleva sur le toit de sa maison une barre de fer, terminée en pointe ; & par des fils de fer il établit une communication entre cette barre & le conducteur qu'il avoit dans sa chambre, conducteur qu'il avoit isolé le plus parfaitement qu'il étoit possible. Un de ces nuages qui portent dans leur sein des tonnerres affreux, se trouva directement sur sa maison, dans le tems que notre Physicien examinoit les effets de l'électricité naturelle & tiroit de son conducteur les plus fortes étincelles ; la barre soutira toute l'électricité du nuage, & la matiere du tonnerre se rendit par les fils de fer dans le conducteur isolé, d'où elle sortit sous la forme d'un globe de feu. Ce globe se porta au front de l'infortuné *Richmann*, qui ne se trouvoit qu'à un pied de distance de ce conducteur, & il l'étendit mort sur la place. S'il eût conduit l'électricité, non dans sa chambre, mais dans un puits perdu, le globe de feu auroit fait une simple explosion dans la terre.

Ce qui est incompréhensible, c'est que sept ans après ce funeste événement dont personne dans le monde savant n'ignora les moindres circonstances, M. l'Abbé *Nollet*, l'un des plus grands Physiciens électrisans de son siecle, ait proposé la construction d'un appareil aussi vicieux que celui de M. *Richmann*. Lisez sa septieme lettre sur l'électricité depuis la fin de la page 164, jusqu'à la fin de la page 170 ; examinez la planche analogue à cette lettre ; vous vous convaincrez bien facilement que les plus grands hommes, lorsque la jalousie s'empare de leur cœur, sont sujets aux plus grandes bévues : premiere preuve de ce que nous avons avancé, que la lettre en question est une tache à la réputation de M. l'Abbé *Nollet*.

Ce qui est encore incompréhensible, c'est que dans un tems où les paratonnerres ont été portés par M. l'Abbé *Bertholon* à leur derniere perfection, il est des Physiciens assez téméraires, pour ne pas isoler la piece principale de cet appareil ; ils se contentent, *m'a-t-on assuré*, d'élever la barre de fer sur leur bâtiment, à-peu-près comme on éleve une croix au haut des clochers. Ils prennent, il est vrai, les autres précautions que nous avons indiquées, au commencement de cet article. Ces paratonnerres, j'en conviens, sont moins vicieux, que les appareils de MM. *Richmann* & *Nollet* ; mais ils ne sont pas exempts de tout danger. La matiere du tonnerre pourroit être dans le nuage en si grande abondance ; elle pourroit être soutirée avec tant de promptitude & en si grande quantité par la barre de fer non isolée, qu'elle fût obligée de former comme deux courans, dont l'un, enfilant la chaîne de fer, feroit son explosion dans le puits perdu, & l'autre, parcourant la barre de fer non isolée, la feroit dans l'intérieur même du bâtiment. Je pense même que ce dernier courant seroit bien plus abondant & bien plus à craindre que le premier. Les clochers ne sont frappés du tonnerre, que parce que, plus élevés que les bâtimens ordinaires, ils sont surmontés de quelque piece de fer non isolée. Le fameux clocher des Cordeliers de *S. Francesco della Vigna* à Venise, n'a été si souvent frappé de la foudre ; il ne fut renversé par un coup de tonnerre la nuit du 18 au 19 du mois d'Août 1777, que parce qu'il s'élevoit en pyramide à une grande hauteur. Aussi, en le rebâtissant, l'a-t-on armé, par ordre du Sénat, d'un excellent paratonnerre qui, depuis lors, le fait respecter par ce terrible météore.

Seconde objection. Quelle apparence y a-t-il que la matiere fulminante, contenue dans un nuage capable de couvrir une grande ville, se filtre, dans l'espace de quelques minutes, par une aiguille grosse comme le doigt, ou par un fil de métal qui serviroit à la prolonger ? A quiconque auroit assez de crédulité pour se prêter à une pareille idée, ne pourroit-on pas proposer aussi d'ajuster de petits tubes le long des torrens, pour prévenir les désordres de l'inondation. *Nollet, lettre septieme déjà citée, page* 156.

Réponse. Cette objection est une nouvelle preuve de ce que nous avons avancé, que la lettre en question est une véritable tache à la réputation de M. l'Abbé *Nollet.* Car enfin supposons-la fondée ; que s'ensuivra-t-il ? Que les paratonnerres les mieux construits sont des appareils purement inutiles, & non des appareils dangereux. Mais leur inutilité est-elle prouvée par la comparaison que fait M. l'Abbé *Nollet*, pour jetter du ridicule sur les Physiciens qui sont les panégyristes de cette machine ? Non sans doute ; & le ridicule dont il a voulu couvrir ses antagonistes, est précisément retombé sur lui ; l'on le regarderoit même aujourd'hui comme un homme peu au fait de la nature & de la marche de la matiere électrique, s'il n'eût donné au public, que ses lettres au Docteur *Franklin.* En effet comment un Physicien peut-il faire sérieusement une comparaison soutenue entre l'eau & la matiere électrique ! L'une est un des fluides le moins compressible & le moins élastique que nous connoissions ; il l'avoue lui-même dans sa seconde leçon, cherchez *Eau :* l'autre est le fluide peut-être le plus compressible & le plus élastique qu'il y ait dans la nature. L'eau a une grossiereté qui resserre dans des bornes fort étroites la vîtesse qu'elle peut acquérir : la matiere électrique a une subtilité qui la rend capable d'une vîtesse qu'on ne pourra peut-être jamais mesurer. Enfin il faut un tems considérable pour qu'une grande masse d'eau sorte du canal où elle étoit contenue : dans un instant indivisible & par une simple étincelle que vous tirez, vous désélectrisez une grande masse de corps isolés où la matiere électrique étoit le plus accumulée. Non, je ne crains pas de le dire d'après M. *de Saussure* : *une aiguille de fer, grosse comme le doigt, pourroit absorber en quelques minutes, non-seulement la matiere fulminante d'une nuée, mais celle même qui est contenue dans le globe entier de la terre.*

Troisieme objection. Ne pourroit-il pas arriver qu'un paratonnerre, construit selon toutes les regles de la Physique, fût un préservatif pour la maison au-dessus de laquelle il est dressé, & attirât la foudre sur les maisons voisines ?

Réponse. Il n'est qu'un esprit foible qui puisse faire une pareille demande. Mais comme on me l'a faite plusieurs fois, il est nécessaire de faire sentir que ce n'est ici qu'une terreur panique. En effet si les paratonnerres sont utiles, comme on ne sauroit maintenant en disconvenir, quel peut être le fondement de leur utilité ? C'est sans doute le pouvoir qu'ils ont de soutirer la matiere fulminante contenue dans le nuage, & de la conduire, par le moyen de la chaîne, dans le puits perdu préparé pour la recevoir. Comment une pareille opération, je le demande à tout Physicien tant soit peu au fait de l'électricité, pourroit-elle rejetter la foudre sur les maisons voisines ? Que si les paratonnerres sont inutiles, comme le disent encore quelques bonnes gens qui croient tout savoir, sans avoir jamais étudié, le nuage qui porte le tonnerre, passera sur les maisons qui en seront armées, comme il y eût passé, si l'on n'eût pas dressé un semblable appareil.

Terminons cet article par une ingénieuse réflexion de M. *de Saussure* qui regarde la pratique des conducteurs comme une espece d'inoculation du tonnerre. *Dans l'inoculation de la petite vérole*, dit-il, *l'on introduit volontairement un levain dans son corps, pour se préserver de l'éruption violente que le venin qui s'y trouvoit renfermé, auroit pu faire naturellement ; de même, quand on érige un conducteur, on dérive sur lui peu-à-peu la matiere fulminante de la nuée, pour prévenir la violente explosion qu'elle auroit pu faire d'elle-même. Et s'il y a des différences, elles sont toutes à l'avantage des conducteurs ; puisqu'en employant ceux-ci, ce n'est pas sur votre propre corps, ni même sur celui de votre maison que vous dérivez la cause du danger ; mais sur un fer isolé qui court seul les risques de l'opération.*

Remarque 1. L'appareil dont nous venons de parler, n'est un préservatif que contre les tonnerres *descendans*. S'il y a, comme l'on dit, des tonnerres *ascendans*, ce que je ne crois pas, ils sont si rares, qu'il ne vaut pas la peine d'armer les maisons d'une machine aussi compliquée. Ceux cependant qui craignent ces ſortes de tonnerres, n'ont qu'à lire les excellens écrits de M. l'Abbé *Bertholon* ſur cette matiere ; ils y trouveront la maniere de conſtruire des appareils préſervatifs des tonnerres *aſcendans* & *deſcendans*. Tout ce qu'a écrit ce grand Phyſicien, eſt marqué au coin de l'immortalité.

Remarque 2. Ne pourroit-on pas trouver quelque moyen de garantir de la foudre les perſonnes qui, dans un tems d'orage, ſe trouvent ſur un chemin, dans une promenade, en un mot hors de leur maiſon, comme on a trouvé celui d'en garantir un bâtiment ? Je penſe que la choſe n'eſt pas impoſſible ; & voici l'idée que je donne d'un *paratonnerre portatif* ; j'en laiſſe l'exécution à quelque habile ouvrier ; rien n'eſt plus ſimple que la machine que je vais propoſer.

1°. L'on ſe munira d'un de ces paraſols de taffetas dont on ſe ſert, hors le tems de pluie, comme d'une canne ordinaire.

2°. L'on mettra à cette canne une pomme de criſtal, au lieu d'en mettre une de métal ou d'ivoire ; & cette pomme ſera percée au centre du cercle dont elle eſt ſurmontée.

3°. Cette canne ſera creuſée en dedans ; & cette eſpece d'étui aura environ trois pans de longueur, à compter du centre de la pomme juſques vers le milieu de la canne.

4°. L'étui ſera revêtu intérieurement, & toute la canne extérieurement d'un vernis *à la cire* d'Eſpagne, ou de tout autre vernis électrique *par lui-même*. Cherchez *Electricité*.

5°. L'on placera dans l'étui de la canne un barreau cylindrique d'acier, terminé en pointe, d'environ trois pans de long ; & ce barreau, par le moyen d'un reſſort, ſortira de ſon étui, toutes les fois qu'on frappera la terre avec l'extrémité inférieure de la canne.

6°. L'on enduira d'un vernis électrique *par lui-même* toutes les autres pieces du paraſol qui ſont électriques *par communication*. Je voudrois même, quoique la choſe ne ſoit pas abſolument néceſſaire, qu'on n'employât le métal, dans la conſtruction de cette machine, que le plus rarement poſſible. Lorſqu'on ne pourra pas s'en paſſer, on l'enduira du vernis ordinaire.

7°.

7°. L'on pratiquera ſur la ſurface extérieure du paraſol une eſpece de poche dans laquelle on enfermera une petite chaîne de métal, dont l'une des extrémités ſera terminée par un crochet, & l'autre par une balle de fer ou d'acier.

8°. On garnira la circonférence extérieure du paraſol de différens nœuds de rubans de ſoie, éloignés les uns des autres d'environ un pan.

9°. Dans un tems d'orage, l'on fera ſortir le barreau d'acier de ſon étui ; l'on y attachera, à un pouce de diſtance de la pomme de cryſtal, l'extrémité de la chaîne terminée par un crochet ; l'on ouvrira le paraſol, & on laiſſera pendre à terre l'extrémité de la chaîne, terminée par la balle de fer ou d'acier.

10°. L'on fixera cette chaîne par le moyen d'un des nœuds, dont la circonférence du paraſol eſt garnie ; & l'on choiſira toujours le nœud dont la poſition eſt oppoſée à celle du vent qui ſouffle.

Telle eſt la machine dont je propoſe l'exécution avec confiance. Le prix ſera tout au plus double de celui des paraſols ordinaires. On lui donnera le nom de *paratonnerre portatif* ; elle le mérite, puiſqu'elle procurera à quiconque en ſera muni, tous les avantages que procurent à un bâtiment les *paratonnerres fixes*.

PARDIES, (Ignace Gaſton) *naquit à Pau en l'année* 1636. Il entra dans la Compagnie de Jeſus à l'âge de 16 ans. Il avoit un eſprit juſte, clair & méthodique qui le porta naturellement à l'étude des Mathématiques. L'éclat avec lequel il les enſeigna à Paris, & ſes ouvrages ſur la géométrie ſpéculative & pratique, la gnomonique, le mouvement local, la nature & le mouvement des cometes, prouvent qu'à la fleur de ſon âge, il y avoit fait les plus grands progrès. Il préparoit un cours de Mathématique complet, lorſque la mort l'enleva, à l'âge de 37 ans, le 22 Avril 1673. Quelle perte pour le monde ſavant !

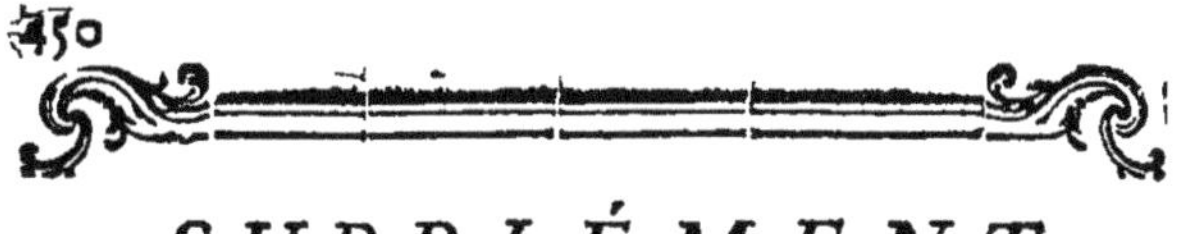

SUPPLÉMENT.

Les mêmes raiſons qui nous ont engagé à renvoyer les Tables du *Calendrier* & des *Latitudes* à la fin du ſecond & du troiſieme Volumes, nous ont déterminé à mettre à la fin de celui-ci les Tables des *Longitudes*, *Logarithmes*, & celles qui ſont analogues aux articles *Longueur de la vie des Hommes*, *Lumiere* & *Nivellement*; elles étoient trop longues pour trouver place dans le corps de l'Ouvrage. L'on ne doit s'en ſervir, que lorſqu'on aura bien compris les articles qui commencent par les mots *Longitude*, *Logarithme*, *Longueur de la vie des Hommes* & *Lumiere*.

TABLE

Des Longitudes des principales Villes du Monde, en prenant pour premier Méridien, tantôt celui de l'Isle de Fer, tantôt celui de l'Observatoire de Paris.

VILLES.	LONGITUDE. *Méridien de l'Isle de Fer.*			LONGITUDE. *Méridien de Paris.*			
A	*D.*	*M.*	*S.*	*D.*	*M.*	*S.*	
Abbeville.	19	33	0	0	30	20	oc.
Agde.	21	8	0	1	8	11	or.
Agen.	18	15	11	1	44	11	oc.
Agra. *Mogol.*	94	24	49	74	24	0	or.
Aix. *France.*	23	12	0	3	6	34	or.
Albi.	19	48	0	0	11	16	oc.
Alençon.	17	45	0	2	15	0	oc.
Alep. *Syrie.*	55	0	0	35	0	0	or.
Alexandrette.	54	0	0	34	0	0	or.
Alexandrie. *Egypte.*	47	56	30	27	56	30	or.
Alger.	16	26	0	0	7	15	oc.
Amiens.	19	55	48	0	2	4	oc.
Amsterdam.	22	39	0	2	39	0	or.
Angers.	17	6	0	2	53	52	oc.
Angoulême.	17	48	47	2	11	13	oc.
Antibes.	24	47	45	4	48	33	or.
Anvers.	22	10	0	2	4	9	or.
Archangel.	57	20	0	36	35	0	or.
Arles.	22	21	0	2	18	0	or.
Arras.	26	26	12	0	26	12	or.
Auch.	18	10	0	1	45	24	oc.
Avignon.	22	26	0	2	28	33	or.
Avranches.	16	17	22	3	42	38	oc.
Aurillac.	20	7	0	0	7	0	or.
Autun.	21	58	8	1	58	0	or.
Auxerre.	21	14	20	1	14	20	or.

VILLES.	LONGITUDE.			LONGITUDE.			
	D.	M.	S.	D.	M.	S.	
B							
Barcelone.	19	53	0	0	7	0	oc.
Basle.	25	15	0	5	15	0	or.
Bayeux.	16	57	9	3	2	51	oc.
Bayonne.	16	11	15	3	50	6	oc.
Beauvais.	19	45	0	0	15	18	oc.
Berlin.	31	7	15	11	6	15	or.
Besançon.	23	30	0	3	42	39	or.
Beziers.	20	52	35	0	52	35	or.
Blois.	18	59	50	1	0	10	oc.
Bologne. *Italie.*	29	17	0	9	1	15	or.
Boulogne. *France.*	19	20	0	0	43	16	oc.
Bourdeaux.	16	55	0	2	54	49	oc.
Bourges.	19	56	0	0	3	26	or.
Breslaw.	34	47	30	14	47	30	or.
Brest.	13	6	0	6	50	50	oc.
Bruxelles.	22	5	0	2	1	43	or.
Buenos-Ayres.	322	0	0	60	51	15	oc.
C.							
Cadix.	14	35	15	8	21	15	oc.
Caën.	17	15	0	2	41	47	oc.
Caire. (*le*)	49	6	15	29	6	15	or.
Cahors.	19	7	9	0	53	9	oc.
Calais.	19	27	30	0	29	4	oc.
Cambrai.	20	54	0	0	53	42	or.
Candie.	42	58	0	22	58	0	or.
Cap de Bonne-Espérance.	37	44	45	16	10	0	or.
Carcassonne.	20	0	49	0	0	49	or.
Carthagene. *Amér.*	320	30	0	77	46	0	oc.
Castres.	19	55	0	0	5	15	oc.
Cayenne.	27	30	0	54	35	0	oc.
Châlon-sur-Marne.	22	2	12	2	2	12	or.
Châlon sur-Saône.	22	31	25	2	31	25	or.
Chartres.	19	10	0	0	51	5	oc.
Cherbourg.	15	58	0	3	58	11	oc.
Civita-Vecchia.	29	25	0	9	26	0	or.
Clermont.	20	49	0	0	45	7	or.
Cologne.	24	45	0	4	45	0	or.

VILLES.	LONGITUDE.			LONGITUDE.			
	D.	*M.*	*S.*	*D.*	*M.*	*S.*	
Conception. (*la*)	304	27	30	75	0	0	oc.
Condom.	18	2	0	1	58	16	oc.
Constantinople.	46	33	0	26	33	30	or.
Copenhague.	30	25	15	10	25	15	or.
Coutances.	16	12	25	3	47	25	oc.
Cracovie.	37	30	0	17	30	0	or.
D.							
Dantzic.	36	11	0	16	11	0	or.
Dax.	16	36	0	3	23	55	oc.
Dieppe.	18	49	0	1	15	48	oc.
Dijon.	22	30	0	2	42	23	or.
Dol.	15	52	48	4	6	12	oc.
Dunkerque.	20	0	45	0	2	23	or.
E.							
Edimbourg.	14	34	45	5	25	15	oc.
Embrun.	24	20	0	4	9	0	or.
Erzeron.	57	50	0	46	15	45	or.
Evreux.	18	48	39	1	11	21	oc.
F.							
Fer. (*l'isle de*)	0	0	0	29	53	45	oc.
Ferrare.	29	20	0	9	20	0	or.
Fleche. (*la*)	17	32	0	2	28	0	oc.
Florence.	28	59	30	8	59	30	or.
Francfort.	26	15	0	6	15	0	or.
Fréjus.	24	28	0	4	24	45	or.
G.							
Gand.	21	35	0	1	23	39	or.
Gap.	23	44	23	3	44	23	or.
Genes.	26	15	45	6	15	45	or.
Geneve.	24	0	0	4	0	0	or.
Goa.	91	25	0	71	25	0	or.
Granville.	16	2	35	3	57	7	oc.
Grasse.	24	36	5	4	36	5	or.
Greenwich.	17	38	0	2	17	30	oc.
Grenoble.	23	12	0	3	23	40	or.
J.							
Jerusalem.	53	0	0	33	0	0	or.
Ingolstad.	28	45	0	9	2	30	or.

VILLES.	LONGITUDE.			LONGITUDE.			
	D.	M.	S.	D.	M.	S.	
Iſpahan.	70	30	0	50	30	0	or.
K.							
Kebec.	307	47	0	72	13	0	oc.
L.							
Landau.	25	47	30	5	47	30	or.
Langres.	23	0	0	2	59	23	or.
Laon.	21	17	29	1	17	29	or.
Lauſane.	24	10	0	4	25	15	or.
Leꝺtoure.	18	16	53	1	43	7	oc.
Leipſic.	30	0	0	10	0	0	or.
Liége.	23	15	0	3	15	0	or.
Lille. *Flandres.*	20	0	0	0	44	16	or.
Lima.	300	50	30	79	9	30	oc.
Limoges.	18	57	0	1	4	51	oc.
Lisbonne.	11	30	0	11	17	30	oc.
Liſieux.	17	55	0	2	5	0	oc.
Londres.	17	34	45	2	25	15	oc.
Louisbourg.	10	0	0	62	6	15	oc.
Luçon.	316	29	26	3	30	34	oc.
Lyon.	22	25	0	2	29	43	or.
M.							
Macao.	130	48	0	111	26	15	or.
Madrid.	14	30	0	6	4	30	oc.
Mahon. (*Port.*)	22	0	30	1	28	0	or.
Malaca.	119	45	0	99	45	0	or.
Malines.	22	5	0	2	8	48	or.
Malo. (*St.*)	15	30	0	4	22	2	oc.
Malte.	32	10	0	12	9	30	or.
Manille.	141	0	0	118	0	0	or.
Marſeille.	23	7	0	3	2	8	or.
Martinique. (*la*)	316	41	15	63	18	45	oc.
Mayence.	26	0	0	6	0	0	or.
Meaux.	20	32	35	0	32	35	or.
Mende.	21	9	30	1	9	32	or.
Menin.	20	44	0	0	47	18	or.
Metz.	23	51	0	3	51	0	or.
Milan.	27	0	0	7	0	0	or.
Modene.	28	52	30	8	52	30	or.

VILLES.	LONGITUDE.			LONGITUDE.			
	D.	M.	S.	D.	M.	S.	
Mons.	21	34	0	1	37	10	or.
Montpellier.	21	32	0	1	32	44	or.
Moſcow.	58	0	0	38	0	0	or.
Moulins.	20	59	59	0	59	59	or.
Munich.	29	15	0	9	15	0	or.
N.							
Namur.	22	32	0	2	31	37	or.
Nancy.	22	45	0	3	51	33	or.
Nantes.	16	7	30	3	53	48	oc.
Naples.	32	20	0	12	20	0	or.
Narbonne.	20	41	0	0	40	9	or.
Nevers.	20	49	25	0	49	25	or.
Nice.	24	57	22	4	57	22	or.
Nieuport.	26	15	0	0	24	55	or.
Nîmes.	22	1	11	2	1	11	or.
Noyon.	20	40	43	0	40	43	or.
Nuremberg.	28	44	0	8	44	0	or.
O.							
Olinde.	342	30	0	37	30	0	oc.
Orange.	22	25	53	2	25	53	or.
Orléans.	20	26	0	0	25	38	oc.
Oſtende.	20	23	13	0	35	2	or.
P.							
Padoue.	29	36	0	9	35	30	or.
Paris. *Obſervatoire.*	20	0	0	0	0	0	
Pau.	17	6	0	2	29	0	oc.
Pekin.	134	16	30	114	2	30	or.
Périgueux.	18	18	0	1	36	59	oc.
Perpignan.	20	33	30	0	34	5	or.
Pétersbourg.	49	30	0	28	0	0	or.
Pic des Açores.	349	30	0	30	30	0	oc.
Pic de Teneriffe.	1	13	30	18	52	3	oc.
Poitiers.	17	55	0	1	59	55	oc.
Pondichery.	98	7	30	77	52	30	or.
Portobello.	297	50	0	82	10	0	oc.
Puy. (*le*)	21	33	21	1	33	21	or.
Q.							
Quanton.	130	43	15	110	3	15	or.

VILLES.	LONGITUDE.			LONGITUDE.			
	D.	M.	S.	D.	M.	S.	
Guimper.	13	32	25	6	27	25	oc.
Quito.	302	15	0	80	15	0	oc.
R.							
Reims.	21	45	0	1	42	53	or.
Rennes.	15	55	0	4	1	53	oc.
Rio-Janeiro.	337	0	0	45	5	0	oc.
Rochelle. (*la*)	16	37	0	3	35	44	oc.
Rodez.	20	14	0	0	14	20	or.
Rome.	30	20	0	10	9	15	or.
Rouen.	18	45	0	1	14	40	oc.
S.							
Saintes.	37	1	6	2	58	54	oc.
St. Brieu.	14	47	0	5	3	17	oc.
St. Flour.	20	45	32	0	45	32	or.
St. Omer.	19	54	57	0	5	3	oc.
St. Paul de Leon.	13	39	39	6	20	21	oc.
Salonique.	40	48	0	20	48	0	or.
Séez.	17	49	49	2	10	11	oc.
Senlis.	20	15	0	0	15	0	or.
Sens.	20	54	0	0	56	58	or.
Siam.	118	30	0	98	30	0	or.
Sifteron.	43	36	4	3	36	4	or.
Smyrne.	44	59	45	24	59	45	or.
Soiffons.	20	59	28	0	59	28	or.
Stockholm.	37	5	8	17	0	0	or.
Strasbourg.	25	25	0	5	26	18	or.
Surate.	90	0	0	70	0	0	or.
T.							
Tarbes.	17	38	0	2	16	27	oc.
Tolede.	14	20	0	5	40	0	oc.
Tornea.	41	57	0	21	52	30	or.
Toul.	23	33	45	3	33	45	or.
Toulon.	23	42	0	3	36	35	or.
Touloufe.	20	55	0	0	53	45	oc.
Tours.	18	20	0	1	38	49	oc.
Tréguier.	14	24	50	5	35	10	oc.
Tripoly.	30	45	15	10	45	15	or.
Troyes.	21	40	0	1	44	55	or.

VILLES.	LONGITUDE.			LONGITUDE.			
	D.	*M.*	*S.*	*D.*	*M.*	*S.*	
Turin.	25	20	0	5	20	0	or.
V.							
Valparais.	305	20	45	74	39	15	oc.
Vannes.	14	35	34	5	6	26	oc.
Varſovie.	38	45	0	18	45	0	or.
Vence.	24	47	28	4	47	28	or.
Veniſe.	30	20	0	9	44	30	or.
Verdun.	23	2	0	3	2	45	or.
Verone.	28	31	0	8	58	30	or.
Verſailles.	19	47	0	0	12	50	oc.
Vienne. *Autriche.*	34	32	0	14	2	30	or.
Viviers.	22	21	22	2	21	22	or.
Upſal.	35	50	0	15	25	0	or.
Uranibourg.	30	40	0	10	32	30	or.
Wittemberg.	30	45	0	10	13	30	or.
Y.							
Ylo.	306	33	0	73	33	0	oc.
Ypres.	20	32	55	0	32	55	

EXPLICATION

DE LA TABLE PRÉCÉDENTE.

1°. La table des longitudes contient, comme celle des latitudes, plusieurs colonnes perpendiculaires. Dans la premiere colonne se trouvent les noms des villes; dans la seconde, la troisieme & la quatrieme colonnes, les différentes longitudes exprimées en degrés, minutes & secondes géométriques, en supposant que le premier méridien est celui de l'Isle de Fer; dans la cinquieme, sixieme & septieme colonnes se trouvent encore les différentes longitudes exprimées en degrés, minutes & secondes géométriques, dans l'hypothese que le premier méridien est celui de l'Observatoire de Paris.

2°. Nous prenons pour premier méridien, d'abord le méridien de l'*Isle de Fer.* C'est un grand cercle qui passe par les deux pôles du monde & par le *Zenith* & le *Nadir* de cette Isle.

3°. La longitude d'une ville est la distance qu'il y a du méridien de cette ville au premier méridien. C'est l'arc de l'équateur compris entre ces deux méridiens qui détermine les degrés de longitude. Paris, *par exemple*, en a 20 degrés, parce que l'arc de l'équateur compris entre le méridien de Paris & le méridien de l'Isle de Fer est de 20 degrés.

4°. Au lieu d'exprimer la longitude d'une ville en degrés, minutes & secondes géométriques, on l'exprime quelquefois en heures, minutes & secondes de tems. Rien n'est plus facile que de faire ces sortes de réductions. On sait qu'une heure équivaut à 15 degrés, une minute de tems à 15 minutes de degrés, & une seconde de tems à 15 secondes géométriques. La longitude de Nîmes, *par exemple*, marquée en tems, seroit de 1 heure, 28 minutes, 4 secondes, 44 tierces, parce que cette ville a 22 degrés, 1 minute, 11 secondes de longitude.

5°. Le principe sur lequel cette réduction est fondée, est celui-ci. Le Soleil parcourt son cercle diurne dans l'espace de 24 heures; donc il parcourt chaque heure 15 degrés de son cercle, puisque 15 multipliant 24 donne pour produit 360, *valeur de tout cercle;* donc une heure équivaut à 15 degrés, une minute de tems à 15 minutes de degrés ; & une seconde de tems à 15 secondes géométriques, ou pour parler encore plus clairement, donc un degré géométrique équivaut à 4 minutes de tems, une minute de degré à 4 secondes de tems & une seconde de minute à 4 tierces de tems.

6°. Toutes les opérations dont nous venons de parler ; en supposant que le premier méridien est celui qui passe par le *Zenith* & le *Nadir* de l'*Isle de Fer*, auront lieu, lorsque l'on voudra prendre pour premier méridien celui qui passe par le *Zenith* & le *Nadir* de l'observatoire de Paris. Il n'est pas nécessaire d'avertir que les deux marques *or.* & *oc.* signifient *orientale* & *occidentale* par rapport à Paris.

TABLE

DES LOGARITHMES.

Les Géometres ont calculé avec l'exactitude la plus scrupuleuse les logarithmes non-seulement des nombres entiers & des degrés ; mais ceux encore des minutes & des secondes. Nous diviserons donc ces tables en 4 parties. La premiere partie contiendra les logarithmes des *secondes* ; la seconde partie, les logarithmes des *minutes* ; la troisieme, les logarithmes des *degrés* ; la quatrieme, les logarithmes des *nombres entiers*.

LOGARITHMES

DES SECONDES CALCULÉES DE 10 EN 10.

Secondes.	*Logarithmes des Sinus.*	*Différence.*
10	5. 6855748	3010300
20	5. 9866048	1760913
30	6. 1626961	1249387
40	6. 2876348	969100
50	6. 3845448	791813
60	6. 4637261	

L'on va expliquer tout de suite 1°. pourquoi dans cette premiere partie l'on a omis les 9 premieres *secondes* ; 2°. pourquoi l'on n'a pas marqué les logarithmes des tangentes ; 3°. Comment on peut trouver les logarithmes des sinus des secondes intermédiaires.

EXPLICATION

DE LA TABLE DES LOGARITHMES

des Sinus des Secondes.

Tout homme qui aura lu avec attention l'article des *Logarithmes* inséré dans le corps de cet Ouvrage, & la Table que nous venons de donner sur cette matiere, fera sur la premiere de ces Tables les demandes suivantes.

D. Pourquoi a-t-on omis les logarithmes des sinus des 9 premieres secondes ?

R. Un angle de 9 secondes est un angle insensible ; donc l'on a dû omettre les logarithmes des sinus des 9 premieres secondes.

D. Pourquoi n'a-t-on pas marqué les logarithmes des tangentes dans la premiere Table, comme dans les trois dernieres ?

R. Lorsqu'on divise le sinus total en 10000000000 de parties, alors les logarithmes des tangentes des secondes sont égaux à ceux de leurs sinus. C'est-là le parti que nous avons pris dans la construction de ces Tables; nous n'avons pas donc dû marquer dans cette premiere Table les logarithmes des tangentes.

D. Comment peut-on trouver les logarithmes des sinus des secondes placées entre 10 & 20, *par exemple*, le logarithme du sinus de 12 secondes?

R. Prenez la différence qui se trouve entre le logarithme de 10 secondes & celui de 20 secondes, & faites la proportion suivante; 10 : 3010300 :: 2 : à un quatrieme terme que vous cherchez par la regle de *trois* ordinaire. Ce 4e. terme sera 602060, lequel ajouté à 5. 6855748 *Logarithme de 10 secondes*, donnera 5.7457808 *Logarithme de 12 secondes.*

D. Comment peut-on trouver les logarithmes des sinus des secondes placées entre 20 & 30, *par exemple*, le logarithme du sinus de 23 secondes?

R. Opérez comme dans le probleme précédent avec cette différence qu'au lieu de prendre 3010300, vous prendrez 1760913. Vous direz donc, 10 : 1760913 :: 3 : au quatrieme nombre que vous cherchez. Ce quatrieme nombre sera 528273 $\frac{9}{10}$, lequel ajouté à 5.9866048 *Logarithme de 20 secondes*, donnera 6.0394321 *Logarithme de 23 secondes.*

L'on trouvera par la même méthode les logarithmes des secondes placées entre 30 & 40, entre 40 & 50, entre 50 & 60.

LOGARITHMES

DES MINUTES

DEPUIS 1 JUSQUES A 60.

Minutes.	Logar. des Sinus.	Logar. des Tangentes.	Minutes.	Logar. des Sinus.	Logar. des Tangentes.
1	6.4637261	6.4637261	31	7.9550819	7.9550996
2	6.7647561	6.7647562	32	7.9688698	7.9688886
3	6.9408473	6.9408475	33	7.9822334	6.9822534
4	7.0657860	7.0657863	34	7.9951980	7.9952192
5	7.1626960	7.1626964	35	8.0077867	8.0078092
6	7.2418771	7.2418778	36	8.0200207	8.0200445
7	7.3088239	7.3088248	37	8.0319195	8.0319446
8	7.3668157	7.3668169	38	8.0435009	8.0435274
9	7.4179681	7.4179696	39	8.0547814	8.0548094
10	7.4637255	7.4637273	40	8.0657763	8.0658057
11	7.5051181	7.5051203	41	8.0764997	8.0765306
12	7.5429065	7.5429091	42	8.0869646	8.0869970
13	7.5776684	7.5776715	43	8.0971832	8.0972172
14	7.6098530	7.6098566	44	8.1071669	8.1072025
15	7.6398160	7.6398201	45	8.1169262	8.1169634
16	7.6678445	7.6678492	46	8.1264710	8.1265099
17	7.6941733	7.6941786	47	8.1358104	8.1358510
18	7.7189966	7.7190026	48	8.1449532	8.1449956
19	7.7424775	7.7424841	49	8.1539075	8.1539516
20	7.7647537	7.7647610	50	8.1636808	1.1627267
21	7.7859427	7.7859508	51	8.1712804	8.1713282
22	7.8061458	7.8061547	52	8.1797129	8.1797626
23	7.8254507	7.8264604	53	8.1879848	8.1880364
24	7.8439338	7.8439444	54	8.1961020	8.1961556
25	7.8616623	7.8616738	55	8.2040703	8.2041259
26	7.8786953	7.8787077	56	8.2118949	8.2119526
27	7.8950854	7.8950988	57	8.2195811	8.2196408
28	7.9108793	7.9108938	58	8.2271335	8.2271953
29	7.9261190	7.9261344	59	8.2345568	8.2346208
30	7.9408419	7.9408584	60	8.2418553	8.2419215

EXPLICATION

DE LA TABLE DES LOGARITHMES

des Sinus & des Tangentes des minutes.

Dans la premiere des trois colonnes perpendiculaires qui forment cette Table, se trouvent les minutes; dans la seconde, les logarithmes de leurs sinus; & dans la troisieme, les logarithmes de leurs tangentes. Les solutions des 3 problemes suivans serviront d'explication & de supplément à cette même Table.

Probleme premier. Trouver le logarithme du Sinus d'un angle de 32 minutes?

Résolution. Cherchez dans la Table précédente 32 minutes; vous trouverez sur la même ligne non seulement le logarithme du Sinus d'un angle de 32 minutes, mais encore celui de sa tangente. Ces deux logarithmes sont 7.9688698 & 7.9688886.

Probleme second. Trouver le logarithme du Sinus d'un angle de 32 minutes 20 secondes?

Résolution. 1°. Cherchez le logarithme du Sinus d'un angle de 32 minutes & celui d'un angle de 33 minutes; ces deux logarithmes sont 7.9688698 & 7.9822334.

2°. Otez le premier logarithme du second; vous aurez pour différence 133636.

3°. Faites la proportion suivante; si 60 secondes donnent 133636, que donneront 20 secondes? vous trouverez 44545 $\frac{1}{3}$.

4°. Vous négligerez $\frac{1}{3}$. Vous ajouterez 44545 à 7.9688698 *logarithme* du Sinus d'un angle de 32 minutes; la somme 7.9733243 sera le logarithme du Sinus d'un angle de 32 minutes 20 secondes.

Probleme troisieme. Trouver le logarithme de la tangente d'un angle de 40 minutes 30 secondes?

Résolution. Opérez comme dans le probleme précédent, c'est-à-dire, après avoir pris la différence qui se trouve entre le logarithme de la tangente d'un angle de 40 & celui de la tangente d'un angle de 41 minutes, vous ferez la proportion suivante, 60 : à la différence trouvée :: 30 : à un quatrieme nombre, lequel ajouté au logarithme de la tangente d'un angle de 40 minutes, vous donnera le logarithme de la tangente d'un angle de 40 minutes 30 secondes.

LOGARITHMES
DES DEGRÉS
DEPUIS 1 JUSQUES A 90.

Degrés.	*Logar. des Sinus.*	*Logar. des Tangentes.*	Degrés.	*Logar. des Sinus.*	*Logar. des Tangentes.*
1	8.2418553	8.2419215	33	9.7361088	9.8125174
2	8.5428192	8.5430838	34	9.7475617	9.8289874
3	8.7188002	8.7193958	35	9.7585913	9.8452268
4	8.8435845	8.8446437	36	9.7692187	9.8612610
5	8.9402960	8.9419518	37	9.7794630	9.8771144
6	9.0192346	9.0216202	38	9.7893420	9.8928098
7	9.0858945	9.0891438	39	9.7988718	9.9083692
8	9.1435553	9.1478025	40	9.8080675	9.9238135
9	9.1943324	9.1997125	41	9.8169429	9.9391631
10	9.2396702	9.2463188	42	9.8255109	9.9544374
11	9.2805988	9.2886523	43	9.8337833	9.9696559
12	9.3178789	9.3274745	44	9.8417713	9.9848372
13	9.3520880	9.3633641	45	9.8494850	10.0000000
14	9.3836752	9.3967711	46	9.8569341	10.0151628
15	9.4129962	9.4280525	47	9.8641275	10.0303441
16	9.4403381	9.4574964	48	9.8710735	10.0455626
17	9.4659353	9.4853390	49	9.8777799	10.0608369
18	9.4899824	9.5117760	50	9.8842540	10.0761865
19	9.5126419	9.5369719	51	9.8905026	10.0916308
20	9.5340517	9.5610658	52	9.8965321	10.1071902
21	9.5543292	9.5841774	53	9.9023486	10.1228856
22	9.5735754	9.6064066	54	9.9079576	10.1387390
23	9.5918780	9.6278319	55	9.9133645	10.1547732
24	9.6093133	9.6485831	56	9.9185742	10.1710126
25	9.6259483	9.6686725	57	9.9235914	10.1874826
26	9.6418420	9.6881818	58	9.9284205	10.2042108
27	9.6570468	9.7071659	59	9.9330656	10.2212263
28	9.6716093	9.7256744	60	9.9375306	10.2385606
29	9.6855712	9.7437520	61	9.9418193	10.2562480
30	9.6989700	9.7614394	62	9.9459349	10.2743256
31	9.7118393	9.7787737	63	9.9498809	10.2928341
32	9.7242097	9.7957892	64	9.9536602	10.3118181

Degrés.	Logar. des Sinus.	Logar. des Tangentes.	Degrés.	Logar. des Sinus.	Logar. des Tangentes.
65	9.9572757	10.3313275	78	9.9904044	10.6725255
66	9.9607302	10.3514169	79	9.9919466	10.7113477
67	9.9640261	10.3721481	80	9.9933515	10.7536812
68	9.9671659	10.3935904	81	9.9946199	10.8002875
69	9.9701517	10.4158226	82	9.9957528	10.8532975
70	9.9729858	10.4389341	83	9.9967507	10.9108562
71	9.9756701	10.4630281	84	9.9976143	10.9783798
72	9.9782063	10.4882240	85	9.9983442	11.0580482
73	9.9805963	10.5146610	86	9.9989408	11.1553563
74	9.9828416	10.5425036	87	9.9994044	11.2806042
75	9.9849438	10.5719475	88	9.9997354	11.4569162
76	9.9869041	10.6032289	89	9.9999338	11.7580785
77	9.9887239	10.6366359	90	10.0000000	infini.

EXPLICATION

DE LA TABLE DES LOGARITHMES

des Sinus, des Tangentes & des degrés.

Les solutions des trois problemes suivans serviront encore d'explication & de supplément à cette Table, formée comme la précédente, de trois colonnes perpendiculaires dont la premiere contient les degrés; la seconde, les logarithmes des sinus; & la troisieme, les logarithmes des tangentes de ces mêmes degrés. L'on doit se rappeller qu'un degré valant 60 minutes, & une minute 60 secondes, un degré vaut nécessairement 3600 secondes.

Probleme premier. Trouver le logarithme du sinus d'un angle de 42 degrés.

Résolution. Cherchez dans la Table précédente 42 degrés; vous trouverez sur la même ligne non-seulement le logarithme de son sinus, mais encore celui de sa tangente. Ces deux logarithmes sont 9.8255109 & 9.9544374.

Probleme second. Trouver le logarithme du sinus d'un angle de 42 degrés, 2 minutes.

Résolution. 1°. Otez le logarithme du sinus de 42 degrés du logarithme du sinus de 43 degrés, c'est-à-dire ; ôtez 9.8255109 de 9.8337833 ; vous aurez pour différence 82724.

2°. Faites la proportion suivante, si 60 minutes donnent 82724, que donneront 2 minutes ? vous trouverez 2757 $\frac{28}{60}$.

3°. Négligez la fraction $\frac{28}{60}$ & ajoutez 2757 à 9.8255109 *Logarithme* du sinus d'un angle de 42 degrés ; vous aurez 9.8257866 *Logarithme* du sinus d'un angle de 42 degrés 2 minutes.

Corollaire. Vous trouverez par la même méthode que le logarithme de la tangente d'un angle de 42 degrés 2 minutes est 9.9549446.

Probleme troisieme. Trouver le logarithme du sinus d'un angle de 42 degrés 2 minutes 20 secondes.

Résolution. Pour trouver le logarithme du sinus d'un angle de 42 degrés 2 minutes 20 secondes, rappellez-vous 1°. que 1 degré vaut 3600 secondes ; 2°. que 1 degré donne pour différence 82724 ; 3°. que 2 minutes valent 120 secondes. Ces principes posés, vous ferez la proportion suivante, si 3600 secondes donnent 82724, que donneront 140 secondes ?

Vous trouverez par cette méthode le logarithme de la tangente d'un angle de 42 degrés 2 minutes 20 secondes.

LOGARITHMES
DES NOMBRES ENTIERS.
DEPUIS 1 JUSQU'A 400.

Nombres.	*Logarithmes.*	*Différence.*
1	0. 0000000	3010300
2	0. 3010300	1760913
3	0. 4771213	1249387
4	0. 6020600	969100
5	0. 6989700	791813
6	0. 7781513	669467
7	0. 8450980	579920
8	0. 9030900	511525
9	0. 9542425	457575
10	1. 0000000	413927
11	1. 0413927	377885
12	1. 0791812	347622
13	1. 1139434	321846
14	1. 1461280	299633
15	1. 1760913	280287
16	1. 2041200	263289
17	1. 2304489	248236
18	1. 2552725	234811
19	1. 2787536	222764
20	1. 3010300	211893
21	1. 3222193	202034
22	1. 3424227	193051
23	1. 3617278	184834
24	1. 3802112	177288
25	1. 3979400	170333
26	1. 4149733	163905
27	1. 4313638	157942
28	1. 4471580	152400
29	1. 4623980	147233
30	1. 4771213	142404
31	1. 4913617	

Nombres.	*Logarithmes.*	*Différence.*
		137883
32	1. 5051500	133639
33	1. 5185139	129650
34	1. 5314789	125891
35	1. 5440680	122345
36	1. 5563025	118992
37	1. 5682017	115819
38	1. 5797836	112810
39	1. 5910646	109954
40	1. 6020600	107239
41	1. 6127839	104654
42	1. 6232493	102192
43	1. 6334685	99842
44	1. 6434527	97598
45	1. 6532125	95453
46	1. 6627578	93401
47	1. 6720979	91433
48	1. 6812412	89549
49	1. 6901961	87739
50	1. 6989700	86002
51	1. 7075702	84331
52	1. 7160033	82726
53	1. 7242759	81179
54	1. 7323938	79689
55	1. 7403627	78253
56	1. 7481880	76869
57	1. 7558749	75531
58	1. 7634280	74240
59	1. 7708520	72993
60	1. 7781513	71785
61	1. 7853298	70619
62	1. 7923917	69488
63	1. 7993405	68395
64	1. 8061800	67334
65	1. 8129134	66305
66	1. 8195439	65309
67	1. 8260748	64341
68	1. 8325089	63402

Nombres.	*Logarithmes.*	*Différence.*
69	1. 8388491	62489
70	1. 8450980	61603
71	1. 8512583	60742
72	1. 8573325	59904
73	1. 8633229	59088
74	1. 8692317	58296
75	1. 8750613	57523
76	1. 8808136	56771
77	1. 8864907	56039
78	1. 8920946	55325
79	1. 8976271	54629
80	1. 9030900	53950
81	1. 9084850	53289
82	1. 9138139	52642
83	1. 9190781	52012
84	1. 9242793	51396
85	1. 9294189	50796
86	1. 9344985	50208
87	1. 9395193	49634
88	1. 9444827	49073
89	1. 9493900	48525
90	1. 9542425	47989
91	1. 9590414	47464
92	1. 9637878	46951
93	1. 9684829	46450
94	1. 9731279	45957
95	1. 9777236	45957
96	1. 9822712	45476
97	1. 9867717	45005
98	1. 9912261	44544
99	1. 9956352	44091
100	2. 0000000	43648

REMARQUE.

Nous omettons à dessein des logarithmes des nombres entiers qui se trouvent entre 100 & 200 ; nous apprendrons à les trouver par le moyen des logarithmes déjà donnés & par le moyen de ceux que nous allons mettre sous les yeux du Lecteur. L'on trouvera ce probleme à la fin de la Table des logarithmes.

Nombres.	*Logarithmes.*	*Différence.*
200	2. 3010300	21661
201	2. 3031961	21553
202	2. 3053514	21446
203	2. 3074960	21342
204	2. 3096302	21237
205	2. 3117539	21133
206	2. 3138672	21031
207	2. 3159703	20930
208	2. 3180633	20830
209	2. 3201463	20730
210	2. 3222193	20632
211	2. 3242825	20534
212	2. 3263359	20437
213	2. 3283796	20342
214	2. 3304138	20247
215	2. 3324385	20153
216	2. 3344538	20059
217	2. 3364597	19968
218	2. 3384565	19876
219	2. 3404441	19786
220	2. 3424227	19696
221	2. 3443923	19607
222	2. 3463530	19519
223	2. 3483049	19431
224	2. 3502480	19345
225	2. 3512825	19259
226	2. 3541084	19175
227	2. 3560259	19089
228	2. 3579348	19007
229	2. 3598355	18923
230	2. 3617278	18842
231	2. 3636120	18760
232	2. 3654880	18679
233	2. 3673559	18600
234	2. 3692159	

Nombres.	*Logarithmes.*	*Différence.*
235	2. 3710679	18520
236	2. 3729120	18441
237	2. 3747483	18363
238	2. 3765770	18287
239	2. 3783979	18209
240	2. 3802112	18133
241	2. 3820170	18058
242	2. 3838154	17984
243	2. 3856063	17907
244	2. 3873898	17835
245	2. 3891661	17763
246	2. 3909351	17690
247	2. 3926970	17619
248	2. 3944517	17547
249	2. 3961993	17476
250	2. 3979400	17407
251	2. 3996737	17337
252	2. 4014005	17268
253	2. 4031205	17200
254	2. 4048337	17132
255	2. 4065402	17065
256	2. 4082400	16998
257	2. 4099331	16931
258	2. 4116197	16866
259	2. 4132998	16801
260	2. 4149733	16735
261	2. 4166405	16672
262	2. 4183013	16608
263	2. 4199557	16544
264	2. 4216039	16482
265	2. 4232459	16420
266	2. 4248816	16357
267	2. 4265113	16297
268	2. 4281348	16235
269	2. 4297523	16175
270	2. 4313638	16115

Nombres.	*Logarithmes.*	*Différence.*
271	2. 4329693	16055
272	2. 4345689	15996
273	2. 4361626	15937
274	2. 4377506	15880
275	2. 4393327	15821
276	2. 4409091	15764
277	2. 4424798	15707
278	2. 4440448	15650
279	2. 4456042	15594
280	2. 4471580	15538
281	2. 4487063	15483
282	2. 4502491	15428
283	2. 4517864	15373
284	2. 4533183	15319
285	2. 4548449	15266
286	2. 4563660	15211
287	2. 4578819	15159
288	2. 4593925	15106
289	2. 4608978	15053
290	2. 4623980	15002
291	2. 4638930	14950
292	2. 4653829	14899
293	2. 4668676	14847
294	2. 4683473	14797
295	2. 4698220	14747
296	2. 4712917	14697
297	2. 4727564	14647
298	2. 4742163	14599
299	2. 4756712	14549
300	2. 4771213	14501
301	2. 4785665	14452
302	2. 4800069	14404
303	2. 4814426	14357
304	2. 4828736	14310
305	2. 4842998	14262
306	2. 4857214	14216
307	2. 4871384	14170

Nombres.	*Logarithmes.*	*Différence.*
308	2. 4885507	14123
309	2. 4899585	14078
310	2. 4913617	14032
311	2. 4927604	13987
312	2. 4941546	13942
313	2. 4955443	13897
314	2. 4969296	13853
315	2. 4983106	13810
316	2. 4996871	13765
317	2. 5010593	13722
318	2. 5024271	13678
319	2. 5037907	13636
320	2. 5051500	13593
321	2. 5065050	13550
322	2. 5078559	13509
323	2. 5092025	13466
324	2. 5105450	13425
325	2. 5118834	13384
326	2. 5132176	13342
327	2. 5145478	13302
328	2. 5158738	13260
329	2. 5171959	13221
330	2. 5185139	13180
331	2. 5198280	13141
332	2. 5211381	13101
333	2. 5224442	13061
334	2. 5237465	13023
335	2. 5250448	12983
336	2. 5263393	12945
337	2. 5276299	12906
338	2. 5289167	12868
339	2. 5301997	12830
340	2. 5314789	12792
341	2. 5327544	12755
342	2. 5340261	12717
343	2. 5352941	12680
344	2. 5365584	12643

Nombres.	*Logarithmes*	*Différence.*
345	2. 5378191	12607
346	2. 5390761	12570
347	2. 5403295	12534
348	2. 5415792	12497
349	2. 5428254	12462
350	2. 5440680	12426
351	2. 5453071	12391
352	2. 5465427	12356
353	2. 5477747	12320
354	2. 5490033	12286
355	2. 5502284	12251
356	2. 5514500	12216
357	2. 5526682	12182
358	2. 5538830	12148
359	2. 5550944	12114
360	2. 5563025	12081
361	2. 5575072	12047
362	2. 5587086	12014
363	2. 5599086	11980
364	2. 5611014	11948
365	2. 5922929	11915
366	2. 5634811	11882
367	2. 5646661	11850
368	2. 5658478	11817
369	2. 5670264	11786
370	2. 5682017	11753
371	2. 5693739	11722
372	2. 5705429	11690
373	2. 5717088	11659
374	2. 5728716	11628
375	2. 5740313	11597
376	2. 5751878	11565
377	2. 5763414	11536
378	2. 5774918	11504
379	2. 5786392	11474
380	2. 5797836	11444
381	2. 5809250	11414

Nombres.	Logarithmes.	Différence.
382	2. 5820634	11384
383	2. 5831988	11354
384	2. 5843312	11324
385	2. 5854607	11295
386	2. 5865873	11266
387	2. 5877110	11237
388	2. 5888317	11207
389	2. 5899496	11179
390	2. 5910646	11150
391	2. 5921768	11122
392	2. 5932861	11093
393	2. 5943926	11065
394	2. 5964962	11036
395	2. 5965971	11009
396	2. 5976952	10981
397	2. 5987905	10953
398	2. 5998831	10926
399	2. 6009729	10898
400	2. 6020600	10871

REMARQUE.

Les logarithmes déjà donnés, & les méthodes indiquées à l'article *Logarithmes*, aideront à trouver, sans le moyen des Tables, les logarithmes d'une infinité d'autres nombres supérieurs à 400. Nous ne nous occuperons ici qu'à chercher les logarithmes des nombres les plus nécessaires à un Physicien ; ce sont ceux qui expriment les distances moyennes des planetes principales au Soleil, & celles des Satellites à leurs planetes principales. Rapellons-nous seulement ce qui suit.

Mercure, dans sa distance moyenne, est éloigné du Soleil, d'environ douze millions de lieues.

Vénus, d'environ vingt-deux millions.

La Terre, d'environ trente millions.

Mars, d'environ cinquante millions.

Jupiter, d'environ cent cinquante millions.

Saturne, d'environ trois cent millions.

Le satellite de Vénus, est éloigné de sa planete principale, d'environ quatre-vingt-dix mille lieues.

La Lune est à une pareille distance de la Terre.

Le premier satellite de Jupiter, est éloigné de sa planete principale, d'environ quatre-vingt-cinq mille lieues.

Le second satellite, d'environ cent trente-cinq mille lieues.

Le troisieme, d'environ deux cent quinze mille lieues.

Le quatrieme, d'environ trois cent quatre-vingt mille lieues.

Le premier satellite de Saturne, est éloigné de sa planete principale, d'environ quatre-vingt-dix mille lieues.

Le second satellite, d'environ cent vingt mille lieues.

Le troisieme, d'environ cent cinquante-cinq mille lieues.

Le quatrieme, d'environ trois cent quatre-vingt mille lieues.

Le cinquieme, d'environ un million cent mille lieues.

Nous allons, par le moyen des logarithmes donnés, & avec le secours des méthodes indiquées à l'article *Logarithmes*, chercher les logarithmes de ces nombres énormes ; ils ne se trouvent dans aucune Table.

Probleme 1. Trouver le logarithme de 1000.

Résolution. Le logarithme de 1000 est 3.0000000.

Démonstration. 1000 est le produit de 100 multiplié par 10. Ajoutez donc le logarithme de 10 au logarithme de 100, vous aurez le logarithme de 1000. (Cherchez logarithmes.) Mais le logarithme de 10 est 1.0000000, & le logarithme de 100 est 2.0000000 ; & l'addition de ces deux nombres donne pour somme totale 3.0000000 ; donc 3.0000000, est le logarithme de 1000.

Corollaire premier. Le logarithme d'un 1000000 est 6.0000000, parce que 1000 est la racine carrée d'un 1000000, & que le logarithme d'un carré est double du logarithme de sa racine. Cherchez *Logarithme.*

Corollaire second. 12000000, *distance moyenne de Mercure au Soleil*, a pour logarithme 7.0791812, parce que 12000000 est le produit d'un 1000000 multiplié par 12, & que 12 a pour logarithme 1.0791812, & un 1000000 a pour logarithme 6.0000000. Cherchez *Logarithme.*

Corollaire troisieme. 22000000, *distance moyenne de Vénus au Soleil*, a pour logarithme 7.3424227, parce que 22000000 eſt le produit d'un 1000000 multiplié par 22, & que 22 a pour logarithme 1.3424227, & un 1000000 a pour logarithme 6.0000000. *Cherchez Logarithme.*

Corollaire quatrieme. Vous trouverez le logarithme de 30000000, *diſtance moyenne de la Terre au Soleil*, en ajoutant le logarithme de 30 au logarithme d'un 1000000; cette addition vous donnera 7.4771213.

Corollaire cinquieme. Ajoutez le logarithme de 50 au logarithme d'un 1000000, vous aurez pour ſomme 7.6989700, logarithme de 50000000, *diſtance moyenne de Mars au Soleil.*

Corollaire ſixieme. Ajoutez le logarithme de 150 au logarithme d'un 1000000, vous aurez pour ſomme 8.1760913, logarithme de 150000000, *diſtance moyenne de Jupiter au Soleil.*

Corollaire ſeptieme. Ajoutez le logarithme de 300 à celui d'un 1000000, vous aurez pour ſomme 8.477123, logarithme de 300000000, *diſtance moyenne de Saturne au Soleil.*

Corollaire huitieme. Ajoutez le logarithme de 90 à celui de 1000, vous aurez pour ſomme 4.9542425, logarithme de 90000, *diſtance moyenne, non-ſeulement du ſatellite de Vénus à ſa planete principale, mais encore de la Lune à la Terre.*

Corollaire neuvieme. Le logarithme de 85 ajouté au logarithme de 1000 donne pour ſomme 4.9294189, logarithme de 85000, *diſtance moyenne du premier ſatellite de Jupiter à ſa planete principale.*

Corollaire dixieme. Le logarithme de 135 ajouté au logarithme de 1000 donne pour ſomme 5.1303338, logarithme de 135000, *diſtance moyenne du ſecond ſatellite de Jupiter.*

Corollaire onzieme. Le logarithme de 215 ajouté au logarithme de 1000 donne pour ſomme 5.3324385, logarithme de 215000, *diſtance moyenne du troiſieme ſatellite de Jupiter.*

Corollaire douzieme. Le logarithme de 380 ajouté au logarithme de 1000 donne pour ſomme 5.5797836, logarithme de 380000, *diſtance moyenne du quatrieme ſatellite de Jupiter.*

Corollaire treizieme. Vous trouverez dans le corollaire

8e. le logarithme de la distance moyenne du premier satellite de Saturne à sa planete principale.

Corollaire quatorzieme. Le logarithme de 120 ajouté au logarithme de 1000, donne pour somme 5.0791812, logarithme de 120000, *distance moyenne du second satellite de Saturne.*

Corollaire quinzieme. Le logarithme de 155 ajouté au logarithme de 1000 donne pour somme 5.1903317, logarithme de 155000, *distance moyenne du troisieme satellite de Saturne.*

Carollaire seizieme. Le logarithme de 385 ajouté au logarithme de 1000 donne pour somme 5.5854607, logarithme de 385000, *distance moyenne du quatrieme satellite de Saturne.*

Corollaire dix-septieme. Le logarithme de 11 ajouté au logarithme de 100000 donne pour somme 6.0413927, logarithme de 1100000, *distance moyenne du cinquieme satellite de Saturne.* Pour ce qui regarde le logarithme de 100000 qui n'a pas encore été cherché, vous le trouverez en ajoutant le logarithme 100 au logarithme de 1000.

Remarque. Il ne nous reste maintenant qu'à indiquer les moyens de trouver les logarithmes des nombres compris entre 100 & 200, que nous avons omis dans la Table précédente, pour donner occasion aux jeunes Physiciens de les chercher.

Probleme 2. Trouver les logarithmes des nombres compris entre 100 & 200.

Résolution. 1°. Employez tantôt la multiplication & tantôt la division, pour avoir des produits & des quotiens qui représentent les nombres compris entre 100 & 200. Divisez, par exemple, 202 par 2, vous aurez pour quotient 101. Multipliez 51 par 2, vous aurez pour produit 102, &c.

2°. Otez du logarithme de 202 le logarithme de 2, vous aurez pour restant 2.0043214, logarithme de 101.

3°. Ajoutez le logarithme de 2 au logarithme de 51, vous aurez pour somme 2.0086002, logarithme de 102, & ainsi des autres nombres, comme il est démontré à l'article *Logarithme.*

202 divisé par 2, donne pour quotient 101
2 multipliant 51, donne pour produit 102
206 divisé par 2, donne pour quotient 103
2 multipliant 52, donne pour produit 104
210 divisé par 2, donne pour quotient 105
2 multipliant 53, donne pour produit 106
214 divisé par 2, donne pour quotient 107
2 multipliant 54, donne pour produit 108
218 divisé par 2, donne pour quotient 109
2 multipliant 55, donne pour produit 110
222 divisé par 2, donne pour quotient 111
2 multipliant 56, donne pour produit 112
226 divisé par 2, donne pour quotient 113
2 multipliant 57, donne pour produit 114
230 divisé par 2, donne pour quotient 115
2 multipliant 58, donne pour produit 116
234 divisé par 2, donne pour quotient 117
2 multipliant 59, donne pour produit 118
238 divisé par 2, donne pour quotient 119
2 multipliant 60, donne pour produit 120
242 divisé par 2, donne pour quotient 121
2 multipliant 61, donne pour produit 122
246 divisé par 2, donne pour quotient 123
2 multipliant 62, donne pour produit 124
250 divisé par 2, donne pour quotient 125
2 multipliant 63, donne pour produit 126
254 divisé par 2, donne pour quotient 127
2 multipliant 64, donne pour produit 128
258 divisé par 2, donne pour quotient 129
2 multipliant 65, donne pour produit 130
262 divisé par 2, donne pour quotient 131
2 multipliant 66, donne pour produit 132
266 divisé par 2, donne pour quotient 133
2 multipliant 67, donne pour produit 134
270 divisé par 2, donne pour quotient 135
2 multipliant 68, donne pour produit 136
274 divisé par 2, donne pour quotient 137
2 multipliant 69, donne pour produit 138
278 divisé par 2, donne pour quotient 139
2 multipliant 70, donne pour produit 140

282	divisé par	2,	donne pour quotient	141
2	multipliant	71,	donne pour produit	142
286	divisé par	2,	donne pour quotient	143
2	multipliant	72,	donne pour produit	144
290	divisé par	2,	donne pour quotient	145
2	multipliant	73,	donne pour produit	146
294	divisé par	2,	donne pour quotient	147
2	multipliant	74,	donne pour produit	148
298	divisé par	2,	donne pour quotient	149
2	multipliant	75,	donne pour produit	150
302	divisé par	2,	donne pour quotient	151
2	multipliant	76,	donne pour produit	152
306	divisé par	2,	donne pour quotient	153
2	multipliant	77,	donne pour produit	154
310	divisé par	2,	donne pour quotient	155
2	multipliant	78,	donne pour produit	156
314	divisé par	2,	donne pour quotient	157
2	multipliant	79,	donne pour produit	158
318	divisé par	2,	donne pour quotient	159
2	multipliant	80,	donne pour produit	160
322	divisé par	2,	donne pour quotient	161
2	multipliant	81,	donne pour produit	162
326	divisé par	2,	donne pour quotient	163
2	multipliant	82,	donne pour produit	164
330	divisé par	2,	donne pour quotient	165
2	multipliant	83,	donne pour produit	166
334	divisé par	2,	donne pour quotient	167
2	multipliant	84,	donne pour produit	168
338	divisé par	2,	donne pour quotient	169
2	multipliant	85,	donne pour produit	170
342	divisé par	2,	donne pour quotient	171
2	multipliant	86,	donne pour produit	172
346	divisé par	2,	donne pour quotient	173
2	multipliant	87,	donne pour produit	174
350	divisé par	2,	donne pour quotient	175
2	multipliant	88,	donne pour produit	176
354	divisé par	2,	donne pour quotient	177
2	multipliant	89,	donne pour produit	178
358	divisé par	2,	donne pour quotient	179
2	multipliant	90,	donne pour produit	180
362	divisé par	2,	donne pour quotient	181
2	multipliant	91,	donne pour produit	182

366 divisé par 2,	donne pour quotient	183
2 multipliant 92,	donne pour produit	184
370 divisé par 2,	donne pour quotient	185
2 multipliant 93,	donne pour produit	186
374 divisé par 2,	donne pour quotient	187
2 multipliant 94,	donne pour produit	188
378 divisé par 2,	donne pour quotient	189
2 multipliant 95,	donne pour produit	190
382 divisé par 2,	donne pour quotient	191
2 multipliant 96,	donne pour produit	192
386 divisé par 2,	donne pour quotient	193
2 multipliant 97,	donne pour produit	194
390 divisé par 2,	donne pour quotient	195
2 multipliant 98,	donne pour produit	196
394 divisé par 2,	donne pour quotient	197
2 multipliant 99,	donne pour produit	198
398 divisé par 2,	donne pour quotient	199

EXPLICATION

De la Table des Logarithmes des nombres entiers.

Nous ſuppoſons que ceux qui veulent ſe ſervir de la Table des logarithmes que nous venons de donner, ont lu auparavant avec attention notre article *Logarithme.* Ils ſe ſont ſans doute apperçu qu'il y a trois méthodes à employer, lorſque l'on veut trouver le logarithme d'un nombre omis dans la table ſupérieure..Ces méthodes conſiſtent à examiner 1°. ſi le nombre propoſé eſt produit par la multiplication d'un nombre par un autre ; 2°. ſi ce nombre eſt un quotient réſultant de la diviſion d'un nombre par un autre ; 3°. ſi le nombre propoſé eſt un carré ou un cube parfait. Dans ces différens cas il eſt très-facile de trouver ſon logarithme. Nous remarquerons cependant que ſi le nombre dont on demande le logarithme, n'eſt ni un carré, ni un cube parfait, il ſuffira dans les opérations qui ne demandent pas une exactitude géométrique, telles que ſont certaines opérations de Phyſique, d'en extraire la racine la plus approchante. Ces notions ſuppoſées, venons-en à l'explication de la table précédente.

1°. Cette table contient les logarithmes des nombres

entiers depuis 1 jusqu'à 400. Il est rare qu'on ait besoin en Physique d'un nombre supérieur à 400.

2°. Elle contient les logarithmes des nombres qui expriment les distances des planetes principales au Soleil, & les logarithmes de ceux qui expriment les distances des satellites à leurs planetes principales ; ces logarithmes ne se trouvent pas dans les tables ordinaires, & il est difficile qu'un Physicien n'en ait pas besoin plusieurs fois en sa vie.

3°. Elle contient la différence qui se trouve entre deux logarithmes qui se suivent immédiatement.

4°. Cette table est composée de trois colonnes perpendiculaires. La premiere contient les nombres entiers. La seconde présente les logarithmes de ces nombres. Dans la troisieme se trouve la différence des logarithmes ; nous apprendrons dans l'un des problemes suivans quel est l'usage qu'on peut en faire.

Probleme 1. Trouver le logarithme de 62.

Résolution. Consultez la table précédente ; vous trouverez que 1.7923917 est le logarithme de 62.

Probleme 2. Trouver la différence qu'il y a entre le logarithme de 62 & le logarithme de 63.

Résolution. Consultez la table précédente ; vous trouverez que 69488 est la différence demandée.

Probleme 3. Trouver le logarithme de 62 $\frac{1}{2}$.

Résolution. 1°. Faites la proportion suivante ; 1 : 69488 :: $\frac{1}{2}$: 34744.

2°. Ajoutez 34744 au logarithme de 62, & concluez que 1.7958661 est le logarithme de 62 $\frac{1}{2}$.

Corollaire. Si l'on vous avoit demandé les logarithmes de 62 $\frac{1}{3}$, de 62 $\frac{1}{4}$, de 62 $\frac{1}{5}$, &c. ; vous auriez divisé 69488 par 3, par 4, par 5, &c. ; vous auriez ajouté le quotient au logarithme de 62 ; & le probleme auroit été résolu.

TABLE

Des probabilités de la durée de la vie des hommes.

Age actuel.	Années futures qu'on peut se promettre.		Age actuel.	Années futures qu'on peut se promettre.	
Ans.	*Ans.*	*Mois.*	*Ans.*	*Ans.*	*Mois.*
0	8	0	30	28	0
1	33	0	31	27	6
2	38	0	32	26	11
3	40	0	33	26	3
4	41	0	34	25	7
5	41	6	35	25	0
6	42	0	36	24	5
7	42	3	37	23	10
8	41	6	38	23	3
9	40	10	39	22	8
10	40	2	40	22	1
11	39	6	41	21	6
12	38	9	42	20	11
13	38	1	43	20	4
14	37	5	44	19	9
15	36	9	45	19	3
16	36	0	46	18	9
17	35	4	47	18	2
18	34	8	48	17	8
19	34	0	49	17	2
20	33	5	50	16	7
21	32	11	51	16	0
22	32	4	52	15	6
23	31	10	53	15	0
24	31	3	54	14	6
25	30	9	55	14	0
26	30	2	56	13	5
27	29	7	57	12	10
28	29	0	58	12	3
29	28	6	59	11	8

Age actuel.	Années futures qu'on peut se promettre.		Age actuel.	Années futures qu'on peut se promettre.	
Ans.	Ans.	Mois.	Ans.	Ans.	Mois.
60	11	1	81	3	7
61	10	6	82	3	$6\frac{1}{2}$
62	10	0	83	3	$6\frac{1}{3}$
63	9	6	84	3	6
64	9	0	85	3	5
65	8	6	86	3	4
66	8	0	87	3	3
67	7	6	88	3	2
68	7	0	89	3	1
69	6	7	90	3	0
70	6	2	91	2	11
71	5	8	92	2	10
72	5	4	93	2	8
73	5	0	94	2	6
74	4	9	95	2	3
75	4	6	96	1	10
76	4	3	97	1	6
77	4	1	98	1	0
78	3	11	99	0	9
79	3	9	100	0	6
80	3	8			

EXPLICATION

DE LA TABLE PRÉCÉDENTE.

1°. La table des probabilités de la durée de la vie des hommes eſt fondée ſur les principes que nous avons établis à l'article *longueur de la vie des hommes.* Elle contient trois colonnes perpendiculaires. Dans la premiere colonne ſe trouve l'âge actuel; dans les deux autres, les années & les mois qu'on peut raiſonnablement ſe promettre à cet âge. Si l'on demande, par exemple, combien de tems peut encore raiſonnablement ſe promettre un homme âgé de 25 ans; je conſulte ma table, & je réponds qu'il peut encore raiſonnablement ſe promettre 30 ans & 9 mois de vie. M. de Buffon a calculé qu'il y a à parier 1 $\frac{8}{49}$ contre 1 qu'un homme âgé de 25 ans, vivra 30 ans de plus; & 1 $\frac{14}{41}$ contre 1 qu'il ne vivra pas 35 ans de plus. Si cet homme arrive à l'âge de 56 ans, ma table lui promettra 13 ans, 5 mois de vie; il y a à parier 1 $\frac{1}{24}$ contre 1 qu'il vivra 13 ans de plus, & 1 $\frac{1}{12}$ contre 1 qu'il n'en vivra pas 14. A l'âge de 69 ans, ma table lui promettra 6 ans, 7 mois de vie, puiſqu'il y a à parier 1 $\frac{1}{3}$ contre 1 qu'il vivra 6 ans de plus, & 1 $\frac{1}{64}$ contre 1 qu'il n'en vivra pas 7. A l'âge de 75 ans, il pourra compter ſur 4 ans 6 mois de vie, & il pourra parier 1 $\frac{13}{67}$ contre 1 qu'il vivra 4 ans de plus, & 1 $\frac{5}{22}$ contre 1 qu'il n'en vivra pas 5. A l'âge de 79 ans, il pourra compter ſur 3 ans 9 mois de vie, & il pourra parier 1 $\frac{6}{17}$ contre 1 qu'il vivra 3 ans de plus & 1 $\frac{1}{4}$ contre 1 qu'il n'en vivra pas 4. A l'âge de 83 ans, il pourra dire: il y a à parier 1 $\frac{1}{16}$ contre 1 que je vivrai encore 3 ans, & 1 $\frac{4}{15}$ contre 1 que je n'en vivrai pas 4. A l'âge de 86 ans, il pourra parier 1 $\frac{1}{9}$ contre 1 qu'il vivra 3 ans de plus, & 1 $\frac{1}{4}$ contre 1 qu'il n'en vivra pas 4. A l'âge de 89 ans, ma table lui promettra 3 ans 1 mois de vie. A l'âge de 92 ans, elle lui promettra 2 ans 10 mois, & il pourra parier 1 $\frac{1}{2}$ contre 1 qu'il vivra 2 ans de plus, & 1 $\frac{7}{24}$ contre 1 qu'il n'en vivra pas 3. A l'âge de 95 ans, elle lui promettra 2 ans, 3 mois de vie, & il pourra parier 1 contre 1 qu'il vivra 2 ans de plus, & 2 contre 1 qu'il n'en vivra pas 3. A l'âge de 97 ans, il pourra compter ſur 18 mois de vie; à l'âge de 99 ans ſur 9 mois, & à 100 ans ſur 6 mois de vie. Liſez le supplément à l'histoire naturelle de M. de Buffon, Tome 4, entre les pages 165 & 264.

2°. Notre table sur les probabilités de la durée de la vie des hommes, n'est pas tout-à-fait celle qui termine le second volume de l'histoire naturelle de M. de Buffon, ou plutôt c'est la même augmentée & rectifiée. En effet la table de M. de Buffon ne va que depuis 0 jusqu'à 85, & la nôtre va depuis 0 jusqu'à 100 ans. Dans la premiere, on ne fait espérer que 3 ans de vie à un homme âgé de 85 ans; dans la seconde, on lui en fait espérer 3 ans & 5 mois. N'a-t-on pas eu raison? Dans le *Tome* 4 *du supplément à son Histoire*, *pag.* 260, M. de Buffon assure qu'on peut parier 43 contre 37 qu'un homme âgé de 90 ans vivra 3 ans de plus; donc un homme âgé de 85 ans peut raisonnablement se promettre 3 ans & 5 mois de vie; d'autant mieux qu'il peut parier 1 $\frac{1}{11}$ contre 1 qu'il vivra 3 ans de plus. Voilà pourquoi depuis l'âge de 80 jusqu'à celui de 85 ans, notre table promet plus de vie que celle de M. de Buffon.

3°. Nous croyons devoir, à la fin de cette explication, avertir le Lecteur que tout ce qu'a dit M. de Buffon dans sa table sur les probabilités de la durée de la vie des hommes, comme tout ce que nous avons dit dans la nôtre, ne sont que de pures conjectures sur lesquelles il seroit imprudent de faire beaucoup de fond.

TABLE

Des forces qu'a la lumiere des Astres à différentes hauteurs sur l'horizon, après avoir traversé l'atmosphere terrestre.

Hauteur apparente des Astres. Degrés.	Force de la Lumiere.	Hauteur apparente des Astres. Degrés.	Force de la Lumiere.
90	8123	60	7866
89	8120 $\frac{1}{2}$	59	7844 $\frac{3}{5}$
88	8118	58	7823 $\frac{1}{5}$
87	8115 $\frac{1}{2}$	57	7801 $\frac{4}{5}$
86	8113	56	7780 $\frac{2}{5}$
85	8110 $\frac{1}{2}$	55	7759
84	8108	54	7732
83	8105 $\frac{1}{2}$	53	7705
82	8103	52	7678
81	8100 $\frac{1}{2}$	51	7651
80	8098	50	7624
79	8089 $\frac{4}{5}$	49	7590
78	8081 $\frac{3}{5}$	48	7556
77	8073 $\frac{2}{5}$	47	7522
76	8065 $\frac{1}{5}$	46	7488
75	8057	45	7454
74	8048 $\frac{4}{5}$	44	7410 $\frac{3}{5}$
73	8040 $\frac{3}{5}$	43	7367 $\frac{1}{5}$
72	8032 $\frac{2}{5}$	42	7323 $\frac{4}{5}$
71	8024 $\frac{1}{5}$	41	7280 $\frac{2}{5}$
70	8016	40	7237
69	8003	39	7182 $\frac{1}{5}$
68	7990	38	7127 $\frac{2}{5}$
67	7977	37	7072 $\frac{3}{5}$
66	7964	36	7017 $\frac{4}{5}$
65	7951	35	6963
64	7934	34	6893
63	7917	33	6823
62	7900	32	6753
61	7883	31	6683

Hauteur apparente des Astres. Degrés.	Force de la Lumiere.	Hauteur apparente des Astres. Degrés.	Force de la Lumiere.
30	6613	14	4301
29	6517 $\frac{3}{5}$	13	4050
28	6422 $\frac{1}{5}$	12	3773
27	6326 $\frac{4}{5}$	11	3472
26	6231 $\frac{2}{5}$	10	3149
25	6136	9	2797
24	6002 $\frac{3}{5}$	8	2423
23	5871 $\frac{1}{5}$	7	2031
22	5738 $\frac{4}{5}$	6	1616
21	5606 $\frac{2}{5}$	5	1201
20	5474	4	802
19	5316	3	454
18	4143	2	192
17	4954	1	47
16	4753	0	6
15	4535		

EXPLICATION

DE LA TABLE PRÉCÉDENTE.

1°. Cette table contient deux colonnes perpendiculaires ; la premiere présente les différentes hauteurs de l'astre depuis 0, ou son lever, jusqu'à 90 degrés ou sa plus grande élévation sur l'horizon. Elle a été construite en grande partie par M. Bouguer. Je dis *en grande partie*, parce qu'il y a beaucoup de différence entre la table de M. Bouguer, imprimée dans la derniere édition de son Optique, *page* 332, & celle que nous avons pris la peine de construire. Dans la table de M. Bouguer, la force de la lumiere n'y est d'abord calculée que de 10 en 10, ensuite de 5 en 5, enfin de degré en degré. Après avoir avancé, par exemple, que la force de la lumiere d'un astre, à la hauteur de 90 degrés, est représentée par 8123, il assure qu'elle doit être représentée par 8098, lorsqu'il n'est élevé que de 80 degrés sur l'horizon. Il passe de même du 80e. au 70e. degré. Depuis 70 jusqu'à

20 degrés d'élévation ; il calcule la force de la lumiere de 5 en 5 degrés. Ce n'eſt que depuis 20 degrés juſqu'à 0, qu'il la calcule de degré en degré. Nous avons cru rendre un véritable ſervice à nos Lecteurs, en calculant de degré en degré, la force de la lumiere depuis 90 juſqu'à 0. Nous dirons dans la ſuite de cette *explication* ſur quels principes nous nous ſommes fondés, lorſque nous avons calculé la force de la lumiere d'un aſtre, à la hauteur des degrés omis par M. Bouguer ; nous devons auparavant *examiner* les Principes ſur leſquels ſa table & la nôtre ont été conſtruites.

2°. M. Bouguer exprime par 1000 la force qu'a la lumiere d'un Aſtre, avant d'entrer dans l'atmoſphere terreſtre. Ce n'eſt ici qu'une pure ſuppoſition, dont on peut cependant tirer les conſéquences ſuivantes.

Premiere Conſéquence. La force qu'a la lumiere d'un aſtre, avant d'entrer dans l'atmoſphere terreſtre : à la force qu'elle a, lorſqu'elle a traverſé l'atmoſphere & que l'aſtre a 90 degrés d'élévation ſur l'horizon :: 5 : 3 à-peu-près. En effet avant d'entrer dans l'atmoſphere, la force qu'a la lumiere, eſt exprimée par 10000, & elle n'eſt exprimée que par 8123, lorſqu'elle a traverſé l'atmoſphere & que l'aſtre eſt à 90 degrés d'élévation. Mais 10000 : 8123 :: 5 : 3 à-peu-près ; donc, &c.

Seconde Conſéquence. La force qu'a la lumiere d'un aſtre, avant d'entrer dans l'atmoſphere terreſtre, eſt à-peu-près double de celle qu'elle a, lorſqu'elle a traverſé l'atmoſphere, & que l'aſtre a 17 degrés d'élévation ſur l'horizon ; puiſque 10000 : 4954 :: 2 : 1 à-peu-près.

Troiſieme Conſéquence. La force qu'a la lumiere d'un aſtre, avant d'entrer dans l'atmoſphere terreſtre : à la force qu'elle a, lorſqu'elle a traverſé l'atmoſphere, & que l'aſtre eſt à ſon lever, ou a 0 d'élévation ſur l'horizon :: 1666 : 1 à-peu-près ; puiſque 10000 : 6 :: 1666 : 1 à-peu-près.

3°. Ce n'eſt pas ſans raiſon que M. Bouguer, ayant exprimé par 10000 la force qu'a la lumiere d'un aſtre, avant d'entrer dans l'atmoſphere terreſtre, n'a exprimé que par 8123 la force qu'elle a, lorſqu'elle parvient à nous, après avoir traverſé cette atmoſphere, & que l'aſtre a 90 degrés d'élévation ſur l'horizon. A cette élévation ; *dit-il*, la lumiere des astres perd autant de sa force, en traversant l'atmosphere, que si elle parcouroit une masse de notre air grossier de l'épaisseur de 3911 toises. Mais nous savons par expérience qu'en parcourant cette masse d'air, elle perdroit un peu moins *d'un cinquieme* de sa force ; donc si cette force a été exprimée par 10000, avant que la lumiere entrât dans l'atmosphere terrestre, elle ne doit être exprimée que par 8123, lorsqu'elle a traversé cette atmosphere, & que l'astre a 90 degrés d'élévation sur l'horizon. En effet $8123 + \frac{10000}{5} = 10123$.

Mais, *dira-t-on* ; comment l'expérience peut-elle prouver que la lumiere perd un peu moins d'un *cinquieme* de sa force, en parcourant une masse de notre air grossier de l'épaisseur de 3911 toises ?

La réponse à cette question n'est pas bien difficile à faire. L'expérience nous apprend que la lumiere perd un *centieme* de sa force, en parcourant une masse de notre air grossier de l'épaisseur de 189 toises. Or $189 : \frac{1}{100} :: 3911 : \frac{1}{5}$ à-peu-près ; donc, &c.

4°. Il me paroît qu'on mettra le principe de M. Bouguer dans un plus grand jour, si l'on fait le raisonnement suivant : ce grand Physicien a observé que, lorsqu'un astre a 19 degrés 16 minutes de hauteur apparente sur l'horizon, sa lumiere n'est que les deux tiers de ce qu'elle est, lorsque l'astre a 66 degrés 11 minutes de hauteur. Cette différence de force ne vient que de ce que la lumiere a beaucoup plus de trajet à faire dans l'atmosphere terrestre, lorsque l'astre est fort élevé, que lorsqu'il est fort proche de l'horizon. Cela supposé, voici comment je procede.

Entre l'élévation de 66 degrés 11 minutes, & celle de 19 degrés 16 minutes, il y a une différence de 46 degrés 55 minutes ; & entre l'élévation de 90 degrés & celle de 66 degrés 11 minutes, il y a une différence de 23 degrés 49 minutes. Je dis donc ; si 46 degrés 55 minutes causent un affoiblissement de $\frac{1}{3}$; quel affoiblissement causeront 23 degrés 49 minutes ? Et je trouve par cette analogie qu'en exprimant par 10000 la force qu'a la lumiere d'un astre, avant d'entrer dans l'atmosphere terrestre, M. Bouguer a dû exprimer par 8123, la force qu'elle a, lorsqu'elle parvient à nous, après avoir traversé cette atmosphere, & que l'astre a 90 degrés d'élévation sur l'horizon.

5°. Nous avons fait remarquer, *num.* 1, que depuis 70 jusqu'à 90 degrés d'élévation de l'astre sur l'horizon, M. Bouguer n'avoit calculé sa table que de 10 en 10 degrés. Nous avons calculé la nôtre de degré en degré; & voici comment nous avons opéré pour former ce supplément. La force de la lumiere, lorsque l'astre a 90 degrés de hauteur, est exprimée 8123.; & elle n'est exprimée que par 8098, lorsque l'astre n'en a que 80. La différence entre ces deux nombres, est 25. Nous avons dit; si 10 donnent 25, que donnera 1, ou 10 : 25 :: 1 : 2 $\frac{1}{2}$. Nous avons ôté 2 $\frac{1}{2}$ de 8123, & nous avons conclu que la force de la lumiere devoit être exprimée par 8120 $\frac{1}{2}$, lorsque l'astre a 89 degrés d'élévation sur l'horizon.

Nous avons ensuite dit; 10 : 25 :: 2 : 5. Nous avons ôté 5 de 8123, & nous avons trouvé 8118 pour l'expression de la force de la lumiere de l'astre, à la hauteur 88 degrés; & ainsi de suite jusqu'à 80 degrés.

Nous avons suivi la même méthode pour les degrés omis entre 80 & 70, avec ce seul changement que le second terme de la proportion géométrique a été 82, parce qu'à la hauteur de 80 degrés, la force de la lumiere est exprimée par 8098, & qu'à la hauteur de 70 degrés, elle n'est exprimée que par 8016. Or 82 est la différence entre ces deux nombres.

6°. Nous avons encore fait remarquer, *num.* 1, que depuis 20 jusqu'à 70 degrés d'élévation de l'astre sur l'horizon, M. Bouguer avoit calculé de 5 en 5 degrés. Pour trouver la force de la lumiere de l'astre, à la hauteur des degrés omis, nous avons cherché la différence qu'il y a entre 8016, expression de la force de la lumiere de l'astre, à la hauteur de 70 degrés, & 7951, expression de la lumiere du même astre, à la hauteur de 65 degrés; & cette différence étant 65, nous avons dit; 5 : 65 :: 1 : 13. Nous avons ôté 13 de 8016; & nous avons trouvé que 8003 exprimoit la force de la lumiere de l'astre, à la hauteur de 69 degrés.

Nous avons ensuite dit; 5 : 65 :: 2 : 26. Nous avons ôté 26 de 8016, & le restant 7990 nous a donné l'expreſſion de la force de la lumiere ; à la hauteur de 68 degrés, & ainſi de ſuite, juſqu'à 65 degrés.

Nous avons ſuivi la même méthode pour les autres degrés omis, en ne manquant jamais de prendre la différence de 5 en 5 degrés.

7°. Notre table, depuis 20 degrés juſqu'à 0, eſt la même que celle de M. Bouguer, parce que, depuis 20 degrés juſqu'à 0, ce Phyſicien a calculé la ſienne de degré en degré.

8°. Avec le ſecours de l'explication que nous venons de donner ; de la table précédente, il ſera très-facile de déterminer la différence de la force de la lumiere d'un aſtre, à différentes hauteurs ſur l'horizon. Me demande-t-on, par exemple, de combien plus forte eſt la lumiere du Soleil, lorſqu'il eſt à 90 degrés, que lorſqu'il ſe leve ? Je ferai la proportion ſuivante ; la force de la lumiere du Soleil, à 90 degrés : à la force de ſa lumiere, lorſqu'il ſe leve :: 8123 : 6 :: 1354 : 1 à-peu-près.

9°. Je ne crois pas qu'il ſoit néceſſaire d'avertir nos Lecteurs que tout ce que nous venons de dire, n'eſt fondé que ſur des preuves purement phyſiques, & non ſur des démonſtrations géométriques.

TABLE

Des haussemens du niveau apparent par dessus le vrai; jusqu'à la distance de 4000 toises.

Distances.	Haussemens.		
Toises.	*Pieds.*	*Pouces.*	*Lignes.*
50	0	0	0 1/3
100	0	0	1 1/3
150	0	0	3
200	0	0	5 1/3
250	0	0	8 1/3
300	0	1	0
350	0	1	4 1/3
400	0	1	9 1/3
450	0	2	3
500	0	2	9
550	0	3	6
600	0	4	0
650	0	4	8
700	0	5	4
750	0	6	3
800	0	7	1
850	0	7	11 1/3
900	0	8	11
950	0	10	0
1000	0	11	0
1250	1	5	2 1/3
1500	2	0	9
1750	2	9	8 1/3
2000	3	8	0
2500	5	8	9
3000	8	3	0
3500	11	2	9
4000	14	8	0

EXPLICATION

DE LA TABLE PRÉCÉDENTE.

Cette Table a été conſtruite par le célebre Picard dont nous avons fait l'éloge en ſon lieu. Elle eſt néceſſaire dans les nivellemens conſidérables, c'eſt-à-dire, dans les nivellemens où l'on ſe ſert d'inſtrumens qui, dans chaque opération, embraſſent plus de cent toiſes de longueur. On en trouve la deſcription dans l'ouvrage de cet Auteur, mis au jour par M. de la Hire, & intitulé *Traité du nivellement.*

Ceux qui examineront cette table avec des yeux géometres, s'appercevront ſans peine que M. Picard a trouvé les hauſſemens du niveau apparent ſur le vrai en diviſant le carré de la diſtance de deux points à niveler, par le diametre de la Terre, que l'on fait être de 6538594 toiſes.

En effet dans la figure 22 de la planche 1, dont nous avons donné l'explication à l'article *Nivellement*, diviſez l'angle BAC en deux parties égales par la ligne AE, & tirez la tangente EC égale à la tangente BE, vous aurez, à cauſe des triangles rectangles ſemblables, ABD & ECD, AB : EC ou BE :: BD : DC ; donc 2AB : 2BE :: BD : DC. Mais 2BE eſt égal ſenſiblement à BD ; donc 2AB : BD :: BD : DC ; donc $DC = \frac{BD^2}{2AB}$; donc le hauſſement du niveau apparent ſur le vrai eſt égal au carré de la diſtance de deux points à niveler, diviſé par le diametre de la terre.

Fin des matieres contenues dans le quatrieme Volume.

SOMMAIRE

Des Questions les plus importantes, contenues dans le quatrieme Volume du Dictionnaire de Physique.

CE Sommaire contiendra, comme les trois précédens, l'analyse des questions les plus importantes renfermées dans ce quatrieme Volume.

L

La plupart des articles contenus sous cette partie de la lettre L qui commencent ce quatrieme Volume, demandent une analyse. Aussi allons-nous rendre compte des articles *Logarithmes*, *Logarithmique*, *Loix générales de la Nature*, *Longimétrie*, *Longitude*, *Longueur de la vie des hommes*, *Louche*, *Loup marin*, *Loupe*, *Lumiere zodiacale*, *Lune* & *Lunettes*.

LOGARITHMES.

Après avoir fait comprendre la grandeur du service que le célebre Neper a rendu aux sciences, en inventant les logarithmes, nous avons répondu aux questions suivantes.

Premiere Question. Comment s'y est-on pris pour construire les tables des logarithmes ?

La réponse à cette question nous a fait trouver facilement les logarithmes des nombres entiers qui sont en raison sous-décuple, comme 1, 10, 100, 1000, 10000, &c.

Seconde Question. Comment s'y est-on pris pour trouver le logarithme d'un nombre placé entre 1 & 10, par exemple, du nombre 9 ?

Pour mettre en état les jeunes Physiciens de répondre à cette question, il nous a fallu faire cinquante-deux opérations, dont vingt-six demandent la proportion géométrique, & vingt-six la proportion arithmétique.

Le logarithme de 9 une fois trouvé, nous avons eu facilement le logarithme de 3.

Nous avons ensuite indiqué les opérations qu'il faut faire, pour trouver le logarithme de 8, & ce logarithme nous a conduit à la découverte de celui de 2 & de celui de 4.

Les logarithmes de 2 & de 3 nous ont donné celui de 6 ; & celui de 5 nous a été donné par les logarithmes de 2 & de 10.

Nous avons enfin indiqué les opérations qu'il faut faire pour trouver le logarithme de 7.

Troisieme Question. Pourquoi le premier chiffre des logarithmes est-il toujours séparé des autres par un point ou par une virgule ?

Quatrieme Question. Pourquoi a-t-on donné le nom de *caractéristique* au premier chiffre d'un logarithme ?

Cinquieme Question. A quoi répond la somme de deux logarithmes ?

Nous avons démontré que la somme des logarithmes d'un multiplicateur & d'un multiplicande donnoit le logarithme du produit.

Sixieme Question. A quoi répond la différence de deux logarithmes ?

Nous avons démontré que la différence qui se trouve entre le logarithme du dividende & celui du diviseur donne le logarithme du quotient.

Septieme Question. A quoi répond le double d'un logarithme ?

Nous avons démontré que le logarithme d'une racine carrée est la moitié du logarithme de son carré.

Huitieme Question. A quoi répond le triple d'un logarithme ?

Nous avons démontré que le logarithme d'une racine cubique est le tiers du logarithme de son cube.

Neuvieme Question. Comment peut-on, par le moyen des logarithmes, extraire la racine d'un carré proposé ?

Dixieme Question. Comment peut-on, par le moyen des logarithmes, extraire la racine d'un cube proposé ?

La réponse que nous avons faite à ces deux questions prouve combien grand est le service que Neper a rendu aux sciences, en dressant ses tables des logarithmes. C'est à la fin de ce troisieme volume que nous avons renvoyé

la

la table des logarithmes que nous avons dressée à l'usage des Physiciens.

Nous avons terminé ce grand article par la recherche des logarithmes des fractions non décimales & décimales.

LOGARITHMIQUE.

Après avoir expliqué la nature de cette courbe, nous avons fait connoître l'usage qu'en a fait M. Bouguer dans son Traité d'Optique sur la gradation de la lumiere, pour fixer la loi que suit la lumiere dans ses diminutions, en traversant différentes épaisseurs d'un corps diaphane, soit que le corps lumineux envoie des rayons paralleles, soit qu'il envoie des rayons divergens. Nous avons encore déterminé, d'après ce Physicien, quelle est l'épaisseur qu'il faut donner à un corps diaphane, pour le faire devenir opaque.

LOIX GÉNÉRALES DE LA NATURE.

Le plus grand service que nous ayons pu rendre aux jeunes Physiciens, ç'a été de leur mettre, comme sous un même point de vue, les loix générales de la nature à la connoissance desquelles nous sommes parvenus; & voilà ce que nous avons exécuté dans cet article, où l'on trouvera les trois loix générales d'attraction, les trois générales du mouvement, les deux loix générales du mouvement en ligne droite, la loi générale du mouvement en ligne courbe, les deux loix générales d'Astronomie, trouvées par Képler, les cinq loix générales du mouvement dans le choc des corps durs, les quatre loix générales du mouvement dans le choc des corps élastiques, le six loix générales de réfraction, la loi générale de Mécanique, les trois loix générales de statique & les dix loix générales observées par les corps fluides. Nous avons eu soin d'indiquer les endroits de ce Dictionnaire où ces loix sont démontrées de la maniere la plus rigoureuse.

LONGIMÉTRIE.

Après avoir donné une idée de la Longimétrie, nous avons proposé les dix principaux problemes qui appartiennent à cette science, & nous avons averti le Lecteur qu'il en trouvera la solution dans la premiere partie de notre Géométrie pratique. Nous avons ensuite proposé cinq problemes dont nous avons trouvé la solution dans la Géométrie de Descartes ; ce sont les suivans :

Additionner deux lignes droites.

Soustraire une ligne d'une autre.

Multiplier une ligne par une autre.

Diviser une ligne par une autre.

Extraire la racine carrée d'une ligne donnée.

Nous n'avons au reste, dans la solution de ces problemes, ni adopté, ni réfuté la maniere d'opérer de Descartes ; nous avons laissé au Lecteur à décider si la méthode cartésienne est préférable à la méthode ordinaire.

LONGITUDE.

Qu'est-ce que la longitude d'une Ville ? Comment peut-on trouver la longitude d'une Ville quelconque ? Comment peut-on réduire en tems une longitude trouvée en degrés, & comment peut-on réduire en degrés une longitude trouvée en tems ? Comment peut-on trouver la distance de deux Villes dont on connoît la longitude & la latitude ? Voilà les principaux problemes que nous avons résolus. Ce qu'il y a de commode dans cet article, c'est une table alphabétique où l'on détermine en degrés, minutes & secondes géométriques, la longitude des principales Villes du monde. On la trouve à la fin de ce volume.

LONGITUDE EN MER.

Après avoir expliqué ce que l'on doit entendre par *longitude en mer*, nous avons parlé des récompenses promises à quiconque résoudroit ce probleme à un demi-degré, à deux tiers de degré, & même à un degré près. Nous avons ensuite raconté tout ce qu'a fait M. Jean Harison de Londres pour trouver la longitude en mer, depuis l'année 1726 jusqu'en l'année 1765, tems auquel il a reçu la moitié de la récompense promise à quiconque résoudroit ce probleme à un demi-degré près. On a attendu, pour lui accorder la récompense en entier, qu'il eût dévoilé le secret de sa méthode, & qu'il l'eût mise à la portée de tout le monde. C'est de l'Astronomie des Marins, composée par le Pere Pezenas, que nous avons tiré ce détail.

LONGUEUR DE LA VIE DES HOMMES.

Il s'agit dans cet article de déterminer la durée moyenne de la vie des hommes d'aujourd'hui. Avant que de propoſer ce probleme, pour la ſolution duquel nous avons fait les plus grandes recherches, nous avons examiné pourquoi la vie des premiers hommes étoit beaucoup plus longue, pourquoi ils vivoient neuf cent, neuf cent trente & jusqu'à neuf cent ſoixante & neuf ans. Nous attribuons cette durée prodigieuſe à l'intégrité de la nature humaine, ſortie depuis peu des mains de ſon Créateur ; à la bonté des alimens dont on ſe nourriſſoit ; à l'impoſſibilité qu'il y avoit de peupler la terre, ſi les premiers hommes n'avoient pas plus vécu, que ceux d'aujourd'hui. Ce ſentiment nous a paru plus probable, que celui de M. de Buffon qui attribue cette longue vie à la gravité qui, n'agiſſant que depuis peu de tems, n'avoit pas encore communiqué aux matieres terreſtres la conſiſtance & la ſolidité qu'elles ont eues depuis.

Pour la durée moyenne de la vie des hommes, nous avons avancé, ſans craindre de nous tromper, qu'à prendre du jour de la naiſſance, elle eſt pour chaque individu de l'eſpece humaine entre vingt & vingt-cinq ans ; nous parierions même plutôt pour vingt-cinq, que pour vingt. Nos preuves ſont tirées ; 1°. des tables que dreſſa M. Dupré de St. Maur, de l'Académie Françoiſe, après avoir conſulté les regiſtres de douze Paroiſſes de la campagne, & de trois de Paris ; 2°. de pluſieurs tableaux que nous préſentons de différentes familles nombreuſes dont la plupart des individus ſont morts en très-bas âge ; 3°. des regiſtres de l'Hôtel-Dieu de Nîmes, pour les *Enfans-trouvés* en 1750, 1751 & 1752. Auſſi avons-nous été étonnés que M. de Buffon qui a adopté les tables de M. Dupré de St. Maur, ait aſſuré que la vie moyenne, à la prendre du jour de la naiſſance, n'étoit que de huit ans, à-peu-près.

LOUCHE.

Pour rendre raiſon de ce point de Phyſique, nous avons rapporté les cinq principes dont on ſe ſert, pour expliquer la viſion diſtincte ; & le corollaire que nous en avons tiré, nous a conduit à trouver le défaut de la vue des personnes qu'on appelle *louches*.

LOUP MARIN.

Nous n'avons parlé du loup marin, & nous n'avons fait la dissection anatomique de cet animal, que pour avoir occasion d'expliquer la nature des animaux amphibies. De cette explication, nous avons tiré les conséquences suivantes :

Les enfans n'ont pas besoin de respirer dans le sein de leur mere.

Il n'est pas difficile de savoir si un enfant trouvé mort, est venu au monde, mort ou en vie.

Ce qui cause la mort des noyés, ce n'est pas l'eau qu'ils boivent.

Ceux qui demeurent long-tems dans l'eau, sans avoir besoin de respirer, doivent avoir le *trou ovale* ouvert.

LOUPE.

Après avoir expliqué la nature des loupes, nous avons appris à en trouver le foyer, indépendamment de la géométrie & de l'algebre, c'est-à-dire, d'une maniere purement mécanique. Nous avons ensuite remarqué que les loupes sont nécessaires aux presbytes : qu'elles font paroître les objets plus clairs : qu'elles les grossissent : qu'elles les renversent, &c. Nous avons renvoyé le Lecteur à notre article *Dioptrique* pour la démonstration de toutes ces vérités.

LUMIERE.

A la définition de la lumiere a succédé la discussion de cette grande question de Physique : la lumiere se fait-elle, comme le prétend Descartes, par percussion, ou par émission, comme le veut Newton ? Nous avons adopté le dernier de ces deux sentimens, & nous avons répondu aux deux difficultés suivantes :

Si la lumiere se fait par émission, nous devrions voir les Astres dans un point du Ciel où ils ne sont pas réellement.

Si la lumiere se fait par émission, le Soleil devroit depuis long-temps avoir perdu toute sa substance.

Nous avons démontré par les expériences les plus frappantes, & les observations les plus sûres, que la lumiere a un mouvement en ligne droite, & qu'elle parcourt dans quatorze minutes de tems environ soixante-six millions de lieues.

Nous avons discuté si l'intensité de la lumiere suit la raison inverse des simples distances ou la raison inverse des carrés des distances au corps lumineux; & pour décider définitivement ce procès, nous avons établi les deux propositions suivantes que nous avons démontrées géométriquement.

La lumiere que donne un corps lumineux, parvient à nous par des rayons divergens.

L'intensité de la lumiere suit la raison inverse des carrés des distances.

Nous avons enfin donné, d'après M. Bouguer, quelques avis à ceux qui veulent mesurer exactement la diminution de la lumiere d'une bougie, d'un flambeau, &c.

Nous avons terminé cet article par l'histoire des différentes opinions qui ont paru sur la nature de la lumiere & sur la maniere dont elle agit, c'est-à-dire, nous avons rapporté les sentimens des Péripatéticiens, de Gassendi, de Descartes, de Rohault, d'Huygens, & celui de M. l'Abbé Nollet. Le sentiment des Péripatéticiens est infiniment ridicule. Celui de Gassendi est excellent pour le fond. Le sentiment de Descartes est insoutenable; il suppose que l'action de la lumiere est instantanée, ce qui est contraire à l'expérience. Les trois autres sentimens présentent le cartésianisme rectifié, & ils le présentent tantôt d'une maniere claire, tantôt d'une maniere séduisante & toujours d'une maniere ingénieuse.

Nous ne parlerons pas ici de la table des forces qu'a la lumiere des Astres à différentes hauteurs sur l'horizon, après avoir traversé l'atmosphere terrestre; nous l'avons placée à la fin de ce volume; nous la ferons connoître, en rendant compte du supplément à ce même volume.

LUMIERE SEPTENTRIONALE.

Nous avons prouvé que cette lumiere ne doit pas être confondue avec l'aurore boréale. Nous en avons fait connoître les causes, la nature & les effets, & nous avons, d'après M. de Mairan, apporté en preuve de ce que nous avons avancé, la relation de Fréderic Martens qui a pénétré jusqu'à environ le quatre-vingtieme degré de latitude septentrionale.

LUMIERE ZODIACALE.

Qu'est-ce que la lumiere zodiacale ? En quel endroit du Ciel l'apperçoit-on ? Quelle est la saison de l'année la plus propre à l'observer ? Quelle est la cause de ce phénomene ? Voilà ce que nous avons d'abord examiné dans cet article. Nous avons ensuite rapporté les observations qu'en ont fait Nicephore, l'an 400; Pontanus, l'an 1461; Childrey, l'an 1650; Cassini, l'an 1683; le P. Noël, l'an 1684; le P. le Comte, l'an 1685; Fatio de Duillier, l'an 1686; Cassini, l'an 1730; M. de Mairan, entre les années 1731 & 1734. C'est dans les ouvrages de ce grand Physicien que nous avons puisé toutes ces particularités intéressantes. Cette lumiere paroît aussi souvent dans les terres australes que dans les pays septentrionaux.

LUNE.

Pour procéder avec méthode dans cet important article, nous avons d'abord parlé de la nature, de la figure, du volume, de la densité, des phases & des taches de la Lune. Nous avons ensuite expliqué d'une maniere physique les différens mouvemens de ce satellite de la terre. Après ces explications nous nous sommes attachés à démontrer, de la maniere la plus rigoureuse, que cet Astre a actuellement une pesanteur trois mille six cent fois moindre, qu'il ne l'auroit, s'il étoit seulement à quelques lieues au-dessus de notre globe : ce qui prouve que l'attraction suit précisément la raison inverse des carrés des distances. Nous avons enfin répondu aux questions suivantes :

Premiere Question. Sur quelles raisons se fondent les Physiciens qui n'admettent point d'atmosphere autour de la Lune ?

Seconde Question. Sur quelles raisons se fondent les Physiciens qui admettent une atmosphere autour de la Lune ?

Après l'examen de ces deux questions, nous avons conclu que le sentiment des Physiciens qui admettent une atmosphere autour de la Lune, étoit beaucoup plus probable que le sentiment de ceux qui veulent que cet Astre en soit dénué.

Troisieme Question. De combien la Lune dans son plein nous éclaire-t-elle moins que le Soleil ?

Des expériences de M. Bouguer, apportées à l'article XI de la section seconde du livre premier de son optique, nous avons conclu que la Lune dans son plein nous éclaire environ trois cent mille fois moins que le Soleil. Nous avons commenté cet article avec soin, & nous espérons que le Lecteur nous saura quelque gré d'avoir mis les pensées de ce grand homme à la portée de tout Physicien.

Nous avons remarqué, à la fin de notre réponse à la troisieme question, que, quelque belles que soient les observations de M. Bouguer, un Lecteur intelligent ne les recevra jamais que comme des preuves purement physiques, & qui par conséquent sont fort éloignées de l'exactitude géométrique.

Quatrieme Question. Comment peut-on démontrer que l'attraction du Soleil diminue la pesanteur de la Lune vers la terre, lorsqu'elle est nouvelle ou pleine ?

Cinquieme Question. Comment peut-on démontrer que l'attraction du Soleil augmente la pesanteur de la Lune vers la terre, lorsque cet Astre est dans ses quadratures ?

Sixieme Question. Comment peut-on démontrer que l'attraction du Soleil diminue plus, qu'elle n'augmente la pesanteur de la Lune vers la terre ?

Après avoir examiné nos réponses à ces trois questions, & après avoir lu notre article, *Force perturbatrice*, tout Physicien sera convaincu que Newton a eu raison d'avancer que lorsque la Lune se trouve dans ses quadratures, l'attraction du Soleil augmente la pesanteur de cet Astre vers la terre d'une 178e. partie, & qu'elle la diminue d'une 89e. partie, lorsqu'elle se trouve dans les syzygies.

Septieme Question. Comment peut-on démontrer que l'attraction du Soleil, diminuant plus, qu'elle n'augmente la pesanteur de la Lune vers la terre, l'apogée de la Lune doit avoir un mouvement périodique ?

Huitieme Question. Pourquoi la diminution de pesanteur, occasionnée par l'attraction que le Soleil exerce sur la Lune, place-t-elle l'apogée de la Lune à un point du Ciel plus oriental ?

La conséquence que l'on doit tirer de nos réponses à ces deux dernieres questions, c'est que l'apogée de la Lune a un mouvement périodique d'Occident en Orient.

Neuvieme Question. Comment l'action du Soleil sur la Lune est-elle cause des mouvemens des nœuds de l'orbite de cette planete ?

Dixieme Question. Comment l'action du Soleil sur la Lune fait-elle mouvoir les nœuds de l'orbite de cette planete d'Orient en Occident ?

Ce mouvement périodique s'acheve dans dix-neuf ans, & c'est-là ce qu'on nomme le *Cycle Lunaire.*

Onzieme Question. Comment s'expliquent les éclipses ?

Notre réponse à cette question fait comprendre que tantôt la Lune doit être éclipsée, & tantôt elle doit nous éclipser le Soleil. Nous avons renvoyé le Lecteur à notre article *Eclipse* où cette matiere a été discutée dans toutes les formes. Nous nous sommes contenté d'expliquer d'une maniere qui nous est propre & qui nous paroît conforme aux loix de la saine Physique, le phénomene qu'observa dans la Lune, le 24 Juin 1778, Don Antonio de Vlloa, Commandant de la flotte de la nouvelle Espagne, lors de l'éclipse de Soleil, totale, avec demeure & annulaire ; phénomene consigné dans le Journal de Physique de M. l'Abbé Rozier, *Avril*, 1780, *page* 319 *& suivantes.*

Nous n'avons pas admis, comme Don de Vlloa, un trou qui traversât la Lune d'un hémisphere à l'autre. On n'est pas tenté de faire une pareille supposition, lorsqu'on sait que la lumiere, est non-seulement capable de réfraction & de réflexion, mais encore de diffraction ou d'inflexion.

LUNETTES.

Dans cet article nous avons fait la description des lunettes simples, des lunettes composées de plusieurs verres, des lunettes acromatiques, & des lunettes composées de miroirs & de verres. Nous avons plus fait ; nous avons démontré, tantôt géométriquement & tantôt algébriquement, qu'elles doivent avoir tous les effets qu'on leur attribue. Les méthodes & les tables que nous avons données, seront d'un secours infini à ceux qui voudroient construire ces sortes d'instrumens.

M

Les articles *Magnétiſme animal*, *Mars*, *Matérialiſme*, *Matiere*, *Matiere ſubtile Newtonnienne*, *Mécanique*, *Mer*, *Mercure*, *Métaux*, *Météores*, *Micrometre*, *Microſcope*, *Milieux*, *Monſtre*, *Montagne*, *Mouvement* & *Mythologie* ſont les plus grands articles contenus ſous la lettre M.

MAGNÉTISME ANIMAL.

Le ſujet eſt trop neuf & trop original, pour que nous ne l'ayons pas ſoumis à la critique la plus ſévere. Voici donc la marche que nous avons tenue.

Nous avons d'abord fait la deſcription exacte du fameux appareil, connu ſous le nom de *baquet*. Nous avons enſuite répondu aux deux queſtions ſuivantes :

Premiere Queſtion. M. *Meſmer* a-t-il trouvé le moyen d'introduire dans le corps humain le fluide magnétique ?

L'examen de cette queſtion nous a donné occaſion de prouver par les faits les plus inconteſtables que les mouvemens convulſifs qu'on éprouve, dans le tems de la *magnétiſation*, ſont l'effet de la fourberie, ou d'une imagination trop vive & trop exaltée.

Seconde Queſtion. En ſuppoſant que M. *Meſmer* eût trouvé le moyen d'introduire dans le corps humain le fluide magnétique, ſa découverte ſeroit-elle utile à l'humanité ?

Nous avons prouvé qu'en réaliſant cette ſuppoſition, on ne devroit employer la méthode de M. *Meſmer*, que dans les cas où l'on emploie l'électricité, comme remede.

Nous avons terminé cet article par l'extrait de la correſpondance de la Société Royale de Médecine de Paris, relativement au magnétiſme animal.

MARS.

Qu'eſt-ce que Mars ? Quelle eſt la groſſeur & la denſité de ſon globe ? Quelle eſt ſa diſtance du Soleil ? Combien a-t-il de mouvemens & quelles en ſont les cauſes phyſiques ? Voilà l'abrégé de l'article de Mars.

MATÉRIALISME.

Quoique nous n'ayons omis aucune des preuves principales que l'on puiſſe apporter pour démontrer que non-ſeulement la matiere ne penſe pas, mais encore qu'elle eſt incapable de penſer ; cependant comme les Matérialiſtes ſont des Philoſophes à qui la qualité de *Phyſiciens* eſt encore plus chere que celle de *Chrétiens*, nous nous ſommes ſurtout attachés à prouver qu'il ne faut avoir aucune idée de Phyſique pour ſoutenir un ſentiment auſſi impie.

MATIERE.

Qu'eſt-ce que la matiere, conſidérée en général ? Quelles ſont les propriétés communes à toute matiere ? Quelles ſont les propriétés particulieres à telle & telle matiere ? Quelle eſt la cauſe phyſique des changemens, des combinaiſons, des formes, en un mot des différentes modifications de la matiere ? Le mouvement eſt-il inhérent ou extrinſeque à la matiere ? Voilà les cinq queſtions auxquelles nous avons répondu dans cet article.

C'eſt à la fin de ce même article que l'on trouvera l'expoſition & la réfutation de ce qu'a écrit, à cette occaſion, en faveur du matérialiſme, l'Auteur du *Syſteme de la Nature.*

MATIERE SUBTILE NEWTONIENNE.

Newton a-t-il admis dans les eſpaces céleſtes une matiere ſubtile ? Quelle eſt ſa denſité ? Oppoſe-t-elle une réſiſtance aux corps ſolides qui la traverſent ? Comment differe-t-elle de la matiere ſubtile de Deſcartes ? Voilà ce que l'on a examiné dans cet article.

MÉCANIQUE.

Après avoir donné une idée ſuccincte de la Mécanique, du lévier, de la ligne de direction d'une puiſſance quelconque appliquée à une machine, & de la ligne qui marque la diſtance d'une puiſſance ou d'un poids au point d'appui d'un lévier, nous avons démontré que deux poids appliqués à un lévier ſont en équilibre, lorſque leurs maſſes ſont en raiſon inverſe de leurs diſtances au point d'appui. Nous avons tiré de ce Principe général non-ſeulement la ſolution de pluſieurs problemes très-intéreſſans, mais encore l'explication de la *Balance*, de la *Romaine*, des *Ciſeaux*, des *Couteaux*, des *Moulins à eau* & *à vent*, des *Rames*, des *Poulies mobiles* & *immobiles*, *mouflées* & *non mouflées*, du *Cabeſtan*, des *Roues ordinaires*, des *Roues dentées*, de la *Vis ſimple*, de la *Vis ſans fin*, &c.

MER.

D'où vient la ſalure des eaux de la mer? Peut-on deſſaler les eaux de la mer? Voilà les deux queſtions auxquelles nous avons répondu dans cet article.

MERCURE.

Qu'eſt-ce que Mercure? Quelle eſt la groſſeur & la denſité de ſon globe? A quelle diſtance ſe trouve-t-il du Soleil? Quels ſont ſes mouvemens autour de cet Aſtre? Pourquoi le paſſage de Mercure ſur le diſque du Soleil eſt-il ſi rare? Ce ſont-là autant de queſtions que l'on trouvera diſcutées dans cet article.

MÉTAUX.

Comment doit-on définir les métaux? En combien d'eſpeces les diviſe-t-on? Sont-ils des corps mixtes ou ſimples? Pourquoi ſont-ils durs, ductiles & fuſibles? Voilà le fond de cet article.

MÉTÉORES.

Nous n'avons parlé dans cet article que des Météores aqueux, je veux dire, des *vapeurs*, des *nuages*, de la *neige*, de la *pluie*, de la *grêle*, de la *roſée* & du *ſerein*; nous en avons expliqué la formation phyſique.

MICROMETRE.

L'on trouvera dans cet article l'explication du Micrometre ordinaire & celle du Micrometre objectif.

MICROSCOPE.

Qu'eſt-ce qu'un Microſcope ſimple ? Comment le conſtruit-on ? Quels en ſont les effets ?

Qu'eſt-ce qu'un Microſcope compoſé ? Combien y compte-t-on de verres ? Comment les place-t-on ? Quels en ſont les effets ?

Qu'eſt-ce qu'un Microſcope ſolaire ? De combien de pieces eſt-il compoſé ? Où doit-on placer l'objet ? Comment paroît cet objet ? Qui eſt l'inventeur de cet inſtrument ? Voilà ce que nous avons traité dans l'article des Microſcopes.

MILIEUX.

Les milieux oppoſent aux corps ſolides qui les traverſent deux eſpeces de réſiſtance, l'une provenant de la viſcoſité & de la ténacité, l'autre de la force d'inertie des fluides. Nous avons prouvé que la premiere de ces deux réſiſtances eſt proportionnelle au tems que le ſolide emploie à traverſer le fluide, & la ſeconde augmente toujours avec la vîteſſe de ce même ſolide. Nous avons tiré de-là non-ſeulement une démonſtration contre le ſyſteme du *plein*, mais encore contre le ſyſteme du *quaſi plein.*

MONSTRE.

Pour donner une analyſe complete de cet article, ou, pour mieux dire, de ce traité ſur les *Monſtres*, nous rendrons d'abord compte de ce que je puis appeller la partie purement hiſtorique. Ce que je puis aſſurer en général, c'eſt que, dans cette partie, j'ai porté la défiance juſqu'au pyrrhoniſme le plus outré, & que je n'ai rapporté que des faits dont l'exiſtence eſt inconteſtable.

Pour mettre de l'ordre dans notre hiſtoire des monſtres, nous les avons diviſés en quatre claſſes. La premiere contient les monſtres *par excès*, la ſeconde, les monſtres *par défaut* ; la troiſieme, les monſtres *par tranſpoſition* ; la quatrieme, les monſtres *par conjonction.*

La claſſe des monſtres *par excès* préſente l'hiſtoire d'une vingtaine de monſtres de cette eſpece. Les uns avoient deux bouches & quatre yeux ; les autres, trois, quatre bras ; trois, quatre jambes; la plupart étoient des monſtres à deux têtes.

Dans l'hiſtoire des monſtres *par défaut*, nous avons commencé par parler des *Cyclopes* qu'on peint avec un ſeul œil au milieu du front, & nous avons prouvé que ces prétendus monſtres n'avoient jamais exiſté en Sicile que dans l'imagination des Poëtes. Cette claſſe renferme donc des monſtres venus au monde, les uns ſans yeux ; les autres ſans nez & ſans oreilles ; quelques-uns ſans tête ; pluſieurs ſans bras ; l'un de ces derniers eſt encore vivant ; nous ne rapportons de lui, que ce que nous avons vu de nos propres yeux.

La troiſieme claſſe contient les monſtres *par tranſpoſition*. Nous avons fait l'hiſtoire de deux monſtres qui étoient tels par la tranſpoſition de quelqu'une de leurs parties extérieures, & de pluſieurs monſtres qui méritent ce nom à cauſe de la tranſpoſition de la plupart de leurs parties intérieures. L'hiſtoire qu'il faut lire avec le plus d'attention eſt celle d'un ſoldat, qui mourut, à l'âge de 72 ans, à l'Hôpital des Invalides à Paris, en l'année 1688; elle ſe trouve au commencement de la *page* 190.

Les monſtres par *conjonction* qui forment la quatrieme claſſe, ſont en très-grand nombre dans les ouvrages des Phyſiciens naturaliſtes. Nous avons fait la deſcription de pluſieurs de ces monſtres. Les uns ſont joints enſemble par la partie inférieure du ventre ; les autres le ſont dos à dos ; quelques-uns par les parties antérieures du corps, depuis le cou juſqu'au nombril ; il y en a qui ſont accolés par le côté, &c. Nous n'avons pas oublié l'hiſtoire bien sûre d'un homme du ventre duquel ſortoit un autre homme dont tous les membres étoient bien formés, à la tête près, qu'on ne voyoit pas.

Tels ſont les principaux faits conſignés dans la partie hiſtorique de notre traité ſur les monſtres, dans laquelle nous avons cru devoir faire entrer l'éloge des Auteurs qui nous les ont fourni ; on trouvera ſurtout ces éloges aux *pages* 186 & 187.

A la partie hiſtorique ſuccede comme naturellement la partie phyſique, c'eſt-à-dire, l'examen du ſyſteme qu'il faut embraſſer, pour expliquer, d'une maniere conforme aux loix de la Mécanique, ces jeux effrayans de la nature. Avant d'édifier, nous avons cru devoir détruire.

Nous avons d'abord fait sentir le ridicule des anciens Physiciens qui crioient *au miracle*, lorsqu'il paroissoit quelque monstre sur la terre, & qui regardoient cette naissance comme le présage assuré de quelque malheur à venir. Nous avons traité avec le même mépris ces prétendus Physiciens, qui regardoient les cometes comme des *abcès du ciel*, & leur influence sur l'espece humaine comme la cause physique de la formation des monstres. Nous avons ensuite examiné deux systemes plus conformes à la raison & aux loix de la saine Physique. Dans l'un, on veut que les germes des monstres aient été creés par le Tout-puissant, au commencement du monde, comme ceux des animaux parfaits ; dans l'autre, on prétend que les monstres ne sont jamais que l'effet de quelque accident arrivé au *fœtus* dans le sein de la mere. Nous avons fait remarquer ce qu'il y a de bon & de mauvais dans l'une & l'autre de ces deux opinions. Nous avons enfin proposé un systeme qui nous est propre, par le moyen duquel l'explication naturelle de ce grand nombre de monstres dont nous avons constaté l'existence, se présente comme d'elle-même à tout Physicien qui ne cherche que la vérité.

Nous avons terminé notre traité sur les monstres par une difformité dans l'espece humaine, connue sous le nom d'*envies des femmes enceintes*. Nous avons d'abord fait remarquer que, dans ce siecle éclairé, les plus grands Physiciens ont regardé ces sortes d'histoires, comme des contes faits à plaisir, & ces craintes comme de vraies puérilités. M. *de Maupertuis* est à la tête de ces Physiciens ; il se moque par conséquent de *Malebranche* qui a pris la peine de faire un systeme dans les formes, pour expliquer ces especes de phénomenes, systeme que nous avons rapporté. Quoique nous soyons plutôt de l'avis de *Maupertuis*, que de celui de *Malebranche*, nous avons cependant prouvé qu'il falloit penser pour l'ordinaire comme le premier, & quelquefois, mais rarement comme le second ; nous trouvons *Maupertuis* trop pyrrhonien, & *Malebranche* trop crédule en cette matiere.

MONTAGNE.

Cet article contient comme deux parties ; la premiere

eſt à la portée de tout le monde, la ſeconde ne peut être lue, ou plutôt ne peut être examinée que par ceux qui ſont encore plus Mathématiciens que Phyſiciens. Dans la premiere partie nous avons d'abord fait remarquer que les montagnes joignent parfaitement l'agréable à l'utile. Nous n'avons dit que deux mots ſur ce qu'elles ont dit d'agréable, mais nous avons fait une aſſez longue énumération des biens immenſes qu'elles nous procurent. Les principaux de ces avantages ſont les ſuivans :

1°. La pureté de l'air qu'on reſpire ſur les montagnes ; nous avons comparé l'air qu'on reſpire dans les pays montagneux avec celui qu'on reſpire dans les plaines, les bas fonds & ſurtout dans les grandes villes ; & nous avons prouvé que le premier eſt preſque tout reſpirable, tandis que le ſecond contient deux tiers d'un air aſſez méphitique, pour cauſer la mort aux hommes & aux animaux.

2°. La pureté & l'abondance des eaux qui coulent des montagnes dans les plaines. Nous n'avons pas manqué de faire remarquer qu'il n'eſt aucun fleuve qui n'ait ſes ſources dans quelque montagne, & nous avons fait, à cette occaſion, une énumération qui mettra nos Lecteurs au fait des principaux fleuves qui arroſent la ſurface du globe que nous habitons.

3°. Les plantes ſalutaires qui croiſſent ſur les montagnes. Nous avons indiqué quelles ſont celles qui entrent dans la compoſition des remedes les plus propres à rétablir la ſanté.

4°. Les bois de chauffage, de charpente & de conſtruction ; on les tire ſurtout des montagnes.

5°. Les foſſiles & les métaux ; on ne les trouve que dans l'intérieur des montagnes. Voilà ce qui forme comme la premiere partie de cet article.

La ſeconde partie que j'appelle la partie *ſavante*, préſente la ſolution d'un probleme phyſico-mathématique dont perſonne, avant moi, ne s'étoit occupé ; on le mettoit au rang des problemes *impoſſibles*. Nous avons trouvé, par cette ſolution, le poids abſolu des montagnes qui ſe trouvent ſur la ſurface de la terre, & nous avons déterminé de combien elles augmentent ſon poids abſolu ou ſa ſolidité. Pour parvenir à la ſolution de ce fameux probleme, nous avons mis plusieurs notions préliminaires :

1°. Nous avons mesuré la surface & la solidité de la terre.

2°. Nous avons déterminé la proportion qu'il y a entre la surface totale de la terre & celle de nos continens & de nos isles.

3°. Nous avons déterminé le rapport qu'il y a entre la base de nos montagnes & la surface de nos continens & de nos isles.

4°. Nous avons pris une hauteur moyenne entre les différentes hauteurs des montagnes situées dans les quatre parties de la terre.

5°. Nous avons fixé le poids absolu des montagnes, après les avoir toutes réunies en une seule, sous la figure d'un cône tronqué.

Ces différentes opérations une fois faites, nous n'avons presque eu aucune peine à trouver de combien nos montagnes augmentent le poids absolu de la terre ou sa solidité ; & comme le poids absolu des montagnes a été exprimé en lieues cubes, nous avons cherché quel est le poids d'une lieue cube exprimé en livres *poids de marc.*

MOUVEMENT.

Qu'est-ce que le mouvement local ? Combien y a-t-il de regles générales du mouvement ? Ces regles sont-elles capables de démonstration ? Comment se fait le mouvement simple en ligne droite ? Comment se fait le mouvement composé en ligne droite ? Combien de forces faut-il combiner ensemble pour avoir un mouvement en ligne courbe ? Quelle est la force de projection d'un corps qui décrit un cercle ? Quelle est sa force centripete ? Quel angle forment les lignes de direction de ces deux forces ? Quel rapport y a-t-il entre la force centripete & la force centrifuge de ce corps ? Quelle est la force de projection & quelle est la force centripete d'un corps qui décrit une ellipse ? Quels angles forment les lignes de direction de ces deux forces ? En quelle raison se fait le changement de la force centripete de ce corps ? La force centrifuge d'un corps qui parcourt une ellipse est-elle en raison inverse des carrés, ou en raison in-

verse

verſe des cubes des diſtances au foyer ? Qu'eſt-ce que le mouvement perpétuel ? Ce mouvement eſt-il poſſible ? voilà les principaux problemes qu'on a réſolu dans l'article du mouvement.

MYTHOLOGIE.

En traitant cette matiere, nous n'avons pas manqué de nous renfermer dans les bornes preſcrites à tout Phyſicien, c'eſt-à-dire, nous n'avons parlé que des points de Mythologie qui ont un véritable rapport avec la Phyſique & l'Aſtronomie. Après avoir indiqué ces rapports, nous avons fait comme un précis du chapitre qui a le même titre dans l'ouvrage ſur le *Syſteme de la Nature*. Nous n'avons pas cru devoir rapporter les blaſphemes que l'Auteur de cette monſtrueuſe production n'a pas craint de vomir contre le ſouverain Maître de l'univers ; ces blaſphemes n'ont pas beſoin de réfutation ; il faut plaindre notre ſiecle ; il a produit le plus méchant homme qui ait encore exiſté & qui exiſtera jamais ſur la terre. Par bonheur dans ce chapitre il donne des preuves de l'ignorance la plus craſſe dans la ſcience de la nature. Il oſe avancer que le mouvement de la terre qui produit la préceſſion des équinoxes, ſera cauſe que ce globe, au bout de pluſieurs milliers d'années, changera totalement de face, & que les mers finiront à la longue par occuper la place qu'occupent maintenant les terres du Continent. Nous avons cru devoir réfuter ſérieuſement cette incompréhenſible aſſertion, dans l'eſpérance bien fondée où nous ſommes que notre réfutation fera paſſer dans l'ame de nos Lecteurs tous les ſentimens de mépris que nous avons pour l'Auteur du *Syſteme de la Nature*.

N

Les articles les plus intéreſſans contenus ſous la lettre N commencent par les mots *Napel*, *Nature*, *Navigation aérienne*, *Néceſſité*, *Negres*, *Neige & Nivellement*.

NAPEL.

Après avoir fait, d'après les plus célebres Botaniſtes, la deſcription la plus exacte du Napel, quant à ſes parties extérieures & intérieures ; après avoir indiqué les montagnes où on le trouve en plus grande abondance, nous avons fait connoître la nature de son venin : c'est peut-être le plus subtil de tous ceux que nous fournissent les plantes vénéneuses. Nous avons ensuite appris, d'après un grand Médecin, à tirer de cette plante, toute dangereuse qu'elle est, un remede efficace contre les maladies les plus cruelles. Nous avons enfin fait l'énumération de ces maladies, & rapporté les cures qu'on a faites, sous nos yeux, par le moyen du Napel ainsi préparé.

NATURE.

L'examen le plus réfléchi de la nature, considérée *en grand* & dans son *ensemble* ; celui des natures particulieres des différens êtres dont ce grand *Tout* est composé, nous ont conduit, comme nécessairement, à la connoissance de son invisible Auteur. Ce que nous avons dit, dans cet article, a été la réfutation muette de ce qu'a écrit sur cette matiere l'Auteur du *Systeme de la Nature*. Nous ne nous sommes pas cependant contentés de cette espece de réfutation ; nous avons mis sous les yeux de nos Lecteurs le systeme de l'impie *Spinosa* & celui de l'Auteur que nous attaquons, & nous avons prouvé qu'il n'y a point de différence essentielle entre l'un & l'autre.

NAVIGATION AÉRIENNE.

C'est ici la continuation de notre article *Aérostat*. Avant que de dire notre maniere de penser sur le probleme qui a pour objet la navigation aérienne, nous avons répondu aux deux questions suivantes :

La navigation aérienne doit-elle être mise dans la classe des problemes possibles, ou dans celle des problemes impossibles ?

Si l'on trouvoit jamais le moyen de diriger les aérostats pour un voyage de long cours, la navigation aérienne devroit elle être mise dans la classe des problemes utiles à la société ?

Des réponses à ces deux questions, l'on conclura sans peine que nous rangeons le probleme de la navigation aérienne dans la classe des quatre problemes suivans :

Peut-on trouver la quadrature du cercle ?

Peut-on se procurer un mouvement perpétuel ?

Est-il de la sagesse de s'occuper de la recherche de la pierre philosophale ?

Supposé que l'on parvînt jamais à la solution géométrique ou physique de ces trois ou de quelqu'un de ces trois problemes, se rendroit-on, par ces sortes de découvertes, utile à la société ?

NÉCESSITÉ.

C'est dans cet article que se trouve la réfutation d'un des plus mauvais chapitres qu'il y ait dans le *Systeme de la Nature*. L'Auteur, accoutumé à confondre l'*homme physique* avec l'*homme moral*, ne reconnoît dans l'homme aucune espece de liberté; il prétend que toutes ses actions ont pour causes la plus invincible, la plus irrésistible nécessité, le destin le plus impérieux, les loix du fatalisme le plus tyrannique. Il adopte avec empressement les affreuses conséquences qu'on tire comme nécessairement de cet abominable systeme; il canonise le suicide, le vol, les empoisonnemens, les assassinats, &c. &c.; il prétend même que la société ne peut pas, sans injustice, user de rigueur envers ceux qui se rendent coupables de ces sortes de crimes.

Pour nous qui ne connoissons d'autre nécessité que celle qui résulte de la liaison infaillible & constante de certaines causes avec certains effets, nous n'avons eu aucune peine à prouver, par les raisonnemens les plus triomphans, que ce frénétique Auteur n'a que des connoissances aussi fausses & aussi extravagantes en Physique, qu'elles sont pernicieuses & scandaleuses en morale. Nous avons étayé nos bonnes raisons de l'autorité de *Cicéron*, de *Descartes* & de *Jean-Jacques Rousseau*. Nous avons puisé dans les Ecrits de ces Auteurs les argumens les plus forts & les plus victorieux contre la doctrine insensée du fatalisme & de toute espece de nécessité destructive de la liberté de l'homme.

NEGRES.

Après avoir avoué que, chez toutes les nations, le blanc a été la couleur primitive de la peau humaine;

après avoir parlé du pays habité par les negres, nous avons examiné quelles sont les causes physiques qui ont procuré à l'espece humaine un changement aussi étonnant. Il a déjà paru en Physique, dix systemes différens sur cette matiere. Les uns sont *risibles ;* les autres sont *faux ;* le dixieme nous paroît *insuffisant.* Les systemes *risibles*, nous nous sommes contentés de les exposer ; nous avons renversé les principes sur lesquels sont fondés les systemes évidemment *faux.* Le systeme qui nous paroît *insuffisant*, est celui où l'on regarde la chaleur du climat comme l'unique cause de la couleur des negres ; nous l'avons prouvé très-facilement.

Après avoir détruit, nous avons édifié, c'est-à-dire, nous avons proposé un systeme qui nous paroît assez conforme aux loix de la saine Physique. Il n'est pas cependant exempt de difficulté ; il en présente même d'effrayantes. Nous n'en avons dissimulé, nous n'en avons affoibli aucune. Les principales sont sans contredit les deux suivantes :

Puisque, dans notre nouveau systeme, la chaleur du climat est la cause principale de la couleur des negres, pourquoi les negres, transportés depuis long-tems dans un climat tempéré, mettent-ils au monde des enfans aussi noirs que leurs peres & leurs meres ?

Si les causes exposées dans notre nouveau systeme, sont des causes nécessaires ; pourquoi n'agissent-elles pas sur les blancs, transportés dans le pays des negres, & surtout sur les enfans qui naissent de ces nouveaux colons ?

Nous croyons avoir répondu d'une maniere assez satisfaisante à des difficultés qui demeurent insolubles dans les autres systemes qui ont paru jusqu'à aujourd'hui sur la couleur des negres.

Nous avons enfin examiné, dans cet article, pourquoi les negres ont les cheveux crépus, les levres grosses, le nez applati, &c.

NEIGE.

Cet article, ainsi que bien d'autres, est composé comme de deux parties. Dans la premiere nous considérons la neige en général ; dans la seconde, nous cherchons la cause physique de l'abondance de neige qui tomba, dans presque toute l'Europe, pendant l'hiver de l'année 1784.

Pour parler de la neige d'une maniere conforme aux loix de la saine Physique, nous avons commencé par attaquer le sentiment de *Descartes* sur la formation de ce météore. Nous avons ensuite examiné comment se forment les nues, & quel est le moment précis où elles doivent nous donner de la neige. Nous avons enfin répondu aux questions suivantes :

Quelle est la rareté & par-là même la légereté de la neige ?

Quelle est la figure de ses flocons ?

Quels sont les bons & les mauvais effets de la neige ?

Pourquoi neige-t-il constamment pendant l'hiver sur les montagnes élevées, & beaucoup plus rarement dans la plaine ?

Quelle est la cause physique de la blancheur excessive de la neige ?

La seconde partie de cet article présente l'exposition & l'explication du phénomene arrivé pendant l'hiver de l'année 1784. L'histoire de la Physique ne fait mention d'aucune année où la neige ait été aussi abondante, aussi constante & aussi générale. Nous croyons avoir prouvé que ce phénomene a eu pour cause les brouillards extraordinaires que nous eumes depuis le 24 du mois de Juin jusqu'à la fin du mois de Juillet de l'année 1783. Aussi, ne faut-il pas séparer l'article *Neige* de l'article *Brouillard*.

NIVELLEMENT.

Après avoir donné une idée du *Niveau* & du *Nivellement*, nous avons résolu les deux problemes suivans.

Deux points étant donnés à une distance non considérable l'un de l'autre, trouver de combien l'un est plus élevé que l'autre.

Deux points étant donnés à une distance considérable l'un de l'autre, trouver de combien l'un est plus élevé que l'autre.

O

Les articles les plus intéressans contenus sous la lettre O, commencent par les mots *Œil*, *Olivier*, *Ombre*, *Optique*, *Ordre* & *Oreille*.

ŒIL.

L'on trouve dans cet article, outre la defcription anatomique de l'œil, la folution des queftions que l'on peut faire fur la vifion en général & fur la vifion diftincte & confufe en particulier.

OLIVIER.

Cet article, l'un des plus intéreffans de ce Volume, préfente le réfultat d'une foule d'expériences que j'ai faites, dans l'efpace d'une vingtaine d'années, fur un arbre qu'on regarde avec raifon, en Languedoc & en Provence, comme l'une des principales reffources du pays. Comme j'ai tiré un profit réel de ces expériences, je me fais un devoir de les communiquer au public.

Les préceptes que nous donnons dans cet article, ont différens rapports. Les uns ont pour objet les différentes *œuvres* qu'il eft néceffaire de donner à l'olivier, la nature de l'*engrais* qui lui convient, les remedes qu'il faut apporter à certaines maladies dont cet arbre n'eft que trop fouvent attaqué, le tems où il faut l'émonder, la maniere de le faire, le tems & la maniere de cueillir les olives, &c. Les autres préceptes regardent le foin qu'il faut avoir des olives, avant de les faire tranfporter au moulin; la maniere de fe procurer une huile excellente; les moyens qu'il faut prendre pour la conferver, &c.

Pour engager les propriétaires à mettre ces préceptes en ufage, nous avons fixé, en mettant les chofes fur le plus bas pied, la valeur des huiles qu'on recueille, année commune, en Languedoc.

Cet article eft terminé par quelques réflexions fur l'*Olivier fauvage*, & par les moyens d'en tirer un bon parti, en les transformant en *Olivier franc*.

OMBRE.

Après avoir déterminé la figure de l'ombre d'un corps opaque oppofé à un globe lumineux de plus grande, d'égale, & de moindre grandeur, nous avons réfolu les deux problemes fuivans.

Connoiſſant les demi-diametres du ſoleil & de la terre, & la diſtance de l'un à l'autre, déterminer la longueur de l'axe du cône de l'ombre de la terre.

Connoiſſant les demi-diametres du ſoleil & de la lune, & la diſtance de l'un à l'autre, déterminer la longueur de l'axe du cône de l'ombre de la lune.

OPTIQUE.

Nous avons d'abord donné une idée de l'optique, & nous avons enſuite expoſé les principes ſur leſquels cette ſcience eſt fondée. De ces principes nous avons tiré l'explication phyſique d'une foule de phénomenes qui ſe préſentent chaque jour. Les principaux ſont ceux-ci. La lune nous paroît plus groſſe à l'horizon qu'au mériden. L'on ne voit pas les étoiles en plein midi. Le diametre d'un flambeau allumé paroît plus grand de loin, que de près. Certains oiſeaux voient mieux la nuit que la jour. Dans les yeux ſains, l'œil gauche voit l'objet plus diſtinct que l'œil droit. L'on voit de grandes traînées de lumiere, lorſqu'on reçoit un coup à la tête dans l'obſcurité. Un charbon allumé tourné rapidement, paroît faire un ruban, un cercle de feu. Un objet paroît double, lorſqu'on le place trop près entre les deux yeux. Nous voyons beaucoup mieux à travers les vitres les paſſans, que les paſſans ne nous voient à travers les mêmes vitres. Les Myopes voient ordinairement les objets éloignés plus gros, que ceux qui ont une bonne vue, &c. nous avons terminé cet article par la deſcription de la machine à laquelle on a donné le nom d'optique.

ORDRE.

L'ordre phyſique eſt l'objet de cet article. Nous l'avons conſidéré *en grand* & *en général* dans l'arrangement de l'univers, & *en petit* ou plutôt *en particulier*, lorſque nous avons fixé l'état, la place & le rang qui conviennent à la nature & aux fonctions des différens êtres dont il eſt compoſé.

De l'*ordre* nous avons paſſé au *déſordre*, & nous avons fait remarquer que celui-ci étoit ſoumis à des loix auſſi inviolables que celui-là. Nous avons prouvé que le *haſard* eſt un mot vuide de ſens ; qu'il n'eſt aucun effet sans une cause suffisante, & que les loix générales du mouvement, quoique fixes & certaines, sont cependant toujours dépendantes de la volonté suprême du premier moteur. De-là la possibilité des miracles divins ; nous l'avons établie par les lumieres de la raison, & nous avons réfuté ce que dit contre cette *possibilité* l'Auteur du *Systeme de la Nature*.

OREILLE.

Cet article contient la description des principales parties de l'oreille, & la détermination de l'endroit où l'on doit placer l'organe de l'ouïe.

P

Les articles *Palingénésie*, *Parachute* & *Paratonnerre*, renfermés sous la partie de la lettre P qui termine ce quatrieme volume, sont trop étendus, pour qu'il ne soit pas nécessaire d'en faire l'abrégé dans ce sommaire.

PALINGÉNÉSIE.

C'est la résurrection des plantes. Nous avons prouvé, dans cet article, que les Physiciens modernes n'ont enrichi d'aucune nouvelle découverte cette branche curieuse de la Chimie. Ce qu'ils nous donnent comme nouveau, nous l'avons trouvé dans l'ouvrage du P. *Kircher*, intitulé, *Mundus subterraneus* ; dans l'ouvrage du P. *Schott* qui a pour titre, *Mechanica Hydraulico-pneumatica* ; dans la dissertation du Chevalier *Digby* sur la *végétation des plantes* ; dans l'ouvrage de *Boile* intitulé, *Opera varia* ; dans *Quercetan* Médecin du Roi *Henri IV* ; dans l'ouvrage de M. *de Négrepont* qui a pour titre, *Philosophia amœnior* ; dans *Paracelse* au livre sixieme de son ouvrage sur la *Nature* ; dans les ouvrages de *Daniel Major*, de *Bari*, d'*Hannemann*, &c. Il a été nécessaire, dans un Dictionnaire où nous faisons si souvent la critique de certains Auteurs, de nous élever avec force contre les Physiciens qui ont la sotte vanité de se parer des plumes du Paon. Nous avouons avec reconnoissance que, dans nos immenses recherches, nous avons été dirigés par M. l'Abbé *de Vallemont* qui a fait un excellent ouvrage sur les *curiosités de la Nature & de l'Art*.

Pour la *Palingénésie* des animaux, nous convenons qu'elle est impossible, & que les livres écrits sur cette matiere, ne contiennent que des contes faits à plaisir.

PARACHUTE.

L'on trouvera, dans cet article, la description exacte d'une machine ingénieuse, inventée pour sauver les jours des personnes assez imprudentes, pour entreprendre, sur les aérostats, des voyages de long cours dans les plaines aériennes. Ce qu'il y a de mieux, nous a été communiqué par M. *Baron*, de différentes Académies & par M. l'Abbé *Bertholon*, l'un des plus grands Physiciens de ce siecle. Nous avons copié leurs *Mémoires*; ils ont pour objet un *parachute* de leur invention. Nous avons encore parlé du *parachute* de M. *Blanchard* & de celui de M. *Montgolfier*. Nous avons enfin raconté un fait, arrivé à Nîmes, qui prouve l'efficacité de cette machine, dont on ne doit cependant se servir, qu'en désespoir de cause, & lorsqu'on n'a aucun autre moyen de sauver ses jours. M. l'Abbé *Bertholon* regarde les *parachutes* comme très-utiles dans le cas d'un incendie, qui ne laisseroit aux personnes renfermées dans une maison, que l'espoir de se sauver, en sautant par une fenêtre. Quel est l'inventeur des *parachutes* ? Le Lecteur résoudra ce probleme.

L'on trouve à la fin de cet article, tout ce qui a été écrit pour & contre le *parachute* de M. Baron.

PARATONNERRE.

Nous avons commencé, dans cet article, par donner les dimensions de toutes les pieces qui composent une machine laquelle, bien exécutée, doit garantir nos maisons de la foudre; nous l'avons prouvé par la théorie de l'électricité, & nous avons confirmé cette théorie par un très-grand nombre d'expériences. Nous avons fait remarquer que c'est au célebre *Franklin* que nous devons l'invention de cette utile machine. Comme cependant, dans tous les tems, les découvertes les plus précieuses ont eu des détracteurs, nous avons cru devoir faire évanouir, par les réponses les plus solides, les trois difficultés suivantes:

Premiere objection. Les paratonnerres sont très-dangereux en eux-mêmes ; ils peuvent attirer la foudre dans la maison sur laquelle on a eu l'imprudence de les élever. Telle fut la cause de la mort de M. *Richmann*, Physicien de Pétersbourg.

Seconde objection. Quelle apparence y a-t-il que la matiere fulminante, contenue dans un nuage capable de couvrir une grande ville, se filtre, dans l'espace de quelques minutes, par une aiguille grosse comme le doigt, ou par un fil de métal qui serviroit à la prolonger ? A quiconque auroit assez de crédulité pour se prêter à une pareille idée, ne pourroit-on pas proposer aussi d'ajuster de petits tubes le long des torrens, pour prévenir les désordres de l'inondation ?

Troisieme objection. Ne pourroit-il pas arriver qu'un paratonnerre, construit selon toutes les regles de la Physique, fût un préservatif pour la maison au-dessus de laquelle il est dressé, & attirât la foudre sur les maisons voisines ?

Nous espérons que nos réponses à ces trois objections feront disparoître de tous les livres de Physique des difficultés aussi futiles, je dirois presqu'aussi puériles. Ce sont cependant ces objections qui ont quelquefois occasionné des émeutes populaires, à l'occasion des paratonnerres dressés par les meilleurs Physiciens.

Nous avons terminé cet article par la description d'une nouvelle machine de notre invention. Je lui donne le nom de *paratonnerre portatif*. Elle doit naturellement garantir de la foudre les personnes qui, dans un tems d'orage, se trouvent sur un chemin, dans une promenade, en un mot hors de leur maison.

Fin du Sommaire du quatrieme Volume.

Fautes à corriger dans le Tome IV.

PAGE 31, *l.* 25, $9\underset{\cdot}{2}6\underset{\cdot}{1}$ *lisez* $\underset{\cdot}{9}26\underset{\cdot}{1}$.

66, *l.* 37, 23995 *lisez* 23994.
111, *l.* 18, $3 + \frac{110}{178}$ *lisez* $5 + \frac{110}{178}$.
113 *l.* 7, 2c *lisez* 2cT.
114, *l.* 38, $\frac{1}{610800}$ *lisez* $\frac{1}{640800}$.
133, *l.* 35, — 0 *lisez* — 40.
157, *l.* 11, la *lisez* le.
189, *l.* 11, AM *lisez* AH.
205, *l.* 2, $2\frac{1}{4}$ *lisez* $2\frac{1}{2}$.
232, *l.* 20, ſuit *lisez* fuit.
292, *l.* 17, *f*MF *lisez* *f*ME.
340, *l.* 29, plus *lisez* pas plus.
342, *l.* 38, partie *lisez* patrie.
367, *l.* 17, y *lisez* n'y.
396, *l.* 21, *fig.* 3 *lisez* *fig.* 13.
482, *l.* 31, $\frac{5}{1}$ *lisez* $\frac{1}{5}$.
489, *l.* 12, 1000 *lisez* 10000.
490, *l.* 28, plus de trajet *lisez* moins.
511, *l.* 7, dit, *ôtez ce mot.*

Fig. 1. Fig. 2. Fig. 3. Fig. 4. Fig. 5. Fig. 6. Fig. 7. Fig. 8. Fig. 9. Fig. 10. Fig. 11. Fig. 12. Fig. 13. Fig. 14. Fig. 15. Fig. 16. Fig. 17. Fig. 18. Fig. 19. Fig. 20. Fig. 21. Fig. 22. Fig. 23.

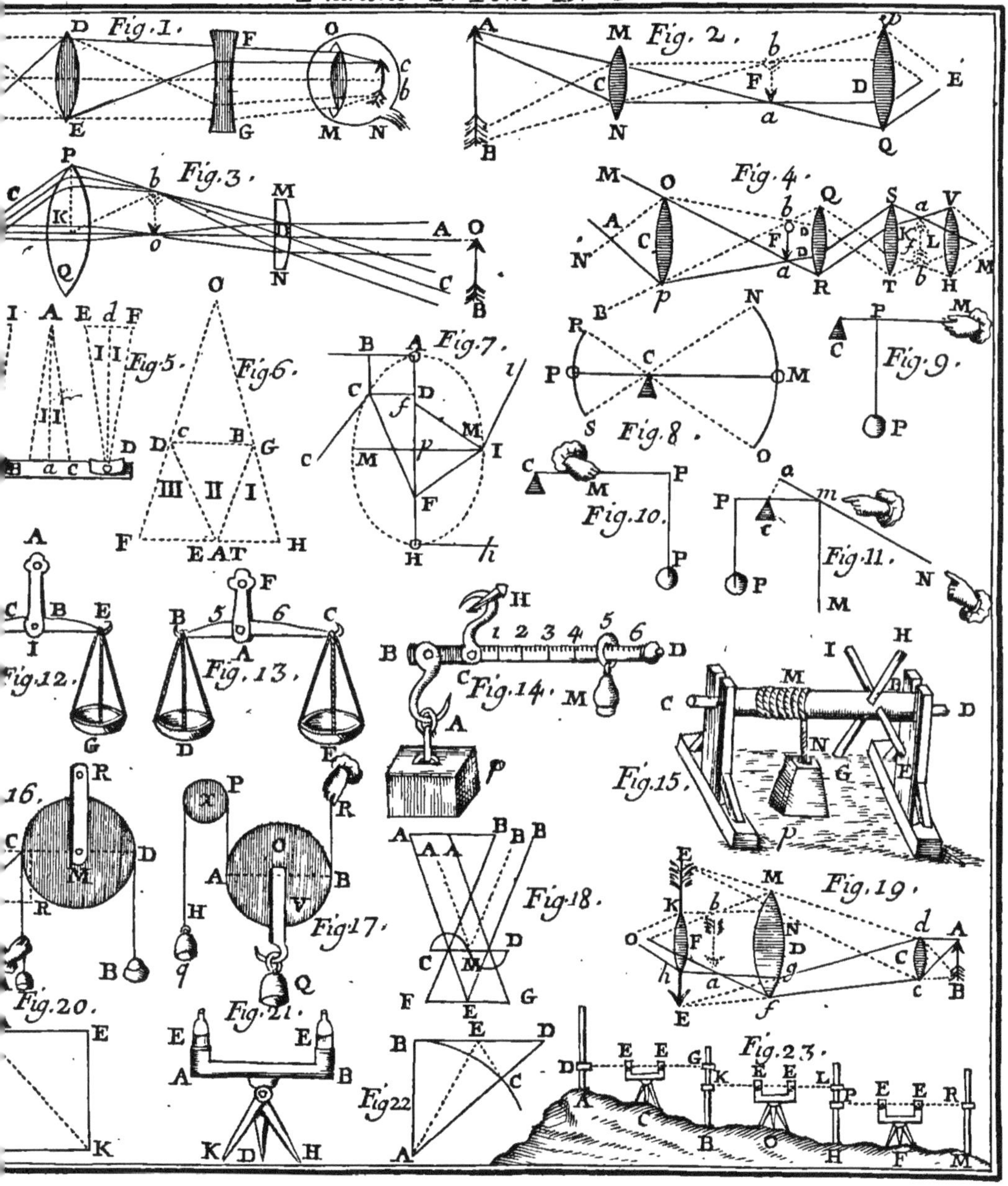

Planche II. Tom. IV.

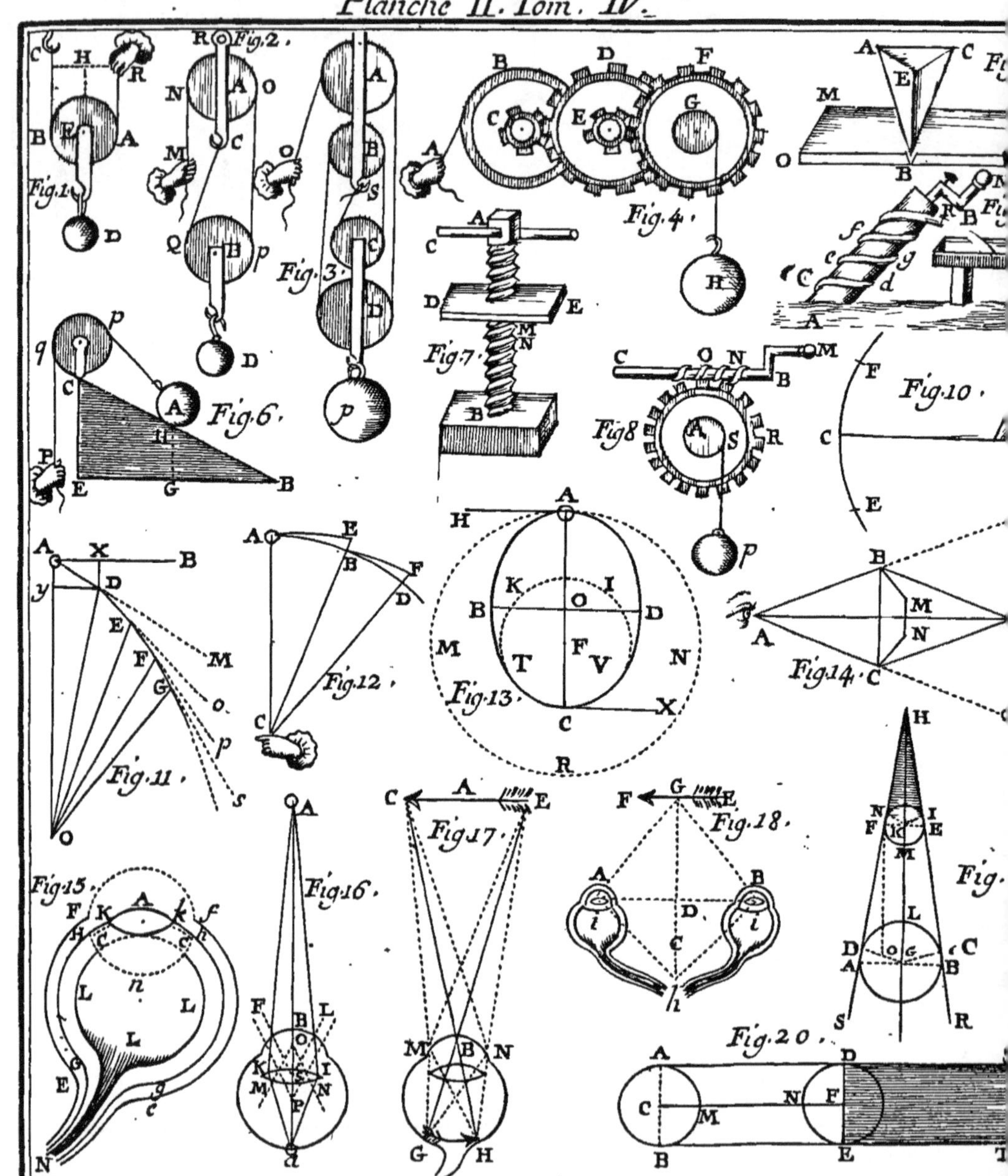

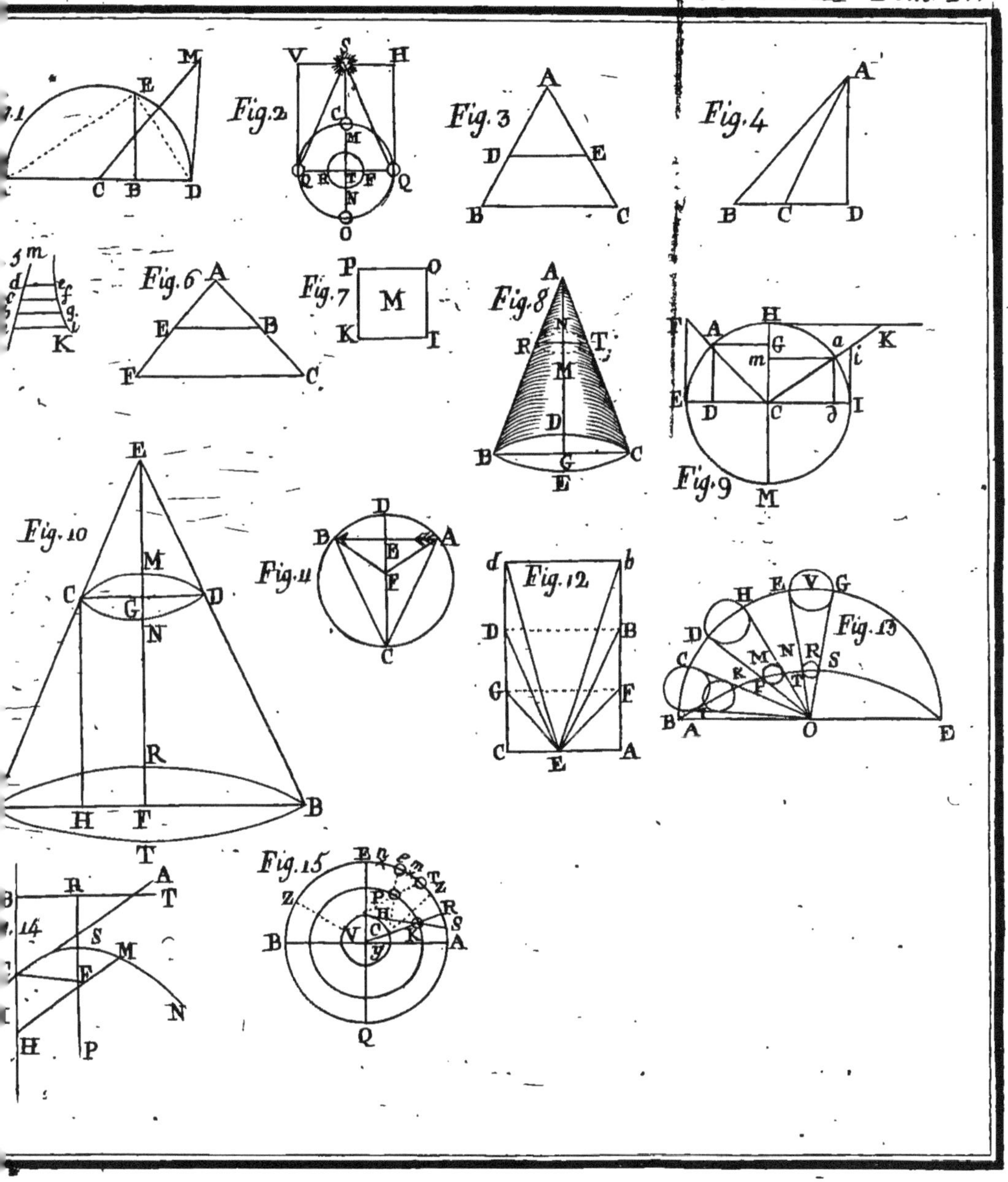

Fig. 2

Fig. 3

Fig. 4

Fig. 6

Fig. 7

Fig. 8

Fig. 9

Fig. 10

Fig. 11

Fig. 12

Fig. 13

Fig. 15

www.ingramcontent.com/pod-product-compliance
Ingram Content Group UK Ltd.
Pitfield, Milton Keynes, MK11 3LW, UK
UKHW022321190726
13856UKWH00001B/127